코로나19 바이러스
"친환경 99.9% 항균잉크 인쇄"
전격 도입

언제 끝날지 모를 코로나19 바이러스
99.9% 항균잉크(V-CLEAN99)를 도입하여 「안심도서」로
독자분들의 건강과 안전을 위해 노력하겠습니다.

항균잉크(V-CLEAN99)**의 특징**

◉ 바이러스, 박테리아, 곰팡이 등에 항균효과가 있는 산화아연을 적용

◉ 산화아연은 한국의 식약처와 미국의 FDA에서 식품첨가물로 인증받아 **강력한 항균력**을
　구현하는 소재

◉ 황색포도상구균과 대장균에 대한 테스트를 완료하여 **99.9%의 강력한 항균효과** 확인

◉ 잉크 내 중금속, 잔류성 오염물질 등 **유해 물질 저감**

TEST REPORT

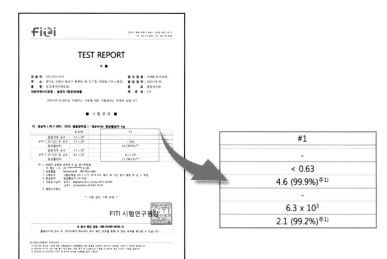

#1
-
< 0.63
4.6 (99.9%)주1)
6.3 x 10³
2.1 (99.2%)주1)

Clean Zone

시대교육그룹

2021
최신개정판 합격의 공식 **시대에듀**

출제기준에 맞게 엄선된
이론 + 기출문제

본 도서는 항균잉크로 인쇄하였습니다.
항균+
99.9%
안심도서

2007~2020년
기출복원문제
및 해설수록!

소방설비
기사

전기편 **실기**
과년도 기출문제

편저 이수용

7

NAVER 카페 진격의 소방(소방학습카페)
naver.com/sogonghak / 소방 관련 수험자료 무료 제공 및 응시료 지원 이벤트

책의 특징
전기시설 설계 및 시공실무에 관한 필답형 질문에 논리정연하게 답변을 작성할 수 있도록 돕습니다.
산업인력공단의 기출문제를 최대한 복원하여 풍부하게 수록하였습니다.
내용은 최신개정법령을 기준으로 하였습니다.

소방설비 기사

소방설비 기사

전기편 실기

과년도 기출문제

Always with you

사람이 길에서 우연하게 만나거나 함께 살아가는 것만이 인연은 아니라고 생각합니다.
책을 펴내는 출판사와 그 책을 읽는 독자의 만남도 소중한 인연입니다.
(주)시대고시기획은 항상 독자의 마음을 헤아리기 위해 노력하고 있습니다.
늘 독자와 함께하겠습니다.

머리글

현대 문명의 발전이 물질적인 풍요와 안락한 삶을 추구함을 목적으로 급속한 변화를 보이는 현실에 도시의 대형화, 밀집화, 30층 이상의 고층화가 되어 어느 때보다도 소방안전에 대한 필요성을 느끼지 않을 수 없습니다.

발전하는 산업구조와 복잡해지는 도시의 생활, 화재로 인한 재해는 대형화될 수밖에 없으므로 소방설비의 자체점검(종합정밀점검, 작동기능점검)강화, 홍보의 다양화, 소방인력의 고급화로 화재를 사전에 예방하여 화재로 인한 재해를 최소화하여야 하는 현실입니다.

특히 소방설비기사 · 산업기사의 수험생 및 소방설비업계에 종사하는 실무자에게 소방관련 서적이 절대적으로 필요하다는 인식이 들어 저자는 오랜 기간 동안에 걸쳐 외국과 국내의 소방관련자료를 입수하여 정리한 한편 오랜 소방학원의 강의 경험과 실무 경험을 토대로 본 서를 집필하게 되었습니다.

이 책의 특징...

❶ 오랜 기간 강의 경력을 토대로 구성하였습니다.
❷ 한국산업인력공단의 기출문제를 최대한 복원하여 풍부하게 수록하였습니다.
❸ 기본적으로 알아야 할 핵심이론을 수록하였습니다.
❹ 내용 중 중요한 키워드나 이론은 고딕체로 처리하여 과년도 기출문제로서 중요성을 강조하였습니다.
❺ 최근 개정된 소방법규에 맞게 수정 · 보완하였습니다.

필자는 부족한 점에 대해서는 계속 수정, 보완하여 좋은 수험대비서가 되도록 노력하겠으며 수험생 여러분의 합격의 영광을 기원하는 바입니다.

끝으로 이 수험서가 출간하기까지 애써주신 시대고시기획 회장님 그리고 임직원 여러분의 노고에 감사드립니다.

편저자 드림

이 책의 구성과 특징

1 핵심이론

기본적으로 알아야 할 이론을 수록했을 뿐 아니라 과년도 기출을 통해 시험합격에 꼭 필요한 이론을 수록함으로써 합격을 위한 틀을 제공하였습니다. 특히, 본문에 중요한 키워드나 이론은 고딕체로 처리하여 보다 반복적인 학습이 될 수 있도록 하였습니다.

제1편 핵심이론

제 1 장 경보설비

1 경보설비의 종류

경보설비
- 단독경보형 감지기
- 비상경보설비(비상벨설비, 자동식 사이렌설비)
- 비상방송설비
- 자동화재탐지설비 및 시각경보기
- 자동화재속보설비
- 누전경보기
- 통합감시시설
- 가스누설경보기

2 자동화재탐지설비 경계구역

① 하나의 경계구역이 2개 이상의 건축물에 미치지 아니하도록 할 것
② 하나의 경계구역이 2개 이상의 층에 미치지 아니하도록 할 것. 다만, 500[m²] 이하의 범위 안에서는 2개의 층을 하나의 경계구역으로 할 수 있다.
③ 하나의 경계구역의 면적은 600[m²] 이하로 하고, 한 변의 길이는 50[m] 이하로 할 것. 다만, 해당 특정소방대상물의 주된 출입구에서 그 내부 전체가 보이는 것에 있어서는 한 변의 길이가 50[m]의 범위 내에서 1,000[m²] 이하로 할 수 있다.
④ 계단(직통계단 외의 것에 있어서는 떨어져 있는 상하계단의 상호 간의 수평거리가 5[m] 이하로서 서로 간에 구획되지 아니한 것에 한함)·경사로(에스컬레이터 경사로 포함)·엘리베이터 승강로(권상기실이 있는 경우에는 권상기실)·린넨슈트·파이프 피트 및 덕트, 기타 이와 유사한 부분에 대하여는 별도로 경계구역을 설정하되 하나의 경계구역은 높이 45[m] 이하(계단 및 경사로에 한함)로 하고, 지하층의 계단 및 경사로(지하층의 층수가 1일 경우는 제외)는 별도로 하나의 경계구역으로 하여야 한다.
⑤ 외기에 면하여 상시 개방된 부분이 있는 차고·주차장·창고 등에 있어서는 외기에 면하는 각 부분으로부터 5[m] 미만의 범위 안에 있는 부분은 경계구역의 면적에 산입하지 아니한다.

02 과년도 기출복원문제

과년도 기출복원문제는 모든 시험에서 학습의 기초가 되면서 한편으로는 자신의 실력을 재점검할 수 있는 지표가 될 수 있습니다. 문항별 점수를 표시하여 수험생 여러분이 실제시험에 응시하는 기분을 갖고 공부할 수 있도록 하였습니다.

제2편 과년도 기출복원문제

제 4 회 2020년 11월 15일 시행

※ 다음 물음에 대한 답을 해당 답란에 답하시오(배점 : 100).

01 다음은 비상방송설비에 대한 기준이다. 괄호 안에 적당한 용어를 써넣으시오.
(가) 음향장치의 음량은 부착된 음향장치의 중심으로부터 1[m] 떨어진 위치에서 ( )[dB] 이상이 되는 것으로 할 것
(나) 확성기는 각층마다 설치하되, 그 층의 각 부분으로부터 하나의 확성기까지의 수평거리가 ( )[m] 이하가 되도록 하고, 해당층의 각 부분에 유효하게 경보를 발할 수 있도록 설치할 것
(다) 음량조정기를 설치하는 경우 음량조정기의 배선은 ( )으로 할 것
(라) 확성기의 음성입력은 실내에 설치하는 것에 있어서는 ( )[W] 이상일 것
(마) 기동장치에 따른 화재신고를 수신한 후 필요한 음량으로 화재발생 상황 및 피난에 유효한 방송이 자동으로 개시될 때까지의 소요시간은 ( )초 이하로 할 것

정답 (가) 90
(나) 25
(다) 3선식
(라) 1
(마) 10

해설 (가) 음향장치의 음량은 부착된 음향장치의 중심으로부터 1[m] 떨어진 위치에서 90[dB] 이상이 되는 것으로 할 것
(나) 확성기는 각층마다 설치하되, 그 층의 각 부분으로부터 하나의 확성기까지의 수평거리가 25[m] 이하가 되도록 하고, 해당층의 각 부분에 유효하게 경보를 발할 수 있도록 설치할 것
(다) 음량조정기를 설치하는 경우 음량조정기의 배선은 3선식으로 할 것
(라) 확성기의 음성입력은 실내에 설치하는 것에 있어서는 1[W] 이상일 것
(마) 기동장치에 따른 화재신고를 수신한 후 필요한 음량으로 화재발생 상황 및 피난에 유효한 방송이 자동으로 개시될 때까지의 소요시간은 10초 이하로 할 것

📢 개요

건물이 점차 대형화, 고층화, 밀집화되어 감에 따라 화재발생 시 진화보다는 화재의 예방과 초기진압에 중점을 둠으로써 국민의 생명, 신체 및 재산을 보호하는 방법이 더 효과적인 방법이다. 이에 따라 소방설비에 대한 전문인력을 양성하기 위하여 자격제도를 제정하였다.

📢 수행직무

소방시설공사 또는 정비업체 등에서 소방시설공사의 설계도면을 작성하거나 소방시설공사를 시공, 관리하며, 소방시설의 점검 · 정비와 화기의 사용 및 취급 등 방화안전관리에 대한 감독, 소방계획에 의한 소화, 통보 및 피난 등의 훈련을 실시하는 방화관리자의 직무를 수행한다.

📢 시험일정

구 분	필기시험접수 (인터넷)	필기시험	필기합격(예정자) 발표	실기시험접수	실기시험	최종 합격자 발표
제1회	1.25~1.28	3.7	3.19	3.31~4.5	4.24~5.7	6.2
제2회	4.12~4.15	5.15	6.2	6.14~6.17	7.10~7.23	8.20
제4회	8.16~8.19	9.12	10.6	10.18~10.21	11.13~11.26	12.24

※ 상기 시험일정은 시행처의 사정에 따라 변경될 수 있으니, www.q-net.or.kr에서 확인하시기 바랍니다.

📢 시험요강

❶ **시행처** : 한국산업인력공단

❷ **관련 학과** : 대학 및 전문대학의 소방학, 건축설비공학, 기계설비학, 가스냉동학, 공조냉동학 관련 학과

❸ **시험과목**

　㉠ 필기 : 1. 소방원론 2. 소방전기일반 3. 소방관계법규 4. 소방전기시설의 구조 및 원리

　㉡ 실기 : 소방전기시설 설계 및 시공실무

❹ **검정방법**

　㉠ 필기 : 객관식 4지 택일형 과목당 20문항(과목당 30분)

　㉡ 실기 : 필답형(3시간)

❺ **합격기준**

　㉠ 필기 : 100점을 만점으로 하여 과목당 40점 이상, 전 과목 평균 60점 이상

　㉡ 실기 : 100점을 만점으로 하여 60점 이상

국가기술검정
응시자격안내

기 사 다음 각 호의 어느 하나에 해당하는 사람

1. 산업기사 등급 이상의 자격을 취득한 후 응시하려는 종목이 속하는 동일 및 유사 직무분야에서 1년 이상 실무에 종사한 사람

2. 기능사 자격을 취득한 후 응시하려는 종목이 속하는 동일 및 유사 직무분야에서 3년 이상 실무에 종사한 사람

3. 응시하려는 종목이 속하는 동일 및 유사 직무분야의 다른 종목의 기사 등급 이상의 자격을 취득한 사람

4. 관련학과의 대학졸업자 등 또는 그 졸업예정자

5. 3년제 전문대학 관련학과 졸업자 등으로서 졸업 후 응시하려는 종목이 속하는 동일 및 유사 직무분야에서 1년 이상 실무에 종사한 사람

6. 2년제 전문대학 관련학과 졸업자 등으로서 졸업 후 응시하려는 종목이 속하는 동일 유사 직무분야에서 2년 이상 실무에 종사한 사람

7. 동일 및 유사 직무분야의 기사 수준 기술훈련과정 이수자 또는 그 이수예정자

8. 동일 및 유사 직무분야의 산업기사 수준 기술훈련과정 이수자로서 이수 후 응시하려는 종목이 속하는 동일 및 유사 직무분야에서 2년 이상 실무에 종사한 사람

9. 응시하려는 종목이 속하는 동일 및 유사 직무분야에서 4년 이상 실무에 종사한 사람

10. 외국에서 동일한 종목에 해당하는 자격을 취득한 사람

산업기사 다음 각 호의 어느 하나에 해당하는 사람

1. 기능사 등급 이상의 자격을 취득한 후 응시하려는 종목이 속하는 동일 및 유사 직무분야에 1년 이상 실무에 종사한 사람

2. 응시하려는 종목이 속하는 동일 및 유사 직무분야의 다른 종목의 산업기사 등급 이상의 자격을 취득한 사람

3. 관련학과의 2년제 또는 3년제 전문대학졸업자 등 또는 그 졸업예정자

4. 관련학과의 대학졸업자 등 또는 그 졸업예정자

5. 동일 및 유사 직무분야의 산업기사 수준 기술훈련과정 이수자 또는 그 이수예정자

6. 응시하려는 종목이 속하는 동일 및 유사 직무분야에서 2년 이상 실무에 종사한 사람

7. 고용노동부령으로 정하는 기능경기대회 입상자

8. 외국에서 동일한 종목에 해당하는 자격을 취득한 사람

제 1 편 핵심이론

제 1 장 경보설비

CONTENTS

CONTENTS

제2편 과년도 기출복원문제

소방설비도시기호

명 칭	기 호	기 타
정온식스포트형감지기	▽	(1) **방수**인 것은 ▽ 로 한다. (2) **내산**인 것은 ▽ 로 한다. (3) **내알칼리**인 것은 ▽ 로 한다. (4) **방폭**인 것은 ▽EX를 방기한다.
차동식스포트형감지기	▽	필요에 따라 종별을 방기한다.
보상식스포트형감지기	▽	필요에 따라 종별을 방기한다.
연기감지기	S	• **점검 박스 붙이** S • **매입인 것** S
수신기	⊠	가스누설경보설비와 일체인 것 ⊠ 가스누설경보설비 및 방배연 연동과 일체인 것 ⊠
부수신기(표시기)	⊟	
발신기세트 단독형	ⓅⒷⓁ	
발신기세트와 옥내소화전함 일체형	ⓅⒷⓁ◣	
중계기	⊟	
이보기	R	
기동장치	Ⓕ	
비상전화기	㉣	
기동버튼	Ⓔ	Ⓔ G 가스계 소화설비 기동장치 Ⓔ W 수계 소화설비 기동장치
경보벨	Ⓑ	Ⓑ 경보벨(방수형) Ⓑ EX 경보벨(방폭형)

명 칭	기 호	기 타
방출표시등	⊗ 또는 ◑	• 벽붙이형 : ⊢⊗
사이렌	○◁	• Ⓜ◁ : 모터사이렌 • Ⓢ◁ : 전자사이렌
슈퍼비조리패널	SVP	
수동조작함	RM	
경보밸브(건식)	△	
경보밸브(습식)	▲	
프리액션밸브	Ⓟ	
혼합기		
분배기		
분파기	F	
비상콘센트	⊡ ⊡	
상 승		
인 하		
소 통		
열전대	▬	: 열전대(가건물 및 천장 안에 시설)

소방설비 기사 [실기] [전기편]

제 1 편

핵심이론

소방설비 _{기사} [실기]

[전기편]

제1장 경보설비

1 경보설비의 종류

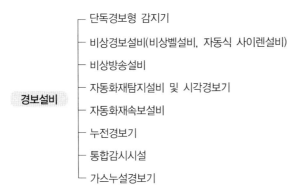

경보설비
- 단독경보형 감지기
- 비상경보설비(비상벨설비, 자동식 사이렌설비)
- 비상방송설비
- 자동화재탐지설비 및 시각경보기
- 자동화재속보설비
- 누전경보기
- 통합감시시설
- 가스누설경보기

2 자동화재탐지설비 경계구역

① 하나의 경계구역이 2개 이상의 건축물에 미치지 아니하도록 할 것

② 하나의 경계구역이 2개 이상의 층에 미치지 아니하도록 할 것. 다만, 500[m²] 이하의 범위 안에서는 2개의 층을 하나의 경계구역으로 할 수 있다.

③ 하나의 경계구역의 면적은 **600[m²] 이하**로 하고, 한 변의 길이는 **50[m] 이하**로 할 것. 다만, 해당 특정소방대상물의 주된 출입구에서 그 내부 전체가 보이는 것에 있어서는 한 변의 길이가 50[m]의 범위 내에서 **1,000[m²] 이하**로 할 수 있다.

④ 계단(직통계단 외의 것에 있어서는 떨어져 있는 상하계단의 상호 간의 수평거리가 5[m] 이하로 서 서로 간에 구획되지 아니한 것에 한함)・경사로(에스컬레이터 경사로 포함)・엘리베이터 승강로(권상기실이 있는 경우에는 권상기실)・린넨슈트・파이프 피트 및 덕트, 기타 이와 유사한 부분에 대하여는 별도로 경계구역을 설정하되 하나의 경계구역은 **높이 45[m] 이하**(계단 및 경사로에 한함)로 하고, 지하층의 계단 및 경사로(지하층의 층수가 1일 경우는 제외)는 별도로 하나의 경계구역으로 하여야 한다.

⑤ 외기에 면하여 상시 개방된 부분이 있는 차고・주차장・창고 등에 있어서는 외기에 면하는 각 부분으로부터 **5[m] 미만**의 범위 안에 있는 부분은 경계구역의 면적에 산입하지 아니한다.

안심Touch

3 감지기

(1) 감지기 구조 및 기능에 따른 분류

① 열감지기 종류

    ㉠ 차동식스포트형 : **일국소**에서의 **열효과**에 의하여 작동된다.

    ㉡ 차동식분포형 : **넓은 범위** 내에서의 **열효과의 누적**에 의하여 작동된다.

    ㉢ 정온식감지선형 : 일국소의 주위온도가 일정한 온도 이상이 되는 경우에 작동하는 것으로서, **외관이 전선**으로 **되어 있다.**

    ㉣ 정온식스포트형 : 일국소의 주위온도가 일정한 온도 이상이 되는 경우에 작동하는 것으로서, **외관이 전선**으로 **되어 있지 않다.**

    ㉤ 보상식스포트형 : **차동식스포트형감지기**와 **정온식스포트형감지기**의 성능을 겸한 것으로서 어느 한 기능이 작동되면 작동신호를 발한다.

② 연기감지기 종류

    ㉠ 이온화식스포트형 : 주위의 공기가 일정한 농도의 연기를 포함하게 되는 경우에 작동하는 것으로서, 일국소의 연기에 의하여 이온전류가 변화하여 작동한다.

    ㉡ 광전식스포트형 : 주위의 공기가 일정한 농도의 연기를 포함하게 되는 경우에 작동하는 것으로서, 일국소의 연기에 의하여 광전소자에 접하는 광량의 변화로 작동한다.

    ㉢ 광전식분리형 : 발광부와 수광부로 구성된 구조로 발광부와 수광부 사이의 공간에 일정한 농도의 연기를 포함하게 되는 경우에 작동하는 감지기이다.

    ㉣ 공기흡입형 : 감지기 내부에 장착된 공기흡입장치로 감지하고자 하는 위치의 공기를 흡입하고 흡입된 공기에 일정한 농도의 연기가 포함된 경우 작동하는 감지기이다.

③ 불꽃감지기 종류

    ㉠ 불꽃자외선식 : 불꽃에서 방사되는 자외선의 변화가 일정량 이상되었을 때 작동하는 것으로서, 일국소의 자외선에 의하여 수광소자의 수광량 변화에 의해 작동한다.

    ㉡ 불꽃적외선식 : 불꽃에서 방사되는 적외선의 변화가 일정량 이상되었을 때 작동하는 것으로서, 일국소의 적외선에 의하여 수광소자의 수광량 변화에 의해 작동한다.

    ㉢ 불꽃자외선·적외선 겸용식 : 불꽃에서 방사되는 불꽃의 변화가 일정량 이상되었을 때 작동하는 것으로서, 자외선 또는 적외선에 의한 수광소자의 수광량 변화에 의하여 1개의 화재신호를 발신한다.

    ㉣ 불꽃영상분석식 : 불꽃의 실시간 영상이미지를 자동 분석하여 화재신호를 발신하는 감지기이다.

④ 복합형감지기 종류

    ㉠ 열복합형 : 차동식스포트형 및 정온식스포트형의 성능이 있는 것으로서, 두 가지 성능의 감지기능이 함께 작동될 때 화재신호를 발신하거나 또는 두 개의 화재신호를 각각 발신한다.

ⓒ 연복합형 : 이온화식스포트형 및 광전식스포트형의 성능이 있는 것으로서, 두 가지 성능의 감지기능이 함께 작동될 때 화재신호를 발신하거나 또는 두 개의 화재신호를 각각 발신한다.

    ⓒ 불꽃복합형 : 불꽃자외선식, 불꽃적외선식 및 불꽃영상분석식의 성능 중 두 가지 이상 성능을 가진 것으로서, 두 가지 이상의 감지기능이 함께 작동될 때 화재신호를 발신하거나 또는 두 개의 화재신호를 각각 발신한다.

    ⓔ **열 · 연기복합형** : 열감지기 및 연기감지기의 성능이 있는 것으로, 두 가지 성능의 감지기능이 함께 작동될 때 화재신호를 발신하거나 또는 두 개의 화재신호를 각각 발신한다.

    ⓜ **열 · 불꽃복합형** : 연기감지기 및 불꽃감지기의 성능이 있는 것으로, 두 가지 성능의 감지기능이 함께 작동될 때 화재신호를 발신하거나 또는 두 개의 화재신호를 각각 발신한다.

    ⓗ **연기 · 불꽃복합형** : 열감지기와 불꽃감지기의 성능이 있는 것으로 두 가지 성능의 감지기능이 함께 작동될 때 화재신호를 발신하거나 또는 두 개의 화재신호를 각각 발신한다.

    ⓢ **열 · 연기 · 불꽃복합형** : 열감지기, 연기감지기 및 불꽃감지기의 성능이 있는 것으로 세 가지 성능의 감지기능이 함께 작동될 때 화재신호를 발신하거나 또는 세 개의 화재신호를 각각 발신한다.

(2) 감지기 형식 및 특징

① **축적형** : 일정농도 이상의 연기가 일정시간(공칭축적시간) 연속하는 것을 전기적으로 검출함으로써 작동하는 감지기(작동시간만 지연시키는 것은 제외)

    ㉠ 축적기능이 있는 감지기를 사용하는 경우

        ㉮ 지하층, 무창층 등으로 환기가 잘되지 아니하거나 실내면적이 40[m²] 미만인 장소

        ㉯ 감지기의 부착면과 실내 바닥과의 거리가 2.3[m] 이하인 장소로서 일시적으로 발생한 열, 연기 또는 먼지 등으로 인하여 화재신호를 발신할 우려가 있는 장소

    ㉡ 축적기능이 없는 감지기를 사용하는 경우

        ㉮ 교차회로방식에 사용되는 감지기

        ㉯ 급속한 연소 확대가 우려되는 장소에 사용되는 감지기

        ㉰ 축적기능이 있는 수신기 설치 장소에 연결하여 사용되는 감지기

② **다신호식** : 1개의 감지기 내에 서로 다른 종별 또는 감도 등의 기능을 갖춘 것으로서 일정시간 간격을 두고 각각 다른 2개 이상의 화재신호를 발하는 감지기

③ **아날로그식** : 주위의 온도 또는 연기의 변화되는 양에 따라 각각 다른 전류치 또는 전압치 등의 출력을 발하는 방식의 감지기

4 감지기의 구성 및 동작원리

(1) 차동식분포형감지기

① 공기관식

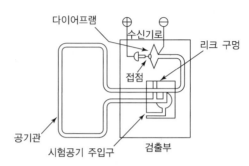

　㉠ 구성요소 : 공기관, 다이어프램, 리크 구멍, 접점
　㉡ 시공방법 및 설치기준
　　㉮ 공기관의 노출 부분은 감지구역마다 20[m] 이상이 되도록 할 것
　　㉯ 하나의 검출 부분에 접속하는 공기관의 길이는 100[m] 이하로 할 것
　　㉰ 공기관의 두께는 0.3[mm] 이상, 바깥지름은 1.9[mm] 이상일 것
　　㉱ 검출부는 5° 이상 경사되지 아니하도록 부착할 것
　　㉲ 공기관과 감지구역의 각 변과의 수평거리는 1.5[m] 이하가 되도록 하고 공기관 상호 간의 거리는 6[m](내화구조 : 9[m]) 이하가 되도록 할 것
　　㉳ 검출부는 바닥으로부터 0.8[m] 이상 1.5[m] 이하의 위치에 설치할 것
　　㉴ 공기관은 도중에 분기하지 아니하도록 할 것

② 열전대식

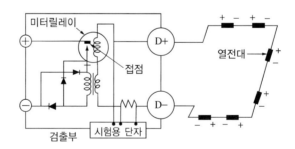

　㉠ 구성요소 : 열전대, 미터릴레이, 접속전선
　㉡ 시공방법 및 설치기준
　　㉮ 하나의 검출부에 접속하는 열전대부는 최소 **4개 이상**으로 할 것
　　㉯ 하나의 검출부에 접속하는 **열전대부**는 최대 **20개 이하**로 할 것
　　㉰ 열전대식감지기의 면적기준

특정소방대상물	1개의 감지면적
내화구조	22[m²]
기타 구조	18[m²]

단, 바닥면적이 72[m²](주요 구조부가 내화 구조일 때에는 88[m²] 이하인 특정소방대상물에 있어서는 4개 이상으로 할 것

③ 열반도체식

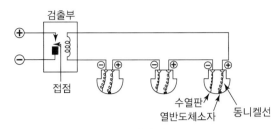

　　ⓐ 구성요소 : 열반도체소자, 수열판, 미터릴레이

(2) 차동식스포트형감지기

　① 공기팽창형 구성요소 : 감열실, 리크 구멍, 다이어프램, 접점

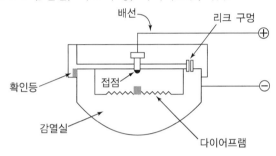

(3) 정온식스포트형감지기의 이용원리에 따른 분류

　① 바이메탈의 활곡을 이용
　② 바이메탈의 반전을 이용
　③ 금속의 팽창계수차를 이용
　④ 액체(기체)팽창을 이용
　⑤ 가용 절연물을 이용
　⑥ 감열반도체소자를 이용

(4) 연기감지기의 구조 및 기능

　① 이온화식감지기

　　ⓐ 구성 : 내부이온실, 외부이온실, 방사선원, 검출부

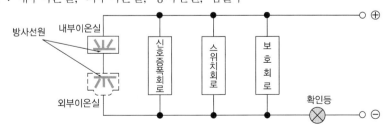

　　ⓑ 외부이온실 방사선원 : 아메리슘 241(Am^{241}), 라듐(Ra)

② 광전식분리형감지기

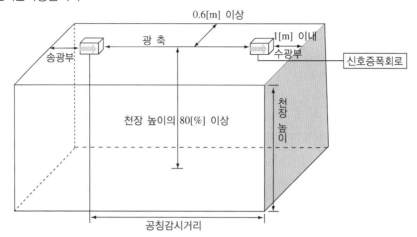

㉠ **설치기준**

　㉮ 감지기의 **수광면**은 **햇빛**을 직접 받지 않도록 설치할 것

　㉯ 광축(송광면과 수광면의 중심을 연결한 선)은 나란한 벽으로부터 **0.6[m] 이상 이격**하여 설치할 것

　㉰ 감지기의 발광부와 수광부는 설치된 뒷벽으로부터 **1[m] 이내 위치**에 설치할 것

　㉱ 광축의 높이는 천장 등(천장의 실내에 면한 부분 또는 상층의 바닥 하부면을 말한다) 높이의 **80[%] 이상**일 것

　㉲ 감지기의 광축 길이는 **공칭감시거리 범위 이내**일 것

③ **연기감지기**의 **설치장소 및 기준**

㉠ **계단·경사로** 및 에스컬레이터 경사로

㉡ **복도**(30[m] 미만은 제외)

㉢ 엘리베이터 승강로(권상기실), 린넨슈트, 파이프피트 및 파이프덕트 기타 이와 유사한 장소

㉣ 천장 또는 반자의 높이가 **15[m] 이상 20[m] 미만**의 장소

㉤ 다음 특정소방대상물의 취침·숙박·입원 등 이와 유사한 용도로 사용되는 거실

　• 공동주택·오피스텔·숙박시설·노유자시설·수련시설

　• 교육연구시설 중 합숙소

　• 의료시설, 근린생활시설 중 입원실이 있는 의원·조산원

　• 교정 및 군사시설

　• 근린생활시설 중 고시원

ⓜ 연기감지기의 부착 높이에 따른 감지기 바닥면적

(단위 : [m²])

부착 높이	감지기의 종류	
	1종 및 2종	3종
4[m] 미만	150	50
4[m] 이상 20[m] 미만	75	–

ⓗ 연기감지기 장소에 따른 설치기준

설치장소	복도 및 통로		계단 및 경사로	
	1종, 2종	3종	1종, 2종	3종
설치거리	보행거리 30[m]	보행거리 20[m]	수직거리 15[m]	수직거리 10[m]

(5) 감지기의 설치기준

① 감지기(차동식분포형은 제외)는 실내로의 공기 유입구로부터 **1.5[m] 이상** 떨어진 곳에 설치할 것

② 감지기는 천장 또는 **반자**의 옥내의 면하는 부분에 설치할 것

③ **보상식스포트형감지기**는 정온점이 감지기 주위의 평상시 최고온도보다 **20[℃] 이상** 높은 것으로 설치할 것

④ **정온식감지기**는 **주방, 보일러실** 등 다량의 화기를 취급하는 장소에 설치하되, 공칭작동온도가 최고주위온도보다 **20[℃] 이상** 높은 것으로 설치할 것

⑤ **스포트형감지기**는 **45° 이상** 경사되지 아니하도록 부착할 것

⑥ **분포형감지기**는 **5° 이상** 경사되지 아니하도록 부착할 것

⑦ 차동식스포트형, 보상식스포트형 및 정온식스포트형감지기는 다음 표에 따른 바닥면적마다 1개 이상을 설치할 것

[특정소방대상물에 따른 감지기의 종류] (단위 : [m²])

부착 높이 및 특정소방대상물의 구분		감지기의 종류						
		차동식 스포트형		보상식 스포트형		정온식 스포트형		
		1종	2종	1종	2종	특종	1종	2종
4[m] 미만	주요 구조부를 **내화구조**로 한 특정소방대상물 또는 그 부분	90	70	90	70	70	60	20
	기타 구조의 특정소방대상물 또는 그 부분	50	40	50	40	40	30	15
4[m] 이상 8[m] 미만	주요 구조부를 내화구조로 한 특정소방대상물 또는 그 부분	45	35	45	35	35	30	–
	기타 구조의 특정소방대상물 또는 그 부분	30	25	30	25	25	15	–

(6) 감지기 설치 높이

부착 높이	감지기의 종류
4[m] 미만	차동식(스포트형, 분포형), 보상식스포트형, 정온식(스포트형, 감지선형), 이온화식 또는 광전식(스포트형, 분리형, 공기흡입형), 열복합형, 연기복합형, 열연기복합형, 불꽃감지기
4[m] 이상 8[m] 미만	차동식(스포트형, 분포형), 보상식스포트형, 열연기복합형, 불꽃감지기, 정온식(스포트형, 감지선형) 특종 또는 1종, 이온화식 1종 또는 2종, 광전식(스포트형, 분리형, 공기흡입형) 1종 또는 2종, 열복합형, 연기복합형
8[m] 이상 15[m] 미만	차동식분포형, 이온화식 1종 또는 2종, 광전식(스포트형, 분리형, 공기흡입형) 1종 또는 2종, 연기복합형, 불꽃감지기
15[m] 이상 20[m] 미만	이온화식 1종, 광전식(스포트형, 분리형, 공기흡입형) 1종, 연기복합형, 불꽃감지기
20[m] 이상	불꽃감지기, 광전식(분리형, 공기흡입형) 중 아날로그방식

비고 1. 감지기별 부착 높이 등에 대하여 별도로 형식 승인받은 경우에는 그 성능 인정범위 내에서 사용할 수 있다.
2. 부착 높이 20[m] 이상에 설치되는 광전식 중 아날로그방식의 감지기는 공칭감지농도 하한값이 감광률 5[%/m] 미만인 것으로 한다.

(7) 감지기의 설치 제외 장소

① 천장 또는 반자의 높이가 **20[m]** 이상인 장소(단, 부착높이에 따라 적응성이 있는 장소는 제외함)
② 헛간 등 외부와 기류가 통하는 장소로서 감지기에 따라 화재 발생을 유효하게 감지할 수 없는 장소
③ **부식성 가스**가 **체류**하고 있는 장소
④ **고온도** 및 **저온도**로서 감지기의 기능이 정지되기 쉽거나 감지기의 **유지관리**가 **어려운 장소**
⑤ **목욕실**·욕조나 샤워시설이 있는 화장실·기타 이와 유사한 장소
⑥ **파이프덕트** 등 그 밖의 이와 비슷한 것으로서 2개 층마다 방화구획된 것이나 수평단면적이 $5[m^2]$ 이하인 것
⑦ **먼지·가루** 또는 **수증기**가 다량으로 체류하는 장소 또는 주방 등 평시에 연기가 발생하는 장소(연기감지기에 한함)
⑧ 프레스공장·주조공장 등 화재 발생의 위험이 작은 장소로서 감지기의 유지관리가 어려운 장소

(8) 감지기회로의 감시전류와 동작전류

① 감시전류

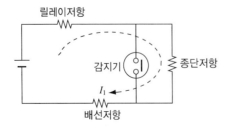

$$감시전류 : I_1 = \frac{회로정격전압}{종단저항 + 배선저항 + 릴레이저항}[A]$$

② 동작전류

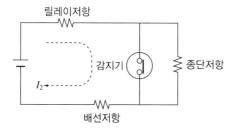

$$동작전류 : I_2 = \frac{회로정격전압}{배선저항 + 릴레이저항}[A]$$

5 시각경보장치

(1) 시각경보장치 설치기준

① 복도·통로·청각장애인용 객실 및 공용으로 사용하는 거실(로비, 회의실, 강의실, 식당, 휴게실, 오락실, 대기실, 체력단련실, 접객실, 안내실, 전시실, 기타 이와 유사한 장소를 말한다)에 설치하며, 각 부분으로부터 유효하게 경보를 발할 수 있는 위치에 설치할 것

② 공연장·집회장·관람장 또는 이와 유사한 장소에 설치하는 경우에는 시선이 집중되는 무대부 부분 등에 설치할 것

③ **설치 높이**는 바닥으로부터 **2[m] 이상 2.5[m] 이하**의 장소에 설치할 것. 다만, 천장의 높이가 **2[m] 이하**인 경우에는 천장으로부터 **0.15[m] 이내**의 장소에 설치하여야 한다.

(2) 절연저항시험 및 절연내력시험

① 절연저항시험 : 감지기의 **절연된 단자 간**의 절연저항 및 **단자와 외함 간**의 절연저항은 **직류 500[V]**의 절연저항계로 측정한 값이 **50[MΩ]**(정온식감지선형감지기는 선간에서 1[m]당 1,000[MΩ]) 이상일 것

[각 설비의 절연저항시험]

대상물 및 측정 개소	측정계기	절연저항값
① 수신기(간이형 수신기 제외), 자동화재속보설비의 속보기, 비상경보설비의 축전지, 가스누설경보기(절연된 충전부와 외함 간) ② 누전경보기의 변류기 　㉠ 절연된 1차 권선과 2차 권선 간 　㉡ 절연된 1차 권선과 외부 금속부 간 　㉢ 절연된 2차 권선과 외부 금속부 간 ③ 누전경보기의 수신부 　㉠ 절연된 충전부와 외함 간 　㉡ 차단기구의 개폐부	직류 500[V] 절연저항계	5[MΩ] 이상

대상물 및 측정 개소	측정계기	절연저항값
④ 유도등, 비상조명등 　㉠ 교류 입력측과 외함 간 　㉡ (절연된) 교류 입력측과 충전부 사이 　㉢ 절연된 충전부와 외함 사이	직류 500[V] 절연저항계	5[MΩ] 이상
① 수신기(간이형 수신기 제외), 자동화재속보설비의 속보기, 비상경보설비의 축전지, 가스누설경보기(절연된 선로 간) ② 수신기(간이형 수신기 포함), 자동화재속보설비의 속보기, 비상경보설비의 축전지, 가스누설경보기(교류입력측과 외함 간) ③ 발신기, 경종(절연된 단자 간, 단자와 외함 간) ④ 중계기(절연된 충전부와 외함 간, 절연된 선로 간) ⑤ 비상콘센트설비(절연된 충전부와 외함 사이)	직류 500[V] 절연저항계	20[MΩ] 이상
① 감지기(절연된 단자 간, 단자와 외함 간) ② 가스누설경보기(10회로 이상) ③ 수신기(간이형 수신기 포함, 10회로 이상)	직류 500[V] 절연저항계	50[MΩ] 이상
정온식감지선형감지기(선간에서 1[m]당)	직류 500[V] 절연저항계	1,000[MΩ] 이상
경계구역의 절연저항(감지기회로 및 부속회로의 전로와 대지 간, 배선 상호 간)	직류 250[V]	0.1[MΩ] 이상

② 절연내력시험 : 1분간 견딜 것
　㉠ 정격전압 60[V] 초과 150[V] 이하 : 1,000[V]
　㉡ 정격전압 150[V] 초과 : 그 정격전압[V]×2배+1,000[V]

6 수신기

(1) 수신기의 구조 및 기능

① P형 수신기와 R형 수신기 비교

형 식	P형 시스템	R형 시스템
신호전달방식	**1:1 개별신호방식**	**다중전송방식**
배관배선공사	선로수가 많아 **복잡**하다.	선로수가 적어 **간단**하다.
유지관리	선로수가 많고 복잡하여 **어렵다**.	선로수가 적고 간단하여 **쉽다**.
수신반 가격	가격이 **싸다**.	가격이 **비싸다**.
중계기	-	꼭 필요하다.
화재 표시방식	창구식, 지도식	CRT식, 디지털식 (창구식, 지도식 포함)
신호의 종류	전회선 공통	회선별 고유신호

(2) 수신기의 설치기준

① 수신기의 설치기준
　㉠ **수위실** 등 상시 사람이 근무하는 장소에 설치할 것(상시 근무하는 장소가 없는 경우 관계인이 쉽게 접근할 수 있고 관리가 용이한 장소)

ⓒ 수신기가 설치된 장소에는 **경계구역 일람도**를 비치할 것

ⓒ 수신기의 음향기구는 그 **음량** 및 **음색**이 다른 기기의 소음 등과 **명확히 구별**될 수 있는 것으로 할 것

ⓔ 수신기는 **감지기·중계기** 또는 **발신기**가 작동하는 **경계구역을 표시**할 수 있는 것으로 할 것

ⓜ 화재·가스 전기 등에 대한 **종합방재반**을 설치한 경우에는 해당 조작반에 **수신기**의 작동과 **연동**하여 감지기·중계기 또는 발신기가 작동하는 경계구역을 표시할 수 있는 것으로 할 것

ⓗ 하나의 경계구역은 하나의 **표시등** 또는 하나의 **문자**로 표시되도록 할 것

ⓢ 수신기의 조작스위치는 **바닥**으로부터의 **높이가 0.8[m] 이상 1.5[m] 이하**인 장소에 설치할 것

ⓞ **하나의 특정소방대상물**에 **2 이상의 수신기**를 설치하는 경우에는 수신기를 **상호 간 연동**하여 화재 발생상황을 **각 수신기마다 확인**할 수 있도록 할 것

② 수신기에 내장하는 음향장치

㉠ 사용전압의 80[%]인 전압에서 소리를 내어야 할 것

㉡ 사용전압에서의 음압은 무향실 내에서 정위치에 부착된 음향장치의 중심으로부터 1[m] 떨어진 지점에서 주음향장치용의 것은 90[dB] 이상일 것. 다만, 전화용 버저 및 고장표시 장치용 등의 음압은 60[dB] 이상일 것

7 발신기

(1) 발신기 종류 및 구성

① P형 1급 발신기 : P형 1급 수신기에 접속하여 사용되는 것으로 **응답확인램프, 전화장치(전화 잭), 스위치, 보호판** 등으로 구성되어 있다.

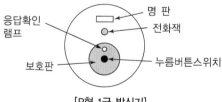

[P형 1급 발신기]

㉠ 전화잭 : 수신기와 발신기 간의 상호 전화 연락을 하기 위한 단자

㉡ 응답확인램프(LED) : 발신기의 화재신호가 수신기에 전달되었는지 확인하여 주는 램프

㉢ 누름버튼스위치 : 화재 시 수동으로 화재신호를 수신기에 발신하는 스위치

ㄹ P형 1급 발신기 내부 결선도

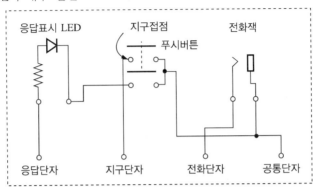

㉮ 응답단자 : 발신기의 신호가 수신기에 전달되었는가를 확인하여 주기 위한 단자

㉯ 지구단자 : 화재신호를 수신기에 알리기 위한 단자

㉰ 전화단자 : 수신기와 발신기 간의 상호 전화 연락을 하기 위한 단자

㉱ 공통단자 : 전화, 지구, 응답단자를 공유한 단자

② P형 2급 발신기 : P형 1급 발신기의 구조와 거의 비슷하나, P형 2급 수신기에 접촉하여 사용하는 것으로 옥내형만 있고 옥외형은 없다. P형 2급 발신기는 누름버튼스위치만 가지고 있다.

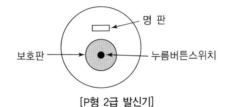

[P형 2급 발신기]

[P형 1급 발신기와 P형 2급 발신기의 비교]

항 목 \ 종 류	P형 1급 발신기	P형 2급 발신기
수신기 종류	P형 1급 수신기 또는 R형 수신기	P형 2급 수신기
구성 부분	응답확인램프, 스위치, 전화잭	스위치
기 능	• 스위치를 누르면 응답램프가 점등되고, 수신기에 신호를 보낸다. • 전화잭을 이용하여 수신기와 전화 통화 가능	스위치를 누르면 수신기에 신호를 보낸다.

(2) 발신기의 설치기준

① 조작이 쉬운 장소에 설치할 것

② 스위치는 바닥으로부터 0.8[m] 이상 1.5[m] 이하의 높이에 설치할 것

③ 특정소방대상물의 층마다 설치하되, 하나의 발신기까지의 수평거리가 25[m] 이하(지하가 중 터널의 경우에는 주행 방향의 측벽 길이 50[m] 이내)가 되도록 할 것. 다만, 복도 또는 별도로 구획된 실로서 보행거리가 40[m] 이상일 경우에는 추가로 설치하여야 한다.

④ 발신기의 위치를 표시하는 **표시등**은 함의 **상부**에 설치하되, 그 불빛은 **부착면**으로부터 15° **이상**의 범위 안에서 부착지점으로부터 **10[m] 이내**의 어느 곳에서도 **쉽게 식별**할 수 있는 **적색등**으로 하여야 한다.

8 중계기

(1) 중계기의 설치기준

① 수신기에서 직접 감지기회로의 **도통시험**을 행하지 아니하는 것에 있어서는 **수신기**와 **감지기** 사이에 설치할 것

② **조작** 및 **점검**에 편리하고 화재 및 침수 등의 재해로 인한 피해를 받을 우려가 없는 장소에 설치할 것

③ 수신기에 의하여 감시되지 아니하는 배선을 통하여 전력을 공급받는 것에 있어서는 전원 입력 측의 배선에 **과전류차단기**를 설치하고 해당 전원의 정전이 즉시 수신기에 표시되는 것으로 하며, **상용전원** 및 **예비전원**의 시험을 할 수 있도록 할 것

(2) 중계기의 시험

① 절연저항시험
  ㉠ 절연된 충전부와 외함 간
  ㉡ 직류 500[V] 절연저항계로 측정하여 **20[MΩ] 이상**일 것

② 절연내력시험
  ㉠ 정격전압 150[V] 이하 : 1,000[V] 실효전압
  ㉡ 정격전압 150[V] 초과 : 정격전압×2+1,000[V]의 실효전압

9 음향장치

① 음향장치의 종류
  ㉠ 경종(벨) : 경보기구 또는 비상경보설비에 사용하는 벨 등의 음향장치
    ㉮ 정격전압의 **80[%]**에서 **120[%]** 사이의 전압 변동에서 그 기능에 이상이 없을 것
    ㉯ 음압은 정격전압에서 무향실 내의 정위치에 부착된 경종 중심으로부터 1[m] 떨어진 위치에서 **90[dB] 이상**일 것
    ㉰ 감지기의 작동과 연동하여 작동할 수 있는 것으로 할 것
  ㉡ 사이렌 : 화재 시 감지기의 작동에 의해 수신기에 알리고 수신기에서 전체 특정소방대상물에 화재 발생을 알리는 비상기구이다.

② 음향장치의 설치기준
  ㉠ **주음향장치**는 **수신기**의 **내부** 또는 그 **직근**에 설치할 것
  ㉡ **5층** 이상으로서 연면적이 **3,000[m²]** 초과하는 특정소방대상물 : 우선경보방식
  ㉢ 하나의 특정소방대상물에 2 이상의 수신기가 설치된 경우 어느 수신기에서도 지구음향 장치를 작동할 수 있도록 할 것

    ㉣ **지구음향장치**는 특정소방대상물의 **층마다** 설치하되 해당 특정소방대상물의 각 부분으로부터 하나의 음향장치까지의 **수평거리**가 25[m] **이하**가 되도록 할 것

    ㉤ 감지기의 작동과 연동하여 작동할 수 있는 것으로 할 것

[우선경보방식의 발화층]

발화층	경보를 발하여야 하는 층
2층 이상	발화층, 그 직상층
1층	발화층, 그 직상층 및 지하층
지하층	발화층, 그 직상층 및 기타의 지하층

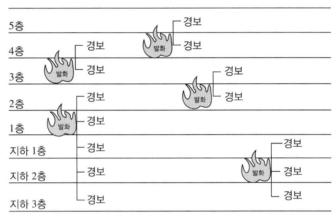

[발화 시 음향장치의 경보발화층]

10 감지기 배선방식

① **송배전방식** : 수신기에서 2차측의 외부배선의 도통시험을 용이하게 하기 위하여 배선의 중간에서 분기하지 않는 방식

    ㉠ 목적 : 감지기회로의 도통시험을 용이하게 하기 위해

    ㉡ 배선 가닥수

        ㉮ 루프 : 2가닥

        ㉯ 기타, 말단 : 4가닥

② **교차회로방식** : 하나의 담당구역 내에 2 이상의 화재감지기회로를 설치하고 인접한 2 이상의 화재감지기가 동시에 감지되는 때에 설비가 작동하는 방식

    ㉠ 목적 : 감지기의 오동작을 방지하기 위해

    ㉡ 배선 가닥수

        ㉮ 루프, 말단 : 4가닥

        ㉯ 기타 : 8가닥

종 류 구 분	송배전식(보내기배선)	교차회로방식(가위배선)
방 식	수신기에서 2차측의 외부배선의 도통시험을 용이하게 하기 위하여 배선의 중간에서 분기하지 않는 방식	하나의 담당구역 내에 2 이상의 화재감지기회로를 설치하고 인접한 2 이상의 화재감지기가 동시에 감지되는 때에 설비가 작동하는 방식
개념도		
적응설비	• 자동화재탐지설비 　─ 차동식스포트형감지기 　─ 보상식스포트형감지기 　─ 정온식스포트형감지기 • 제연설비 • 제연창설비	• 할론소화설비 • 스프링클러설비(준비작동식, 일제살수식) • 분말소화설비 • CO_2 소화설비 • 물분무소화설비 • 할로겐화합물 및 불활성기체 소화설비

11 단독경보형감지기 설치기준

① 각 실(이웃하는 실내의 바닥면적이 각각 30[m²] 미만이고 벽체의 상부의 전부 또는 일부가 개방되어 이웃하는 실내와 공기가 상호 유통되는 경우에는 이를 1개의 실로 본다)마다 설치하되, 바닥면적이 150[m²]를 초과하는 경우에는 150[m²]마다 1개 이상 설치할 것

② 최상층의 계단실의 **천장**(외기가 상통하는 계단실의 경우를 제외한다)**에 설치**할 것

③ 건전지를 주전원으로 사용하는 단독경보형감지기는 정상적인 작동 상태를 유지할 수 있도록 건전지를 교환할 것

④ 상용전원을 주전원으로 사용하는 단독경보형감지기의 2차전지는 제품검사에 합격한 것을 사용할 것

⑤ 단독경보형감지기 시설 특정소방대상물

특정소방대상물	기준면적
아파트 등, 기숙사	연면적 1천[m²] 미만
교육연구시설 또는 수련시설 내에 있는 합숙소 또는 기숙사	연면적 2천[m²] 미만
숙박시설	연면적 600[m²] 미만
노유자시설(노유자 생활시설 제외) 및 숙박시설이 있는 수련시설로서 수용 인원 100명 이상인 것	연면적 400[m²] 이상
유치원	연면적 400[m²] 미만

12 비상벨설비 또는 자동식사이렌설비 설치기준

① 부식성 가스 또는 습기 등으로 인하여 부식의 우려가 없는 장소에 설치하여야 한다.

② 지구음향장치는 특정소방대상물의 **층마다 설치**하되, 해당 특정소방대상물의 각 부분으로부터 하나의 **음향장치**까지의 수평거리가 25[m] **이하**가 되도록 하고, 해당 층의 **각 부분에 유효하게 경보**를 발할 수 있도록 설치하여야 한다(다만, 비상방송설비의 화재안전기준(NFSC 202)에 적합한 방송장비를 비상벨설비 또는 자동식사이렌설비와 연동하여 작동하는 경우에는 생략 가능하다).

③ 음향장치는 정격전압의 80[%] **전압**에서 음향을 발할 수 있도록 하여야 한다.

④ 음향장치의 **음량**은 부착된 음향장치의 중심으로부터 1[m] 떨어진 위치에서 90[dB] **이상**이 되는 것으로 하여야 한다.

⑤ 상용전원의 기준

    ㉠ 전원은 전기가 정상적으로 공급되는 **축전지**, 전기저장장치(외부 전기에너지를 저장해 두 었다가 필요한 때 전기를 공급하는 장치) 또는 **교류전압**의 **옥내 간선**으로 하고, 전원까지의 **배선**은 **전용**으로 할 것

    ㉡ 개폐기에는 "**비상벨설비** 또는 **자동식사이렌설비용**"이라고 표시한 **표지**를 할 것

⑥ 설비에 대한 감시상태를 60분간 **지속**한 후 유효하게 10분 **이상 경보**할 수 있는 축전지설비(수 신기에 내장하는 경우를 포함한다) 또는 전기저장장치(외부 전기에너지를 저장해 두었다가 필요한 때 전기를 공급하는 장치)를 설치하여야 한다.

⑦ 배선의 기준

    전원회로의 배선은 옥내소화전설비의 화재안전기준(NFSC 102) 별표 1에 따른 **내화배선**에 의하고 그 밖의 배선은 옥내소화전설비의 화재안전기준(NFSC 102) 별표 1에 따른 **내화배 선 또는 내열배선**으로 할 것

13 비상방송설비 설치기준

(1) 설치기준

① 확성기의 음성입력은 3[W](실내에 설치하는 것 1[W]) 이상일 것

② 확성기는 **각 층마다** 설치하되, 그 층의 각 부분으로부터 하나의 확성기까지의 수평거리가 25[m] **이하**가 되도록 하고, 해당 층의 각 부분에 유효하게 경보를 발할 수 있도록 설치할 것

③ 음량조정기를 설치하는 경우 **음량조정기의 배선**은 3선식으로 할 것

④ 조작부의 조작스위치는 바닥으로부터 0.8[m] 이상 1.5[m] 이하의 높이에 설치할 것

⑤ 조작부는 기동장치의 작동과 연동하여 해당 기동장치가 작동한 층 또는 구역을 표시할 수 있는 것으로 할 것

⑥ 증폭기 및 조작부는 수위실 등 항시 사람이 근무하는 장소로서 점검이 편리하고 방화상 유효한 곳에 설치할 것

⑦ **5층**(지하층은 제외한다) **이상**으로서 연면적이 $3,000[m^2]$를 **초과**하는 **특정소방대상물** 또는 그 부분에 있어서는 **2층 이상의 층에서 발화**한 때에는 **발화층** 및 **그 직상층**에, **1층에서 발화**한 때에는 **발화층·그 직상층** 및 **지하층**에, **지하층에서 발화**한 때에는 **발화층·그 직상층** 및 **기타의 지하층**에 우선적으로 경보를 발할 수 있도록 할 것

⑧ 다른 방송설비와 공용하는 것에 있어서는 화재 시 비상경보 외의 방송을 차단할 수 있는 구조로 할 것

⑨ 기동장치에 의한 화재신고를 수신한 후 필요한 음량으로 방송이 개시될 때까지의 소요시간은 **10초 이내**로 할 것

(2) 구조 및 성능 기준

① 정격전압의 **80[%] 전압**에서 음향을 발할 수 있는 것을 할 것

② 자동화재탐지설비의 작동과 **연동**하여 작동할 수 있는 것으로 할 것

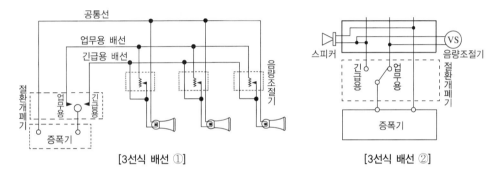

[3선식 배선 ①]　　　　　[3선식 배선 ②]

14 누전경보기

(1) 구 성

① **수신기(수신부)** : 변류기로부터 검출된 신호를 수신하여 누전의 발생을 해당 특정소방대상물의 관계인에게 경보를 통보하는 장치

② **변류기** : 경계전로의 누설전류를 자동적으로 검출하여 이를 수신기에 송신하는 장치

③ **차단기구** : 경계전로에 누설전류가 흐르는 경우 이를 수신하여 그 경계전로의 전원을 자동적으로 차단하는 장치

④ **음향장치** : 경보를 발하는 장치

(2) 설치방법 및 전원

① 경계전로의 정격전류

정격전류	60[A] 초과	60[A] 이하
경보기의 종류	1급	1급, 2급

② 전원은 분전반으로부터 **전용회로**로 하고, 각 극에 **개폐기** 및 15[A] 이하의 **과전류 차단기**(배선 **용 차단기**에 있어서는 20[A] 이하의 것으로 각 극을 개폐할 수 있는 것)를 설치할 것

(3) 수신기 설치 제외 장소

① 가연성의 **증기·먼지·가스** 등이나 부식성의 **증기·가스** 등이 **다량**으로 **체류**하는 장소
② 화약류를 제조하거나 저장 또는 취급하는 장소
③ **습도**가 **높은 장소**
④ **온도**의 **변화**가 **급격한 장소**
⑤ **대전류회로·고주파 발생회로** 등에 의한 영향을 받을 우려가 있는 장소

(4) 공칭작동전류치

누전경보기의 공칭작동전류치는 **200[mA]** 이하일 것

(5) 감도조정장치

감도조정장치를 갖는 누전경보기에 있어서 감도조정장치의 조정범위는 최대치가 1[A]일 것

(6) 변류기의 기능검사

① 변류기 절연저항시험 : 직류 500[V] 절연저항계로 측정하여 절연저항 5[MΩ] **이상일 것**
　　㉠ 절연된 1차 권선과 2차 권선 간의 절연저항
　　㉡ 절연된 1차 권선과 외부 금속부 간의 절연저항
　　㉢ 절연된 2차 권선과 외부 금속부 간의 절연저항
② 전압강하방지시험 : 정격전류를 흘리는 경우 그 경계전로의 전압강하는 **0.5[V]** 이하일 것

15 가스누설경보기

(1) 부품의 구조 및 기능

① 표시등
　㉠ 전구는 사용전압의 130[%]인 교류전압을 20시간 연속하여 가하는 경우, **단선**, 현저한 **광속 변화, 흑화, 전류**의 **저하** 등이 발생하지 아니할 것
　㉡ 전구는 **2개 이상**을 **병렬**로 접속할 것(방전등 또는 발광다이오드는 제외)
　㉢ 표시등의 점등색
　　㉮ **누설등**(가스의 누설을 표시하는 표시등) : **황색**
　　㉯ 지구등 (가스가 누설할 경계구역의 위치를 표시하는 표시등) : 황색
　㉣ 주위의 밝기가 300[lx]인 장소에서 측정하여 앞면으로부터 **3[m]** 떨어진 곳에서 켜진 등이 확실히 식별될 수 있을 것

(2) **절연저항시험** : 직류 500[V] 절연저항계

① 절연된 **충전부**와 외함 간 : 5[MΩ]
② **교류입력측**과 외함 간 : 20[MΩ]
③ **절연된 선로 간** : 20[MΩ] 이상

제2장 소화활동설비

1 비상콘센트설비

(1) 전 원

① 상용전원회로의 전용배선의 분기
   ㉠ **저압수전**인 경우 ⇒ **인입개폐기의 직후**
   ㉡ **특고압수전, 고압수전** ⇒ **전력용 변압기 2차측의 주차단기 1차측** 또는 **2차측**
② 자가발전설비, 비상전원수전설비 또는 전기저장장치를 비상전원으로 설치하여야하는 특정소방대상물
   ㉠ 7층 이상(지하층은 제외)
   ㉡ 연면적이 2,000[m^2] 이상
   ㉢ 지하층의 바닥면적의 합계가 3,000[m^2] 이상

(2) 전원회로

① 비상콘센트의 전원회로는 단상교류 220[V]의 것으로서, 그 공급용량이 1.5[kVA] 이상인 것으로 할 것

구 분	전 압	공급용량	플러그접속기
단상교류	220[V]	1.5[kVA] 이상	접지형 2극

② **전원회로는 각 층에 있어서 2 이상이 되도록 설치할 것**(단, 설치하여야 할 층의 콘센트가 1개인 때에는 하나의 회로로 할 수 있다)
③ 전원회로는 주배전반에서 전용회로로 할 것(단, 다른 설비의 회로의 사고에 의한 영향을 받지 아니하도록 되어 있는 것은 제외)
④ 전원으로부터 각 층의 비상콘센트에 분기되는 경우에는 분기배선용 차단기를 보호함 안에 설치할 것
⑤ 콘센트마다 배선용 차단기를 설치하여야 하며, 충전부가 노출되지 아니하도록 할 것
⑥ 개폐기에는 "비상콘센트"라고 표시한 표지를 할 것
⑦ 비상콘센트용의 **풀박스** 등은 방청도장을 한 것으로서, 두께 **1.6[mm]** 이상의 철판으로 할 것
⑧ **하나의 전용회로**에 설치하는 비상콘센트는 **10개 이하**로 할 것. 이 경우 전선의 용량은 각 비상콘센트(비상콘센트가 3개 이상인 경우에는 3개)의 공급용량을 합한 용량 이상의 것으로 하여야 한다.

(3) 절연저항 및 절연내력의 기준

① 절연저항은 **전원부와 외함 사이**를 500[V] **절연저항계**로 측정할 때 **20[MΩ] 이상**일 것
② 절연내력은 전원부와 외함 사이에 다음과 같이 실효전압을 가하는 시험에서 1분 이상 견디는 것으로 할 것

ⓐ 정격전압이 150[V] 이하 : 1,000[V]
ⓑ 정격전압이 150[V] 초과 : 그 정격전압×2배 + 1,000[V]의 실효전압

(4) 비상콘센트설비의 배선

전원회로의 배선은 **내화배선**(그 밖의 배선은 내화배선 또는 내열배선으로 할 것)

(5) 비상콘센트설비의 보호함

① 보호함에는 쉽게 개폐할 수 있는 문을 설치할 것
② 보호함 표면에 "비상콘센트"라고 표시한 표지를 할 것
③ 보호함 상부에 적색의 표시등을 설치할 것(단, 비상콘센트의 보호
  함을 옥내소화전함 등과 접속하여 설치하는 경우에는 옥내소화전
  함 등이 표시등과 겸용 가능)

[비상콘센트함]

2 무선통신보조설비

(1) 종 류

① 안테나 방식 : 장애물이 적고 공간이 넓은 장소에 적합
② 누설동축케이블 방식 : 지하상가 등 폭이 좁고 통로가 긴 있는 장소에 적합
③ 안테나와 누설동축케이블 혼합방식 : 양쪽의 장단점을 보완하여 사용

(2) 용어 정의

① **누설동축케이블** : 동축케이블의 외부도체에 가느다란 홈을 만들어서 전파가 외부로 새어나갈
  수 있도록 한 케이블
② **분파기** : 서로 다른 주파수의 합성된 신호를 분리하기 위해서 사용하는 장치
③ **분배기** : 신호의 전송로가 분기되는 장소에 설치하는 것으로 임피던스 매칭과 신호 균등
  분배를 위해 사용하는 장치
④ **증폭기** : 신호 전송 시 신호가 약해져 수신이 불가능해지는 것을 방지하기 위해서 증폭하는
  장치
⑤ **혼합기** : 2개 이상의 입력신호를 원하는 비율로 조합한 출력이 발생하도록 하는 장치

(3) 누설동축케이블 설치기준

① 소방전용 주파수대에서 전파의 전송 또는 복사에 적합한 것으로서 소방 전용의 것으로 할
  것(단, 소방대 상호 간의 무선연락에 지장이 없는 경우에는 다른 용도와 겸용 가능)
② 누설동축케이블과 이에 접속하는 안테나 또는 동축케이블과 이에 접속하는 안테나에 따른
  것으로 할 것
③ 누설동축케이블은 불연성 또는 난연성의 것으로서 습기에 따라 전기의 특성이 변질되지 아니하
  는 것으로 하고, 노출하여 설치한 경우에는 피난 및 통행에 장해가 없도록 할 것

④ 누설동축케이블은 화재에 의하여 해당 케이블의 피복이 소실된 경우에 케이블 본체가 떨어지지 아니하도록 4[m] 이내마다 금속제 또는 자기제 등의 지지금구로 벽·천장·기둥 등에 견고하게 고정시킬 것(단, **불연재료**로 구획된 **반자 안에 설치**하는 경우에는 **제외**)

⑤ 누설동축케이블 및 안테나는 금속판 등에 따라 전파의 복사 또는 특성이 현저하게 저하되지 아니하는 위치에 설치할 것

⑥ **누설동축케이블** 및 **안테나**는 **고압의 전로**로부터 1.5[m] 이상 떨어진 위치에 설치할 것(단, 해당 전로에 정전기 차폐장치를 유효하게 설치한 경우에는 제외)

⑦ 누설동축케이블의 **끝부분**에는 **무반사 종단저항**을 견고하게 설치할 것

(4) 특성임피던스 설치기준

누설동축케이블 또는 동축케이블의 **임피던스**는 **50[Ω]**으로 하고, 이에 접속하는 안테나·분배기, 기타 장치는 해당 임피던스에 적합한 것으로 하여야 할 것

(5) 무선기기 접속단자 설치기준

① 지상에서 유효하게 소방활동을 할 수 있는 장소 또는 수위실 등 상시 사람이 근무하고 있는 장소에 설치할 것

② **단자**를 바닥으로부터 높이 **0.8[m] 이상 1.5[m] 이하**의 위치에 설치할 것

③ **지상**에 설치하는 접속단자는 보행거리 **300[m]** 이내마다 설치하고, **다른 용도**로 사용되는 접속단자에서 **5[m]** 이상의 거리를 둘 것

④ 지상에 설치하는 단자를 보호하기 위하여 견고하고 함부로 개폐할 수 없는 구조의 보호함을 설치하고, 먼지·습기 및 부식 등에 의하여 영향을 받지 아니하도록 조치할 것

⑤ 단자의 보호함의 **표면**에 "무선기 접속단자"라고 표시한 표지를 할 것

제3장 피난유도설비

1 유도등

(1) 종 류

① 피난구유도등 : 피난구 또는 피난경로로 사용되는 출입구를 표시하여 피난을 유도하는 등
② 통로유도등 : 피난통로를 안내하기 위한 유도등(복도통로유도등, 거실통로유도등, 계단통로유도등)
③ 객석유도등 : 객석의 통로, 바닥 또는 벽에 설치하는 유도등

(2) 피난구유도등 설치장소

① 옥내로부터 직접 **지상으로 통하는 출입구** 및 그 부속실의 출입구
② **직통계단·직통계단의 계단실 및 그 부속실의 출입구**
③ ①, ②의 규정에 의한 출입구에 이르는 복도 또는 통로로 통하는 출입구
④ **안전구획된 거실로 통하는 출입구**

(3) 피난구유도등 설치기준

① 피난구유도등은 바닥으로부터 높이 1.5[m] 이상으로서 출입구에 인접하도록 설치
② 피난구유도등의 조명도는 피난구로부터 30[m]의 거리에서 문자 및 색채를 쉽게 식별할 수 있을 것
③ 피난구유도등의 표시 색상은 녹색 바탕에 백색 문자로 표시할 것

(4) 피난구유도등의 결선방식 및 배선방식 차이

① 2선식 및 3선식 결선도

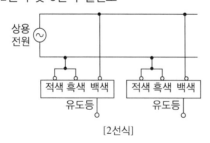

[2선식]

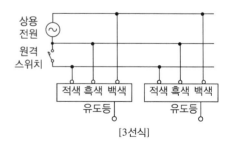

[3선식]

② 배선방식 차이점

구 분	2선식	3선식
점등 상태	평상시 및 화재 시 : 항상 점등	• 평상시 : 소등 • 화재 시 : 점등
충전 상태	• 평상시 : 항상 충전 • 화재 시 : 방전	• 평상시 : 항상 충전 • 화재 시 : 방전

(5) 유도등 3선식 배선 시 반드시 점등되어야 하는 경우

① 자동화재탐지설비의 감지기 또는 발신기기 작동 시
② **자동소화설비 작동 시**
③ **비상경보설비**의 **발신기**가 작동되는 때
④ **상용전원**이 **정전**되거나 **전원선**이 **단선**되는 때
⑤ **방재업무**를 **통제**하는 곳 또는 전기실의 배전반에서 **수동**으로 **점등**하는 때

(6) 통로유도등 종류

① 복도통로유도등 : 피난구 방향을 명시하기 위하여 피난통로가 되는 복도에 설치하는 유도등
② 거실통로유도등 : 거실, 주차장 등 개방된 통로에 설치하는 유도등으로서 거주, 집무, 작업집회, 오락 등 이와 유사한 목적의 사용장소의 피난 방향을 명시하는 것
③ 계단통로유도등 : 계단이나 경사로에 설치되는 유도등으로 바닥면이나 디딤바닥면을 비추는 것

(7) 통로유도등 설치기준

구 분	설치거리	설치 높이
복도통로유도등 (복도)	구부러진 모퉁이 및 보행거리 20[m]마다 설치	바닥으로부터 높이 1[m] 이하
거실통로유도등 (거실의 통로)	구부러진 모퉁이 및 보행거리 20[m]마다 설치	바닥으로부터 높이 1.5[m] 이상 (다만, 기둥이 설치되었을 경우 1.5[m] 이하에도 가능)
계단통로유도등 (계단참 및 경사로참)	각 층의 경사로참 또는 계단참마다 설치	바닥으로부터 높이 1[m] 이하

※ 통로유도등의 표시 색상은 백색 바탕에 녹색 문자로 표시할 것

(8) 유도등 최소 설치 개수 산정식

① **객석유도등**

$$설치\ 개수 = \frac{객석\ 통로의\ 직선\ 부분의\ 길이[m]}{4} - 1$$

② **유도표지**

$$설치\ 개수 = \frac{구부러진\ 모퉁이\ 및\ 직선부\ 보행거리[m]}{15} - 1$$

③ 복도통로유도등, 거실통로유도등

$$설치\ 개수 = \frac{구부러진\ 모퉁이\ 및\ 직선부\ 보행거리[m]}{20} - 1$$

※ 소수점 이하는 반드시 절상

(9) 유도등 전원

① **유도등**의 **전원**은 **축전지**, 전기저장장치(외부 전기에너지를 저장해 두었다가 필요한 때 전기를 공급하는 장치) 또는 **교류전압의 옥내 간선**으로 하고, 전원까지의 배선은 **전용**으로 할 것

② **비상전원**은 **축전지**로 하고, 그 용량은 해당 유도등을 유효하게 **20분 이상** 작동시킬 수 있는 것으로 할 것. 다만, 다음의 특정소방대상물의 경우에는 그 부분에서 피난층에 이르는 부분의 유도등을 60분 이상 유효하게 작동시킬 수 있는 용량으로 하여야 한다.

㉠ 지하층을 제외한 층수가 11층 이상의 층

㉡ 지하층 또는 무창층으로서 용도가 도매시장·소매시장·여객자동차터미널·지하역사 또는 지하상가

2 휴대용 비상조명등 설치기준

① **숙박시설** 또는 다중이용업소에는 객실 또는 영업장 안의 구획된 실마다 잘 보이는 곳(외부에 설치 시 출입문 손잡이로부터 1[m] 이내)에 1개 이상 설치

② 수용인원 100명 이상 대규모 점포(지하상가 및 지하역사 제외)와 영화상영관 : 보행거리 50[m] 이내마다 3개 이상 설치

지하상가, **지하역사 : 보행거리 25[m] 이내**마다 **3개 이상** 설치

③ 건전지 및 충전식 배터리 용량은 20분 이상 유효하게 사용할 수 있는 것으로 할 것

제4장 소화설비

1 옥내소화전설비

(1) 비상전원의 설치기준

① 점검에 편리하고 화재 및 침수 등의 재해로 인한 피해를 받을 우려가 없는 곳에 설치할 것
② 옥내소화전설비를 유효하게 **20분 이상** 작동할 수 있을 것
③ 상용전원으로부터 전력의 공급이 중단된 때에는 자동으로 비상전원으로부터 전력을 공급받을 수 있을 것
④ 비상전원을 실내에 설치하는 때에는 그 실내에 비상조명등을 설치할 것
⑤ 비상전원(내연기관의 기동 및 제어용 축전기 제외)의 설치장소는 다른 장소와 방화구획할 것. 이 경우 그 장소에는 비상전원의 공급에 필요한 기구나 설비 이외 것(열병합발전설비에 필요한 기구나 설비 제외)을 두어서는 아니 된다.

(2) 배 선

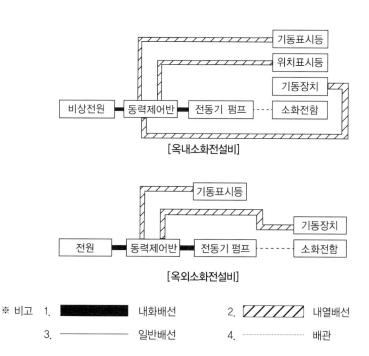

[옥내소화전설비]

[옥외소화전설비]

※ 비고 1. ■■■■■■ 내화배선 2. ▨▨▨▨ 내열배선
3. ────── 일반배선 4. ⋯⋯⋯⋯⋯⋯ 배관

① 옥내소화전설비의 배선은 전기설비기술기준에 관한 규칙에서 정한 것 외에 다음의 기준에 의하여 설치할 것
  ㉠ 비상전원으로부터 동력제어반 및 가압송수장치에 이르는 전원회로배선은 내화배선으로 할 것

ⓛ 상용 전원으로부터 동력제어반에 이르는 배선, 그 밖의 옥내소화전설비의 감시·조작 또
　　　는 표시등회로의 배선은 내화배선 또는 내열배선으로 할 것
　② 내화배선 및 내열배선에 사용되는 전선 및 설치방법은 기준에 의할 것
　③ 옥내소화전설비의 과전류차단기 및 개폐기에는 "옥내소화전설비용"이라고 표시한 표시할 것

② 스프링클러설비, 물분무소화설비, 포소화설비 배선

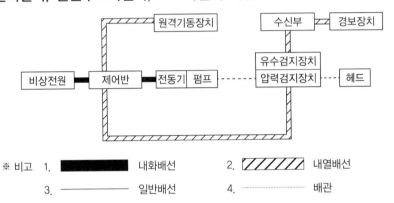

　　※ 비고　1. ▅▅▅▅▅ 내화배선　　　2. ▨▨▨▨ 내열배선
　　　　　　 3. ─────── 일반배선　　　4. ·········· 배관

※ 옥내소화전설비의 배선의 규정에 준한다.

③ 이산화탄소소화설비, 할론소화설비, 분말소화설비 배선

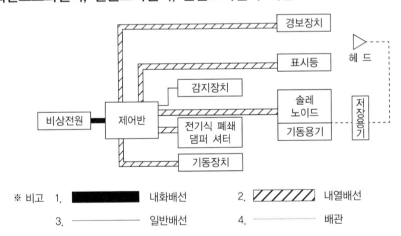

　　※ 비고　1. ▅▅▅▅▅ 내화배선　　　2. ▨▨▨▨ 내열배선
　　　　　　 3. ─────── 일반배선　　　4. ·········· 배관

※ 옥내소화전설비의 배선의 규정에 준한다.

제5장 소방전기설비

1 전선의 약호 및 명칭

약 호	명 칭	절연물의 최고 허용온도[℃]
HFIX 전선	450/750[V] 저독성 난연 가교폴리올레핀 절연전선	90

2 전압강하

간선 및 분기회로에서 각각 표준전압의 **2[%] 이하**로 하는 것을 **원칙**으로 한다. 다만, 전기 사용 장소 안에 시설한 변압기에 의하여 공급되는 경우 간선의 전압강하는 **3[%] 이하**로 할 수 있다.

(1) 전압강하 : $e = V_S - V_R\,[\text{V}]$

여기서, V_S : 송전단 전압[V]

V_R : 수전단 전압[V]

(2) 단상 2선식

① 전압강하 : $e = 2IR = \dfrac{35.6\,LI}{1,000\,A}\,[\text{V}]$

② 전선의 단면적(굵기) : $A = \dfrac{35.6\,LI}{1,000\,e}\,[\text{mm}^2]$

(3) 3상 3선식

① 전압강하 : $e = \dfrac{30.8\,LI}{1,000\,A}\,[\text{V}]$

② 전선의 단면적(굵기) : $A = \dfrac{30.8\,LI}{1,000\,e}\,[\text{mm}^2]$

(4) 단상 3선식, 3상 4선식

① 전압강하 : $e = \dfrac{17.8\,LI}{1,000\,A}\,[\text{V}]$

② 전선의 단면적(굵기) : $A = \dfrac{17.8\,LI}{1,000\,e}\,[\text{mm}^2]$

(5) 최대 사용전류(부하전류)

① 단상 : $I = \dfrac{P}{V\cos\theta}$ [A]

② 3상 : $I = \dfrac{P}{\sqrt{3}\,V\cos\theta}$ [A]

여기서, e : 전압강하[V]

　　　　 I : 최대 사용전류[A]

　　　　 L : 전선의 긍장(길이)[m]

　　　　 A : 전선의 단면적[mm^2]

　　　　 P : 전력[W]

　　　　 V : 사용전압[V]

[KSC, IEC 규정에 의한 공칭단면적]　　　　단위 : [mm^2]

공칭단면적	공칭단면적	공칭단면적	공칭단면적
1.5	16	95	300
2.5	25	120	400
4	35	150	500
6	50	185	630
10	70	240	–

※ 전선의 단면적(굵기)은 공칭단면적으로 표기해야 한다.

③ 가요전선관 연결 기구

① 스트레이트박스 커넥터 : 박스와 가요전선관과의 접속에 사용하는 부품
② 콤비네이션 커플링 : 가요전선관과 금속관과의 접속에 사용하는 부품
③ 스프리트 커플링 : 가요전선관 상호 간의 접속에 사용하는 부품

명 칭	종 류	용 도
부 싱		전선의 절연 피복을 보호하기 위하여 금속관 끝에 취부하여 사용
로크너트		박스에 금속관을 고정시킬 때 1개소에 2개씩(안과 밖) 사용
노멀밴드		매입전선관의 굴곡 부분에 사용
유니버설엘보		노출배관공사 시 관을 직각으로 굽히는 곳에 사용 (LL형, LB형, T형)

명 칭	종 류	용 도
새 들		배관공사 시 천정이나 벽 등에 배관을 고정시키는 금구
링리듀셔		아웃렛 박스의 녹아웃 구경이 금속관보다 너무 클 경우 로크너트와 보조적으로 사용하는 부품

4 전동기 용량 산정

(1) 전동기 용량(펌프)

$$P = \frac{9.8\,Q'HK}{\eta} = \frac{9.8\,QHK}{60\,\eta}$$

여기서, P : 전동기 용량[kW] Q' : 양수량[m³/s] Q : 양수량[m³/min]
H : 전양정[m] η : 효율[%] K : 여유계수

$$1[\text{m}^3/\text{s}] = 1,000[\text{L/s}], \quad 1[\text{L/s}] = 10^{-3}[\text{m}^3/\text{s}]$$
$$1[\text{HP}] = 746[\text{W}] = 0.746[\text{kW}]$$

(2) 송풍기 용량(FAN)

$$P = \frac{KP_T Q'}{102\,\eta} = \frac{KP_T Q}{6,120\eta}\,[\text{kW}]$$

여기서, P : 전동기 출력[kW] Q' : 풍량 [m³/s] Q : 풍량 [m³/min]
P_T : 풍압[mmAq] η : 송풍기 효율 K : 여유계수

(3) 역률개선용 전력콘덴서의 용량 산정

$$Q_C = P(\tan\theta_1 - \tan\theta_2) = P\left(\frac{\sin\theta_1}{\cos\theta_1} - \frac{\sin\theta_2}{\cos\theta_2}\right) = P\left(\frac{\sqrt{1-\cos^2\theta_1}}{\cos\theta_1}\right) - \left(\frac{\sqrt{1-\cos^2\theta_2}}{\cos\theta_2}\right)[\text{kVA}]$$

여기서, Q_C : 콘덴서의 용량[kVA] P : 유효전력[kW]
$\cos\theta_1$: 개선 전 역률 $\cos\theta_2$: 개선 후 역률

(4) 콘덴서 회로의 주변기기

① **방전코일**(Discharge Coil) : 콘덴서 개방 시 잔류전하를 방전시켜 인체 감전사고 방지
② **직렬리액터**(Series Reactor) : 제 5고조파를 제거하여 파형 개선
③ **전력용 콘덴서**(Static Condenser) : 부하의 역률 개선

5 비상전원전용 수전설비

전력회사에서 공급하는 **상용전원**을 **이용**하는 것으로 특정소방대상물의 옥내 화재에 의한 전기회로의 단락, 과부하에 견딜 수 있는 구조를 갖춘 수전설비

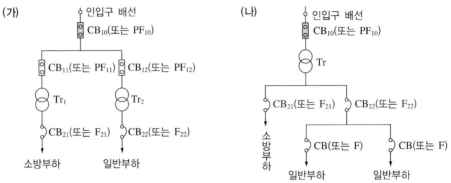

[특고압 또는 고압 수전]

1. 일반회로의 과부하 또는 단락사고 시에 CB_{10}(또는 PF_{10})이 CB_{12}(또는 PF_{12}) 및 CB_{22}(또는 PF_{22})보다 먼저 차단되어서는 아니 된다.
2. CB_{11}(또는 PF_{11})은 CB_{12}(또는 F_{12})와 동등 이상의 차단용량이어야 한다.
   - 전용의 전력용 변압기에서 소방부하에 전원을 공급하는 경우

1. 일반회로의 과부하 또는 단락사고 시에 CB_{10}(또는 PF_{10})이 CB_{22}(또는 F_{22}) 및 CB(또는 F)보다 먼저 차단되어서는 아니 된다.
2. CB_{21}(또는 F_{21})은 CB_{22}(또는 F_{22})와 동등 이상의 차단용량이어야 한다.
   - 공용의 전력용변압기에서 소방부하에 전원을 공급하는 경우

약 호	명 칭	약 호	명 칭
CB	전력차단기	F	퓨즈(저압용)
PF	전력퓨즈(고압 또는 특고압용)	Tr	전력용 변압기

※ 일반부하 시 소방부하가 동작하지 않고, 일반부하 차단기가 동작할 것

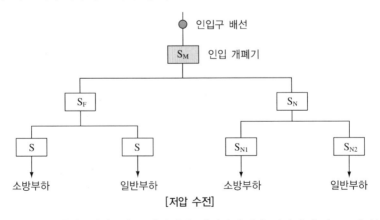

[저압 수전]

※ 일반부하에서 이상(단락, 지락) 시 소방부하나 메인차단기가 동작하지 않고, 일반부하 차단기가 동작할 것

6 자가발전설비

(1) 발전기 용량 산정

발전기 용량 : $P_n = \left(\dfrac{1}{e} - 1\right) X_L\, P\,[\mathrm{kW}]$

(2) 발전기용 차단기 용량 산정

발전기용 차단기 용량 : $P_S = \dfrac{P_n}{X_L} K\,[\mathrm{kVA}]$

여기서, P_n : 발전기 용량[kW] e : 전압강하[V] X_L : 과도리액턴스[%]

　　　　P : 기동용량[kVA] P_S : 차단기 용량[kVA] K : 여유율

(3) 소방설비별 비상전원 적용여부

① 소화설비

[소화설비의 비상전원 적용]

소방시설	비상전원 대상	비상전원 종류 발 전	축 전	수 전	용 량
옥내소화전	① 7층 이상으로 연면적 2,000[m²] 이상 ② 지하층 바닥면적의 합계 3,000[m²] 이상	○	○		20분
스프링클러설비	① 차고, 주차장으로 스프링클러를 설치한 부분의 바닥면적 합계가 1,000[m²] 미만	○	○	○	20분
	② 기타 대상인 경우	○	○		20분
포소화설비	① Foam Head 또는 고정포 방출설비가 설치된 부분의 바닥면적 합계가 1,000[m²] 미만 ② 호스릴포 또는 포소화전만을 설치한 차고, 주차장	○	○	○	20분
	③ 기타 대상인 경우	○	○		20분
물분무설비, CO₂설비 Halon설비, 할로겐화합물 및 불활성 기체 소화설비	대상 건물 전체	○	○		20분
간이스프링클러	대상 건물 전체(단, 전원이 필요한 경우)	○	○	○	10분(단, 근생용도는 20분)
ESFR스프링클러	대상 건물 전체	○	○		

② 경보설비

[경보설비의 비상전원 적용]

소방시설	비상전원 대상	비상전원 종류 발 전	축 전	수 전	용 량
자동화재탐지설비 비상경보설비 · 방송설비	대상 건물 전체		○		감시 60분 후 10분 경보

③ 피난구조설비

[피난구조설비의 비상전원 적용]

설비 종류	설치대상	비상전원			용 량
		발 전	축 전	수 전	
유도등설비	① 11층 이상의 층 ② 지하층 또는 무창층 용도(도매시장, 소매시장, 여객자동차 터미널, 지하역사, 지하상가)		○		60분
	③ 기타 대상인 경우		○		20분
비상조명등설비	① 11층 이상의 층 ② 지하층 또는 무창층 용도(도매시장, 소매시장, 여객자동차 터미널, 지하역사, 지하상가)	○	○		60분
	③ 기타 대상인 경우	○	○		20분

④ 소화활동설비

[소화활동설비의 비상전원 적용]

설비 종류	설치대상	비상전원			용 량
		발 전	축 전	수 전	
제연설비	대상 건물 전체	○	○		20분
연결송수관설비	높이 70[m] 이상 건물(중간 펌프)	○	○		20분
비상콘센트설비	① 7층 이상으로 연면적 2,000[m²] 이상 ② 지하층의 바닥면적의 합계 3,000[m²] 이상	○		○	20분
무선통신보조설비	증폭기를 설치한 경우		○		20분

7 무정전 전원공급장치(UPS)

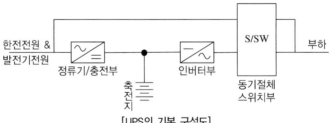

[UPS의 기본 구성도]

① **정류기, 충전기부**(Rectifier, Changer) : 한전의 교류전원이나 발전기 전원을 공급받아 직류 전원으로 바꾸어 주는 동시에 축전지를 양질의 상태로 충전한다.

② **인버터부**(Inverter) : 직류전원을 교류전원으로 바꾸어 주는 장치

③ **동기절체 스위치부**(Bypass Static S/W) : 인버터부의 과부하 및 이상 시 예비 상용전원 (Bypass Line)으로 절체시켜 주는 스위치부

④ **축전지**(Battery) : 정전 시 인버터부에 직류전원을 공급하여 부하에 일정시간 동안 무정전으로 전원을 공급하는 데 필요한 설비이다.

8 축전지설비

(1) 충전방식

① 충전방식의 종류

ㄱ **부동충전방식** : 그림과 같이 충전장치를 축전지와 부하에 병렬로 연결하여 전지의 자기방전을 보충함과 동시에 상용부하에 대한 전력공급은 충전기가 부담하고 충전기가 부담하기 어려운 대전류 부하는 축전지가 부담하게 하는 방법이다.

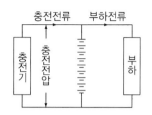

ㄴ **균등충전** : 전지를 장시간 사용하는 경우 단전지들의 전압이 불균일하게 되는 때 얼마간 과충전을 계속하여 각 전해조의 전압을 일정하게 하는 것

ㄷ **세류충전** : 자기 방전량만 항상 충전하는 방식으로 부동충전방식의 일종

ㄹ **회복충전** : 축전지를 과방전 또는 방치 상태에서 기능 회복을 위하여 실시하는 충전방식

② 충전지 2차 전류(I)

$$I = 축전지충전전류 + 부하전류 = \frac{축전지정격용량}{축전지공칭용량} + \frac{상시부하}{표준전압}$$

(2) 축전지

① 연축전지와 알칼리축전지의 비교

구 분	연축전지	알칼리축전지
공칭용량	10[Ah]	5[Ah]
공칭전압	2.0[V]	1.2[V]
기전력	2.05~2.08[V]	1.43~1.49[V]
셀수(100[V])	50~55개	80~86개
충전시간	길다.	짧다.
기계적 강도	약하다.	강하다.
전기적 강도	약하다.	강하다.
기대수명	5~15년	12~20년
종 류	클래드식, 페이스트식	소결식, 포켓식

② 축전지의 용량 : $C = \dfrac{1}{L} K I \,[\mathrm{Ah}]$

ㄱ 시간적으로 누적되는 부하 계산

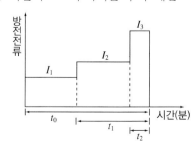

C : 축전지 용량[Ah]

L : 경년용량 저하율(보수율)

K : 용량환산시간계수

I : 방전전류[A]

$$\therefore C = \frac{1}{L}\left[K_1 I_1 + K_2 (I_2 - I_1) + K_3 (I_3 - I_2)\right][\mathrm{Ah}]$$

ⓛ 시간에 따라 순차기동되는 부하 계산

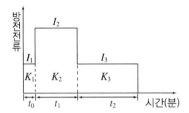

$$\therefore \ C = \frac{1}{L}[K_1 I_1 + K_2 I_2 + K_3 I_3] [\text{Ah}]$$

③ 허용최저전압

$$V = \frac{V_a + V_c}{n} [\text{V/cell}]$$

여기서, V_a : 부하의 허용최저전압[V]

V_c : 축전지와 부하 간의 접속선에 대한 전압강하[V]

n : 셀수

9 내화배선의 시공

사용전선의 종류	공사방법
1. 450/750[V] 저독성 난연 가교 폴리올레핀 절연전선 2. 0.6/1[kV] 가교 폴리에틸렌 절연 저독성 난연 폴리올레핀 시스 전력 케이블 3. 6/10[kV] 가교 폴리에틸렌 절연 저독성 난연 폴리올레핀 시스 전력용 케이블 4. 가교 폴리에틸렌 절연 비닐시스 트레이용 난연 전력 케이블 5. 0.6/1[kV] EP 고무절연 클로로프렌 시스 케이블 6. 300/500[V] 내열성 실리콘 고무 절연전선(180[℃]) 7. 내열성 에틸렌-비닐 아세테이트 고무 절연 케이블 8. 버스덕트(Bus Duct) 9. 기타 전기용품안전관리법 및 전기설비기술기준에 따라 동등 이상의 내화성능이 있다고 주무부장관이 인정하는 것	금속관·2종 금속제 가요전선관 또는 합성 수지관에 수납하여 내화구조로 된 벽 또는 바닥 등에 벽 또는 바닥의 표면으로부터 25[mm] 이상의 깊이로 매설하여야 한다. 다만 다음 기준에 적합하게 설치하는 경우에는 그러하지 아니하다. 가. 배선을 내화성능을 갖는 배선전용실 또는 배선을 배선용 샤프트·피트·덕트 등에 설치하는 경우 나. 배선전용실 또는 배선용 샤프트·피트·덕트 등에 다른 설비의 배선이 있는 경우에는 이로 부터 15[cm] 이상 떨어지게 하거나 소화설비의 배선과 이웃하는 다른 설비의 배선 사이에 배선지름(배선의 지름이 다른 경우에는 가장 큰 것을 기준으로 한다)의 1.5배 이상의 높이의 불연성 격벽을 설치하는 경우
내화전선	케이블공사의 방법에 따라 설치하여야 한다.

10 내열배선의 시공

사용전선의 종류	공사방법
1. 450/750[V] 저독성 난연 가교 폴리올레핀 절연전선 2. 0.6/1[kV] 가교 폴리에틸렌 절연 저독성 난연 폴리올레핀 시스 전력케이블 3. 6/10[kV] 가교 폴리에틸렌 절연 저독성 난연 폴리올레핀 시스 전력용 케이블 4. 가교 폴리에틸렌 절연 비닐시스 트레이용 난연 전력케이블 5. 0.6/1[kV] EP 고무절연 클로로프렌 시스 케이블 6. 300/500[V] 내열성 실리콘 고무 절연전선(180[℃]) 7. 내열성 에틸렌-비닐 아세테이트 고무 절연 케이블 8. 버스덕트(Bus Duct) 9. 기타 전기용품안전관리법 및 전기설비기술기준에 따라 동등 이상의 내열성능이 있다고 주무부장관이 인정하는 것	금속관·금속제 가요전선관·금속덕트 또는 케이블(불연성덕트에 설치하는 경우에 한한다)공사방법에 따라야 한다. 다만, 다음 기준에 적합하게 설치하는 경우에는 그러하지 아니하다. 가. 배선을 내화성능을 갖는 배선전용실 또는 배선용 샤프트·피트·덕트 등에 설치하는 경우 나. 배선전용실 또는 배선용 샤프트·피트·덕트 등에 다른 설비의 배선이 있는 경우에는 이로부터 15[cm] 이상 떨어지게 하거나 소화설비의 배선과 이웃하는 다른 설비의 배선 사이에 배선지름(배선의 지름이 다른 경우에는 지름이 가장 큰 것을 기준으로 한다)의 1.5배 이상의 높이의 불연성 격벽을 설치하는 경우
내화전선·내열전선	케이블공사의 방법에 따라 설치하여야 한다.

제6장 소방전기설비시설의 설계 및 시공

1 경계구역 설정기준

① 하나의 경계구역이 **2개 이상**의 **건축물**에 미치지 아니하도록 할 것

② 하나의 경계구역이 **2개 이상**의 **층**에 미치지 아니하도록 할 것. 다만, $500[m^2]$ 이하의 범위 안에서는 2개의 층을 하나의 경계구역으로 할 수 있다.

③ 하나의 경계구역의 면적은 **$600[m^2]$ 이하**로 하고, **한 변의 길이는 50[m]** 이하로 할 것. 다만, 특정소방대상물의 주된 **출입구**에서 그 **내부 전체**가 보이는 것에 있어서는 한 변의 길이가 50[m]의 범위 내에서 **$1,000[m^2]$ 이하**로 할 수 있다.

④ 계단, 경사로(에스컬레이터 경사로 포함), 엘리베이터 권상기실, 린넨슈트, 파이프피트 및 덕트, 기타 이와 유사한 부분에 대하여는 **별도**로 **경계구역**을 설정하되 하나의 경계구역은 **높이 45[m] 이하**(계단, 경사로에 한함)로 하여야 한다.

⑤ **지하층**의 **계단** 및 **경사로**(지하 1층일 경우 제외 한다)는 **별도**로 하나의 **경계구역**으로 하여야 한다.

⑥ **지하층**은 **원칙적**으로 지상층과 동일하지 않으므로 **별도**의 **경계구역**으로 하여야 한다.

⑦ **외기**에 **면**하여 상시 개방된 부분이 있는 **차고, 주차장, 창고** 등에 있어서는 외기에 면하는 각 부분으로부터 **5[m] 미만**의 범위 안에 있는 부분은 경계구역이 면적에 산입하지 아니한다.

2 도 면

(1) 자동화재탐지설비

① 수동발신기 기본결선도(P형 1급)

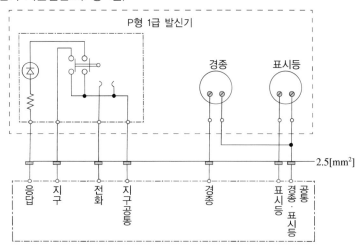

② P형 1급 수신기 계통도

　㉠ 일제경보방식

　　㉮ **결선도 1**

발신기세트

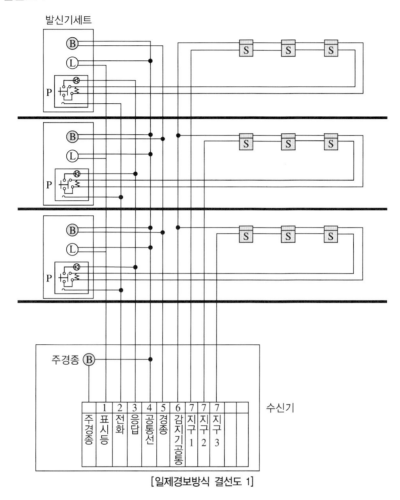

[일제경보방식 결선도 1]

핵심 **Point**

- 일제경보방식 : 층별 구분없이 전층에 경보를 발하는 방식
- 종단저항 : 도통시험을 용이하게 하기 위하여 회로의 말단에 설치
- 감지기에 연결되는 배선 : 지구선, 공통선
- 전선의 굵기
  - 감지기 배선 : HFIX 1.5[mm²]
  - 기타 배선 : HFIX 2.5[mm²]
- HFIX : 450/750[V] 저독성 난연 가교 폴리올레핀 절연전선

㉯ 결선도 2

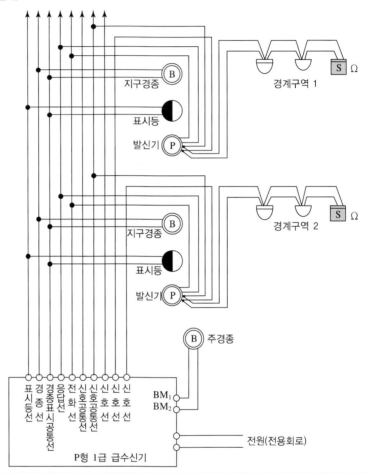

경계구역 1

지구경종 B

표시등

발신기 P

경계구역 2

지구경종 B

표시등

발신기 P

주경종 B

BM₁
BM₂

전원(전용회로)

표시등선 경종선 경종표시공통선 응답선 전화선 신호공통선 신호선 신호선 신호선

P형 1급 급수신기

구 분	내 역	용 도
발신기 세트 (기본 7가닥)	22C(HFIX 2.5−7)	회로선, 공통선, 응답선, 전화선, 경종선, 표시등선, 경종표시등공통선

- 회로(발신기 세트, 종단저항, 경계구역 번호) 증가마다 회로선 1가닥씩 추가
- 지구선 7가닥마다 공통선 1가닥씩 추가
- 회로선 = 지구선 = 신호선 = 표시선

㉰ 계통도

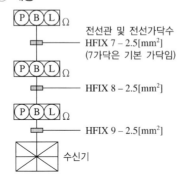

전선관 및 전선가닥수
HFIX 7 − 2.5[mm²]
(7가닥은 기본 가닥임)

HFIX 8 − 2.5[mm²]

HFIX 9 − 2.5[mm²]

수신기

내 역	용 도
22C(HFIX 2.5−7)	지구선, 지구공통선, 경종선, 경종표시등공통선, 응답선, 전화선, 표시등선
28C(HFIX 2.5−8)	지구선 2, 지구공통선, 경종선, 경종표시등공통선, 응답선, 전화선, 표시등선
28C(HFIX 2.5−9)	지구선 3, 지구공통선, 경종선, 경종표시등공통선, 응답선, 전화선, 표시등선

ㄴ 발화층 및 직상층 우선경보방식

㉮ 결선도 1

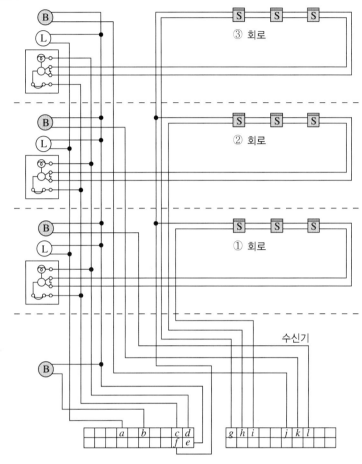

[전선의 명칭]

기 호	전선 명칭	기 호	전선 명칭
ⓐ	표시등선	ⓑ	경종선
ⓒ	전화선	ⓓ	응답선
ⓔ	경종·표시등 공통선	ⓕ	지구공통선
ⓖ	지구선 ③	ⓗ	지구선 ②
ⓘ	지구선 ①	ⓙ	경종선 ③
ⓚ	경종선 ②	ⓛ	경종선 ①

㉯ 결선도 2

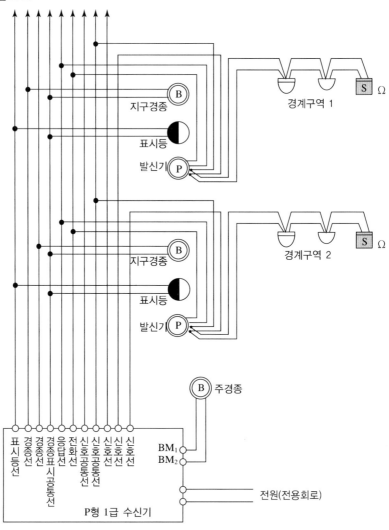

㉰ 계통도

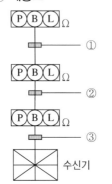

기호	전선 종류	가닥수	용 도
①	HFIX 2.5	7	응답선, 신호선, 전화선, 신호공통선, 경종선, 표시등선, 경종표시등공통선
②	HFIX 2.5	9	응답선, 신호선 2, 전화선, 신호공통선, 경종선 2, 표시등선, 경종표시등공통선
③	HFIX 2.5	11	응답선, 신호선 3, 전화선, 신호공통선, 경종선 3, 표시등선, 경종표시등공통선

라 결선도 3

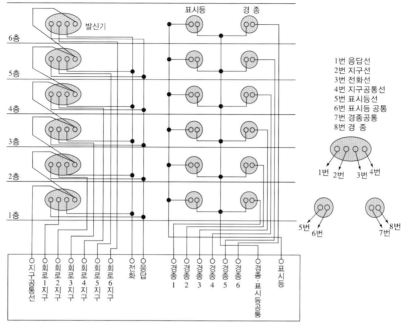

구 분	내 역	용 도
발신기 세트 (기본 7가닥)	22C(HFIX 2.5-7)	회로선, 공통선, 응답선, 전화선, 경종선, 표시등선, 경종표시등공통선

- 회로(발신기 세트, 종단저항, 경계구역 번호) 증가마다 회로선 1가닥씩 추가
- 지상층 층수 증가마다 경종선 1가닥씩 추가(지하층은 경종선 무조건 1가닥 : 일제경보방식)
- 지구선 7가닥마다 공통선 1가닥씩 추가

※ 감지기에 연결되는 배선 : 지구선, 공통선
※ 전선의 굵기
- 감지기 배선 : HFIX 1.5[mm^2]
- 기타 배선 : HFIX 2.5[mm^2]

※ HFIX : 450/750[V] 저독성 난연 가교 폴리올레핀 절연전선
※ 전선 가닥수에 따른 전선관 굵기

전선 가닥수	배관 굵기	전선 가닥수	배관 굵기
1 ~ 4가닥	16C (16[mm])	12 ~ 19가닥	36C (36[mm])
5 ~ 7가닥	22C (22[mm])	20 ~ 26가닥	42C (42[mm])
8 ~ 11가닥	28C (28[mm])	27가닥 ~	54C (54[mm])

※ 배관공사 시 사용되는 부속자재
- 4각 박스 설치 장소
  - 제어반, 수신기, 부수신기, 발신기 세트, 수동조작함, 슈퍼비조리패널
  - 한쪽에서 2방출 이상인 장소
- 8각 박스 설치 장소
  - 감지기, 사이렌, 유도등, 방출표시등, 유수검지장치(건식밸브, 알람체크밸브, 준비작동식밸브)

(2) 옥내·외소화전설비

① 계통도 1

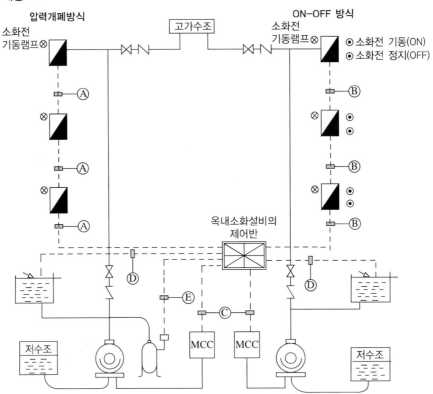

기 호	구 분	배선수	전선의 종류	용 도
Ⓐ	소화전함 ↔ 수신반(수압개폐식)	2	2.5[mm^2] 이상	기동확인표시등 2
Ⓑ	소화전함 ↔ 수신반(ON, OFF식)	5	2.5[mm^2] 이상	기동, 정지, 공통, 기동확인표시등 2
Ⓒ	MCC ↔ 수신반	5	2.5[mm^2] 이상	기동, 정지, 공통, 기동확인표시등, 전원확인표시등
Ⓓ	감수경보장치 ↔ 수신반	2	2.5[mm^2] 이상	감수경보장치 2
Ⓔ	압력탱크 ↔ 수신반	2	2.5[mm^2] 이상	압력스위치 2

② 계통도 2

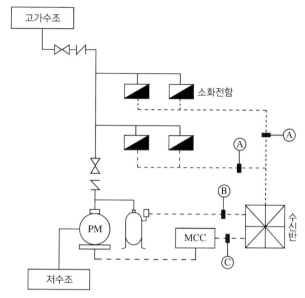

기 호	구 분		배선수	전선의 종류	용 도
Ⓐ	소화전함 ↔ 수신반	ON, OFF식	5	2.5[mm²] 이상	기동, 정지, 공통, 기동확인표시등 2
		수압개폐식	2	2.5[mm²] 이상	기동확인표시등 2
Ⓑ	압력탱크 ↔ 수신반		2	2.5[mm²] 이상	압력스위치 2
Ⓒ	MCC ↔ 수신반		5	2.5[mm²] 이상	기동, 정지, 공통, 기동확인표시등, 전원확인표시등

(3) 제연설비

① 전실제연설비

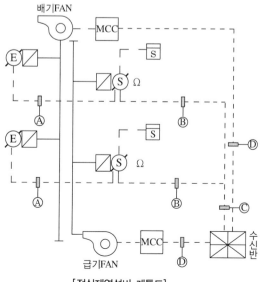

[전실제연설비 계통도]

㉠ 기동댐퍼방식인 경우 : 모든 댐퍼는 모터기동방식이고, 별도의 복구선은 없다.

기 호	구 분	배선수	전선의 종류	용 도
Ⓐ	배기댐퍼 ↔ 급기댐퍼	4	2.5[mm²]	전원 ⊕ · ⊖, 배기기동, 배기기동확인
Ⓑ	급기댐퍼 ↔ 수신반	7	2.5[mm²]	전원 ⊕ · ⊖, 기동, 감지기, 수동기동확인, 배기기동확인, 급기기동확인
Ⓒ	2 ZONE일 경우	12	2.5[mm²]	전원 ⊕ · ⊖, (기동, 감지기, 수동기동확인, 배기기동확인, 급기기동확인)×2
Ⓓ	MCC ↔ 수신반	5	2.5[mm²]	기동, 정지, 공통, 기동확인표시등, 전원확인표시등

PLUS ONE ➕ 참 고

Ⓔ ▱ : 배기댐퍼   Ⓢ ▱ : 급기댐퍼

② 상가제연설비 : 모든 댐퍼는 모터기동방식이고, 별도의 복구선은 없는 것으로 한다.

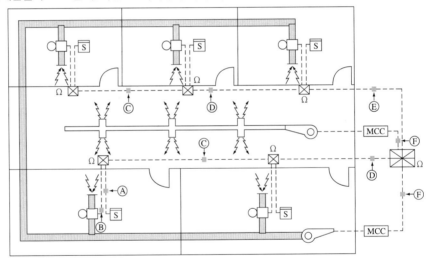

기 호	구 분	배선의 종류	배선수	배선의 용도
Ⓐ	감지기 ↔ 수동조작함	HFIX 1.5	4	지구선 2, 공통 2
Ⓑ	댐퍼 ↔ 수동조작함	HFIX 2.5	4	전원 ⊕ · ⊖, 기동, 기동표시
Ⓒ	수동조작함 ↔ 수동조작함	HFIX 2.5	5	전원 ⊕ · ⊖, 감지기, 기동, 기동표시
Ⓓ	수동조작함 ↔ 수신기	HFIX 2.5	8	전원 ⊕ · ⊖, (감지기, 기동, 기동표시)×2
Ⓔ	수동조작함 ↔ 수신기	HFIX 2.5	11	전원 ⊕ · ⊖, (감지기, 기동, 기동표시)×3
Ⓕ	MCC ↔ 수신기	HFIX 2.5	5	기동, 정지 , 공통, 기동표시등, 전원표시등

※ 기동, 복구댐퍼방식인 경우 복구 LINE이 구역당 1선 추가

(4) 배연창설비

① 솔레노이드방식

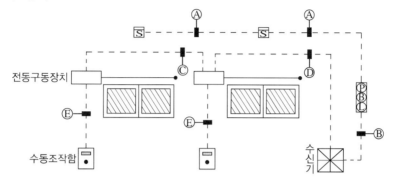

기 호	구 분	배선수	전선의 종류	용 도
Ⓐ	감지기 ↔ 감지기, 발신기	4	1.5[mm²]	지구 2, 공통 2
Ⓑ	발신기 ↔ 수신기	7	2.5[mm²]	응답, 지구, 전화, 공통, 경종, 표시등, 경종 · 표시등 공통
Ⓒ	전동구동장치 ↔ 전동구동장치	3	2.5[mm²]	기동, 기동확인, 공통
Ⓓ	전동구동장치 ↔ 수신기	5	2.5[mm²]	기동 2, 기동확인 2, 공통
Ⓔ	전동구동장치 ↔ 수동조작함	3	2.5[mm²]	기동, 기동확인, 공통

② 모터방식

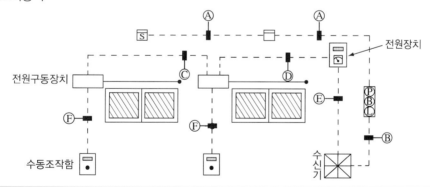

기 호	구 분	배선수	전선의 종류	용 도
Ⓐ	감지기 ↔ 감지기, 발신기	4	1.5[mm²]	지구 2, 공통 2
Ⓑ	발신기 ↔ 수신반	7	2.5[mm²]	응답, 지구, 전화, 공통, 경종, 표시등, 경종 · 표시등 공통
Ⓒ	전동구동장치 ↔ 전동구동장치	5	2.5[mm²]	전원 ⊕ · ⊖, 기동, 복구, 기동확인
Ⓓ	전동구동장치 ↔ 전원장치	6	2.5[mm²]	전원 ⊕ · ⊖, 기동, 복구, 기동확인 2
Ⓔ	전원장치 ↔ 수신기	8	2.5[mm²]	전원 ⊕ · ⊖, 기동, 복구, 기동확인 2, AC전원 2
Ⓕ	전동구동장치 ↔ 수동조작함	5	2.5[mm²]	전원 ⊕ · ⊖, 기동, 복구, 정지

(5) 스프링클러설비

① 습식(Wet Pipe System)

㉠ **계통도 1**(탬퍼스위치 없는 경우)

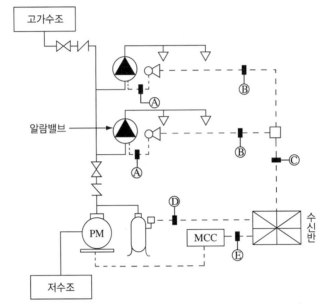

기 호	구 분	배선수	전선의 종류	용 도
Ⓐ	알람밸브 ↔ 사이렌	2	2.5[mm^2] 이상	유수검지스위치 2
Ⓑ	사이렌 ↔ 수신반	3	2.5[mm^2] 이상	유수검지스위치, 사이렌 , 공통
Ⓒ	2개 구역일 경우	5	2.5[mm^2] 이상	유수검지스위치 2, 사이렌 2, 공통
Ⓓ	압력탱크 ↔ 수신반	2	2.5[mm^2] 이상	압력스위치 2
Ⓔ	MCC ↔ 수신반	5	2.5[mm^2] 이상	기동, 정지, 공통, 기동확인표시등, 전원확인 표시등

ⓛ **계통도 2**(탬퍼스위치 있는 경우)

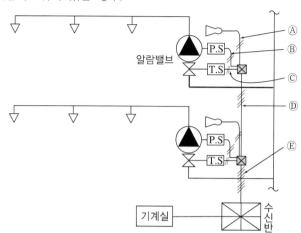

기 호	구 분	배선수	전선의 종류	용 도
Ⓐ	사이렌 ↔ SVP	2	2.5[mm²] 이상	사이렌 2
Ⓑ	압력 S/W ↔ SVP	2	2.5[mm²] 이상	압력스위치 2
Ⓒ	탬퍼 S/W ↔ SVP	2	2.5[mm²] 이상	탬퍼스위치 2
Ⓓ	SVP ↔ SVP	4	2.5[mm²] 이상	사이렌, 압력스위치, 탬퍼스위치, 공통
Ⓔ	SVP ↔ 수신반	7	2.5[mm²] 이상	사이렌 2, 압력스위치 2, 탬퍼스위치 2, 공통

② 준비작동식(Preaction Valve)

㉠ 슈퍼비조리패널 배선도

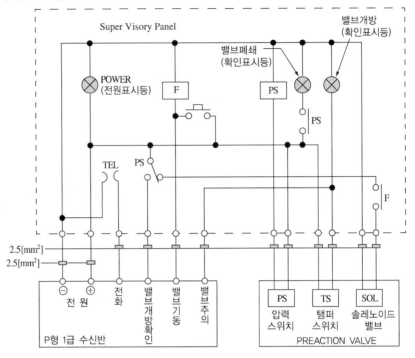

PLUS ONE 프리액션밸브의 구성
- PS : 압력스위치
- SOL : 솔레노이드밸브
- TS : 탬퍼스위치

㉡ 계통도 1

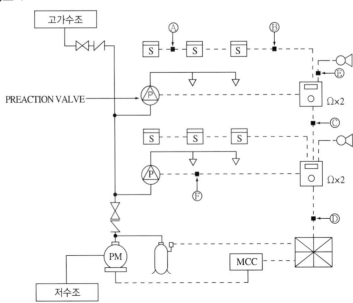

기 호	구 분	배선수	배선굵기	배선의 용도
Ⓐ	감지기↔감지기	4	1.5[mm²]	지구 2, 공통 2
Ⓑ	감지기↔SVP	8	1.5[mm²]	지구 4, 공통 4
Ⓒ	SVP↔SVP	9	2.5[mm²]	전원 ⊕·⊖, 전화, 감지기 A·B, 밸브기동, 밸브개방확인, 밸브주의, 사이렌
Ⓓ	2ZONE일 경우	15	2.5[mm²]	전원 ⊕·⊖, 전화, (감지기 A·B, 밸브기동, 밸브개방확인, 밸브주의, 사이렌)×2
Ⓔ	사이렌↔SVP	2	2.5[mm²]	사이렌 2
Ⓕ	프리액션밸브↔SVP	4	2.5[mm²]	밸브기동, 밸브개방확인, 밸브주의, 공통

※ 프리액션밸브 최소 가닥수 : 4가닥(밸브 기동, 밸브 개방 확인, 밸브 주의, 공통)

ㄷ 계통도 2

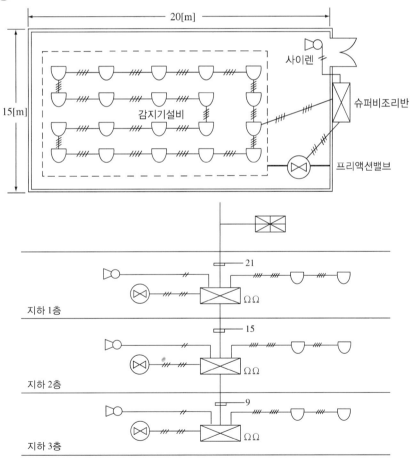

제 **7** 장

시퀀스제어

1 릴레이(유접점) 및 로직(무접점) 시퀀스

(1) AND회로(직렬회로, 논리곱회로) : 모든 입력신호가 1일 경우에만 출력하는 회로

① 유접점(릴레이) 회로   ② 논리(무접점) 회로   ③ 논리식 : $X = A \cdot B = AB$

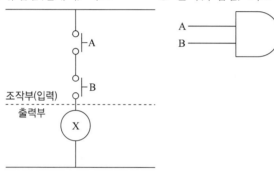

④ 진리표

A	B	X
0	0	0
0	1	0
1	0	0
1	1	1

⑤ 타임차트

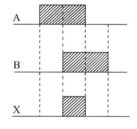

(2) OR회로(병렬회로, 논리합회로) : 모든 입력 중 어느 하나만 1이면 출력하는 회로

① 유접점(릴레이)회로   ② 논리(무접점)회로   ③ 논리식 : $X = A + B$

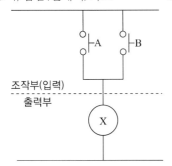

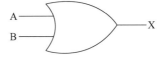

④ 진리표   ⑤ 타임차트

A	B	X
0	0	0
0	1	1
1	0	1
1	1	1

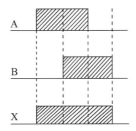

(3) NOT회로(부정회로, b접점) : 입력이 1이면 출력이 0이 되고, 입력이 0이면 출력이 1이 되는 회로

① 유접점(릴레이)회로   ② 논리(무접점)회로   ③ 논리식 : $X = \overline{A}$

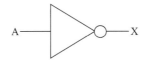

④ 진리표   ⑤ 타임차트

A	X
0	1
1	0

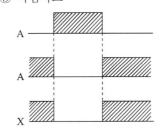

PLUS ONE

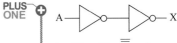

논리식 : $X = \overline{\overline{A}} = A$

※ 2중부정은 긍정이 된다.

(4) NAND회로(AND + NOT) : AND회로의 부정회로

① 유접점(릴레이)회로

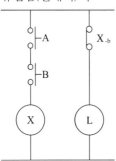

② 논리(무접점)회로

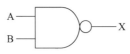

③ 논리식 : $X = \overline{A \cdot B}$

④ 진리표

A	B	X
0	0	1
0	1	1
1	0	1
1	1	0

⑤ 타임차트

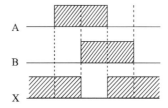

(5) NOR회로(OR + NOT) : OR회로의 부정회로

① 유접점(릴레이) 회로

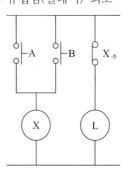

② 논리(무접점)회로

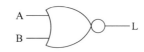

③ 논리식 : $X = \overline{A + B}$

④ 진리표

A	B	X
0	0	1
0	1	0
1	0	0
1	1	0

⑤ 타임차트

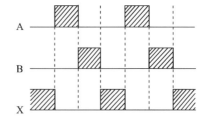

(6) 논리소자 등가 변환

① NAND회로

$$X = \overline{A \cdot B} \qquad X = \overline{A} + \overline{B}$$

② NOR회로

$$X = \overline{A + B} \qquad X = \overline{A} \cdot \overline{B}$$

③ AND회로

$$X = \overline{\overline{A} + \overline{B}} \qquad X = \overline{\overline{A \cdot B}} \qquad X = A \cdot B$$

④ OR회로

$$X = \overline{\overline{A} \cdot \overline{B}} \qquad X = \overline{\overline{A + B}} \qquad X = A + B$$

(7) EOR회로(배타적 논리합 회로) : 어느 하나만의 입력으로 출력하는 회로

① 유접점(릴레이)회로

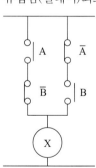

② 논리(무접점)회로

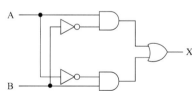

③ 논리회로 간소화

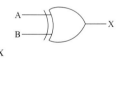

④ 논리식 : $X = A\overline{B} + \overline{A}B$

⑤ 진리표

A	B	X
0	0	0
0	1	1
1	0	1
1	1	0

⑥ 타임차트

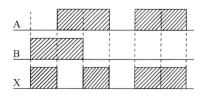

(8) 자기유지회로 : 항상 기동스위치와 병렬연결 → 보조 a접점 이용

(기동스위치를 누르면 출력이 나오고 기동스위치를 놓아도 계속 출력하는 회로)

① 유접점(릴레이)회로

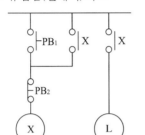

② 논리식 : $X = (PB_1 + X) \cdot \overline{PB_2}$

③ 논리(무접점)회로

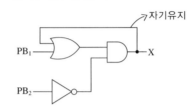

④ 타임차트

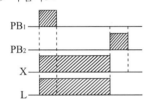

> • 자기유지 : 출력에서 입력으로 되돌아간다.
> • 보조접점(a, b) : 출력에서 입력으로 되돌아간다.

(9) 인터록회로(병렬우선회로, 선입력우선회로) : 동시투입방지회로

① 유접점(릴레이)회로

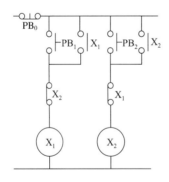

② 논리식 : $X_1 = (PB_1 + X_1) \cdot \overline{X_2} \cdot \overline{PB_0}$

$\qquad\qquad X_2 = (PB_2 + X_2) \cdot \overline{X_1} \cdot \overline{PB_0}$

③ 논리(무접점)회로

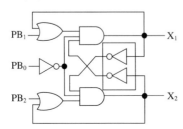

④ 타임차트

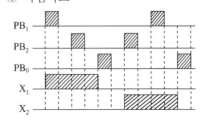

2 전동기회로

(1) Y-△기동 : 상전선을 한선씩 밀어서 접속(기동 시 기동전류 $\frac{1}{3}$로 감소)

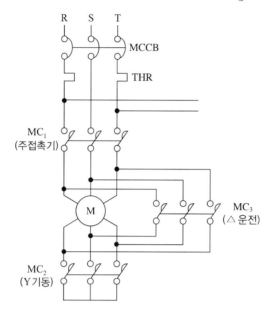

(2) 정·역 운전 : 아무상이나 2상만 바꾼다.

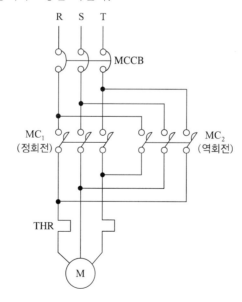

(3) 리액터기동 : 상을 절대 바꾸지 않는다.

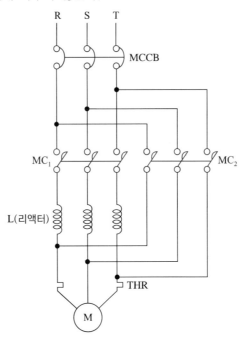

3 시퀀스회로의 응용

(1) ON-OFF 전동기 운전회로

① 1개소 기동 · 정지회로

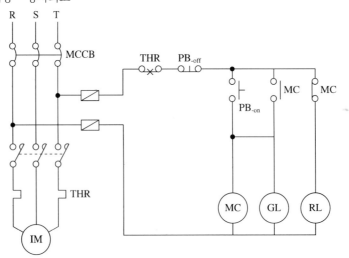

② 2개소 전동기 기동·정지회로

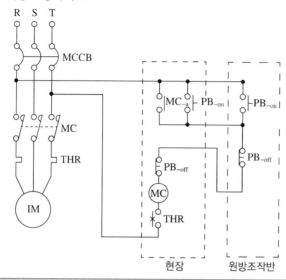

- 기동스위치(PB-on)와 자가유지(MC-a)접점 병렬접속
- 정지스위치(PB-off)회로에 직렬접속

(2) 급수설비회로(플로트스위치를 이용한 레벨제어회로)

① 급수회로 1

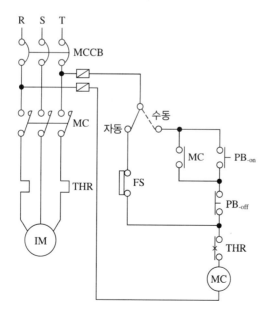

② 급수회로 2

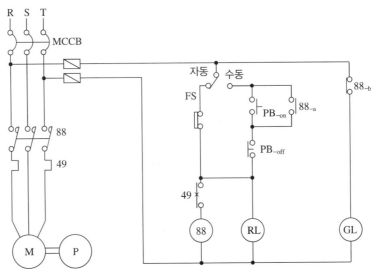

※ 용어 정리
- MCCB : 배선용 차단기
- FS : 플로트스위치(레벨스위치)
- MC(88) : 전자접촉기
- THR(49) : 열동계전기

(3) 정·역 운전회로

① 정·역전회로 : 전동기가 정회전과 역회전 가능한 회로

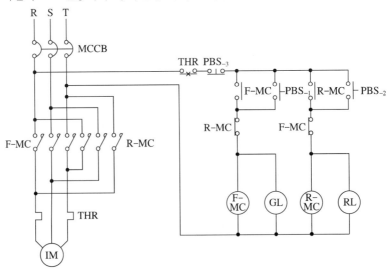

※ 인터록접점 : R-MC b접점, F-MC b접점

(4) 전동기 Y−△ 운전회로

Y−△ 기동방식 : 전동기 기동 시 Y결선으로 감압기동하여 기동전류와 기동토크가 △결선의 $\frac{1}{3}$ 배

로 기동하고 기동 후에는 △결선으로 절환하여 운전하는 방식

① Y−△ 운전회로 1

- 기동 : 전원투입 후 PB−ON 누르면 ⓜ, ⓣ, ⓜⓢ가 여자되고 전동기는 Y결선으로 기동된다.
- 운전 : 타이머 ⓣ 설정시간 후 ⓜⓢ 소자되고 ⓜⓒⓓ 여자되어 전동기는 △결선으로 운전된다.
- 정 지
  - PB−OFF 누르면 전동기 정지
  - 과부하 시 THR 접점에 의해서 전동기 정지

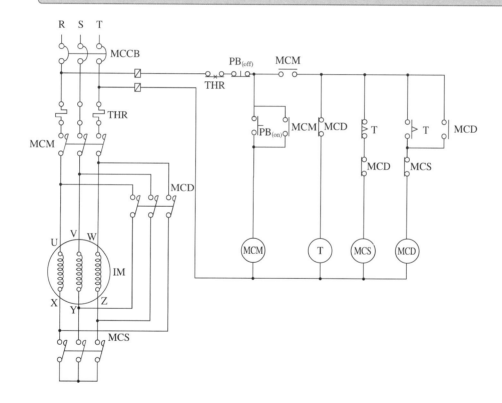

② Y-△ 운전회로 2

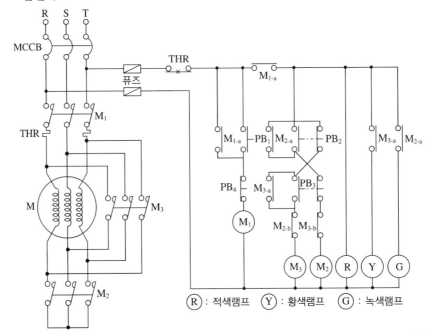

R : 적색램프   Y : 황색램프   G : 녹색램프

- 전원투입 후 PB₁누르면 M₁여자되고 R램프 점등
- PB₂누르면 M₂여자되고 보조접점 M2-a가 닫혀 전동기 Y결선으로 기동되고 G램프점등
- PB₃누르면 M₂소자되고 M₃여자되어 보조접점 M3-a가 닫혀 전동기 △결선으로 운전되고 G램프 소등 Y램프 점등
- THR 동작 및 PB₄ 누르면 전동기 정지되고 모든 램프 소등

③ Y-△ 운전회로 3

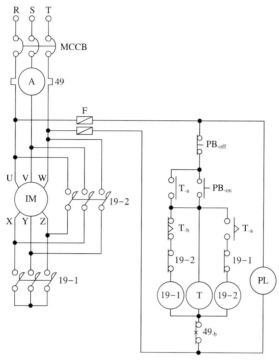

④ Y-△ 운전회로 4

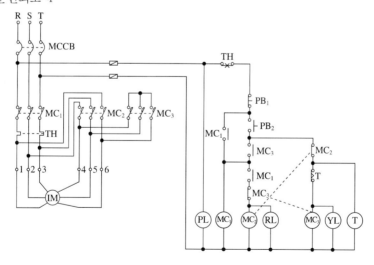

(5) 상용전원 및 예비전원 결선도

① 열동계전기(THR) 1개를 이용한 결선도

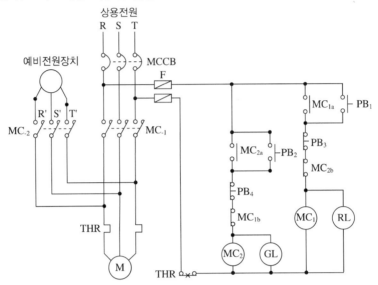

② 열동계전기(THR) 2개를 이용한 결선도

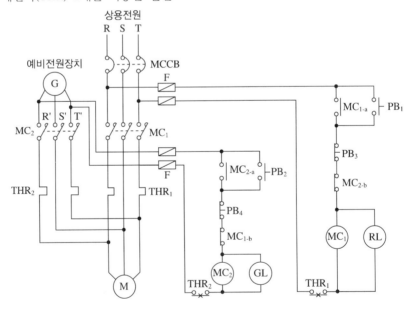

소방설비 기사 [실기] [전기편]

제 **2** 편

과년도
기출복원문제

소방설비 기사 [실기]

[전기편]

Always with you

사람이 길에서 우연하게 만나거나 함께 살아가는 것만이 인연은 아니라고 생각합니다.
책을 펴내는 출판사와 그 책을 읽는 독자의 만남도 소중한 인연입니다.
(주)시대고시기획은 항상 독자의 마음을 헤아리기 위해 노력하고 있습니다. 늘 독자와 함께하겠습니다.

국가기술자격 실기시험문제 및 답안지

○○○○년 기사 ○회 필답형 실기시험(기사)

종 목	시험시간	형 별
소방설비기사(전기분야)	3시간	

[수험자 유의사항]

1. 시험문제지를 받는 즉시 응시하고자 하는 종목의 문제지가 맞는지 여부를 확인하여야 합니다.
2. 시험문제지 총면수, 문제번호순서, 인쇄상태 등을 확인하고 수험번호 및 성명을 답안지에 기재하여야 합니다.
3. 부정행위를 방지하기 위하여 답안지 작성(계산식 포함)은 흑색 또는 청색 필기구만 사용하되 동일한 한 가지 색의 필기구만 사용하여야 하며 흑색, 청색을 제외한 필기구 또는 연필류를 사용하거나 2가지 이상의 색을 혼합 사용하였을 경우 그 문항은 0점 처리됩니다.
4. 답란에는 문제와 관련 없는 불필요한 낙서나 특이한 기록사항 등을 기재하여서는 안 되며 부정의 목적으로 특이한 표식을 하였다고 판단될 경우에는 모든 득점이 0점 처리됩니다.
5. 답안을 정정할 때에는 반드시 **정정 부분을 두 줄로 그어 표시**하여야 하며 두 줄로 긋지 않은 답안은 정정하지 않은 것으로 간주합니다.
6. 계산문제는 반드시 「계산과정」과 「답」란에 계산과정과 답을 정확히 기재하여야 하며 **계산과정이 틀리거나 없는 경우 0점** 처리됩니다(단, 계산연습이 필요한 경우는 연습란을 이용하여야 하며 연습란은 채점대상이 아닙니다).
7. 계산문제는 최종 결과 값(답)에서 소수 셋째자리에서 반올림하여 **둘째자리까지 구하여야** 하나 개별문제에서 **소수 처리에 대한 요구사항이 있을 경우 그 요구사항에 따라야 합니다**(단, 문제의 특수한 성격에 따라 정수로 표기되는 문제도 있으며 반올림한 값이 0이 되는 경우는 첫 유효숫자까지 기재하되 반올림하여 기재하여야 합니다).
8. 답의 단위가 없으면 오답으로 처리됩니다(단, 문제의 요구사항에 단위가 주어졌을 경우는 생략되어도 무방합니다).
9. 문제에서 요구한 가지 수(항수) 이상을 답란에 표기한 경우에는 답란 기재 순으로 요구한 가지 수(항수)만 채점하여 한 항에 여러 가지를 기재하더라도 한 가지로 보며 그중 정답과 오답이 함께 기재되어 있을 경우 오답으로 처리합니다.
10. 한 문제에서 소문제로 파생되는 문제나 가짓수를 요구하는 문제는 **대부분의 경우 부분배점을 적용합니다.**
11. 부정 또는 불공정한 방법으로 시험을 치른 자는 부정행위자로 처리되어 당해 시험을 중지 또는 무효로 하고 3년간 국가기술자격시험의 응시자격이 정지됩니다.
12. 복합형 시험의 경우 시험의 전 과정(필답형, 작업형)을 응시하지 않은 경우 채점대상에서 제외합니다.
13. 저장용량이 큰 전자계산기 및 유사 전자제품 사용 시에는 반드시 저장된 메모리를 초기화한 후 사용하여야 하며 시험위원이 초기화 여부를 확인할 시 협조하여야 한다. 초기화되지 않는 전자계산기 및 유사 전자제품을 사용하여 적발 시에는 부정행위로 간주합니다.
14. 시험위원이 시험 중 신분확인을 위하여 **신분증과 수험표**를 요구할 경우 반드시 제시하여야 합니다.
15. 시험 중에는 통신기기 및 전자기기(휴대용 전화기 등)를 지참하거나 사용할 수 없습니다.
16. 문제 및 답안(지), 채점기준을 일절 공개하지 않습니다.

제 1 회

2007년 4월 22일 시행

※ 다음 물음에 대한 답을 해당 답란에 답하시오(배점 : 100).

01

다음과 같은 배선도가 나타내는 의미를 모두 쓰시오.	득점	배점
		5

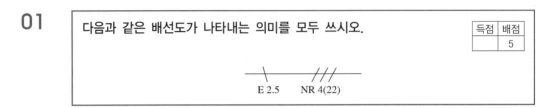

E 2.5   NR 4(22)

해답 천장은폐배선으로 22[mm] 후강전선관에 4[mm²] 450/750[V] 일반용 단심비닐절연전선 3가닥과 2.5[mm²] 접지용 비닐전선 1가닥을 넣는다.

해설

옥내배선 기호

명 칭	그림기호	적 요
천장은폐배선	——————	• 천장은폐배선 중 천장 속의 배선을 구별하는 경우는 **천장 속의 배선**에 —·—·—·—를 사용하여도 좋다.
바닥은폐배선	– – – – –	• 노출배선 중 바닥면 노출배선을 구별하는 경우는 **바닥면 노출 배선**에 —··—··—··를 사용하여도 좋다.
노출배선	- - - - - -	• 전선의 종류를 표시할 필요가 있는 경우는 기호를 기입한다. [예] **450/750[V] 일반용 단심 비닐절연전선 : NR** **300/500[V] 기기배선용 단심 비닐절연전선 : HFIX** 가교 폴리에틸렌 절연 비닐 시스 케이블 : CV 600[V] 비닐 절연 비닐 시스 케이블(평형) : VVF **내화 케이블 : FP** **내열전선 : HP** 통신용 PVC 옥내선 : TIV • 배관은 다음과 같이 나타낸다. ——⁄⁄—— 2.5(19) **강제전선관인 경우** ——⁄⁄—— 2.5(VE 16) **경질 비닐전선관인 경우** ——⁄⁄—— 2.5(F₂ 17) **이중금속제 가요전선관인 경우** ——⁄⁄—— 2.5(PF 16) **합성수지제가요관인 경우** ——C(19) **전선이 들어 있지 않은 경우**

02

금속관공사의 한 예이다. 다음 물음에 답하시오.

득점	배점
	8

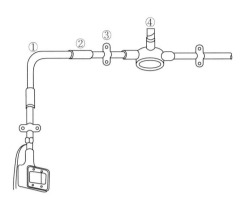

물음

(가) ①~④에 들어갈 부품 명칭을 쓰시오.
(나) 노즐배관으로 시공할 경우 ①을 대체할 부품은 무엇인가?

해답 (가) ① 노멀밴드   ② 커플링
              ③ 새 들   ④ 노출환형박스(3방출)
          (나) 유니버설엘보

해설

금속관공사의 부품
• **커플링**(Coupling) : 금속관 상호를 연결하는 곳에 사용
• **새들** : 금속관을 조영재에 지지할 때 사용
• **환형 3방출 정션박스** : 금속관을 3개소 이하 연결 시 사용
• **유니버설엘보** : 노출배관공사 시 관을 **직각**으로 **굽히는 곳**에 사용
• **노멀밴드**(Normal Band) : 매입공사 시 관을 직각으로 굽히는 곳에 사용

03

감지기회로 종단저항 11[kΩ], 배선저항 50[Ω], 릴레이저항 550[Ω]일 때 다음 물음에 답하시오(단, 회로전압은 24[V]이다).

득점	배점
	6

(가) 이 회로의 감시전류는 몇 [mA]인가?
(나) 감지기가 동작할 때의 동작전류는 몇 [mA]인가?(단, 배선의 저항을 빼고 계산할 것)

해답 (가) 계산 : 감시전류 : $I = \dfrac{24}{(11 \times 10^3) + 550 + 50} \times 10^3 = 2.07[\mathrm{mA}]$

          답 : 2.07[mA]

      (나) 계산 : 감지기 동작전류 : $I = \dfrac{24}{550} \times 10^3 = 43.64[\mathrm{mA}]$

          답 : 43.64[mA]

해☆설

(가) 감시전류(I_1)

$$I_1 = \frac{회로전압}{종단저항+릴레이저항+배선저항}$$

$$I_1 = \frac{24}{11\times10^3+550+50}\times10^3 = 2.07[\mathrm{mA}]$$

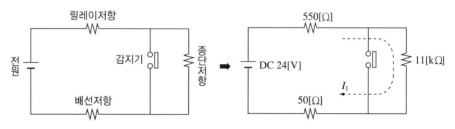

(나) 감지기 동작전류(I_2)(문제에서 배선저항은 뺀다고 했으므로)

$$I_2 = \frac{회로전압}{릴레이저항} \qquad\qquad I_2 = \frac{24}{550}\times10^3 = 43.64[\mathrm{mA}]$$

04

득점	배점
	6

내화구조의 지하 2층, 지상 6층 건물에서 각 층 면적은 750[m²]에 화장실 50[m²]가 포함(6층 제외), 6층은 150[m²](화장실 없음), 계단은 한 개로 직통계단이다(단, 지하 1층과 2층, 지상 1층의 높이는 4.5[m]이고, 지상 2~6층까지는 3.5[m]이다).

(가) 전체 경계구역의 수

　　① 5층 이하 층 :

　　② 6층 :

　　③ 계단 :

(나) 차동식스포트형감지기 1종 설치 시 감지기의 총개수

　　① 지하 2~지상 1층 :

　　② 지상 2~지상 5층 :

　　③ 지상 6층 :

(다) 연기감지기의 설치장소와 개수

　　① 지하층 :

　　② 지상층 :

　　③ 설치장소 :

★해답

(가) 전체 경계구역의 수

① 5층 이하 층 : $\dfrac{750}{600}$ = 2회로 → 층별 2회로 × 7 = 14회로

② 6층 : $\dfrac{150}{600}$ = 1회로

③ 계단 : 지상과 지하는 각각 하나의 경계구역이므로 2회로

$\therefore$ 14회로 + 1회로 + 2회로 = 17회로

(나) 차동식스포트형감지기 1종 설치 시 감지기의 총개수

① 지하 2~지상 1층 : 750 − 50 = 700[m²] → $\dfrac{700}{45}$ = 15.56 = 16개

16개 × 3개층 = 48개

② 지상 2~지상 5층 : 750 − 50 = 700[m²] → $\dfrac{700}{90}$ = 7.78 = 8개

8개 × 4개층 = 32개

③ 지상 6층 : $\dfrac{150}{90}$ = 1.67 = 2개

(3) 연기감지기의 설치장소와 개수

① 지하층 : 4.5[m] × 2개층 = 9[m] → $\dfrac{9[m]}{15}$ = 0.6 = 1개

② 지상층 : 4.5[m] + (3.5[m] × 5개층) = 22[m] → $\dfrac{22[m]}{15}$ = 1.47 = 2개

$\therefore$ 1회로 + 2회로 = 3회로

③ 설치장소 : 지하층, 3층, 6층

해★설

• 경계구역설정
  - 2개의 층을 하나의 경계구역으로 할 수 있는 면적 : 500[m²] 이하
  - 하나의 경계구역 : 600[m²] 이하, 한 변의 길이 : 50[m] 이하
  - 별도의 경계구역 : 계단, 경사로, 엘리베이터 권상기실, 린넨슈트, 파이프덕트
  - 계단, 경사로 하나의 경계구역 : 높이 45[m] 이하
• 전체 경계구역의 수

  - 5층 이하 층 : $\dfrac{750}{600}$ = 2회로

  $\therefore$ 2회로 × 7층 = 14회로

  - 6층 : $\dfrac{150}{600}$ = 1회로

  - 계단 : 지상과 지하는 각각 하나의 경계구역으로 2회로

  $\therefore$ 합 : 14회로 + 1회로 + 2회로 = 17회로

안심Touch

• 감지기의 설치 개수

[부착 높이에 따른 감지기의 종류]　　　　　(단위 : [m²])

부착 높이 및 특정소방대상물의 구분		감지기의 종류				
		차동식·보상식 스포트형		정온식스포트형		
		1종	2종	특종	1종	2종
4[m] 미만	주요 구조부가 내화 구조로 된 특정소방대상물 또는 그 부분	90	70	70	60	20
	기타 구조의 특정소방대상물 또는 그 부분	50	40	40	30	15
4[m] 이상 8[m] 미만	주요 구조부가 내화 구조로 된 특정소방대상물 또는 그 부분	45	35	35	30	–
	기타 구조의 특정소방대상물 또는 그 부분	30	25	25	15	–

차동식스포트형 1종, 내화구조, 지하 2~지상 1층 높이 8[m] 미만이므로 기준면적 45[m²], 지상 2~
지상 5층 4[m] 미만이므로 기준면적 90[m²]를 적용한다.
– 지하 2~지상 1층

$$N = \frac{바닥면적}{기준면적} = \frac{총면적 - 화장실면적}{기준면적} = \frac{750 - 50}{45} = 15.56 \;\rightarrow\; 16개$$

∴ $N = 16 \times 3개층 = 48개$

– 지상 2~5층

$$N = \frac{바닥면적}{기준면적} = \frac{700}{90} = 7.78 \;\rightarrow\; 8개$$

∴ $N = 8 \times 4개층 = 32개$

– 지상 6층

∴ $N = \frac{150}{90} = 1.67 \;\rightarrow\; 2개$

• 연기감지기 설치기준

[장소에 따른 연기감지기의 설치기준]

설치장소	복도 및 통로		계단 및 경사로	
	1종 및 2종	3종	1종 및 2종	3종
설치거리	보행거리 30[m]	보행거리 20[m]	수직거리 15[m]	수직거리 10[m]

[면적에 의한 연기감지기의 설치기준]

부착면의 높이	연기감지기의 종류	
	1종 및 2종	3종
4[m] 미만	150[m²]	50[m²]
4[m] 이상 20[m] 미만	75[m²]	–

※ 연기감지기는 수직거리 15[m]마다 1개씩이다.
　• 지하층
　　$4.5[\text{m}] \times 2개층 = 9[\text{m}]$

　　$$N = \frac{설계거리}{기준거리} = \frac{9}{15} = 0.6 \;\rightarrow\; ∴ \; 1개$$

• 지상층

  지상고가 1층 → 4.5[m], 2~6층 → 3.5[m]이므로

  $4.5[\text{m}] + (3.5[\text{m}] \times 5\text{개층}) = 22[\text{m}] \rightarrow \dfrac{22}{15} = 1.47$ ∴ 2개

  합 : 1회로 + 2회로 = 3회로

• 설치장소

  지하층과 지상층을 구분하여야 하므로

  ∴ 지하층, 3층, 6층

05

수위실에서 460[m] 떨어진 지하 1층, 지상 7층에 연면적 5,000[m²]의 공장에 자동화재탐지설비를 설치하였다. 발신기, 표시등이 각 층에 2회로씩 16회로 일 때 다음 물음에 답하시오(단, 표시등 30[mA/개], 발신기 50[mA/개]를 소모하고, 전선은 HFIX 2.5[mm²]를 사용한다).

득점	배점
	7

(가) 표시등의 총소모전류는 몇 [A]인가?

(나) 지상 1층에서 발화됐을 때 경종의 소모전류는 몇 [A]인가?

(다) 수위실과 공장 간의 전압강하를 구하시오.

(라) 성능기준상 음향장치는 정격전압의 80[%]에서 동작해야 하는데 이때 (다)에서 계산한 내용으로 이 회로는 동작할 수 있는지 계산하고 설명하시오.

해답 (가) 계산 : 30[mA] × 16회로 = 480[mA] = 0.48[A]

  답 : 0.48[A]

(나) 계산 : 50[mA] × 2회로 × 3개층 = 300[mA] = 0.3[A]

  답 : 0.3[A]

(다) 계산 : $e = \dfrac{35.6LI}{1,000A} = \dfrac{35.6 \times 460 \times 0.78}{1,000 \times 2.5} = 5.11[\text{V}]$

  답 : 5.11[V]

(라) 정격전압의 80[%] 전압 $= 24 \times 0.8 = 19.2[\text{V}]$

  말단전압 $= 24 - 5.11 = 18.89[\text{V}]$

  ∴ 말단전압이 정격전압의 80[%] 미만이므로 경종은 작동하지 않는다.

해설

(가) 표시등 소모전류(I_1)

  $I_1 =$ 표시등 1개당 전류 × 회로 $= 30[\text{mA}] \times 16 = 0.48[\text{A}]$

(나) 경종의 소모전류(I_2) : 직상층 우선경보방식이므로 3개층에서만 경종 작동

  $I_2 =$ 경종 1개당 전류 × 회로 × 경보층수 $= 50[\text{mA}] \times 2 \times 3\text{개층} = 0.3[\text{A}]$

(다) 전압강하

  ① 전류(I) : 0.48[A] + 0.3[A] = 0.78[A]

  ② 전압강하 : $e = \dfrac{35.6LI}{1,000A} = \dfrac{35.6 \times 460 \times 0.78}{1,000 \times 2.5} = 5.11[\text{V}]$

(라) 경종(음향장치)은 정격전압의 80[%] 전압에서 음향을 발할 수 있어야 한다.

  정격전압의 80[%] 전압 $= 24 \times 0.8 = 19.2[\text{V}]$

말단전압 $= 24 - e = 24 - 5.11 = 18.89[\text{V}]$

말단전압이 정격전압의 80[%] 미만이므로 경종은 작동하지 않는다.

06

다음은 자동식, 보상식, 정온식감지기의 동작특성 그래프이다. 이 그래프를 보고 ①, ②, ③이 표시하는 감지기를 쓰시오(단, OA = 급격한 온도 상승, OB = 일시적 온도 상승, OC = 완만한 온도 상승).

득점	배점
	5

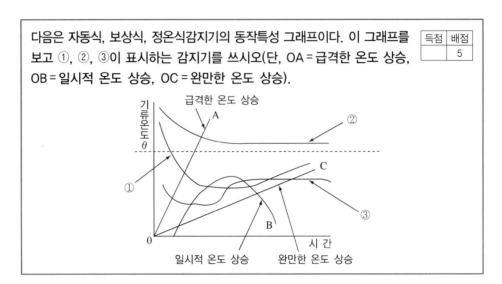

해답

① 차동식스포트형감지기
② 정온식스포트형감지기
③ 보상식스포트형감지기

해설

• 동작 빠르기 순서 : 보상식 > 차동식 > 정온식

• 훈소화재(완만한 온도 상승에 따른 감지기 적응성) 시 동작 여부 : 정온식, 보상식은 동작하지만, 차동식은 완만한 온도 상승에 대해서는 리크 구멍을 통해 배출되므로 동작하지 않는다.

• 일시적 온도 상승에 따른 비화재보 : 일시적 온도 상승에 관해서는 정온식만 동작하지 않으므로 정온식감지기가 주로 아파트 주방에 설치되어 사용되는 것

07

정보처리 서버실에 할론소화설비를 설치하려고 한다. 내부는 내화구조이면서 높이 3.6[m], 면적 600[m²]일 때 다음 물음에 답하시오.

득점	배점
	12

(가) 적절한 감지기는 무엇이며, 감지기의 개수를 구하시오.

(나) 감지기의 회로방식과 이 방식을 사용하는 목적은 무엇인가?

　　① 회로방식 :

　　② 목적 :

(다) 도면을 완성하시오(조건 : 후강전선관, 천장은폐배선, 일제방출).

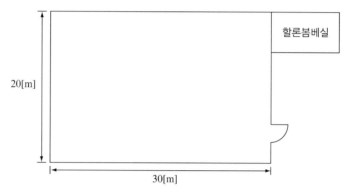

20[m]

30[m]

할론봄베실

⊠ : 수신기 　　⊠ : 수동조작함

S : 연기감지기 　　◐ : 방출표시등

◁ : 사이렌 　　PS : 압력스위치

SV : 솔레노이드밸브 　　Ω : 종단저항

※ 심벌기호는 심벌 옆에 기입한다.

(라) 할론소화설비의 감지기가 작동한 것으로 가정하고 작동 순서를 기입하시오.

(마) 이 회로에 들어가는 종단저항의 개수는 몇 개인가?

★해답　(가) ① 연기감지기 2종

　　② $N = \dfrac{\text{바닥면적}}{\text{기준면적}} = \dfrac{600}{150} = 4$개

　　∴ $N = 4 \times 2$회로 $= 8$개

(나) ① 회로방식 : 교차회로방식
   ② 목적 : 감지기 오동작 방지
(다) 도 면

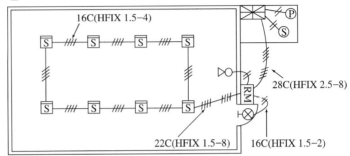

(라) 작동순서
   감지기 A · B 작동 → 수신반에 신호 → 화재표시등 및 지구표시등 점등 → 사이렌
   경보 → 기동용기 솔레노이드밸브 작동 → 소화약제 방출 → 압력스위치 작동 → 수신반
   에 신호 → 방출표시등 점등
(마) 종단저항 : 2개

해★설
(가) 연기감지기 설치 개수

$$N = \frac{바닥면적}{기준면적} = \frac{600}{150} = 4개$$

할론설비는 교차회로방식이므로 2회로 적용

$N = 4 \times 2회로 = 8개$

(나) 교차회로방식
   • 정의 : 하나의 경계구역 내에 2 이상의 화재감지기회로를 설치하고, 인접한 2 이상의 화재
     감지기가 동시에 감지되는 때에 설비가 작동되도록 하는 방식
   • 종단저항 : 회로 끝부분에 설치
(다) 종단저항 개수 : 교차회로방식이므로 2개

08

지하공동구에 설치하는 감지기의 종류 3가지를 쓰시오.

득점	배점
	3

①
②
③

★해답 ① 불꽃감지기
    ② 정온식감지선형감지기
    ③ 분포형감지기

해★설
지하공동구에 설치하는 적응감지기 종류
• 불꽃감지기   • 정온식감지선형감지기
• 분포형감지기   • 복합형감지기

- 광전식감지기
- 다신호식감지기
- 아날로그식감지기
- 축적형감지기

09

①~⑨에 이용되는 전선의 용도에 관한 명칭과 결선도를 완성하시오.

득점	배점
	12

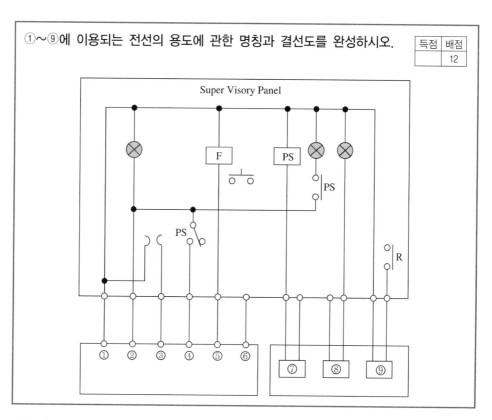

해답

① 전원 ⊖
② 전원 ⊕
③ 전화
④ 밸브 개방 확인
⑤ 밸브 기동
⑥ 밸브 주의
⑦ 압력스위치
⑧ 탬퍼스위치
⑨ 솔레노이드밸브

해★설
준비작동식 스프링클러소화설비의 슈퍼비조리패널의 회로도

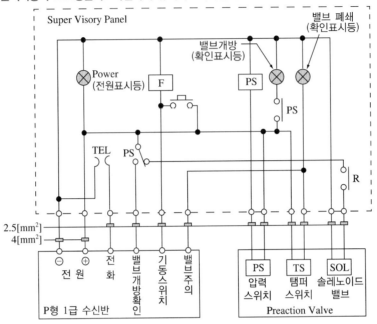

10 다음 용어를 국문 또는 영문으로 쓰시오.

	득점	배점
		5

(가) MDF :

(나) LAN :

(다) PBX :

(라) CAD :

(마) CVCF :

★해답

(가) 주배선반

(나) 구내정보통신망

(다) 사설 구내교환기

(라) 컴퓨터지원설계

(마) 정전압 정주파수장치

해★설

용어	국 문	영 문
MDF	주배선반	Main Distributing Frame
LAN	구내정보통신망	Local Area Network
PBX	사설 구내교환기	Private Branch Exchange
CAD	컴퓨터지원설계	Computer Aided Design
CVCF	정전압 정주파수장치	Constant Voltage Constant Frequency
VVVF	가변전압가변주파수장치	Variable Voltage Variable Frequency

11

분산형 중계기의 설치장소 4가지를 쓰시오.

득점	배점
	5

★해답
- 소화전함 및 단독 발신기함 내부
- 댐퍼 수동조작함 내부 및 조작스위치 내부
- 스프링클러 접속박스 내부 및 SVP 내부
- 셔터, 배연창, 제연경계 연동제어기 내부

해★설

분산형 중계기 설치장소
- 소화전함 및 단독 발신기함 내부
- 댐퍼 수동조작함 내부 및 조작스위치 내부
- 스프링클러 접속박스 내부 및 SVP 내부
- 셔터, 배연창, 제연경계 연동제어기 내부

12

다음 회로를 보고 다음 물음에 답하시오.

득점	배점
	8

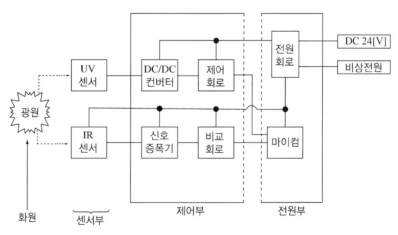

물음

(가) 감지기의 명칭 :

(나) 초전효과(Pyro 효과)란?

(다) 감지기는 연소생성물 중 어느 것을 감지하는가?

(라) ① 감지기는 (   )와 (   )를 기준으로 감시구역이 모두 포용될 수 있도록 설치할 것

② 감지기는 화재감지를 유효하게 감지할 수 있는 (   ) 또는 (   ) 등에 설치할 것

③ 감지기를 (   )에 설치하는 경우에는 감지기는 바닥을 향하여 설치할 것

(가) 불꽃감지기
(나) 온도 변화에 따라 유전체 결정의 전기분극의 크기가 변화하여 전압이 나타나는 현상
(다) 불 꽃
(라) ① 공칭감시거리, 공칭시야각
② 모서리, 벽
③ 천 장

해☆설

(가) 불꽃감지기 : 화염에서만 발생하는 일국수의 불꽃에 의한 수광소자에 입사하는 수광량 변화에 의해 작동하는 감지기
• 적외선식불꽃감지기
• 자외선식감지기
• 자외선·적외선 겸용 불꽃감지기
(나) 초전효과(Pyro효과)란 온도 변화에 따라 유전체 결정의 전기 분극의 크기가 변화하여 전압이 나타나는 현상으로 온도감지기 등에 응용된다.

13

다음 그림과 같은 감지기를 보고 물음에 답하시오.

득점	배점
	6

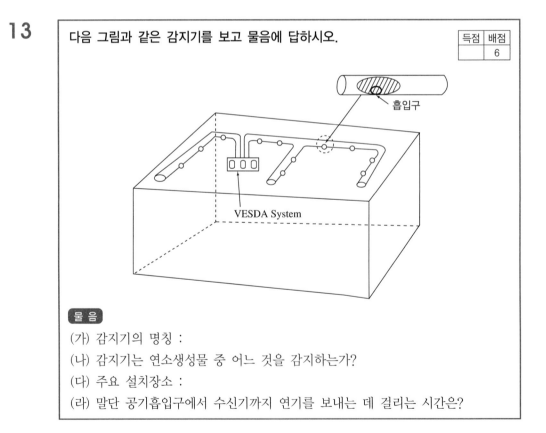

흡입구

VESDA System

물음

(가) 감지기의 명칭 :
(나) 감지기는 연소생성물 중 어느 것을 감지하는가?
(다) 주요 설치장소 :
(라) 말단 공기흡입구에서 수신기까지 연기를 보내는 데 걸리는 시간은?

 (가) 공기흡입형감지기   (나) 연 기
(다) 전산실, 반도체공장 등   (라) 120초 이내

해★설

공기흡입형감지기

- 원리 : 응축액으로 초미립자를 사용하여 입자가 가습장치를 통하여 유입되었을 때 광전식원리에 의하여 감지 가능한 크기에 의해 화재를 감지하는 방식
- 종 류
  - Cloud Chamber 방식 연기감지기
  - 초미립자 검출 연기감지기
- 주요 설치장소 : 전산실 또는 반도체공장 등
- 연기 이송시간 : 공기흡입형 광전식감지기의 공기흡입장치는 공기 배관망에 설치된 가장 먼 샘플링 지점에서 감지 부분까지 120초 이내에 연기를 이송할 수 있어야 한다.

14

다음은 급수펌프의 미완성 회로이다. 조건을 참조하여 회로를 완성하시오.

득점	배점
	7

조 건

- 전원을 투입하면 (GL)램프가 점등된다.

- PBS$_{-on}$하면 전동기가 기동되며 (GL)램프가 소등되고, (RL)램프가 점등된다.

- 전동기가 기동된 후 일정시간이 지나면 정지한다.

- 전동기 기동 중 열동계전기(THR)가 작동하면 전동기가 정지하고 (YL)램프가 점등된다.

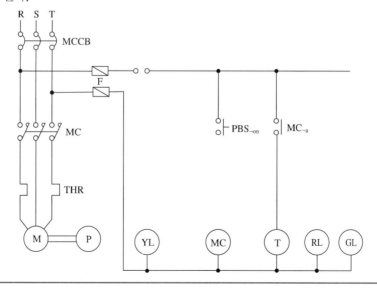

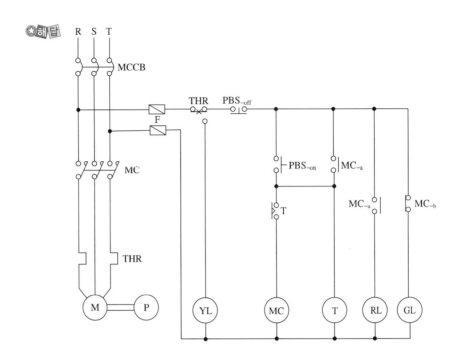

15 수동발신기와 감지기와 수신기로 이어지는 회로가 잘못 그려져 있다. 이것을 올바르게 고쳐 그리시오(단, 종단저항은 발신기함에 내장되도록 설치한다).

득점	배점
	5

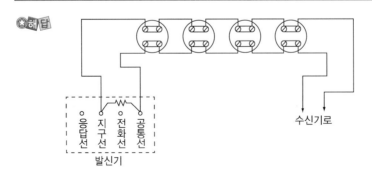

2007년 7월 8일 시행

제**2**회

※ 다음 물음에 대한 답을 해당 답란에 답하시오(배점 : 100).

01

도면은 어느 방호대상물의 할론설비 부대전기설비를 설계한 도면이다. 잘못 설계된 점을 4가지만 지적하여 그 이유를 설명하시오.	득점	배점
		8

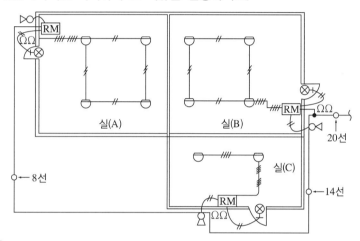

유의사항

- 심벌의 범례

  $\Omega\Omega$ RM : 할론수동조작함(종단저항 2개 내장)

  ⊢⊗ : 할론방출표시등

- 전선관의 규격은 표기하지 않았으므로 지적대상에서 제외한다.

- 할론수동조작함과 할론컨트롤패널의 연결 전선수는 한 구역당(+, −)전원 2선, 수동조작 1선, 감지기선로 2선, 사이렌 1선, 할론방출표시등 1선, 공통선은 전원선 2선 중 1선을 공통으로 연결 사용한다.

- 기술적으로 동작불능 또는 오동작이 되거나 관련 기준에 맞지 않거나 잘못 설계되어 인명 피해가 우려되는 것들을 지적하도록 한다.

① A, B실의 감지기 상호 간 가닥수 2가닥
　　　→ 4가닥
② A, B, C실의 수동조작함이 실내에 설치됨
　　　→ 실외 출입구 부근에 조작이 쉽고 유효하게 설치
③ A, B, C실의 방출표시등이 실내에 설치됨
　　　→ 실외의 출입구 부근에 설치
④ A, B, C실의 사이렌이 실외에 설치됨
　　　→ 실내에 설치

해☆설

- 할론설비의 감지기 배선은 교차회로 방식으로(루프와 말단 : 4가닥, 기타 : 8가닥)
- 수동조작함 : 조작이 쉽고 대피가 용이하도록 실외 출입구 부근에 설치
- 약제방출표시등 : 실외출입구 부근에 설치하여 외부인의 출입금지
- 사이렌 : 실내에 설치하여 인명을 대피
- 정정된 설계도면

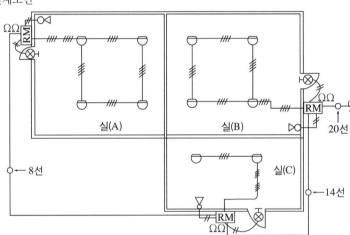

02 도면은 자동화재탐지설비의 수신기와 수동발신기세트 간의 결선을 나타낸 것이다. 이 도면과 조건을 참조하여 ①~⑩까지 각각의 총전선 가닥수 및 용도별 전선 가닥수를 쓰시오.

득점	배점
	6

조 건

- 건물은 지상 6층, 지하 1층으로서 연면적이 $8,000[m^2]$이다.
- 배선은 실무적으로 사용되고 있는 최소 선수로 표시한다.
- 수동발신기 및 경종, 표시등의 공통선은 6경계구역 초과 시 별도로 결선한다.
- 수신기는 P형 1급 30회로용이며, 지상 1층에 설치한다.

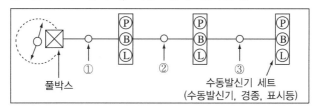

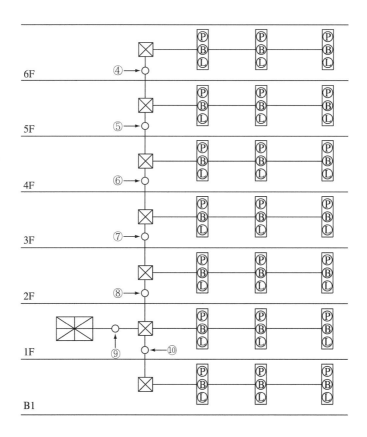

번호	가닥수	배선의 종류	배선의 용도
①		HFIX 2.5[mm²]	회로선( ), 공통선( ), 경종선( ), 경종표시등 공통선( ), 응답선( ), 전화선( ), 표시등선( )
②		HFIX 2.5[mm²]	회로선( ), 공통선( ), 경종선( ), 경종표시등 공통선( ), 응답선( ), 전화선( ), 표시등선( )
③		HFIX 2.5[mm²]	회로선( ), 공통선( ), 경종선( ), 경종표시등 공통선( ), 응답선( ), 전화선( ), 표시등선( )
④		HFIX 2.5[mm²]	회로선( ), 공통선( ), 경종선( ), 경종표시등 공통선( ), 응답선( ), 전화선( ), 표시등선( )
⑤		HFIX 2.5[mm²]	회로선( ), 공통선( ), 경종선( ), 경종표시등 공통선( ), 응답선( ), 전화선( ), 표시등선( )
⑥		HFIX 2.5[mm²]	회로선( ), 공통선( ), 경종선( ), 경종표시등 공통선( ), 응답선( ), 전화선( ), 표시등선( )
⑦		HFIX 2.5[mm²]	회로선( ), 공통선( ), 경종선( ), 경종표시등 공통선( ), 응답선( ), 전화선( ), 표시등선( )
⑧		HFIX 2.5[mm²]	회로선( ), 공통선( ), 경종선( ), 경종표시등 공통선( ), 응답선( ), 전화선( ), 표시등선( )
⑨		HFIX 2.5[mm²]	회로선( ), 공통선( ), 경종선( ), 경종표시등 공통선( ), 응답선( ), 전화선( ), 표시등선( )
⑩		HFIX 2.5[mm²]	회로선( ), 공통선( ), 경종선( ), 경종표시등 공통선( ), 응답선( ), 전화선( ), 표시등선( )

 해답

번호	가닥수	배선의 종류	배선의 용도
①	9	HFIX 2.5[mm²]	회로선(3), 공통선(1), 경종선(1), 경종표시등 공통선(1), 응답선(1), 전화선(1), 표시등선(1)
②	8	HFIX 2.5[mm²]	회로선(2), 공통선(1), 경종선(1), 경종표시등 공통선(1), 응답선(1), 전화선(1), 표시등선(1)
③	7	HFIX 2.5[mm²]	회로선(1), 공통선(1), 경종선(1), 경종표시등 공통선(1), 응답선(1), 전화선(1), 표시등선(1)
④	9	HFIX 2.5[mm²]	회로선(3), 공통선(1), 경종선(1), 경종표시등 공통선(1), 응답선(1), 전화선(1), 표시등선(1)
⑤	13	HFIX 2.5[mm²]	회로선(6), 공통선(1), 경종선(2), 경종표시등 공통선(1), 응답선(1), 전화선(1), 표시등선(1)
⑥	19	HFIX 2.5[mm²]	회로선(9), 공통선(2), 경종선(3), 경종표시등 공통선(2), 응답선(1), 전화선(1), 표시등선(1)
⑦	23	HFIX 2.5[mm²]	회로선(12), 공통선(2), 경종선(4), 경종표시등 공통선(2), 응답선(1), 전화선(1), 표시등선(1)
⑧	29	HFIX 2.5[mm²]	회로선(15), 공통선(3), 경종선(5), 경종표시등 공통선(3), 응답선(1), 전화선(1), 표시등선(1)
⑨	39	HFIX 2.5[mm²]	회로선(21), 공통선(4), 경종선(7), 경종표시등 공통선(4), 응답선(1), 전화선(1), 표시등선(1)
⑩	9	HFIX 2.5[mm²]	회로선(3), 공통선(1), 경종선(1), 경종표시등 공통선(1), 응답선(1), 전화선(1), 표시등선(1)

- 지상 5층 이상이고 연면적 3,000[m²] 초과하므로 직상층 우선경보방식
- 수동발신기 및 경종·표시등 공통선은 6경계구역 초과마다 추가
- 전선의 종류 및 가닥수

	회로선	공통선	경종선	경종표시등 공통선	표시등선	응답선	전화선	합 계
①	3	1	1	1	1	1	1	9
②	2	1	1	1	1	1	1	8
③	1	1	1	1	1	1	1	7
④	3	1	1	1	1	1	1	9
⑤	6	1	2	1	1	1	1	13
⑥	9	2	3	2	1	1	1	19
⑦	12	2	4	2	1	1	1	23
⑧	15	3	5	3	1	1	1	29
⑨	21	4	7	4	1	1	1	39
⑩	3	1	1	1	1	1	1	9

03

다신호식감지기와 아날로그식감지기의 형식별 특성(화재신호 출력방식)에 대하여 쓰시오.

득점	배점
	6

(가) 다신호식감지기 :

(나) 아날로그식감지기 :

해답

(가) 다신호식감지기 : 1개의 감지기 내에 서로 다른 종별 또는 감도 등의 기능을 갖춘 것으로서 일정시간 간격을 두고 각각 다른 2개 이상의 화재신호를 발한다.

(나) 아날로그식감지기 : 주위의 온도 또는 연기 양의 변화에 따라 각각 다른 전류치 또는 전압치 등의 출력을 발하는 방식이다.

해설

감지기의 형식별 특성

종 류	특 성
다신호식	1개의 감지기 내에 서로 다른 종별 또는 감도 등의 기능을 갖춘 것으로서 일정시간 간격을 두고 각각 다른 2개 이상의 화재신호를 발하는 감지기
아날로그식	주위의 온도 또는 연기 양의 변화에 따라 각각 다른 전류치 또는 전압치 등의 출력을 발하는 방식의 감지기
방수형	방수구조로 되어 있는 감지기
재용형	다시 사용할 수 있는 성능을 가진 감지기
축적형	일정농도 이상의 연기가 일정시간(공칭축적시간) 연속하는 것을 전기적으로 검출함으로써 작동하는 감지기(작동시간만 지연시키는 것은 제외)
방폭형	폭발성 가스가 용기 내부에서 폭발하였을 때 용기가 그 압력에 견디거나 또는 외부의 폭발성 가스에 인화될 우려가 없도록 만들어진 형태의 감지기

04

비상콘센트설비에 대한 다음 각 물음에 답하시오(단, 전압은 단상교류 220[V]를 사용한다).

득점	배점
	10

(가) 비상콘센트설비를 설치하는 목적을 쓰시오.

(나) 비상콘센트설비의 배선(전기사업법 제67조의 규정에 따른 기술기준에서 정하는 것은 고려하지 않는 경우임) 설치기준에서 전원회로의 배선과 그 밖의 종류에 대하여 쓰시오.

① 전원회로의 배선 :

② 그 밖의 배선 :

(다) 접지공사의 종류는 무엇이며, 그 접지저항값은 몇 [Ω] 이하로 하여야 하는가?

(라) 지상 25층 아파트에서 비상콘센트를 설치하여야 할 층에 1개씩 설치한다고 하면 비상콘센트는 몇 개가 필요한가?(단, 지하층은 고려하지 않는다) 또한, 하나의 전용회로 전선용량은 어떻게 결정하는지 상세히 쓰시오.

① 비상콘센트의 수 :

② 하나의 전용회로 전선용량 결정방법 :

 해답

(가) 11층 이상과 지하 3층 이하인 층에 설치하여 화재 시 소방대의 조명용 또는 소화활동상 필요한 장비의 전원설비

(나) ① 전원회로의 배선 : 내화배선

② 그 밖의 배선 : 내화배선 또는 내열배선

(다) 2021년 1월 1일 한국전기설비규정 변경으로 답이 맞지 않음

(라) ① 비상콘센트의 수 : 15개

② 하나의 전용회로 전선용량 결정방법
$$1.5[kVA] \times 3 = 4.5[kVA] \text{ 이상}$$

해☆설

(가) 비상콘센트설비의 설치목적 : 11층 이하에 화재가 발생한 경우에는 소화활동이 가능하나 11층 이상과 지하 3층 이하의 층일 때는 소화활동설비를 이용하여 소화활동이 불가능하므로 내화배선에 의한 고정설비인 비상콘센트설비를 설치하여 화재 시 소방대의 조명용 또는 소화활동상 필요한 장비의 전원설비

(나) 비상콘센트설비의 배선 : 전원회로의 배선은 내화배선으로, 그 밖의 배선은 내화배선 또는 내열배선으로 할 것

(라) 비상콘센트의 수 및 전원용량

하나의 전용회로에 설치하는 비상콘센트는 **10개 이하**로 할 것. 이 경우 전선의 용량은 각 비상콘센트(비상콘센트가 3개 이상인 경우에는 3개)의 공급용량을 합한 용량 이상의 것으로 하여야 함

하나의 전용회로에 설치하는 비상콘센트 : **10개 이하**

PLUS ONE ⊕ 비상콘센트 배선기호 및 전원회로

• 배선기호

• 비상콘센트설비의 전원회로는 단상교류 220[V]인 것으로서, 공급용량은 1.5[kVA] 이상 인 것으로 할 것

[비상콘센트의 전원회로]

구 분	전 압	공급용량	플러그접속기
단상교류	220[V]	1.5[kVA] 이상	접지형 2극

• 전원회로는 각 층에 있어서 2 이상이 되도록 설치할 것(단, 설치하여야 할 층의 콘센트 가 1개일 때에는 하나의 회로로 할 수 있음)

05

다음은 자동화재탐지설비의 감시 상태 시 감지회로를 등가회로로 나타낸 것이다. 감시 상태 시 감시전류[mA]와 감지기가 작동 시 작동전류[mA]를 구하시오.

득점	배점
	4

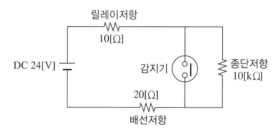

릴레이저항
10[Ω]
DC 24[V]
감지기
종단저항 10[kΩ]
20[Ω]
배선저항

 물 음

(가) 감시 상태 시 감시전류
　① 계산
　② 답

(나) 작동 시 작동전류
　① 계산
　② 답

★해답

(가) ① 계산 : 감시전류 : $I = \dfrac{24}{10 + 10 \times 10^3 + 20} \times 10^3 = 2.392[\mathrm{mA}]$

　② 답 : 2.39[mA]

(나) ① 계산 : 작동전류 : $I' = \dfrac{24}{10 + 20} \times 10^3 = 800[\mathrm{mA}]$

　② 답 : 800[mA]

해★설

(가) 감시전류(I)

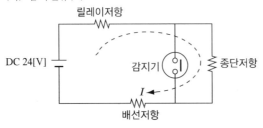

릴레이저항

DC 24[V]   감지기   종단저항

I

배선저항

$$감시전류(I) = \frac{회로전압}{릴레이저항 + 종단저항 + 배선저항}$$

$$= \frac{24}{10 + 10 \times 10^3 + 20} \times 10^3 = 2.392[\text{mA}] \qquad \therefore I = 2.39[\text{mA}]$$

(나) 작동전류(I')

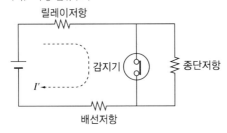

릴레이저항

감지기   종단저항

I'

배선저항

$$작동전류(I') = \frac{회로전압}{릴레이저항 + 배선저항}$$

$$= \frac{24}{10 + 20} \times 10^3 = 800[\text{mA}] \qquad \therefore I' = 800[\text{mA}]$$

06

	득점	배점
자동화재탐지설비의 화재안전기준에서 배선과 관련하여 다음 각 물음에 답하시오.		5

자동화재탐지설비의 화재안전기준에서 배선과 관련하여 다음 각 물음에 답하시오.

(가) 자동화재탐지설비의 GP형 수신기 감지기회로의 배선에 있어서 하나의 공통선에 접속할 수 있는 경계구역은 몇 개 이하이어야 하는가?

(나) 자동화재탐지설비의 감지기회로의 전로저항은 몇 [Ω] 이하이어야 하는가?

(다) 수신기의 각 회로별 종단에 설치되는 감지기에 접속되는 배선의 전압은 감지기 정격전압의 몇 [%] 이상이어야 하는가?

해답   (가) 7개 이하

(나) 50[Ω] 이하

(다) 80[%]

해☆설

자동화재탐지설비의 배선기준

- 전원회로의 배선은 기준에 의한 **내화배선**에 의하고 그 밖의 배선은 내화배선 또는 내열배선에 의할 것
- 감지기 사이의 회로의 배선은 **송배전식**으로 할 것
- P형 수신기 및 GP형 수신기 감지회로의 배선에 있어서 하나의 공통선에 접속할 수 있는 경계구역은 **7개 이하**로 할 것
- 자동화재탐지설비의 **감지회로의 전로저항**은 **50[Ω] 이하**가 되도록 할 것
- 감지기에 접속되는 배선의 전압은 감지기 정격전압의 **80[%]** 이상일 것

07

> 저압옥내배선의 금속관공사에 있어서 금속관과 박스 그 밖의 부속품은 다음 각 호에 의하여 시설하여야 한다. ( ) 안에 알맞은 내용을 쓰시오.
>
> | 득점 | 배점 |
> |---|---|
> | | 7 |
>
> (가) 금속관을 구부릴 때 금속관의 단면이 심하게 (①)되지 아니하도록 구부려야 하며, 그 안측의 (②)은 관 안지름의 (③) 이상이 되어야 한다.
>
> (나) 아웃렛박스(Outlet Box) 사이 또는 전선 인입구를 가지는 기구 사이의 금속관에는 (④)개소를 초과하는 (⑤) 굴곡 개소를 만들어서는 아니 된다. 굴곡 개소가 많은 경우 또는 관의 길이가 (⑥)[m]를 넘는 경우에는 (⑦)를 설치하는 것이 바람직하다.

☆해☆답

(가) ① 변 형
　　② 반지름
　　③ 6배

(나) ④ 3
　　⑤ 직각 또는 직각에 가까운
　　⑥ 30
　　⑦ 풀박스

해☆설

금속관공사의 시공방법

- 금속관을 구부릴 때 금속관의 단면이 심하게 **변형**되지 아니하도록 구부려야 하며 그 안측의 **반지름**은 **관 안지름의 6배 이상**이 되어야 한다.
- 아웃렛박스 사이 또는 전선 인입구를 가지는 기구 내의 금속관에는 **3개소**가 초과하는 직각 또는 직각에 가까운 굴곡 개소를 만들어서는 아니 된다.
- 굴곡 개소가 많은 경우 또는 관의 길이가 **30[m]를 초과**하는 경우에는 **풀박스**를 설치하는 것이 바람직하다.

- **유니버설엘보**, **티**, **크로스** 등은 조영재에 은폐시켜서는 아니된다. 다만, 그 부분을 점검할 수 있는 경우에는 그러하지 아니하다.

[유니버설엘보]

- 관과 관의 연결은 커플링을 사용하고 관의 끝부분은 **리머**를 사용하여 모난 부분을 **매끄럽게** 다듬는다.

08

유도등 및 유도표지의 화재안전기준에 따른 다음 유도등의 용어 정의를 쓰시오.

득점	배점
	4

(가) 피난구유도등 :

(나) 복도통로유도등 :

(다) 객석유도등 :

★해답

(가) 피난구유도등 : 피난구나 피난경로로 사용되는 출입구가 있다는 것을 표시하는 녹색등화의 유도등

(나) 복도통로유도등 : 피난통로가 되는 복도에 설치하는 유도등으로 피난구의 방향을 명시

(다) 객석유도등 : 객석의 통로, 바닥, 벽에 설치하는 유도등

해★설

(가) 피난구유도등 : 피난구나 피난경로로 사용되는 출입구가 있다는 것을 표시하는 녹색등화의 유도등

(나) 통로유도등 : 피난통로를 안내하기 위한 유도등

- 복도통로유도등 : 피난통로가 되는 복도에 설치하는 통로유도등으로서 피난구의 방향을 명시하는 것
- 거실통로유도등 : 집무, 작업, 집회, 오락 그 밖에 이와 유사한 목적을 위하여 계속적으로 사용하는 거실, 주차장 등 개방된 복도에 설치하는 유도등으로 피난의 방향을 명시하는 것
- 계단통로유도등 : 피난통로가 되는 계단이나 경사로에 설치하는 통로유도등으로 바닥면 및 디딤바닥면을 비추는 것

(다) 객석유도등 : 객석의 통로, 바닥 또는 벽에 설치하는 유도등

[피난구유도등]

[복도통로유도등]

[계단통로유도등]

09 그림은 할론소화설비 기동용 연기감지기의 회로를 잘못 결선한 그림이다. 잘못 결선된 부분을 바로잡아 옳은 결선도를 그리고, 잘못 결선한 이유를 쓰시오(단, 종단저항은 제어반 내에 설치된 것으로 본다).

득점	배점
	8

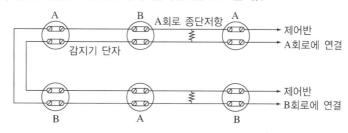

물음

(가) 결선도 :

(나) 이유 :

★해답 (가) 결선도

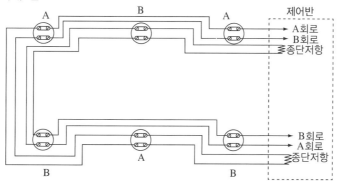

(나) 이유 : 할론설비는 설비의 오동작을 방지하기 위하여 교차회로로 설치하고, 종단저항은 중간 부분이 아니라 회로 끝부분이나 제어반에 설치한다.

해★설

교차회로방식

• 정의 : 하나의 경계구역 내에 2 이상의 화재감지기회로를 설치하고 인접한 2 이상의 화재 감지기가 동시에 감지되는 때에 설비가 작동되도록 하는 방식
• 종단저항 : 회로 끝부분에 설치

10 공기관식 차동식분포형감지기를 설치하려고 한다. 공기관의 설치 길이가 270[m]인 경우 검출부는 몇 개가 소요되는가?(단, 하나의 검출부에 접속하는 공기관은 최대 길이를 적용한다)

득점	배점
	3

① 계산 :

② 답 :

안심Touch

①해답 ① 계산 : $N = \dfrac{270}{100} = 2.7$

② 답 : 3개

해⭐설

공기관식감지기 설치기준

• 공기관의 노출 부분은 1개 감지구역마다 **20[m]** 이상으로 할 것

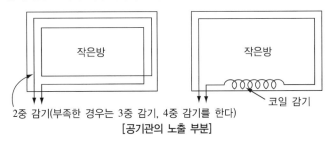

2중 감기(부족한 경우는 3중 감기, 4중 감기를 한다)

[공기관의 노출 부분]

• 하나의 검출 부분에 접속하는 공기관의 길이는 **100[m]** 이하로 할 것

• 공기관의 부착 위치 : 공기관은 부착면의 하방 0.3[m] 이내의 위치에 설치하고 감지구역 부착면의 각 변에서 1.5[m] 이내의 위치로 할 것

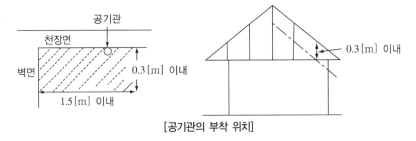

[공기관의 부착 위치]

11

유도등의 전원에 대한 다음 각 물음에 답하시오.

득점	배점
	5

(가) 전원으로 이용되는 것을 2가지 쓰시오.

(나) 비상전원은 어느 것으로 하며 그 용량은 해당 유도등을 유효하게 몇 분 이상 작동시킬 수 있어야 하는가?

①해답 (가) ① 축전지

② 교류전압의 옥내 간선

(나) ① 비상전원 : 축전지

② 용량 : 20분

해⭐설

유도등의 전원

• 유도등의 **전원**은 **축전지** 또는 **교류전압**의 **옥내 간선**으로 하고, 전원까지의 배선은 전용으로 하여야 한다.

• **비상전원**은 다음 각 호의 기준에 적합하게 설치하여야 한다.
  – **축전지**로 할 것
  – 유도등을 **20분** 이상 유효하게 작동시킬 수 있는 용량으로 할 것. 다만, 다음의 특정소방대상물의 경우에는 그 부분에서 피난층에 이르는 부분의 유도등을 **60분** 이상 유효하게 작동시킬 수 있는 용량으로 하여야 한다.

12

> 다음과 같이 우리말 명칭으로 표기된 전선에 대하여는 영문 약호를 쓰고, 영문 약호로 표기된 전기기구에 대하여는 우리말 명칭을 쓰시오.
>
> | 득점 | 배점 |
> |---|---|
> | | 6 |
>
> (가) 450/750[V] 저독성 난연 가교폴리올레핀 절연전선 :
> (나) 접지용 비닐전선 :
> (다) CT :
> (라) ELB :
> (마) ZCT :

해답
(가) HFIX
(나) GV
(다) 계기용 변류기
(라) 누전차단기
(마) 영상변류기

해설

전선, 전기기구 약호 및 명칭

약 호	명 칭
HFIX	450/750[V] 저독성 난연 가교 폴리올레핀 절연전선
GV	접지용 비닐전선
CT	계기용 변류기
ZCT	영상변류기
ELB	누전차단기
MCCB	배선용 차단기

13

내화 구조를 갖춘 건축물 내에 폐쇄형 스프링클러헤드를 사용하여 스프링클러설비를 설치하고자 한다. 이 건축물은 층수가 8층이며, 헤드의 설치 높이가 8[m] 미만으로서 스프링클러설비의 화재안전기준에 따라 스프링클러헤드의 설치기준 개수가 10개이며, 20분 이상 작동해야 한다. 다음 조건을 감안하여 펌프모터의 용량을 구하시오.

득점	배점
	8

조 건
- 헤드 1개의 토출량은 80[LPM]이다.
- 각 층의 층고는 3.8[m]이다.
- 펌프의 효율은 60[%]이다.
- 펌프로부터 가장 높은 헤드까지의 거리는 30[m]이다.
- 배관 마찰손실수두는 20[m]이다.
- 스프링클러설비는 습식이다.
- 전달계수는 1.1이다.

물 음
① 계산 :
② 답 :

★해답
① 계산 : • 전양정 $H = 20[\text{m}] + 30[\text{m}] + 10[\text{m}] = 60[\text{m}]$ 이상
- 유량 $Q = 10 \times 80 \times 10^{-3} = 0.8[\text{m}^3/\text{min}]$
- 용량 $P = \dfrac{0.163 \times HQK}{\eta} = \dfrac{0.163 \times 60 \times 0.8 \times 1.1}{0.6} = 14.344[\text{kW}]$ 이상

② 답 : 14.344[kW] 이상

해★설
- 전양정(H) = 배관 마찰수두 + 실양정 + 헤드방사압 환산수두
  ∴ $H = 20[\text{m}] + 30[\text{m}] + 10[\text{m}] = 60[\text{m}]$ 이상

$$H = h_1 + h_2 + \cdots 10[\text{m}]$$

여기서, h_1 : 낙차(풋밸브에서 최상부에 설치된 헤드까지의 수직거리)[m]
h_2 : 배관 및 관부속품의 마찰손실수두[m]
10[m] : 1[kg/cm²]의 환산수두

- 전양정(H) = 실양정+관부속품 및 직관의 마찰수두+10[m]

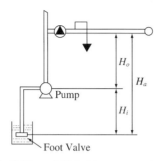

H_i : 흡입양정[m]
H_o : 토출양정[m]
H_a : 실양정[m]
H : 전양정[m]

- 흡입양정(H_i) : 흡입수면(Foot Valve)에서 펌프의 중심까지의 수직거리($[\text{mAq}] = [\text{mH}_2\text{O}]$)
- 토출양정(H_o) : 펌프의 중심에서 최상층의 송출수면까지의 수직거리($[\text{mAq}] = [\text{mH}_2\text{O}]$)
- 실양정(H_a) : 흡입수면(Foot Valve)에서 최상층의 송출수면까지의 수직거리($H_a = H_i + H_o$)
- 전양정(H) : 실양정(H_a)와 관부속품의 마찰손실수두, 직관의 마찰손실수두의 합

- 전동기 용량
  - 소방기계에서 사용하는 공식

$$P = \frac{0.163 \times H \times Q \times K}{\eta}[\text{kW}]$$

여기서, 0.163 : 1,000 ÷ 60 ÷ 102　　　Q : 유량[m^3/min]
　　　H : 전양정[m]　　　K : 전달계수(여유율)
　　　η : 펌프효율

  - 대학에서 사용하는 공식

$$P = \frac{\gamma \times Q \times H \times K}{\eta}[\text{kW}]$$

여기서, γ : 물의 비중($1,000[\text{kg/m}^3]$)　　　Q : 유량[m^3/min]
　　　옥내소화전 $H = h_1 + h_2 + h_3 + 17[\text{m}]$
　　　옥외소화전 $H = h_1 + h_2 + h_3 + 25[\text{m}]$
　　　스프링클러설비 $H = h_1 + h_2 + 10[\text{m}]$

$$P = \frac{9.8HQK}{\eta}[\text{kWA}]$$

여기서, H : 전양정[m]　　　Q : 유량[m^3/s]
　　　K : 여유계수　　　η : 효율[%]

$$\therefore P = \frac{0.163HQK}{\eta} = \frac{0.163 \times 60 \times 0.8 \times 1.1}{0.6} = 14.344[\text{kW}]$$

14 특정소방대상물에 설치된 수신기에서 스위치 주의등이 점멸하고 있다. 어떤 경우에 점멸하는지 그 원인을 2가지만 쓰시오.

득점	배점
	6

 ① 주경종 정지스위치 ON 시
② 지구경종 정지스위치 ON 시

해☆설

수신기에서 스위치 주의등 점멸 경우
- 주경종스위치 ON 시
- 지구경종스위치 ON 시
- 자동복구스위치 ON 시
- 도통시험스위치 ON 시

15 도면은 옥내소화전설비의 소화전 펌프의 기동방식 중 ON, OFF스위치에 의한 수동기동방식의 미완성 시퀀스도이다. 주어진 조건과 도면을 이용하여 다음 각 물음에 답하시오.

득점	배점
	8

조 건

- 각 층에는 옥내소화전이 1개씩 설치되어 있다.
- 이미 그려져 있는 부분은 임의로 수정하지 않도록 한다.
- 그려진 접점을 삭제하거나 별도로 접점을 추가하지 않도록 한다.

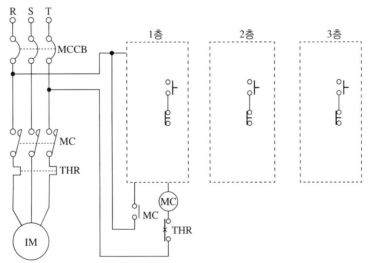

물 음

(가) 도면에 표시되어 있는 MCCB의 우리말 명칭을 쓰시오.
(나) 각 층에서 수동 기동 및 정지가 가능하도록 주어진 도면을 완성하시오.

☆해답 (가) 배선용 차단기

(나)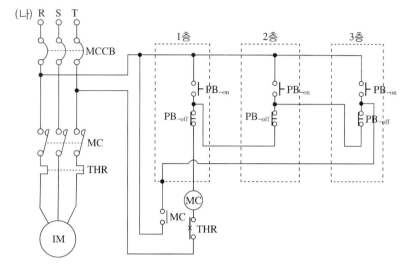

해☆설

(1) **MCCB**(Molded Case Circuit Break : **배선용 차단기**)
소형이면서 반복 재투입이 가능하고 신뢰성이 높다.

(2) • 기동스위치(PB_{-on})와 자기유지접점(MC) 병렬접속

• 정지스위치(PB_{-off})와 (MC) 전자접촉기 직렬접속

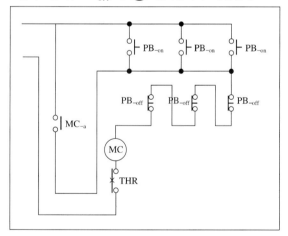

16

화재에 의한 열, 연기 또는 불꽃(화염) 이외의 요인에 의해 자동화재탐지설비 가 작동하여 화재경보를 발하는 것을 "비화재보(Unwanted Alarm)"이라고 한다. 즉, 자동화재탐지설비가 정상적으로 작동하였다고 하더라도 화재가 아닌 경우의 경보를 "비화재보"라고 하며, 비화재보의 종류는 다음과 같이 구분할 수 있다.

득점	배점
	6

(가) 설비자체의 결함이나 오조작 등에 의한 경우(False Alarm)
　　① 설비 자체의 기능상 결함
　　② 설비의 유지관리 불량
　　③ 실수나 고의적인 행위가 있을 때
(나) 주위상황이 대부분 순간적으로 화재와 같은 상태(실제 화재와 유사한 환경이 나 상황)로 되었다가 정상 상태로 복귀하는 경우(일과성 비화재보 : Nuisance Alarm)

물음

위 설명 중 (나)항의 일과성 비화재보로 볼 수 있는 Nuisance Alarm에 대한 방 지대책을 5가지만 쓰시오.

★해답　① 감지기수의 제한　　　　　　② 축적형감지기의 사용
　　　　　③ 연감지기 사용 억제　　　　　④ 다신호식감지기의 사용
　　　　　⑤ 경년변화에 따른 유지보수

해★설

일과성 비화재보 방지대책

- **감지기수의 제한** : 감지기수가 많으면 그만큼 비화재보를 발하는 확률도 커지게 된다. 따라서 감지 기의 설치가 제외될 수 있는 장소에는 과감히 설치를 배제하고, 가능한 한 감시범위가 넓은 감지기를 사용하여 감지기의 수를 줄이도록 한다.
- **연감지기 사용의 억제** : 통계에 의하면 연감지기에 의한 비화재보 발생률이 열감지기보다 10배나 큰 것으로 집계되었다. 이는 일과성 비화재보를 일으키는 원인이 연기에 크게 기인한다는 것을 의미한다. 따라서 연감지기가 필수적인 장소를 제외하고는 열감지기를 선택하는 것이 비화재보를 줄이는 방법이다.
- **설치장소의 환경에 적응하는 감지기의 설치 또는 교환** : 모든 감지기는 각각 그 동작특성이 다르므 로 그 특성에 맞는 장소에 설치해야 함은 당연하다. 그러나 환경은 시간에 따라 변화될 수 있으므로 바뀐 환경에 대해서는 그에 상응하는 감지기로 교환하는 것이 필요하다.
- **축적형감지기의 사용** : 설치된 장소의 물리화학적 변화량이 감지기의 동작점에 이르면 즉시 화재신 호를 발보하는 비축적형보다는 동작점에 도달한 후 5~60초 정도 그 상태가 지속되어야 신호를 발보하는 축적형감지기를 사용하면 비화재보를 줄일 수 있다.
- **다신호식감지기의 사용** : 서로 동작 감도특성이 다른 두 가지 이상의 감지소자를 내장한 감지기를 사용하여 두 개의 감지소자가 모두 동작했을 때만 화재신호를 발보하도록 하는 것이다.
- **아날로그감지기와 인텔리전트 수신기의 사용** : 인텔리전트 수신기는 아날로그감지기로부터 수신한 환경상황을 컴퓨터로 세밀하게 분석해서 화재 여부를 판단하므로 비화재보를 획기적으로 줄일 수 있다. 즉, 재래식 수신기는 화재 여부의 판단을 감지기가 담당하지만 인텔리전트 수신기는 수신기 에 내장된 컴퓨터가 화재 여부를 판단한다.
- **경년변화에 따른 유지보수** : 외국의 경우 설치된 후 10년이 지난 감지기는 5년이 경과된 감지기보다 불량률이 25[%] 정도 높다는 보고가 있다. 또한, 모든 설비는 경년열화를 피할 수 없으므로 주기적인 점검, 청소 및 교체 등의 유지보수를 철저히 함으로써 비화재보뿐만 아니라 실보도 방지할 수 있다.

2007년 11월 4일 시행

※ 다음 물음에 대한 답을 해당 답란에 답하시오(배점 : 100).

01

자동화재탐지설비의 축적형감지기를 사용하면 안 되는 곳 3가지를 열거하시오.	득점	배점
		6

 해답

① 교차회로방식에 사용되는 감지기
② 급속한 연소 확대가 우려되는 장소에 사용되는 감지기
③ 축적기능이 있는 수신기에 연결하여 사용되는 감지기

해☆설

축적형감지기

일정농도 이상의 연기가 일정시간 연속하는 것을 전기적으로 검출함으로써 작동하는 감지기

축적기능이 없는 감지기를 사용하는 경우(NFSC 203)	축적형 수신기의 설치(NFSC 203) (축적기능이 있는 감지기를 사용하는 경우)
① 교차회로방식에 사용되는 감지기 ② 급속한 연소 확대가 우려되는 장소에 사용되는 감지기 ③ 축적기능이 있는 수신기에 연결하여 사용하는 감지기	① 지하층·무창층으로 환기가 잘되지 않는 장소 ② 실내 면적이 40[m²] 미만인 장소 ③ 감지기의 부착면과 실내 바닥의 사이가 2.3[m] 이하인 장소로서 일시적으로 발생한 열·연기·먼지 등으로 인하여 감지기가 화재신호를 발신할 우려가 있는 때

02

지상 100[m]되는 곳에 수조가 있다. 이 수조에 2,400[LPM]의 물을 양수하는 펌프용 전동기를 설치하여 3상 전력을 공급하려고 한다. 펌프효율이 60[%]이고, 펌프측 동력에 10[%]의 여유를 둔다고 할 때 펌프의 용량[HP]을 구하시오(단, 펌프용 3상 농형 유도전동기의 역률은 100[%]로 가정한다).	득점	배점
		5

해답

계산 : $P = \dfrac{9.8 \times 100 \times 2.4/60 \times 1.1}{0.6 \times 0.746} = 96.336[\text{HP}]$

답 : 96.34[HP]

해☆설

전동기 용량

$$P = \frac{9.8 HQK}{\eta}[\text{kW}]$$

여기서, P : 전동기 용량[kW]　　　　Q : 양수량[m³/s]
　　　　H : 전양정[m]　　　　　　K : 여유(전달)계수
　　　　η : 효율[%]

$$LPM = \frac{10^{-3}}{60}[m^3/s], \ 1[HP] = 0.746[kW]$$

$P = \frac{9.8HQK}{\eta}$ 에서

$H = 100[m]$, $Q = \frac{2,400 \times 10^{-3}}{60}$, $K = 1.1$이고, $1[HP] = 0.746[kW]$이므로,

$P = \frac{9.8 \times 100 \times 2.4/60 \times 1.1}{0.6 \times 0.746} = 96.336[HP]$

$\therefore \ 96.34[HP]$

03

예비전원설비에 대한 다음 물음에 답하시오.

(가) 부동충전방식에 대한 회로(개략적인 그림)를 그리시오.

(나) 축전지를 과방전 또는 방치 상태에서 기능 회복을 위하여 실시하는 충전방식은?

(다) 연축전지 정격용량은 250[Ah]이고 상시부하가 8[kW]이며 표준전압이 100[V]인 부동충전방식의 충전지가 2차 충전전류는 몇 [A]인가?(단, 축전지 방전율은 10시간율이다)

★해답 (가)

(나) 회복충전방식

(다) 계산 : $I_2 = \frac{250}{10} + \frac{8 \times 10^3}{100} = 105[A]$ 답 : 105[A]

해★설

- 축전지의 충전방식
  - 부동충전 : 그림과 같이 충전장치를 축전지와 부하에 병렬로 연결하여 전지의 자기방전을 보충함과 동시에 상용부하에 대한 전력 공급은 충전기가 부담하고 충전기가 부담하기 어려운 대전류부하는 축전지가 부담하게 하는 방법이다(충전기와 축전지가 부하와 병렬 상태에서 자기방전 보충방법).

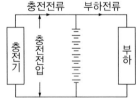

  - 균등충전 : 전지를 장시간 사용하는 경우 단전지들의 전압이 불균일하게 되는 때 얼마간 과충전을 계속하여 각 전해조의 전압을 일정하게 하는 것
  - 세류충전 : 자기방전량만 항상 충전하는 방식으로 부동충전방식의 일종
  - 회복충전 : 과방전 또는 방치 상태에서 기능 회복을 위하여 실시하는 충전방식
- 충전지 2차 전류(I_2)

$I_2 = 축전지충전전류 + 부하전류 = \frac{축전지정격용량}{축전지공칭용량} + \frac{상시부하}{표준전압}$

$= \frac{250}{10} + \frac{8 \times 10^3}{100} = 105[A]$

$\therefore 105[A]$

04

다음 그림은 어느 공장의 1층에 설치된 소화설비이다. ㉮~㉲까지의 가닥수를 구하고 두 가지 기기의 차이점과 전면에 부착된 기기의 명칭을 열거하시오. 옥내소화전함은 기동용 수압개폐장치 기동방식과 발신기 세트는 각 층마다 설치한다.

득점	배점
	11

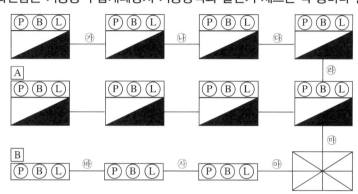

물 음

(가) ㉮~㉲의 전선 가닥수를 표시하시오.

(나) A와 B의 차이점은 무엇인가?

(다) A와 B의 전면에 부착된 기기의 명칭을 열거하시오.

☆해답

(가) ㉮ 9　　　　　　　　　　㉯ 10
　　 ㉰ 11　　　　　　　　　　㉱ 12
　　 ㉲ 17　　　　　　　　　　㉳ 7
　　 ㉴ 8　　　　　　　　　　㉵ 9

(나) ① A는 발신기세트 옥내소화전 내장형
　　 ② B는 발신기세트 단독형

(다) ① A : 발신기, 경종, 표시등, 기동확인표시등
　　 ② B : 발신기, 경종, 표시등

해☆설

(가) 배선의 용도 및 가닥수

적요		㉮	㉯	㉰	㉱	㉲	㉳	㉴	㉵
발신기 세트	지구선	1	2	3	4	8	1	2	3
	지구공통선	1	1	1	1	2	1	1	1
	응답선	1	1	1	1	1	1	1	1
	전화선	1	1	1	1	1	1	1	1
	지구경종선	1	1	1	1	1	1	1	1
	표시등선	1	1	1	1	1	1	1	1
	경종·표시등공통선	1	1	1	1	1	1	1	1
옥내 소화전	기동확인표시등	1	1	1	1	1			
	표시등공통	1	1	1	1	1			
합 계		9	10	11	12	17	7	8	9

(나) ① : 발신기세트 옥내소화전 내장형

② Ⓟ Ⓑ Ⓛ : 발신기세트 단독형

(다) ① A : 발신기세트 옥내소화전 내장형

전면부착기기 : 발신기, 경종, 표시등, 기동확인표시등

② B : 발신기세트 단독형

전면부착기기 : 발신기, 경종, 표시등

05 주어진 조건을 참조하여 다음 물음에 답하시오.

득점	배점
	6

조건

• 건축물은 내화 구조이며, 천장의 높이 3[m]이다.

• 실의 면적은 다음 그림과 같다.

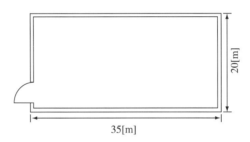

물음

(가) 차동식스포트형감지기 2종의 설치 개수를 구하시오.

(나) 광전식분리형감지기 2종의 설치 개수를 구하시오.

★해답

(가) 계산 : $N = \dfrac{35 \times 20}{70} = 10$개 답 : 10개

(나) $N = \dfrac{35 \times 20}{150} = 4.67 = 5$개 답 : 5개

해★설

- 부착 높이에 따른 스포트형감지기 설치기준 (단위 : [m²])

부착 높이 및 특정소방대상물의 구분		감지기의 종류						
		차동식 스포트형		보상식 스포트형		정온식 스포트형		
		1종	2종	1종	2종	특종	1종	2종
4[m] 미만	주요 구조부를 내화 구조로 한 특정소방대상물 또는 그 부분	90	70	90	70	70	60	20
	기타 구조의 특정소방대상물 또는 그 부분	50	40	50	40	40	30	15
4[m] 이상 8[m] 미만	주요 구조부를 내화 구조로 한 특정소방대상물 또는 그 부분	45	35	45	35	35	30	–
	기타 구조의 특정소방대상물 또는 그 부분	30	25	30	25	25	15	–

내화 구조이고 천장고 4[m] 미만의 차동식스포트형감지기 2종의 기준면적은 70[m²]이다.

$$\therefore \text{감지기 설치 개수}(N) = \frac{\text{바닥면적}}{\text{기준면적}} = \frac{35 \times 20}{70} = 10 \text{개}$$

- 연기감지기의 설치기준
  - 연기감지기의 부착 높이에 따른 감지기의 바닥면적 (단위 : [m²])

부착 높이	감지기의 종류	
	1종 및 2종	3종
4[m] 미만	150	50
4[m] 이상 20[m] 미만	75	–

  - 감지기는 벽 또는 보로부터 **0.6[m]** 이상 떨어진 곳에 설치할 것
  - 감지기는 **복도** 및 **통로**에 있어서는 보행거리 **30[m]**(3종에 있어서는 20[m])마다, **계단**, **경사로**에 있어서는 수직거리 **15[m]**(3종에 있어서는 **10[m]**)마다 1개 이상으로 할 것

$$\therefore \text{감지기 설치 개수} \; N = \frac{35 \times 20}{150} = 4.67 \qquad \therefore 5 \text{개}$$

06 전로의 절연열화에 의한 화재신고를 방지하기 위하여 절연저항을 측정하여 전로의 유지보수에 활용한다고 한다. 다음 각 물음에 답하시오.

득점	배점
	5

(가) 220[V] 전로에서 전선과 대지 사이의 절연저항이 0.2[MΩ]이라면 누설전류는 몇 [mA]인가?

(나) 감지기회로 및 부속회로의 전로와 대지 사이 및 배선 상호 간의 절연저항을 1경계구역마다 직류 250[V]의 절연저항계로 측정하여 몇 [MΩ] 이상이 되어야 하는가?

(가) 계산 : $I_g = \dfrac{220}{0.2 \times 10^6} = 0.0011[\text{A}]$ 답 : 1.1[mA]

(나) 0.1[MΩ]

해 설

(가) 누설전류(I_g)

$$I_g = \frac{\text{대지전압}}{\text{절연저항}} = \frac{220}{0.2 \times 10^6} = 0.0011[\text{A}] \qquad \therefore \ 1.1[\text{mA}]$$

(나) 자동화재담지실비 배선 실지기준
- 감지기회로 및 부속회로의 전로와 대지 사이 및 배선 상호 간의 절연저항은 1경계구역마다 직류 250[V]의 절연저항측정기를 사용하여 측정한 절연저항인 **0.1[MΩ] 이상**으로 할 것
- 자동화재탐지설비의 **감지회로**의 **전로저항**은 50[MΩ] **이하**가 되도록 할 것

07

다음은 광전식분리형감지기에 대한 물음에 답하시오.

득점	배점
	5

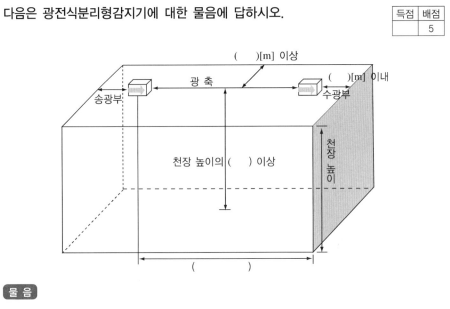

물음

(가) 감지기의 송광부는 설치된 뒷벽으로부터 (　　) 이내 위치에 설치할 것
(나) 감지기의 광축 길이는 (　　) 범위 이내일 것
(다) 감지기의 수광부는 설치된 뒷벽으로부터 (　　) 이내 위치에 설치할 것
(라) 광축의 높이는 천장 등 높이의 (　　) 이상일 것
(마) 광축은 나란한 벽으로부터 (　　) 이상 이격하여 설치할 것

해답 (가) 1[m]　　　　　　　　(나) 공칭감시거리
(다) 1[m]　　　　　　　　(라) 80[%]
(마) 0.6[m]

해☆설

• 광전식분리형감지기 설치기준
- 감지기의 **수광면**은 햇빛을 직접 받지 않도록 설치할 것
- 광축(송광면과 수광면의 중심을 연결한 선)은 나란히 벽으로부터 **0.6[m] 이상 이격**하여 설치할 것
- 감지기의 송광부와 수광부는 설치된 뒷벽으로부터 **1[m] 이내 위치**에 설치할 것
- 광축의 높이는 천장 등(천장의 실내에 면한 부분 또는 상층의 바닥 하부면을 말한다) 높이의 **80[%] 이상**일 것
- 감지기의 광축의 길이는 **공칭감시거리 범위 이내**일 것

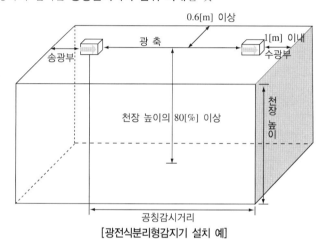

[광전식분리형감지기 설치 예]

• 적용장소
- 화학공장, 격납고, 제련소 : 광전식분리형감지기, 불꽃감지기
- 전산실 또는 반도체공장 : 광전식공기흡입형감지기

---

08 | 전선 접속 시 유의사항을 3가지 쓰시오. | 득점 | 배점 |
| | | | 6 |

☆해답 ① 전선의 강도를 20[%] 이상 감소시키지 않아야 한다.
② 전선의 전기저항을 증가시키지 아니하도록 접속한다.
③ 도체에 알루미늄 전선과 동 전선을 접속하는 경우에는 접속 부분에 전기적 부식이 생기지 아니하도록 해야 하다.

전선의 접속 시 주의사항
• 전선의 강도를 20[%] 이상 감소시키지 않아야 한다.
• 전선의 전기저항을 증가시키지 아니하도록 접속한다.
• 도체에 알루미늄 전선과 동 전선을 접속하는 경우에는 접속 부분에 전기적 부식이 생기지 아니하도록 해야 하다.
• 절연전선 상호ㆍ절연전선과 코드, 캡타이어케이블 또는 케이블과 접속하는 경우에는 코드 접속기나 접속함 기타의 기구를 사용해야 한다.
• 교류회로에서 병렬로 사용하는 전선은 금속관 안에 전자적 불평형이 생기지 않도록 시설해야 한다.

09

P형 1급 수신기와 수동발신기, 경종, 표시등 사이의 결선도를 완성하시오(단, 6층 3,500[m²]이다).

득점	배점
	8

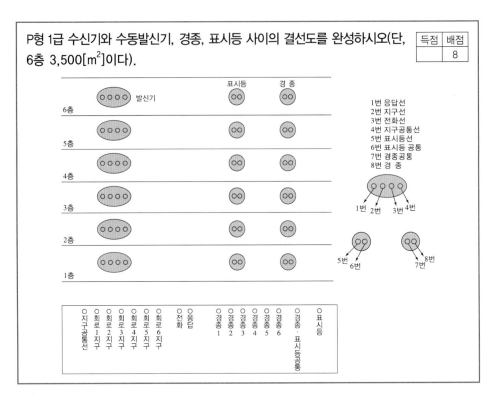

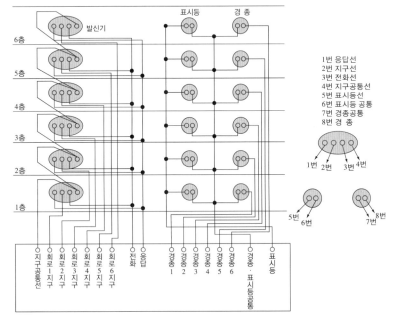

해설

- 5층 이상으로 연면적이 3,000[m²]를 초과하는 특정소방대상물 : 직상층 및 발화층 우선 경보방식
- 발화층 및 직상층 우선 경보방식이므로 전층의 응답선, 전화선, 공통선, 표시등선, 경종·표시등 공통선은 1가닥이 전층에 공통으로 연결되며 경계구역(층) 증가 시마다 지구회로선(2)과 경종선(8)이 추가된다. (별도배선)

10

그림과 같은 회로를 보고 다음 각 물음에 답하시오.

득점	배점
	9

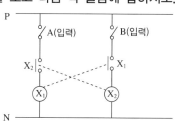

물음

(가) 주어진 회로에 대한 논리회로를 완성하시오.
(나) 회로의 동작 상황을 타임차트로 그리시오.

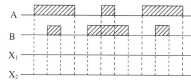

(다) 주어진 회로에서 접점 X_1과 X_2의 관계를 무엇이라 하는가?

⭐해답 (가)

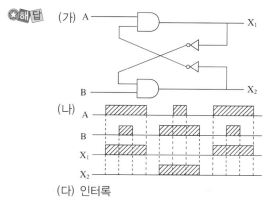

(다) 인터록

해⭐설

인터록(선입력 우선)회로 : 어떤 회로에 동시에 2가지 입력이 같이 투입되는 것을 방지하는 회로로 우선적으로 입력된 회로만 동작시키고 나중에 들어온 입력은 무시하므로 선입력 우선회로라고도 한다(인터록=선입력 우선회로=병렬우선회로).

11

자동화재탐지설비의 설계, 도면확인, 구조, 기능, 관련법령에 따른 확인사항 5가지를 열거하시오.

득점	배점
	5

⭐해답
① 엘리베이터 승강로의 연기 감지기 설치 관련
② 경보설비에서 발전기의 비상전원 적용 문제
③ 직상층, 발화층 우선경보 관련
④ 1종 연기감지기의 설치 관련(높이에 관련됨)
⑤ 비상전원과 예비전원의 적응 관련

12 유도등의 3선식 배선에서 점멸기 설치 시 반드시 점등되어야 하는 경우 5가지 쓰시오.

득점	배점
	5

해답 ① 자동화재탐지설비의 감지기, 발신기가 작동되는 때
　　② 방재업무 통제하는 곳 또는 전기실의 배전반에서 수동으로 점등되는 때
　　③ 자동소화설비가 작동되는 때
　　④ 비상경보설비이 발신기가 작동되는 때
　　⑤ 상용전원이 정전되거나 전원선이 단선되는 때

해설

3선식 배선에 의하여 점등되어야 하는 경우

- 자동화재탐지설비의 **감지기** 또는 **발신기**가 **작동**되는 때
- **비상경보설비**의 **발신기**가 **작동**되는 때
- **상용전원**이 **정전**되거나 **전원선**이 **단선**되었을 때
- 방재업무를 통제하는 곳 또는 전기실의 배전반에서 수동으로 점등하는 때
- **자동소화설비**가 **작동**되는 때

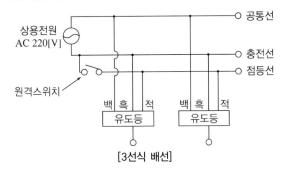

[3선식 배선]

13 다음 그림은 전파 브리지 정류회로의 미완성 도면을 나타낸 것이다. 물음에 답하시오.

득점	배점
	5

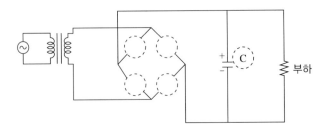

물음

(가) 도면대로 정류될 수 있도록 다이오드 4개를 사용하여 회로를 완성하시오.

(나) 콘덴서(C)의 역할을 쓰시오.

해답　(가)

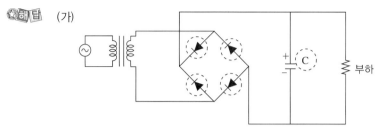

(나) 전압 맥동분을 제거하여 정전압 유지

해설

브리지다이오드회로

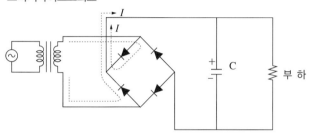

• 콘덴서(C)의 ⊕극성과 다이오드의 ⊖극성이 만나도록 결선한다.

[다이오드의 극성 표시]

• 콘덴서(C)의 역할 : 부하와 병렬로 설치하여 전압의 맥동분을 제거시켜 직류전압을 일정하게 유지시키는 역할을 한다.

14

감지기의 명칭을 적으시오.

득점	배점
	5

(가) 종별, 감도 등이 다른 감지소자의 조합으로 일정시간 간격을 두고 각각 다른 2개 이상의 화재신호를 발하는 감지기는 무엇인가?

(나) 주위의 온도 또는 연기 양의 변화에 따라 각각 다른 전류치 또는 전압치 등의 출력을 발하는 감지기는 무엇인가?

　(가) 다신호식감지기
　　　(나) 아날로그식감지기

해★설

감지기의 형식별 특성

종 류	특 성
다신호식	1개의 감지기 내에 서로 다른 종별 또는 감도 등의 기능을 갖춘 것으로서 일정시간 간격을 두고 각각 다른 2개 이상의 화재신호를 발하는 감지기
아날로그식	주위의 온도 또는 연기 양의 변화에 따라 각각 다른 전류치 또는 전압치 등의 출력을 발하는 방식의 감지기
방수형	방수구조로 되어 있는 감지기
재용형	다시 사용할 수 있는 성능을 가진 감지기
축적형	일정농도 이상의 연기가 일정시간(공칭축적시간) 연속하는 것을 전기적으로 검출함으로써 작동하는 감지기(작동시간만 지연시키는 것은 제외)
방폭형	폭발성 가스가 용기 내부에서 폭발하였을 때 용기가 그 압력에 견디거나 또는 외부의 폭발성 가스에 인화될 우려가 없도록 만들어진 형태의 감지기

15

다음 객석유도등(36×15)을 보고 객석유도등의 개수와 배치 그림을 그리시오.

득점	배점
	6

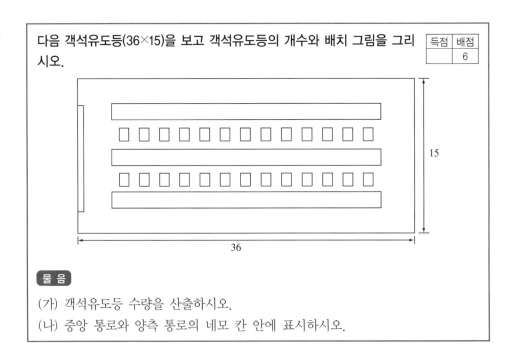

물음

(가) 객석유도등 수량을 산출하시오.

(나) 중앙 통로와 양측 통로의 네모 칸 안에 표시하시오.

해답

(가) 계산 : 수량 $= \dfrac{36}{4} - 1 = 8$

$\qquad \therefore\ 8 \times 3 = 24$개

답 : 24개

(나)

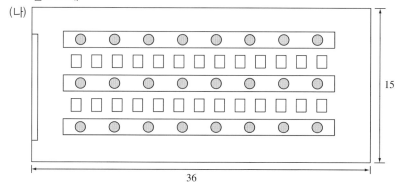

해설

객석유도등 설치 개수

객석 내의 통로가 경사로 또는 수평으로 되어 있는 부분에 있어서는 다음의 식에 의하여 산출한 수(소수점 이하의 수는 1로 본다)의 유도등을 설치하고, 그 조도는 통로 바닥의 중심선에서 측정하여 0.2[lx] 이상일 것

$$\text{설치 개수} = \frac{\text{객석 통로의 직선 부분의 길이[m]}}{4} - 1$$

$\therefore$ 설치 개수$(N) = \dfrac{36}{4} - 1 = 8$개

통로가 3개이므로 $N = 8 \times 3 = 24$개 이다.

16 다음 설명을 보고 동작이 가능하도록 도면을 작성하시오.

득점	배점
	7

조건

(1) 배선용 차단기 MCCB를 넣으면 녹색램프 GL이 켜진다.

(2) PBS_{-on} 스위치를 넣으면 전자개폐기 코일 MC에 전류가 흘러 주접점 MC가 닫히고, 전동기가 회전하는 동시에 GL램프가 꺼지고 RL램프가 켜진다. 이때 손을 떼어도 동작은 계속 된다.

(3) PBS_{-off} 스위치를 누르면 전동기가 멈추고 RL램프가 꺼지며 GL램프가 다시 점등된다.

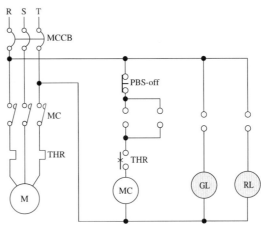

해답

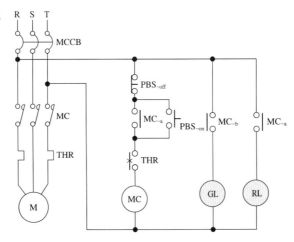

해설

PBS_{-on} : 기동스위치 → 자기유지접점(MC_{-a})과 병렬접속

PBS_{-off} : 정지스위치 → ⓂⒸ 전자접촉기와 직렬접속

THR : 열동계전기 → ⓂⒸ 전자접촉기와 직렬접속

GL : 정지(전원)표시등 → b접점(MC_{-b})

RL : 기동(운전)표시등 → a접점(MC_{-a})

2008년 4월 20일 시행

제 **1** 회

※ 다음 물음에 대한 답을 해당 답란에 답하시오(배점 : 100).

01 그림과 같은 시퀀스회로에서 X접점이 닫혀서 폐회로가 될 때 타이머 T_1(설정시간 t_1), T_2(설정시간 t_2), 릴레이 R, 신호등 PL에 대한 타임차트를 완성하시오(단, 설정시간 이외의 시간지연은 없다고 본다).

득점	배점
	6

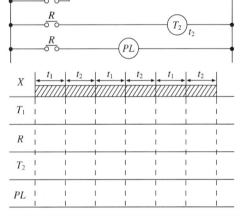

해답

02

자동화재탐지설비의 감지체제의 구내정보통신망(LAN)을 구축하고자 한다. 구내정보통신망 중 위상의 형상 3가지를 구분하여 그림으로 나타내시오.

득점	배점
	6

(가) 망 형
(나) 스타형
(다) 버스형

 해답

 (가) 망 형   (나) 스타형   (다) 버스형

해☆설

• LAN이란 다수의 독립된 컴퓨터 기기들이 상호 간에 통신이 가능하도록 하는 Data통신시스템
• 전송로에 의한 LAN 종류

형 상	장 점	단 점
Bus형	• 선상에 Cable을 연장하여 Node를 이용 • Node의 추가 및 제거 용이 • 소규모 저가의 시스템 지향	망 전체를 제어하는 장치가 없기 때문에 통신우선권의 충돌문제가 발생
Ring(Loop)형	• 통신제어기능은 Loop 내의 각 장치에 분산 소유 • 총선로 길이를 짧게 구성할 수 있음 • 통신거리, 통신속도에 제한 없음	Loop 내의 장치 장해에 의한 System Down됨
Matrix형	• 신뢰성이 우수하며, 광역통신망에 적용 • 화상처리 및 분산처리망에 적합	네트워크 구성이 복잡
Star형	• 중앙의 장치가 전체 통신을 집중 제어함 • 소규모 시스템 지향 • 경제적	중앙장치가 장해를 일으키면 모든 통신 단절
Mesh형	• 모든 단말기와 단말기를 연결시킨 형태 • 신뢰도 높고, 분산처리 가능 • 광역통신망에 적합	• 보수비용이 많이 듦 • 고장 지점 발견이 어려움

03

> 저압옥내배선의 금속관공사에 있어서 금속관과 박스 그밖에 부속품은 다음 각 호에 의하여 시설하여야 한다. (　　) 안에 알맞은 말을 쓰시오.
>
> | 득점 | 배점 |
> |---|---|
> | | 4 |
>
> (가) 금속관을 구부릴 때 금속관의 단면이 심하게 변형되지 아니하도록 구부려야 하며, 그 안측은 반지름의 (　　) 이상이 되어야 한다.
> (나) 아웃렛박스 사이 또는 전선 인입구를 가지는 기구 사이의 금속관에는 3개소를 초과하는 (　　)과 (　　)에 가까운 굴곡 개소를 만들어서는 아니 된다. 굴곡 개소가 많은 경우 또는 관의 길이가 (　　)[m]를 넘는 경우에는 풀박스를 설치하는 것이 바람직하다.

☆해답　(가) 6배　　　　　　　(나) 직각, 직각, 30

04

> 자동화재탐지설비의 공통선 시험에 대하여 물음에 답하시오.
>
> | 득점 | 배점 |
> |---|---|
> | | 5 |
>
> (가) 목적 :
> (나) 방법 :

☆해답　(가) 목적 : 하나의 공통선이 부담하고 있는 경계구역수가 7 이하인지 확인하기 위하여
　　　　(나) 방 법
　　　　　① 수신기 내 접속단자의 공통선을 1선 제거한다.
　　　　　② 회로도통시험의 예에 따라 회로 선택스위치를 차례로 회전시킨다.
　　　　　③ 시험용 계기의 지시등이 단선을 지시한 경계구역의 회선수를 조사한다.

05

> 높이가 20[m]인 탱크에 분당 13[m³]로 물을 양수하려고 한다. 이때 각 물음에 답하시오(단, 펌프용 전동기의 효율은 70[%], 역률은 60[%]이고, 여유계수는 1.15이다).
>
> | 득점 | 배점 |
> |---|---|
> | | 6 |
>
> (가) 펌프용 전동기의 용량은 몇 [kW]가 필요한가?
> (나) 이 펌프용 전동기의 역률을 95[%]로 개선하려면 전력용 콘덴서는 몇 [kVA]가 필요한가?

☆해답　(가) 계산 : $P = \dfrac{9.8 \times 1.15 \times 20 \times 13}{0.7 \times 60} = 69.766 ≒ 69.77[\text{kW}]$　　답 : 69.77[kW]

　　　　(나) 계산 : $Q_C = 69.77 \times \left(\dfrac{\sqrt{1-0.6^2}}{0.6} - \dfrac{\sqrt{1-0.95^2}}{0.95} \right) = 70.09[\text{kVA}]$　　답 : 70.09[kVA]

(가) 전동기 용량 : $P = \dfrac{9.8KQH}{\eta} = \dfrac{9.8 \times 1.15 \times \dfrac{13}{60} \times 20}{0.7} = 69.77[\text{kW}]$

(나) 콘덴서 용량 : $Q_C = P\left(\dfrac{\sin\theta_1}{\cos\theta_1} - \dfrac{\sin\theta_2}{\cos\theta_2} \right) = 69.77 \times \left(\dfrac{\sqrt{1-0.6^2}}{0.6} - \dfrac{\sqrt{1-0.95^2}}{0.95} \right) = 70.09[\text{kVA}]$

06 비상콘센트설비의 전원회로의 전압과 용량에 대한 표를 완성하시오.

득점	배점
	6

구 분	전 압	용 량	플러그접속기
단상교류			

★해답

구 분	전 압	용 량	플러그접속기
단상교류	220[V]	1.5[kVA] 이상	접지형 2극

07 그림은 UPS설비의 그림이다. 이 그림을 보고 각 물음에 답하시오.

득점	배점
	6

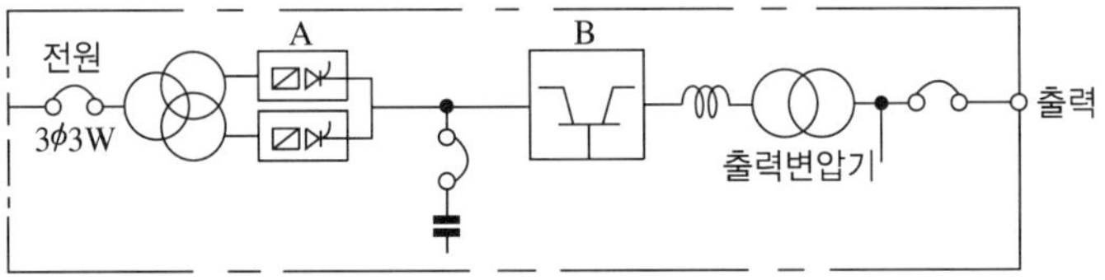

물음

(가) UPS의 우리말 명칭은?

(나) CVCF의 명칭은 무엇인가?

(다) 기호 A, B 부분의 명칭을 쓰시오.

★해답 (가) 무정전전원장치

(나) 정전압정주파수장치

(다) A : 정류장치   B : 역변환장치

08 내화구조인 특정소방대상물에 설치된 공기관식차동식분포형감지기에 대한 다음 각 물음에 답하시오.

득점	배점
	8

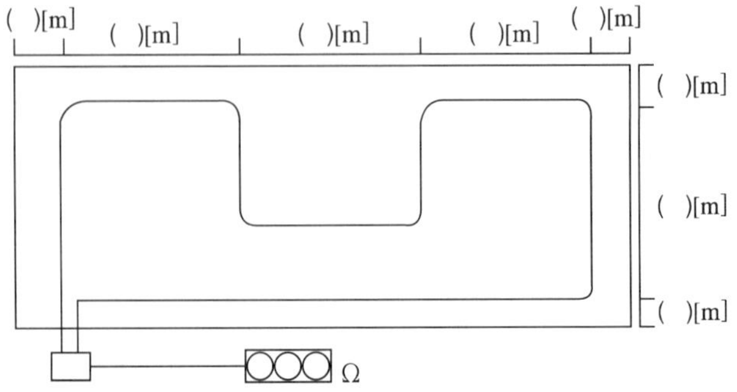

물 음

(가) 빈칸에 알맞은 숫자를 써넣으시오.

(나) 공기관의 노출 부분은 감지구역마다 몇 [m] 이상이 되도록 하여야 하는가?

(다) 검출부와 수동발신기에 종단저항을 설치할 경우 배선수를 도면에 표시하시오.

(라) 하나의 검출부에 접속하는 공기관의 길이는 몇 [m] 이하가 되도록 하여야 하는가?

(마) 검출부는 몇 도 이상 경사되지 아니하도록 설치하여야 하는가?

 (가), (다)

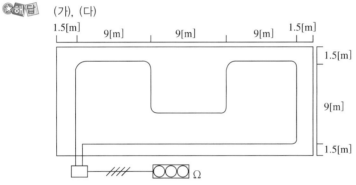

(나) 20[m], (라) 100[m], (마) 5°

해☆설

(가), (다)

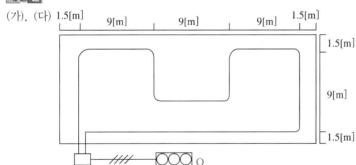

(나), (라), (마) **공기관식차동식분포형감지기**의 **설치기준**

- 공기관의 노출 부분은 감지구역마다 **20[m]** 이상이 되도록 할 것
- 공기관과 감지구역의 각 변과의 수평거리는 **1.5[m]** 이하가 되도록 하고, 공기관 상호 간의 거리는 **6[m]**(내화구조 : **9[m]**) 이하가 되도록 할 것
- 공기관은 도중에서 분기하지 아니하도록 할 것
- 하나의 검출 부분에 접속하는 공기관의 길이는 **100[m]** 이하로 할 것
- 검출부는 **5°** 이상 경사되지 아니하도록 부착할 것
- 검출부는 바닥으로부터 **0.8[m]** 이상 **1.5[m]** 이하의 위치에 설치할 것

09 할론수신기의 방출표시등, 사이렌, 감지기 등과 수동조작함을 연결하시오.

득점	배점
	6

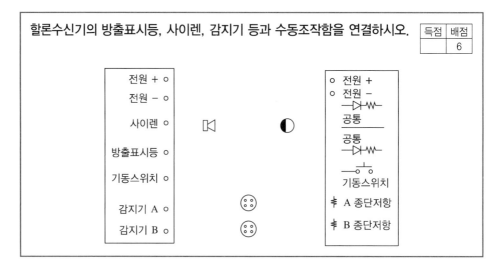

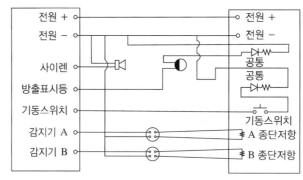

10 P형 1급 수신기와 감지기의 배선회로에서 감지기가 동작할 때의 전류(동작전류)는 몇 [mA]인가?(단, 감시전류는 5[mA], 릴레이 저항은 110[Ω], 배선저항은 790[Ω]이다)

득점	배점
	5

계산 : 동작전류 $I = \dfrac{24}{110+790} \times 10^3 = 26.67 [\mathrm{mA}]$

답 : 26.67[mA]

해☆설

• 등가회로

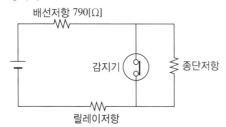

• 동작전류(I_2)

$$I_2 = \frac{회로전압}{릴레이저항\,(R_1) + 배선저항\,(R_2)} = \frac{24}{110 + 790} \times 10^3 = 26.67[\text{mA}]$$

• 감시전류(I_1)

$$I_1 = \frac{회로전압\,(V)}{릴레이저항\,(R_1) + 배선저항\,(R_2) + 종단저항\,(R_3)}$$

• 종단저항(R_3)

$$R_0 = R_1 + R_2 + R_3$$

11

> 누전경보기의 기능을 시험하기 위하여 시험용 푸시버튼스위치를 눌렀으나 경보기가 작동하지 않았다. 이 경우 예측되는 고장원인을 4가지만 쓰시오(단, 수신기 회로는 정상이다).

득점	배점
	4

　① 접속단자의 접속 불량　　② 푸시버튼스위치의 접촉 불량
　　　③ 회로의 단선　　　　　　　④ 수신기 전원 퓨즈 단선

12

> 다신호식, 축적식, 아날로그식감지기의 형식별 특성(화재신호 출력방식)에 대하여 간단히 설명하시오.

득점	배점
	6

　① 다신호식감지기 : 서로 동작 감도특성이 다른 두 가지 이상의 감지소자를 내장한 감지기
　　　　를 사용하여 두 개의 감지소자가 모두 동작했을 때만 화재신호를 발보하는 감지기이다.
　　　② 축적형감지기 : 설치된 장소의 물리화학적 변화량이 감지기의 동작점에 이르면 즉시
　　　　화재신호를 발보하는 비축적형보다는 동작점에 도달한 후 5~60초 정도 그 상태가 지속
　　　　되어야 신호를 발보하는 축적형감지기를 사용하면 비화재보를 줄일 수 있다.
　　　③ 아날로그식감지기 : 다신호식감지기의 일종으로서, 열이나 연기의 변화를 다단계로
　　　　출력해 R형 수신기로 발신하여 단계별 화재 대응을 할 수 있는 감지기이다. 특히, 이
　　　　경우 감지기의 위치를 표시하는 기능이 있을 경우에는 이를 어드레스(Address)감지기
　　　　라고 한다.

13 통로유도등에 관련된 것이다. 물음에 답하시오.

득점	배점
	6

(가) 빈칸을 채우시오.

	복도통로유도등	거실통로유도등	계단통로유도등
설치장소	복 도	①	경사로 및 계단참
설치기준	구부러진 모퉁이 및 보행거리 20[m]마다	②	통행에 지장이 없도록 설치할 것
설치높이	③	바닥에서부터 1.5[m] 이하	바닥으로부터 높이 1[m] 이하에 설치

(나) 바닥 및 벽면에 설치하는 통로유도등의 조도 및 조도측정방법을 쓰시오.

(다) 통로유도등의 표시 색상에 대하여 쓰시오.

해답

(가) ① 거실, 주차장 등의 개방된 통로
② 구부러진 모퉁이 및 보행거리 20[m]마다
③ 바닥으로부터 높이 1[m] 이하

(나) 바닥통로유도등 : 통로유도등 직상부 1[m]의 높이에서 측정하여 1[lx] 이상
벽에 붙어 있는 통로유도등 : 밑바닥에서부터 수평으로 0.5[m] 떨어진 지점에서 측정하여 1[lx] 이상

(다) 백색 바탕에 녹색으로 피난 방향을 표시하는 등

해설

(가)

	복도통로유도등	거실통로유도등	계단통로유도등
설치장소	복 도	거실, 주차장 등의 개방된 통로	경사로 및 계단참
설치기준	구부러진 모퉁이 및 보행거리 20[m]마다	구부러진 모퉁이 및 보행거리 20[m]마다	통행에 지장이 없도록 설치할 것
설치 높이	바닥에서부터 1[m] 이하	바닥에서부터 1.5[m] 이하	바닥으로부터 높이 1[m] 이하에 설치

(나) **통로유도등의 조도의 기준**

종 류	측정 위치	조 도	측정장소
통로유도등 (매설하지 않은 경우)	유도등 바로 밑의 바닥으로부터 0.5[m] 떨어진 바닥	1[lx] 이상	
통로유도등 (바닥 매설 시)	유도등의 직상부에서 1[m] 높이	1[lx] 이상	

(다) 통로유도등은 백색 바탕에 녹색으로 피난 방향을 표시한 등으로 할 것

14

다음 그림은 전파브리지정류회로의 미완성 도면을 나타낸 것이다. 물음에 답하시오.

득점	배점
	6

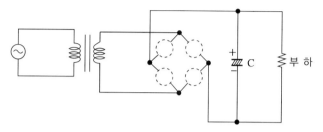

(가) 도면대로 정류될 수 있도록 다이오드 4개를 사용하여 회로를 완성하시오.
(나) 콘덴서(C)의 역할을 쓰시오.

☆해답 (가)

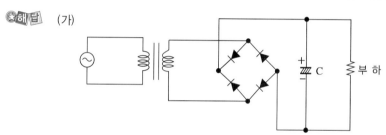

(나) 전압 맥동분을 제거하여 정전압 유지

해☆설

브리지 다이오드 회로

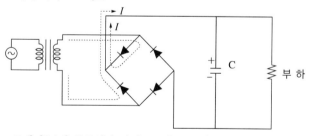

• 콘덴서(C)의 ⊕극성과 다이오드의 ⊖극성이 만나도록 결선한다.

[다이오드의 극성 표시]

• 콘덴서(C)의 역할 : 회로에 병렬로 설치하여 전압의 맥동분을 제거한다.

15 다음 그림과 같이 미완성된 3상 유도전동기의 전전압기동조작회로를 완성하시오.

득점	배점
	5

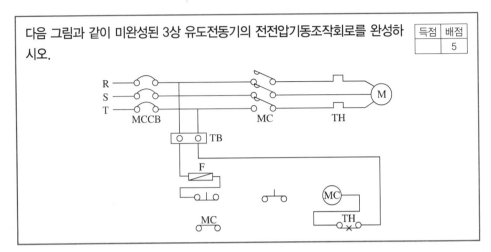

★해답

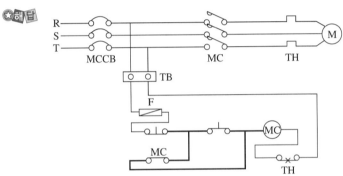

해★설

전전압기동조작회로 등가회로

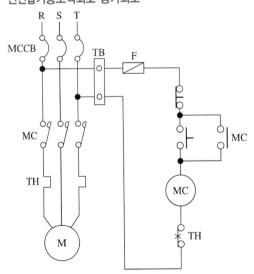

16

1동, 2동 구분된 공장의 습식스프링클러설비 및 자동화재탐지설비의 도면이다. 경보 각각의 동에서 발할 수 있도록 하고 다음 물음에 답하시오.

득점	배점
	10

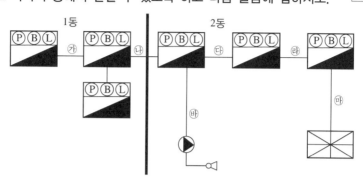

물음

(가) 빈칸을 채우시오.

	가닥수	자탐설비								스프링클러설비			
		회로선	회로공통선	경종선	경종표시등공통선	표시등선	응답선	전화선	기동확인표시등	탬퍼스위치	압력스위치	사이렌	공통
㉮	9가닥	회로선	회로공통선	경종선	경종표시등공통선	표시등선	응답선	전화선	기동확인표시등2				
㉯													
㉰													
㉱													
㉲													
㉳	4가닥									탬퍼스위치	압력스위치	사이렌	공통

(나) 폐쇄형스프링클러설비의 경보는 어느 때에 경보가 울리는가?

(다) 스프링클러설비의 음향경보는 몇 [m] 이내마다 설치하여야 하는가?

★해답

(가)

가닥수	자탐설비								스프링클러설비			
	회로선	회로공통선	경종선	경종표시등공통선	표시등선	응답선	전화선	기동확인표시등	탬퍼스위치	압력스위치	사이렌	공통
㉮ 9가닥	회로선	회로공통선	경종선	경종표시등공통선	표시등선	응답선	전화선	기동확인표시등2				
㉯ 11가닥	회로선3	회로공통선	경종선	경종표시등공통선	표시등선	응답선	전화선	기동확인표시등2				
㉰ 17가닥	회로선4	회로공통선	경종선2	경종표시등공통선	표시등선	응답선	전화선	기동확인표시등2	탬퍼스위치	압력스위치	사이렌	공통
㉱ 18가닥	회로선5	회로공통선	경종선2	경종표시등공통선	표시등선	응답선	전화선	기동확인표시등2	탬퍼스위치	압력스위치	사이렌	공통
㉲ 19가닥	회로선6	회로공통선	경종선2	경종표시등공통선	표시등선	응답선	전화선	기동확인표시등2	탬퍼스위치	압력스위치	사이렌	공통
㉳ 4가닥									탬퍼스위치	압력스위치	사이렌	공통

(나) 화재가 발생하여 폐쇄형 스프링클러헤드가 개방되거나 가지배관의 끝부분에 있는 시험밸브를 개방시킬 때

(다) 25[m]

17 다음은 다이오드 매트릭스를 이용하여 경계구역을 표시하려한다. 1~8까지 경계구역을 표시할 수 있도록 다이오드를 추가하여 회로를 완성하시오.

득점	배점
	5

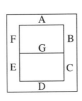

☆해답

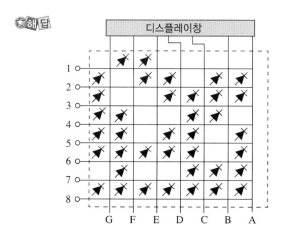

해☆설

다이오드의 전류 흐름에 의해 1~8의 경계구역 번호를 디스플레이 창에 표시한다.

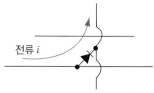

[다이오드의 전류 흐름도]

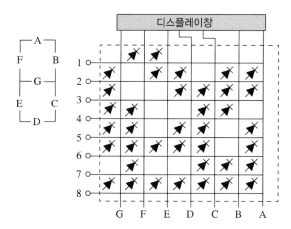

1-E, F(2)
2-A, B, D, E, G(5)
3-A, B, C, D, G(5)
4-B, C, F, G(4)
5-A, C, D, F, G(5)
6-A, C, D, E, F, G(6)
7-A, B, C, F(4)
8-A, B, C, D, E, F, G(7)

2008년 7월 6일 시행

※ 다음 물음에 대한 답을 해당 답란에 답하시오(배점 : 100).

01

다음 기호의 명칭을 쓰시오.

득점	배점
	4

(가) ELD

(나) ZCT

(다) OCB

(라) THR

⭐해답 (가) ELD : 누전경보기   (나) ZCT : 영상변류기

(다) OCB : 유입차단기   (라) THR : 열동계전기

02

전원부의 회로구성이 다음 그림과 같다.

득점	배점
	5

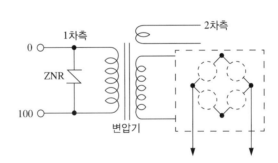

물음

(가) 전류가 흐를 수 있도록 ⟨ ⟩에 다이오드를 사용하여 접속하시오.

(나) 1차측에 설치된 ZNR의 목적은 무엇인가?

⭐해답 (가)

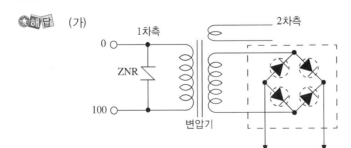

(나) 과도전압으로부터 기기 보호

03 매분 15[m³]의 물을 높이 18[m]인 물탱크에 양수하려고 한다. 주어진 조건을 이용하여 다음 각 물음에 답하시오.

득점	배점
	5

조건
- 펌프와 전동기의 합성역률은 80[%]이다.
- 전동기의 전부하효율은 60[%]로 한다.
- 펌프의 축동력은 15[%]의 여유를 둔다고 한다.

물음
(가) 필요한 전동기의 용량은 몇 [kW]인가?
(나) 부하용량은 몇 [kVA]인가?
(다) 단상변압기 2대를 V결선하여 전력을 공급한다면 변압기 1대의 용량은 몇 [kVA]인가?

★해답

(가) 계산 : $P = \dfrac{9.8 \times 15 \times 18 \times 1.15}{0.6 \times 60} = 84.53[\mathrm{kW}]$ 　　답 : 84.53[kW]

(나) 계산 : $P_{부} = \dfrac{84.53}{0.8} = 105.66[\mathrm{kVA}]$ 　　답 : 105.66[kVA]

(다) 계산 : $P_n = \dfrac{105.66}{\sqrt{3}} = 61.00[\mathrm{kVA}]$ 　　답 : 61[kVA]

해★설

(가) 전동기용량 : $P = \dfrac{9.8KQH}{\eta} = \dfrac{9.8 \times 1.15 \times \dfrac{15}{60} \times 18}{0.6} = 84.53[\mathrm{kW}]$

(나) 부하용량 : $P_{부} = \dfrac{P}{\cos\theta} = \dfrac{84.53}{0.8} = 105.66[\mathrm{kVA}]$

(다) 변압기 1대 용량 : $P_n = \dfrac{P_{부}}{\sqrt{3}} = \dfrac{105.66}{\sqrt{3}} = 61[\mathrm{kVA}]$

　　• 피상전력[kVA] $= \dfrac{유효전력[kW]}{\cos\theta}$

　　• V결선 출력 : $P_V = \sqrt{3}\,P_n[\mathrm{kVA}]$ (변압기 1대 용량에 $\sqrt{3}$ 배)

04 다음과 같이 수동발신기와 감지기가 수신기로 이어지는 회로가 잘못 그려져 있다. 이것을 올바르게 고쳐서 그리시오(단, 종단저항은 발신기함에 내장되도록 설계한다).

득점	배점
	5

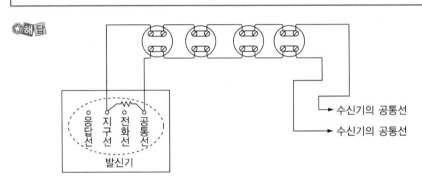

05 유도등의 2선식 배선과 3선식 배선의 미완성 결선도이다. 결선을 완성하고 두 결선방식을 비교하여 차이점을 2가지 쓰시오.

득점	배점
	6

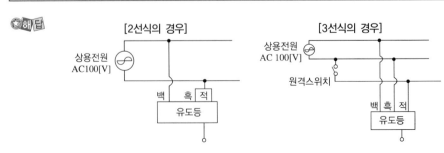

• 2선식과 3선식 비교

	2선식	3선식
원격 점멸	불가능	가 능
램프 꺼진 상태 충전	유도등이 꺼진 상태에서는 충전이 되지 않는다.	유도등이 꺼진 상태에서도 비상전원에 충전은 계속된다.

해☆설

• 2선식과 3선식 배선(원칙 : 2선식 설치)

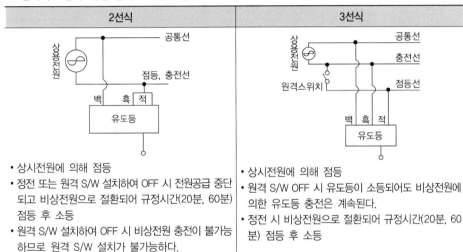

2선식	3선식
• 상시전원에 의해 점등 • 정전 또는 원격 S/W 설치하여 OFF 시 전원공급 중단되고 비상전원으로 절환되어 규정시간(20분, 60분) 점등 후 소등 • 원격 S/W 설치하여 OFF 시 비상전원 충전이 불가능하므로 원격 S/W 설치가 불가능하다.	• 상시전원에 의해 점등 • 원격 S/W OFF 시 유도등이 소등되어도 비상전원에 의한 유도등 충전은 계속된다. • 정전 시 비상전원으로 절환되어 규정시간(20분, 60분) 점등 후 소등

• 3선식 배선에 따라 상시 충전되는 유도등의 전기회로에 점멸기를 설치하는 경우, 다음에 해당되는 때에 점등되도록 하여야 한다.
  - 자동화재탐지설비의 감지기 또는 발신기가 작동되는 때
  - 비상경보설비의 발신기가 작동되는 때
  - 상용전원이 정전되거나 전원선이 단선되는 때
  - 방재업무를 통제하는 곳 또는 전기실의 배전반에서 수동으로 점등하는 때
  - 자동소화설비가 작동되는 때

06

가스누설경보기에 관한 다음 각 물음에 답하시오.

득점	배점
	4

(가) 지구등을 포함한 가스누설표시등은 점등 시 어떤 색으로 표시하여야 하는가?

(나) 가스누설경보기를 구조와 용도에 따라 분류하시오.

(다) 화재 발생 시 상황에 따라 가스누설경보기에서 경보가 울리도록 신호 보내주는 기기의 명칭은 무엇인가?

☆해답 (가) 황 색
(나) ① 구조에 따라 단독형, 분리형
　　　② 용도에 따라 가정용, 공업용
(다) 경보기구 또는 지구경보부

07

비상용 전원설비로 축전지설비를 하고자 한다. 다음 각 물음에 답하시오.

득점	배점
	7

(가) 연축전기의 고장과 불량현상이 다음과 같을 때 그 추정원인은 무엇 때문인가?

고 장	불량현상	추정 원인
초기 고장	전 셀의 전압 불균형이 크고, 비중이 낮다.	①
	단전지 전압의 비중 저하, 전압계 역전	②
우발 고장	전해액 변색, 충전하지 않고 정치 중에도 다량으로 가스 발생	③
	전해액의 감소가 빠르다.	④

(나) 연축전지의 정격용량이 100[Ah]이고, 상시부하가 15[kW], 표준전압 100[V]인 부동충전방식 충전기의 2차 충전전류값은 몇 [A]인가?(단, 축전지 방전율은 10시간율이다)

(다) 축전기의 수명이 있고 또한 그 말기에 있어서도 부하를 용량을 결정하기 위한 계수로서 보통 0.8로 하는 것을 무엇이라고 하는가?

(라) 축전지의 과방전 및 방치 상태, 가벼운 설페이션현상 등이 생겼을 때 기능 회복을 위하여 실시하는 충전방식은 무엇이라 하는가?

★해답

(가) ① 과방전 ② 극성을 반대로 결선
③ 불순물 혼입 ④ 과충전

(나) 계산 : 2차 충전전류 $I = \dfrac{100}{10} + \dfrac{15 \times 10^3}{100} = 160[A]$

답 : 160[A]

(다) 보수율

(라) 회복충전방식

08

다음의 표와 같이 두 입력 A와 B가 주어질 때 주어진 논리소자의 명칭과 출력에 대한 진리표를 완성하시오.

득점	배점
	7

입 력										
A	B									
0	0	0								
0	1	0								
1	0	0								
1	1	1								
명 칭		AND회로	OR회로	NAND회로	NOR회로	NOR회로	OR회로	NAND회로	AND회로

★해답

입력		⟹AND	⟹OR	⟹NAND	⟹NOR	⟹	⟹	⟹	⟹
A	B								
0	0	0	0	1	1	1	0	1	0
0	1	0	1	1	0	0	1	1	0
1	0	0	1	1	0	0	1	1	0
1	1	1	1	0	0	0	1	0	1
명 칭		AND회로	OR회로	NAND회로	NOR회로	NOR회로	OR회로	NAND회로	AND회로

해★설

논리회로

회 로	유접점	무접점과 논리식	회로도	진리표		
AND회로 곱(×) 직렬회로	릴레이 X　L 전구	$X = A \cdot B$	트랜지스터에 의한 회로도	A	B	X
				0	0	0
				0	1	0
				1	0	0
				1	1	1
OR회로 덧셈(+) 병렬회로	릴레이 X　L 전구	$X = A + B$	0[V]	A	B	X
				0	0	0
				0	1	1
				1	0	1
				1	1	1
NOT회로 부정회로	X　L	$X = \overline{A}$	트랜지스터에 의한 NOT회로	A		X
				0		1
				1		0
NAND회로 AND회로의 부정회로	X　L	$X = \overline{A \cdot B} = \overline{A} + \overline{B}$ $X = \overline{\overline{A} + \overline{B}} = \overline{A \cdot B}$		A	B	X
				0	0	1
				0	1	1
				1	0	1
				1	1	0
NOR회로 OR회로의 부정회로	X　L	$X = \overline{A + B} = \overline{A} \cdot \overline{B}$ $X = \overline{\overline{A} + \overline{B}} = \overline{A} \cdot \overline{B}$		A	B	X
				0	0	1
				0	1	0
				1	0	0
				1	1	0
Exclusive OR회로 =EOR회로 배타적회로	X　L	$X = A \cdot \overline{B} + \overline{A} \cdot B = A \oplus B$		A	B	X
				0	0	0
				0	1	1
				1	0	1
				1	1	0

09

다음은 습식 스프링클러설비의 작동과 관련 부대 전기설비의 배선을 나타낸 것이다. 각 기기들의 연계 작동 순서를 간략하게 설명하시오(단, 압력체임버의 압력스위치 작동으로 펌프모터 MCC 작동, 펌프모터 기동의 설명은 제외한다).

득점	배점
	7

조인트박스
압력스위치
사이렌
알람체크밸브
소화설비반

☆해답 화재 발생 → 헤드 개방 → 알림체크밸브의 유수검지 → 압력스위치 동작 → 사이렌 경보, 소화설비반의 신호

해☆설

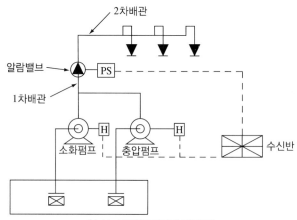

2차배관
알람밸브
PS
1차배관
소화펌프 H
충압펌프 H
수신반

[습식 스프링클러설비 간략도]

PLUS ONE ➕ **동작 설명**
- 습식 스프링클러설비는 1, 2차측 배관에 항상 가압수가 충수되어 있음
- 화재 발생
- 열에 의하여 스프링클러헤드의 감열부가 개방
- 2차 배관의 물이 개방된 스프링클러헤드로 방수
- 1차 배관의 물이 2차 배관으로 흐르면서 알람밸브가 유수를 검지한다.
- 압력(알람)스위치의 작동으로 화재경보음이 발생하며, 수신반에 화재표시등, 지구표시등이 점등한다.
- 헤드로 물이 방수되어 배관 내에 압력이 떨어지면, 압력체임버에 설치된 압력스위치가 작동하여 펌프를 기동(작동)시킨다.

10

누설동축케이블에 대한 것이다. ( ) 안을 채우시오.

득점	배점
	6

(가) 누설동축케이블은 ( )으로 습기에 의해 전기적 특성이 변질되지 않는 것으로 한다.

(나) 누설동축케이블은 고압의 전로로부터 ( ) 이상 떨어진 위치에 설치한다(해당 전로에 ( )를 유효하게 설치한 경우에는 제외).

(다) 누설동축케이블은 ( ) 이내마다 벽, 천장, 기둥 등에 견고하게 고정시킨다(불연재료로 구획된 반자 안에 설치하는 경우는 제외).

(라) 누설동축케이블의 끝부분에는 ( )을 견고하게 설치한다.

(마) 동축케이블의 임피던스는 ( )으로 한다.

해답
(가) 불연성 또는 난연성
(나) 1.5[m], 정전기차폐장치
(다) 4[m]
(라) 무반사종단저항
(마) 50[Ω]

11

가요전선관공사에서 다음에 사용되는 재료의 명칭은 무엇인가?

득점	배점
	3

(가) 가요전선관과 박스의 연결
(나) 가요전선관과 금속전선관의 연결
(다) 가요전선관과 가요전선관의 연결

해답
(가) 스트레이트박스 커넥터
(나) 콤비네이션커플링
(다) 스플리트커플링

해설

명 칭	그 림	용 도
스트레이트 박스콘넥터		가요전선관과 박스의 연결
콤비네이션 커플링		박스커넥터 / 2종 가요관 / 콤비네이션 커플링 / 금속관 — 가요전선관과 금속관의 연결
스플리트 커플링		가요전선관과 가요전선관의 연결

12 교차회로방식에 쓰이지 않는 감지기의 종류 5가지를 쓰시오.

득점	배점
	5

☆해답
① 정온식감지선형감지기　　　　② 분포형감지기
③ 복합형감지기　　　　　　　　④ 다신호식감지기
⑤ 아날로그식감지기

해☆설
교차회로방식을 적용하지 않아도 되는 감지기
- 불꽃감지기　　　　　　　　　　• 정온식감지선형감지기
- 분포형감지기　　　　　　　　　• 복합형감지기
- 광전식분리형감지기　　　　　　• 축적방식 감지기
- 다신호방식 감지기　　　　　　　• 아날로그방식 감지기

13 자동화재탐지설비이다. (　) 안에 들어갈 말을 쓰시오.

득점	배점
	6

(가) (　　)라 함은 감지기 또는 발신기로부터 발하여지는 신호를 직접 또는 중계기를 통하여 공통신호로서 수신하여 화재의 발생을 해당 특정소방대상물의 관계자에게 경보하여 주는 것을 말한다.

(나) (　　)라 함은 감지기 또는 발신기로부터 발하여지는 신호를 직접 또는 중계기를 통하여 고유신호로서 수신하여 화재의 발생을 해당 특정소방대상물의 관계자에게 경보하여 주는 것을 말한다.

(다) ① (　　)라 함은 감지기 또는 발신기 등으로부터 발하여지는 신호를 직접 또는 중계기를 통하여 공통신호로서 수신하여 화재의 발생을 해당 특정소방대상물의 관계자에게 경보하여 주고 자동 또는 수동으로 옥내·외소화전설비, 스프링클러설비, 물분무소화설비, 포소화설비, 이산화탄소소화설비, 할로겐화물소화설비, 분말소화설비, 배연설비 등의 가압송수장치 또는 기동장치 등을 제어하는(이하 "제어기능"이라 한다) 것을 말한다.

② (　　)라 함은 감지기 또는 발신기 등으로부터 발하여지는 신호를 직접 또는 중계기를 통하여 고유신호로서 수신하여 화재의 발생을 해당 특정소방대상물의 관계자에게 경보하여 주고 제어기능을 수행하는 것을 말한다.

(라) (　　)는 축적시간 동안 지구표시장치의 점등 및 주음향장치를 명동시킬 수 있으며 화재신호 축적시간은 5초 이상 60초 이내이어야 하고, 공칭축적시간은 10초 이상 60초 이내에서 10초 간격으로 한다.

(마) (　　)는 아날로그식감지기로부터 출력된 신호를 수신한 경우 예비표시 및 화재표시를 표시함과 동시에 입력신호량을 표시할 수 있어야 하며 또한 작동레벨을 설정할 수 있는 조정장치가 있어야 한다.

(바) (   )라 함은 수신기 및 가스누설경보기의 기능을 각각 또는 함께 가지고 있는 제품으로 수신기 및 가스누설경보기의 검정기술기준에서 규정한 수신기 또는 가스누설경보기의 구조 및 기능을 단순화시켜 "수신부·감지부", "수신부·탐지부", "수신부·감지부·탐지부" 등으로 각각 구성되거나 여기에 중계부가 함께 구성되어 화재발생 또는 가연성 가스가 누설되는 것을 자동적으로 탐지하여 관계자 등에게 경보하여 주는 기능 또는 도난경보, 원격제어기능 등이 복합적으로 구성된 제품을 말한다.

해답
(가) P형 수신기
(나) R형 수신기
(다) ① P형 복합식수신기
　　 ② R형 복합식수신기
(라) 축적형 수신기
(마) 아날로그식 수신기
(바) 간이형 수신기

14

다음 도면은 Y-△ 기동방식의 회로도이다. 물음에 답하시오.

득점	배점
	9

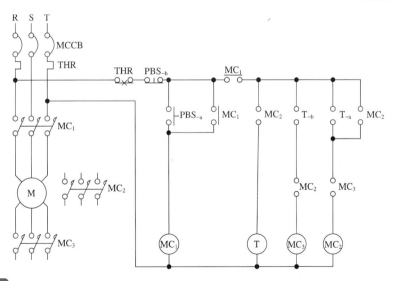

물음

(가) Y-△ 기동회로의 주회로와 보조회로 미완성부분을 완성하시오.

(나) Y-△방식을 쓰는 이유는 무엇인가?

(다) 다음은 Y-△ 기동회로의 동작설명이다. (   ) 안에 알맞은 기호나 문자를 써 넣으시오.

- PBS$_{-a}$를 누르면 (①)과 (②) 및 (③)가 여자되어 Y결선으로 기동하게 된다.
- 타이머 설정시간 후 (④)접점이 열려 (⑤)가 소자되고, (⑥)접점이 닫혀 (⑦)가 여자되며 △결선으로 운전하게 된다.
- (⑧)와 (⑨)는 상호 인터록이 걸려있다.
- PBS$_{-b}$를 누르거나 전동기 과부하에 의해 (⑩)가 동작하면 전동기는 정지하게 된다.

해답 (가)

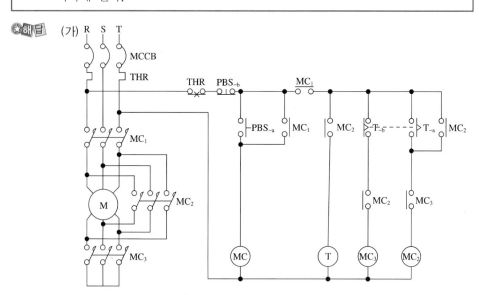

(나) 기동 시 기동전류를 $\frac{1}{3}$로 감소시키기 위해

(다) ① MC$_1$　　　　　　　② MC$_3$
　　 ③ T　　　　　　　　④ T$_{-b}$
　　 ⑤ MC$_3$　　　　　　⑥ T$_{-a}$
　　 ⑦ MC$_2$　　　　　　⑧ MC$_2$
　　 ⑨ MC$_3$　　　　　　⑩ THR

해설

Y-△ 기동회로의 동작

- 기동스위치(PBS$_{-a}$)를 누르면 MC$_1$, MC$_3$, T가 여자되면서 전동기 ⓜ이 Y결선으로 기동하게 된다.
- 설정시간이 지나면 T$_{-b}$접점에 의해 MC$_3$가 소자되고, T$_{-a}$접점에 의해 MC$_2$가 여자되며 MC$_{2-a}$접점에 의해 자기유지되고, MC$_{2-b}$접점에 의해 타이머(T)가 소자되며 △결선으로 운전하게 된다.
- Y기동(MC$_3$)과 △운전(MC$_2$)용 전자접촉기는 상호 인터록이 걸려 있어야 한다.
- 정지스위치(PBS$_{-b}$)를 누르거나 전동기 과부하에 의해 열동계전기(THR)가 동작하게 되면 모든 회로는 처음 상태로 되돌아가며 전동기는 정지하게 된다.

15

기동용 수압개폐방식을 사용하여 1~3구역 공장 내부에 옥내소화전함과
발신기를 설치하였다. 다음 물음에 답하시오.

득점	배점
	13

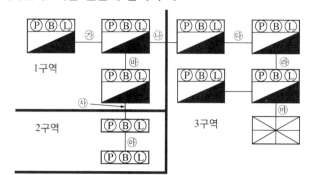

물음

(가) ㉮~㉚의 전선 가닥수를 표안에 숫자로 표시하시오(단, 가닥수가 없는 것은
공란으로 둘 것).

	회로선	회로 공통선	경종선	경종표시등 공통선	표시등선	응답선	전화선	기동확인 표시등	합 계
㉮									
㉯									
㉰									
㉱									
㉲									
㉳									
㉴									
㉵									

(나) 수신기가 수위실 등 상시 사람이 근무하는 장소에 설치하지 못하였다. 다른
장소에 설치하려 한다. 어디에 설치해야 하는가?

(다) 수신기가 설치된 장소에는 무엇을 비치할 것인가?

해답 (가)

	회로선	회로 공통선	경종선	경종표시등 공통선	표시 등선	응답선	전화선	기동확인 표시등	합 계
㉮	1	1	1	1	1	1	1	2	9
㉯	5	1	2	1	1	1	1	2	14
㉰	6	1	3	1	1	1	1	2	16
㉱	7	1	3	1	1	1	1	2	17
㉲	9	2	3	1	1	1	1	2	20
㉳	3	1	2	1	1	1	1	2	12
㉴	2	1	1	1	1	1	1		8
㉵	1	1	1	1	1	1	1		7

(나) 관계인이 쉽게 접근할 수 있고 관리가 용이한 장소에 설치

(다) 경계구역 일람도

16 다음 회로의 전체 콘덴서 용량은 얼마인가?

득점	배점
	3

10[pF]   10[uF]
         10[uF]
10[pF]

★해답

계 산 : $C = \dfrac{1}{\dfrac{1}{10 \times 10^{-12}} + \dfrac{1}{10 \times 10^{-12}} + \dfrac{1}{10 \times 10^{-6}} + \dfrac{1}{10 \times 10^{-6}}}$

$= 5 \times 10^{-12}[\mathrm{F}] = 5[\mathrm{pF}]$

답 : 5[pF]

해★설

콘덴서 용량

• 직렬결선 C_1 C_2 $C_0 = \dfrac{1}{\dfrac{1}{C_1} + \dfrac{1}{C_2}}$

• 병렬결선 C_1
            C_2 $C_0 = C_1 + C_2$

17 지상 15층, 지하 5층의 건물에서 발화한 경우에 1층, 5층, 지하 2층에서 우선적으로 경보를 발하여야 하는 층은?

득점	배점
	5

★해답
① 1층에 발화 : 1층(발화층), 2층(직상층), 지하 1~5층(지하층)
② 5층에 발화 : 5층(발화층), 6층(직상층)
③ 지하 2층에 발화 : 지하 1층(직상층), 지하 2층(발화층), 지하 3~5층(기타 지하층)

해☆설

• 발화층에 대한 **우선경보층**
   – **2층 이상**의 층에서 발화 : **발화층, 직상층**
   – 1층에서 발화 : 발화층, 직상층, 지하층
   – 지하층 : 발화층, 직상층, 기타 지하층

6층	경보
5층 발화	경보
4층	
3층	
2층	경보
1층 발화	경보
지하 1층	경보 　경보
지하 2층	경보 　발화 경보
지하 3층	경보 　경보
지하 4층	경보 　경보
지하 5층	경보 　경보

2008년 11월 2일 시행

제**4**회

※ 다음 물음에 대한 답을 해당 답란에 답하시오(배점 : 100).

01

	득점	배점
		7

유도등의 전원에 대한 다음 각 물음에 답하시오.

(가) 유도등의 전원으로 사용할 수 있는 전원의 종류 2가지를 쓰시오.

(나) 비상전원은 어느 것으로 하며 그 용량은 해당 유도등을 유효하게 몇 분 이상 작동시킬 수 있는 것으로 하여야 하는가?

(다) 3선식 배선에 의하여 상시 충전되는 유도등의 전기회로에 점멸기를 설치하는 경우에는 어떤 때에 유도등이 반드시 점등되도록 하여야 하는지 그 경우를 3가지만 쓰시오.

해답 (가) ① 축전지　　　　　　② 교류전압의 옥내 간선

(나) ① 축전지　　　　　　② 20분 이상

(다) ① 자동화재탐지설비의 감지기 또는 발신기가 작동되는 때

② 비상경보설비의 발신기가 작동되는 때

③ 상용전원이 정전되거나 전원선이 단선되었을 때

해설

(가) 유도등의 전원 : 축전지 및 교류전압의 옥내간선

(나) 비상전원 : 축전지로서 20분 이상

(다) 3선식 배선 시 전기회로에 점멸기를 설치할 때 반드시 점등되어야 하는 경우

• 자동화재탐지설비의 감지기 또는 발신기가 작동되는 때

• 비상경보설비의 발신기가 작동되는 때

• 상용전원이 정전되거나 전원선이 단선되었을 때

• 방재업무를 통제하는 곳 또는 전기실의 배전반에서 수동으로 점등하는 때

• 자동소화설비가 작동되는 때

02

	득점	배점
		7

절연물의 최고 허용온도를 기호로 표기하고 있다. 빈칸을 완성하시오.

(단위 : [℃])

절연의 종류	Y	A	E	①	F	②	C
최고허용온도	90	③	④	130	⑤	180	180 초과

해답 ① B　　　　　　　　② H

③ 105　　　　　　　　④ 120

⑤ 155

해☆설

(단위 : [℃])

절연의 종류	Y	A	E	B	F	H	C
최고허용온도	90	105	120	130	155	180	180 초과

03

다음 물음에 답하시오.

득점	배점
	5

```
1 _____
2 _____
3 _____
4 _____
5 _____
```

물음

(가) 일제명동방식으로 경계구역이 5회로인 자동화재탐지설비의 간선 계통도를 그리고 간선에 최소전선수를 표시하시오(단, 수신기는 P형 1급 5회로 수신기이다).

(나) 자동화재탐지설비의 GP형 수신기의 감지기 회로의 배선에 있어서 하나의 공통선에 접속할 수 있는 경계구역은 몇 개 이하이어야 하는가?

(다) 자동화재탐지설비의 감지기회로의 전로저항은 몇 [Ω] 이하이어야 하는가?

(라) 수신기의 각 회로별 종단에 설치되는 감지기에 접속되는 배선의 전압은 감지기 정격전압의 몇 [%] 이상이어야 하는가?

☆해답 (가)

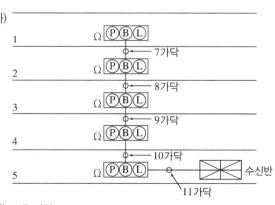

(나) 7개 이하

(다) 50[Ω] 이하

(라) 80[%]

해☆설

자동화재탐지설비의 배선기준

- 전원회로의 배선은 기준에 의한 **내화배선**에 의하고 그 밖의 배선은 내화배선 또는 내열배선에 의할 것
- 감지기사이의 회로의 배선은 **송배전식**으로 할 것
- P형 수신기 및 GP형 수신기의 감지회로의 배선에 있어서 하나의 공통선에 접속할 수 있는 경계구역은 **7개 이하**로 할 것
- 자동화재탐지설비의 **감지회로의 전로저항**은 50[Ω] **이하**가 되도록 할 것
- 감지기에 접속되는 배선의 전압은 감지기 정격전압의 **80[%]** 이상일 것

04

다음은 경계전로에 누설전류가 발생하면 자동적으로 경보를 발하는 누전경보기에 관한 사항이다. 다음 각 물음에 답하시오.

득점	배점
	5

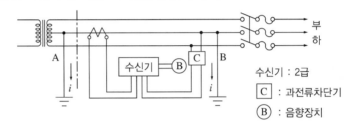

수신기 : 2급
C : 과전류차단기
B : 음향장치

물 음

(가) 그림에서 A 부분의 접지공사 종류는 무엇이며, 그 접지저항값은 몇 [Ω] 이하이어야 하는가?

(나) 그림에서 잘못 도해된 부분을 3가지만 지적하고 잘못된 사유를 설명하시오.

(다) 단상 3선식의 중성선에서 퓨즈를 설치하지 않고 동선으로 직결한다. 그 이유를 밝히시오.

☆해답

(가) 2021년 1월 1일 한국전기설비규정 변경으로 답이 맞지 않음

(나) ① 틀린 곳 : 접지선은 영상변류기의 전원측(A)과 부하측(B)에 설치되어 있다.
　　 정정 : 부하측(B)에 접지선을 제거한다.
　　② 틀린 곳 : 영상변류기가 1선만 관통되어 있다.
　　 정정 : 3선 모두 영상변류기를 관통시킨다.
　　③ 틀린 곳 : 차단기 2차측 중성선에 퓨즈가 설치되어 있다.
　　 정정 : 퓨즈를 제거하고 동선으로 직결한다.

(다) 중성선이 단선되면 적은 부하 쪽에 이상전압이 발생하여 소손 위험이 있다.

해★설

• 수정된 회로

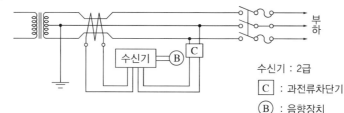

수신기 : 2급

[C] : 과전류차단기

(B) : 음향장치

• 중성선 단선 시 전압 분배

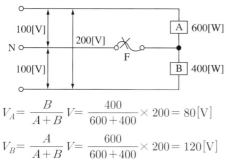

$$V_A = \frac{B}{A+B}\,V = \frac{400}{600+400} \times 200 = 80\,[\mathrm{V}]$$

$$V_B = \frac{A}{A+B}\,V = \frac{600}{600+400} \times 200 = 120\,[\mathrm{V}]$$

05

수신기에서 0.5[km] 떨어진 장소의 감지기가 작동하였다. 이때 감지기회로 (전선, 벨, 수신기 램프 등)에 소비된 전류가 600[mA]라고 하면 전압강하는 몇 [V]가 되겠는가?(단, 전선의 굵기는 1.5[mm²]이고, 전류 감소계수 등 기타 주어지지 않은 조건은 무시한다)

득점	배점
	5

★해답

계산 : $e = \dfrac{35.6 \times 500 \times 600 \times 10^{-3}}{1,000 \times 1.5} = 7.12[\mathrm{V}]$

답 : 7.12[V]

해★설

전압강하 : $e = \dfrac{35.6 LI}{1,000 A} = \dfrac{35.6 \times 500 \times 600 \times 10^{-3}}{1,000 \times 1.5} = 7.12[\mathrm{V}]$

06

예비전원설비로 이용되는 축전지에 대한 다음 각 물음에 답하시오.

득점	배점
	8

(가) 자기방전량만 항상 충전하는 방식은?

(나) 비상용 조명부하 200[V]용 50[W] 80등, 30[W] 70등이 있다. 방전시간은 30분이고, 축전지는 HS형 110Cell이며, 허용 최저전압은 190[V], 최저 축전지온도는 5[℃]일 때 축전지 용량은 몇 [Ah]이겠는가?(단, 보수율은 0.8, 용량환산시간은 1.2이다)

(다) 연축전지와 알칼리축전지의 공칭전압은 몇 [V]인가?

해답

(가) 세류충전방식

(나) 계산 : 전류 $I = \dfrac{(50 \times 80) + (30 \times 70)}{200} = 30.5[A]$

축전지용량 $C = \dfrac{1}{0.8} \times 1.2 \times 30.5 = 45.75[Ah]$

답 : 45.75[Ah]

(다) ① 연축전지 : 2[V]

② 알칼리축전지 : 1.2[V]

해설

(가) 세류충전방식 : 자기방전량만 항상 충전하는 방식으로 부동충전방식의 일종

(나) 축전지용량(C)

$I = \dfrac{P}{V} = \dfrac{(50 \times 80) + (30 \times 70)}{200} = 30.5[A]$

$\therefore C = \dfrac{1}{L}KI = \dfrac{1}{0.8} \times 1.2 \times 30.5 = 45.75[Ah]$

(다) **연축전지와 알칼리축전지 비교**

구 분	연축전지	알칼리축전지
공칭전압	2.0[V]	1.2[V]
방전종지전압	1.6[V]	0.96[V]
공칭용량	10[Ah]	5[Ah]
기전력	2.05~2.08[V]	1.43~1.49[V]
기계적 강도	약하다.	강하다.
충전시간	길다.	짧다.
기대수명	5~15년	15~20년

07 답안지의 도면과 같은 컴퓨터실에 독립적으로 할론소화설비를 하려고 한다. 이 설비를 자동적으로 동작시키기 위한 전기설계를 하시오.

득점	배점
	13

```
┌──────────────────────────────────┐  ┬
│   ┌─────────────┐        ||||||||| │  │
│   │  할론설비실   │        ||||||||| │  4[m]
│   │             │        ||||||||| │  │
│   └─────────────┘   ┌──────────┐  │  ┴
│   ┌──────────────────┘          │  │
│   │                             │  │
│   │         컴퓨터실              │  10[m]
│   │                             │  │
│   │                             │  │
│   └─────────────────────────────┘  ┴
       6[m]        6[m]        6[m]
```

유의사항

- 평면도 및 제어계통도만 작성할 것
- 감지기의 종류를 명시할 것
- 배선 상호 간에 사용되는 전선류와 전선 가닥수를 표시할 것
- 심벌은 임의로 사용하고 심벌 부근에 심벌명을 기재할 것
- 건축물의 구조는 내화구조이고, 실의 높이는 4[m]이며 지상 2층에 컴퓨터실이 있음
- 훈소화재의 우려가 있는 것으로 할 것

물음

(가) 평면도를 작성하시오.

(나) 제어계통도를 그리시오.

(다) 감지기의 종류를 쓰시오.

해답 (가) 평면도

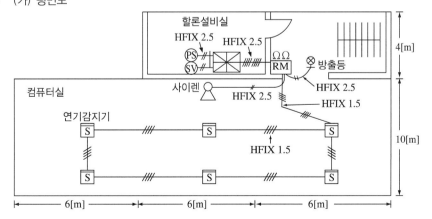

(나) 제어계통도

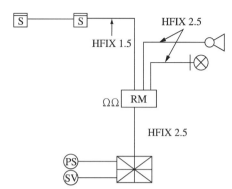

(다) 감지기의 종류 : 연기감지기 2종

해★설

(1) 특정소방대상물에 따른 감지기의 종류

부착 높이 및 특정소방대상물의 구분		감지기의 종류				
		차동식·보상식스포트형		정온식스포트형		
		1종	2종	특종	1종	2종
4[m] 미만	내화 구조	90[m²]	70[m²]	70[m²]	60[m²]	20[m²]
	기타 구조	50[m²]	40[m²]	40[m²]	30[m²]	15[m²]
4[m] 이상 8[m] 미만	내화 구조	45[m²]	35[m²]	35[m²]	30[m²]	−
	기타 구조	30[m²]	25[m²]	25[m²]	15[m²]	−

• 연기감지기의 종류 (단위 : [m²])

부착면의 높이	연기감지기의 종류	
	1종 및 2종	3종
4[m] 미만	150	50
4[m] 이상 20[m] 미만	75	−

※ 컴퓨터실 면적=$6 \times 3 \times 10 = 180[\text{m}^2]$, 내화구조이고, 실의 높이는 4[m]이다.
  훈소화재의 우려가 있는 장소에 설치하는 감지기는 연기감지기이므로

$$N = \frac{180}{75} = 2.43 = 3개 \quad 3 \times 2회로 = 6개$$

※ 감지기회로방식은 교차회로방식 적용

(2) (PS) : 압력스위치

  (SV) : 솔레노이드밸브

(3) 이산화탄소 및 할론설비와 P형 수신기 간 배선도

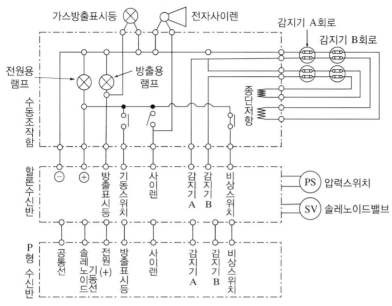

08

P형 1급 5회로 수신기가 설치된 건물이 있다. 각 수신회로의 성능을 검사하는 방법 8가지를 기술하시오.

득점	배점
	5

① 화재표시작동시험
② 지구음향장치의 작동시험
③ 예비전원시험
④ 공통선시험
⑤ 동시작동시험
⑥ 저전압시험
⑦ 비상전원시험
⑧ 회로저항시험

해❂설

P형 1급 수신기의 성능시험

- 화재표시작동시험
- 예비전원시험
- 동시작동시험
- 비상전원시험
- 지구음향장치의 작동시험
- 회로도통시험
- 공통선시험
- 저전압시험
- 회로저항시험

09 주어진 조건을 이용하여 자동화재탐지설비의 수동발신기 간 연결선수를 구하고 각 선로의 용도를 표시하시오.

득점	배점
	12

조 건

• 선로의 수는 최소로 하고 발신기공통선은 1선, 경종 및 표시등공통선을 1선으로 하고 7경계구역이 넘을 시 발신기공통선, 경종 및 표시등공통선은 각각 1선씩 추가하는 것으로 한다.

• 건물의 규모는 지상 6층, 지하 2층으로 연면적은 3,500[m²]인 것으로 한다.

※ 답안 작성 예시(8선)
  • 수동발신기 지구선 : 2선
  • 수동발신기 응답선 : 1선
  • 수동발신기 전화선 : 1선
  • 수동발신기 공통선 : 1선
  • 경종선 : 1선
  • 표시등선 : 1선
  • 경종 및 표시등공통선 : 1선

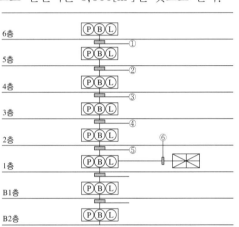

해답

기호	가닥수	용 도
①	7	지구선, 지구공통선, 응답선, 전화선, 경종선, 표시등, 경종표시등공통선
②	9	지구선 2, 지구공통선, 응답선, 전화선, 경종선 2, 표시등, 경종표시등공통선
③	11	지구선 3, 지구공통선, 응답선, 전화선, 경종선 3, 표시등, 경종표시등공통선
④	13	지구선 4, 지구공통선, 응답선, 전화선, 경종선 4, 표시등, 경종표시등공통선
⑤	15	지구선 5, 지구공통선, 응답선, 전화선, 경종선 5, 표시등, 경종표시등공통선
⑥	22	지구선 8, 지구공통선 2, 응답선, 전화선, 경종선 7, 표시등, 경종표시등공통선 2

해설

우선경보방식 : 지상 5층 이상이고 연면적이 $3,000[\text{m}^2]$를 초과하는 특정소방대상물

기 호	전선의 종류 및 가닥수	용 도
①	HFIX 2.5−7	지구선 1, 응답선 1, 전화선 1, 공통선 1, 경종선 1, 표시등선 1, 경종표시등 공통선 1
②	HFIX 2.5−9	지구선 2, 응답선 1, 전화선 1, 공통선 1, 경종선 2, 표시등선 1, 경종표시등 공통선 1
③	HFIX 2.5−11	지구선 3, 응답선 1, 전화선 1, 공통선 1, 경종선 3, 표시등선 1, 경종표시등 공통선 1
④	HFIX 2.5−13	지구선 4, 응답선 1, 전화선 1, 공통선 1, 경종선 4, 표시등선 1, 경종표시등 공통선 1
⑤	HFIX 2.5−15	지구선 5, 응답선 1, 전화선 1, 공통선 1, 경종선 5, 표시등선 1, 경종표시등 공통선 1
⑥	HFIX 2.5−22	지구선 8, 응답선 1, 전화선 1, 공통선 2, 경종선 7, 표시등선 1, 경종표시등 공통선 2

10

그림은 플로트스위치에 의한 펌프모터의 레벨제어에 대한 미완성도면이다. 다음 각 물음에 답하시오.

득점	배점
	7

동 작

• 전원이 인가되면 ⒼⓁ램프가 점등된다.

• 자동일 경우 플로트스위치가 붙으면(작동) ⓇⓁ램프가 점등되고, 전자접촉기 ⑧⑧이 여자되어 ⒼⓁ램프가 소등되며, 펌프모터가 작동된다.

• 수동일 경우 누름버튼스위치 PB-ON을 ON시키면 전자접촉기 ⑧⑧이 여자되어 ⓇⓁ램프가 점등되고 ⒼⓁ램프가 소등되며, 펌프모터가 작동된다.

• 수동일 경우 누름버튼스위치 PB-OFF를 OFF시키거나 계전기 49가 작동하면 ⓇⓁ램프가 소등되고, ⒼⓁ램프가 점등되며, 펌프모터가 정지된다.

기구 및 접점 사용조건

⑧⑧ 1개, 88-a접점 1개, 88-b 접점 1개, PB-ON 접점 1개, PB-OFF 접점 1개, ⓇⓁ 램프 1개, ⒼⓁ램프 1개, 계전기 49-b접점 1개, 플로트스위치 FS 1개(심벌 ⌇)

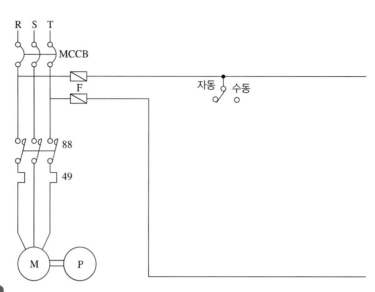

물음

(가) 주어진 작동조건을 이용하여 시퀀스제어의 미완성 도면을 완성하시오.

(나) 계전기 49와 MCCB의 우리말 명칭을 구체적으로 쓰시오.

    ① 49 :

    ② MCCB :

★해답 (가)

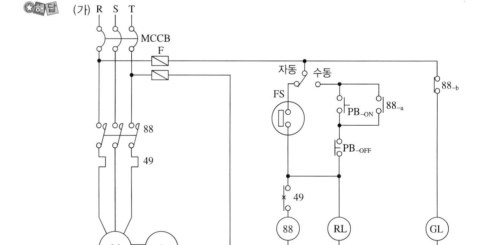

(나) 49 : 열동계전기

    MCCB : 배선용 차단기

해★설

(가) 플로트스위치를 이용한 수위조절 펌프 레벨제어회로는 셀렉터스위치를 자동위치에 놓았을 경우 플로트스위치(FS)에 의해 자동으로 작동되므로 ⑧⑧전자접촉기와 직접연결되며, 셀렉터스위치를 수동위치에 놓으면 일반 시퀀스회로와 같이 기동스위치(PB_ON)에 의해 ⑧⑧전자접촉기가 여자되고 ⑧⑧전자접촉기 a접점에 의해 자기유지되며 정지스위치(PB_OFF)에 의해 정지되는 일반회로이다.

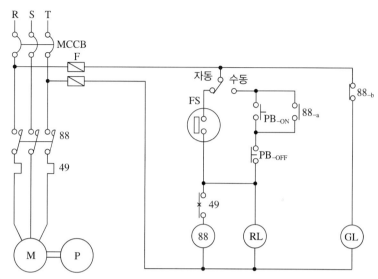

(나) MCCB : 배선용 차단기

　　88 : 전자접촉기

　　49 : 열동계전기

　　RL : 기동(운전) 표시등

　　GL : 정지(전원) 표시등

　　자동 ⟋° 수동 : 셀렉터스위치

11

자동화재탐지설비 R형 수신기의 실드선에 대한 다음 물음에 답하시오.

득점	배점
	3

(가) 실드선을 사용하는 목적을 쓰시오.

(나) 실드선을 서로 꼬아서 사용하는 이유를 쓰시오.

(다) R형 수신기에서 사용하는 통신방식 중 PCM 변조방식에 대해서 쓰시오.

해답　(가) 전자파에 의한 장애 방지를 위하여

　　　　(나) 실드선의 자계를 상쇄시키기 위하여

　　　　(다) 아날로그의 입력 데이터를 "0"과 "1"의 디지털 데이터로 변환하여 펄스(Pulse) 신호로
　　　　　　송수신하는 방식

해설

(가) 실드선의 사용목적 : 전자파에 의한 장애를 방지하기 위함

(나) 실드선을 꼬아서 사용하는 이유 : 자계를 상쇄시키기 위해

(다) PCM(Pulse Code Modulation)방식 : 데이터를 전송하기 위해 변조하는 방식으로 입력 데이터를
　　"0"과 "1"의 디지털 데이터로 변환하여 송수신하는 방식

12

비상콘센트설비에 대한 다음 각 물음에 답하시오.

득점	배점
	2

(가) 전원회로의 배선은 어떤 종류의 배선으로 하는가?

(나) 단상교류 220[V]인 비상콘센트 플러그접속기 칼받이 접지극에는 제 몇 종 접지공사를 하여야하며, 접지저항은 몇 [Ω] 이하인가?

⭐**해답** (가) 내화배선
(나) 2021년 1월 1일 한국전기설비규정 변경으로 답이 맞지 않음

해⭐설

(가) 전원회로
- 전원회로는 주배전반에서 전용회로로 할 것
- 전원회로의 배선은 **내화배선**으로, 그 밖의 배선은 내화배선 또는 내열배선으로 하여야 함
- 전원으로부터 각 층의 비상콘센트에 **분기되는 경우**에는 **분기배선용 차단기**를 보호함 안에 설치할 것
- 콘센트마다 **배선용 차단기**(KS C 8321)를 설치하여야 하며, 충전부가 노출되지 아니하도록 할 것
- 하나의 전용회로에 설치하는 비상콘센트는 **10개 이하**로 할 것(용량은 비상콘센트가 3개 이상인 경우에는 3개)

13

가스누설경보기에 대한 다음 물음에 답하시오.

득점	배점
	3

(가) 가스누설경보기 누설표시등의 색상과 분리형 수신부의 기능은 수신 개시부터 가스누설 표시까지의 소요시간은 얼마인가?

(나) 가스누설경보기의 절연저항시험에 관한 설명이다. 다음 물음에 답하시오.

① 경보기의 절연된 충전부와 외함 간의 절연저항은 직류 500[V]의 절연저항계로 측정한 값이 몇 [MΩ] 이상이어야 하는가?

② 경보기의 교류입력측과 외함 간의 절연저항은 직류 500[V]의 절연저항계로 측정한 값이 몇 [MΩ] 이상이어야 하는가?

③ 경보기의 절연된 선로 간의 절연저항은 직류 500[V]의 절연저항계로 측정한 값이 몇 [MΩ] 이상이어야 하는가?

⭐**해답** (가) 황색, 60초
(나) ① 5[MΩ] ② 20[MΩ]
③ 20[MΩ]

해⭐설

(가) • 가스누설표시등 및 지구등 색상 : 황색
• 수신개시부터 가스누설 표시까지 소요시간 : 60초
(나) 가스누설경보기의 절연저항시험의 절연저항값
• 절연된 충전부와 외함 간 : 5[MΩ] 이상
• 교류입력측과 외함 간 : 20[MΩ] 이상
• 절연된 선로 간 : 20[MΩ] 이상

14

> 자동화재탐지설비의 경계구역 설정기준 3가지만 쓰시오.
>
> | 득점 | 배점 |
> |---|---|
> | | 6 |

 ① 하나의 경계구역이 2개 이상의 건축물에 미치지 아니하도록 할 것
② 하나의 경계구역이 2개 이상의 층에 미치지 아니하도록 할 것
③ 하나의 경계구역의 면적은 600[m²] 이하로 하고, 한 변의 길이는 50[m] 이하로 할 것

해☆설

자동화재탐지설비의 경계구역 설정기준
• 하나의 경계구역이 2개 이상의 건축물에 미치지 아니하도록 할 것
• 하나의 경계구역이 2개 이상의 층에 미치지 아니하도록 할 것
• 하나의 경계구역의 면적은 600[m²] 이하로 하고, 한 변의 길이는 50[m] 이하로 할 것

15

> 다음은 할론(Halon) 소화설비의 고정식 시스템에 대한 것이다. 주어진 조건
> 을 이용하여 물음에 답하시오.
>
> | 득점 | 배점 |
> |---|---|
> | | 3 |
>
>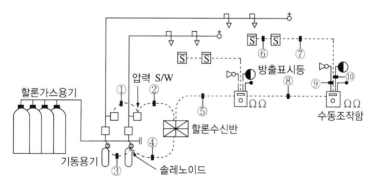
>
>
> **물 음**
> (가) 전역방출방식과 국소방출방식에 대하여 설명하시오.
> (나) 할론수신반의 설치높이를 쓰시오.
> (다) 비상스위치의 설치목적을 쓰시오.

 (가) ① 전역방출방식 : 밀폐방호구역 내에 소화약제를 방출하는 설비
② 국소방출방식 : 직접 화점에 집중적으로 소화약제를 방출하는 설비
(나) 바닥으로부터 0.8[m] 이상 1.5[m] 이하
(다) 인명이 모두 대피하지 못했을 경우 약제방출을 지연하기 위하여

해☆설

(가) • **전역방출방식** : 고정식 이산화탄소 공급장치에 배관 및 분사헤드를 고정 설치하여 밀폐방호구
역 내에 이산화탄소를 방출하는 설비
• **국소방출방식** : 고정식 이산화탄소 공급장치에 배관 및 분사헤드를 설치하여 직접 화점에 이산
화탄소를 방출하는 설비로 화재발생 부분에 집중적으로 소화약제를 방출하는 설비

(나) 할론수신반 설치 높이 : 바닥으로부터 0.8[m] 이상 1.5[m] 이하
(다) 비상스위치 : 수동조작함 부근에 설치하여 소화약제의 방출을 순간 지연시킬 수 있는 스위치로 인명이 모두 대피하지 못했을 경우 약제방출을 지연하기 위하여

16

득점	배점
	6

지상 31[m]되는 곳에 수조가 있다. 이 수조에 분당 12[m³]의 물을 양수하는 펌프용 전동기를 설치하여 3상 전력을 공급하려고 한다. 펌프효율이 65[%]이고, 펌프측 동력에 10[%]의 여유를 둔다고 할 때 펌프용 전동기의 용량은 몇 [kW]인가? (단, 펌프용 3상농형 유도전동기의 역률은 100[%]로 가정한다)

★해답

계산 : $P = \dfrac{9.8 \times 31 \times \dfrac{12}{60} \times 1.1}{0.65} = 102.82[\text{kW}]$

답 : 102.82[kW]

해★설

전동기 용량(P)

$$P = \frac{9.8 HQK}{\eta}$$

여기서, P : 전동기 용량[kW] Q : 양수량[m³/s]
H : 전양정[m] K : 여유계수
η : 효율[%]

$\therefore P = \dfrac{9.8 HQK}{\eta} = \dfrac{9.8 \times 31 \times 12/60 \times 1.1}{0.65} = 102.82[\text{kW}]$

17

득점	배점
	3

누설동축케이블에서 다음이 의미하는 바를 보기에서 골라 적으시오.

LCX	–	FR	–	SS	–	20	–	D	–	14	–	6
①		②		③		④		⑤		⑥		⑦

(예) ⑦ : 결합손실

보 기

1. 난연성 2. 누설동축케이블
3. 특성임피던스 4. 자기지지
5. 절연체 외경 6. 사용 주파수

★해답 ① 누설동축케이블 ② 난연성
③ 자기지지 ④ 절연체 외경[mm]
⑤ 특성임피던스[Ω] ⑥ 사용 주파수

2009년 4월 18일 시행

※ 다음 물음에 대한 답을 해당 답란에 답하시오(배점 : 100).

01

자동화재탐지설비의 R형 수신기에 대한 각 물음에 답하시오.	**득점 | 배점**
	5

자동화재탐지설비의 R형 수신기에 대한 각 물음에 답하시오.

(가) 실드선을 사용하는 목적을 쓰시오.

(나) 실드선을 서로 꼬아서 사용하는 이유를 쓰시오.

(다) 실드선의 종류 2가지를 쓰시오.

　　①

　　②

(라) R형 수신기에서 사용하는 통신방식 중 PCM 변조방식에 대해서 쓰시오.

★해답
(가) 전자파에 의한 장애 방지를 위하여
(나) 실드선의 자계를 서로 상쇄시키기 위하여
(다) ① 난연성 케이블(FR-CVV-SB)
　　② 내열성 케이블(H-CVV-SB)
(라) 아날로그의 입력 데이터를 "0"과 "1"의 디지털 데이터로 변환하여 펄스(Pulse) 신호로 송수신하는 방식

해★설
(가) 실드선의 사용목적 : 전자파에 의한 장애를 방지하기 위함
(나) 실드선을 꼬아서 사용하는 이유 : 자계를 상쇄시키기 위해
(다) ① 난연성 케이블(FR-CVV-SB) : 비닐절연 비닐시스 난연성 제어용 케이블
　　② 내열성 케이블(H-CVV-SB) : 비닐절연 비닐시스 내열성 제어용 케이블
(라) PCM(Pulse Code Modulation)방식 : 데이터를 전송하기 위해 변조하는 방식으로 입력 데이터를 "0"과 "1"의 디지털 데이터로 변환하여 송수신하는 방식

02

> 저압옥내배선의 금속관공사에 있어서 금속관과 박스 그 밖의 부속품은 다음 각 호에 의하여 시설하여야 한다. (   ) 안에 알맞은 말을 쓰시오.
>
> | 득점 | 배점 |
> |---|---|
> | | 4 |
>
> • 금속관을 구부릴 때 금속관의 단면이 심하게 변형되지 아니하도록 구부려야 하며, 그 안측은 (가)의 (나)배 이상이 되어야 한다.
> • 아웃렛박스 사이 또는 전선 인입구를 가지는 기구 사이의 금속관에는 (다) 개소를 초과하는 직각과 직각에 가까운 굴곡 개소를 만들어서는 아니 된다. 굴곡 개소가 많은 경우 또는 관의 길이가 (라)[m]를 넘는 경우에는 (마)를 설치하는 것이 바람직하다.

해답 (가) 반지름 (나) 6
(다) 3 (라) 30
(마) 풀박스

03

> 정온식감지선형감지기의 외피 색상에 따른 감지온도를 쓰시오.
>
> | 득점 | 배점 |
> |---|---|
> | | 5 |

색 상	적 색	청 색	백 색
공칭작동온도	(1)	(2)	(3)

해답 (1) 120[℃] 이상
(2) 80[℃] 이상 120[℃] 이하
(3) 80[℃] 이하

해설

정온식감지선형감지기

• 원리 : 화재 시 일정온도에 도달하면 가용 절연물이 녹아서 2개의 전선이 접촉하여 화재신호를 보내는 감지기

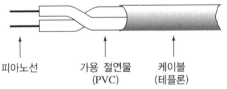

피아노선   가용 절연물   케이블
         (PVC)   (테플론)

[정온식감지선형감지기의 및 구조]

• 정온식감지기의 색상별 온도 표시

공칭작동온도	80[℃] 이하	80[℃] 이상 120[℃] 이하	120[℃] 이상
색 상	백 색	청 색	적 색

04
다음은 접지공사의 종류를 나타낸 표이다. 알맞은 말을 넣으시오.

득점	배점
	6

접지공사의 종류	접지저항값	접지선의 굵기
제1종 접지공사		
제2종 접지공사		
제3종 접지공사		
특별 제3종 접지공사		

★해답 2021년 1월 1일 한국전기설비규정 변경으로 답이 맞지 않음

05
다음 그림은 3상 3선식 전기회로에 변류기를 설치하고 이의 작동원리를 표시한 것이다. 누전되고 있다고 할 때 다음 각 물음에 답하시오.

득점	배점
	10

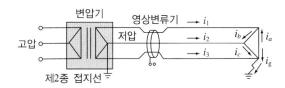

물음

(가) 정상 시 전류값 I_1, I_2, I_3, $I_1 + I_2 + I_3$ 을 구하시오.

(나) 누전 시 전류값 I_1, I_2, I_3, $I_1 + I_2 + I_3$ 을 구하시오.

★해답 (가) 정상 시
  ① $I_1 = I_b - I_a$
   $I_2 = I_c - I_b$
   $I_3 = I_a - I_c$
  ② $I_1 + I_2 + I_3 = 0$

 (나) 누전 시
  ① $I_1 = I_b - I_a$
   $I_2 = I_c - I_b$
   $I_3 = I_a - I_c + I_g$
  ② $I_1 + I_2 + I_3 = I_g$

해설

키르히호프의 법칙에 의하여 A, B, C점의 전류를 구하면

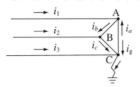

(가) 정상 시

① A점 전류 : $I_1 + I_a = I_b$ → $I_1 = I_b - I_a$

B점 전류 : $I_2 + I_b = I_c$ → $I_2 = I_c - I_b$

C점 전류 : 정상 시이므로, $I_g = 0$이다.

$I_3 + I_c = I_a$ → $I_3 = I_a - I_c$

② $I_1 + I_2 + I_3 = (I_b - I_a) + (I_c - I_b) + (I_a - I_c) = 0$

(나) 누전 시

① A점 전류 : $I_1 + I_a = I_b$ → $I_1 = I_b - I_a$

B점 전류 : $I_2 + I_b = I_c$ → $I_2 = I_c - I_b$

C점 전류 : $I_3 + I_c = I_a + I_g$ → $I_3 = I_a - I_c + I_g$

② $I_1 + I_2 + I_3 = I_g$ 이다.

06 다음은 자동화재탐지설비의 수동발신기, 경종, 표시등과 수신기와의 간선연결을 나타낸 것이다. 다음 물음에 답하시오(단, 수동발신기, 경종, 표시등의 공통선은 수동발신기 1선, 경종, 표시등에서 1선으로 하고, 경보방식은 우선경보방식으로 한다).

득점	배점
	10

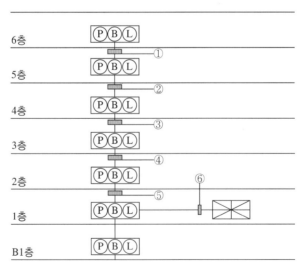

물 음

(가) ①~⑥ 각 부분의 최소 전선수를 쓰시오.

(나) 2층 화재 시 경보를 발하여야 하는 층을 쓰시오.

(다) 음향장치는 정격전압의 몇 [%]에서 음향을 발해야 하는가?

(라) 부착된 음향경보장치로부터 1[m] 위치에서 발하여야 할 음향은 몇 [dB]이어야 하는가?

심 벌	명칭(범례)
ⓅⒷⓁ	수동발신기세트(수동발신기, 경종, 표시등)
(수신기 심벌)	수신기(P형 1급, 5회선)

⭐해답

(가) ① : 7가닥   ② : 9가닥
　　 ③ : 11가닥   ④ : 13가닥
　　 ⑤ : 15가닥   ⑥ : 19가닥

(나) 2층, 3층

(다) 80[%]

(라) 90[dB]

해⭐설

• **발화층** 및 **직상직하 우선경보방식**에 의해 가닥수를 산정하면 다음과 같다.

기 호	내 역	용 도
①	22C(HFIX 2.5-7)	지구선 1, 공통선 1, 경종선 1, 경종표시등 공통선 1, 응답선 1, 전화선 1, 표시등선 1
②	28C(HFIX 2.5-9)	지구선 2, 공통선 1, 경종선 2, 경종표시등 공통선 1, 응답선 1, 전화선 1, 표시등선 1
③	28C(HFIX 2.5-11)	지구선 3, 공통선 1, 경종선 3, 경종표시등 공통선 1, 응답선 1, 전화선 1, 표시등선 1
④	28C(HFIX 2.5-13)	지구선 4, 공통선 1, 경종선 4, 경종표시등 공통선 1, 응답선 1, 전화선 1, 표시등선 1
⑤	28C(HFIX 2.5-15)	지구선 5, 공통선 1, 경종선 5, 경종표시등 공통선 1, 응답선 1, 전화선 1, 표시등선 1
⑥	28C(HFIX 2.5-19)	지구선 7, 공통선 1, 경종선 7, 경종표시등 공통선 1, 응답선 1, 전화선 1, 표시등선 1

• 2층에서 화재 시 경보 : 2층(발화층), 3층(직상층)

• 음향장치는 정격전압의 80[%] 전압에서 음향을 발할 수 있다.

• 음향장치의 음량은 부착된 음향경보장치의 중심으로부터 1[m] 떨어진 위치에서 90[dB] 이상이 되는 것으로 하여야 한다.

07

다음 타임차트는 A~C 입력이 주어졌을 때 X_A~X_B의 출력 상태를 나타낸 것이다. 다음 물음에 답하시오.

득점	배점
	8

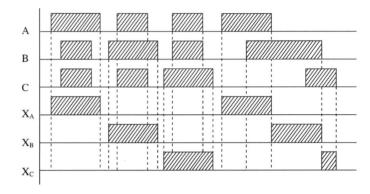

물 음

(가) 위의 타임차트를 보고 X_A~X_C의 논리식을 쓰시오.

① X_A

② X_B

③ X_C

(나) (가)의 논리식을 유접점회로로 그리시오.

(다) (가)의 논리식을 무접점회로로 그리시오.

해답 (가) $X_A = A \, \overline{X_B} \, \overline{X_C}$

$X_B = B \, \overline{X_A} \, \overline{X_C}$

$X_C = C \, \overline{X_A} \, \overline{X_B}$

(나)

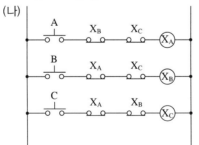

(다)

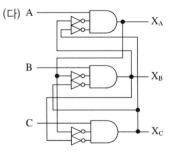

08

감지기의 구조에 관한 다음 물음에 답하시오.

득점	배점
	4

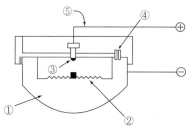

물 음

(가) 위 감지기의 오동작 원인을 쓰시오.

(나) ①~⑤까지의 명칭을 쓰시오.

해답 (가) 리크 구멍이 막혀서

(나) ① 감열실   ② 다이어프램

③ 접 점   ④ 리크 구멍

⑤ 배 선

해☆설

- 완만한 온도 상승 시 리크 구멍 ④에 의하여 감열실 내의 온도와 외부온도가 평형을 유지하나 리크 구멍이 막힐 경우 평행이 깨져서 오동작의 원인이 된다.

- **차동식스포트형감지기**(공기의 팽창을 이용)의 **동작원리** : 화재 발생 시 온도가 상승하면 감열실의 공기가 팽창하여 밀려 올라간 다이어프램이 접점에 닿아 수신기에 화재신호를 보내는 원리로서 난방 등의 완만한 온도 상승에 의해서는 작동하지 않는다.

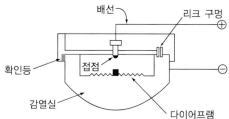

09

100[Ω]의 경동선 20[℃]일 때 저항온도계수 0.00393[Ω/℃]이다. 100[℃]일 때 저항값은 얼마인가?

득점	배점
	4

해답 계산 : $R_1 = 100 \times \{1 + 0.00393 \times (100 - 20)\} = 131.44[\Omega]$

답 : $131.44[\Omega]$

해☆설

$R_1 = R_0 \times \{1 + K(t_1 - t_0)\}$이므로,

$R_1 = 100 \times \{1 + 0.00393 \times (100[\text{℃}] - 20[\text{℃}])\} = 131.44[\Omega]$

저항의 온도계수

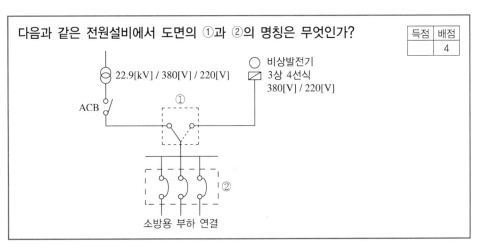

- **저항 − 온도 특성** : 금속 도체는 온도 상승과 함께 저항이 직선적으로 증가하지만 반도체는 급격한 저항 감소를 보인다.
- **저항 − 온도계수(K)** : 온도 변화에 의한 저항의 변화를 비율로 나타낸 것으로 단위는 [1/℃]이다.

$R_1 = R_0 \times \{1 + K(t_2 - t_1)\}[\Omega]$

표준 연동일 때의 저항온도계수 $K = \dfrac{1}{234.5 + t}[1/℃]$

- $R_1 = 100 \times \{1 + 0.00393 \times (100 - 20)\} = 131.44[\Omega]$

10

다음과 같은 전원설비에서 도면의 ①과 ②의 명칭은 무엇인가?

득점	배점
	4

22.9[kV] / 380[V] / 220[V]

○ 비상발전기
▱ 3상 4선식
380[V] / 220[V]

ACB

①

②

소방용 부하 연결

⊛해답 ① 자동절환개폐기
② 배선용 차단기

해⊛설

그림 기호

명 칭	그림기호	비 고
자동절환개폐기(ATS)	A⟋ B	A회로 정전 시 B회로로 자동절체되어 전원 공급
차단기		MCCB 등 차단기의 도시기호

11 도면은 어느 방호대상물의 할론설비 부대전기설비를 설계한 도면이다. 잘못 설계된 점을 4가지만 지적하여 그 이유를 설명하시오.

득점	배점
	8

유의사항

• 심벌의 범례

$\dfrac{\Omega\Omega}{\boxed{RM}}$: 할론수동조작함(종단저항 2개 내장)

⊢⊗ : 할론방출표시등

• 전선관의 규격은 표기하지 않았으므로 지적대상에서 제외한다.
• 할론수동조작함과 할론컨트롤패널의 연결 전선수는 한 구역당 전원(⊕·⊖) 2선, 수동 조작 1선, 감지기선로 2선, 사이렌 1선, 할론방출표시등 1선, 비상스위치 1선, 공통선은 전원선 2선 중 1선을 공통으로 연결 사용한다.
• 기술적으로 동작 불능 또는 오동작이 되거나 관련 기준에 맞지 않거나 잘못 설계되어 인명 피해가 우려되는 것들을 지적하도록 한다.

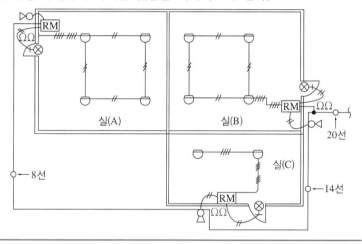

해답

① A, B실의 감지기 간 가닥수 2가닥 : 4가닥
② A, B, C실의 수동조작함이 실내에 설치됨 : 조작이 쉽고 유효하도록 실외 출입구 부근에 설치
③ A, B, C실의 방출표시등이 실내에 설치됨 : 실외 출입구 부근에 설치
④ A, B, C실의 사이렌이 실외에 설치됨 : 실내에 설치

해☆설

• 정정된 설계도면

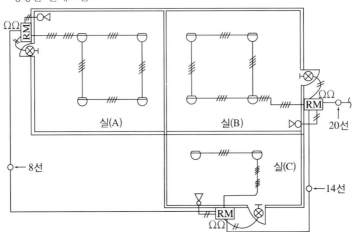

실(A) 실(B) 실(C)
8선 20선 14선

• 할론설비의 감지기배선은 교차회로방식으로(루프와 말단 : 4가닥, 기타 : 8가닥) 설치
• 수동조작함 : 조작이 쉽고 대피가 용이하도록 실외 출입구 부근에 설치
• 약제방출표시등 : 실외 출입구 부근에 설치하여 외부인의 출입금지
• 사이렌 : 실내에 설치하여 인명을 대피

---

12 | 후강전선관 1본의 길이와 금속관의 호칭 표시방법에 대해 쓰시오.

득점	배점
	4

☆해답 (가) 1본의 길이 : 3.6[m]
(나) 호칭 표시방법 : 안지름에 가까운 짝수로 표시(근사배경)

해☆설

저압옥내배선의 시설의 금속관공사

• 1본의 길이 : 3.6[m]
• 종 류

후강 : 내경(짝수) (10종류)	차 6 6 8 6 12 16 12 10 12
	16[mm], 22[mm], 28[mm], 36[mm], 42[mm], 54[mm], 70[mm], 82[mm], 92[mm], 104[mm]
	암기법 : 차 6.6.8.6 - 12.16.12.10.12
박강 : 외경(홀수) (8종류)	15[mm], 19[mm], 25[mm], 31[mm], 39[mm], 51[mm], 63[mm], 75[mm] 차 4 6 6 8 12 12 12
	암기법 : 차 4.6.6 - 8.12.12.12

13

> 스프링클러 감시제어반 도통시험 시 작동시험을 해야 하는 회로를 쓰시오. 　득점 배점
> 　　　　　　　　　　　　　　　　　　　　　　　　　　　　　　　　　　5

 해답　① 기동용 수압개폐장치의 압력스위치회로
　　　　② 수조 또는 물올림탱크 저수위감시회로
　　　　③ 유수검지장치 또는 일제개방밸브의 압력스위치회로
　　　　④ 일제개방밸브 사용설비 화재감지기회로
　　　　⑤ 급수배관에 설치된 개폐밸브의 폐쇄 상태 확인회로

14

> 풍량이 5[m³/s]이고, 풍압이 35[mmHg]인 전동기의 용량은 몇 [kW]이겠는 　득점 배점
> 가?(단, 펌프 효율은 100[%]이고, 여유계수는 1.2라고 한다) 　　　　　　5

해답　계산 : 전압 $P_T = \dfrac{35}{760} \times 10.332$

　　　　　　　　　$= 475.82[\text{mmAq}]$

　　　전동기용량 $P = \dfrac{KP_T Q}{102\eta}$

　　　　　　　　　$= \dfrac{1.2 \times 475.82 \times 5}{102 \times 1} = 27.99[\text{kW}]$

　　답 : 27.99[kW]

해설

• 전압 : $P_T = \dfrac{35[\text{mmHg}]}{760[\text{mmHg}]} \times 10.332[\text{mmAq}] = 475.82[\text{mmAq}]$

• 전동기 용량 : $P[\text{kW}] = \dfrac{P_T Q}{102\eta} K = \dfrac{475.82 \times 5}{102 \times 1} \times 1.2 = 27.99[\text{kW}]$

15 다음 그림은 플로트스위치에 의한 펌프모터의 레벨제어에 관한 미완성 도면이다. 이 도면을 보고 다음 각 물음에 답하시오.

득점	배점
	6

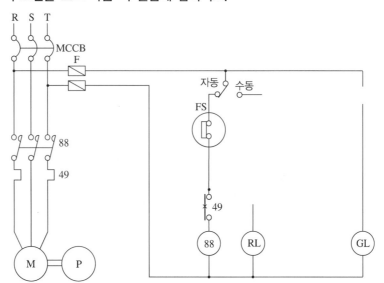

물음

(가) MCCB의 명칭을 쓰고 이 차단기의 특징을 쓰시오.

(나) 제어약호 "49"의 명칭은 무엇인가?

(다) 동작접점을 수동으로 연결하였을 때 누름버튼스위치(PB-on, PB-off)와 접촉기접점으로 제어회로를 구성하시오(단, 전원을 투입하면 ⒼⓁ램프가 점등되나 PB-on 스위치를 ON하면 ⒼⓁ램프가 소등되고 ⓇⓁ램프가 점등된다).

★해답 (가) MCCB : 배선용 차단기

특징 : 소형이며, 퓨즈가 없어 재사용이 가능하고, 작동 신뢰도가 매우 높다.

(나) 49 : 열동계전기

(다)

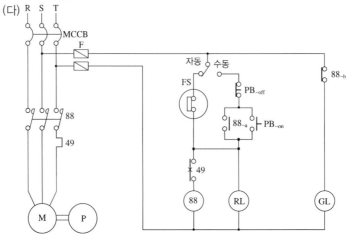

해★설

- **자동 운전 시** : 플로트스위치(FS)에 의해 전자접촉기 코일 ⑧⑧이 여자되면 ⓇⓁ램프가 점등된다. ⒼⓁ램프는 88-b 접점에 의해 소등된다.

- **수동 운전 시** : PB-on스위치에 의해 전자접촉기 코일 ⑧⑧이 여자되고 ⓇⓁ램프가 점등되고, 자기유지접점(88-a)에 의해 회로가 자기유지된다. PB-off 또는 49 계전기 동작 시에는 ⓇⓁ램프가 소등되고, ⒼⓁ램프가 점등되며, 모터가 정지된다. PB-off는 PB-on와 자가유지접점의 직렬접속한다.

- **열동계전기** : 전동기의 과부하보호용 계전기
- 배선용 차단기 : MCCB의 일종으로 단락 및 과부하 시 회로를 차단하는 개폐기구

16

> 주파수가 50[Hz]이고, 극수가 4인 유도전동기의 회전수가 1,440[rpm]이다. 이 전동기를 주파수 60[Hz]로 운전하는 경우 회전수[rpm]는 얼마나 되는지 구하시오(단, 슬립은 50[Hz]에서와 같다).
>
> | 득점 | 배점 |
> |---|---|
> | | 4 |

★해답

계산 : 50[Hz] 동기속도 $N_S = \dfrac{120 \times 50}{4} = 1,500[\mathrm{rpm}]$

슬립 $S = \dfrac{1,500 - 1,440}{1,500} = 0.04$

60[Hz] 동기속도 $N_S = \dfrac{120 \times 60}{4} = 1,800[\mathrm{rpm}]$

60[Hz] 회전속도 $N = (1 - 0.04) \times 1,800 = 1,728[\mathrm{rpm}]$

답 : 1,728[rpm]

해★설

- 동기속도 : $N_S = \dfrac{120f}{P}[\mathrm{rpm}]$

- 슬립 : $S = \dfrac{N_S - N}{N_S}$

- 회전속도 : $N = (1 - S)N_S$

- 50[Hz] 동기속도 : $N_S = \dfrac{120f}{P} = \dfrac{120 \times 50}{4} = 1,500[\mathrm{rpm}]$

- 슬립 : $S = \dfrac{N_S - N}{N_S} = \dfrac{1,500 - 1,440}{1,500} = 0.04$

- 60[Hz] 동기속도 : $N_S = \dfrac{120f}{P} = \dfrac{120 \times 60}{4} = 1,800[\mathrm{rpm}]$

- 60[Hz] 회전속도 : $N = (1 - S)N_S = (1 - 0.04) \times 1,800 = 1,728[\mathrm{rpm}]$

17

다음은 할론(Halon)소화설비의 수동조작함에서 할론제어반까지의 결선도 및 계통도(3Zone)에 대한 것이다. 주어진 조건을 참조하여 각 물음에 답하시오.

득점	배점
	8

조건

• 전선의 가닥수는 최소한으로 한다.

• 복구스위치 및 도어스위치는 없는 것으로 한다.

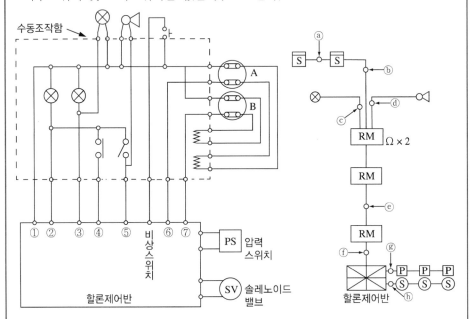

물음

(가) ①~⑦의 전선 명칭은?

(나) ⓐ~ⓗ의 전선 가닥수는?

★해답

(가) ① 전원 ⊖　　　　　　② 전원 ⊕
　　　③ 방출표시등　　　　④ 기동스위치
　　　⑤ 사이렌　　　　　　⑥ 감지기 A
　　　⑦ 감지기 B

(나) ⓐ 4가닥　　　　　　　ⓑ 8가닥
　　　ⓒ 2가닥　　　　　　　ⓓ 2가닥
　　　ⓔ 13가닥　　　　　　ⓕ 18가닥
　　　ⓖ 4가닥　　　　　　　ⓗ 4가닥

해⭐설

• 배선의 종류 및 가닥수

기 호	배선의 종류 및 가닥수	배선의 용도
ⓐ	HFIX 1.5 - 4	지구 2, 공통 2
ⓑ	HFIX 1.5 - 8	지구 4, 공통 4
ⓒ	HFIX 2.5 - 2	방출표시등 2
ⓓ	HFIX 2.5 - 2	사이렌 2
ⓔ	HFIX 2.5 - 13	전원 ⊕·⊖, (방출표시등, 기동스위치, 사이렌, 감지기 A·B)× 2, 비상스위치 1
ⓕ	HFIX 2.5 - 18	전원 ⊕·⊖, (방출표시등, 기동스위치, 사이렌, 감지기 A·B)× 3, 비상스위치 1
ⓖ	HFIX 2.5 - 4	압력스위치 3, 공통 1
ⓗ	HFIX 2.5 - 4	솔레노이드 밸브 3, 공통 1

• 할론제어반의 결선도

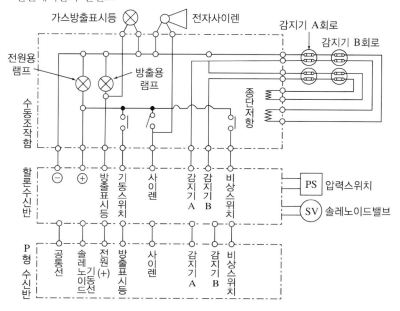

2009년 7월 4일 시행

제 **2** 회

※ 다음 물음에 대한 답을 해당 답란에 답하시오(배점 : 100).

01

	득점	배점
		12

지하 1층, 지하 2층, 지하 3층의 준비작동식 스프링클러설비의 평면도이다. 다음 물음에 답하시오(감지기는 정온식스포트형 1종 내화구조, 층고는 3.6[m], 수신기는 1층에 있다).

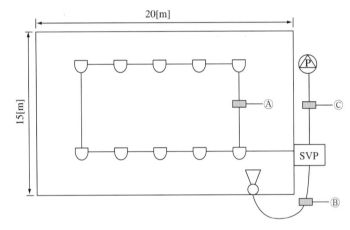

물음

(가) 다음 기호의 명칭을 쓰시오.

① 　　　　　② ◁

③ ⎍

(나) 본 설비의 감지기 개수를 산정하시오.

(다) Ⓐ, Ⓑ, Ⓒ의 배선 가닥수를 산정하고, 내역을 쓰시오.

기 호	가닥수	배선의 용도
Ⓐ		
Ⓑ		
Ⓒ		

(라) 스프링클러의 계통도를 그리고 각 층의 배선수를 산정하시오.

☆해답 (가) ① 프리액션밸브

② 사이렌

③ 정온식스포트형감지기

(나) 계산 : 감지기 개수 = $\dfrac{15 \times 20}{60} \times 2$회로 $\times 3$층 $= 30$개

답 : 30개

(다)

기 호	가닥수	배선의 용도
Ⓐ	4	지구 2, 공통 2
Ⓑ	2	사이렌 2
Ⓒ	6	밸브개방확인(P·S) 2, 밸브기동(S·V) 2, 밸브주의(T·S) 2

(라) 계통도

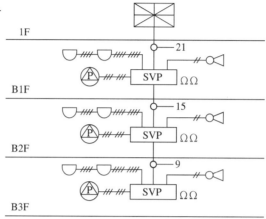

명 칭	프리액션밸브	경보밸브 건식	사이렌	정온식스포트형감지기
기 호	Ⓟ	△	◁	⌓

• 부착 높이에 따른 스포트형감지기 설치기준(NFSC 203)   (단위 : [m²])

부착 높이 및 특정소방대상물의 구분		감지기의 종류						
		차동식 스포트형		보상식 스포트형		정온식 스포트형		
		1종	2종	1종	2종	특종	1종	2종
4[m] 미만	주요 구조부를 **내화구조**로 한 특정소방대상물 또는 그 부분	90	70	90	70	70	**60**	20
	기타 구조의 특정소방대상물 또는 그 부분	50	40	50	40	40	30	15
4[m] 이상 8[m] 미만	주요 구조부를 내화구조로 한 특정소방대상물 또는 그 부분	45	35	45	35	35	30	–
	기타 구조의 특정소방대상물 또는 그 부분	30	25	30	25	25	15	–

내화구조이고, 천장고 4[m] 미만의 정온식스포트형감지기 1종의 기준면적은 60[m²]이고, 교차회로 방식이므로 두 배이다.

∴ 감지기 설치 개수(N) = $\dfrac{\text{바닥면적}}{\text{기준면적}}$ = $\dfrac{15 \times 20}{60}$ = 5개

  5개 × 2회로 = 10, 10개 × 3개층 = 30개

• 배선의 용도 및 가닥수

기 호	구 분	가닥수	배선의 용도
Ⓐ	감지기 ↔ 감지기	4	지구 2, 공통 2
Ⓑ	사이렌	2	전원(⊕, ⊖)
Ⓒ	프리액션 V/V ↔ 수신기	6	밸브개방확인 2, 밸브기동 2, 밸브주의 2

• 계통도 : 교차회로배선이므로 감지기는 각 층마다 2개씩 도해
• 배선의 용도 및 가닥수

층 별	가닥수	배선의 용도
지하 3층	9	전원 ⊕, ⊖, 전화, 사이렌, 감지기 A, B, 밸브개방확인, 밸브기동, 밸브주의
지하 2층	15	전원 ⊕, ⊖, 전화, (사이렌, 감지기 A, B, 밸브개방확인, 밸브기동, 밸브주의) × 2
지하 1층	21	전원 ⊕, ⊖, 전화, (사이렌, 감지기 A, B, 밸브개방확인, 밸브기동, 밸브주의) × 3

02

다음 비상방송설비의 가닥수를 산정하고, 내역을 쓰시오(단, 결선방식은 2선식이고, 우선경보방식으로 한다).

득점	배점
	8

5층 ───────────────── △

4층 ───────────────── △

3층 ───────────────── △

2층 ───────────────── △

1층 ──────[증폭기]──── △

해답

층 별	가닥수	배선의 용도
1층	10	긴급배선 5, 공통선 5
2층	8	긴급배선 4, 공통선 4
3층	6	긴급배선 3, 공통선 3
4층	4	긴급배선 2, 공통선 2
5층	2	긴급배선, 공통선

해설

가닥수 산정 = 스피커 × 2가닥 = 5 × 2 = 10가닥(1층)

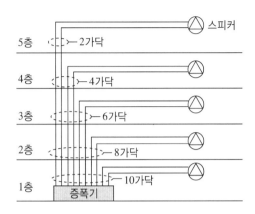

5층 ── 2가닥
4층 ── 4가닥
3층 ── 6가닥
2층 ── 8가닥
1층 ── 10가닥
증폭기
스피커

03

다음 설명의 배관 부속품을 쓰시오.

득점	배점
	5

(가) 금속관이 고정되어 있어 돌리지 못할 때 사용하는 것은?

(나) 금속관 상호 간의 접속에 사용하는 것은?

(다) 아웃렛박스에 로크너트만으로 고정하기 어려울 때 사용하는 것은?

해답 (가) 유니언커플링 (나) 커플링
(다) 링리듀서

해설

명 칭	종 류	용 도
부 싱		전선의 절연 피복을 보호하기 위하여 금속관 끝에 취부하여 사용
로크너트		박스에 금속관을 고정시킬 때 1개소에 2개씩(안과 밖) 사용
4각 박스		제어반, 수신기, 부수신기, 발신기세트, 수동조작함, 슈퍼비조리패널, 한쪽에서 2방출 이상
8각 박스		감지기, 사이렌, 유도등, 방출표시등, 유수감지장치(건식밸브, 알람체크밸브, 준비작동식밸브)
스위치 박스		전등배관공사 시 스위치를 취부하기 위한 박스
노멀밴드		매입 전선관의 굴곡 부분에 사용
유니버설엘보		노출배관공사 시 관을 직각으로 굽히는 곳에 사용 (LL형, LB형, T형)

명칭	종류	용도
새 들		배관공사 시 천장이나 벽 등에 배관을 고정시키는 금구
링리듀서		아웃렛박스의 녹아웃 구경이 금속관보다 너무 클 경우 로크너트와 보조적으로 사용하는 부품

04

다음 그림에서 소방용 케이블과 다른 용도의 케이블 간 이격거리를 쓰시오.

득점	배점
	8

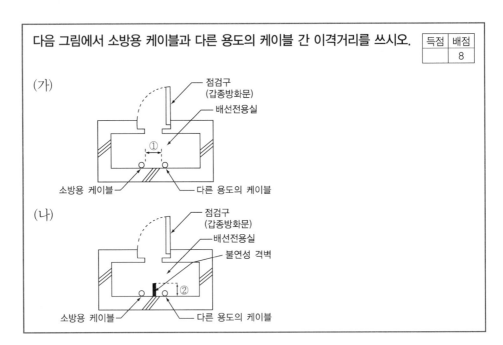

(가)

(나)

★해답   (가) ① 15[cm] 이상   (나) ② 1.5배 이상

해★설

배선전용실의 케이블 배치 예

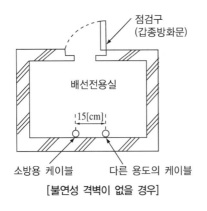

[불연성 격벽이 없을 경우]

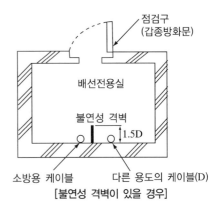

[불연성 격벽이 있을 경우]

(가) 소방용 케이블과 다른 용도의 케이블은 **15[cm]** 이상 이격 설치
(나) 불연성 격벽 설치 시 가장 굵은 케이블 배선지름의 **1.5배** 이상의 높이일 것

05 누전경보기의 작동 순서대로 나열하시오.

득점	배점
	5

보 기

① 릴레이 작동
② 수신기 전압 증폭
③ 관계자에게 경보누전 표시 및 회로 차단
④ 누설전류에 의한 자속 발생
⑤ 누전점 발생
⑥ 변류기에 유도전압 유기

★해답 ⑤ → ④ → ⑥ → ② → ① → ③

해★설

누전경보기 작동원리

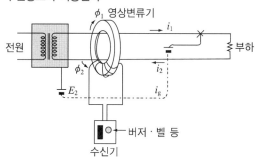

- 정상 시 : 한쪽 방향으로 흐르는 전류를 정(I_1)으로 하면, 반대 방향으로 흐르는 전류는 부(I_2)가 될 것이다. 정상적인 건전한 회로에서 $I_1 + I_2 = 0$이며, 자기철심에 발생하는 자속이 없고 코일에 유도되는 기전력은 0이다.
- 위의 그림과 같이 누전점(Fault)이 발생하면 변류기 내의 전류는 I_1만 남고 $I_2 = 0$이 된다. 모두 누전점으로 흘러 (i_g)는 $\phi_1 = \phi_2$ 가 되지 않고 ϕ_1만 남으므로 자속이 상쇄되지 않아 자속에 의한 유도전압이 유기되어 수신기에 신호를 송신하게 되고 증폭회로에 의하여 전압이 증폭되고 관계자에게 누전경보가 표시되며 회로가 차단된다.

06 지상 100[m] 되는 곳에 수조가 있다. 이 수조에 2,400[LPM] 물을 양수하는 펌프용 전동기를 설치하여 3상전력을 공급하려고 한다. 펌프효율이 60[%]이고, 펌프측 동력에 10[%]의 여유를 둔다고 할 때 펌프의 용량[HP]을 구하시오(단, 펌프용 3상농형 유도전동기의 역률은 100[%]로 가정한다).

득점	배점
	5

★해답

계산 : $P = \dfrac{9.8 \times 100 \times 2.4/60 \times 1.1}{0.6 \times 0.746} = 96.336[\text{HP}]$　　답 : 96.34[HP]

해☆설

전동기용량

$$P = \frac{9.8HQK}{\eta} [\text{kWA}]$$

여기서, P : 전동기용량[kW] $\qquad$ Q : 양수량[m^3/s]

$\qquad\quad$ H : 전양정[m] $\qquad\qquad$ K : 여유(전달)계수

$\qquad\quad$ η : 효율[%]

$$\text{LPM} = \frac{10^{-3}}{60} [\text{m}^3/\text{s}], \ 1[\text{HP}] = 0.746[\text{kW}]$$

$\therefore \ P = \dfrac{9.8HQK}{\eta}$ 에서

$H = 100[\text{m}]$, $Q = \dfrac{2,400 \times 10^{-3}}{60}$, $K = 1.1$이고 $1[\text{HP}] = 0.746[\text{kW}]$이므로,

$P = \dfrac{9.8 \times 100 \times 2.4/60 \times 1.1}{0.6 \times 0.746} = 96.336[\text{HP}]$

$\therefore \ 96.34[\text{HP}]$

07

다음 그림과 같은 유접점회로의 출력 Z의 논리식을 가장 간단하게 표현하고, 이것을 무접점 논리회로로 표현하여 그리시오.

득점	배점
	6

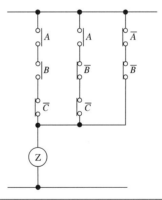

☆해답 • 논리식 간소화 : $Z = AB\overline{C} + A\overline{B}\,\overline{C} + \overline{A}\,\overline{B} = A\overline{C}(B + \overline{B}) + \overline{A}\,\overline{B} = A\overline{C} + \overline{A}\,\overline{B}$

• 무접점 논리회로

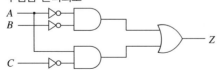

해☆설

• 논리식 간소화 : $Z = AB\overline{C} + A\overline{B}\,\overline{C} + \overline{A}\,\overline{B}$

$\qquad\qquad\qquad = A\overline{C}(\underbrace{B + \overline{B}}_{1}) + \overline{A}\,\overline{B} = A\overline{C} + \overline{A}\,\overline{B}$

• 논리회로

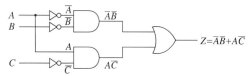

08

득점	배점
	6

다음은 자동화재탐지설비의 감시 상태 시 감지기회로를 등가회로로 나타낸 것이다. 감시 상태 시 감시전류 I_1[mA]와 감지기 작동 시 작동전류 I_2[mA]를 구하시오.

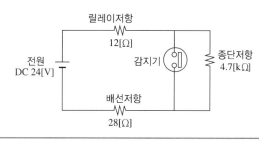

해답

계산 : I_1(감시전류) $= \dfrac{24}{12+(4.7\times 10^3)+28} = 0.00506$[A] 　답 : 5.06[mA]

계산 : I_2(동작전류) $= \dfrac{24}{12+28} = 0.6$[A] 　답 : 600[mA]

해☆설

• 등가회로

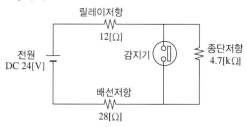

• 감시전류(I_1)

$$I_1 = \dfrac{회로전압\ (V)}{릴레이저항 + 배선저항 + 종단저항}$$

$$= \dfrac{24}{12 + 28 + (4.7 \times 10^3)} = 0.00506[A] = 5.06[mA]$$

• 동작전류(I_2)

$$I_2 = \dfrac{회로전압\ (V)}{릴레이저항 + 배선저항}$$

$$= \dfrac{24}{12+28} = 0.6[A] = 600[mA]$$

09

유도전동기 부하에 사용할 비상용 자가발전설비를 하려고 한다. 이 설비에 사용될 발전기의 조건을 보고 다음 각 물음에 답하시오.

득점	배점
	8

조건

- 기동용량 300[kVA]
- 기동 시 전압 강하 20[%]까지의 허용
- 과도 리액턴스 25[%]

물음

(가) 발전기의 용량은 이론상 몇 [kVA] 이상의 것을 선정하여야 하는가?

(나) 발전기용 차단기의 차단용량은 몇 [MVA]인가?(단, 차단용량의 여유율은 25[%]이다)

해답

(가) 계산 : 발전기용량 : $P = 300 \times 0.25 \times \left(\dfrac{1}{0.2} - 1\right) = 300[\text{kVA}]$

　　　 답 : 300[kVA]

(나) 차단기용량 : $P_s = \dfrac{300 \times 10^{-3}}{0.25} \times 1.25 = 1.5[\text{MVA}]$

해설

(가) 발전기용량 : $P_n = \left(\dfrac{1}{e} - 1\right) X_d P = \left(\dfrac{1}{0.2} - 1\right) \times 0.25 \times 300 = 300[\text{kVA}]$

(나) 차단기용량 : $P_s = \dfrac{P_n}{X_d} \cdot K = \dfrac{300}{0.25} \times 1.25 \times 10^{-3} = 1.5[\text{MVA}]$

10

화재에 의한 열, 연기 또는 불꽃(화염) 이외의 요인에 의해 자동화재탐지설비
가 작동하여 화재 경보를 발하는 것을 "비화재보(Unwanted Alarm)"라고
한다. 즉, 자동화재탐지설비가 정상적으로 작동하였다고 하더라도 화재가 아닌 경우의
경보를 "비화재보"라고 하며, 비화재보의 종류는 다음과 같이 구분할 수 있다.

득점	배점
	7

• 오조작 등에 의한 경우(False Alarm)
  – 설비의 유지관리 불량
  – 실수나 고의적인 행위가 있을 때
• 주위 상황이 대부분 순간적으로 화재와 같은 상태(실제 화재와 유사한 환경이나
  설비 자체의 결함)로 되었다가 정상 상태로 복귀하는 경우(일과성 비화재보 :
  Nuisance Alarm)

물음

위 설명 중 일과성 비화재보(Nuisance Alarm)에 대한 방지대책을 5가지만 쓰
시오.

해답

① 축적기능이 있는 수신기 설치
② 비화재보에 적응성 있는 감지기 설치
③ 감지기 설치 장소 환경개선
④ 오동작 방지기 설치
⑤ 감지기 방수처리 강화

해설

• 비화재보 발생원인
  – 인위적인 요인 : 분진(먼지), 담배연기, 자동차 배기가스, 조리 시 발생하는 열, 연기 등
  – 기능상의 요인 : 부품 불량, 결로, 감도 변화, 모래, 분진(먼지) 등
  – 환경적인 요인 : 온도, 습도, 기압, 풍압 등
  – 유지상의 요인 : 청소(유지관리)불량, 미방수처리 등
  – 설치상의 요인 : 감지기 설치 부적합장소, 배선 접촉불량 및 시공상 부적합한 경우 등
• 비화재보 방지대책
  – 축적기능이 있는 수신기 설치
  – 비화재보에 적응성 있는 감지기 설치
  – 감지기 설치 장소 환경개선
  – 오동작 방지기 설치
  – 감지기 방수처리 강화
  – 청소 및 유지관리 철저

11 유도등의 3선식 배선 시 점멸기를 설치할 때 반드시 점등되어야 하는 경우 5가지를 쓰시오.

득점	배점
	5

해답 ① 자동화재탐지설비의 감지기, 발신기가 작동되는 때
② 방재업무 통제하는 곳 또는 전기실의 배전반에서 수동으로 점등되는 때
③ 자동소화설비가 작동되는 때
④ 비상경보설비의 발신기가 작동되는 때
⑤ 상용전원이 정전되거나 전원선이 단선되는 때

해설

3선식 배선에 의하여 점등되어야 하는 경우
• 자동화재탐지설비의 **감지기** 또는 **발신기**가 **작동**되는 때
• **비상경보설비**의 **발신기**가 **작동**되는 때
• **상용전원**이 **정전**되거나 **전원선**이 **단선**되었을 때
• 방재업무를 통제하는 곳 또는 전기실의 배전반에서 수동으로 점등하는 때
• **자동소화설비**가 **작동**되는 때

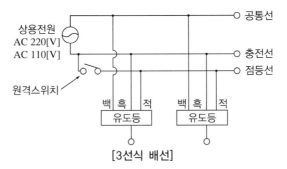

[3선식 배선]

12 다음 전실제연설비의 그림을 보고 ⒜~⒠의 배선수 및 용도를 쓰시오(조건, 감지기의 종단저항은 급기댐퍼 내에 설치한다).

득점	배점
	9

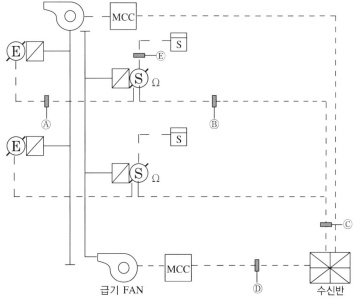

기 호	배선수	용 도
⒜		
⒝		
⒞		
⒟		
⒠		

기 호	구 분	배선수	전선의 종류	용 도
⒜	배기댐퍼 ↔ 급기댐퍼	4	2.5[mm²]	전원 ⊕ · ⊖, 배기기동, 배기기동확인
⒝	급기댐퍼 ↔ 수신반	7	2.5[mm²]	전원 ⊕ · ⊖, 기동, 감지기, 수동기동확인, 배기기동확인, 급기기동확인
⒞	2 ZONE일 경우	12	2.5[mm²]	전원 ⊕ · ⊖, (기동, 감지기, 수동기동확인, 배기기동확인, 급기기동확인)×2
⒟	MCC ↔ 수신반	5	2.5[mm²]	기동, 정지, 공통, 기동확인표시등, 전원확인 표시등
⒠	급기댐퍼 ↔ 감지기	4	1.5[mm²]	지구 2, 공통 2

13 다음 도면은 상용전원과 예비전원의 절환회로이다. ①, ②에 적당한 접점을 넣고, 미완성된 부분을 완성하시오.

득점	배점
	10

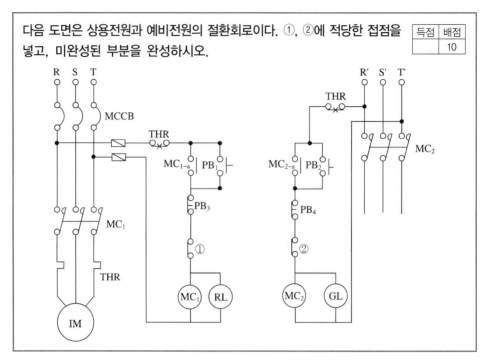

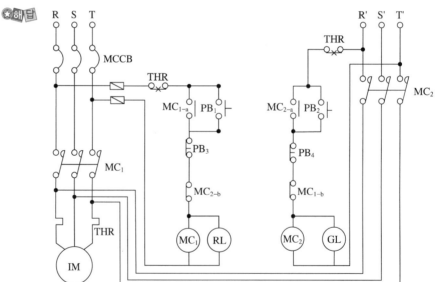

해답

- 상용전원(R, S, T)과 예비전원(R′, S′, T′)의 상이 바뀌지 않게 주의할 것
  R-R′ S-S′ T-T′
- 상용전원과 예비전원은 상호 인터록이 걸려 있어야 하므로 ① MC_{2-b}, ② MC_{1-b}의 상호 b접점을 접속하여 인터록을 걸어놓는다.
- RL램프 : 상용전원 동작램프, GL : 예비전원 동작램프
- 열동계전기(THR)가 동작되면 상용전원이나 예비전원이 모두 차단된다.

14 다음 분말소화설비의 배선을 완성하시오(단, ■■■■ : 내화배선,

////// : 내열배선, ——— : 일반배선, ·········· : 배관).

득점	배점
	6

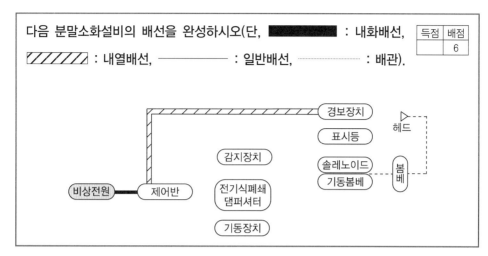

◎해답

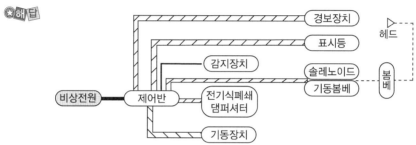

2009년 10월 18일 시행

제**4**회

※ 다음 물음에 대한 답을 해당 답란에 답하시오(배점 : 100).

01

자동화재탐지설비와 관련된 다음 각 물음의 (   ) 안에 알맞은 내용을 쓰시오.

득점	배점
	8

(가) (   )라 함은 감지기 또는 발신기(M형 발신기 제외) 등으로부터 발하여지는 신호를 직접 또는 중계기를 통하여 공통신호로서 수신하여 화재의 발생을 해당 특정소방대상물의 관계자에게 경보하여 주는 것을 말한다.

(나) (   )라 함은 감지기 또는 발신기(M형 발신기 제외) 등으로부터 발하여지는 신호를 직접 또는 중계기를 통하여 고유신호로서 수신하여 화재의 발생을 해당 특정소방대상물의 관계자에게 경보하여 주는 것을 말한다.

(다) (   )라 함은 M형 발신기로부터 발하여진 고유신호를 수신하여 화재의 발생을 소방관서에 통보하는 설비를 말한다.

(라) (   )라 함은 감지기 또는 발신기 등으로부터 발하여지는 신호를 직접 또는 중계기를 통하여 고유신호로서 수신하여 화재 발생을 해당 특정소방대상물의 관계자에게 경보하여 주고, 자동 또는 수동으로 각 소화설비의 가압송수장치 또는 기동장치 등을 제어하는 것을 말한다.

(마) (   )라 함은 감지기 또는 발신기(M형 발신기 제외) 등으로부터 발하여지는 신호를 직접 또는 중계기를 통하여 공통신호로서 수신하여 화재의 발생을 해당 소방대상물의 관계자에게 경보하여 주고 자동 또는 수동으로 옥내·외 소화설비, 스프링클러설비, 물분무소화설비, 포소화설비, 이산화탄소소화설비, 할론소화설비, 분말소화설비, 배연설비 등의 가압송수장치 또는 기동장치 등을 제어하는 것을 말한다.

(바) (   )는 감지기로부터 최초의 화재신호를 수신하는 경우 주음향장치 또는 부음향장치의 명동 및 지구표시장치에 의한 경계구역을 각각 자동으로 표시하여야 하며 이 표시 중에 동일 경계구역의 감지기로부터 두 번째 화재신호 이상을 수신하는 경우 주음향장치 또는 부음향장치의 명동 및 지구표시장치에 의한 경계구역을 각각 자동으로 표시함과 동시에 화재등 및 지구음향장치가 자동적으로 작동되어야 한다.

(사) (   )는 축적시간 동안 지구표시장치의 점등 및 주음향장치를 명동시킬 수 있으며 화재신호 축적시간은 5초 이상 60초 이내이어야 하고, 공칭축적 시간은 10초 이상 60초 이내에서 10초 간격으로 한다.

(아) (　　)는 아날로그식감지기로부터 출력된 신호를 수신한 경우 예비 표시 및 화재 표시를 표시함과 동시에 입력신호량을 표시할 수 있어야 하며 또한 작동레벨을 설정할 수 있는 조정장치가 있어야 한다.

★해답
(가) P형 수신기　　　　　　　　　(나) R형 수신기
(다) M형 수신기　　　　　　　　　(라) R형 복합식 수신기
(마) P형 복합식 수신기　　　　　　(바) 다신호식수신기
(사) 축적식 수신기　　　　　　　　(아) 아날로그식수신기

해★설

수신기의 종류

- **P형 수신기** : 감지기 또는 발신기로부터 발하여지는 신호를 직접 또는 중계기를 통하여 공통신호로서 수신하여 화재의 발생을 해당 특정소방대상물의 관계자에게 경보하여 주는 것을 말한다.
- **R형 수신기** : 감지기 또는 발신기로부터 발하여지는 신호를 직접 또는 중계기를 통하여 고유신호로서 수신하여 화재의 발생을 해당 특정소방대상물의 관계자에게 경보하여 주는 것을 말한다.
- **M형 수신기** : M형 발신기로부터 발하여지는 신호를 수신하여 화재의 발생을 소방관서에 통보하는 것을 말한다(2016.1.1 수신기 형식승인 및 제품검사의 기술기준의 개정으로 삭제됨).
- **GP형 수신기** : P형 수신기의 기능과 가스누설경보기의 기능을 겸한 것을 말한다.
- **GR형 수신기** : R형 수신기의 기능과 가스누설경보기의 기능을 겸한 것을 말한다.
- **축적식 수신기** : 화재신호를 받은 경우에도 곧바로 화재를 표시하지 않고 5초 초과~60초 이내에 감지기가 재차 화재신호를 발하는 경우에만 화재를 표시하는 기능을 갖는다. 감지기 신호의 확실성을 판단하여 비화재 경보를 방지할 수 있고, 발신기로부터 화재신호를 수신할 경우에는 축적기능이 자동적으로 해제되어 음향장치가 즉시 작동한다.
- **다신호식수신기** : 화재신호를 한번 수신하면 주음향장치 및 표시장치만을 작동시켜 수신기가 설치되어 있는 장소에 근무하는 관계자에게 알리고 두 번째의 화재신호를 수신하는 경우 화재 발생을 방화대상물 전체에 통보한다. 이 수신기는 발신기로부터 화재신호를 수신할 경우에는 상기 기능이 자동적으로 해제되어 음향장치가 즉시 작동한다.
- **아날로그수신기** : 감지기로부터 화재 정보를 수신하며, 표시온도 등의 설정이 가능한 감도설정장치가 있다. 화재 정보신호를 수신한 경우에는 표시 장치 및 주음향장치에 의해 이상의 발생을 자동으로 표시하고, 화재 표시를 할 정도에 도달한 경우 주음향장치, 구역 음향장치 및 표시장치 등 모든 표시 및 음향장치를 작동시킨다. 표시온도의 설정 일람도를 구비해야 하며, 표시온도 등은 아날로그식감지기의 종별에 적합하고, 설정 표시온도 범위 내에서 유지할 수 있는 것이어야 한다.

02

다음 옥내소화전의 계통도를 보고 물음에 답하시오.

득점	배점
	9

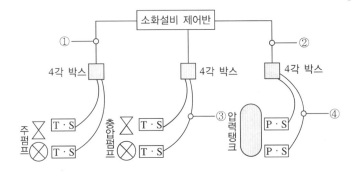

물음

(가) 위 도면의 기호에 해당하는 전선의 가닥수를 쓰시오.

①　　　　　　　　　　　②

③　　　　　　　　　　　④

(나) 옥내소화전설비에는 제어반을 설치하되, 감시제어반과 동력제어반으로 구별하여 설치하여야 한다. 다음 각 물음에 답하시오.

• 각 펌프의 작동 여부를 확인할 수 있는 (①) 및 (②)이 있어야 할 것

• 각 펌프를 (③) 및 (④)으로 작동시키거나 작동을 중단시킬 수 있어야 할 것

• 비상전원을 설치한 경우에는 (⑤) 및 (⑥)의 공급 여부를 확인할 수 있어야 할 것

• 수조 또는 물올림탱크가 (⑦)로 될 때 표시등 및 음향으로 경보할 것

• 기동용 수압개폐장치의 압력스위치회로, 수조 또는 물올림탱크의 감시회로마다 (⑧) 및 (⑨)을 할 수 있어야 할 것

해답

(가) ① 3　　　　　　　　　② 3

　　　③ 2　　　　　　　　　④ 2

(나) ① 표시등　　　　　　　② 음향경보

　　　③ 자 동　　　　　　　④ 수 동

　　　⑤ 상용전원　　　　　　⑥ 비상전원

　　　⑦ 저수위　　　　　　　⑧ 도통시험

　　　⑨ 작동시험

해설

(가) 전선의 가닥수

내 용	가닥수	전선용도
①	3	T・S 2, 공통 1
②	3	P・S 2, 공통 1
③	2	T・S 2
④	2	P・S 2

(나) ① 표시등   ② 음향경보
      ③ 자 동   ④ 수 동
      ⑤ 상용전원   ⑥ 비상전원
      ⑦ 저수위   ⑧ 도통시험
      ⑨ 작동시험

03

다음에서 설명하는 감지기의 명칭을 쓰시오(단, 감지기의 종별은 쓰지 않도록 한다).

득점	배점
	3

- 공칭작동온도 : 75[℃]
- 작동방식 : 반전 바이메탈식, 60[V], 0.1[A]
- 부착높이 : 8[m] 미만

❀해답 정온식스포트형감지기

04

다음 그림은 6층 이상의 사무실 건물에 시설하는 배연창설비이다. 계통도 및 조건을 참고하여 배선수와 각 배선의 용도를 다음 표에 작성하시오.

득점	배점
	10

조 건

- 전동구동장치는 솔레노이드식이다.
- 사용전선은 HFIX 전선을 사용한다.
- 화재감지기가 작동하거나 수동조작함의 스위치를 ON시키면 배연창이 동작되어 수신기에 동작 상태를 표시하게 된다.
- 화재감지기는 자동화재탐지설비용 감지기를 겸용으로 사용한다.

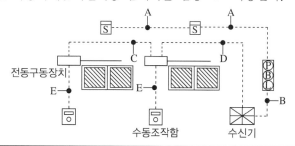

기호	구 분	배선수	배선의 용도
A	감지기 ↔ 발신기 감지기 ↔ 감지기		
B	발신기 ↔ 수신기		
C	전동구동장치 ↔ 전동구동장치		
D	전동구동장치 ↔ 수신기		
E	전동구동장치 ↔ 수동조작함		

⊙해답

기 호	구 분	배선수	배선의 용도
A	감지기 ↔ 발신기 감지기 ↔ 감지기	4	지구 2, 공통 2
B	발신기 ↔ 수신기	7	응답, 지구, 전화, 지구공통, 경종, 표시등, 경종·표시등 공통
C	전동구동장치 ↔ 전동구동장치	3	기동, 기동 확인, 공통
D	전동구동장치 ↔ 수신기	5	기동 2, 기동 확인 2, 공통
E	전동구동장치 ↔ 수동조작함	3	기동, 기동 확인, 공통

해⊙설

배연창설비 : 6층 이상의 고층 건물에 시설하여, 화재로 인한 연기를 신속하게 배출시켜 피난 및 소화활동에 지장이 없도록 하는 설비

05

다음 주어진 도면은 유도전동기 기동정지회로의 미완성 도면이다. 다음 각 물음에 답하시오.

득점	배점
	8

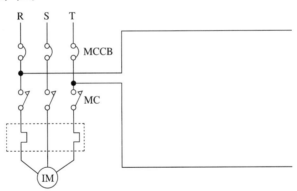

물음

(가) 다음과 같이 주어진 기구를 이용하여 미완성 도면을 완성하시오(단, 기구의 개수 및 접점은 최소로 할 것).

① 전자접촉기 : (MC)

② 기동용 표시등 : (GL)

③ 정지용 표시등 : (RL)

④ 열동계전기 : ⚡THR

⑤ 누름버튼스위치 ON용 PBS-ON : ⊸PBS-on

⑥ 누름버튼스위치 OFF용 PBS-OFF : ⊸PBS-off

(나) 주회로에 대한 ⌜⁝⁝⁝⁝⁝⌟가 동작되는 경우를 2가지만 쓰시오.

해답 (가)

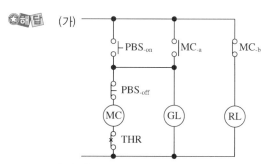

(나) ① 전동기에 과전류가 흐를 경우
② 열동계전기 단자의 접촉 불량으로 과열될 경우

해설
(가)

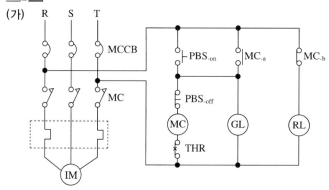

(나) **열동계전기가 동작되는 경우**
- 전동기에 과전류가 흐를 경우
- 열동계전기 단자의 접촉 불량으로 과열될 경우
- 전류 세팅(Setting)을 정격전류보다 낮게 하였을 경우

06

3상 3선식 380[V]로 수전하는 곳의 부하전력이 95[KW], 역률이 85[%], 구내배선의 길이는 150[m]이며 전압강하를 8[%]까지 허용하는 경우 배선의 굵기를 구하시오.

득점	배점
	4

해답

계산 : $I = \dfrac{P}{\sqrt{3}\,V\cos\theta} = \dfrac{95 \times 10^3}{\sqrt{3} \times 380 \times 0.85} = 169.81[\mathrm{A}]$

$A = \dfrac{30.8LI}{1,000e} = \dfrac{30.8 \times 150 \times 169.81}{1,000 \times 380 \times 0.08} = 25.81[\mathrm{mm}^2]$

답 : 35[mm²]

해☆설

- 전선 단면적 및 전압강하

전기방식	전선 단면적	전압강하
단상 2선식	$A = \dfrac{35.6LI}{1,000e}$	$e = \dfrac{35.6LI}{1,000A}$
3상 3선식	$A = \dfrac{30.8LI}{1,000e}$	$e = \dfrac{30.8LI}{1,000A}$
단상 3선식, 3상 4선식	$A = \dfrac{17.8LI}{1,000e}$	$e = \dfrac{17.8LI}{1,000A}$

여기서, e : 각 선 간의 전압강하[V]　　　A : 전선의 단면적[mm^2]
　　　L : 전선의 길이[m]　　　I : 전류[A]

- 전류 $I = \dfrac{P}{\sqrt{3} \, V\cos\theta} = \dfrac{95 \times 10^3}{\sqrt{3} \times 380 \times 0.85} = 169.81[\mathrm{A}]$

$3\phi3$선식이므로

전선 단면적 $A = \dfrac{30.8L\,I}{1,000e} = \dfrac{30.8 \times 150 \times 169.81}{1,000 \times 380 \times 0.08} = 25.81[\mathrm{mm}^2]$

- 전선의 공칭단면적

1.5[mm^2], 2.5[mm^2], 4[mm^2], 6[mm^2], 10[mm^2], 16[mm^2], 25[mm^2], 35[mm^2], 50[mm^2], 70[mm^2], 95[mm^2], 120[mm^2] …
(전선의 굵기는 공칭단면적으로 표기해야 한다)

07

부하가 6,000[W], 방전시간은 30분, 연축전지 HS형 54셀, 허용 최저전압 97[V], 최저 축전지온도 5[℃]일 때 다음 각 물음에 답하시오(단, 전압은 100[V]이며, 보수율은 0.8이다).

득점	배점
	5

(연축전지 용량환산시간 K, 상단은 900~2,000[Ah], 하단은 900[Ah] 이하)

형 식	온도[℃]	10분			30분		
		1.6[V]	1.7[V]	1.8[V]	1.6[V]	1.7[V]	1.8[V]
CS	25	0.9 0.8	1.15 1.06	1.6 1.42	1.41 1.34	1.6 1.55	2 1.88
	5	1.15 1.1	1.35 1.25	2 1.8	1.75 1.75	1.85 1.8	2.45 2.35
	−5	1.35 1.25	1.6 1.5	2.65 2.25	2.05 2.05	2.2 2.2	3.1 3
HS	25	0.58	0.7	0.93	1.03	1.14	1.38
	5	0.62	0.74	1.05	1.11	1.22	1.54
	−5	0.68	0.82	1.15	1.2	1.35	1.68

물음

(가) 축전지의 공칭전압을 구하시오.

• 계산 :

• 답 :

(나) 축전지의 용량을 구하시오.

• 계산 :

• 답 :

(가) 계산 : $V_a = \dfrac{\text{허용 최저전압}}{\text{셀수}} = \dfrac{97}{54} = 1.7963 = 1.8[\text{V/cell}]$

답 : $1.8[\text{V/cell}]$

(나) 계산 : $C = \dfrac{1}{L} KI = \dfrac{1}{0.8} \times 1.54 \times \dfrac{6,000}{100} = 115.5[\text{Ah}]$

답 : $115.5[\text{Ah}]$

해☆설

(가) 셀당 전압$(V_a) = \dfrac{\text{허용 최저전압}}{\text{셀수}} = \dfrac{97}{54} = 1.7963 \quad \therefore \ 1.8[\text{V/cell}]$

(나) 축전지 용량(C)은 HS형이고 방전시간 30분, 최저 축전지온도 5[℃], 셀당 공칭전압 1.8[V/cell]이므로, $K = 1.54$이다.

$P = VI \Rightarrow I = \dfrac{P}{V} = \dfrac{6,000}{100} = 60[\text{A}]$

$C = \dfrac{1}{L} KI = \dfrac{1}{0.8} \times 1.54 \times 60 = 115.5[\text{Ah}]$

형 식	온도[℃]	10분			30분		
		1.6[V]	1.7[V]	1.8[V]	1.6[V]	1.7[V]	1.8[V]
CS	25	0.9 0.8	1.15 1.06	1.6 1.42	1.41 1.34	1.6 1.55	2 1.88
	5	1.15 1.1	1.35 1.25	2 1.8	1.75 1.75	1.85 1.8	2.45 2.35
	−5	1.35 1.25	1.6 1.5	2.65 2.25	2.05 2.05	2.2 2.2	3.1 3
HS	25	0.58	0.7	0.93	1.03	1.14	1.38
	5	0.62	0.74	1.05	1.11	1.22	1.54
	−5	0.68	0.82	1.15	1.2	1.35	1.68

08

> 비상콘센트의 비상전원을 자가발전설비로 설치하려고 한다. 비상전원의 설치기준을 5가지 쓰시오.

득점	배점
	5

해답
① 점검에 편리하고 화재 및 침수 등의 재해로 인한 피해를 받을 우려가 없는 곳에 설치할 것
② 비상콘센트를 유효하게 20분 이상 작동할 수 있어야 할 것
③ 상용전원으로부터 전력 공급이 중단된 때에는 자동으로 비상전원으로부터 전력을 공급받을 수 있도록 할 것
④ 비상전원의 설치장소는 다른 장소와 방화구획할 것. 이 경우 그 장소에는 비상전원의 공급에 필요한 기구나 설비 외의 것(열병합발전설비에 필요한 기구나 설비 제외)을 두지 말 것
⑤ 비상전원을 실내에 설치하는 때에는 그 실내에 비상조명등을 설치할 것

09

> P형 1급 수신기의 예비전원을 시험하는 방법과 양부판단의 기준에 대하여 설명시오.

득점	배점
	5

해답
(1) 시험방법
① 시험스위치를 예비전원에 넣는다.
② 전압계의 지시치가 지정값 이내일 것
③ 교류전원을 개방하고 자동절환 릴레이의 작동상황을 조사한다.
(2) 양부판단의 기준 : 예비전원의 전압, 용량, 절환 및 복구작동이 정상일 것

해설
예비전원시험 : 상용전원 및 비상전원 정전 시 자동적으로 예비전원으로 절환하고, 정전 복구 시 자동적으로 상용전원으로 절환되는 것을 확인하는 시험이다.

10

> 수신기의 동시작동시험을 하는 목적을 쓰시오.

득점	배점
	3

해답
감지기회로 5회선을 동시에 작동하더라도 수신기 기능에 이상이 없는지의 여부를 확인하기 위해

11

> 3상 380[V], 주파수 60[Hz], 극수 4P, 75마력의 전동기가 있다. 다음 각 물음에 답하시오(단, 슬립은 5[%]이다).
>
> | 득점 | 배점 |
> |---|---|
> | | 5 |
>
> (가) 동기속도는 얼마인가?
>
>   계산 :
>
>   답 :
>
> (나) 회전속도는 얼마인가?
>
>   계산 :
>
>   답 :

해답

(가) 계산 : $N_s = \dfrac{120f}{P} = \dfrac{120 \times 60}{4} = 1,800[\mathrm{rpm}]$

  답 : $1,800[\mathrm{rpm}]$

(나) 계산 : $N = N_s \cdot (1-S) = 1,800 \times (1-0.05) = 1,710[\mathrm{rpm}]$

  답 : $1,710[\mathrm{rpm}]$

해설

(가)

> **동기속도** $N_s = \dfrac{120f}{P}$

  여기서, f : 주파수[Hz] P : 극수

$N_s = \dfrac{120f}{P} = \dfrac{120 \times 60}{4} = 1,800[\mathrm{rpm}]$

(나)

> **회전속도** $N = \dfrac{120f}{P}(1-S)[\mathrm{rpm}]$

  여기서, f : 주파수[Hz] P : 극수

$N = \dfrac{120f}{P}(1-S) = \dfrac{120 \times 60}{4}(1-0.05) = 1,710[\mathrm{rpm}]$

12

> 금속관공사에 사용되는 다음 자재의 사용용도에 대해 쓰시오.
>
> | 득점 | 배점 |
> |---|---|
> | | 3 |
>
> (가) 부싱 :
>
> (나) 유니언커플링 :
>
> (다) 유니버설엘보 :

해답

(가) 전선의 절연피복을 보호하기 위하여 금속관 끝에 취부

(나) 금속관과 금속관 상호 접속 시 금속관이 고정되어 있어 돌리지 못할 경우에 사용

(다) 노출배관공사 시 관을 직각으로 구부리는 곳에 사용

해☆설

- 부싱 : 전선의 절연피복을 보호하기 위하여 금속관 끝에 취부하여 사용
- 유니언커플링 : 금속관과 금속관 상호 접속 시 금속관이 고정되어 있어 돌리지 못할 경우에 사용
- 유니버설엘보 : 노출배관공사 시 관을 직각으로 구부리는 곳에 사용

13

	득점	배점
피난구유도등에 대한 다음 각 물음에 답하시오.		5

(가) 피난구유도등의 설치장소 3곳을 쓰시오.

(나) 피난구유도등은 피난구의 바닥으로부터 높이 몇 [m] 이상의 곳에 설치하여야 하는가?

(다) 피난구유도등의 조명도는 피난구로부터 직선거리 몇 [m]에서 표시면의 문자 및 색채를 쉽게 식별할 수 있는 것으로 하여야 하는가?

☆해답

(가) ① 옥내부터 직접 지상으로 통하는 출입구 및 그 부속실의 출입구
　　 ② 직통계단, 직통계단의 계단실 및 그 부속실의 출입구
　　 ③ 안전구획된 거실로 통하는 출입구

(나) 1.5[m] 이상

(다) 30[m]

해☆설

(가) **피난구유도등의 설치장소**
　 • 옥내로부터 직접 지상으로 통하는 출입구 및 그 부속실의 출입구
　 • 직통계단, 직통계단의 계단실 및 그 부속실의 출입구
　 • 출입구에 이르는 복도 또는 통로로 통하는 출입구
　 • 안전구획된 거실로 통하는 출입구

(나) **피난구유도등**은 피난구의 바닥으로부터 높이 **1.5[m]** 이상의 곳에 설치할 것

(다) 피난구유도등의 **조명도**는 피난구로부터 **30[m]**의 거리에서 문자 및 색채를 쉽게 식별할 수 있을 것

14 다음과 같은 건물의 경계구역수를 구하시오.

득점	배점
	3

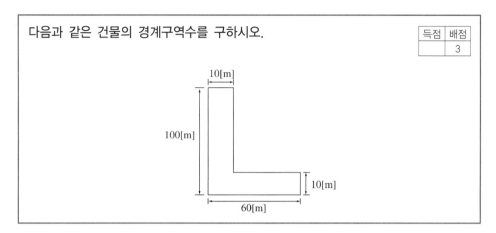

⊙해답 3경계구역

해⊙설

경계구역조건

면적 $600[\text{m}^2]$ 이하 길이 $50[\text{m}]$ 이하

$50[\text{m}] \times 10[\text{m}] = 500[\text{m}^2]$의 경계구역은 3개이다.

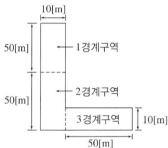

15 풍량이 $720[\text{m}^3/\text{min}]$이며 전풍압이 $100[\text{mmHg}]$인 배연설비용 팬(Fan)을 설치할 경우 이 팬(Fan)을 운전하는 전동기의 소요출력은 몇 [kW]인가?(단, Fan의 효율은 55[%]이며 여유계수 K는 1.21이다)

득점	배점
	4

⊙해답

계산 : $P = \dfrac{KP_T Q}{102\eta} = \dfrac{1.21 \times 1,359.47 \times \dfrac{720}{60}}{102 \times 0.55} = 351.86[\text{kW}]$

답 : $351.86[\text{kW}]$

해⊙설

$P[\text{kW}] = \dfrac{P_T Q}{102\eta} K$

여기서, P_T : 전압[mmAq] Q : 풍량[m^3/s]

　　　　K : 전달계수(여유계수) η : 효율

$$P_T = \frac{100[\mathrm{mmHg}]}{760[\mathrm{mmHg}]} \times 10{,}332[\mathrm{mmAq}] = 1{,}359.47[\mathrm{mmAq}]$$

$$\therefore \ P[\mathrm{kW}] = \frac{1{,}359.47 \times 720 \div 60}{102 \times 0.55} \times 1.21 = 351.86[\mathrm{kW}]$$

16 할로겐화합물 및 불활성기체소화설비에 교차회로방식을 적용하지 않아도 되는 감지기 5가지를 쓰시오.

득점	배점
	5

★해답
① 불꽃감지기
② 정온식감지선형감지기
③ 분포형감지기
④ 복합형감지기
⑤ 광전식분리형감지기

해★설
교차회로방식을 적용하지 않아도 되는 감지기
- 불꽃감지기
- 분포형감지기
- 광전식분리형감지기
- 다신호식감지기
- 정온식감지선형감지기
- 복합형감지기
- 축적형감지기
- 아날로그식감지기

17 다음은 누전경보기의 전원부 회로 구성을 나타낸 것이다.

득점	배점
	7

물음

(가) 전원부 회로의 완성을 위하여 ⬚에 Diode를 그리시오.

(나) 변압기 및 출력단의 A-B-C-D 단자를 각각 Diode 블록의 1-2-3-4에 연결하여 전원부 회로를 완성하시오.

(다) ZNR의 역할에 대하여 쓰시오.

해답 (가), (나)

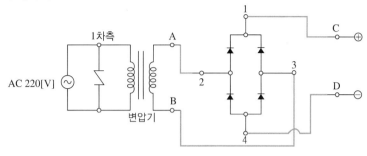

(다) 과전압으로부터 기기 보호

해설

브리지 다이오드 회로

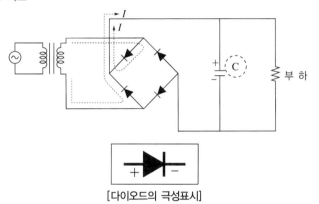

[다이오드의 극성표시]

- ZNR(Zinc Oxide Nonlinear Resistor)로 전압비직선 저항체로, 외부에서 높은 이상전압이 침입하면 저항값이 거의 단락 상태로 되어 기기로의 서지전류의 유입을 방지하는 배리스터의 일종

18 다음 그림은 준비작동식 스프링클러설비의 전기적 계통도이다. Ⓐ∼Ⓔ까지에 대한 다음 표의 빈칸에 알맞은 배선수와 배선의 용도를 작성하시오(단, 배선수는 운전 조작상 필요한 최소전선수를 쓰도록 하시오).

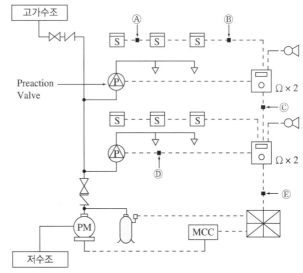

기 호	구 분	배선수	배선의 용도
Ⓐ	감지기 ↔ 감지기		
Ⓑ	감지기 ↔ SVP		
Ⓒ	SVP ↔ SVP		
Ⓓ	Preaction Valve ↔ SVP		
Ⓔ	2 Zone일 경우		

★해답

기 호	구 분	배선수	배선의 용도
Ⓐ	감지기 ↔ 감지기	4	지구 2, 공통 2
Ⓑ	감지기 ↔ SVP	8	지구 4, 공통 4
Ⓒ	SVP ↔ SVP	9	전원 ⊕·⊖, 전화, 사이렌, 감지기 A·B, 밸브기동, 밸브주의, 밸브개방확인
Ⓓ	Preaction Valve ↔ SVP	4	밸브기동, 밸브주의, 밸브개방확인, 공통
Ⓔ	2 Zone일 경우	15	전원 ⊕·⊖, 전화, (사이렌, 감지기 A·B, 밸브기동, 밸브주의, 밸브개방확인)×2

2010년 4월 17일 시행

※ 다음 물음에 대한 답을 해당 답란에 답하시오(배점 : 100).

01

다음 그림은 방화셔터의 예시이다. 그림에서 ①~⑦, ⑨의 명칭을 보기에서 찾아 표의 빈칸에 쓰시오.

득점	배점
	8

보기

- 자동폐쇄장치
- 방화문(피난문, 쪽문)
- 장애물감지장치
- 주의등(경광등)
- 셔터 하강 착지점
- 감지기(연기/열)
- 화재수신기(연동제어기)
- 방화셔터(Slat)
- 좌판(T-bar)
- 수동폐쇄장치(Up-down 스위치)
- 음성발생장치
- 위해방지용 연동중계기
- 가이드 레일
- 방화문 자동폐쇄장치(자동도어 체크)

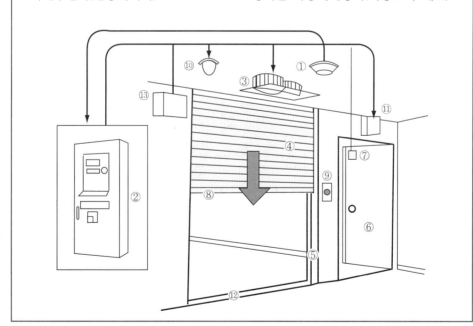

★해답

①	감지기(연기/열)	②	화재수신기(연동제어기)
③	자동폐쇄장치	④	방화셔터
⑤	가이드레일	⑥	방화문(피난문, 쪽문)
⑦	방화문 자동폐쇄장치(자동도어 체크)	⑨	수동폐쇄장치(Up-down 스위치)

해☆설

방화셔터설비

지역별 방화구획을 설정하기 위하여 통로 등에 시설되는 것으로, 감지기의 작동이나 연동제어반의 기동스위치 동작 시 방화셔터가 폐쇄되어 화재의 확산을 방지한다. 방화셔터용 감지기는 셔터 좌우측에 부착되며 수동스위치는 복구 시 사용하기 위한 스위치이고 화재와 연동하지 않는다.

02

도면과 같은 회로를 누름버튼스위치 PB_1 또는 PB_2 중 먼저 ON 조작된 측의 램프만 점등되는 병렬우선회로가 되도록 고쳐서 그리시오(단, PB_1 측의 계전기는 R_1, 램프는 L_1이며, PB_2 측의 계전기는 R_2, 램프는 L_2이다. 또한, 추가되는 접점이 있을 경우에는 최소수만 사용하여 그리도록 한다).	득점	배점
		5

기존 도면

병렬우선회로

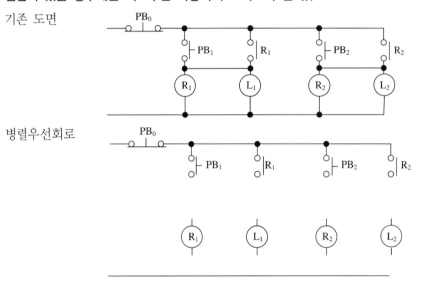

☆해답

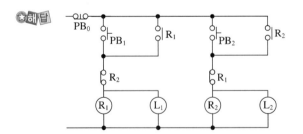

해☆설

- 인터록=선입력우선회로=병렬우선회로
- PB_1을 먼저 누르면 R_1 계전기가 여자되어 R_{1-a}접점에 의해 자기유지되고 R_2 계전기 위의 R_{1-b}접점에 의해 R_2계전기에 전원이 투입되지 못하도록 차단시키는 회로
- PB_2를 먼저 누르면 R_2계전기가 여자되어 R_{2-a}접점에 의해 자기유지되고 R_1 계전기 위의 R_{2-b}접점에 의해 R_1 계전기에 전원이 투입되지 못하도록 차단시키는 회로
- PB_0를 누르면 모든 회로는 정지한다.

03

비상콘센트설비의 전원설치 중 상용전원회로의 배선에 관한 사항이다. 다음 각 물음의 분기 개소에 대하여 쓰시오.

득점	배점
	5

(가) 저압수전인 경우 :

(나) 고압수전인 경우 :

★해답 (가) 저압수전인 경우 : 인입 개폐기의 직후
(나) 고압수전인 경우 : 전력용 변압기 2차측의 주차단기 1차측 또는 2차측에서 분기

해★설

비상콘센트설비의 전원 및 콘센트 등

• 상용전원회로의 배선
  – **저압수전**인 경우에는 인입 개폐기의 직후에 분기하여 전용배선으로 하여야 한다.
  – **고압수전** 또는 **특고압수전**인 경우에는 전력용 변압기 2차측의 주차단기 1차측 또는 2차측에서 분기하여 **전용배선**으로 하여야 한다.
• 비상콘센트설비의 절연저항은 전원부와 외함 사이를 **500[V] 절연저항계**로 측정할 때 **20[MΩ]** 이상일 것
• 하나의 전용회로에 설치하는 비상콘센트는 **10개** 이하로 할 것

04

가스누설경보기에 대한 다음 각 물음에 답하시오.

득점	배점
	7

(가) 가스누설경보기가 가스누설신호를 수신한 경우에 대하여 쓰시오.
  ① 수신 개시로부터 가스누설 표시까지의 소요시간 :   이내
  ② 가스누설 표시로 사용되는 누설 등의 색깔 :

(나) 예비전원으로 사용하는 축전지는 어떤 종류의 축전지인지 그 명칭을 구체적으로 쓰고, 그 용량의 기준에 대하여 쓰시오.
  ① 명칭 :
  ② 용량
    ㉠ 1회선용 :
    ㉡ 2회선용 이상 :

(다) 가스누설경보기의 충전부와 외함 간, 절연된 선로 간의 절연저항은 직류 500[V]의 절연저항계로 측정한 값[MΩ]이 얼마 이상이어야 하는지 쓰시오.
  ① 충전부와 외함 간 :   [MΩ]
  ② 절연된 선로 간 :   [MΩ]

★해답 (가) ① 60초   ② 황 색
　　　 (나) ① 알칼리계 2차 축전지, 리튬계 2차 축전지 또는 무보수밀폐형 연축전지
　　　　　 ② 용 량
　　　　　　　 ㉠ 1회선 : 감시 상태를 20분간 계속한 후 10분간 경보할 수 있는 용량
　　　　　　　 ㉡ 2회선 이상 : 모든 회로에 대하여 감시 상태를 10분간 계속한 후 2회선을 유효하
　　　　　　　　　 게 작동시키고 10분간 경보할 수 있는 용량
　　　 (다) ① 5[MΩ]
　　　　　 ② 20[MΩ]

해★설

(가) ① 수신 개시로부터 가스누설 표시까지의 소요시간은 **60초 이내**일 것
　　 ② 표시등은 가스의 누설을 표시하는 표시등으로 **황색**으로 할 것
　　 ③ 지구등(가스가 누설할 경계구역의 위치를 표시하는 표시등) : **황색**
(나) 알칼리계 2차 축전지, 리튬계 2차 축전지 또는 무보수밀폐형 연축전지
　　 ㉠ 1회선 : 감시 상태를 20분간 계속한 후 10분간 경보할 수 있는 용량
　　 ㉡ 2회선 이상 : 모든 회로에 대하여 감시 상태를 10분간 계속한 후 2회선을 유효하게 작동시키고
　　　　 10분간 경보할 수 있는 용량
(다) 가스누설경보기의 **절연저항시험**의 절연저항값
　　 ① 절연된 충전부와 외함 간 : 5[MΩ] 이상
　　 ② 교류입력측과 외함 간 : 20[MΩ] 이상
　　 ③ 절연된 선로 간 : 20[MΩ] 이상

05

기동용 수압개폐장치를 사용하는 옥내소화전설비와 습식 스프링클러설비가
설치된 지상 6층인 호텔의 계통도를 보고 물음에 답하시오(단, 우선경보방식
을 사용한다).

득점	배점
	8

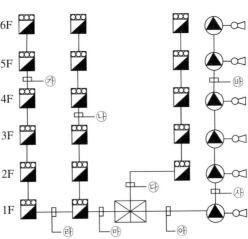

물음

(가) ㉮~㉼까지의 최소 배선 가닥수를 표의 빈칸에 쓰시오.

번 호	㉮	㉯	㉰	㉱	㉲	㉳	㉴	㉵
가닥수								

(나) 발신기간 배선 중 7경계 구역당 1가닥씩 증가시켜야 하는 전선의 용도별 명칭을 쓰시오.

(다) ㉲에 필요한 지구선은 몇 가닥 필요한지 쓰시오.

(라) ㉱에 필요한 지구경종선은 몇 가닥 필요한지 쓰시오.

(마) ㉲에 필요한 지구경종선은 몇 가닥 필요한지 쓰시오.

★해답

(가)

번 호	㉮	㉯	㉰	㉱	㉲	㉳	㉴	㉵
가닥수	11가닥	13가닥	17가닥	19가닥	26가닥	7가닥	16가닥	19가닥

(나) 지구공통선

(다) 12가닥

(라) 6가닥

(마) 6가닥

해★설

(가)

	경 종	표시등	경종·표시등공통	응답선	전화선	지구선	지구공통선	옥내소화전기동확인선	합 계
㉮	2	1	1	1	1	2	1	2	11
㉯	3	1	1	1	1	3	1	2	13
㉰	5	1	1	1	1	5	1	2	17
㉱	6	1	1	1	1	6	1	2	19
㉲	6	1	1	1	1	12	2	2	26

	사이렌	P·S	T·S	공통선	합 계
㉳	2	2	2	1	7
㉴	5	5	5	1	16
㉵	6	6	6	1	19

(나) 위 설비는 직상층 우선경보방식으로서 각 층마다 경종선을 1가닥씩 추가시켜야 한다. 또한, 7경계 구역당 지구공통선을 1가닥씩 추가시켜야 한다.

06

그림은 전기실에 설치되는 할론 1301소화설비의 전기시설이다. 이 도면을 보고 다음 각 물음에 답하시오.

득점	배점
	7

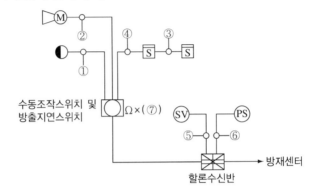

수동조작스위치 및 방출지연스위치

방재센터

할론수신반

물음

(가) 이 시설을 구성하기 위하여 ①~⑥에 시공되어야 할 전선의 최소 굵기, 전선의 최소 가닥수와 후강전선관의 크기를 예시와 같이 표현하시오.

[예] 16C(2.5[mm²] - 4)와 같이 표현하되 이것은 전선관의 종류 및 굵기 (전선의 굵기 - 전선의 가닥수)를 표현함

①   ②
③   ④
⑤   ⑥

(나) 본 시설에 필요한 종단저항의 수(⑦)는 몇 개인가?

해답

(가) ① 16C(2.5[mm²] - 2)   ② 16C(2.5[mm²] - 2)
       ③ 16C(1.5[mm²] - 4)   ④ 28C(1.5[mm²] - 8)
       ⑤ 16C(2.5[mm²] - 2)   ⑥ 16C(2.5[mm²] - 2)

(나) 2개

해설

(가) 전선 가닥수에 따른 후강전선관 굵기

관의 호칭[mm]	전선 가닥수
16C	1~4가닥
22C	5~7가닥
28C	8~11가닥
36C	12~19가닥
42C	20~26가닥
54C	27가닥~

- 감지기 배선 : 1.5[mm²] 이상
- 기타 배선 : 2.5[mm²] 이상

(나) 할론소화설비는 교차회로 방식이므로 종단저항 설치개수 2개이다.

07

알칼리축전지의 정격용량 60[Ah], 상시부하 3[kW], 표준전압 100[V]이다. 부동충전방식 충전기의 2차 출력은 몇 [kVA]인지 구하시오.	득점	배점
		5

해답

계산 : $I_2 = \dfrac{60}{5} + \dfrac{3 \times 10^3}{100} = 42[\text{A}]$

$P_2 = VI_2 = 100 \times 42 = 4,200[\text{VA}] = 4.2[\text{kVA}]$

답 : 4.2[kVA]

해☆설

2차 충전전류=축전지 충전전류+부하 공급전류

$= \dfrac{\text{정격용량}}{\text{공칭용량}} + \dfrac{\text{부하용량}}{\text{표준전압}}$

$= \dfrac{60}{5} + \dfrac{3 \times 10^3}{100} = 42[\text{A}]$

2차 출력=표준전압×2차 충전전류=100×42=4,200[VA]=4.2[kVA]

08

P형 1급 수신기에서 회로도통시험을 한 결과 정상신호가 나타나지 않았다면 그 이유는 무엇인지 2가지만 쓰시오(단, 수신기 자체의 고장은 없는 경우이다).	득점	배점
		3

☆해답
　① 감지기회로의 단선
　② 감지기회로의 단락

해☆설

회로도통시험 시 정상신호가 나타나지 않는 경우
• 감지기의 고장
• 감지기의 단선
• 감지기의 단락
• 종단저항의 누락
• 종단저항의 접속 불량

09

유도전동기 부하에 사용할 비상용 자기발전설비를 하려고 한다. 이 설비에 사용된 발전기의 조건을 보고 다음 각 물음에 답하시오.

득점	배점
	5

조건

기동용량은 800[kVA]이며, 기동 시 전압강하는 20[%]까지 허용하고 과도리액턴스는 20[%]로 한다.

물음

(가) 발전기의 용량은 이론상 몇 [kVA] 이상의 것을 선정하여야 하는지 구하시오.

(나) 발전기용 차단기의 차단용량은 몇 [MVA] 이상이어야 하는지 구하시오.

 (가) 계산 : $P_n \geq \left(\dfrac{1}{e} - 1\right) X_L P = \left(\dfrac{1}{0.2} - 1\right) \times 0.2 \times 800 = 640[\mathrm{kVA}]$

답 : 640[kVA] 이상

(나) 계산 : $P_s \geq \dfrac{P_n}{X_L} \times 1.25 = \dfrac{640}{0.2} \times 1.25 = 4,000[\mathrm{kVA}] = 4[\mathrm{MVA}]$

답 : 4[MVA]

10

자동화재탐지설비의 화재안전기준에서 정하는 감지기를 설치하지 아니하는 장소 5가지만 쓰시오.

득점	배점
	6

 ① 천장 또는 반자의 높이가 20[m] 이상인 장소
② 헛간 등 외부와 기류가 통하는 장소로서 감지기에 의하여 화재발생을 유효하게 감지할 수 없는 장소
③ 부식성 가스가 체류하고 있는 장소
④ 고온도 및 저온도로서 감지기의 기능이 정지되기 쉽거나 감지기의 유지관리가 어려운 장소
⑤ 목욕실·욕조나 샤워시설이 있는 화장실 등의 기타 이와 유사한 장소

해설

감지기 설치 제외 장소

• **천장** 또는 **반자**의 높이가 **20[m] 이상**인 장소
• 헛간 등 외부와 기류가 통하는 장소로서 감지기에 의하여 화재발생을 유효하게 감지할 수 없는 장소
• **부식성 가스**가 체류하고 있는 장소
• **고온도** 및 **저온도**로서 감지기의 기능이 정지되기 쉽거나 **감지기의 유지관리가 어려운 장소**
• **목욕실**·욕조나 샤워시설이 있는 화장실 등의 기타 이와 **유사한 장소**
• 파이프덕트 등 그 밖의 이와 비슷한 것으로서 2개층마다 방화구획된 것이나 수평단면적이 5[m²] 이하인 것
• 먼지·가루 또는 수증기가 다량으로 체류하는 장소 또는 주방 등 평시에 연기가 발생하는 장소(연기감지기에 한한다)

11

바닥면적이 600[m²]인 2층 사무실에 표시온도가 75[℃]이고, 작동시간이 60초 이내인 폐쇄형 스프링클러헤드를 설치하였다. 이 사무실에 연기감지기를 설치하여야 하는지의 여부를 밝히고, 만약 설치하여야 하는 경우 연기감지기의 최소 수량을 구하시오(단, 천장의 높이는 3.6[m]이고, 연기감지기는 광전식스포트형 2종으로 한다).

득점	배점
	5

(1) 설치 여부 :

(2) 설치 수량 :

(1) 설치 여부 : 스프링클러설비는 소화설비이고, 감지기는 경보설비로서 이 둘은 용도가 다르기 때문에 반드시 감지기를 설치해야 함

(2) 설치 수량 : $\dfrac{600}{150} = 4$개

교차회로방식이므로, 4개 × 2회로 = 8개

답 : 8개

해☆설

(1) 2004년 이전의 경우 스프링클러헤드가 설치된 구역에 감지기 설치 면제를 할 수 있었지만, 2004년 이후에는 면제조항이 삭제되었다. 따라서 스프링클러헤드가 설치된 공간에 반드시 자동화재탐지설비감지기가 설치되어야 한다(단, 유수검지장치의 작동을 감지기에 의하여 동작시키는 준비작동식, 일제살수식 스프링클러설비의 경우 그 설비의 감지기만 설치함).

(2) 설치 수량 : 연기감지기는 광전식스포트형 2종으로서 천장 높이는 3.6[m]이므로, 감지기 1개가 감지하는 바닥면적은 150[m²]로 적용한다.

바닥면적이 600[m²]이므로 600 ÷ 150 = 4이므로

광전식스포트형 2종 감지기는 4개 필요하다.

[연기감지기의 높이 및 면적에 의한 설치기준]   (단위 : [m²])

부착면의 높이	연기감지기의 종류	
	1종 및 2종	3종
4[m] 미만	150	50
4[m] 이상 20[m] 미만	75	–

(조건 : 부착 높이 4[m] 미만, 2종 감지기 기준면적 150[m²], 감지기 배선 교차회로방식)

12

토출량 3,000[LPM], 총양정 80[m]인 스프링클러설비용 가압펌프 전동기의 용량[kW]을 구하시오(단, 펌프효율은 0.7, 축동력 전달계수는 1.15이다).

득점	배점
	5

계산 : $P = \dfrac{9.8 \times 1.15 \times 3 \times 80}{0.7 \times 60} = 64.4[\text{kW}]$

답 : 64.4[kW]

해★설

전동기 용량

$$P = \frac{9.8HQK}{\eta}$$

여기서, P : 전동기용량[kW] $\qquad$ H : 전양정[m]
$\quad\quad\quad$ Q : 유량[m³/s] $\qquad$ η : 효율
$\quad\quad\quad$ K : 여유계수

$3,000[\mathrm{LPM}] = 3[\mathrm{m^3/min}]$

$P = \dfrac{9.8 \times 80 \times 3}{0.7 \times 60} \times 1.15 = 64.4[\mathrm{kW}]$

13

P형 1급 수신기와 감지기가 연결된 선로에서 선로저항이 110[Ω], 릴레이 저항이 790[Ω], 회로의 전압이 DC 24[V], 감시전류가 5[mA]인 경우 종단저 항값[kΩ]과 감지기가 작동할 때 흐르는 전류[mA]를 구하시오.

득점	배점
	5

(가) 종단저항값[kΩ]

(나) 감지기 작동 시 흐르는 전류[mA]

★해답

(가) 계산 : 감시전류(I) $= \dfrac{\text{회로전압}}{\text{릴레이저항} + \text{종단저항} + \text{배선저항}}$

$\quad\quad$ 종단저항 $= \dfrac{\text{회로전압}}{\text{감시전류}} - \text{릴레이저항} - \text{배선저항}$

$\quad\quad\quad\quad = \dfrac{24}{5 \times 10^{-3}} - 790 - 110 = 3,900[\Omega] = 3.9[\mathrm{k\Omega}]$

답 : 3.9[kΩ]

(나) 계산 : 작동전류(I') $= \dfrac{\text{회로전압}}{\text{릴레이저항} + \text{배선저항}}$

$\quad\quad\quad\quad = \dfrac{24}{790 + 110} = 0.027[\mathrm{A}] = 27[\mathrm{mA}]$

답 : 27[mA]

해★설

• 종단저항(R)
$\quad$ 감시전류(I)

$\quad = \dfrac{\text{회로전압}}{\text{릴레이저항} + \text{종단저항} + \text{배선저항}}$

$\quad 5 \times 10^{-3} = \dfrac{24}{790 + 110 + \text{종단저항}}$

$\quad$ 종단저항 $= 3,900[\Omega] = 3.9[\mathrm{k\Omega}]$

• 동작전류(I')

$\quad$ 동작전류(I') $= \dfrac{\text{회로전압}}{\text{릴레이저항} + \text{배선저항}}$

$\quad\quad\quad = \dfrac{24}{790 + 110} = 0.027[\mathrm{A}] = 27[\mathrm{mA}]$

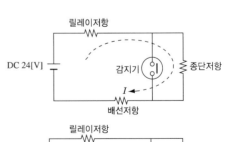

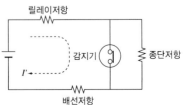

14

다신호식감지기와 아날로그식감지기의 형식별 특성(화재신호 출력방식)에 대하여 쓰시오.

득점	배점
	4

(가) 다신호식감지기 :

(나) 아날로그식감지기 :

 (가) 다신호식감지기 : 1개의 감지기 내에 서로 다른 종별 또는 감도 등의 기능을 갖춘 것으로서 일정시간 간격을 두고 각각 다른 2개 이상의 화재신호를 발하는 방식
(나) 아날로그식감지기 : 주위의 온도 또는 연기 양의 변화에 따라 각각 다른 전류치 또는 전압치 등의 출력을 발하는 방식

해설

감지기의 형식별 특성

종 류	특 성
다신호식	1개의 감지기 내에 서로 다른 종별 또는 감도 등의 기능을 갖춘 것으로서 일정시간 간격을 두고 각각 다른 2개 이상의 화재신호를 발하는 감지기
아날로그식	주위의 온도 또는 연기 양의 변화에 따라 각각 다른 전류치 또는 전압치 등의 출력을 발하는 방식의 감지기
방수형	그 구조가 방수구조로 되어 있는 감지기
재용형	다시 사용할 수 있는 성능을 가진 감지기
축적형	일정농도 이상의 연기가 일정시간(공칭축적시간) 연속하는 것을 전기적으로 검출함으로써 작동하는 감지기(작동시간만 지연시키는 것은 제외)
방폭형	폭발성 가스가 용기 내부에서 폭발하였을 때 용기가 그 압력에 견디거나 또는 외부의 폭발성가스에 인화될 우려가 없도록 만들어진 형태의 감지기

15

3선식 배선에 따라 상시 충전되는 유도등의 전기회로에 점멸기를 설치하여 소등 상태를 유지하고 있다. 소등상태의 유도등이 점등되어야 하는 경우 5가지를 쓰시오.

득점	배점
	5

 ① 자동화재탐지설비의 감지기 또는 발신기가 작동되는 때
② 비상경보설비의 발신기가 작동되는 때
③ 상용전원이 정전되거나 전원선이 단선되는 때
④ 방재업무를 통제하는 곳 또는 전기실의 배전반에서 수동으로 점등하는 때
⑤ 자동소화설비가 작동되는 때

16

> 통로유도등 및 유도등표시면에 대한 다음 각 물음에 답하시오.
>
> | 득점 | 배점 |
> |------|------|
> | | 8 |
>
> (가) 통로유도등의 종류를 크게 3가지로 분류하여 쓰시오.
>
> (나) 피난구유도등의 표시면과 피난목적이 아닌 안내표시면이 구분되어 함께 설치된 유도등의 명칭을 쓰시오.
>
> (다) 다음 (   )에 알맞은 내용을 빈칸에 쓰시오.
>
> 유도등표시면의 색상은 피난구유도등인 경우 (①) 바탕에 (②) 문자로, 통로유도등은 (③) 바탕에 (④) 문자를 사용하여야 한다.

해답

(가) ① 복도통로유도등

② 거실통로유도등

③ 계단통로유도등

(나) 복합식 피난구유도등

(다) ① 녹 색　　　　　　② 백 색

③ 백 색　　　　　　④ 녹 색

해설

(가) ① **유도등** : 화재 시에 피난을 유도하기 위한 등으로서 정상 상태에서는 상용전원에 따라 켜지고 상용전원이 정전되는 경우에는 비상전원으로 자동전환되어 켜지는 등

② **피난구유도등** : 피난구 또는 피난경로로 사용되는 출입구를 표시하여 피난을 유도하는 등

③ **통로유도등** : 피난통로를 안내하기 위한 유도등으로 복도통로유도등, 거실통로유도등, 계단통로유도등

④ **복도통로유도등** : 피난통로가 되는 복도에 설치하는 통로유도등으로서 피난구의 방향을 명시하는 것

⑤ **거실통로유도등** : 거주, 집무, 작업, 집회, 오락 그 밖에 이와 유사한 목적을 위하여 계속적으로 사용하는 거실, 주차장 등 개방된 통로에 설치하는 유도등으로 피난의 방향을 명시하는 것

⑥ **계단통로유도등** : 피난통로가 되는 계단이나 경사로에 설치하는 통로유도등으로 바닥면 및 디딤바닥면을 비추는 것

⑦ **객석유도등** : 객석의 통로, 바닥 또는 벽에 설치하는 유도등

(나) 복합식 유도등 : 피난구유도등의 표시면과 피난목적이 아닌 안내표시면이 구분되어 함께 설치된 유도등

(다) ① 피난구유도등 : 녹색 바탕에 백색 문자

② 통로유도등 : 백색 바탕에 녹색 문자

17

자동화재탐지설비의 평면도를 보고 배관, 배선 물량을 산출하시오.

득점	배점
	6

조건

층고는 4[m]이고 반자는 없는 조건이며, 발신기와 수신기는 바닥으로부터 1.2[m]
의 높이에 설치한다. 배선의 할증은 10[%]를 적용한다.

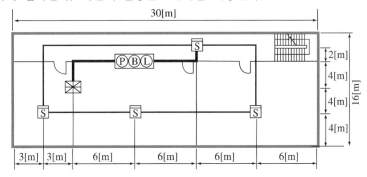

물음

(가) 감지기와 감지기 간, 감지기와 발신기간에 대한 배관, 배선 물량을 다음의
양식에 준하여 산출하시오.

품 명	규 격	산출식	총길이[m]
전선관	16C		
전 선	1.5[mm²]		

(나) 수신기와 발신기 간을 연결하는 배관, 배선 물량을 산출하시오.

품 명	규 격	산출식	총길이[m]
전선관	28C		
전 선	2.5[mm²]		

★해답 (가)

품 명	규 격	산출식	총길이[m]
전선관	16C	62[m] + 10.8[m] = 72.8[m]	72.8[m]
전 선	1.5[mm²]	124[m] + 43.2[m] = 167.2[m] 167.2[m] × 1.1(할증) = 183.92[m]	183.92[m]

(나)

품 명	규 격	산출식	총길이[m]
전선관	28C	(4[m]−1.2[m])+6[m]+4[m]+(4[m]− 1.2[m]) = 15.6[m]	15.6[m]
전 선	2.5[mm²]	15.6[m] × 7 = 109.2[m] 109.2[m] × 1.1(할증) = 120.12[m]	120.12[m]

해★설

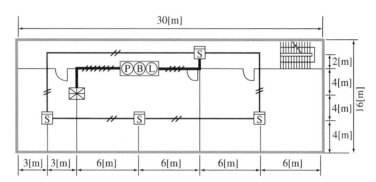

• 감지기와 감지기간 배관배선

품 명	규 격	산출식	총길이[m]
전선관	16C	6[m]+2[m]+4[m]+4[m]+6[m]+6[m]+6[m]+3[m]+4[m]+4[m]+ 2[m]+3[m]+6[m]+6[m] = 62[m]	62[m]
전 선	1.5[mm²]	전선관 길이(62[m]) × 2(회로선, 공통선) = 124[m]	124[m]

• 감지기와 발신기간 배관배선

품 명	규 격	산출식	총길이[m]
전선관	16C	2[m]+6[m]+천정에서 발신기까지 높이(4[m]−1.2[m]) = 8[m]+2.8[m] = 10.8[m]	10.8[m]
전 선	1.5[mm²]	10.8[m] × 4(송배전식으로 회로선 2, 공통선 2)	43.2[m]

• 수신기와 발신기를 연결하는 배관

품 명	규 격	산출식	총길이[m]
전선관	28C	천장에서 발신기까지 높이(4[m]−1.2[m])+6[m]+4[m] +천장에서 수신기까지 높이(4[m]−1.2[m]) = 15.6[m]	15.6[m]
전 선	2.5[mm²]	15.6[m] × 7(회로, 공통, 경종, 표시, 경종표시공통, 전화, 응답) = 109.2[m] ∴ 109.2[m]+10.92[m](배선의 할증률 10[%]) = 120.12[m]	120.12[m]

18

이산화탄소소화설비에서 자동식 기동장치의 화재감지기는 교차회로방식으로 설치하여야 한다. 감지기 A, B를 교차회로방식으로 구성하는 경우 다음 각 물음에 답하시오.

득점	배점
	3

(가) 작동신호 출력을 C라 했을 경우 논리식을 쓰시오.

(나) 상기 논리식에 대응하는 논리기호를 그리시오.

(다) 상기 논리식에 의한 진리표를 작성하시오.

입력신호		출력신호
A	B	C

 (가) C = A · B

(나)

A ─────┐
　　　　　　　) ─── C
　　B ─────┘

(다)

입력신호		출력신호
A	B	C
0	0	0
0	1	0
1	0	0
1	1	1

해설

교차회로방식은 감지기 A와 B가 둘 다 작동되었을 때 설비가 작동되는 AND회로가 적용된다.

(가) 논리식 : C = A · B

(나) 논리기호 :

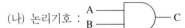 A ─────┐
　　　　　　　) ─── C
　　B ─────┘

(다) 진리표

입력신호		출력신호
A	B	C
0	0	0
0	1	0
1	0	0
1	1	1

2010년 7월 3일 시행

※ 다음 물음에 대한 답을 해당 답란에 답하시오(배점 : 100).

01

득점	배점
	7

그림은 플로트스위치에 의한 펌프모터의 레벨제어에 대한 미완성도면이다. 다음 각 물음에 답하시오.

동 작

• 전원이 인가되면 GL 램프가 점등된다.

• 자동일 경우 플로트스위치가 붙으면(동작하면) RL 램프가 점등되고, 전자접촉기 88 이 여자되어 GL 램프가 소등되며, 펌프모터가 동작한다.

• 수동일 경우 누름버튼스위치 PB-ON을 ON시키면 전자접촉기 88 이 여자되어 RL 램프가 점등되고 GL 램프가 소등되며, 펌프모터가 동작한다.

• 수동일 경우 누름버튼스위치 PB-OFF를 OFF시키거나 계전기 49가 동작하면 RL 램프가 소등되고, GL 램프가 점등되며, 펌프모터가 정지된다.

기구 및 접점 사용조건

88 1개, 88-a접점 1개, 88-b 접점 1개, PB-ON접점 1개, PB-OFF 접점 1개, RL 램프 1개, GL 램프 1개, 계전기 49-b 접점 1개, 플로트스위치 FS 1개(심벌 ⍾⍾)

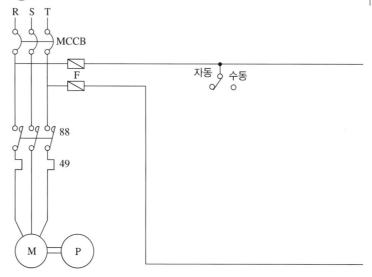

물 음

(가) 주어진 작동조건을 이용하여 시퀀스제어의 미완성 도면을 완성하시오.

(나) 계전기 49와 MCCB의 우리말 명칭을 구체적으로 쓰시오.
　　① 49 :
　　② MCCB :

★해답

(가)

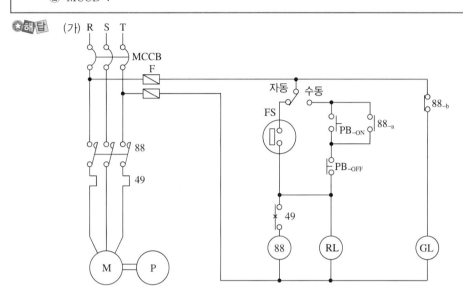

(나) 49 : 열동계전기
　　MCCB : 배선용 차단기

해★설

(가) 플로트스위치를 이용한 수위조절 펌프 레벨제어회로는 셀렉터스위치를 자동위치에 놓았을 경우 플로트스위치(FS)에 의해 자동으로 작동되므로 ⑧전자접촉기와 직접연결되며, 셀렉터스위치를 수동위치에 놓으면 일반 시퀀스회로와 같이 기동스위치(PB₋ON)에 의해 ⑧전자접촉기가 여자되고 ⑧전자접촉기 a접점에 의해 자기유지되며 정지스위치(PB₋OFF)에 의해 정지되는 일반회로이다.

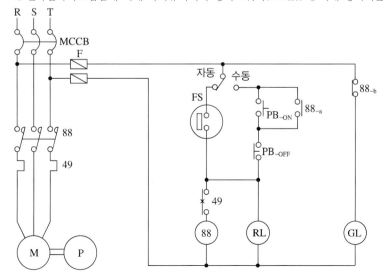

(나) MCCB : 배선용 차단기
88 : 전자접촉기
49 : 열동계전기
RL : 기동(운전) 표시등
GL : 정지(전원) 표시등

자동 ⌒ 수동 : 셀렉터스위치

02

	득점	배점
피난유도선은 햇빛이나 전등불에 따라 축광하거나 전류에 따라 빛을 발하는 유도체로서 어두운 상태에서 피난을 유도할 수 있도록 띠 형태로 설치되는 피난유도시설을 말한다. 피난유도선의 종류 중 광원 점등방식의 기능에 대하여 쓰시오.		4

⊛해답 화재신호의 수신 및 수동 조작에 의하여 표시부에 내장된 광원을 점등시켜 피난 방향 안내문
자 또는 부호등이 쉽게 식별되도록 함으로써 피난을 유도하는 기능의 피난유도선을 말한다.

해⊛설
광원점등방식의 피난유도선
• 구획된 실로부터 주출입구 또는 비상구까지 설치
• 피난유도표시부는 바닥으로부터 높이 1[m] 이하의 위치 또는 바닥면에 설치
• 피난유도표시부는 50[cm] 이내의 간격으로 연속되도록 설치하되 실내 장식물 등으로 설치가 곤란할
  경우 1[m] 이내로 설치
• 수신기로부터의 화재신호 및 수동 조작에 의하여 광원이 점등되도록 설치
• 비상전원이 상시 충전 상태를 유지하도록 설치
• 바닥에 설치되는 피난유도표시부는 매립하는 방식을 사용
• 피난유도제어부는 조작 및 관리가 용이하도록 바닥으로부터 0.8[m] 이상 1.5[m] 이하의 높이
  에 설치

03

	득점	배점
트랜지스터는 접합 형태에 따라 npn 트랜지스터와 pnp 트랜지스터 2종류가 있다. 다음 트랜지스터의 구조를 참조하여 기호(심벌)를 그리시오.		3

기호(심벌)

C(컬렉터)

N

B(베이스) — P

N

E(이미터)

★해답

E○──C

B

해★설

트랜지스터의 특징

• 장 점
  - 소형 경량이며 소비전력이 작다.
  - 기계적 강도가 크며 수명이 길다.
  - Heter가 필요하지 않다.
  - 시동이 순간적이며 비교적 낮은 전압에 동작한다.
• 단 점
  - 온도의 영향을 받기 쉽다.
  - 대전력에 약하다.

[PNP형]

04

득점	배점
	4

제어반으로부터 전선 간 거리가 90[m] 떨어진 위치에 이산화탄소소화설비의 기동용 솔레노이드밸브가 있다. 제어반 출력단자에서의 전압은 24[V]이고 전압강하가 없다고 가정할 경우, 이 솔레노이드밸브가 기동할 때 솔레노이드의 단자전압 [V]을 구하시오(단, 솔레노이드의 정격전류는 2.0[A]이고, 배선 1[m]당 전기저항의 값은 0.008[Ω]이다).

★해답 계산 : $V_r = V_s - e = V_s - 2IR = 24 - 2 \times 2 \times 0.008 \times 90 = 21.12[\text{V}]$
답 : $21.12[\text{V}]$

해★설

솔레노이드 단자전압(V_r)

전원전압＝단자전압＋전압강하($V_s = V_r + e$)

위 식에서 $V_r = V_s - e = V_s - 2IR$ 이므로

전원전압(V_s)＝24[V], 정격전류＝2[A], 배선 1[m]당 전기저항값 0.008[Ω]이므로 90[m]의 저항

$R = 90 \times 0.008 = 0.72[\Omega]$

$V_r = V_s - 2IR = 24 - 2 \times 2 \times 0.72 = 21.12[\text{V}]$

05

> 예비전원설비로 이용되는 축전지에 대한 다음 각 물음에 답하시오.
>
> | 득점 | 배점 |
> |---|---|
> | | 6 |
>
> (가) 자기방전량만을 항상 충전하는 부동충전방식의 명칭을 쓰시오.
> (나) 비상용 조명부하 200[V]용, 50[W] 80등, 30[W] 70등이 있다. 방전시간은 30분이고, 축전지는 HS형 110[cell]이며, 허용 최저전압은 190[V], 최저 축전지온도가 5[℃]일 때 축전지 용량[Ah]을 구하시오(단, 경년용량 저하율은 0.8, 용량환산시간은 1.2이다).
> (다) 연축전지와 알칼리축전지의 공칭전압[V/셀]을 쓰시오.
>   ① 연축전지 :
>   ② 알칼리축전지 :

★해답 (가) 세류충전방식

(나) 계산 : $I = \dfrac{P}{V} = \dfrac{50 \times 80 + 30 \times 70}{200} = 30.5$[A]

$C = \dfrac{1}{L}KI = \dfrac{1}{0.8} \times 1.2 \times 30.5 = 45.75$[Ah]

답 : 45.75[Ah]

(다) ① 연축전지 : 2.0[V]
     ② 알칼리축전지 : 1.2[V]

해★설

(가) **축전지의 충전방식**
  ① 부동충전 : 그림과 같이 충전장치를 축전지와 부하에 병렬로 연결하여 전지의 자기방전을 보충함과 동시에 상용부하에 대한 전력 공급은 충전기가 부담하고 충전기가 부담하기 어려운 대전류부하는 축전지가 부담하게 하는 방법 (충전기와 축전지가 부하와 병렬 상태에서 자기방전 보충 방법)

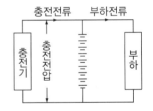

  ② 균등충전 : 전지를 장시간 사용하는 경우 단전지들의 전압이 불균일하게 되는 때 얼마간 과충전을 계속하여 각 전해조의 전압을 일정하게 하는 것
  ③ 세류충전 : 자기방전량만 항상 충전하는 방식으로 부동충전방식의 일종
  ④ 회복충전 : 축전지를 과방전 또는 방치 상태에서 기능 회복을 위하여 실시하는 충전방식

(나) 축전지 용량(C)

$$C = \dfrac{1}{L}KI$$

여기서, C : 축전지용량[Ah] L : 보수율(0.8)
         K : 용량환산시간 I : 방전전류[A]

전류 $I = \dfrac{P}{V} = \dfrac{50 \times 80}{200} + \dfrac{30 \times 70}{200} = 30.5$[A]

용량 $C = \dfrac{1}{L}KI = \dfrac{1}{0.8} \times 1.2 \times 30.5 = 45.75$[Ah]

(다) 연축전지와 알칼리축전지 비교

구 분	연축전지	알칼리축전지
공칭전압	2.0[V]	1.2[V]
방전종지전압	1.6[V]	0.96[V]
공칭용량	10[Ah]	5[Ah]
기전력	2.05~2.08[V]	1.43~1.49[V]
기계적 강도	약하다.	강하다.
충전시간	길다.	짧다.
기대수명	5~15년	15~20년

06

다음 회로에서 램프 L의 작동을 주어진 타임차트에 표시하시오(단, PB : 누름버튼스위치, LS : 리밋스위치, R : 릴레이이다).

득점	배점
	5

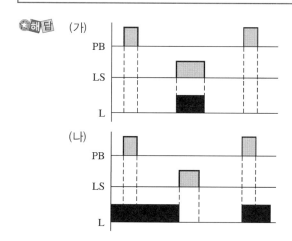

해답

(가)

(나)

해☆설

(가) ① 점등조건 : ®계전기 여자 중 LS가 동작되어 두 입력이 모두 충족해야 점등

(나) ① 소등조건 : ®계전기가 여자되면 ®-b접점에 의해 소등

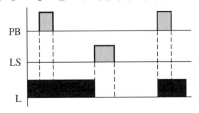

07 비상방송설비의 확성기(Speaker)회로에 음량조정기를 설치하고자 한다. 미완성 결선도를 완성하시오.

득점	배점
	5

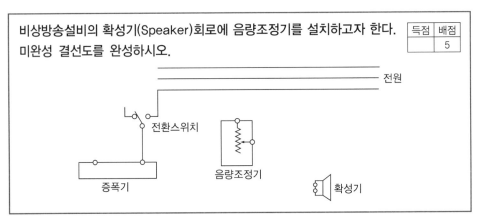

☆해답

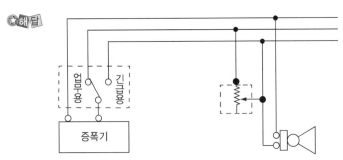

해★설

비상방송설비의 설치기준

- 확성기의 음성입력은 **3[W]**(실내에 설치하는 것에 있어서는 **1[W]**) 이상일 것
- 확성기는 각 층마다 설치하되, 그 층의 각 부분으로부터 하나의 확성기까지의 **수평거리는 25[m] 이하**가 되도록 하고, 해당 층의 각 부분에 유효하게 경보를 발할 수 있도록 설치할 것
- 음량조정기를 설치하는 경우 음량조정기의 **배선은 3선식**으로 할 것
- 조작부의 조작스위치는 바닥으로부터 **0.8[m] 이상 1.5[m] 이하**의 높이에 설치할 것
- 조작부는 기동장치의 작동과 연동하여 해당 기동장치가 작동한 층 또는 구역을 표시할 수 있는 것으로 할 것
- 증폭기 및 조작부는 수위실 등 상시 사람이 근무하는 장소로서 점검이 편리하고 방화상 유효한 곳에 설치할 것
- 기동장치에 따른 화재신고를 수신한 후 필요한 음량으로 화재 발생상황 및 피난에 유효한 방송이 자동으로 개시될 때까지의 소요시간은 **10초 이하**로 할 것

08

전로의 절연열화에 의한 화재사고를 방지하기 위하여 절연저항을 측정하여 전로의 유지보수에 활용하여야 한다. 절연저항 측정에 관한 다음 각 물음에 답하시오.

득점	배점
	5

(가) 220[V] 전로에서 전선과 대지 사이의 절연저항이 0.2[MΩ]인 경우 누설전류를 계산하시오.

(나) 감지기회로 및 부속회로의 전로와 대지 사이 및 배선 상호 간의 절연저항을 1경계구역마다 직류 250[V]의 절연저항측정기로 측정하는 경우 절연저항[MΩ]은 얼마 이상이 되도록 하여야 하는지 쓰시오.

 해답   (가) 계산 : $I_g = \dfrac{220}{0.2 \times 10^6} = 0.0011[A]$

　　　　　　답 : 1.1[mA]

　　　　(나) 0.1[MΩ]

해★설

(가) **누설전류**(I_g)

$$I_g = \frac{\text{대지전압}}{\text{절연저항}} = \frac{220}{0.2 \times 10^6} = 0.0011[A] \qquad \therefore \ 1.1[mA]$$

(나) 자동화재탐지설비 배선설치기준

- 감지기회로 및 부속회로의 전로와 대지 사이 및 배선 상호 간의 **절연저항**은 1경계구역마다 직류 250[V]의 절연저항측정기를 사용하여 측정한 **절연저항**이 0.1[MΩ] 이상으로 할 것
- 자동화재탐지설비의 **감지회로**의 **전로저항**은 50[MΩ] 이하가 되도록 할 것

09

가요 전선관공사를 할 때 다음과 같은 요소에 사용되는 재료의 명칭을 쓰시오.

득점	배점
	5

(가) 가요 전선관과 박스의 연결 :

(나) 가요 전선관과 스틸 전선관 연결 :

(다) 가요 전선관과 가요 전선관 연결 :

해답
(가) 스트레이트 박스커넥터
(나) 콤비네이션 커플링
(다) 스플릿 커플링

해설

명 칭	그 림	용 도
스트레이트 박스커넥터		가요 전선관과 박스의 연결
콤비네이션 커플링		박스커넥터 2종 가요관 콤비네이션 커플링 금속관 가요 전선관과 금속관의 연결
스플릿 커플링		가요 전선관과 가요 전선관의 연결

10

도면은 옥내소화전설비와 자동화재탐지설비를 겸용한 전기설비계통도의 일부분이다. 다음 조건을 보고 ①~⑦까지의 최소 전선수를 산정하시오.

득점	배점
	5

조건

• 건물의 규모는 지하 3층, 지상 5층이며, 연면적은 4,000[m²]이다.

• 선로의 수는 최소로 하고 공통선은 회로공통선과 경종표시등 공통선을 분리한다.

• 옥내소화전설비는 기동용 수압개폐장치를 이용한 자동기동방식으로 한다.

• 옥내소화전설비에 해당하는 가닥수도 포함하여 산정한다.

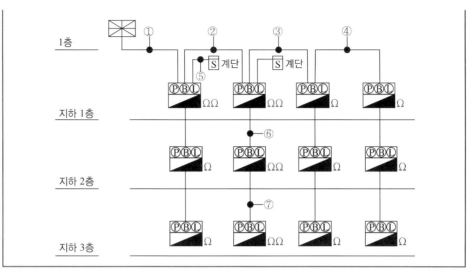

★해답
① 26가닥   ② 21가닥
③ 14가닥   ④ 11가닥
⑤ 4가닥   ⑥ 12가닥
⑦ 10가닥

해★설
- 5층 이상이고 연면적이 $300[\text{m}^2]$를 초과하였으므로 직상층 우선경보방식이지만, 문제에서 주어진 도면은 지하층이므로 일제경보방식으로 가닥수 산정(지하층은 무조건 일제경보방식)
- 발신기 세트 옆의 종단저항수에 유의할 것
  Ω : 회로선 1 $\Omega\Omega$: 회로선 2
- 옥내소화전함과 발신기 세트 일체형 기본가닥수 : 9가닥
  (발신기 세트 : 7가닥 + 기동확인표시등 2)
- 배선의 용도 및 가닥수

기 호	가닥수	용도			
①	26	① 응답선 ⑤ 경종선	② 전화선 ⑥ 표시등	③ 회로선 16 ⑦ 경종표시등공통선	④ 회로공통선 3 ⑧ 기동확인표시등 2
②	21	① 응답선 ⑤ 경종선	② 전화선 ⑥ 표시등	③ 회로선 12 ⑦ 경종표시등공통선	④ 회로공통선 2 ⑧ 기동확인표시등 2
③	14	① 응답선 ⑤ 경종선	② 전화선 ⑥ 표시등	③ 회로선 6 ⑦ 경종표시등공통선	④ 회로공통선 ⑧ 기동확인표시등 2
④	11	① 응답선 ⑤ 경종선	② 전화선 ⑥ 표시등	③ 회로선 3 ⑦ 경종표시등공통선	④ 회로공통선 ⑧ 기동확인표시등 2
⑤	4	회로선 2, 회로공통선 2			
⑥	12	① 응답선 ⑤ 경종선	② 전화선 ⑥ 표시등선	③ 회로선 4 ⑦ 경종표시등공통선	④ 회로공통선 ⑧ 기동확인표시등 2
⑦	10	① 응답선 ⑤ 경종선	② 전화선 ⑥ 표시등선	③ 회로선 2 ⑦ 경종표시등공통선	④ 회로공통선 ⑧ 기동확인표시등 2

11 다음 예를 참조하여 자동화재탐지설비의 감지기의 형식별 특성에 대하여 쓰시오.

득점	배점
	6

방폭형 : 폭발성 가스가 용기 내부에서 폭발하였을 때 용기가 그 압력에 견디거나 또는 외부의 폭발성 가스에 인화될 우려가 없도록 만들어진 형태의 감지기를 말한다.

물음

(가) 다신호식 :
(나) 축적형 :
(다) 아날로그식 :

해답 (가) 다신호식감지기 : 서로 동작 감도특성이 다른 두 가지 이상의 감지소자를 내장한 감지기를 사용하여 두 개의 감지소자가 모두 동작했을 때만 화재신호를 발보하도록 하는 것이다.
(나) 축적형감지기 : 설치된 장소의 물리 화학적 변화량이 감지기의 동작점에 이르면 즉시 화재신호를 발보하는 비축적형보다는 동작점에 도달한 후 5~60초 정도 그 상태가 지속되어야 신호를 발보하는 축적형감지기를 사용하면 비화재보를 줄일 수 있다.
(다) 아날로그식감지기 : 열이나 연기의 변화를 다단계로 출력하는 감지기로 이는 다신호식 감지기의 일종으로서 R형 수신기로 발신하여 단계별 화재 대응을 할 수 있는 감지기이다. 특히, 감지기의 위치를 표시하는 기능이 있을 경우에는 이를 어드레스(Address)감지기라 한다.

해설

감지기의 형식별 특성

종류	특성
다신호식	1개의 감지기 내에 서로 다른 종별 또는 감도 등의 기능을 갖춘 것으로서 일정시간 간격을 두고 각각 다른 2개 이상의 화재신호를 발하는 감지기
아날로그식	주위의 온도 또는 연기 양의 변화에 따라 각각 다른 전류치 또는 전압치 등의 출력을 발하는 방식의 감지기
방수형	방수구조로 되어 있는 감지기
재용형	다시 사용할 수 있는 성능을 가진 감지기
축적형	일정농도 이상의 연기가 일정시간(공칭축적시간) 연속하는 것을 전기적으로 검출함으로써 작동하는 감지기(작동시간만 지연시키는 것은 제외)
방폭형	폭발성 가스가 용기 내부에서 폭발하였을 때 용기가 그 압력에 견디거나 또는 외부의 폭발성 가스에 인화될 우려가 없도록 만들어진 형태의 감지기

12 자동화재탐지설비의 감지기 중에서 축적형감지기를 사용해야 하는 장소와 사용할 수 없는 장소(경우)를 각각 3가지만 쓰시오.

득점	배점
	6

(가) 사용해야 하는 장소

(나) 사용할 수 없는 장소(경우)

해답 (가) 사용해야 하는 장소
- 지하층, 무창층 등으로 환기가 잘되지 아니하는 장소
- 실내 면적이 40[m²] 미만의 장소
- 감지기의 부착면과 실내 바닥과의 거리가 2.3[m] 이하인 장소로서 일시적으로 발생한 열·연기·먼지 등으로 인하여 감지기가 화재신호를 발신할 우려가 있는 장소

(나) 사용할 수 없는 장소(경우)
- 축적형 수신기에 연결하여 사용하는 경우
- 교차회로방식에 사용하는 경우
- 급속한 연소확대가 우려되는 장소

해설

(가) 축적형기능이 있는 감지기를 사용하는 장소
- 지하층, 무창층 등으로 환기가 잘되지 아니하는 장소
- 실내 면적이 40[m²] 미만의 장소
- 감지기의 부착면과 실내 바닥과의 거리가 2.3[m] 이하인 장소로서 일시적으로 발생한 열·연기·먼지 등으로 인하여 감지기가 화재신호를 발신할 우려가 있는 장소

(나) 축적형기능이 없는 감지기를 사용하는 장소
- 축적형 수신기에 연결하여 사용하는 경우
- 교차회로방식에 사용하는 경우
- 급속한 연소확대가 우려되는 장소

13 준비작동식 스프링클러소화설비에서의 다음 각 물음에 답하시오.

득점	배점
	7

(가) 교차회로방식에 대하여 설명하시오.

(나) 감시제어반에서 도통시험 및 작동시험을 해야 하는 곳을 4가지만 쓰시오.

해답 (가) 하나의 담당 구역 내에 감지기회로를 2개 이상 설치하고 인접한 2개 이상의 감지기가 동시에 감지하는 경우에 설비가 작동되는 배선방식

(나) ① 기동용 수압개폐장치의 압력스위치회로
② 유수검지장치의 압력스위치회로
③ 수조 또는 물올림탱크의 저수위 감시회로
④ 일제개방밸브를 사용하는 설비의 화재감지기회로

해설

- 교차회로방식
  - 정의 : 하나의 경계구역 내에 2 이상의 화재감지기회로를 설치하고 인접한 2 이상의 화재감지기가 동시에 감지되는 때에 설비가 작동되도록 하는 방식
  - 종단저항 : 회로 끝부분에 설치

• 감시제어반에서 도통시험 및 작동시험을 할 수 있는 회로
  ① 기동용 수압개폐장치의 압력스위치회로
  ② 수조 또는 물올림탱크의 저수위감시회로
  ③ 유수검지장치 또는 일제개방밸브의 압력스위치
  ④ 일제개방밸브를 사용하는 설비의 화재감지기회로

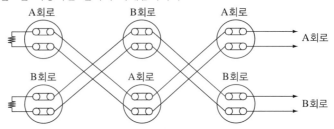

14

	득점	배점
		5

높이 25[m]인 탱크에 매분 20[m³]의 물을 양수하는 데 필요한 전력을 V결선한 변압기로 공급하고자 한다. 여기에 필요한 단상변압기 1대의 용량[kVA]을 구하시오(단, 펌프와 전동기의 합성효율은 70[%]이고, 전동기의 전부하 역률은 85[%]이며, 축동력의 여유는 15[%]로 본다).

★해답

계산 : 전동기출력 $P = \dfrac{9.8KQH}{\eta} = \dfrac{9.8 \times 1.15 \times 20 \times 25}{0.7 \times 60} = 134.16[\text{kW}]$

V결선출력 $P_V = \dfrac{P}{\cos\theta} = \dfrac{134.27}{0.85} = 157.97[\text{kVA}]$

변압기용량 $P_n = \dfrac{P_V}{\sqrt{3}} = \dfrac{157.97}{\sqrt{3}} = 91.2[\text{kVA}]$

답 : 91.2[kVA]

해★설

전동기용량(P)

$$P = \frac{9.8KQH}{\eta}$$

P : 변압기 1대 용량 $= \dfrac{\text{출력(피상전력)}}{\sqrt{3}}$

• 전동기출력 $= \dfrac{9.8 \times 1.15 \times 20 \times 25}{0.7 \times 60} = 134.16[\text{kW}]$

• V결선출력 : $P_V = \dfrac{134.27}{0.85} = 157.97[\text{kVA}]$

• P_n(변압기 1대 용량) $= \dfrac{157.97}{\sqrt{3}} = 91.2[\text{kVA}]$

15

다음은 내화구조인 지하 1층, 지상 5층인 건물의 지상 1층 평면도이다. 각 층의 층고는 4.3[m]이고 천장과 반자 사이의 높이는 0.5[m]이다. 각 실에는 반자가 설치되어 있으며, 계단감지기는 3층과 5층에 설치되어 있다. 다음 각 물음에 답하시오.

득점	배점
	9

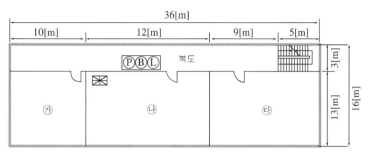

물음

(가) 아래의 빈칸에 해당 개소에 설치하여야 하는 감지기의 수량을 산출식과 함께 쓰시오.

개 소	적용 감지기 종류	산출식	수량(개)
㉮실	차동식스포트형 2종		
㉯실	연기감지기 2종		
㉰실	정온식스포트형 1종		
복 도	연기감지기 2종		

(나) 물음 (가)에서 구한 감지기 수량을 위 평면도상에 각 감지기의 도시기호를 이용하여 그려 넣고 각 기기 간을 배선하되 배선수를 명시하시오.
(배선수 명시의 예 : ————⫫————)

★해답 (가)

개 소	적용감지기 종류	산출식	수량(개)
㉮실	차동식스포트형 2종	$10[m] \times 13[m] = 130[m^2]$ $130 \div 70 = 1.86$	2개
㉯실	연기감지기 2종	$12[m] \times 13[m] = 156[m^2]$ $156 \div 150 = 1.04$	2개
㉰실	정온식스포트형 1종	$14[m] \times 13[m] = 182[m^2]$ $182 \div 60 = 3.03$	4개
복 도	연기감지기 2종	$(10 + 12 + 9) \div 30 = 1.03$	2개

안심Touch

(나)

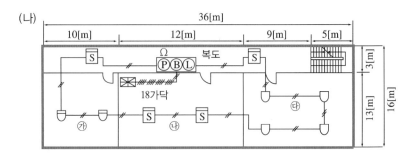

해★설

(가) ⑦실 면적 : $10[m] \times 13[m] = 130[m^2] \Rightarrow 130 \div 70 = 1.86$ ∴ 2개

ⓒ실 면적 : $12[m] \times 13[m] = 156[m^2] \Rightarrow 156 \div 150 = 1.04$ ∴ 2개

ⓒ실 면적 : $14[m] \times 13[m] = 182[m^2] \Rightarrow 182 \div 60 = 3.03$ ∴ 4개

복도면적 : $(10 + 12 + 9) \div 30 = 1.03$ ∴ 2개

※ 연기감지기 2종 = $\dfrac{보행거리}{30[m]} = \dfrac{31}{30[m]} = 1.03 = 2(절상)$

• 특정소방대상물에 따른 감지기의 종류

부착 높이 및 특정소방대상물의 구분		감지기의 종류				
		차동식 · 보상식스포트형		정온식스포트형		
		1종	2종	특 종	1종	2종
4[m] 미만	내화 구조	$90[m^2]$	$70[m^2]$	$70[m^2]$	$60[m^2]$	$20[m^2]$
	기타 구조	$50[m^2]$	$40[m^2]$	$40[m^2]$	$30[m^2]$	$15[m^2]$
4[m] 이상 8[m] 미만	내화 구조	$45[m^2]$	$35[m^2]$	$35[m^2]$	$30[m^2]$	–
	기타 구조	$30[m^2]$	$25[m^2]$	$25[m^2]$	$15[m^2]$	–

(나) 면적 : $36 \times 16 = 576[m^2]$ ∴ $600[m^2]$ 이하이므로 1경계구역

※ 수신기와 발신기 간 가닥수 : 18가닥

회로선 7(층별 1가닥씩 6가닥 + 계단 1가닥), 경종선 6, 공통선 1, 응답선 1, 전화선 1, 표시등선 1, 경종표시등공통선 1

16

스프링클러 프리액션밸브를 연동시키기 위한 간선계통도이다. 각 물음에 답하시오(단, 감지기공통선과 전원공통선은 분리해서 사용하고, 프리액션밸브용 압력스위치, 탬퍼스위치 및 솔레노이드밸브용 공통선은 1가닥을 사용하는 조건임).

득점	배점
	7

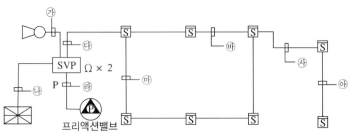

프리액션밸브

물음

(가) ㉮~㉯에 소요되는 배선의 수량을 쓰시오.

(나) ㉯에 소요되는 배선의 용도를 쓰시오.

✪해답 (가)

㉮	㉯	㉰	㉱	㉲	㉳	㉴	㉵
2	10	8	4	4	4	8	4

(나)

가닥수	배선의 용도
10	전원 ⊕·⊖, 전화 1, 감지기 A·B, 사이렌 1, 감지기 공통 1, 압력스위치 1, 탬퍼스위치 1, 솔레노이드밸브 1

해✪설

(가)

기 호	굵기[mm²]	가닥수	배선의 용도
㉮	HFIX 2.5	2	사이렌 2
㉯	HFIX 2.5	10	전원 ⊕, ⊖, 전화 1, 감지기 A, B, 사이렌 1, 감지기 공통 1, 압력스위치 1, 탬퍼스위치 1, 솔레노이드밸브 1
㉰	HFIX 1.5	8	감지기 4, 감지기 공통 4
㉱	HFIX 2.5	4	압력스위치, 탬퍼스위치, 솔레노이드밸브, 공통
㉲	HFIX 1.5	4	감지기 2, 감지기 공통 2
㉳	HFIX 1.5	4	감지기 2, 감지기 공통 2
㉴	HFIX 1.5	8	감지기 4, 감지기 공통 4
㉵	HFIX 1.5	4	감지기 2, 감지기 공통 2

(나) 슈퍼비조리패널(SVP) : 기본 9가닥

전원 ⊕, ⊖, 전화 1, 감지기 A, B, 사이렌 1, 압력스위치 1, 탬퍼스위치 1, 솔레노이드밸브 1

* 감지기 공통선 별도 시 1가닥 추가(기본 10가닥)

17

비상콘센트설비에 대한 다음 물음에 답하시오.

득점	배점
	5

(가) 설치목적을 쓰시오.

(나) 접지공사의 종류를 쓰시오.

(다) 접지선을 포함해서 최소 배선 가닥수를 쓰시오.

✪해답 (가) 비상콘센트의 설치목적 : 11층 이하에는 화재가 발생한 경우에는 소화활동이 가능하나 11층 이상과 지하 3층 이하인 층일 때는 소화활동설비를 이용하여 소화활동이 불가능하므로 내화배선에 의한 고정설비인 비상콘센트설비를 설치하여 화재 시 소방대의 조명용 또는 소화활동상 필요한 장비의 전원설비이다.

(나) 2021년 1월 1일 한국전기설비규정 변경으로 답이 맞지 않음

(다) 3가닥

해✪설

(다) 3가닥(단상 2가닥, 접지선 1가닥)

18

소방시설용 비상전원수전설비에서 고압 또는 특고압으로 수전하는 도면을 보고 다음 물음에 답하시오.

득점	배점
	6

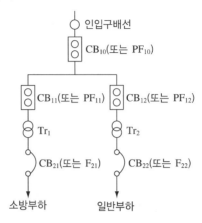

물음

(가) 도면에 표시된 약호에 대한 명칭을 쓰시오.

약 호	명 칭
CB	
PF	
F	
Tr	

(나) 일반회로의 과부하 또는 단락사고 시에 CB_{10}(또는 PF_{10})은 무엇보다 먼저 차단되어서는 안 되는지 쓰시오.

(다) CB_{11}(또는 PF_{11})의 차단용량은 어느 것과 동등 이상이어야 하는지 쓰시오.

★해답 (가)

약 호	명 칭
CB	전력차단기
PF	전력퓨즈(고압 또는 특고압용)
F	퓨즈(저압용)
Tr	전력용 변압기

(나) CB_{12}(또는 PF_{12}) 및 CB_{22}(또는 F_{22})

(다) CB_{12}(또는 F_{12})

해★설

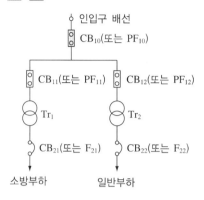

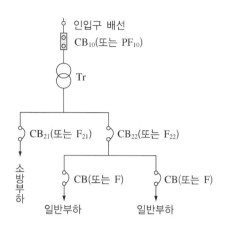

1. 일반회로의 과부하 또는 단락사고 시에 CB_{10}(또는 PF_{10})이 CB_{12}(또는 PF_{12}) 및 CB_{22}(또는 PF_{22})보다 먼저 차단되어서는 아니 된다.
2. CB_{11}(또는 PF_{11})은 CB_{12}(또는 F_{12})와 동등 이상의 차단용량이어야 한다.
   ㉮ 전용의 전력용 변압기에서 소방부하에 전원을 공급하는 경우

1. 일반회로의 과부하 또는 단락사고 시에 CB_{10}(또는 PF_{10})이 CB_{22}(또는 F_{22}) 및 CB(또는 F)보다 먼저 차단되어서는 아니 된다.
2. CB_{21}(또는 F_{21})은 CB_{22}(또는 F_{22})와 동등 이상의 차단용량이어야 한다.
   ㉮ 공용의 전력용 변압기에서 소방부하에 전원을 공급하는 경우

※ **저압수전의 경우**

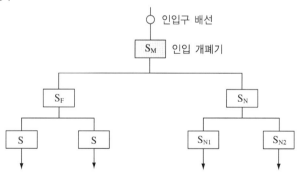

[주] 1. 일반회로의 과부하 또는 단락사고 시 S_M이 S_N, S_{N1} 및 S_{N2}보다 먼저 차단되어서는 아니 된다.
2. S_F는 S_N과 동등 이상의 차단용량이어야 할 것

약 호	명 칭
S	저압용 개폐기 및 과전류차단기

2010년 10월 30일 시행

제**4**회

※ 다음 물음에 대한 답을 해당 답란에 답하시오(배점 : 100).

01

다음 자동화재탐지설비의 평면도를 보고 물음에 답하시오.

득점	배점
	12

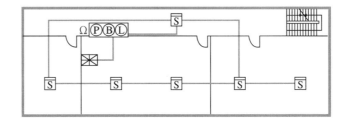

물음

(가) 각 기기장치 사이를 연결하는 배선의 가닥수를 도면상에 표기하시오.

(나) 아래의 도표상에 명시한 자재를 시공하는 데 필요한 노무비를 주어진 품셈표를 적용하여 산출하시오(단, 노무비는 수량, 공량, 노임단가의 빈칸을 채우고 산출하며, 층고는 3.5[m]이고, 내선전공의 노임단가는 95,000원을 적용한다).

품 명	규 격	단 위	수 량	공 량	노임단가(원)	노무비(원)
연기감지기	스포트형	개				
발신기	P형 1급	개				
경 종	DC 24[V]	개		0.15		
표시등	DC 24[V]	개		0.20		
전선관	16C	m	76	0.08		
전 선	HFIX 1.5[mm²]	m	208	0.01		
전선관	28C	m	7	0.14		
전 선	HFIX 2.5[mm²]	m	77	0.01		
P형 1급 수신기	5회로	대				
–	–	–	–	–	소 계	

[품셈표]

공 종	단 위	내선전공	비 고
Spot형감지기[(차동식·정온식·연기식·보상식)노출형]	개	0.13	(1) 천장 높이 4[m] 기준, 1[m] 증가 시마다 5[%] 가산 (2) 매입형 또는 특수구조인 경우 조건에 따라서 산정
시험기(공기관 포함)	개	0.15	(1) 상 동 (2) 상 동
본포형의 공기관 (열전대선 감지선)	m	0.025	(1) 상 동 (2) 상 동
검출기	개	0.30	
공기관식의 Booster	개	0.10	
발신기 P-1 발신기 P-2 발신기 P-3	개 개 개	0.30 0.30 0.20	1급(방수형) 2급(보통형) 3급(푸시버튼만으로 응답확인 없는 것)
회로시험기		0.10	
수신기 P-1(기본공수) (회선수 공수 산출 가산요)	대	6.0	[회선수에 대한 산정] 매1회선에 대해서 표 아래 참조
수신기 P-2(기본공수) (회선수 공수 산출 가산요)	대	4.0	

[회선수에 대한 산정]   매1회선에 대해서

형 식 \ 직 종	내선전공
P-1	0.3
P-2	0.2
R형	0.2

※ R형은 수신반 인입감시 회선수 기준
[참고] 산정 예 : [P-1의 10회분 기본공수는 6인,
　　　　회선당 할증수는 (10×0.3)=3]
　　　　∴ 6+3=9인

 (가)

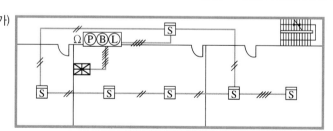

(나)

품 명	규 격	단 위	수 량	공 량	노임단가(원)	노무비(원)
연기감지기	스포트형	개	6	0.13	95,000	74,100
발신기	P형 1급	개	1	0.30	95,000	28,500
경 종	DC 24[V]	개	1	0.15	95,000	14,250
표시등	DC 24[V]	개	1	0.20	95,000	19,000
전선관	16C	m	76	0.08	95,000	577,600
전 선	HFIX 1.5[mm^2]	m	208	0.01	95,000	197,600
전선관	28C	m	7	0.14	95,000	93,100
전 선	HFIX 2.5[mm^2]	m	77	0.01	95,000	73,150
P형 1급수신기	5회로	대	1	6.3	95,000	598,500
−	−	−	−	−	소 계	1,675,800

해☆설

(가) ① 감지기 간은 2EA(회로, 공통)이고, 송배전식이므로 루프에서 나간 감지기는 4EA(회로 2EA, 공통 2EA)이다. 발신기와 감지기 간도 4EA(회로 2EA, 공통 2EA)이다.

　　② 발신기와 수신기 간은 7EA(회로선, 공통선, 경종선, 표시등선, 경종표시등선공통선, 전화선, 응답선)이다.

(나) 노무비 = 수량 × 공량 × 노임단가

　　공수는 일을 하는 데 필요한 인원을 말하며

　　공수 = 수량 × 공량으로 구한다.

　　연기감지기의 설치 높이는 3.5[m]이므로 공량은 0.13이며 수량은 6개이다.

> 발신기의 경우 P-1이고, 1개이므로 공량은 0.3

　　경종과 표시등은 발신기에 각 1개씩 내장되므로 수량은 각각 1이다.

> 수신기의 경우 P형 1급 수신기로 기본공수 6에 회로는 1회로이므로 P-1의 내선전공 0.3을 곱해 1 × 0.3으로 총 6.3임

　　모든 내선전공의 노임은 동일하므로,

　　노무비 = 수량 × 공량 × 노임단가

　　를 곱해서 구하며, 각 노무비를 총합하여 총노무비를 산출한다.

02

무선통신보조설비에서 무반사종단저항의 설치 위치와 설치목적을 쓰시오.	득점	배점
		4

☆해답
　　(1) 설치 위치 : 누설동축케이블의 말단
　　(2) 설치목적 : 전파가 전송로의 말단에서 반사하여 주전파의 통신장애를 주지 않기 위함

해☆설
누설동축케이블의 **끝부분**에는 **무반사종단저항**을 견고하게 설치할 것

03

다음은 상용전원 정전 시 예비전원으로 절환되고 상용전원 복구 시 자동으로 예비전원에서 상용전원으로 절환되는 시퀀스제어회로의 미완성도이다. 다음의 제어동작에 적합하도록 시퀀스제어도를 완성하시오.

득점	배점
	6

조건

• MCCB를 투입한 후 PB₁을 누르면 MC_1이 여자되고 주접점 MC_{-1}이 닫히고 상용전원에 의해 전동기 M이 회전하고 표시등 RL이 점등된다. 또한, 보조접점 MC_{1a}가 폐로되어 자기유지회로가 구성되고 MC_{1b}가 개로되어 MC_2가 작동하지 못한다.

• 상용전원으로 운전 중 PB₃를 누르면 MC_1이 소자되어 전동기는 정지하고 상용전원 운전표시등 RL은 소등된다.

• 상용전원의 정전 시 PB₂를 누르면 MC_2가 여자되고 주접점 MC_{-2}가 닫히어 예비전원에 의해 전동기 M이 회전하고 표시등 GL이 점등된다. 또한, 보조접점 MC_{2a}가 폐로되어 자기유지회로가 구성되고 MC_{2b}가 개로되어 MC_1이 작동하지 못한다.

• 예비전원으로 운전 중 PB₄를 누르면 MC_2가 소자되어 전동기는 정지하고 예비전원 운전표시등 GL은 소등된다.

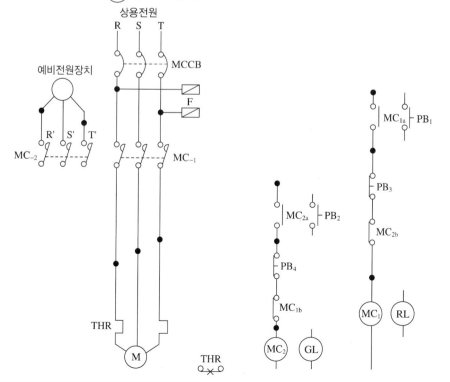

해답

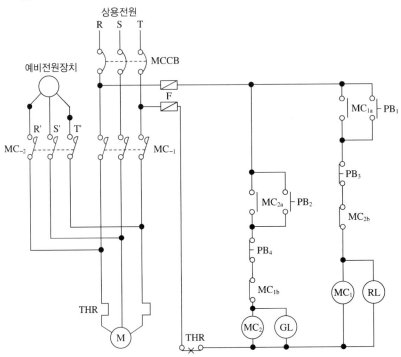

설

상기도면은 잘못된 도면이며 해답은 상기도면에 의해 작성된 해답임을 알아둘 것

이유 : THR_1이나 THR_2 중 어느 하나라도 동작되면 상용전원이나 예비전원이 모두 차단되는 회로이므로 상용전원과 예비전원 모두 　 열동계전기 접점이 2개씩이나 설치되어야 회로가 성립된다. 만약, 열동계전기가 1개씩 연결된 회로를 구성하고 싶다면 다음과 같이 회로를 구성하여야 한다.

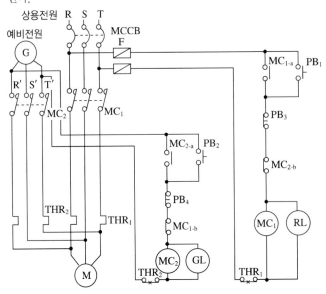

04

소방용 케이블과 다른 용도의 케이블을 배선전용실에 함께 배선할 때 다음 각 물음에 답하시오.

득점	배점
	4

(가) 소방용 케이블을 내화성능을 갖는 배선전용실 등의 내부에 소방용이 아닌 케이블과 함께 노출하여 배선할 때 소방용 케이블과 다른 용도의 케이블 간의 피복과 피복 간의 이격거리는 몇 [cm] 이상이어야 하는가?

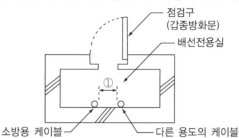

(나) 부득이하게 (가)와 같이 이격시킬 수 없어 불연성 격벽을 설치한 경우에 격벽의 높이는 굵은 케이블 지름의 몇 배 이상이어야 하는가?

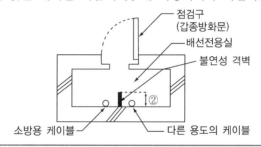

해답
(가) ① 15[cm] 이상
(나) ② 1.5배 이상

해설
배선전용실의 케이블 배치 예

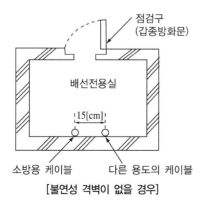

[불연성 격벽이 없을 경우]

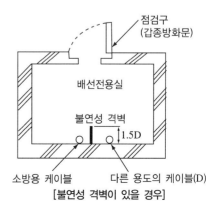

[불연성 격벽이 있을 경우]

(가) 소방용 케이블과 다른 용도의 케이블은 **15[cm]** 이상 이격 설치
(나) 불연성 격벽 설치 시 가장 굵은 케이블 배선지름의 **1.5배** 이상의 높이일 것

05

P형 1급 발신기와 관련하여 다음 각 물음에 답하시오.

득점	배점
	8

부품 및 단자

누름버튼스위치   종단저항   공통단자 ⊖   응답단자 ⊖

전화잭   전화단자 ⊖   지구단자 ⊖   LED

물음

(가) 주어진 부품 및 단자를 사용하여 P형 1급 발신기의 내부회로도를 아래에 작성하시오(각 단자에는 단자 명칭을 표기하도록 한다).

(나) 각 단자별 용도 및 기능을 쓰시오.

① 전화단자 :

② 공통단자 :

③ 지구단자 :

④ 응답단자 :

해답 (가) 완성된 내부회로도

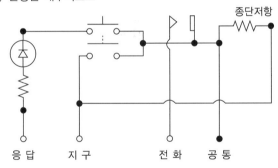

응 답   지 구   전 화   공 통

(나) ① 전화단자 : 수신기와 발신기 간의 상호 전화 연락을 하기 위한 단자

② 공통단자 : 전화, 지구, 응답단자를 공유한 단자

③ 지구단자 : 화재신호를 수신기에 알리기 위한 단자

④ 응답단자 : 발신기의 신호가 수신기에 전달되었는가를 확인하여 주기 위한 단자

해설

- 응답단자 : 발신기의 신호가 수신기에 **전달**되었는가를 **확인**하여 주기 위한 단자
- 지구단자 : 화재신호를 수신기에 알리기 위한 단자
- 전화단자 : 수신기와 발신기 간의 상호 전화 연락을 하기 위한 단자
- 공통단자 : 전화, 지구, 응답단자를 공유한 단자
- LED : 발신기의 화재신호가 수신기에 **전달**되었는지 **확인**하여 주는 램프
- 누름버튼스위치 : 화재신호를 **수동**으로 수신기에 **전달**하는 스위치

- 전화잭 : 화재 시 발신기와 수신기 사이의 **전화 연락**을 위한 잭
- 종단저항 : 감지기회로의 종단에 설치하는 저항으로서 수신기와 감지기 사이의 배선에 대한 **도통시험**을 용이하게 하기 위하여 설치

06

예비전원용 연축전지와 알칼리축전지에 대한 다음 각 물음에 답하시오. | 득점 | 배점 |
|---|---|
| | 8 |

(가) 연축전지와 비교할 때 알칼리축전지의 장점 2가지와 단점 1가지를 쓰시오.

(나) 연축전지는 셀당 2[V]로 계산하는데 알칼리축전지는 몇 [V]로 계산하는지 쓰시오.

(다) 일반적으로 그림과 같이 구성되는 충전방식의 명칭을 쓰시오.

충전방식의 명칭 :

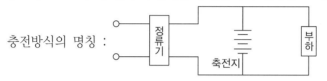

(라) 비상용 조명부하 200[V]용 60[W] 100등, 30[W] 70등이 있다. 방전시간 30분, 축전지는 HS형 100셀, 허용 최저전압 195[V], 최저 축전지온도 5[℃]일 때 축전지 용량[Ah]를 구하시오(단, 조건에 따른 경년용량 저하율은 0.8, 용량환산시간 계수 K는 1.2이다).

☆해답

(가) • 장점 : ① 수명이 길다.
　　　　　 ② 기계적 강도가 강하다.
　　　• 단점 : 가격이 비싸다.

(나) 1.2[V]

(다) 부동충전방식

(라) 계산 : 전류 $I = \dfrac{(60 \times 100) + (30 \times 70)}{200} = 40.5[A]$

　　　 축전지 용량 $C = \dfrac{1}{0.8} \times 1.2 \times 40.5 = 60.75[Ah]$

　　 답 : 60.75[Ah]

해☆설

- 연축전지와 알칼리축전지 비교

구 분	연축전지	알칼리축전지
공칭전압	2.0[V]	1.2[V]
방전종지전압	1.6[V]	0.96[V]
공칭용량	10[Ah]	5[Ah]
기전력	2.05~2.08[V]	1.43~1.49[V]
기계적 강도	약하다.	강하다.
충전시간	길다.	짧다.
기대수명	5~15년	15~20년

• 부동충전방식

그림과 같이 충전장치를 축전지와 부하에 병렬로 연결하여 전지의 자기방전을 보충함과 동시에 상용부하에 대한 전력 공급은 충전기가 부담하고 충전기가 부담하기 어려운 대전류 부하는 축전지가 부담하게 하는 방법이다.

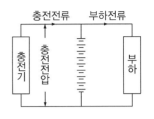
충전전류 부하전류
충전기 충전전압 충전전지 부하

• $I = \dfrac{P}{V} = \dfrac{(60 \times 100) + (30 \times 70)}{200} = 40.5$

∴ $C = \dfrac{1}{L} KI = \dfrac{1}{0.8} \times 1.2 \times 40.5 = 60.75$

07

AC 220[V]를 사용하는 선로에 비상조명등용 부하 14,500[VA]가 걸려 있다. 이 선로의 이론적인 분기회로는 최소 몇 회로로 하여야 하는지 구하시오(단, 15[A] 분기회로를 사용한다고 한다).

득점	배점
	4

【해답】

계산 : $N = \dfrac{14,500}{15 \times 220} = 4.39$ ∴ 5회로

답 : 5회로

【해설】

분기회로수는 15[A]마다 1분기 회로이므로,

$N = \dfrac{부하용량}{15 \times V} = \dfrac{14,500}{15 \times 220} = 4.39 = 5회로$

08

주파수가 50[Hz]이고, 극수가 4인 유도전동기의 회전수가 1,440[rpm]이다. 이 전동기를 주파수 60[Hz]로 운전하는 경우 회전수[rpm]는 얼마나 되는지 구하시오(단, 슬립은 50[Hz]에서와 같다).

득점	배점
	4

【해답】

계산 : 50[Hz] 동기속도 $N_S = \dfrac{120 \times 50}{4} = 1,500[\text{rpm}]$

슬립 $S = \dfrac{1,500 - 1,440}{1,500} = 0.04$

60[Hz] 동기속도 $N_S = \dfrac{120 \times 60}{4} = 1,800[\text{rpm}]$

60[Hz] 회전속도 $N = (1 - 0.04) \times 1,800 = 1,728[\text{rpm}]$

답 : 1,728[rpm]

【해설】

• 동기속도 : $N_S = \dfrac{120f}{P}[\text{rpm}]$

• 슬립 : $S = \dfrac{N_S - N}{N_S}$

• 회전속도 : $N = (1 - S)N_S$

- 50[Hz] 동기속도 : $N_S = \dfrac{120f}{P} = \dfrac{120 \times 50}{4} = 1{,}500[\text{rpm}]$

- 슬립 : $S = \dfrac{N_S - N}{N_S} = \dfrac{1{,}500 - 1{,}440}{1{,}500} = 0.04$

- 60[Hz] 동기속도 : $N_S = \dfrac{120f}{P} = \dfrac{120 \times 60}{4} = 1{,}800[\text{rpm}]$

- 60[Hz] 회전속도 : $N = (1 - S)N_S = (1 - 0.04) \times 1{,}800 = 1{,}728[\text{rpm}]$

09

지상 20[m] 높이에 500[m³]의 수조가 있다. 이 수조에 소화용수를 양수하고 자 할 때 15[kW]의 전동기를 사용한다면 몇 분 후에 수조에 물이 가득 차는지 구하시오(단, 펌프의 효율은 70[%]이고, 여유계수는 1.2이다).

득점	배점
	4

계산 : $t = \dfrac{9.8KVH}{P \cdot \eta} = \dfrac{9.8 \times 1.2 \times 500 \times 20}{15 \times 0.7} \times \dfrac{1}{60} = 186.67[\text{min}]$

답 : 186.67[min]

해☆설

$$P = \frac{9.8HQK}{\eta} = \frac{9.8H \cdot V/t \cdot K}{\eta}$$

$t = \dfrac{9.8HVK}{P \cdot \eta} = \dfrac{9.8 \times 20 \times 500 \times 1.2}{15 \times 0.7} = 11{,}200[\text{s}]$

$\therefore \ t = \dfrac{11{,}200}{60} = 186.67[\text{min}]$

10

수신기로부터 110[m]의 위치에 아래의 조건으로 사이렌이 접속된 경우 사이 렌이 작동할 때의 단자전압을 구하시오.

득점	배점
	4

조 건

- 수신기는 정전압 출력으로 24[V]로 한다.
- 전선은 2.5[mm²]의 HFIX 전선을 사용한다.
- 사이렌의 정격출력은 48[W]로 한다.
- 전선 HFIX 2.5[mm²]의 전기저항은 8.75[Ω/km]로 한다.

계산 : $V_r = V_s - e = V_s - 2IR$

$\qquad = 24 - 2 \times \dfrac{48}{24} \times 8.75 \times \dfrac{110}{1{,}000} = 20.15[\text{V}]$

답 : 20.15[V]

해☆설

단자전압 $V_r = V_s - e$, 전압강하 $e = 2IR$

• 모터사이렌 동작전류 $I = \dfrac{P}{V} = \dfrac{48}{24} = 2[\text{A}]$

• 전압강하 $e = 2IR$에서 [km]당 저항값이 주어졌으므로 정식 계산식을 이용한다.

$$e = 2 \times 2 \times 8.75 \times \dfrac{110}{1,000} = 3.85[\text{V}]$$

$$V_r = V_s - e = 24 - 3.85 = 20.15[\text{V}]$$

11

다음 그림은 전파브리지정류회로의 미완성 도면을 나타낸 것이다. 물음에
답하시오.

득점	배점
	4

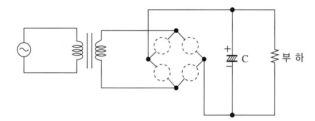

(가) 도면대로 정류될 수 있도록 다이오드 4개를 사용하여 회로를 완성하시오.

(나) 콘덴서(C)의 역할을 쓰시오.

☆해답 (가)

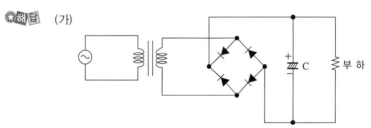

(나) 전압 맥동분을 제거하여 정전압 유지

해☆설

브리지 다이오드 회로

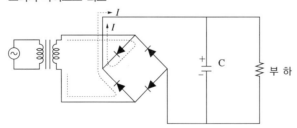

• 콘덴서(C)의 ⊕극성과 다이오드의 ⊖극성이 만나도록 결선한다.

[다이오드의 극성 표시]

• 콘덴서(C)의 역할 : 회로에 병렬로 설치하여 전압의 맥동분을 제거한다.

12

다음 표는 설비별로 사용할 수 있는 비상전원의 종류를 나타낸 것이다. 각 설비별로 설치하여야 하는 비상전원을 찾아 빈칸에 ○표 하시오.	득점	배점
		4

[설비별 비상전원의 종류]

설비명	자가발전설비	축전지설비	비상전원수전설비
옥내소화전설비, 물분무소화설비, CO₂소화설비, 할론소화설비, 비상조명등, 제연설비, 연결송수관설비			
스프링클러설비, 포소화설비			
자동화재탐지설비, 비상경보설비, 유도등, 비상방송설비			
비상콘센트설비			

해답

설비명	자가발전설비	축전지설비	비상전원수전설비
옥내소화전설비, 물분무소화설비, CO₂소화설비, 할론소화설비, 비상조명등, 제연설비, 연결송수관설비	○	○	
스프링클러설비, 포소화설비	○	○	○
자동화재탐지설비, 비상경보설비, 유도등, 비상방송설비		○	
비상콘센트설비	○		○

해설

• 소화설비

[소화설비의 비상전원 적용]

소방시설	비상전원 대상	비상전원 종류			용량
		발 전	축 전	수 전	
옥내소화전	① 7층 이상으로 연면적 2,000[m²] 이상 ② 지하층 바닥면적의 합계 3,000[m²] 이상	○	○		20분
스프링클러설비	① 차고, 주차장으로 스프링클러를 설치한 부분의 바닥면적 합계가 1,000[m²] 미만	○	○	○	
	② 기타 대상인 경우	○	○		
포소화설비	① Foam Head 또는 고정포 방출설비가 설치된 부분의 바닥면적 합계가 1,000[m²] 미만 ② 호스릴포 또는 포소화전만을 설치한 차고, 주차장	○	○	○	
	③ 기타 대상인 경우	○	○		
물분무설비, CO₂설비 Halon설비, 할로겐화합물 및 불활성 기체 소화설비	대상 건물 전체	○	○		
간이스프링클러	대상 건물 전체(단, 전원이 필요한 경우)	○	○	○	10분(단, 근생 용도는 20분)
ESFR스프링클러	대상 건물 전체	○	○		

• 경보설비

[경보설비의 비상전원 적용]

소방시설	비상전원 대상	비상전원 종류			용량
		발전	축전	수전	
자동화재탐지설비 비상경보설비 · 방송설비	대상 건물 전체		○		감시 60분 후 10분 경보

• 피난구조설비

[피난구조설비의 비상전원 적용]

설비 종류	설치대상	비상전원			용량
		발전	축전	수전	
유도등설비	① 11층 이상의 층 ② 지하층 또는 무창층 용도(도매시장, 소매시장, 여객자동차 터미널, 지하역사, 지하상가)		○		60분
	③ 기타 대상인 경우		○		20분
비상조명등 설비	① 11층 이상의 층 ② 지하층 또는 무창층 용도(도매시장, 소매시장, 여객자동차 터미널, 지하역사, 지하상가)	○	○		60분
	③ 기타 대상인 경우	○	○		20분

• 소화활동설비

[소화활동설비의 비상전원 적용]

설비 종류	설치대상	비상전원			용량
		발전	축전	수전	
제연설비	대상 건물 전체	○	○		20분
연결송수관설비	높이 70[m] 이상 건물(중간 펌프)	○	○		20분
비상콘센트설비	① 7층 이상으로 연면적 2,000[m^2] 이상 ② 지하층의 바닥면적의 합계 3,000[m^2] 이상	○		○	20분
무선통신보조설비	증폭기를 설치한 경우		○		20분

13 저압옥내배선의 금속관 배선(공사) 및 가요 전선과 배선(공사)에 대한 다음 각 물음에 알맞은 답을 주어진 보기에서 선택하여 답란에 쓰시오.

득점	배점
	5

보기

부싱, 유니언커플링, 스트레이트 박스커넥터, 노멀밴드, 유니버설엘보, 링리듀서, 새들, 콤비네이션 커플링, 로크너트, 리머, 스플릿 커플링

물음

(가) 금속관 배선(공사)에서 노출배선관공사를 할 때 관을 직각으로 굽히는 곳에 사용하는 부품

(나) 금속관 배선(공사)에서 금속관을 아웃렛박스에 로크너트만으로 고정하기 어려울 때 보조적으로 사용하는 부품

(다) 가요 전선관 배선(공사)에서 가요 전선관과 박스를 연결할 때 사용하는 부품

(라) 가요 전선관 배선(공사)에서 가요 전선관과 스틸전선관을 연결할 때 사용하는 부품

(마) 가요 전선관 배선(공사)에서 가요 전선관과 가요 전선관을 연결할 때 사용하는 부품

★해답
(가) 유니버설엘보
(나) 링리듀서
(다) 스트레이트 박스커넥터
(라) 콤비네이션 커플링
(마) 스플릿 커플링

해★설

금속관공사의 부품

- **커플링**(Coupling) : 금속관 상호를 연결하는 곳에 사용
- **새들** : 금속관을 조영재에 지지할 때 사용
- **환형 3방출 정션박스** : 금속관을 3개소 이하 연결 시 사용
- **유니버설엘보** : 노출공사 시 관을 **직각**으로 **굽히는 곳**에 사용
- **노멀밴드**(Normal Band) : 매입 공사 시 관을 직각으로 굽히는 곳에 사용
- **링리듀서**(Ring Reducer) : 금속관을 아웃렛박스에 고정시킬 때 녹아웃 구멍이 너무 커서 로크너트만으로 곤란한 경우 보조적으로 사용
- **로크너트**(Lock Nut) : 금속관과 박스를 접속할 때 사용
- **부싱**(Bushing) : 전선의 절연피복을 보호하기 위해 금속관 끝에 취부

명 칭	그 림	용 도
스트레이트 박스커넥터		가요 전선관과 박스의 연결
콤비네이션 커플링	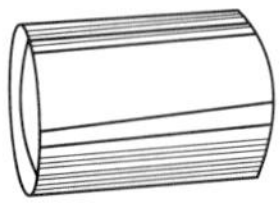	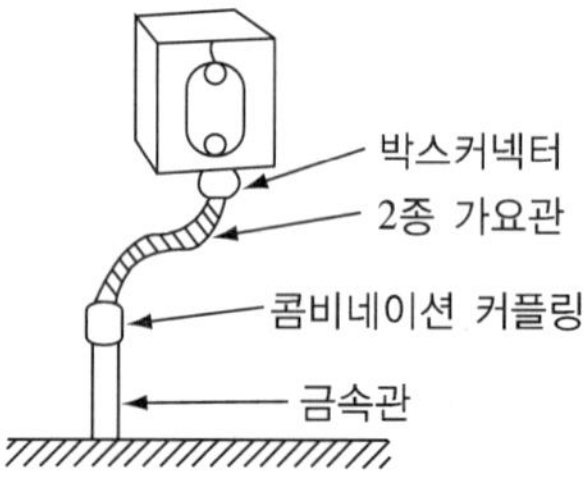 박스커넥터 2종 가요관 콤비네이션 커플링 금속관 가요 전선관과 금속관의 연결
스플릿 커플링		가요 전선관과 가요 전선관의 연결
노멀밴드		매입 전선관의 굴곡 부분에 사용
유니버설엘보	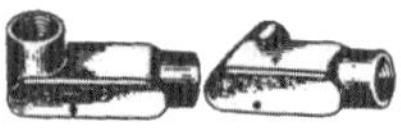	노출배관공사 시 관을 직각으로 굽히는 곳에 사용(LL형, LB형, T형)
새 들	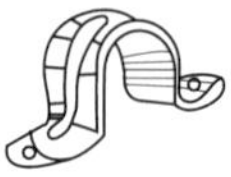	배관공사 시 천장이나 벽 등에 배관을 고정시키는 금구
링리듀서		아웃렛박스의 녹아웃 구경이 금속관보다 너무 클 경우 로크너트와 보조적으로 사용하는 부품

14

상온 20[℃]에서 저항온도계수 $\alpha_{20} = 0.00393$을 갖는 경동선의 저항이 100 [Ω]이었다. 화재로 인하여 온도가 100[℃]로 상승하였을 때 경동선의 저항 [Ω]을 구하시오.

득점	배점
	4

⭐해답 계산 : $R_{100} = 100 \times [1 + 0.00393 \times (100 - 20)] = 131.44[\Omega]$

답 : $131.44[\Omega]$

해★설

저항의 온도가 1[℃] 상승할 때 원래 저항값에 대한 저항의 증가(감소)비율

$$R_t = R_{t_0}\left[1 + \alpha_t\left(t - t_0\right)\right][\Omega]$$

$\alpha_0\left(= \dfrac{1}{234.5}\right)$: 0[℃]에서 표준연동의 온도계수

$\alpha_t\left(= \dfrac{1}{234.5 + t}\right)$: t[℃]에서 표준연동의 온도계수

R_t : t[℃]에서의 저항[Ω], R_{t_0} : t_0[℃]에서의 저항[Ω], t_0 : 처음 온도, t : 나중 온도

$R_{100} = 100 \times \left[1 + 0.00393 \times (100 - 20)\right] = 131.44[\Omega]$

15

다음 그림은 2급 누전경보기의 단선도이다. 다음 각 물음에 답하시오.

득점	배점
	8

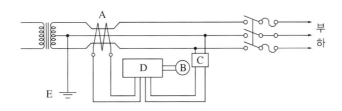

물음

(가) 그림에서 A~D 각각의 명칭을 답란에 쓰시오.

(나) 2급 누전경보기는 경계전로의 전류가 몇 [A] 이하에 설치하는지 쓰시오.

(다) 회로에서 C 에 사용되는 차단기의 종류 2가지와 각각의 전류용량을 답란에 쓰시오.

차단기의 종류	전류용량

(라) 누전경보기의 공칭작동 전류치는 몇 [mA] 이하이어야 하는지 쓰시오.

(마) 그림에서 "E"로 표시된 접지공사의 종류를 쓰시오.

★해답

(가) A : 영상변류기   B : 음향장치
　　 C : 과전류차단기   D : 수신기

(나) 60[A]

(다)

차단기의 종류	전류용량
과전류차단기	15[A]
배선용 차단기	20[A]

(라) 200[mA]

(마) 2021년 1월 1일 한국전기설비규정 변경으로 답이 맞지 않음

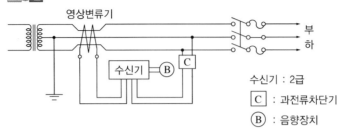

수신기 : 2급

C : 과전류차단기

B : 음향장치

- **영상변류기** : 누설전류 검출
- **수신기** : 누설전류 증폭
- 누전경보기 사용전압 : **600[V]** 이하
- 경계전로 정격전류
  - 1급 : 60[A] 초과
  - 1급, 2급 : 60[A] 이하
- **공칭작동전류치** : **200[mA]** 이하
- 감도조정장치의 **조정범위** : **1[A]** 이하
- 과전류차단기 : 정격용량 15[A] 이하로 사고전류 차단
- 배선용 차단기 : 정격용량 20[A] 이하로 과부하 및 사고전류 차단
- 누전경보기의 경계전로의 정격전류
  - 60[A] 초과 : 1급
  - 60[A] 이하 : 1급 또는 2급
- 누전경보기의 전원 각극에 설치 개폐기 용량
  - 개폐기 및 **과전류차단기** : **15[A]**
  - **배선용 차단기** : **20[A]**

16

자동화재탐지설비의 음향장치의 설치기준에 대한 사항이다. 5층(지하층 제외) 이상으로 연면적이 3,000[m²]를 초과하는 특정소방대상물 또는 그 부분에 있어서 화재발생으로 인하여 경보가 발하여야 하는 층을 찾아 빈칸에 표시하시오 (단, 경보 표시는 ●를 사용한다).

5층					
4층					
3층					
2층	화재 발생 ●				
1층		화재 발생 ●			
지하 1층			화재 발생 ●		
지하 2층				화재 발생 ●	
지하 3층					화재 발생 ●

☆해답

5층					
4층					
3층	●				
2층	화재 발생 ●	●			
1층		화재 발생 ●	●		
지하 1층		●	화재 발생 ●	●	●
지하 2층		●	●	화재 발생 ●	●
지하 3층		●	●	●	화재 발생 ●

해☆설

직상발화 우선경보방식

발화층	경보층
2층 이상	발화층, 그 직상층
1층	지하층(전체), 1층, 2층
지하 1층	지하층(전체), 1층
지하 2층 이하	지하층(전체)

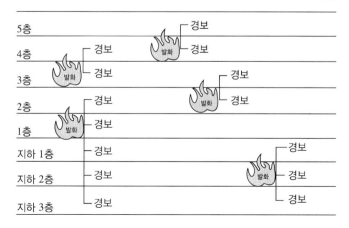

17 각 층의 높이가 4[m]인 지하 2층, 지상 4층 특정소방대상물에 자동화재탐지 설비의 경계구역을 설정하는 경우에 대하여 다음 물음에 답하시오.

	득점	배점
		7

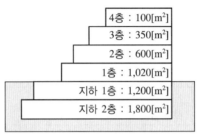

4층 : 100[m²]	
3층 : 350[m²]	
2층 : 600[m²]	
1층 : 1,020[m²]	
지하 1층 : 1,200[m²]	
지하 2층 : 1,800[m²]	

물 음

(가) 층별 바닥면적이 그림과 같을 경우 자동화재탐지설비의 경계구역은 최소 몇 개로 구분하여야 하는지 산출식과 경계구역수를 빈칸에 쓰시오(단, 계단, 경사로 및 피트 등의 수직경계구역의 면적을 제외한다).

층 명	산출식	경계구역수
4층		
3층		
2층		
1층		
지하 1층		
지하 2층		
경계구역의 합계		

(나) 본 특정소방대상물에 계단과 엘리베이터가 각각 1개씩 설치되어 있는 경우 P형 1급 수신기는 몇 회로용을 설치해야 하는지 산출 내역과 회로수를 쓰시오 (단, P형 1급 5회로).

★해답 (가)

층 명	산출식	경계구역수
4층	$\dfrac{100 + 350}{500} = 0.9$	1
3층		
2층	600 ÷ 600 = 1	1
1층	1,020 ÷ 600 = 1.7	2
지하 1층	1,200 ÷ 600 = 2	2
지하 2층	1,800 ÷ 600 = 3	3
경계구역의 합계		9

(나) 산출 내역 : 9 + 2 + 1 = 총12경계구역
　　　회로수 : 15회로

해★설

(가)

• 3층과 4층은 합계면적이 500[m²] 미만으로 1경계구역으로 한다(층별 경계구역 합계 9경계구역).

(나)

• 계 단

  - 지상(4개층 층고 4[m]) : 16[m] ÷ 45 = 0.35

  - 지하(2개층 층고 4[m]) : 8[m] ÷ 45 = 0.17

∴ 층별 경계구역 + 계단 + 엘리베이터 경계구역 = 9 + 2 + 1 = 총12경계구역

  총12경계구역이고 P형 수신기 및 회로용에 대한 문제이므로, 15회로용을 설치하고 수신기의 회로 수는 5회로 단위임

18

> 배선용 차단기의 심벌이다. 기호 ①∼③이 의미하는 바를 답란에 쓰시오.
>
> | 득점 | 배점 |
> | --- | --- |
> | | 5 |
>
>
> B
> 3P ──────── ①
> 225AF ◄──── ②
> 150A ◄──── ③

★해답

① P : 극수, 3극

② AF : 프레임, 225[A]

③ A : 정격전류, 150[A]

해★설

명판 보는 법

명판(Name Plate)에서는 제품에 대한 **규격** 및 **정격** 등에 대하여 법적으로 표기하여야 할 **의무 표기사항** 및 고객의 사용 편리성을 위해 제조자가 제공하는 각종 정보가 명기되어 있으므로, 사용자는 반드시 세심하게 확인하고 사용하여야 한다. 국내에서 유통되는 배선용 차단기는 KS규격 또는 안전인증규격이 취득된 제품이다.

• 명판의 표기사항

  - 명 칭   - 보호목적에 의한 분류

  - 프레임의 크기(AF)   - 정격절연전압(UI)

  - 정격사용전압   - 정격주파수(Hz)

  - 정격전류(A)   - 극수(P)

  - 기준 주위온도   - 정격차단용량(ICU)

  - 제조자명   - 제조년월일

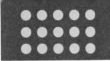

2011년 5월 1일 시행

※ 다음 물음에 대한 답을 해당 답란에 답하시오(배점 : 100).

01

모터 컨트롤센터(MCC)에서 소화전 펌프 전동기에 전기를 공급하고자 하는 경우 전동기에 대한 다음 각 물음에 답하시오(단, 전압은 3상 200[V]이고, 전동기의 용량은 15[kW], 역률은 60[%]라고 한다).

득점	배점
	6

(가) 전동기의 전부하 전류[A]를 구하시오.

① 계산 :

② 답 :

(나) 전동기의 역률을 90[%]로 개선하고자 할 때 필요한 전력용 콘덴서의 용량 [kVA]을 구하시오.

① 계산 :

② 답 :

(다) 전동기 외함의 접지는 제 몇 종 접지공사를 하여야 하는지 쓰시오.

★해답

(가) ① 계산 : $I = \dfrac{P}{\sqrt{3}\,V\cos\theta} = \dfrac{15 \times 10^3}{\sqrt{3} \times 200 \times 0.6} = 72.17[\text{A}]$

② 답 : 72.17[A]

(나) ① 계산 : $Q_C = P\left(\dfrac{\sqrt{1-\cos^2\theta_1}}{\cos\theta_1} - \dfrac{\sqrt{1-\cos^2\theta_2}}{\cos\theta_2}\right)$

$= 15 \times \left(\dfrac{\sqrt{1-0.6^2}}{0.6} - \dfrac{\sqrt{1-0.9^2}}{0.9}\right) = 12.735[\text{kVA}]$

② 답 : 12.74[kVA]

(다) 2021년 1월 1일 한국전기설비규정 변경으로 답이 맞지 않음

해★설

(가) 3상 모터의 전부하 전류(I)

$I = \dfrac{P}{\sqrt{3}\,V\cos\theta} = \dfrac{15 \times 10^3}{\sqrt{3} \times 200 \times 0.6} = 72.17[\text{A}]$

(나) 역률개선용 **전력용 콘덴서 용량**(Q_C)

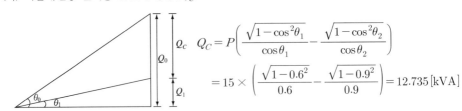

$Q_C = P\left(\dfrac{\sqrt{1-\cos^2\theta_1}}{\cos\theta_1} - \dfrac{\sqrt{1-\cos^2\theta_2}}{\cos\theta_2}\right)$

$= 15 \times \left(\dfrac{\sqrt{1-0.6^2}}{0.6} - \dfrac{\sqrt{1-0.9^2}}{0.9}\right) = 12.735[\text{kVA}]$

02

다음 조건과 같은 경우 자동화재탐지설비의 수신기에 내장되는 축전지설비의 용량[Ah]을 구하시오(단, 조건 이외의 기기에 대해서는 고려하지 않으며, 다음 기기가 모두 작동되는 경우로 한다).

득점	배점
	5

조건

• 수신기의 감시전류 300[mA], 경보전류 500[mA]로 한다.
• 감지기 수량 200개, 감지기 각각의 감시전류 10[mA], 경보전류 30[mA]로 한다.
• 발신기 수량 30개, 발신기 각각의 감시전류 15[mA], 경보전류 35[mA]로 한다.
• 경종 수량 30개, 경종 각각의 경보전류 40[mA]로 한다.

물음

① 계산 :
② 답 :

① 계산 : $C = \dfrac{1}{L}(K_1 I_1 + K_2 I_2) = \dfrac{1}{0.8} \times \left(1 \times 2.75 + \dfrac{1}{6} \times 8.75\right) = 5.26[\text{Ah}]$

② 답 : $C = 5.26[\text{Ah}]$

해설

• 축전지 용량 $C = \dfrac{1}{L}(K_1 I_1 + K_2 I_2)[\text{Ah}]$

(1) 방전전류(I)
  • 감시전류 $I_1 = [\underset{\text{수신기 감시전류}}{300} + \underset{\text{감지기 감시전류}}{(200 \times 10)} + \underset{\text{발신기 감시전류}}{(30 \times 15)}]$
    $= 2,750[\text{mA}] = 2.75[\text{A}]$
  • 경보전류 $\underset{\text{(동작전류)}}{I_2} = [\underset{\text{수신기 경보전류}}{500} + \underset{\text{감지기 경보전류}}{(200 \times 30)} + \underset{\text{발신기 경보전류}}{(30 \times 35)} + \underset{\text{경종 경보전류}}{(30 \times 40)}]$
    $= 8,750[\text{mA}] = 8.75[\text{A}]$

(2) 용량환산시간(K)
  • K_1(감시시간) : 60분=1시간
  • K_2(경보시간) : 10분= $\dfrac{1}{6}$ 시간

    계산 : $C = \dfrac{1}{L}(K_1 I_1 + K_2 I_2) = \dfrac{1}{0.8} \times \left(1 \times 2.75 + \dfrac{1}{6} \times 8.75\right) = 5.26[\text{Ah}]$
    답 : $C = 5.26[\text{Ah}]$

(3) 보수율(L) : 0.8

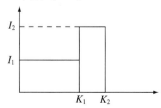

※ 예비전원(축전지)
  감시 상태를 60분간 지속한 후 유효하게 10분 이상 경보

03

차동식스포트형·보상식스포트형 및 정온식스포트형감지기는 그 부착 높이 및 소방대상물에 따라 다음 표를 기준으로 하여 바닥면적마다 1개 이상을 설치하여야 한다. 표의 ㉮~㉯의 빈칸을 채우시오.

득점	배점
	5

(단위 : [m²])

부착 높이 및 특정소방대상물의 구분		감지기의 종류						
		차동식 스포트형		보상식 스포트형		정온식 스포트형		
		1종	2종	1종	2종	특 종	1종	2종
4[m] 미만	주요 구조부를 내화 구조로 한 특정소방대상물 또는 그 부분	90	70	㉮	70	㉯	60	20
	기타 구조의 특정소방대상물 또는 그 부분	㉰	40	50	㉱	40	30	15
4[m] 이상 8[m] 미만	주요 구조부를 내화 구조로 한 특정소방대상물 또는 그 부분	45	㉲	45	35	35	㉳	
	기타 구조의 특정소방대상물 또는 그 부분	30	25	30	㉴	25	㉵	

★해답

㉮ 90 ㉯ 70
㉰ 50 ㉱ 40
㉲ 35 ㉳ 30
㉴ 25 ㉵ 15

해★설

(단위 : [m²])

부착 높이 및 특정소방대상물의 구분		감지기의 종류						
		차동식 스포트형		보상식 스포트형		정온식 스포트형		
		1종	2종	1종	2종	특 종	1종	2종
4[m] 미만	주요 구조부를 내화 구조로 한 특정소방대상물 또는 그 부분	90	70	**90**	70	**70**	60	20
	기타 구조의 특정소방대상물 또는 그 부분	**50**	40	50	**40**	40	30	15
4[m] 이상 8[m] 미만	주요 구조부를 내화 구조로 한 특정소방대상물 또는 그 부분	45	**35**	45	35	35	**30**	
	기타 구조의 특정소방대상물 또는 그 부분	30	25	30	**25**	25	**15**	

04

비상콘센트설비에 대한 다음 각 물음에 답하시오.

득점	배점
	6

(가) 전원회로의 종류와 전압 및 그 공급용량의 기준에 대하여 설명하시오.

(나) 비상콘센트설비의 절연저항 측정방법과 절연내력시험 방법 및 각각의 기준을 설명하시오.

(다) 소방법에 따른 비상콘센트의 그림기호를 그리시오.

☆해답 (가)

종 류	전 압	공급용량
단 상	220[V]	1.5[kVA] 이상

(나) 절연저항 : DC 500[V] 절연저항계로 절연된 충전부와 외함 사이를 측정 시 절연저항 값이 20[MΩ] 이상일 것

절연내력 : 정격전압이 150[V] 이하일 때는 1,000[V]의 실효전압을, 정격전압이 150[V]를 초과할 때는 정격전압에 2를 곱하여 1,000[V]를 더한 실효전압을 인가하여 1분 이상 견딜 수 있을 것

(다) ⊙⊙

해☆설

• 비상콘센트 배선기호 및 전원회로

– 비상콘센트 배선기호 ⊙⊙

– 비상콘센트설비의 전원회로는 단상교류 220[V]인 것으로서, 그 공급용량은 1.5[kVA] 이상인 것으로 할 것

[비상콘센트의 전원회로]

구 분	전 압	공급용량	플러그접속기
단상교류	220[V]	1.5[kVA] 이상	접지형 2극

– 전원회로는 각 층에 있어서 2 이상이 되도록 설치할 것(단, 설치하여야 할 층의 콘센트가 1개일 때는 하나의 회로로 할 수 있다)

• **절연저항**은 **전원부**와 **외함 사이**를 500[V] 절연저항계로 측정할 때 20[MΩ] 이상일 것

• **절연내력시험**

절연내력은 **전원부와 외함 사이**에 다음과 같이 실효전압을 가하는 시험에서 **1분 이상** 견디는 것으로 할 것

– 정격전압이 **150[V] 이하 : 1,000[V]의 실효전압**

– 정격전압이 150[V] 초과 : (그 정격전압 × 2) + 1,000[V]

05 주어진 기계기구와 운전조건을 이용하여 옥상의 소방용 고가수조에 물을 올릴 때 사용되는 양수펌프에 대한 수동 및 자동운전을 할 수 있도록 주 회로와 제어회로를 완성하시오(단, 회로 작성에 필요한 접점수는 최소 수만 사용하며, 접점기호와 약호를 기입하시오).

득점	배점
	6

기계기구

- 운전용 누름버튼스위치(PB$_{-on}$) 1개
- 정지용 누름버튼스위치(PB$_{-off}$) 1개
- 배선용 차단기(MCCB) 1개
- 자동수동전환스위치(S/S) 1개
- 전자접촉기(MC) 1개
- 열동계전기(THR) 1개
- 리밋스위치(LS) 1개
- 퓨즈(제어회로용) 2개
- 3상 유도전동기 1대

운전조건

- 자동운전과 수동운전이 가능하도록 하여야 한다.
- 자동운전은 리밋스위치(만수위 검출)에 의하여 이루어지도록 한다.
- 수동운전인 경우에는 다음과 같이 동작되도록 한다.
  - 운전용 누름버튼스위치에 의하여 전자접촉기가 여자되어 전동기가 운전되도록 한다.
  - 정지용 누름버튼스위치에 의하여 전자접촉기가 소자되어 전동기가 정지되도록 한다.
  - 전동기 운전 중 과부하 또는 과열이 발생되면 열동계전기가 동작되어 전동기가 정지되도록 한다(자동운전 시에서도 열동계전기가 동작하면 전동기가 정지하도록 한다).

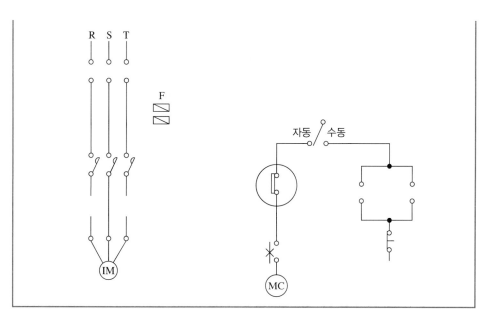

 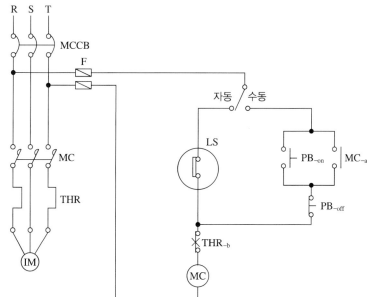

해★설

- **NFB**(No Fuse Breaker) : MCCB의 일종으로 Fuse가 없어 반복 재투입이 가능한 과부하 및 단락 시 부하 보호용 개폐기구
- 열동계전기 : 과부하 시 전동기 보호용 계전기
- **유도전동기의 기동방식**

농 형		권선형
• 전전압 기동법 • Y - △ **기동방식**(일반적) • 기동 보상기법 • 리액터 기동법		2차 저항 기동법

• **수동운전 시**
  PBS$_{-on}$ ⇒ MC$_{-a}$ 자기유지접점 병렬접속으로 운전 유지
  PBS$_{-off}$ ⇒ MC$_{-a}$ 자기유지접점 직렬접속으로 정지기능
• **자동운전 시**
  Float S/W(FS)에 의해 MC 전자접촉기 코일이 여자됨
  GL-Lamp MC 전자접촉기 b접점과 연결

06 비상방송설비에 대한 다음 물음에 답하시오.

득점	배점
	4

(가) 음량조정기를 설치하는 경우 음량조정기의 배선은 몇 선식으로 하여야 하는가?

(나) 조작부의 조작스위치는 바닥으로부터 몇 [m] 이상 몇 [m] 이하의 높이에 설치하여야 하는가?

(다) 7층 건물의 5층에서 발화한 때에는 몇 층에서 우선적으로 경보를 발할 수 있도록 하여야 하는가?

(라) 기동장치에 의한 화재신고를 수신한 후 필요한 음량으로 방송이 개시될 때까지의 소요시간은 몇 초 이하로 하여야 하는가?

★해답
(가) 3선식 배선
(나) 바닥으로부터 0.8[m] 이상 1.5[m] 이하
(다) 발화층 : 5층, 직상층 : 6층
(라) 10초 이하

해★설

비상방송설비의 설치기준
• 확성기의 음성입력은 3[W](실내에 설치하는 것에 있어서는 1[W]) 이상일 것
• 확성기는 각 층마다 설치하되, 그 층의 각 부분으로부터 하나의 확성기까지의 **수평거리**는 25[m] **이하**가 되도록 하고, 해당 층의 각 부분에 유효하게 경보를 발할 수 있도록 설치할 것
• 음량조정기를 설치하는 경우 음량조정기의 **배선**은 3선식으로 할 것
• 조작부의 조작스위치는 바닥으로부터 **0.8[m] 이상 1.5[m] 이하**의 높이에 설치할 것
• 조작부는 기동장치의 작동과 연동하여 해당 기동장치가 작동한 층 또는 구역을 표시할 수 있는 것으로 할 것
• 증폭기 및 조작부는 수위실 등 상시 사람이 근무하는 장소로서 점검이 편리하고 방화상 유효한 곳에 설치할 것
• 기동장치에 따른 화재신고를 수신한 후 필요한 음량으로 화재 발생상황 및 피난에 유효한 방송이 자동으로 개시될 때까지의 소요시간은 **10초 이하**로 할 것

• 직상발화 우선경보방식

발화층	경보층
2층 이상	발화층, 그 직상층
1층	지하층(전체), 1층, 2층
지하 1층	지하층(전체), 1층
지하 2층 이하	지하층(전체)

07

| | 득점 | 배점 |
비상용 조명, 표시등의 총 6,000[W] 부하가 있는 소방시설에 비상전원으로 연축전지설비를 설치하려고 한다. 방전시간은 30분, 축전지 셀은 HS형 54[cell], 허용 최저전압 97[V], 축전지 최저온도는 5[℃]일 때 다음 각 물음에 답하시오(단, 정격전압은 100[V], 보수율은 0.8이며, 용량환산시간은 다음 표와 같다).

배점: 5

형 식	온도 [℃]	10분			30분		
		1.6[V]	1.7[V]	1.8[V]	1.6[V]	1.7[V]	1.8[V]
HS	25	0.58	0.7	0.93	1.03	1.14	1.38
	5	0.62	0.74	1.05	1.11	1.22	1.54
	−5	0.68	0.82	1.15	1.2	1.35	1.68

물 음

(가) 축전지 공칭전압
  ① 계산 :
  ② 답 :
(나) 축전지 용량
  ① 계산 :
  ② 답 :

해답

(가) ① 계산 : 공칭전압 $= \dfrac{\text{허용 최저전압}}{\text{셀수}} = \dfrac{97}{54} = 1.79[\text{V}]$

  ② 답 : 1.8[V]

(나) ① 계산 : $I = \dfrac{P}{V} = \dfrac{6,000}{100} = 60[\text{A}]$

  $C = \dfrac{1}{0.8} \times 1.54 \times 60 = 115.5[\text{Ah}]$

  ② 답 : 115.5[Ah]

해설

축전지 용량(C)

$$C = \frac{1}{L}KI[\text{Ah}]$$

안심Touch

여기서, C : 축전지 용량[Ah] L : 보수율(0.8)
K : 용량환산시간 I : 방전전류[A]

- 용량환산시간(K) → 공칭전압을 구하여 찾는다.
  - 축전지 공칭전압 = $\dfrac{\text{허용 최저전압}}{\text{셀수}} = \dfrac{97}{54} = 1.796 = 1.8[\text{V/cell}]$
  - HS형, 공칭전압 1.8[V/cell], 최저 축전지온도 5[℃], 방전시간 30분의 도표에서
    용량환산시간(K) = 1.54
- 전류(I)

  $I = \dfrac{P}{V} = \dfrac{6{,}000}{100} = 60[\text{A}]$

  $\therefore$ 축전지 용량 $C = \dfrac{1}{L}KI = \dfrac{1}{0.8} \times 1.54 \times 60 = 115.5[\text{Ah}]$

08

도면은 누전경보기의 설치회로도이다. 이 회로를 보고 다음 각 물음에 답하시오(단, 도면의 잘못된 부분은 모두 정상회로로 수정한 것으로 가정하고 물음에 답하시오).

득점	배점
	10

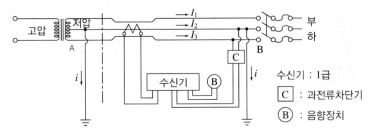

고압 저압 I_1 I_2 I_3 부 하
A B
i 수신기 i
수신기 : 1급

C : 과전류차단기
B : 음향장치

물음

(가) 회로에서 잘못된 부분으로 중요 개소 3가지를 지적하여 바른 방법을 설명하시오.

(나) A의 접지선에 접지하여야 할 접지공사는 어떤 종별의 접지공사를 하여야 하는가?

(다) 회로에서의 수신기는 경계전로의 전류가 몇 [A] 초과의 것이어야 하는가?

(라) 회로의 음향장치에서 음량은 장치의 중심으로부터 1[m] 떨어진 위치에서 몇 [dB] 이상이 되어야 하는가?

(마) 회로에서 C 에 사용되는 과전류차단기의 용량은 몇 [A] 이하이어야 하는가?

(바) 회로의 음향장치는 정격전압의 최소 몇 [%] 전압에서 음향을 발할 수 있어야 하는가?

(사) 회로에서 변류기의 절연저항을 측정하였을 경우 절연저항값은 몇 [MΩ] 이상이어야 하는가?(단, 1차 코일 또는 2차 코일과 외부 금속부와의 사이로 차단기의 개폐부에 DC 500[V]의 절연저항계를 사용한다고 한다)

(아) 누전경보기의 공칭작동전류치는 몇 [mA] 이하이어야 하는가?

⭐해답 (가) ① 영상변류기의 부하측에 접지선(B)이 설치 ⇒ 제거
　　　　② 영상변류기에 전로의 1선만 관통 ⇒ 3선 모두 관통
　　　　③ 차단기 2차측 중심선에 퓨즈 설치 ⇒ 퓨즈 제거 후 동선 설치
　　(나) 2021년 1월 1일 한국전기설비규정 변경으로 답이 맞지 않음
　　(다) 60[A] 초과　　　　　　　　　(라) 70[dB] 이상
　　(마) 15[A] 이하　　　　　　　　　(바) 80[%]
　　(사) 5[MΩ] 이상　　　　　　　　(아) 200[mA] 이하

해⭐설

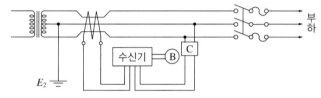

- 경보기구에 내장하는 음향장치는 사용전압의 **80[%]**에서 음향을 발할 것
- 사용전압에서의 음압은 무향실 내에서 정위치에 부착된 음향장치의 중심으로부터 1[m] 떨어진 지점에서 주음향장치용의 것은 **70[dB] 이상**일 것
- 경계전로의 정격전류가 **60[A]**를 **초과**하는 전로에 있어서는 1급 누전경보기를 설치할 것
- 사용전압 600[V] 이하인 경계전로인 누설전류를 검출하여 해당 특정소방대상물의 관계자에게 경보를 발하는 설비로서 변류기와 수신부로 구성되어 있음
- 공칭작동전류치는 **200[mA] 이하**일 것
- 변류기는 직류 500[V]의 절연저항계로 시험을 하는 경우 **5[MΩ] 이상**일 것
- 전원은 분전반으로부터 전용회로로 하고 각 극에 개폐기 및 **15[A] 이하**의 과전류차단기를 설치할 것

09

다음 그림은 할론소화설비 기동용 연기감지기의 회로를 잘못 결선한 그림이다. 잘못 결선된 부분을 바로잡아 옳은 결선도를 그리고 잘못 결선한 이유를 쓰시오(단, 종단저항은 제어반 내에 설치된 것으로 본다).

득점	배점
	6

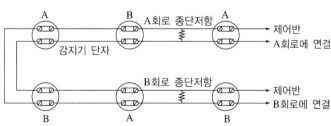

★해답 변경결선도

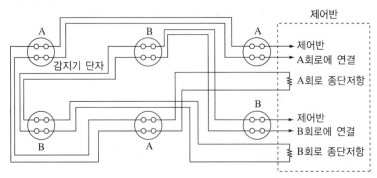

이유 : 할론설비는 설비의 오동작을 방지하기 위하여 감지기회로를 교차회로방식으로 하고
종단저항은 회로 중간이 아닌 회로 말단에 설치해야 하므로 제어반 내에 설치한다.

해★설

교차회로방식
• 정의 : 하나의 경계구역 내에 2 이상의 화재감지기회로를 설치하고 인접한 2 이상의 화재감지기가
동시에 감지되는 때에 설비가 작동되도록 하는 방식
• 종단저항 : 회로 끝부분에 설치

10

자동화재탐지설비의 수신기에서 공통선 시험을 하는 목적을 설명하고, 시험 방법을 순서에 의하여 차례대로 설명하시오.	득점	배점
		5

(가) 목적 :
(나) 방법 :
(다) 가부판정기준 :

★해답 (가) 목적 : 공통선이 부담하고 있는 경계구역수의 적정 여부를 확인하기 위한 시험
(나) 방법 : ① 수신기 내 접속단자에서 공통선 1선을 제거(분리)
② 회로도통시험스위치를 누른 후 회로 선택스위치를 차례로 회전
③ 시험용 계기의 지시등이 단선을 지시한 경계구역의 회선수를 조사
(다) 가부판정기준 : 공통선이 담당하고 있는 경계구역 수가 7 이하일 것

해★설

자동화재탐지설비의 배선기준
• 전원회로의 배선은 옥내소화전설비의 화재안전기준에 의한 **내화배선**에 의하고 그 밖의 배선은
내화배선 또는 내열배선에 의할 것
• 감지기 사이의 회로의 배선은 **송배전식**으로 할 것
• P형 수신기 및 GP형 수신기의 감지회로의 배선에 있어서 하나의 공통선에 접속할 수 있는 경계구역
은 **7개 이하**로 할 것
• 자동화재탐지설비의 **감지회로의 전로저항**은 50[Ω] **이하**가 되도록 할 것

11

> 다음 소방시설 그림기호의 명칭을 쓰시오.
>
> | 득점 | 배점 |
> |---|---|
> | | 5 |
>
> (가) : $\triangleleft$
>
> (나) : Ⓔ
>
> (다) : ▽
>
> (라) : S
>
> (마) : ▽

★해답

    (가) 사이렌

    (나) 기동버튼

    (다) 정온식스포트형감지기

    (라) 연기감지기

    (마) 차동식스포트형감지기

12

> 피난구유도등의 2선식 배선방식과 3선식 배선방식의 미완성 결선도를 완성하고, 2선식 배선방식과 3선식 배선방식의 차이점을 2가지만 쓰시오.
>
> | 득점 | 배점 |
> |---|---|
> | | 6 |
>
> (가) 미완성 결선도
>
>
>
>
>
> (나) 배선방식의 차이점
>
> | | 2선식 | 3선식 |
> |---|---|---|
> | 점등 상태 | | |
> | 충전 상태 | | |

★해답

(가) 완성 결선도

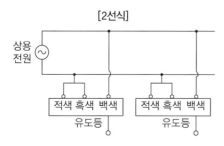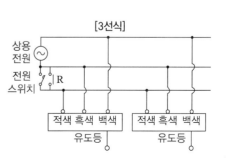

(나) 배선방식의 차이점

	2선식	3선식
점등 상태	점 등	소 등
충전 상태	충 전	충 전

해★설

• 2선식과 3선식 배선(원칙 : 2선식 설치)

2선식	3선식
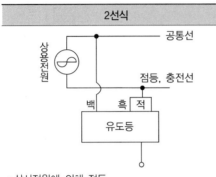	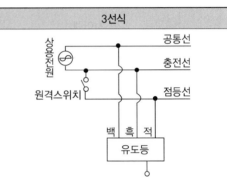
• 상시전원에 의해 점등 • 정전 또는 원격 S/W 설치하여 OFF 시 전원 공급 중단되고 비상전원으로 절환되어 규정시간(20분, 60분) 점등 후 소등 • 원격 S/W 설치하여 OFF 시 비상전원 충전이 불가능하므로 원격 S/W 설치 불가능	• 상시전원에 의해 점등 • 원격 S/W OFF 시 유도등은 소등되고 비상전원에 의한 유도등 충전은 계속됨 • 정전 시 비상전원으로 절환되어 규정시간(20분, 60분) 점등 후 소등

• 3선식 배선에 따라 상시 충전되는 유도등의 전기회로에 점멸기를 설치하는 경우에는 다음에 해당되는 때에 점등되도록 하여야 한다.
 – 자동화재탐지설비의 감지기 또는 발신기가 작동되는 때
 – 비상경보설비의 발신기가 작동되는 때
 – 상용전원이 정전되거나 전원선이 단선되는 때
 – 방재업무를 통제하는 곳 또는 전기실의 배전반에서 수동으로 점등하는 때
 – 자동소화설비가 작동되는 때

13

무선통신보조설비의 종류(방식) 3가지를 쓰고, 이에 대하여 설명하시오.	득점	배점
		6

★해답 ① 누설동축케이블 방식 : 지하상가 등 폭이 좁고 긴 통로가 있는 장소에 적합
② 안테나방식 : 장애물이 적고 넓은 공간이 있는 장소에 적합
③ 누설동축케이블과 안테나 혼합방식 : 양쪽의 장단점을 보완하여 사용

해★설

• 누설동축케이블방식
 – 특 징
  ⓐ 터널, 지하철역 등 폭이 좁고, 긴 지하가나 건축물 내부에 적합
  ⓑ 전파를 균일하고 광범위하게 방사

ⓒ 케이블이 노출되므로 유지보수 용이
- **무반사종단저항** : 기전송된 전자파가 케이블 끝에서 반사되어 송신부로 되돌아오는 전자파의 반사를 방지
• 안테나방식 : 동축케이블과 안테나를 조합한 것
  - 특 징
    ⓐ 장애물이 적은 대강당, 극장에 적합
    ⓑ 말단에서 전파의 강도가 떨어져 통화 품질 저하
    ⓒ 누설동축케이블 방식에 비하여 경제적
    ⓓ 케이블을 은폐할 수 있어 미관에 좋음
  - **안테나** : 송신기에서 공간에 전파를 방사하거나 수신기로 끌어들이는 장치로 전파를 효율적으로 송수신하기 위한 공중도체로 무지향성과 지향성이 있음

14

득점	배점
	5

공기관식 차동식분포형감지기의 공기관을 가설할 때 다음 물음에 답하시오.

(가) 감지구역마다 공기관의 노출 부분의 길이는 몇 [m] 이상이어야 하는가?

(나) 하나의 검출 부분에 접속하는 공기관의 길이는 몇 [m] 이하이어야 하는가?

(다) 공기관과 감지구역의 각 변과의 수평거리는 몇 [m] 이하이어야 하는가?

(라) 공기관 상호 간의 거리는 몇 [m] 이하이어야 하는가?(단, 주요 구조부는 비내화구조인 경우로 한다)

(마) 공기관의 두께 및 바깥지름은 몇 [mm] 이상이어야 하는가?

(가) 20[m] 이상
(나) 100[m] 이하
(다) 1.5[m] 이하
(라) 6[m] 이하
(마) 공기관 두께 : 0.3[mm] 이상, 공기관 바깥지름 : 1.9[mm] 이상

해☆설

공기관식 차동식분포형감지기의 설치기준
• 공기관의 노출 부분은 감지구역마다 **20[m]** 이상이 되도록 할 것
• 공기관과 감지구역의 각 변과의 수평거리는 **1.5[m]** 이하가 되도록 하고 공기관 상호 간의 거리는 **6[m]**(내화구조 : 9[m]) 이하가 되도록 할 것
• 공기관은 도중에서 분기하지 아니하도록 할 것
• 하나의 검출 부분에 접속하는 공기관의 길이는 **100[m]** 이하로 할 것
• 검출부는 **5°** 이상 경사되지 아니하도록 부착할 것
• 검출부는 바닥으로부터 **0.8[m]** 이상 **1.5[m]** 이하의 위치에 설치할 것
• 공기관의 두께는 **0.3[mm]** 이상, 바깥지름은 **1.9[mm]** 이상으로 할 것

15 가스누설경보기 기술기준에 관련된 사항이다. 다음 물음에 답하시오.

득점	배점
	6

(가) 수신부의 수신 개시로부터 가스누설 표기까지의 소요시간은 몇 초인가?

(나) 경보장치의 음향설비는 무향실 내에서 정위치에 부착된 음향장치 중심으로 부터 1[m] 떨어진 지점에서 주음향장치용(공업용)과 고장표시장치용은 각각 몇 [dB] 이상이어야 하는가?

(다) 경보기 예비전원설비에 사용되는 축전지를 쓰시오.

⭐해답 (가) 60초 이내
　　　 (나) 주음향장치용(공업용) : 90[dB] 이상
　　　　　 고장표시장치용 : 60[dB] 이상
　　　 (다) 알칼리계 2차 축전지, 리튬계 2차 축전지, 무보수밀폐형 연축전지

해⭐설
(가) 수신 개시로부터 가스누설표시까지의 소요시간은 **60초 이내**일 것
(나) 경보기의 경보음량은 무향실에서 측정하는 경우 음향장치의 중심으로부터 1[m] 떨어진 위치에서 **90[dB]**(단독형 및 분리형 중 영업용인 경우에는 70[dB]) **이상**이어야 한다. 다만, 고장표시용의 음압은 **60[dB] 이상**이어야 한다.
(다) 예비전원은 **알칼리계 2차 축전지, 리튬계 2차 축전지** 또는 **무보수밀폐형 연축전지**로서 그 용량은 1회선용(단독형 포함)의 경우 감시 상태를 20분간 계속한 후 유효하게 작동되어 10분간 경보를 발할 수 있어야 하며, 2회로 이상인 경보기의 경우에는 연결된 모든 회로에 대하여 감시 상태를 10분간 계속한 후 2회선을 유효하게 작동시키고 10분간 경보를 발할 수 있는 용량이어야 한다.

16 다음은 이산화탄소소화설비의 간선계통도이다. 각 물음에 답하시오(단, 감지 기공통선과 전원공통을 각각 분리해서 사용하는 조건임).

득점	배점
	10

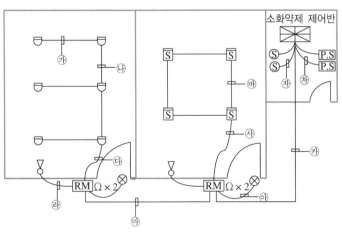

물음

(가) ㉮~㉻까지의 배선 가닥수를 쓰시오.

㉮	㉯	㉰	㉱	㉲	㉳	㉴	㉵	㉶	㉷	㉻

(나) ㉲의 배선별 용도를 쓰시오(단, 해당 배선 가닥수까지만 기록).

번 호	배선의 용도	번 호	배선의 용도
1		6	
2		7	
3		8	
4		9	
5		10	

(다) ㉻의 배선 중 ㉲의 배선과 병렬로 접속하지 않고 추가해야 하는 배선의 명칭은?

번 호	배선의 용도
1	
2	
3	
4	
5	

☆해답

(가)

㉮	㉯	㉰	㉱	㉲	㉳	㉴	㉵	㉶	㉷	㉻
4	8	8	2	9	4	8	2	2	2	14

(나)

번 호	배선의 용도	번 호	배선의 용도
1	전원 +	6	감지기 A
2	전원 −	7	감지기 B
3	기동스위치	8	비상스위치
4	방출표시등	9	감지기 공통
5	사이렌	10	

(다)

번 호	배선의 용도	번 호	배선의 용도
1	기동스위치	4	감지기 A
2	방출표시등	5	감지기 B
3	사이렌		

17

> 1종 및 2종 연기감지기 설치기준에 알맞은 내용을 괄호에 쓰시오.
>
> | 득점 | 배점 |
> |---|---|
> | | 4 |
>
> (가) 계단 및 경사로에 있어서는 수직거리 (　　)[m]마다 1개 이상으로 할 것
> (나) 복도 및 통로에 있어서는 보행거리 (　　)[m]마다 1개 이상 설치할 것
> (다) 감지기는 벽 또는 보로부터 (　　)[m] 이상 떨어진 곳에 설치할 것
> (라) 천장 또는 반자 부근에 (　　)가 있는 경우에는 그 부근에 설치할 것

해답 (가) 15　　　　　　　　　(나) 30
　　　　 (다) 0.6　　　　　　　　(라) 배기구

해설

연기감지기의 설치기준

• 연기감지기의 부착높이에 따른 감지기의 바닥면적　　　　　　　　　　　(단위 : [m²])

부착 높이	감지기의 종류	
	1종 및 2종	3종
4[m] 미만	150	50
4[m] 이상 20[m] 미만	75	−

• 감지기는 벽 또는 보로부터 **0.6[m]** 이상 떨어진 곳에 설치할 것
• 감지기는 **복도 및 통로**에 있어서는 보행거리 **30[m]**(3종에 있어서는 20[m])마다, **계단, 경사로**에 있어서는 수직거리 **15[m]**(3종에 있어서는 10[m])마다 1개 이상으로 할 것

2011년 7월 24일 시행

※ 다음 물음에 대한 답을 해당 답란에 답하시오(배점 : 100).

01

분산형중계기의 설치장소 4가지만 쓰시오.

득점	배점
	4

해답
① 소화전함 및 단독 발신기함 내부
② 댐퍼 수동조작함 내부 및 조작스위치 내부
③ 스프링클러 접속박스 내부 및 SVP 내부
④ 셔터, 배연창, 제연경계 연동제어기 내부

해설

중계기의 종류

• 집합형 전원 공급 : 중계기 전원을 직근에서 공급받을 수 있으므로 전압강하가 발생하지 않는다.
• 분산형 전원 공급 : Local에 설치된 기기의 전원을 수신기로부터 공급받으므로 거리가 제한되거나 전선의 굵기가 굵어진다.

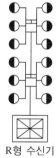

R형 수신기

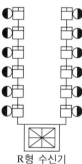

R형 수신기

구 분	집합형	분산형
입력전원	AC 220[V]	DC 24[V]
전원 공급	• 외부 전원을 이용 • 정류기 및 비상전원 내장	• 수신기의 비상전원을 이용 • 중계기에 전원장치 없음
회로 수용능력	대용량(30~40회로)	소용량(5회로 미만)
외형 크기	대 형	소 형
설치방식	• 전기Pit실 등에 설치 • 2~3개층당 1대씩	• 발신기함에 내장하거나 별도의 격납함에 설치 • 각 Local기기별 1대씩
전원 공급 사고	내장된 예비전원에 의해 정상적인 동작을 수행	중계기 전원선로의 사고 시 해당 계통 전체 시스템 마비
설치 적용	• 전압 강하가 우려되는 장소 • 수신기와 거리가 먼 초고층 빌딩	• 전기피트가 좁은 건축물 • 아날로그감지기를 객실별로 설치하는 호텔

02

> 다음은 무선통신보조설비에 대한 것이다. 각 물음에 답하시오. | 득점 | 배점 |
> | --- | --- |
> | | 6 |
>
> (가) 누설동축케이블은 몇 [m] 이내마다 금속제 또는 자기제 등의 지지금구로 벽, 천장, 기둥 등에 견고하게 고정시켜야 하는가?
> (나) 누설동축케이블, 분배기, 혼합기 등의 임피던스는 몇 [Ω]의 것으로 하여야 하는가?
> (다) 증폭기에는 비상전원이 부착된 것으로 하고 해당 비상전원용량은 무선통신보조설비를 유효하게 몇 분 이상 작동시킬 수 있는 것으로 하여야 하는가?

해답
 (가) 4[m] 이내
 (나) 50[Ω]
 (다) 30분 이상

해설
무선통신보조설비의 증폭기의 설치기준
- 누설동축케이블은 화재에 따라 해당 케이블의 피복이 소실된 경우에 케이블 본체가 떨어지지 아니하도록 **4[m] 이내**마다 금속제 또는 자기제 등의 지지금구로 벽·천장·기둥 등에 견고하게 고정시킬 것(다만, **불연재료로 구획된 반자 안에 설치하는 경우**에는 그러하지 아니하다)
- 임피던스는 **50[Ω]**으로 할 것
- 증폭기에는 비상전원이 부착된 것으로 하고 해당 **비상전원용량**은 무선통신보조설비를 유효하게 **30분 이상** 작동시킬 수 있는 것으로 할 것

03

> 다음은 하나의 배선용 덕트에 소방용 배선과 다른 설비용 배선을 같이 수납한 경우이다. ①와 ②는 어느 정도의 크기 이상으로 하여야 하는지 쓰시오. | 득점 | 배점 |
> | --- | --- |
> | | 4 |
>
> 배선용 덕트
>
>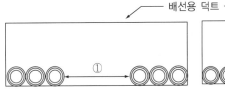
>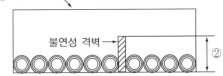
>
>
> **물음**
> (가) 소방용 배선과 다른 설비용 배선의 이격거리(①)는 몇 [cm] 이상인가?
> (나) 불연성 격벽을 설치한 경우에 격벽의 높이는 굵은 케이블 지름(②)의 몇 배 이상인가?

해답 (가) 15   (나) 1.5배

해설
배선전용실의 케이블 배치 예
- 소방용 케이블과 다른 용도의 케이블은 **15[cm]** 이상 이격 설치
- 불연성 격벽설치 시 가장 굵은 케이블의 배선지름 **1.5배** 이상의 높이일 것

04

P형 1급 수신기의 예비전원을 시험하는 방법과 양부판단의 기준에 대하여 설명하시오.

득점	배점
	5

(가) 시험방법 :

(나) 양부판단 기준 :

해답 (가) 시험방법
　　① 예비전원 스위치를 동작한다.
　　② 전압계의 지시치가 지정치 이내인지를 확인한다.
　　③ 교류전원을 개로하고 자동전환 릴레이의 작동상황을 조사한다.
　(나) 양부판단 기준 : 예비전원의 전압, 용량, 절환상황 및 복구작동이 정상으로 될 것

해설

예비전원시험 : 상용전원 및 비상전원이 정전 시 자동적으로 예비전원으로 절환하고, 정전 복구 시 자동적으로 상용전원으로 절환되는 것을 확인하는 시험

05

지상 20[m]되는 곳에 300[m³]의 저수조가 있다. 이곳에 10[kW]의 전동기를 사용하여 양수한다면 저수조에는 약 몇 분 후에 물이 가득 차는지 계산하시오 (단, 전동기 효율은 70[%]이고, 여유계수는 1.2이다).

득점	배점
	4

① 계산 :

② 답 :

해답

① 계산 : $t = \dfrac{9.8 \times 20[\text{m}] \times 300[\text{m}^3] \times 1.2}{10 \times 0.7} = 10{,}080[\text{s}]$

　　　　$t = 10{,}080 \div 60 = 168[\text{min}]$

　　　　$\therefore$ 168분

② 답 : 168분

해설

전동기용량(P)

$$P = \frac{9.8HQK}{\eta} = \frac{9.8H \cdot V/t \cdot K}{\eta}[\text{kW}]$$

여기서, P : 전동기용량[kW]　　　　　H : 전양정[m]
　　　　Q : 유량[m³/s]　　　　　　　V : 체적[m³]
　　　　η : 효율　　　　　　　　　　K : 여유계수
　　　　t : 시간[s]

06 전기 접지공사의 종류와 접지저항값을 각각 쓰시오.

득점	배점
	4

	접지공사의 종류	접지저항값
답 란		

해답 2021년 1월 1일 한국전기설비규정 변경으로 답이 맞지 않음

07 자동화재탐지설비의 발신기에서 표시등 = 40[mA]/1개, 경종 = 50[mA]/1개로 1회로당 90[mA]의 전류가 소모될 경우 지하 1층, 지상 5층의 각 층별 2회로씩 총12회로인 공장에서 P형 수신반 최말단 발신기(직상발화 우선경보방식인 경우)까지 500[m] 떨어진 경우 다음 물음에 답하시오.

득점	배점
	11

(가) 표시등 및 경종의 최대 소요전류와 총전류는 얼마인가?
　　① 표시등의 최대 소요전류 :
　　② 경종의 최대 소요전류 :
　　③ 총소요전류 :
(나) 사용전선의 종류는?
(다) 2.5[mm²]의 전선을 사용한 경우 경종 동작 시 최말단의 전압강하는 얼마인지 계산하시오.
(라) (다)의 계산에 의한 경종 작동 여부는 어떻게 되는지 설명하시오.
(마) 직상층 우선경보방식을 설치할 수 있는 특정소방대상물의 범위 및 기술기준 등에 대하여 쓰시오.

해답 (가) ① 표시등의 최대 소요전류 : 40[mA]×12회로=480[mA]=0.48[A]
　　　② 경종의 최대 소요전류 : 50[mA]×2회로×3개층=300[mA]=0.3[A]
　　　③ 총소요전류 : 0.48+0.3=0.78[A]
(나) HFIX 2.5[mm²]
(다) 전압강하 : $e = \dfrac{35.6 \times 500 \times (0.48 + 0.3)}{1,000 \times 2.5} = 5.5536 \fallingdotseq 5.55[V]$
(라) 정격전압의 80[%]전압 : 24 × 0.8 = 19.2[V]
　　　말단전압 : 24 - 5.55 = 18.45[V]
　　　∴ 말단전압이 정격전압의 80[%] 미만이므로 경종은 작동하지 않는다.
(마) 지하층을 제외한 층수 5층 이상으로 연면적이 3,000[m²]를 초과하는 특정소방대상물

해☆설

(가) 표시등의 최대 소요전류 = 표시등 1개당 소요전류 × 전체회로수

$$= 40[\text{mA}] \times 12\text{회로} = 480[\text{mA}] = 0.48[\text{A}]$$

　　※ 표시등 : 발신기의 위치를 표시해야 하므로 평상시 점등 상태

　　　경종의 최대 소요전류 = 경종 1개당 소요전류 × 3개층 회로수(6회로)

$$= 50[\text{mA}] \times 6\text{회로} = 300[\text{mA}] = 0.3[\text{A}]$$

　　※ 직상층 우선 경보방식이므로 경종이 최대로 동작하는 경우는 1층에서 발화한 경우로 발화층 및 직상층, 지하층(지하 1층, 지상 1, 2층)에서 경종이 울린다. 따라서, 최대 동작회로는 3개층 6회로가 최대가 된다.

　　총 소요전류 = 표시등 + 경종 = 0.48 + 0.3 = 0.78[A]

(나) 사용전선 : 450/750[V] 저독성 난연 가교 폴리올레핀 절연전선(HFIX)

　　전선굵기 : 2.5[mm²]

(다) 단상 2선식에서 전압강하 : $e = \dfrac{35.6\,L\,I}{1,000\,A}[\text{V}]$

$$e = \frac{35.6 \times 500 \times (0.48 + 0.3)}{1,000 \times 2.5} = 5.5536 \fallingdotseq 5.55[\text{V}]$$

(라) 경종(음향장치)은 정격전압의 80[%] 전압에서 음향을 발할 수 있어야 한다.

　　정격전압의 80[%]전압 = 24 × 0.8 = 19.2[V]

　　말단전압 = 24 − e = 24 − 5.55 = 18.45[V]

　　∴ 말단전압이 정격전압의 80[%] 미만이므로 경종은 작동하지 않는다.

(마) 직상층 및 발화층 우선경보방식 : 지하층을 제외한 층수 5층 이상으로 연면적이 3,000[m²]를 초과하는 특정소방대상물

- 5층 이상으로 연면적이 3,000[m²]를 초과하는 특정소방대상물 : 직상층 및 발화층 우선경보방식
- 5층(지하층 제외) 이상으로서 연면적이 3,000[m²]를 초과하는 특정소방대상물 또는 그 부분에 있어서는 2층 이상의 층에서 발화한 때에는 발화층 및 그 직상층에 한하여, 1층에서 발화한 때에는 발화층·그 직상층 및 지하층에 한하여, 지하층에서 발화한 때에는 발화층·그 직상층 및 기타의 지하층에 한하여 경보를 발할 수 있도록 할 것(발화층 및 직상층 경보방식)

- **직상발화 우선경보방식**

발화층	경보층
2층 이상	발화층, 그 직상층
1층	지하층(전체), 1층, 2층
지하 1층	지하층(전체), 1층
지하 2층 이하	지하층(전체)

08

> 휴대용 비상조명등을 설치하여야 하는 특정소방대상물에 대한 사항이다. 소방시설 적용기준으로 알맞은 내용을 (   ) 안에 쓰시오.
>
> (가) (   )시설
>
> (나) 수용인원 (   )인 이상의 지하역사, 백화점, 전문점, 할인점, 쇼핑센터, 지하상가, 영화상영관

득점	배점
	4

해답 (가) 숙 박
       (나) 100

해설

휴대용 비상조명등을 설치하여야 하는 특정소방대상물

• **숙박시설**
• 수용인원 **100명 이상**의 영화상영관, 판매시설 중 대규모 점포, 철도 및 도시철도시설 중 지하역사, 지하가 중 지하상가

09

> 스프링클러 음향장치에 대한 설명이다. (   )안을 채우시오.
>
> (가) 정격전압의 (   )[%] 전압에서 음향을 발할 수 있는 것으로 할 것
>
> (나) 음량은 부착된 음향장치의 중심으로부터 (   )[m] 떨어진 위치에서 (   )[dB] 이상이 되는 것으로 할 것

득점	배점
	3

해답 (가) 80
       (나) 1, 90

해설

음향장치는 다음의 기준에 따른 구조 및 성능의 것으로 할 것

• 정격전압의 **80[%] 전압**에서 음향을 발할 수 있는 것으로 할 것
• 음량은 부착된 음향장치의 중심으로부터 **1[m]** 떨어진 위치에서 **90[dB] 이상**이 되는 것으로 할 것

10

다음 그림은 이온화식 연기감지기에 대한 것이다. 다음 각 물음에 답하시오.

득점	배점
	8

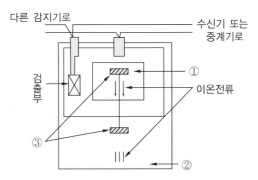

물음

(가) ①~③의 명칭은 무엇인가?

답 란	①	②	③

(나) 이 감지기에서 방출하는 방사선은 α선이다. 이 방사선 원소의 종류는 무엇인가?

(다) 감지기를 천장에 설치할 경우 벽면으로부터 최소 몇 [m] 이상 이격시켜야 하는가?

(라) 실내에 외부로부터 공기가 들어오는 유입구가 있을 경우 감지기를 유입구로부터 몇 [m] 이상 이격시켜야 하는가?

★해답 (가)

①	②	③
내부이온실	외부이온실	방사선원

(나) 아메리슘 241(Am^{241})

(다) 0.6[m]

(라) 1.5[m]

해★설

(가) **이온화식감지기의 명칭**

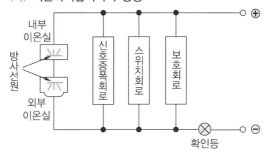

(나) **방사선 동위원소 : 아메리슘 241**(Am^{241}), **라듐**(Ra)

(다) 감지기는 벽 또는 보로부터 **0.6[m] 이상** 떨어진 곳에 설치할 것

(라) 공기관과 감지구역의 각 변과의 수평거리는 **1.5[m] 이하**가 되도록 하고, 공기관 상호 간의 거리는 **6[m]**(주요 구조부를 **내화구조**로 한 특정소방대상물 또는 그 부분에 있어서는 **9[m]**) **이하**가 되도록 할 것

---

11 자동화재탐지설비에서 비화재보가 발생하는 원인과 방지대책에 대해 각각 4가지를 쓰시오.

득점	배점
	5

(가) 발생원인

(나) 방지대책

☆해답 (가) 비화재보 발생원인
① 인위적인 요인
② 기능상의 요인
③ 환경적인 요인
④ 유지상의 요인
(나) 비화재보 방지대책
① 축적기능이 있는 수신기 설치
② 비화재보에 적응성 있는 감지기 설치
③ 감지기 설치 장소 환경개선
④ 오동작 방지기 설치

해☆설

• 비화재보 발생원인
 – 인위적인 요인 : 분진(먼지), 담배연기, 자동차 배기가스, 조리 시 발생하는 열, 연기 등
 – 기능상의 요인 : 부품 불량, 결로, 감도 변화, 모래, 분진(먼지) 등
 – 환경적인 요인 : 온도, 습도, 기압, 풍압 등
 – 유지상의 요인 : 청소(유지관리)불량, 미방수처리 등
 – 설치상의 요인 : 감지기 설치 부적합장소, 배선 접촉불량 및 시공상 부적합한 경우 등
• 비화재보 방지대책
 – 축적기능이 있는 수신기 설치
 – 비화재보에 적응성 있는 감지기 설치
 – 감지기 설치 장소 환경개선
 – 오동작 방지기 설치
 – 감지기 방수처리 강화
 – 청소 및 유지관리 철저

12

비상콘센트설비의 전원 설치 중 상용전원회로의 배선에 관한 사항이다. 다음 각 물음의 분기 개소에 대하여 쓰시오.

득점	배점
	5

(가) 저압수전인 경우 :

(나) 고압수전인 경우 :

⭐**해답** (가) 저압수전인 경우 : 인입 개폐기의 직후

(나) 고압수전인 경우 : 전력용 변압기 2차측의 주차단기 1차측 또는 2차측

해⭐설

비상콘센트설비의 전원 및 콘센트 등

• 상용전원회로의 배선

– **저압수전**인 경우에는 인입 개폐기의 직후에서 분기하여 전용배선으로 하여야 한다.

– **특고압수전** 또는 **고압수전**인 경우에는 전력용 변압기 2차측의 주차단기 1차측에서 분기하여 **전용배선**으로 하여야 한다.

• 비상콘센트설비의 절연저항은 전원부와 외함 사이를 **500[V] 절연저항계**로 측정할 때 **20[M Ω]** 이상일 것

• 하나의 전용회로에 설치하는 비상콘센트는 **10개** 이하로 할 것

13

다음 조건과 같은 배선을 그림기호로 표시하시오(단, 전력선은 전선의 종류 기호를 기입한다).

득점	배점
	3

조 건

• 배선 : 바닥은폐배선

• 전력선 : 3가닥, 가교 폴리에틸렌 절연비닐 시스 케이블 25[mm²]

• 접지선 : 1가닥, 접지용 비닐절연전선 6[mm²]

• 전선관 : 후강전선관 36[mm]

 ⭐**해답**
— ⫻ — ⟋ —
CV 25(36)   GV 6

14

정격전압 220[V], 비상용 발전기의 절연내력시험을 할 경우 시험전압과 시험방법을 쓰시오.

득점	배점
	4

(가) 시험전압

(나) 시험방법

⭐**해답** (가) 시험전압 : 500[V]

(나) 시험방법 : 권선과 대지 간에 연속하여 10분간 가하여 견디어야 함

15

다음은 자동화재탐지설비와 스프링클러 프리액션밸브의 간선계통도이다.
물음에 답하시오.

득점	배점
	8

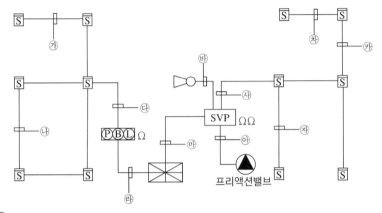

물음

(가) ㉮~㉺까지의 배선 가닥수를 쓰시오(단, 프리액션밸브용 감지기 공통선과 전원 공통선은 분리해서 사용하고 압력스위치, 탬퍼스위치 및 솔레노이드밸브용 공통선은 1가닥을 사용하는 조건임).

㉮	㉯	㉰	㉱	㉲	㉳	㉴	㉵	㉶	㉷	㉺

(나) ㉲의 배선별 용도를 쓰시오(해당 가닥수까지만 기록).

번 호	배선의 용도	번 호	배선의 용도
1		6	
2		7	
3		8	
4		9	
5		10	

해답

(가)

㉮	㉯	㉰	㉱	㉲	㉳	㉴	㉵	㉶	㉷	㉺
4	2	4	7	10	2	8	4	4	4	8

(나)

번 호	배선의 용도	번 호	배선의 용도
1	전원 ⊕	6	감지기 B
2	전원 ⊖	7	밸브기동(S/V)
3	전 화	8	밸브개방확인(P.S)
4	사이렌	9	밸브주의(T.S)
5	감지기 A	10	감지기 공통

16

그림과 같은 강당의 중앙 및 좌우 통로에 객석유도등을 설치하고자 한다.
다음 각 물음에 답하시오.

득점	배점
	6

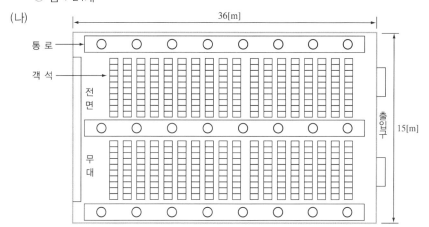

물음

(가) 설치하여야 하는 객석유도등의 수량을 산출하시오.

① 계산 :

② 답 :

(나) (가)에서 산출된 수량의 객석유도등을 도면상의 안에 설치하시오(단, 설치
표시는 ○을 사용한다).

해답

(가) ① 계산 : 설치 개수 $= \dfrac{객석통로\ 직선부분의\ 길이}{4} - 1 = \dfrac{36}{4} - 1 = 8개$

8개×통로 3개=24개

② 답 : 24개

(나)

해설

- **객석유도등 설치 개수** : 객석 내의 통로가 경사로 또는 수평으로 되어 있는 부분에 있어서는 다음의 식에 의하여 산출한 수(소수점 이하의 수는 1로 본다)의 유도등을 설치하고, 그 조도는 통로 바닥의 중심선에서 측정하여 0.2[lx] 이상으로 하여야 한다.

$$설치 개수 = \frac{객석의\ 통로\ 직선\ 부분의\ 길이[m]}{4} - 1$$

∴ 설치 개수$(N) = \dfrac{36}{4} - 1 = 8[개]$

통로가 3개이므로 $N = 8 \times 3 = 24[개]$이다.

- **유도등의 설치기준**

유도등의 종류	복도통로유도등	피난구유도등
설치기준	1[m] 이하	1.5[m] 이상

17 다음 그림은 배연창설비의 회로계통도에 대한 도면이다. 주어진 표를 이용하여 다음 각 물음에 답하시오(단, 전동구동장치는 MOTOR방식이며, 사용전선은 HFIX 전선을 사용한다).

득점	배점
	6

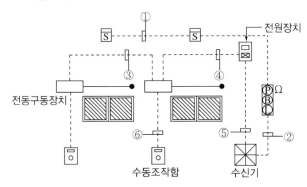

도체 단면적 [mm²]	전선본수									
	1	2	3	4	5	6	7	8	9	10
	전선관의 최소 굵기[mm]									
2.5	16	16	16	16	22	22	22	28	28	28
4	16	16	16	22	22	22	28	28	28	28
6	16	16	22	22	22	28	28	28	36	36
10	16	22	22	28	28	36	36	36	36	36

물음

(가) 이 설비는 일반적으로 몇 층 이상의 건물에 시설하는가?

(나) 도면에 표시된 ②와 ④~⑥의 내역 및 용도를 빈칸에 써 넣으시오.

기 호	내 역	용 도
①	16C(HFIX 1.5[mm²]−4)	지구, 공통 각 2가닥
②		
③	22C(HFIX 2.5[mm²]−5)	전원⊕, 전원⊖, 기동, 복구, 기동확인
④		
⑤		
⑥		

☆해답

(가) 6층 이상

(나)

기 호	내 역	용 도
①	16C (HFIX 1.5[mm²]−4)	지구, 공통 각 2가닥
②	22C (HFIX 2.5[mm²]−7)	응답, 지구, 전화, 경종표시등공통, 경종, 표시등, 지구공통
③	22C (HFIX 2.5[mm²]−5)	전원⊕, 전원⊖, 기동, 복구, 기동확인
④	22C (HFIX 2.5[mm²]−6)	전원⊕, 전원⊖, 기동, 복구, 기동확인 2
⑤	28C (HFIX 2.5[mm²]−8)	전원⊕, 전원⊖, 교류전원 2, 기동, 복구, 기동확인 2
⑥	22C (HFIX 2.5[mm²]−5)	전원⊕, 전원⊖, 기동, 복구, 정지

해☆설

배연창 설비 : **6층 이상**의 고층 건물에 시설하여, 화재로 인한 연기를 신속하게 배출시켜 피난 및 소화활동에 지장이 없도록 하는 설비

18

다음의 표와 같이 두 입력 A와 B가 주어질 때 주어진 논리소자(Logic Gate)의 명칭과 출력에 대한 진리표를 완성하시오(단, 입력 옆의 AND게이트는 명칭의 "예시"이며, 빈칸에는 알맞은 기능의 명칭을 쓰시오).

득점	배점
	7

입 력		AND							
A	B								
0	0	0							
0	1	0							
1	0	0							
1	1	1							

★해답

입력		AND	OR	NAND	NOR	NOR	OR	NAND	AND
A	B								
0	0	0	0	1	1	1	0	1	0
0	1	0	1	1	0	0	1	1	0
1	0	0	1	1	0	0	1	1	0
1	1	1	1	0	0	0	1	0	1

해★설

논리회로

회 로	유접점	무접점과 논리식	회로도	진리값표
AND회로 곱(×) 직렬회로	⊕선 A X_{-a} B 릴레이 X L 전구 ⊖선	$X = A \cdot B$	$+V$ R D_1 D_2	A B X 0 0 0 0 1 0 1 0 0 1 1 1
OR회로 덧셈(+) 병렬회로	⊕선 A B X_{-a} 릴레이 X L 전구 ⊖선	$X = A + B$	A B R 0[V]	A B X 0 0 0 0 1 1 1 0 1 1 1 1
NOT회로 부정회로	⊕선 A X_{-b} X L ⊖선	$X = \overline{A}$	$+V$ R_1 X R_2 A T_r 트랜지스터에 의한 NOT회로	A X 0 1 1 0
NAND회로 AND회로의 부정회로	⊕선 A X_{-b} B X L ⊖선	$X = \overline{A \cdot B} = \overline{A} + \overline{B}$ $= \overline{A + B} = \overline{A \cdot B}$	$+V$ R_2 D_1 R_1 R_3 X T_r D_2 R_4	A B X 0 0 1 0 1 1 1 0 1 1 1 0
NOR회로 OR회로의 부정회로	⊕선 A B X_{-b} X L ⊖선	$X = \overline{A + B} = \overline{A} \cdot \overline{B}$ $= \overline{A + B} = \overline{A} \cdot \overline{B}$	$+V$ R_2 D_1 R_1 R_3 X T_r D_2 R_4	A B X 0 0 1 0 1 0 1 0 0 1 1 0
Exclusive OR회로 =EOR회로 배타적회로	⊕선 A $\overline{A}$ X_{-a} $\overline{B}$ B X L ⊖선	A B X $= \dfrac{A}{B}$ X $X = A \cdot \overline{B} + \overline{A} \cdot B = A \oplus B$		A B X 0 0 0 0 1 1 1 0 1 1 1 0

2011년 11월 13일 시행

제**4**회

※ 다음 물음에 대한 답을 해당 답란에 답하시오(배점 : 100).

01

	득점	배점
		8

다음은 지하 1층, 지상 8층인 내화구조의 건물 지상 1층의 평면도이다. 각 항목별 물음에 답하시오(단, 일제명동방식이다).

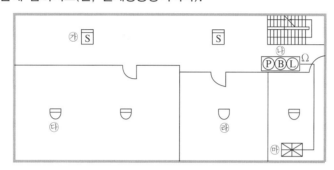

물음

(가) 위의 도면상에 표기된 감지기를 루프식 배선방식을 사용하여 발신기에 연결하고 배선 가닥수를 표시하시오.

(나) ㉮~㉲에 표기된 그림기호에 대한 명칭과 형별을 쓰시오.

항 목	명 칭	형 별
㉮		
㉯	발신기	P형 1급
㉰		
㉱		
㉲	수신기	P형 1급

(다) 발신기와 수신기 사이의 배관 길이가 20[m]일 경우 전선은 몇 [m]가 필요한지 소요량을 산출하시오(단, 전선의 할증률은 10[%]로 계산한다).

① 계산 :

② 전선 소요량 :

★해답 (가)

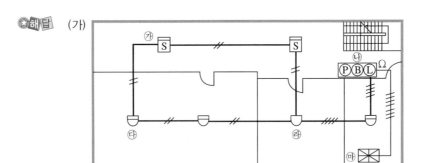

(나)

항 목	명 칭	형 별
㉮	연기감지기	2종 감지기
㉯	발신기	P형 1급
㉰	차동식감지기	2종 감지기
㉱	정온식감지기	2종 감지기
㉲	수신기	P형 1급

(다) ① 계산 : $20[\mathrm{m}] \times 16$가닥$\times 1.1 = 352[\mathrm{m}]$

② 전선 소요량 : $352[\mathrm{m}]$

해★설

(가) 루프 : 2가닥

기타 : 4가닥

(나) │S│ : 연기감지기   ⓅⒷⓁ : 발신기 세트

▽ : 차동식스포트형감지기   ▽ : 정온식스포트형감지기

※ : 수신기

(다)

8층 ⓅⒷⓁ
　　　　7가닥
7층 ⓅⒷⓁ
　　　　8가닥
6층 ⓅⒷⓁ
　　　　9가닥
5층 ⓅⒷⓁ
　　　　10가닥
4층 ⓅⒷⓁ
　　　　11가닥
3층 ⓅⒷⓁ
　　　　12가닥
2층 ⓅⒷⓁ
　　　　13가닥   16가닥
1층 ⓅⒷⓁ ─── ※
　　　　7가닥
B 1층 ⓅⒷⓁ

1층 발신기부터 수신기까지 전선 가닥수가 16가닥이고 전선 할증률이 10[%]이므로,
전선의 총소요량= $20[\mathrm{m}] \times 16$가닥$\times 1.1 = 352[\mathrm{m}]$이다.

02

그림은 상용전원 정전 시 예비(비상)전원으로 전환하고 정전 복구 시에는 상용전원으로 전환되도록 구성한 전동기 기동회로의 미완성 회로도이다. 아래의 시퀀스제어 절차에 따른 누락된 접점 및 소자의 명칭과 접점기호를 표시하여 회로도를 완성하시오.

득점	배점
	10

조건

- PB₁을 누르면 전자개폐기 MC₁이 여자되고 RL이 점등되며 전자개폐기 보조접점 MC₁₋ₐ가 폐로되어 자기유지되면서 전자개폐기 MC₁의 주접점이 닫혀서 유도전동기는 상용전원으로 운전된다.
- 상용전원으로 운전 중 PB₃를 누르면 MC₁이 소자되어 유도전동기는 정지하고 상용전원 운전표시등 RL은 소등된다.
- 상용전원 정전 시 예비전원으로 전환하기 위하여 PB₂를 누르면 전자개폐기 MC₂가 여자되어 GL이 점등되며, 전자개폐기 보조접점 MC₂₋ₐ가 폐로되어 자기유지됨과 동시에 전자개폐기 MC₂의 주접점이 닫혀 유도전동기는 예비전원으로 운전된다.
- 예비전원으로 운전 중 상용전원으로 전환하기 위하여 PB₄를 누르면 MC₂가 소자되어 유도전동기는 정지하고 예비전원 운전표시등 GL은 소등한다.
- 열동계전기(THR 1, THR 2)가 동작하면 MC₁ 또는 MC₂를 소자시켜 운전 중인 유도전동기는 정지한다.
- 예비전원과 상용전원이 동시에 공급되지 않도록 인터록회로가 구성되어 있다.

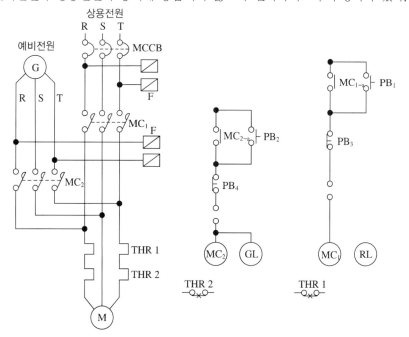

해답

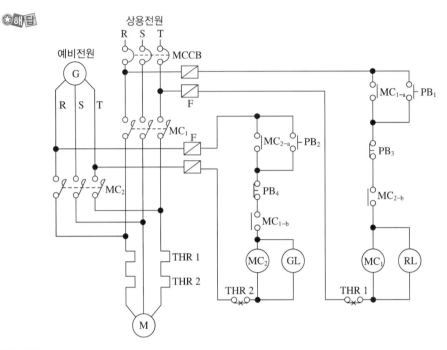

해☆설

상기도면은 잘못된 도면이며 해답은 상기도면에 의해 작성된 해답임을 알아둘 것

이유 : THR$_1$이나 THR$_2$ 중 어느 하나라도 동작되면 상용전원이나 예비전원이 모두 차단되는 회로이므로 상용전원과 예비전원 모두 ———o×o—o×o—— 열동계전기 접점이 2개씩이나 설치되어야 회로가 성립된다. 만약, 열동계전기가 1개씩 연결된 회로를 구성하고 싶다면 다음과 같이 회로를 구성하여야 한다.

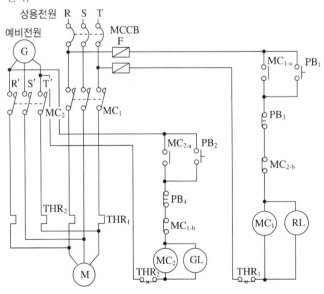

03 다음 그림과 같은 건물의 차고에 자동화재탐지설비를 설치하고자 한다. 경계구역 면적[m²]을 산정하시오(단, 차고의 앞부분은 외기에 면하여 상시 개방되어 있다).

득점	배점
	5

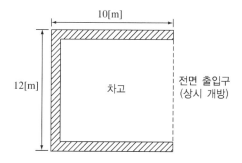

- 계산 :
- 답 :

해답 • 계산 : 12[m] × (10−5)[m] = 60[m²]
  • 답 : 60[m²]

해설
상시 개방된 차고, 창고, 주차장 등에서 외기에 면하는 5[m] 미만의 범위 안에 있는 부분은 경계구역의 면적에 산입하지 아니한다.

04 예비전원설비로 이용되는 축전지에 대한 다음 각 물음에 답하시오.

득점	배점
	6

(가) 비상용 조명부하가 40[W] 120등, 60[W] 50등이 있다. 방전시간은 30분이며, 연축전지 HS형 54셀, 허용 최저전압 90[V], 최저 축전지온도 5[℃]일 때 축전지 용량을 구하시오(단, 전압은 100[V]이고 연축전지의 용량환산시간 K는 표와 같으며, 보수율은 0.8이라고 한다).

형 식	온도 [℃]	10분			30분		
		1.6[V]	1.7[V]	1.8[V]	1.6[V]	1.7[V]	1.8[V]
CS	25	0.90 0.80	1.15 1.06	1.6 1.42	1.41 1.34	1.60 1.55	2.00 1.88
	5	1.15 1.10	1.35 1.25	2.0 1.8	1.75 1.75	1.85 1.80	2.45 2.35
	−5	1.35 1.25	1.60 1.50	2.65 2.25	2.05 2.05	2.20 2.20	3.10 3.00
HS	25	0.58	0.70	0.93	1.03	1.14	1.38
	5	0.62	0.74	1.05	1.11	1.22	1.54
	−5	0.68	0.82	1.15	1.2	1.35	1.68

※ 연축전지의 용량환산시간 K(상단은 900~2,000[Ah], 하단은 900[Ah] 이하)

① 계산 :

② 답 :

(나) 자기방전량만을 항상 충전하는 부동충전방식을 무엇이라 하는가?

(다) 연축전지와 알칼리축전지의 공칭전압은 몇 [V/Cell]인가?

① 연축전지 :

② 알칼리축전지 :

해답

(가) ① 계산 : 축전지의 공칭전압 $= \dfrac{\text{허용 최저전압}}{\text{셀수}} = \dfrac{90}{54} = 1.666 = 1.7[\text{V/Cell}]$

도표에서 용량환산시간은 1.22가 된다.

전류 $I = \dfrac{P}{V} = \dfrac{(40 \times 120) + (60 \times 50)}{100} = 78[\text{A}]$

축전지용량 $C = \dfrac{1}{L}KI = \dfrac{1}{0.8} \times 1.22 \times 78 = 118.95[\text{Ah}]$

② 답 : 118.95[Ah]

(나) 세류충전방식

(다) ① 연축전지 : 2.0[V/Cell]

② 알칼리축전지 : 1.2[V/Cell]

해설

• 연축전지와 알칼리축전지 비교

구 분	연축전지	알칼리축전지
공칭전압	2.0[V]	1.2[V]
방전종지전압	1.6[V]	0.96[V]
공칭용량	10[Ah]	5[Ah]
기전력	2.05~2.08[V]	1.43~1.49[V]
기계적 강도	약하다.	강하다.
충전시간	길다.	짧다.
기대수명	5~15년	15~20년

• 축전지 용량(C)

축전지의 공칭전압 $= \dfrac{\text{허용 최저전압}}{\text{셀수}} = \dfrac{90}{54} = 1.666 = 1.7[\text{V/Cell}]$

도표에서 용량환산시간은 1.22가 된다.

전류 $I = \dfrac{P}{V} = \dfrac{(40 \times 120) + (60 \times 50)}{100} = 78[\text{A}]$

축전지 용량 $C = \dfrac{1}{L}KI = \dfrac{1}{0.8} \times 1.22 \times 78 = 118.95[\text{Ah}]$

• 세류충전 : 자기방전량만 항상 충전하는 방식으로 부동충전방식의 일종

• **부동충전방식** : 축전지의 자기방전을 보충하는 동시에 상용부하에 대한 전력공급은 충전기가 부담하고 부담하기 어려운 일시적인 대전류 부하는 축전지가 부담하는 방식

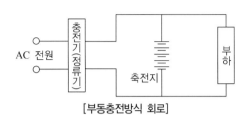

[부동충전방식 회로]

05

저압옥내배선의 금속관공사에 있어서 금속관과 박스 그 밖의 부속품은 다음 각 호에 의하여 시설하여야 한다. ( ) 안의 알맞은 내용을 쓰시오.

득점	배점
	6

(가) 금속관을 구부릴 때 금속관의 단면이 심하게 (①)되지 아니하도록 구부려야 하며, 그 안측의 반지름은 관 안지름의 (②)배 이상이 되어야 한다.

(나) 아웃렛박스(Outlet Box) 사이 또는 전선 인입구가 있는 기구 사이의 금속관은 (③)개소를 초과하는 (④) 굴곡 개소를 만들어서는 아니 된다. 굴곡 개소가 많은 경우 또는 관의 길이가 (⑤)[m]를 초과하는 경우는 (⑥)를 설치하는 것이 바람직하다.

해답
① 변 형　　　　　　　② 6
③ 3　　　　　　　　　④ 직각에 가까운
⑤ 30　　　　　　　　⑥ 풀박스

해설

금속관공사의 시공방법

• 금속관을 구부릴 때 금속관의 단면이 심하게 **변형**되지 아니하도록 구부려야 하며 그 안측의 **반지름**은 **관 안지름의 6배 이상**이 되어야 한다.

• 아웃렛박스 사이 또는 전선 인입구를 가지는 기구 내의 금속관에는 **3개소**가 초과하는 직각 또는 직각에 가까운 굴곡 개소를 만들어서는 아니 된다.

• 굴곡 개소가 많은 경우 또는 관의 길이가 **30[m]를 초과**하는 경우에는 **풀박스**를 설치하는 것이 바람직하다.

• **유니버설엘보, 티, 크로스** 등은 조영재에 은폐시켜서는 아니 된다. 다만, 그 부분을 점검할 수 있는 경우에는 그러하지 아니하다.

[유니버설엘보]

• 관과 관의 연결은 커플링을 사용하고 관의 끝부분은 **리머**를 사용하여 모난 부분을 **매끄럽게** 다듬는다.

06 다음은 자동화재탐지설비의 중계기 설치기준에 대한 것이다. 괄호 안에 알맞은 내용을 쓰시오.

득점	배점
	3

(가) 수신기에서 직접 감지기회로의 도통시험을 행하지 아니하는 것에 있어서는 (①) 사이에 설치한다.

(나) 수신기에 따라 감시되지 아니하는 배선을 통하여 전력을 공급받는 것에 있어서는 전원 입력측의 배선에 (②)를 설치하고, 해당 전원의 정전은 즉시 수신기에 표시되는 것으로 하며, (③)의 시험을 할 수 있도록 한다.

★해답 (가) ① 수신기와 감지기
(나) ② 과전류차단기
③ 상용전원 및 예비전원

해★설

중계기의 설치기준
• 수신기에서 직접 감지기회로의 도통시험을 행하지 아니하는 것에 있어서는 **수신기와 감지기** 사이에 설치할 것
• 조작 및 점검에 편리하고 방화상 유효한 장소에 설치할 것
• 수신기에 따라 감시되지 아니하는 배선을 통하여 전력을 공급받는 것에 있어서는 전원 입력측의 배선에 **과전류차단기**를 설치하고 해당 전원의 정전이 즉시 수신기에 표시되는 것으로 하며, **상용전원** 및 **예비전원**의 시험을 할 수 있도록 할 것

07 유도등 및 유도표지의 화재안전기준에 따라 유도등은 전기회로에 점멸기를 설치하지 아니하고 항상 점등 상태를 유지하여야 하지만, 외부광(光)에 따라 피난구 또는 피난 방향을 쉽게 판단할 수 있는 등의 장소로서 3선식 배선에 따라 상시 충전되는 구조인 경우에는 그러하지 않다. 3선식 배선에 따라 상시 충전되는 유도등의 전기회로에 점멸기를 설치한 경우, 유도등이 점등되어야 하는 사항 5가지를 쓰시오.

득점	배점
	5

★해답 ① 자동화재탐지설비의 감지기 또는 발신기가 작동되는 때
② 비상경보설비의 발신기가 작동되는 때
③ 상용전원이 정전되거나 전원선이 단선되는 때
④ 방재업무를 통제하는 곳 또는 전기실의 배전반에서 수동으로 점등하는 때
⑤ 자동소화설비가 작동되는 때

해★설

- 2선식과 3선식 배선(원칙 : 2선식 설치)

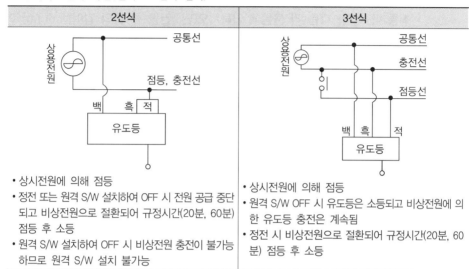

2선식	3선식
상용전원 / 공통선 / 점등, 충전선 / 백 흑 적 / 유도등	상용전원 / 공통선 / 충전선 / 점등선 / 백 흑 적 / 유도등
• 상시전원에 의해 점등 • 정전 또는 원격 S/W 설치하여 OFF 시 전원 공급 중단되고 비상전원으로 절환되어 규정시간(20분, 60분) 점등 후 소등 • 원격 S/W 설치하여 OFF 시 비상전원 충전이 불가능하므로 원격 S/W 설치 불가능	• 상시전원에 의해 점등 • 원격 S/W OFF 시 유도등은 소등되고 비상전원에 의한 유도등 충전은 계속됨 • 정전 시 비상전원으로 절환되어 규정시간(20분, 60분) 점등 후 소등

- 3선식 배선에 따라 상시 충전되는 유도등의 전기회로에 점멸기를 설치할 경우, 다음에 해당되는 때에 점등되도록 하여야 한다.
  - 자동화재탐지설비의 감지기 또는 발신기가 작동되는 때
  - 비상경보설비의 발신기가 작동되는 때
  - 상용전원이 정전되거나 전원선이 단선되는 때
  - 방재업무를 통제하는 곳 또는 전기실의 배전반에서 수동으로 점등하는 때
  - 자동소화설비가 작동되는 때

08

	득점	배점
		4

감지기 선로의 말단에는 종단저항을 접속하도록 규정하고 있다. 그 이유에 대하여 설명하고 감지기 배선을 송배전식으로 시공하는 이유에 대하여도 설명하시오.

(가) 종단저항 :

(나) 송배전식 :

★해답

(가) 종단저항 : 감지기회로의 도통시험을 용이하게 하기 위해
(나) 송배전식 : 외부배선의 도통시험을 용이하게 하기 위해

해★설

(가) **종단저항** : 감지기회로의 종단에 설치하는 저항으로서 수신기와 감지기 사이의 배선에 대한 도통시험을 용이하게 하기 위하여 설치

(나) **송배전식** : 수신기에서 2차측의 외부배선의 도통시험을 용이하게 하기 위하여 배선의 중간에서 분기하지 않는 방식

안심Touch

09

내화구조의 지하 2층, 지상 6층 건물에서 각 층 면적은 화장실 50[m²]을 포함하여 800[m²]이고, 6층은 400[m²](화장실 없음)이며, 계단은 한 개로 직통계단이다. 다음 각 물음에 답하시오(단, 건물 한 변의 길이는 50[m] 이하이며, 지하 1층, 2층 및 지상 1층의 높이는 4.5[m]이고, 지상 2~6층까지는 3.5[m]이다).

득점	배점
	10

(가) 전체 경계구역의 수를 구하시오.

① 5층 이하 층 :

② 6층 :

③ 계단 :

(나) 2종 차동식스포트형감지기 설치 시 감지기의 총개수를 구하시오.

① 지하 2~지상 1층 :

② 지상 2~지상 5층 :

③ 지상 6층 :

(다) 2종 연기감지기의 설치 위치와 개수를 구하시오.

① 지하층 :

② 지상층 :

③ 설치 위치 :

✿해답 (가) ① 5층 이하의 층

㉠ 지상 5개층

- 1개층 : $\frac{800}{600}$ = 1.33(절상) = 2경계구역

- 5개층 : 2경계구역×5층 = 10경계구역

㉡ 지하 2개층 : $\frac{800}{600}$ = 1.33(절상) = 2경계구역

2개층 : 2경계구역×2개층 = 4경계구역

즉, 5층 이하의 층 합계 10경계구역+4경계구역 = 14경계구역

② 6층 : $\frac{400}{600}$ = 0.67(절상) = 1경계구역

③ 계단(지상과 지하로 구분하여 경계구역수를 산정해야 함)

㉠ 지상 : $\frac{3.5 \times 5 + 4.5}{45}$ = 0.49(절상) = 1경계구역

㉡ 지하 : $\frac{4.5 \times 2}{45}$ = 0.2(절상) = 1경계구역

즉, 계단 지상 1경계구역+지하 1경계구역 = 2경계구역

∴ 전체 경계구역 수 : 5층 이하의 층(14경계구역)+6층(1경계구역)+계단(2경계구역)
= 17경계구역

(나) ① 지하 2~지상 1층 : $\frac{750}{35}$ = 21.43 → 22개, 22개×3개층 = 66개

② 지상 2~지상 5층 : $\frac{750}{70}$ = 10.71 → 11개, 11개×4개층 = 44개

③ 지상 6층 : $\frac{400}{70}$ = 5.71 → 6개

(다) ① 지하층 : 4.5[m]×2 = 9[m], $\dfrac{9[\text{m}]}{15[\text{m}]}$ = 0.6 → 1개

② 지상층 : [4.5+(3.5×5)]÷15 = 1.47 → 2개

③ 설치위치 : 지하 1층, 지상 3층, 지상 6층

> • 1종 및 2종 : 수직거리 15[m]마다, 3종은 수직거리 10[m]마다 설치
> • 지상과 지하는 분리

해☆설

• 경계구역 설정

 – 2개층을 하나의 경계구역으로 할 수 있는 면적 : 500[m²] 이하

 – 하나의 경계구역 : 600[m²] 이하, 한 변의 길이 : 50[m] 이하

 – 별도의 경계구역 : 계단, 경사로, 엘리베이터 권상기실, 린넨슈트, 파이프덕트

 – 계단, 경사로 하나의 경계구역 : 높이 45[m] 이하

• 전체 경계구역의 수

 – 5층 이하 층 : $\dfrac{800}{600} = 2$회로

  ∴ 2회로 × 7(층) = 14회로

 – 6층 : $\dfrac{400}{600} = 1$회로

 – 계단 : 지상과 지하는 각각 하나의 경계구역으로 2회로

  ∴ 합 : 14회로 + 1회로 + 2회로 = 17회로

• 감지기 설치 개수

[부착 높이에 따른 감지기의 종류]　　　　　　(단위 : [m²])

부착 높이 및 특정소방대상물의 구분		감지기의 종류				
		차동식·보상식 스포트형		정온식스포트형		
		1종	2종	특 종	1종	2종
4[m] 미만	주요 구조부가 내화 구조로 된 특정소방대상물 또는 그 부분	90	70	70	60	20
	기타 구조의 특정소방대상물 또는 그 부분	50	40	40	30	15
4[m] 이상 8[m] 미만	주요 구조부가 내화 구조로 된 특정소방대상물 또는 그 부분	45	35	35	30	–
	기타 구조의 특정소방대상물 또는 그 부분	30	25	25	15	–

 – 차동식스포트형 2종, 내화 구조, 지하 2~지상 1층 높이 8[m] 미만이므로 기준면적 35[m²], 지상 2~지상 6층 4[m] 미만이므로 기준면적 70[m²] 적용한다.

• 연기감지기 설치기준

설치장소	복도 및 통로		계단 및 경사로	
	1종 및 2종	3종	1종 및 2종	3종
설치거리	보행거리 30[m]	보행거리 20[m]	수직거리 15[m]	수직거리 10[m]

[연기감지기의 면적에 의한 설치기준]

부착면의 높이	연기감지기의 종류	
	1종 및 2종	3종
4[m] 미만	150[m^2]	50[m^2]
4[m] 이상 20[m] 미만	75[m^2]	–

※ 연기감지기는 수직거리 15[m]마다 1개씩이다.
- 지하층

  $4.5[\text{m}] \times 2$개층 $= 9[\text{m}]$

  $N = \dfrac{\text{설계거리}}{\text{기준거리}} = \dfrac{9}{15} = 0.6$　　∴ 1개

- 지상층

  지상고가 1층 → 4.5[m], 2~6층 → 3.5[m]이므로

  $4.5[\text{m}] + (3.5[\text{m}] \times 5$개층$) = 22[\text{m}] \rightarrow \dfrac{22}{15} = 1.47$　　∴ 2개

  합 : 1회로 + 2회로 = 3회로

- 설치장소

  지하층과 지상층을 구분하여야 하므로 지하 1층, 3층, 6층

10

소화전 가압펌프 용도로 적용된 3상 유도전동기가 있다. 이 유도전동기 구동을 위한 3상 전원 주파수는 60[Hz], 전동기 정격용량은 55[kW], 정상 상태 슬립이 5[%], 극수가 4극일 경우, 정상 상태 운전을 가정한 유도전동기의 동기속도[rpm] 및 회전속도[rpm]를 계산하시오.

득점	배점
	7

(가) 동기속도
　① 계산 :
　② 답 :
(나) 회전속도
　① 계산 :
　② 답 :

해답

(가) ① 계산 : $N_S = \dfrac{120 \times 60}{4} = 1{,}800[\text{rpm}]$

　　② 답 : 1,800[rpm]

(나) ① 계산 : $N = 1{,}800 \times (1 - 0.05) = 1{,}710[\text{rpm}]$

　　② 답 : 1,710[rpm]

해설

(가) 동기속도 $N_S = \dfrac{120f}{P} = \dfrac{120 \times 60}{4} = 1{,}800[\text{rpm}]$

(나) 회전속도 $N = N_S(1 - S) = 1{,}800 \times (1 - 0.05) = 1{,}710[\text{rpm}]$

11
> 누전경보기에서 CT 100/5[A] 50[VA]라고 쓰여져 있다. 이때 각 물음에
> 답하시오.
>
> (가) CT의 우리말 명칭을 쓰시오.
> (나) 100/5[A]에서 100의 의미와 5의 의미를 쓰시오
> (다) 50[VA]는 CT에서 어떤 것을 의미하는지 설명하시오.

득점	배점
	5

 (가) 계기용 변류기
(나) 100 : 변류기 1차측 전류, 5 : 변류기 2차측 전류
(다) CT 정격용량

해☆설

- 계기용 변류기(CT ; Current Transformer) : 대전류를 소전류로 변류하여 계기나 계전기에 전원
  공급
- 100/5(CT비) : 변류기 1차 전류와 2차 전류의 비
- 50[VA] : CT(변류기)의 정격용량

12
> 축적기능이 없는 감지기를 사용하는 경우를 3가지 쓰시오.

득점	배점
	3

① 교차회로방식에 사용하는 감지기
② 급속한 연소 확대가 우려되는 장소에 사용되는 감지기
③ 축적기능이 있는 수신기에 연결하여 사용하는 감지기

해☆설

축적형감지기 : 일정농도 이상의 연기가 일정시간(공칭축적시간) 연속하는 것을 전기적으로 검출
함으로써 작동하는 감지기(작동시간만 지연시키는 것은 제외)

13

무선통신보조설비에서 그림과 같은 회로가 있는데 다음 물음에 답하시오(단, Z_S는 전원 임피던스, Z_L은 부하임피던스이다).

득점	배점
	5

물음

(가) 전력이 부하에 최대로 전달될 수 있는 조건은 무엇인가?

(나) 전력을 부하에 최대로 전달할 수 있는 상태로 조정하는 것을 무엇이라 하는가?

(다) 분파기 및 혼합기의 임피던스는 얼마인가?

(라) 화재 시 소방관이 사용하는 무선기기 접속단자의 경우 그 설치 높이는 바닥으로부터 몇 [m] 이상 몇 [m] 이하의 위치에 설치하여야 하는가?

(마) 지상에 설치하는 접속단자는 보행거리 몇 [m] 이내마다 설치하여야 하는가?

해답　(가) $Z_S = Z_L$

(나) 임피던스 정합

(다) 50[Ω]

(라) 0.8[m] 이상 1.5[m] 이하

(마) 300[m]

해설

- 임피던스는 **50[Ω]**의 것으로 할 것
- 단자를 한국산업규격에 적합한 것으로 하고, 바닥으로부터 높이 **0.8[m] 이상 1.5[m] 이하**의 위치에 설치할 것
- 지상에 설치하는 접속단자는 **보행거리 300[m] 이내**(터널의 경우에는 진출입구별 1개소)**마다** 설치하고, 다른 용도로 사용되는 접속단자에서 5[m] 이상의 거리를 둘 것

14

건물 내 화재 시 이를 조기에 진압하기 위하여 스프링클러설비를 설치한다. 스프링클러설비에는 항상 동작이 가능한 상태를 유지하기 위하여 탬퍼스위치를 설치하는데 이 탬퍼스위치를 설치하는 장소 5가지만 쓰시오.

득점	배점
	5

해답　① 주펌프, 충압펌프 흡입측 배관에 설치된 개폐밸브

② 주펌프, 충압펌프 토출측 배관에 설치된 개폐밸브

③ 유수검지장치, 일제개방밸브 1, 2차측 개폐밸브

④ 고가수조와 주배관의 수직배관에 연결된 관로상의 개폐밸브

⑤ 옥외송수구의 배관상에 설치된 개폐밸브

15 P형 1급 수신기와 수동발신기, 경종, 표시등 사이의 결선도를 완성하시오(단, 6층 3,500[m²]이다).

득점	배점
	8

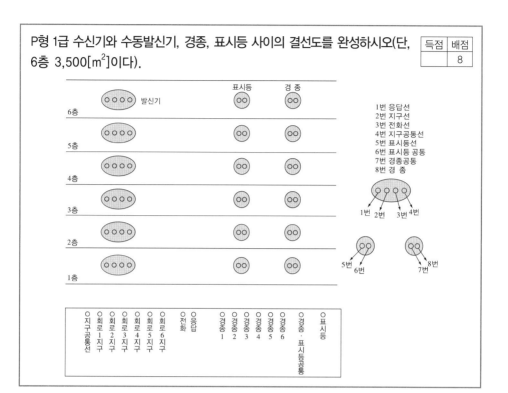

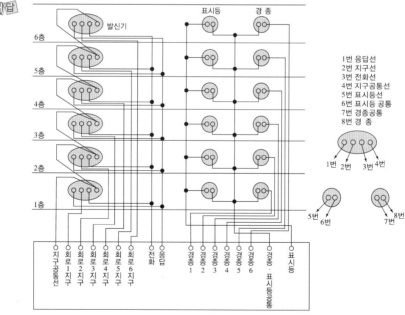

해설

- 5층 이상으로 연면적이 3,000[m²]를 초과하는 특정소방대상물 : 직상층 및 발화층 우선 경보방식
- 발화층 및 직상층 우선 경보방식이므로 전층의 응답선, 전화선, 공통선, 표시등선, 경종·표시등 공통선은 1가닥이 전층에 공통으로 연결되며 경계구역(층) 증가 시마다 <u>지구회로선(2)과 경종선(8)</u>이 (별도배선) 추가된다.

16 다음과 같은 자동화재탐지설비의 평면도에서 ㉮~㉯의 전선 가닥수를 주어진
표의 빈칸에 쓰시오.

	득점	배점
		5

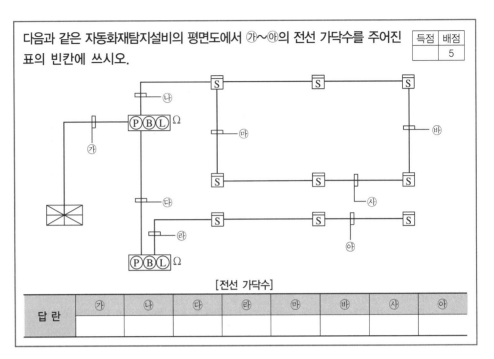

[전선 가닥수]

답 란	㉮	㉯	㉰	㉱	㉲	㉳	㉴	㉯

	㉮	㉯	㉰	㉱	㉲	㉳	㉴	㉯
	8	4	7	4	2	2	2	4

기 호	가닥수	배선내용
㉮	8	경종선(벨), 표시등선, 경종 및 표시등 공통선, 전화선, 응답선, 회로선(지구선) 2, 회로(지구)공통선
㉯	4	회로(지구)선 2, 회로(지구)공통선 2
㉰	7	경종선(벨), 표시등선, 경종 및 표시등 공통선, 전화선, 응답선, 회로선(지구선), 회로(지구)공통선
㉱	4	회로(지구)선 2, 회로(지구)공통선 2
㉲	2	회로(지구)선, 회로(지구)공통선
㉳	2	회로(지구)선, 회로(지구)공통선
㉴	2	회로(지구)선, 회로(지구)공통선
㉯	4	회로(지구)선 2, 회로(지구)공통선 2

17 수신기에 대한 다음 각 물음에 답하시오.

득점	배점
	5

(가) GP형 수신기의 기능에 대하여 간략하게 설명하시오.

(나) R형 수신기의 기술적인 특징을 4가지만 쓰시오.

(다) M형 수신기를 설치하는 장소를 구체적으로 쓰시오.

해답 (가) P형 수신기의 기능과 가스누설경보기의 기능을 겸한 것

(나) ① 선로수가 적어 경제적이다.

② 선로 길이를 길게 할 수 있다.

③ 증설 또는 이설이 비교적 쉽다.

④ 화재발생지구를 선명하게 숫자로 표시할 수 있다.

(다) 관할 소방관서 내에 설치

해설

• **GP형 수신기** : P형 수신기의 기능과 가스누설경보기의 기능을 겸한 것을 말한다.

• **R형 수신기** : 감지기 또는 발신기로부터 발하여지는 신호를 직접 또는 중계기를 통하여 고유신호로 서 수신하여 화재의 발생을 해당 특정소방대상물의 관계자에게 경보하여 주는 것을 말한다.

– 선로수가 적어 시공이 간편하다.

– 유지보수가 용이하다.

– 증설 및 이설이 쉽다.

– 방재실 및 피트 점유율이 낮다.

– 신호의 전달이 확실하다.

– 선로고장검출을 자동으로 경보, 기록하여 실보를 방지한다.

• **M형 수신기** : M형 발신기로부터 발하여지는 신호를 수신하여 화재의 발생을 소방관서에 통보하는 것을 말한다(2016.1.11 수신기 형식승인 및 제품검사의 기술기준 개정으로 삭제됨).

2012년 4월 22일 시행

제 1 회

※ 다음 물음에 대한 답을 해당 답란에 답하시오(배점 : 100).

01

	득점	배점
		4

비상콘센트설비에 대한 다음 각 물음에 답하시오.

(가) 전원회로의 배선은 어떤 종류의 배선으로 하는가?

(나) 단상교류 220[V]인 비상콘센트 플러그접속기 칼받이 접지극에는 제 몇 종 접지공사를 하여야 하며, 접지저항은 몇 [Ω] 이하인가?

☆해답 (가) 내화배선
(나) 2021년 1월 1일 한국전기설비규정 변경으로 답이 맞지 않음

해☆설
전원회로
• 전원회로는 주배전반에서 전용회로로 할 것
• 전원회로의 배선은 **내화배선**으로, 그 밖의 배선은 내화배선 또는 내열배선으로 하여야 함
• 전원으로부터 각 층의 비상콘센트에 **분기되는 경우**에는 **분기배선용 차단기**를 보호함 안에 설치할 것
• 콘센트마다 배선용 **차단기**(KS C 8321)를 설치하여야 하며, 충전부가 노출되지 아니하도록 할 것
• 하나의 전용회로에 설치하는 비상콘센트는 **10개 이하**로 할 것(용량은 비상콘센트가 3개 이상인 경우에는 3개)

02

	득점	배점
		6

예비전원설비에 대한 다음 물음에 답하시오.

(가) 부동충전방식에 대한 회로(개략적인 그림)를 그리시오.

(나) 축전지를 과방전 또는 방치 상태에서 기능 회복을 위하여 실시하는 충전방식은?

(다) 연축전지 정격용량은 250[Ah]이고 상시부하가 8[kW]이며 표준전압이 100[V]인 부동충전방식의 충전지가 2차 충전전류는 몇 [A]인가?(단, 축전지 방전율은 10시간율이다)

☆해답 (가)

(나) 회복충전방식

(다) 계산 : $I_2 = \dfrac{250}{10} + \dfrac{8 \times 10^3}{100} = 105[\text{A}]$

답 : $105[\text{A}]$

해★설

• 축전지의 충전방식

- 부동충전 : 그림과 같이 충전장치를 축전지와 부하에 병렬로
  연결하여 전지의 자기방전을 보충함과 동시에 상용부하에 대
  한 전력 공급은 충전기가 부담하고 충전기가 부담하기 어려운
  대전류 부하는 축전지가 부담하게 하는 방법이다(충전기와 축
  전지가 부하와 병렬상태에서 자기방전 보충방법).

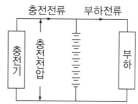

- 균등충전 : 전지를 장시간 사용하는 경우 단전지들의 전압이
  불균일하게 되는 때 얼마간 과충전을 계속하여 각 전해조의 전압을 일정하게 하는 것
- 세류충전 : 자기방전량만 항상 충전하는 방식으로 부동충전방식의 일종
- 회복충전 : 과방전 또는 방치 상태에서 기능 회복을 위하여 실시하는 충전방식

• 충전지 2차 전류(I)

$$I = 축전지 \ 충전전류 + 부하전류 = \dfrac{축전지 \ 정격용량}{축전지 \ 공칭용량} + \dfrac{상시부하}{표준전압}$$

$$\therefore \ I = \dfrac{250}{10} + \dfrac{8 \times 10^3}{100} = 105[\text{A}]$$

03

> **지하 4층, 지상 6층인 특정소방대상물에 연기감지기(2종)를 설치할 경우 다음 물음에 답하시오.**
>
> | 득점 | 배점 |
> |---|---|
> | | 8 |
>
> (가) 각 층의 바닥면적이 $310[\text{m}^2]$일 때 각 층에 설치되는 감지기의 최소 설치 개수는?
>
> (나) 복도의 보행거리가 $53[\text{m}]$일 때 설치 개수는 몇 개 이상이어야 하는가?
>
> (다) 계단에 연기감지기(2종)을 설치할 경우 설치 개수는 몇 개인가? 단면도를 그리고 설명하시오(단, 층고는 $3[\text{m}]$이다).

해답

(가) 계산 : $N = \dfrac{310}{150} = 2.06$

답 : 3개

(나) 계산 : $N = \dfrac{53}{30} = 1.76$

답 : 2개

(다)

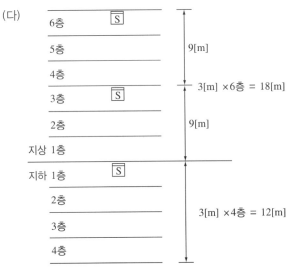

설치개수 : 3개

• 지상＝$\dfrac{3 \times 6}{15} = 1.2$ ∴ 2개

• 지하＝$\dfrac{3 \times 4}{15} = 0.8$ ∴ 1개

해★설

연기감지기 설치기준

• 바닥면적별 설치기준

부착 높이	감지기의 종류	
	1종, 2종	3종
4[m] 미만	150[m^2]	50[m^2]
4[m] 이상 20[m] 미만	75[m^2]	—

• 보행거리, 수직거리별 설치기준

장 소	복도 및 통로		계단 및 경사로	
	1종, 2종	3종	1종, 2종	3종
설치기준	보행거리 30[m]	보행거리 20[m]	수직거리 15[m]	수직거리 10[m]

(가) 부착 높이 4[m] 미만 2종 연기감지기는 바닥면적 150[m^2]마다 1개 이상 설치

$N = \dfrac{\text{바닥면적}}{\text{기준면적}} = \dfrac{310}{150} = 2.06 = 3$개

(나) 복도의 보행거리 30[m]마다 2종 연기감지기 1개 이상 설치

$N = \dfrac{\text{보행거리}}{\text{기준거리}} = \dfrac{53}{30} = 1.76 = 2$개

(다) 계단에 설치하는 연기감지기 설치 개수

① 지상에 설치 개수 : 수직거리＝3[m]×6층＝18[m]

$N_1 = \dfrac{18}{15} = 1.2 = 2$개

② 지하에 설치 개수 : 수직거리＝3[m]×4층＝12[m]

$$N_2 = \frac{12}{15} = 0.8 = 1개$$

$$N = N_1 + N_2 = 3개$$

04

> **비상방송설비에 대한 다음 물음에 답하시오.**
>
> | 득점 | 배점 |
> |---|---|
> | | 8 |
>
> (가) 음량조정기를 설치하는 경우 음량조정기의 배선은 몇 선식으로 하여야 하는가?
>
> (나) 조작부의 조작스위치는 바닥으로부터 몇 [m] 이상 몇 [m] 이하의 높이에 설치하여야 하는가?
>
> (다) 7층 건물의 5층에서 발화한 때에는 몇 층에서 우선적으로 경보를 발할 수 있도록 하여야 하는가?(단, 연면적 $3,500[\text{m}^2]$)
>
> (라) 기동장치에 의한 화재신고를 수신한 후 필요한 음량으로 방송이 개시될 때까지의 소요시간은 몇 초 이하로 하여야 하는가?

해답

(가) 3선식 배선

(나) 바닥으로부터 0.8[m] 이상 1.5[m] 이하

(다) 발화층 : 5층   직상층 : 6층

(라) 10초 이하

해설

비상방송설비의 설치기준

- 확성기의 음성입력은 **3[W]**(실내에 설치하는 것에 있어서는 **1[W]**) 이상일 것
- 확성기는 각 층마다 설치하되, 그 층의 각 부분으로부터 하나의 확성기까지의 **수평거리**는 **25[m] 이하**가 되도록 하고, 해당 층의 각 부분에 유효하게 경보를 발할 수 있도록 설치할 것
- 음량조정기를 설치하는 경우 음량조정기의 **배선**은 **3선식**으로 할 것
- 조작부의 조작스위치는 바닥으로부터 **0.8[m] 이상 1.5[m] 이하**의 높이에 설치할 것
- 조작부는 기동장치의 작동과 연동하여 해당 기동장치가 작동한 층 또는 구역을 표시할 수 있는 것으로 할 것
- 증폭기 및 조작부는 수위실 등 상시 사람이 근무하는 장소로서 점검이 편리하고 방화상 유효한 곳에 설치할 것
- 기동장치에 따른 화재신고를 수신한 후 필요한 음량으로 화재 발생상황 및 피난에 유효한 방송이 자동으로 개시될 때까지의 소요시간은 **10초 이하**로 할 것
- **직상발화 우선경보방식**

발화층	경보층
2층 이상	발화층, 그 직상층
1층	지하층(전체), 1층, 2층
지하 1층	지하층(전체), 1층
지하 2층 이하	지하층(전체)

05 소화설비에 사용하는 감지기를 설치하고자 한다. 다음 물음에 답하시오.

득점	배점
	10

(가) 교차회로방식으로 감지기를 설치하여야 하는 소화설비 종류 3가지
　　를 쓰시오.

(나) 교차회로방식을 설치하는 이유를 쓰고, 간단하게 그림을 그리고 설명하시오.

★해답　(가) 종 류
　　　　① 할론소화설비
　　　　② 분말소화설비
　　　　③ 이산화탄소소화설비

(나) ① 설치 이유 : 감지기의 오동작으로 의한 소화약제 방출 방지
　　②

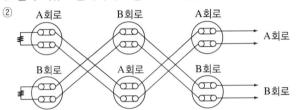

　　③ 교차회로방식 : 하나의 방호구역 내에 2개 이상의 화재감지기회로를 구성하여 인접
한 2 이상의 화재감지기가 동시 작동 시 설비를 작동시키는 회로방식이다.

해★설

(가) 교차회로방식 사용설비
　　① 분말소화설비, 할론소화설비, 이산화탄소소화설비
　　② 준비작동식 스프링클러설비, 일제살수식 스프링클러설비
　　③ 할로겐화합물 및 불활성 기체 소화설비

(나) 교차회로방식

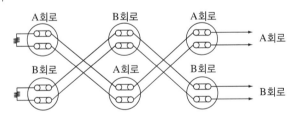

06

피난구유도등의 2선식 배선방식과 3선식 배선방식의 미완성 결선도를 완성하고, 2선식 배선방식과 3선식 배선방식의 차이점을 2가지만 쓰시오.

득점	배점
	11

(1) 미완성 결선도

[2선식]

상용전원 〜

| 적색 흑색 백색 | | 적색 흑색 백색 |
유도등   유도등

[3선식]

상용전원 〜

원격스위치

| 적색 흑색 백색 | | 적색 흑색 백색 |
유도등   유도등

(2) 배선방식의 차이점

	2선식	3선식
점등 상태		
충전 상태		

해답

(1) 완성 결선도

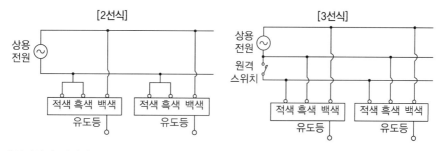

(2) 배선방식의 차이점

	2선식	3선식
점등 상태	점 등	소 등
충전 상태	충 전	충 전

해★설

• 2선식과 3선식 배선(원칙 : 2선식 설치)

2선식	3선식
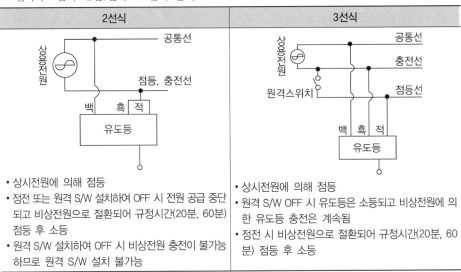	
• 상시전원에 의해 점등 • 정전 또는 원격 S/W 설치하여 OFF 시 전원 공급 중단되고 비상전원으로 절환되어 규정시간(20분, 60분) 점등 후 소등 • 원격 S/W 설치하여 OFF 시 비상전원 충전이 불가능하므로 원격 S/W 설치 불가능	• 상시전원에 의해 점등 • 원격 S/W OFF 시 유도등은 소등되고 비상전원에 의한 유도등 충전은 계속됨 • 정전 시 비상전원으로 절환되어 규정시간(20분, 60분) 점등 후 소등

• 3선식 배선에 따라 상시 충전되는 유도등의 전기회로에 점멸기를 설치하는 경우에는 다음에 해당되는 때에 점등되도록 하여야 한다.
  - 자동화재탐지설비의 감지기 또는 발신기가 작동되는 때
  - 비상경보설비의 발신기가 작동되는 때
  - 상용전원이 정전되거나 전원선이 단선되는 때
  - 방재업무를 통제하는 곳 또는 전기실의 배전반에서 수동으로 점등하는 때
  - 자동소화설비가 작동되는 때

07

	득점	배점
비상방송설비의 확성기(Speaker)회로에 음량조정기를 설치하고자 한다. 결선도를 그리시오.		5

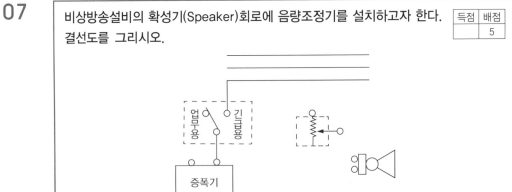

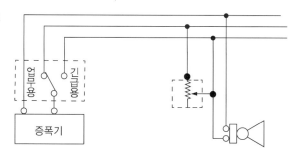

해☆설

비상방송설비의 설치기준

- 확성기의 음성입력은 **3[W]**(실내에 설치하는 것에 있어서는 **1[W]**) 이상일 것
- 확성기는 각 층마다 설치하되 확성기까지의 수평거리는 25[m] 이하가 되도록 할 것
- 음량조정기를 설치하는 경우 음량조정기의 배선은 3선식으로 할 것
- 조작부의 조작스위치는 바닥으로부터 **0.8[m] 이상 1.5[m] 이하**의 높이에 설치할 것
- 조작부는 기동장치의 작동과 연동하여 해당 기동장치가 작동한 층 또는 구역을 표시할 수 있을 것
- 증폭기 및 조작부는 수위실 등 항시 사람이 근무하는 장소로서 점검이 편리하고 방화상 유효한 곳에 설치할 것
- 다른 방송설비와 공용하는 것에 있어서는 화재 시 차단할 수 있는 구조로 할 것
- 하나의 특정소방대상물에 2 이상의 조작부가 설치되어 있는 때에는 각각의 조작부가 있는 장소 상호 간에 동시 통화가 가능한 설비를 설치하고, 어느 조작부에서도 해당 특정소방대상물의 전구역에 방송할 수 있도록 할 것
- 기동장치에 의한 화재신호를 수신한 후 필요한 음량으로 방송이 개시될 때까지의 소요시간은 **10초 이하**로 할 것

08

그림과 같은 논리회로를 보고 다음 각 물음에 답하시오.

득점	배점
	6

$$A, B, C \rightarrow \text{NOR} \\ D, E, F \rightarrow \text{NOR} \\ G \\ \rightarrow \text{NOR} \rightarrow X$$

물음

(가) 논리식을 쓰고 간소화하시오.

(나) AND, OR, NOT회로를 이용한 등가회로로 그리시오.

(다) 유접점(릴레이)회로로 그리시오.

☆해답 (가) 논리식 간소화

$$X = \overline{\overline{(A+B+C)} + \overline{(D+E+F)} + G}$$
$$= \overline{\overline{(A+B+C)}} \cdot \overline{\overline{(D+E+F)}} \cdot \overline{G}$$
$$= (A+B+C) \cdot (D+E+F) \cdot \overline{G}$$

(나)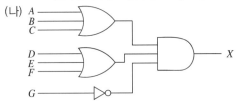

(다)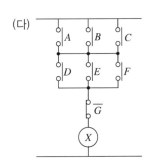

09 다음은 자동화재탐지설비의 수동발신기, 경종, 표시등과 수신기와의 간선연결을 나타낸 것이다. 다음 물음에 답하시오(단, 수동발신기, 경종, 표시등의 공통선은 수동발신기 1선, 경종, 표시등에서 1선으로 하고 경보방식은 우선경보방식으로 한다).

득점	배점
	10

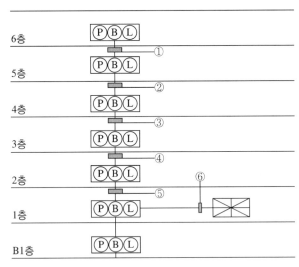

물음

(가) ①~⑥ 각 부분의 최소 전선수를 쓰시오.

(나) 2층 화재 시 경보를 발하여야 하는 층을 쓰시오.

(다) 음향장치는 정격전압의 몇 [%]에서 음향을 발해야 하는가?

(라) 음향은 부착된 음향경보장치로부터 1[m] 위치에서 발하여야 할 음향은 얼마인가?

심 벌	명칭(범례)
ⓅⒷⓁ	수동발신기 세트(수동발신기, 경종, 표시등)
▧	수신기(P형 1급, 5회선)

☆해답

(가) ① : 7가닥   ② : 9가닥

③ : 11가닥   ④ : 13가닥

⑤ : 15가닥   ⑥ : 19가닥

(나) 2층, 3층

(다) 80[%]

(라) 90[dB]

해☆설

• **발화층** 및 **직상 우선경보방식**에 의해 가닥수를 산정하면 다음과 같다.

기 호	내 역	용 도
①	22C(HFIX 2.5-7)	지구선 1, 공통선 1, 경종선 1, 경종표시등 공통선 1, 응답선 1, 전화선 1, 표시등선 1
②	28C(HFIX 2.5-9)	지구선 2, 공통선 1, 경종선 2, 경종표시등 공통선 1, 응답선 1, 전화선 1, 표시등선 1
③	28C(HFIX 2.5-11)	지구선 3, 공통선 1, 경종선 3, 경종표시등 공통선 1, 응답선 1, 전화선 1, 표시등선 1
④	28C(HFIX 2.5-13)	지구선 4, 공통선 1, 경종선 4, 경종표시등 공통선 1, 응답선 1, 전화선 1, 표시등선 1
⑤	28C(HFIX 2.5-15)	지구선 5, 공통선 1, 경종선 5, 경종표시등 공통선 1, 응답선 1, 전화선 1, 표시등선 1
⑥	28C(HFIX 2.5-19)	지구선 7, 공통선 1, 경종선 7, 경종표시등 공통선 1, 응답선 1, 전화선 1, 표시등선 1

• 2층에서 화재 시 경보 : 2층(발화층), 3층(직상층)

• 음향장치는 정격전압의 80[%] 전압에서 음향을 발할 수 있을 것

• 음향장치의 음량은 부착된 음향경보장치의 중심으로부터 1[m] 떨어진 위치에서 90[dB] 이상이 되는 것으로 하여야 한다.

10

다음 도면은 지하 3층 건출물에 할론소화설비와 연동되는 감지기설비를 나타낸 것이다. 주어진 조건을 보고 물음에 답하시오.

득점	배점
	10

조건

• 감지기 배선은 교차회로방식이다.
• 배관 공사는 후강전선관을 이용한 콘크리트 매입 공사로 한다.
• 전원과 감지기의 공통선은 별도로 배선한다.
• 수신기는 지상 1층에 설치되어 있으며 각 층의 높이는 3.5[m]이다.

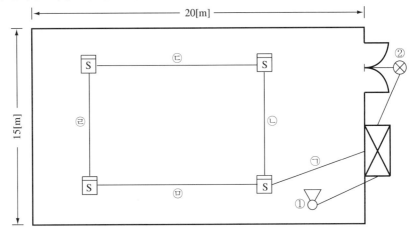

물음

(가) 도면의 ㉠~㉤까지 필요한 전선 가닥수를 쓰시오.
(나) 도면의 ①과 ②의 명칭과 설치목적을 쓰시오.
(다) 도면을 보고 각 층의 배선 가닥수를 포함한 계통도를 그리시오.

★해답 (가) ㉠ 8가닥　　　　　㉡ 4가닥
　　　　㉢ 4가닥　　　　　㉣ 4가닥
　　　　㉤ 4가닥
　(나) ① 명칭 : 사이렌
　　　　설치목적 : 경보를 발하여 실내 인명을 대피시킨다.
　　　② 명칭 : 방출표시등
　　　　설치목적 : 소화약제 방출 시 점등되어 외부인의 출입을 금지한다.

(다)

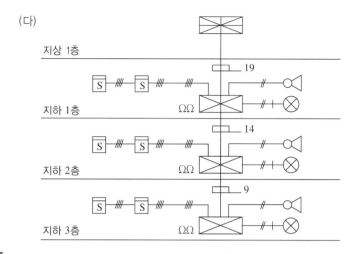

해☆설

(가) 교차회로방식이므로 루프, 말단 : 4가닥, 기타 : 8가닥

　　㉠ 기타 : 8가닥, ㉡~㉤ 루프 : 4가닥

(다)

층	가닥수	용 도
지하 3층	9가닥	전원 ⊕·⊖, 비상스위치, 감지기 공통, 감지기 A·B, 수동조작스위치, 방출표시등, 사이렌
지하 2층	14가닥	전원 ⊕·⊖, 비상스위치, 감지기 공통, (감지기 A·B, 수동조작스위치, 방출표시등, 사이렌)×2
지하 1층	19가닥	전원 ⊕·⊖, 비상스위치, 감지기 공통, (감지기 A·B, 수동조작스위치, 방출표시등, 사이렌)×3

11

P형 1급 수신기와 감지기의 배선회로에서 감지기가 동작할 때의 전류(동작전류)는 몇 [mA]인가?(단, 감시전류는 5[mA], 릴레이저항은 110[Ω], 배선저항은 790[Ω]이다)	득점	배점	
		5	

☆해답

계산 : $I = \dfrac{24}{110+790} \times 10^3 = 26.67\text{[mA]}$

답 : 26.67[mA]

해☆설

• 등가회로

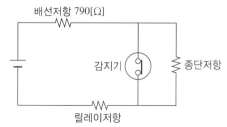

- 감시전류(I_1)

$$I_1 = \frac{회로전압\,(V)}{릴레이저항\,(R_1) + 배선저항\,(R_2) + 종단저항\,(R_3)}$$

$$합성저항 = \frac{회로전압}{감시전류} = \frac{24}{5 \times 10^{-3}} = 4,800[\Omega]$$

- 종단저항(R_3)

$$R_0 = R_1 + R_2 + R_3$$

$$R_3 = 4,800 - 110 - 790 = 3,900[\Omega]$$

- 동작전류(I_2)

$$I_2 = \frac{회로전압}{릴레이저항\,(R_1) + 배선저항\,(R_2)} = \frac{24}{110 + 790} \times 10^3 = 26.67[\text{mA}]$$

12

> 길이 15[m], 폭 10[m]인 방제센터의 조명률은 50[%], 전광속도 2,400[lm]의 40[W] 형광등이 몇 등 있어야 400[lx] 조도가 될 수 있는가?(단, 층고 3.6[m]이며, 조명 유지율은 80[%]이다)
>
> | 득점 | 배점 |
> |---|---|
> | | 6 |

$$계산 : N = \frac{\dfrac{1}{0.8} \times 400 \times 15 \times 10}{2,400 \times 0.5} = 62.5 등$$

답 : 63등

해설

$$등\ 개수\ N = \frac{DES}{FU} = \frac{\dfrac{1}{0.8} \times 400 \times (15 \times 10)}{2,400 \times 0.5} = 62.5 = 63등$$

여기서, F : 1등당 광속[lm] U : 조명률[%]

N : 등 개수 D : 감광보상률($= \dfrac{1}{M}$ 유지율)

E : 조도[lx] S : 단면적[m²]

13

> 무선통신보조설비의 그림기호이다. 각 그림기호의 명칭을 쓰고 간단하게 용어의 정의를 설명하시오.
>
> | 득점 | 배점 |
> |---|---|
> | | 6 |
>
> (가)   (나)   (다)

(가) 분배기 : 신호의 전송로가 분기되는 장소에 설치하는 것으로 임피던스 매칭과 신호
　　　　　균등 분배를 위해 사용하는 장치
　　　(나) 분파기 : 서로 다른 주파수의 합성된 신호를 분리하기 위해서 사용하는 장치
　　　(다) 혼합기 : 두 개 이상의 입력신호를 원하는 비율로 조합한 출력이 발생하도록 하는 장치

해☆설

- 누설동축케이블 : 동축케이블의 외부 도체에 가느다란 홈을 만들어서 전파가 외부로 새어나갈 수
  있도록 한 케이블
- 분배기 : 신호의 전송로가 분기되는 장소에 설치하는 것으로 **임피던스 매칭**(Matching)과 **신호
  균등 분배**를 위해 사용하는 장치
- 분파기 : 서로 다른 **주파수**의 **합성된 신호**를 **분리**하기 위해서 사용하는 장치
- 혼합기 : 두 개 이상의 **입력신호**를 원하는 비율로 **조합**한 **출력**이 발생하도록 하는 장치
- 증폭기 : **신호 전송** 시 신호가 **약**해져 **수신**이 **불가능**해지는 것을 **방지**하기 위해서 **증폭**하는 장치

14

교차회로방식을 적용하지 않아도 되는 감지기 종류 5가지를 쓰시오.	득점	배점
		5

 ① 정온식감지선형감지기
　　② 분포형감지기
　　③ 복합형감지기
　　④ 다신호식감지기
　　⑤ 아날로그식감지기

해☆설

교차회로방식을 적용하지 않아도 되는 감지기

- 정온식감지선형감지기
- 분포형감지기
- 복합형감지기
- 광전식분리형감지기
- 불꽃감지기
- 아날로그방식 감지기
- 다신호식 감지기
- 축적방식 감지기

2012년 7월 8일 시행

※ 다음 물음에 대한 답을 해당 답란에 답하시오(배점 : 100).

01 다음은 시퀀스회로의 미완성 도면이다. 조건을 참조하여 회로를 완성하시오.

득점	배점
	12

조 건

• 전원 MCCB를 투입하면 (GL)램프가 점등된다.

• 기동용 누름버튼스위치 PBS-on을 누르면 MC가 여자되어 전동기가 기동되며, MC-a 보조접점에 의해 (RL)램프가 점등되고 타이머 (T)가 여자되며 자기유지된다.

• MC-b 접점에 의해 (GL)램프가 소등된다.

• 타이머 설정시간 후 T-b 접점에 의해 MC가 소자되고 전동기가 정지된다.

• 또한, 정지용 누름버튼스위치 PBS-off를 누르면 MC는 소자되고 전동기는 정지한다.

• 과전류에 의해 열동계전기(THR)가 동작하면 전동기기는 정지하며 경고등 (YL)램프가 점등된다.

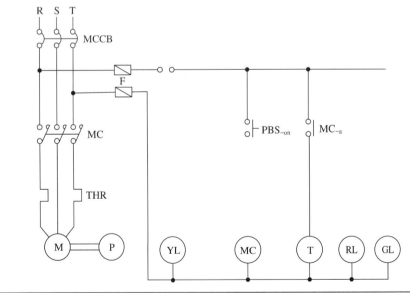

★해답

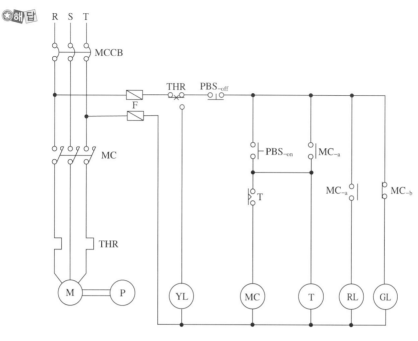

02 매분 15[m³]의 물을 높이 18[m]인 물탱크에 양수하려고 한다. 주어진 조건을 이용하여 다음 각 물음에 답하시오.

득점	배점
	9

조 건

- 펌프와 전동기의 합성역률은 80[%]이다.
- 전동기의 전부하효율은 60[%]로 한다.
- 펌프의 축동력은 15[%]의 여유를 둔다고 한다.

물 음

(가) 필요한 전동기의 용량은 몇 [kW]인가?

(나) 부하용량은 몇 [kVA]인가?

(다) 단상변압기 2대를 V결선하여 전력을 공급한다면 변압기 1대의 용량은 몇 [kVA]인가?

★해답

(가) 계산 : $P = \dfrac{9.8 \times 15 \times 18 \times 1.15}{0.6 \times 60} = 84.53[\mathrm{kW}]$

답 : 84.53[kW]

(나) 계산 : $P_{부} = \dfrac{84.53}{0.8} = 105.66[\mathrm{kVA}]$

답 : 105.66[kVA]

(다) 계산 : $P_n = \dfrac{105.66}{\sqrt{3}} = 61.00[\mathrm{kVA}]$

답 : 61[kVA]

해★설

(가) 전동기용량 : $P = \dfrac{9.8KQH}{\eta} = \dfrac{9.8 \times 1.15 \times \dfrac{15}{60} \times 18}{0.6} = 84.53[\text{kW}]$

(나) 부하용량 : $P_부 = \dfrac{P}{\cos\theta} = \dfrac{84.53}{0.8} = 105.66[\text{kVA}]$

(다) 변압기 1대 용량 : $P_n = \dfrac{P_부}{\sqrt{3}} = \dfrac{105.66}{\sqrt{3}} = 61[\text{kVA}]$

- 피상전력$[\text{kVA}] = \dfrac{\text{유효전력}[\text{kW}]}{\cos\theta}$
- V결선 출력 : $P_V = \sqrt{3}\,P_n[\text{kVA}]$(변압기 1대 용량에 $\sqrt{3}$ 배)

03

금속관공사의 한 예이다. 다음 물음에 답하시오.

득점	배점
	5

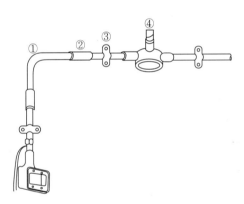

물 음

(가) ①~④에 들어갈 부품 명칭을 쓰시오.

(나) 노출배관으로 시공할 경우 ①을 대체할 부품은 무엇인가?

★해답　(가) ① 노멀밴드　　　② 커플링
　　　　　③ 새 들　　　　④ 환형 3방출 정선박스
　　　　(나) 유니버설엘보

해★설

금속관공사의 부품

- **커플링**(Coupling) : 금속관 상호를 연결하는 곳에 사용
- **새들** : 금속관을 조영재에 지지할 때 사용
- **환형 3방출 정선박스** : 금속관을 3개소 이하 연결 시 사용
- **유니버설엘보** : 노출공사 시 관을 **직각**으로 **굽히는 곳**에 사용
- **노멀밴드**(Normal Band) : 매입공사 시 관을 직각으로 굽히는 곳에 사용

04

3상 3선식 380[V]로 수전하는 곳의 부하전력이 95[kW], 역률이 85[%], 구내배선의 길이는 150[m]이며 전압강하를 8[%]까지 허용하는 경우 배선의 굵기를 구하시오.

득점	배점
	4

★해답

계산 : $I = \dfrac{P}{\sqrt{3}\, V\cos\theta} = \dfrac{95,000}{\sqrt{3}\times 380 \times 0.85} = 169.81[\mathrm{A}]$

$A = \dfrac{30.8LI}{1,000e} = \dfrac{30.8 \times 150 \times 169.81}{1,000 \times 380 \times 0.08} = 25.81[\mathrm{mm^2}]$

답 : 35[mm²]

해★설

• 전선 단면적 및 전압강하

전기방식	전선 단면적	전압강하
단상 2선식	$A = \dfrac{35.6LI}{1,000e}$	$e = \dfrac{35.6LI}{1,000A}$
3상 3선식	$A = \dfrac{30.8LI}{1,000e}$	$e = \dfrac{30.8LI}{1,000A}$
단상 3선식, 3상 4선식	$A = \dfrac{17.8LI}{1,000e}$	$e = \dfrac{17.8LI}{1,000A}$

여기서, e : 각 선 간의 전압강하[V] A : 전선의 단면적[mm²]
L : 전선의 길이[m] I : 전류[A]

• 전류 $I = \dfrac{P}{\sqrt{3}\, V\cos\theta} = \dfrac{95,000}{\sqrt{3}\times 380 \times 0.85} = 169.81[\mathrm{A}]$

$3\phi 3$선식이므로

전선 단면적 $A = \dfrac{30.8LI}{1,000e} = \dfrac{30.8 \times 150 \times 169.81}{1,000 \times 380 \times 0.08} = 25.81[\mathrm{mm^2}]$

• 전선의 공칭단면적 : 1.5, 2.5, 4, 6, 10, 16, 25, 35, 50(전선의 굵기는 공칭단면적으로 기재)

05

주어진 논리식을 릴레이회로(유접점회로) 및 논리회로로 바꾸어 그리시오.
논리식 : $Z = A \cdot B + \overline{A} \cdot \overline{B}$

득점	배점
	10

★해답

① 릴레이회로

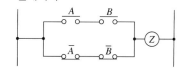

② 논리회로

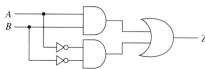

06

피난유도선은 햇빛이나 전등불에 따라 축광하거나 전류에 따라 빛을 발하는 유도체로서 어두운 상태에서 피난을 유도할 수 있도록 띠 형태로 설치되는 피난유도시설을 말한다. 피난유도선의 종류 중 광원점등방식의 기능에 대하여 쓰시오.

득점	배점
	5

★해답 화재신호의 수신 및 수동 조작에 의하여 표시부에 내장된 광원을 점등시켜 피난 방향 안내문자 또는 부호등이 쉽게 식별되도록 함으로써 피난을 유도하는 기능의 피난유도선을 말한다.

해★설

광원점등방식의 피난유도선

• 구획된 실로부터 주출입구 또는 비상구까지 설치
• 피난유도표시부는 바닥으로부터 높이 1[m] 이하의 위치 또는 바닥면에 설치
• 피난유도표시부는 50[cm] 이내의 간격으로 연속되도록 설치하되 실내 장식물 등으로 설치가 곤란할 경우 1[m] 이내로 설치
• 수신기로부터의 화재신호 및 수동 조작에 의하여 광원이 점등되도록 설치
• 비상전원이 상시 충전 상태를 유지하도록 설치
• 바닥에 설치되는 피난유도표시부는 매립하는 방식을 사용
• 피난유도제어부는 조작 및 관리가 용이하도록 바닥으로부터 0.8[m] 이상 1.5[m] 이하의 높이에 설치

07

공기관식 차동식분포형감지기의 공기관을 가설할 때 다음 물음에 답하시오.

득점	배점
	8

(가) 감지구역마다 공기관의 노출 부분의 길이는 몇 [m] 이상이어야 하는가?
(나) 하나의 검출 부분에 접속하는 공기관의 길이는 몇 [m] 이하이어야 하는가?
(다) 공기관과 감지구역의 각 변과의 수평거리는 몇 [m] 이하이어야 하는가?
(라) 공기관 상호 간의 거리는 몇 [m] 이하이어야 하는가?(단, 주요 구조부는 비내화구조인 경우로 한다)
(마) 공기관의 두께 및 바깥지름은 몇 [mm] 이상이어야 하는가?

★해답 (가) 20[m] 이상
(나) 100[m] 이하
(다) 1.5[m] 이하
(라) 6[m] 이하
(마) 공기관 두께 : 0.3[mm] 이상, 공기관 바깥지름 : 1.9[mm] 이상

해★설

공기관식 차동식분포형감지기의 설치기준

• 공기관의 노출 부분은 감지구역마다 **20[m]** 이상이 되도록 할 것
• 공기관과 감지구역의 각 변과의 수평거리는 **1.5[m]** 이하가 되도록 하고, 공기관 상호 간의 거리는 **6[m]**(내화구조 : 9[m]) 이하가 되도록 할 것
• 공기관은 도중에서 분기하지 아니하도록 할 것

- 하나의 검출 부분에 접속하는 공기관의 길이는 100[m] 이하로 할 것
- 검출부는 5° 이상 경사되지 아니하도록 부착할 것
- 검출부는 바닥으로부터 0.8[m] 이상 1.5[m] 이하의 위치에 설치할 것
- 공기관의 두께는 0.3[mm] 이상, 바깥지름은 1.9[mm] 이상으로 할 것

08

		득점	배점
3상 220[V] 옥내소화전 펌프구동용 전동기의 외함에 접지공사를 하려 한다. 접지공사의 종류와 접지저항, 접지선 굵기를 다음 표에 써넣으시오.			8

접지공사의 종류	접지저항값	접지선의 굵기

해답 2021년 1월 1일 한국전기설비규정 변경으로 답이 맞지 않음

09

	득점	배점
P형 수신기와 R형 수신기의 신호 전달방식에 대해서 쓰시오. (가) P형 수신기 : (나) R형 수신기 :		5

해답 (가) 1:1 개별신호방식
(나) 다중전송방식

해설

P형 수신기와 R형 수신기의 시스템 비교

형 식	P형 시스템	R형 시스템
신호 전달방식	1:1 개별신호방식	다중전송방식
신호 종류	공통신호	고유신호
선로수	많다.	적다.
유지관리	어렵다.	쉽다.
수신반 가격	저 가	고 가

(가) P형 시스템 원리도(개별 전송)

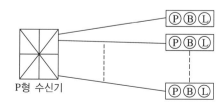

(나) R형 시스템 원리도(중계기를 통하여 각기 다른 고유신호 전송)

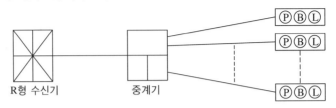

R형 수신기   중계기

10 그림은 습식 스프링클러설비의 전기적 계통도이다. 그림을 보고 답란 표의 Ⓐ~Ⓓ까지의 배선수와 각 배선의 용도를 쓰시오.

득점	배점
	10

조건

• 각 유수검지장치에는 밸브 개폐 감시용 스위치는 부착되어 있지 않은 것으로 한다.

• 사용전선은 HFIX 전선이다.

• 배선수는 운전 조작상 필요한 최소 전선수를 쓰도록 한다.

기 호	구 분	배선수	배선 굵기	배선의 용도
Ⓐ	알람밸브 ↔ 사이렌		2.5[mm²] 이상	
Ⓑ	사이렌 ↔ 수신반		〃	
Ⓒ	2개 구역일 경우		〃	
Ⓓ	압력탱크 ↔ 수신반		〃	
Ⓔ	MCC ↔ 수신반	5	〃	공통, ON, OFF, 운전표시, 정지표시

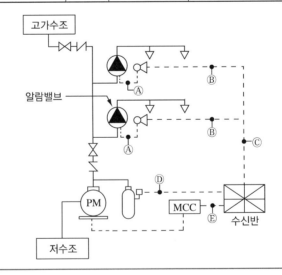

⭐해답 배선수와 각 배선의 용도

기 호	구 분	배선수	배선 굵기	배선의 용도
Ⓐ	알람밸브 ↔ 사이렌	2	2.5[mm²] 이상	유수검지스위치 2
Ⓑ	사이렌 ↔ 수신반	3	〃	유수검지스위치, 사이렌, 공통
Ⓒ	2개 구역일 경우	5	〃	유수검지스위치 2, 사이렌 2, 공통
Ⓓ	압력탱크 ↔ 수신반	2	〃	압력스위치 2
Ⓔ	MCC ↔ 수신반	5	〃	공통, ON, OFF, 운전표시, 정지표시

해⭐설

• 알람밸브의 배선
  - 개폐감시용 스위치(TS)가 없는 경우 전선수 : 3가닥(압력스위치(PS), 사이렌, 공통)
  - 압력스위치＝유수검지스위치
• 습식 스프링클러 작동순서
  - 화재 발생
  - 화재의 열기에 의하여 스프링클러 폐쇄형 헤드의 감열부가 개방이 된다.
  - 헤드는 감열부가 열기에 의해 깨지는 것과 납 등으로서 녹아서 개방되는 것이 있다.
  - 배관 안에 있는 물이 개방된 스프링클러헤드로 방수가 된다(2차 배관의 물이 방수된다).
  - 알람밸브가 유수(流水 : 흐르는 물)를 검지(인식)한다(알람스위치가 유수를 검지한다)(1차 배관의 물이 2차 배관으로 이동).
  - 압력(알람)스위치의 작동으로 화재경보음이 발생하며, 수신반에 화재표시등, 지구표시등이 점등한다.
  - 헤드로 물이 방수되어 배관 내에 압력이 떨어지면, 압력체임버에 설치된 압력스위치가 작동하여 펌프를 기동(작동)시킨다.

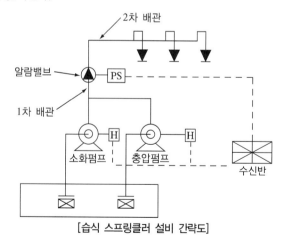

[습식 스프링클러 설비 간략도]

11 다음 그림은 자동방화문설비의 자동방화문에서 R형 중계기까지 결선도 및 계통도에 대한 것이다. 다음 조건을 참조하여 물음에 답하시오.

득점	배점
	6

조건

• 전선은 최소 가닥수로 한다.
• 방화문 감지기회로는 제외한다.
• 자동방화문설비는 층별로 구획되어 설치되었다.

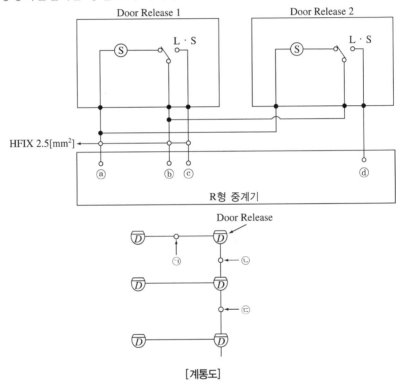

[계통도]

물음

(가) 회로도상 ⓐ~ⓓ의 배선 명칭을 쓰시오.

(나) 계통도상 ㉠~㉢의 가닥수와 배선 용도를 쓰시오.

☆해답

(가) ⓐ 기 동　　　　ⓑ 공 통
　　ⓒ 확 인　　　　ⓓ 확 인

(나) ⓐ 3가닥 : 공통, 기동, 확인
　　ⓑ 4가닥 : 공통, 기동, 확인 2
　　ⓒ 7가닥 : 공통, 기동 2, 확인 4

해☆설

• **자동방화문(Door Release) 동작**

상시 사용하는 피난계단 전실 등의 출입문에 시설하는 설비로서 평상시 개방되어 있다가 화재 발생시 감지기 작동, 기동스위치 조작에 의하여 방화문을 폐쇄하여 연기가 계단으로 유입되는 것을 막아서 피난활동을 원활하게 한다.

• 회로도

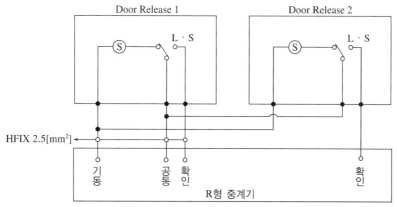

• 계통도

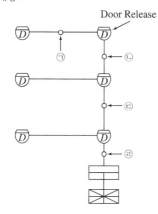

기 호	배선수	전선의 종류	용 도
ⓐ	3	HFIX 2.5	기동, 확인, 공통
ⓑ	4	HFIX 2.5	기동, 확인 2, 공통
ⓒ	7	HFIX 2.5	(기동, 확인 2)×2, 공통
ⓓ	10	HFIX 2.5	(기동, 확인 2)×3, 공통

12

P형 1급 수신기와 감지기가 연결된 선로에서 선로저항이 110[Ω], 릴레이저항이 790[Ω], 회로의 전압이 DC 24[V], 감시전류가 5[mA]인 경우 종단저항값[kΩ]과 감지기가 작동할 때 흐르는 전류[mA]를 구하시오.

득점	배점
	6

(가) 종단저항값[kΩ]

(나) 감지기 작동 시 흐르는 전류[mA]

★해답

(가) 계산 : 종단저항 = $\dfrac{회로전압}{감시전류}$ − 릴레이저항 − 배선저항

$$= \frac{24}{5 \times 10^{-3}} - 790 - 110 = 3,900[\Omega]$$

답 : 3.9[kΩ]

(나) 계산 : 작동전류 = $\dfrac{회로전압}{릴레이저항 + 배선저항}$

$$= \frac{24}{790 + 110} = 0.027[A]$$

답 : 27[mA]

해☆설

• 종단저항(R)

감시전류(I) = $\dfrac{회로전압}{릴레이저항 + 종단저항 + 배선저항}$

$5 \times 10^{-3} = \dfrac{24}{790 + 110 + 종단저항}$

종단저항 $= 3,900[\Omega] = 3.9[k\Omega]$

• 동작전류(I')

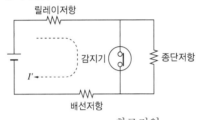

동작전류(I') = $\dfrac{회로전압}{릴레이저항 + 배선저항}$

동작전류 $= \dfrac{24}{790 + 110} = 0.027[A] = 27[mA]$

13 그림은 플로트스위치에 의한 펌프모터의 레벨제어에 대한 미완성도면이다. 다음 각 물음에 답하시오.

득점	배점
	12

동 작

• 전원이 인가되면 (GL)램프가 점등된다.

• 자동일 경우 플로트스위치가 붙으면(동작하면) (RL)램프가 점등되고, 전자접촉기 (88)이 여자되어 (GL)램프가 소등되며, 펌프모터가 동작한다.

• 수동일 경우 누름버튼스위치 PB-on을 ON시키면 전자접촉기 (88)이 여자되어 (RL)램프가 점등되고 (GL)램프가 소등되며, 펌프모터가 동작한다.

• 수동일 경우 누름버튼스위치 PB-off를 OFF시키거나 계전기 49가 동작하면 (RL)램프가 소등되고, (GL)램프가 점등되며, 펌프모터가 정지된다.

기구 및 접점 사용조건

(88) 1개, 88-a접점 1개, 88-b접점 1개, PB-on접점 1개, PB-off접점 1개, (RL)램프 1개, (GL)램프 1개, 계전기 49-b접점 1개, 플로트스위치 FS 1개(심벌 ⫶)

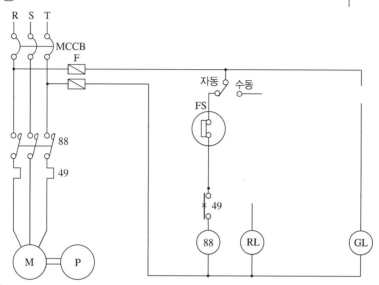

물음

(가) 다음 조건을 이용하여 도면을 완성하시오.

(나) 49와 MCCB의 우리말 명칭은 무엇인가?

★해답

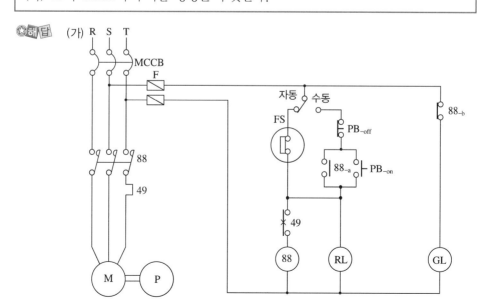

(나) 49 : 열동계전기(Thermal Relay)

　　 MCCB : 배선용 차단기

해☆설

- MCCB : 배선용 차단기
- 열동계전기 : 과부하 시 전동기 보호용 계전기
- **유도전동기의 기동방식**

농 형	권선형
전전압 기동법 Y−△ **기동방식**(일반적) 기동 보상기법 리액터 기동법	2차 저항 기동법

- **수동운전 시**

    PBS$_{-on}$ ⟹ 88$_{-a}$ 자기유지접점 병렬접속으로 운전 유지

    PBS$_{-off}$ ⟹ 88$_{-a}$ 자기유지접점 직렬접속으로 정지기능

- **자동운전 시**

    ⓐ Float S/W(FS)에 의해 88 전자접촉기 코일이 여자됨

    ⓑ GL−Lamp 88 전자접촉기 b접점과 연결

2012년 11월 3일 시행

※ 다음 물음에 대한 답을 해당 답란에 답하시오(배점 : 100).

01

다음 그림과 같은 논리회로를 보고 주어진 물음에 답하시오.

득점	배점
	6

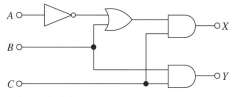

(가) 출력 X, Y의 논리식을 쓰시오.

(나) 입력단자 A, B, C의 입력조건을 보고 출력 X, Y의 진리표를 완성하시오.

A	B	C	X	Y
0	0	0		
0	0	1		
0	1	0		
0	1	1		
1	0	0		
1	0	1		
1	1	0		
1	1	1		

 (가) 출력 : $X=(\overline{A}+B)C$

$Y=BC$

(나)

A	B	C	X	Y
0	0	0	0	0
0	0	1	1	0
0	1	0	0	0
0	1	1	1	0
1	0	0	0	0
1	0	1	0	0
1	1	0	0	0
1	1	1	1	1

02 무선통신보조설비의 누설동축케이블 등의 설치기준에 대한 다음 각 물음에 답하시오.

득점	배점
	6

(가) 누설동축케이블은 화재에 의하여 해당 케이블의 피복이 소실될 경우에 케이블 본체가 떨어지지 아니하도록 4[m] 이내마다 금속제 또는 자기제 등의 지지금구로 벽, 천장, 기둥 등에 견고하게 고정시켜야 한다. 다만, 어떤 경우에 그렇게 하지 않아도 되는가?

(나) 누설동축케이블의 끝부분에는 어떤 종류의 종단저항을 견고하게 설치하여야 하는가?

(다) 누설동축케이블 및 안테나는 고압의 전로로부터 몇 [m] 이상 떨어진 위치에 설치하여야 하는가?

(라) 누설동축케이블 또는 동축케이블의 임피던스는 몇 [Ω]으로 하는가?

★해답
(가) 불연재료로 구획된 반자 안에 설치하는 경우
(나) 무반사종단저항
(다) 1.5[m]
(라) 50[Ω]

해★설
누설동축케이블 등
- 안테나는 고압의 전로로부터 거리 : **1.5[m]** 이상
- 누설동축케이블, 동축케이블의 **임피던스** : **50[Ω]**
- 무선기기 접속단자 보호함의 표면 색상 : 적색
- 분배기의 **임피던스** : **50[Ω]**
- 무선통신보조설비의 증폭기 비상전원 : 30분 이상
- 누설동축케이블은 4[m] 이내마다 금속제 또는 자기제 등의 지지금구로 지지(불연재료로 구획된 반자 안에 설치하는 경우는 제외)
- 누설동축케이블의 끝부분에는 **무반사종단저항**을 설치한다.

03 20[W] 중형 피난구유도등 10개를 설치하려고 한다. 전원은 단상 220[V]이고, 역률은 80[%]일 경우 필요한 공급전류는 얼마인가?

득점	배점
	4

계산 : $I = \dfrac{P}{V\cos\theta} = \dfrac{20 \times 10개}{220 \times 0.8} = 1.136[A]$

답 : 1.14[A]

04

> 피난구유도등에 대한 다음 각 물음에 답하시오.
>
> | 득점 | 배점 |
> |---|---|
> | | 6 |
>
> (가) 피난구유도등의 설치장소 3가지를 쓰시오.
> (나) 피난구유도등은 피난구의 바닥으로부터 높이 몇 [m] 이상의 곳에 설치하여야 하는가?
> (다) 피난구유도등의 조명도는 피난구로부터 직선거리 몇 [m]에서 표시면의 문자 및 색채를 쉽게 식별할 수 있는 것으로 하여야 하는가?

해답　(가) ① 옥내부터 직접 지상으로 통하는 출입구 및 그 부속실의 출입구
　　　　② 직통계단, 직통계단의 계단실 및 그 부속실의 출입구
　　　　③ 안전구획된 거실로 통하는 출입구
　(나) 1.5[m] 이상
　(다) 30[m]

해설

(가) **피난구유도등의 설치장소**
- 옥내로부터 직접 지상으로 통하는 출입구 및 그 부속실의 출입구
- 직통계단, 직통계단의 계단실 및 그 부속실의 출입구
- 출입구에 이르는 복도 또는 통로로 통하는 출입구
- 안전구획된 거실로 통하는 출입구

(나) **피난구유도등**은 피난구의 바닥으로부터 높이 **1.5[m]** 이상의 곳에 설치할 것

(다) 피난구유도등의 **조명도**는 피난구로부터 **30[m]**의 거리에서 문자 및 색채를 쉽게 식별할 수 있을 것

05

> 비상콘센트에 대한 다음 각 물음에 답하시오.
>
> | 득점 | 배점 |
> |---|---|
> | | 8 |
>
> (가) 비상콘센트의 전원 종류, 전압 및 그 공급용량을 쓰시오.
> (나) 전원부와 외함 사이의 절연저항값과 절연내력시험의 방법 및 판정방법에 대하여 쓰시오.
> (다) 비상콘센트의 그림기호(심벌)를 그리시오.

해답　(가)

회로의 종류	전 압	공급용량
단상교류	220[V]	1.5[kVA] 이상

(나) ① 절연저항값 : 직류 500[V] 절연저항계로 측정하여 20[MΩ] 이상일 것

    ② 절연내력시험

      ㉠ 방 법

        – 정격전압이 150[V] 이하 : 1,000[V]의 실효전압

        – 정격전압이 150[V] 초과 : 1,000[V] 실효전압 + 그 정격전압 × 2

      ㉡ 판정방법 : 1분 이상 견딜 것

(다) ⊙⊙ ⊙⊙

해★설

(가) 비상콘센트 전원의 종류 등

회로의 종류	전 압	공급용량	플러그접속기
단상교류	220[V]	1.5[kVA] 이상	접지형 2극

(나) ① 절연저항값 : 직류 500[V] 절연저항계로 측정하여 20[MΩ] 이상일 것

    ② 절연내력시험

      ㉠ 방법 : 정격전압 150[V] **이하**인 경우에는 1,000[V]의 **실효전압**을 정격전압이 150[V] **초과**인 경우에는 그 **정격전압의 2**를 곱하여 1,000[V]을 더한 실효전압을 가함

      ㉡ 판정방법 : 1분 이상 견딜 것

(다) **배선기호**

배선기호	명 칭	배선기호	명 칭
⊙⊙ ⊙⊙	비상콘센트	⦂:	콘센트
∿	분기배선용 차단기	⊙⊙	바닥붙이 콘센트

---

06 다음은 P형 1급 수동발신기의 외형을 나타낸 그림이다. ①, ②에 대한 명칭을 쓰고, 그 용도를 간략하게 설명하시오.

득점	배점
	6

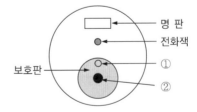

명 판

전화잭

보호판

①

②

★해답 ① 응답확인램프 : 발신기에서 발하여진 화재신호가 수신기에 전달되었는가를 확인하는 램프

    ② 누름버튼스위치 : 화재 시 수동으로 화재신호를 수신기에 발신하는 스위치

해☆설
(1) **누름버튼스위치** : 화재 시 사람이 수동으로 버튼을 눌러 수신기에 화재신호를 발신하는 스위치
(2) **응답확인램프** : 발신기에서 발신한 신호가 수신기에 전달되었는가를 확인하는 램프
(3) 전화잭 : 화재 발생 시 발신기에서 전화기를 사용하여 수신기와 연락하는 잭
(4) 투명 플라스틱 보호판 : 내부의 스위치를 보호하여 부주의에 의한 오보 방지

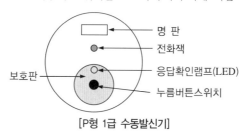

[P형 1급 수동발신기]

07

예비전원 설비인 축전지 설비에 대한 내용이다. 물음에 답하시오.

득점	배점
	8

(가) 위 그림의 충전방식을 쓰고, 설명하시오.
　① 충전방식 :
　② 설명 :
(나) 표준전압이 100[V]인 알칼리축전지의 2차 충전전류를 구하시오(단, 정격용량
　　은 200[Ah], 상시부하는 8[kW]이다).

☆해답　(가) ① 충전방식 : 부동충전방식
　　　　② 설명 : 전자의 자기방전을 보충함과 동시에 상용부하에 대한 전력 공급은 충전기가
　　　　　　부담하도록 하되, 일시적인 대전류 부하는 축전지로 하여금 부담케 하는 충전방식

　　　(나) 계산 : $I_2 = \dfrac{200}{5} + \dfrac{8 \times 10^3}{100} = 120[\text{A}]$
　　　　　답 : 120[A]

08 저압옥내배선의 금속관 배선(공사) 및 가요 전선과 배선(공사)에 대한 다음 각 물음에 알맞은 답을 주어진 보기에서 선택하여 답란에 쓰시오.

득점	배점
	4

보기

부싱, 유니언커플링, 스트레이트 박스커넥터, 노멀밴드, 유니버설엘보, 링리듀서, 새들, 콤비네이션 커플링, 로크너트, 리머, 스플릿 커플링

물음

(가) 금속관 배선(공사)에서 노출 배선관공사를 할 때 관을 직각으로 굽히는 곳에 사용하는 부품

(나) 금속관 배선(공사)에서 금속관을 아웃렛박스에 로크너트만으로 고정하기 어려울 때 보조적으로 사용하는 부품

(다) 가요 전선관 배선(공사)에서 가요 전선관과 박스를 연결할 때 사용하는 부품

(라) 가요 전선관 배선(공사)에서 가요 전선관과 스틸 전선관을 연결할 때 사용하는 부품

(마) 가요 전선관 배선(공사)에서 가요 전선관과 가요 전선관을 연결할 때 사용하는 부품

☆해답
(가) 유니버설엘보
(나) 링리듀서
(다) 스트레이트 박스커넥터
(라) 콤비네이션 커플링
(마) 스플릿 커플링

해☆설

금속관공사의 부품
- **커플링**(Coupling) : 금속관 상호를 연결하는 곳에 사용
- **새들** : 금속관을 조영재에 지지할 때 사용
- **환형 3방출 정선박스** : 금속관을 3개소 이하 연결 시 사용
- **유니버설엘보** : 노출배관공사 시 관을 **직각**으로 **굽히는 곳**에 사용
- **노멀밴드**(Normal Band) : 매입공사 시 관을 직각으로 굽히는 곳에 사용
- **링리듀서**(Ring Reducer) : 금속관을 아웃렛박스에 고정시킬 때 녹아웃 구멍이 너무 커서 로크너트만으로 곤란한 경우 보조적으로 사용
- **로크너트**(Lock Nut) : 금속관과 박스를 접속할 때 사용
- **부싱**(Bushing) : 전선의 절연피복을 보호하기 위해 금속관 끝에 취부

명 칭	그 림	용 도
스트레이트 박스커넥터		가요 전선관과 박스의 연결
콤비네이션 커플링		박스커넥터 2종 가요관 콤비네이션 커플링 금속관 가요 전선관과 금속관의 연결
스플릿 커플링		가요 전선관과 가요 전선관의 연결
노멀밴드		매입 전선관의 굴곡 부분에 사용
유니버설엘보		노출배관공사 시 관을 직각으로 굽히는 곳에 사용(LL형, LB형, T형)
새 들		배관공사 시 천정이나 벽 등에 배관을 고정시키는 금구
링리듀서		아웃렛박스의 녹아웃 구경이 금속관보다 너무 클 경우 로크너트와 보조적으로 사용하는 부품

09 다음 그림은 자동화재탐지설비의 수신기, 유도등, 전원의 배선결선도를 나타낸 것이다. 그림의 ①과 ②의 배선 가닥수와 배선의 용도를 쓰시오.

득점	배점
	6

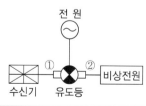

해답 ① 가닥수 : 2가닥, 용도 : 충전선 1, 상용선 1
② 가닥수 : 2가닥, 용도 : 충전선 1, 공통선 1

10

도면은 3상 농형 유도전동기의 Y−△ 기동방식의 미완성 시퀀스 도면이다.
이 도면을 보고 다음 각 물음에 답하시오.

득점	배점
	12

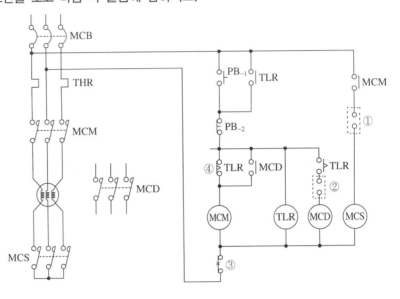

물음

(가) 이 기동방식을 채용하는 이유는 무엇 때문인가?

(나) 제어회로의 미완성 부분 ①, ②에 Y−△운전이 가능하도록 접점 및 접점기
호를 표시하시오.

(다) ③과 ④의 접점 명칭은?(우리말로 쓰시오)

(라) 주접점 부분의 미완성 부분(MCD 부분)의 회로를 완성하시오.

해답

(가) Y−△ 기동방식 : 기동 시 기동전류를 $\frac{1}{3}$ 로 줄이기 위해

(나) ①
　　　MCD₋ᵦ

②
　　　MCS₋ᵦ

(다) ③ 열동형계전기 b접점　　④ 한시동작 b접점

(라)

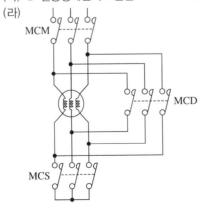

해설

- **Y - △ 기동방식** : 기동 시 기동전류를 $\frac{1}{3}$ 로 줄이기 위해 기동하고 기동 후에는 △결선으로 절환하여 운전하는 방식
- **인터록회로** : 상대동작을 금지시키기 위한 b접점으로 구성된 회로로서 ①과 ②는 인터록접점으로 Y결선과 △결선이 동시에 투입되는 것을 방지한다.
- 시퀀스제어의 심벌

명 칭	심 벌		적 요
	a접점	b접점	
일반접점 또는 수동접점	① ②	① ②	나이프스위치, 전환스위치처럼 접점의 개폐가 수동에 의해서 되는 것에 사용
수동조작자동 복귀접점	① ②	① ②	손을 떼면 복귀하는 접점으로 버튼스위치, 조작스위치 등의 접점에 사용
기계적 접점	① ②	① ②	리밋스위치처럼 접점의 개폐가 전기적 이외의 원인에 의해서 되는 것에 사용
한시동작접점	① ②	① ②	입력신호를 받고 나서 소정시간 경과 후에 회로를 개폐하는 접점으로 동작하는 때에 시간지연에 있는 접점에 사용
한시복귀접점	① ②	① ②	입력신호를 받고 나서 소정시간과 경과 후에 회로를 개폐하는 접점으로 복귀하는 때에 시간지연이 있는 접점에 사용
열동과전류접점	① ②	① ②	과전류에 의해 바이메탈이 일정량 이상 만곡하여 이것에 연결한 연동기구를 사이에 두고 동작을 하는 접점

11

다음은 할론(Halon)소화설비의 수동조작함에서 할론제어반까지의 결선도 및 계통도(3Zone)에 대한 것이다. 주어진 조건을 참조하여 각 물음에 답하시오.

득점	배점
	10

조 건

• 전선의 가닥수는 최소한으로 한다.
• 복구스위치 및 도어스위치는 없는 것으로 한다.

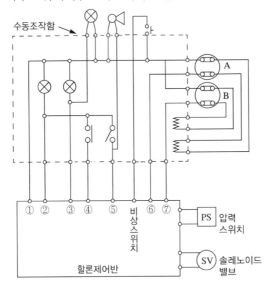
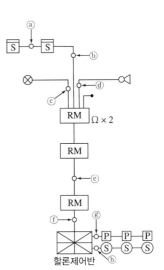

물 음

(가) ①~⑦의 전선 명칭은?

(나) ⓐ~ⓗ의 전선 가닥수는?

★해답
(가) ① 전원 ⊖
   ③ 방출표시등
   ⑤ 사이렌
   ⑦ 감지기 B

   ② 전원 ⊕
   ④ 기동스위치
   ⑥ 감지기 A

(나) ⓐ 4가닥
   ⓒ 2가닥
   ⓔ 13가닥
   ⓖ 4가닥

   ⓑ 8가닥
   ⓓ 2가닥
   ⓕ 18가닥
   ⓗ 4가닥

해❊설

• 배선의 종류 및 가닥수

기 호	배선 종류 및 가닥수	배선의 용도
ⓐ	HFIX 1.5 − 4	지구 2, 공통 2
ⓑ	HFIX 1.5 − 8	지구 4, 공통 4
ⓒ	HFIX 2.5 − 2	방출표시등 2
ⓓ	HFIX 2.5 − 2	사이렌 2
ⓔ	HFIX 2.5 − 13	전원 ⊕·⊖, (방출표시등, 기동스위치, 사이렌, 감지기 A·B)×2, 비상스위치
ⓕ	HFIX 2.5 − 18	전원 ⊕·⊖, (방출표시등, 기동스위치, 사이렌, 감지기 A·B)×3, 비상스위치
ⓖ	HFIX 2.5 − 4	압력스위치 3, 공통
ⓗ	HFIX 2.5 − 4	솔레노이드밸브 3, 공통

• 할론제어반의 결선도

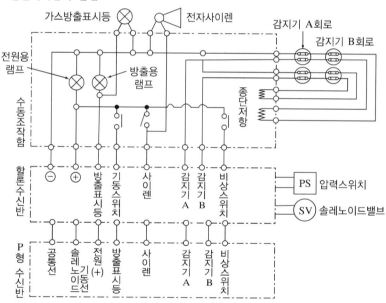

12 주어진 도면은 프리액션설비와 연동되는 감지기설비이다. 이 도면과 조건을 이용하여 다음 각 물음에 답하시오.

득점	배점
	12

조건

- 지하 1층, 지하 2층, 지하 3층에 시설하고 수신반은 지상 1층에 설치하며, 지하 1층 프리액션 조작반에서 수신반까지의 직선거리는 10[m]이다.
- 사용하는 전선관은 후강전선관이며 콘크리트 매입으로 시공한다.
- 3방출 이상은 4각 박스를 사용한다.
- 공통선 1선을 사용하고 감지기 동작 유무 표시는 수신반에서 표시하지 않아도 된다.
- 기능을 만족시키는 최소의 배선을 하도록 한다.
- 건축물은 내화구조로 각층의 높이는 3.8[m]이다.
- 프리액션 밸브에는 솔레노이드밸브, 압력스위치, 탬퍼스위치가 설치되어 있으며 공통선은 각각 사용한다.

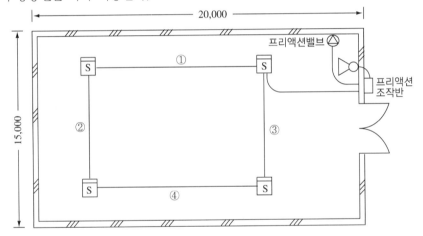

물음

(가) 사용된 감지기는 이온식연기감지기(2종)이다. 이 감지기가 4개 설치된 이유를 설명하시오.

(나) 도면에 표시된 ①~④까지의 배선 가닥수는 최소 몇가닥인가?

(다) 본 설비의 감지기에 이용되는 4각 박스는 몇 개가 필요한가?

(라) 본 설비의 계통도를 작성하시오(단, 계통도상에 배선 가닥수로 표시하시오).

해답 (가) ① 연기감지기 개수 $= \dfrac{20 \times 15}{150} = 2$개이나 교차회로방식이므로,

감지기 개수 $N = 2$개 × 2회로 = 4개 설치

(나) ① 4가닥 ② 4가닥

③ 4가닥 ④ 4가닥

(다) 3개

(라)

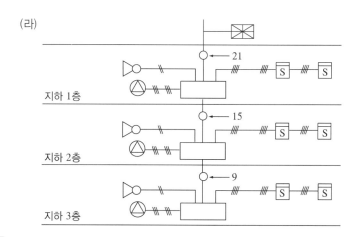

해☆설

(가) 연기감지기의 면적에 의한 설치기준 (단위 : [m²])

부착면의 높이	연기감지기의 종류	
	1종 및 2종	3종
4[m] 미만	150	50
4[m] 이상 20[m] 미만	75	×

(조건 : 부착 높이 4[m] 미만, 2종 감지기 기준면적 150[m²], 감지기 배선 교차회로방식)

$$N = \frac{20 \times 15}{150} \text{개} \times 2\text{회로} = 4\text{개} \quad \therefore \ 4\text{개}$$

(나) **교차회로방식**(말단 및 루프 구간 : **4가닥**, 기타 : **8가닥**)

(다) 4각 박스 : 한곳에서 2방출 이상에 사용

　감지기회로의 4각 박스는 각 층에 1개씩 3개이다.

(라) ① 전선의 종류 및 가닥수

층 별	배선의 종류 및 가닥수	용 도
지하 3층	HFIX 2.5 - 9	전원 ⊕·⊖, 전화, 감지기 A·B, 밸브기동, 밸브주의, 밸브개방확인, 사이렌
지하 2층	HFIX 2.5 - 15	전원 ⊕·⊖, 전화, (감지기 A·B, 밸브기동, 밸브주의, 밸브개방확인, 사이렌)×2
지하 1층	HFIX 2.5 - 21	전원 ⊕·⊖, 전화, (감지기 A·B, 밸브기동, 밸브주의, 밸브개방확인, 사이렌)×3

② 프리액션밸브 : 솔레노이드밸브 2, 탬퍼스위치 2, 압력스위치 2

13

그림과 같은 자동화재탐지설비 계통도를 보고 다음 각 물음에 답하시오(단, 설치대상 건물의 연면적은 5,000[m²]이다).

득점	배점
	12

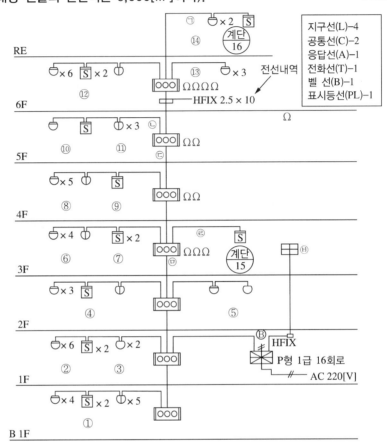

전선내역
지구선(L)-4
공통선(C)-2
응답선(A)-1
전화선(T)-1
벨 선(B)-1
표시등선(PL)-1

물음

(가) ㉠~㉤의 전선 가닥수는 각각 몇 개인가?(단, 계통도상에 나타나 있는 전선 내역을 참조할 것)

(나) ㉫의 명칭은 무엇인가?

(다) 계통도상에 주어져 있는 전선내역을 참조하여 ㉤ 전선의 내역을 쓰시오.

(라) 계통도상에 주어져 있는 전선내역을 참조하여 ㉣ 전선의 내역을 쓰시오.

☆해답　(가) ㉠ 4선　　　　　　　　㉡ 4선
　　　　　　㉢ 13선　　　　　　　㉣ 4선
　　　　　　㉤ 21선
　　　(나) 부수신기
　　　(다) 지구선 11, 공통선 3, 응답선, 전화선, 벨선 4, 표시등선
　　　(라) 지구선 2, 공통선 2

해☆설

- 조 건

  - 직상층 및 발화층 우선경보방식 : 지상 5층 이상이고, 연면적 3,000$[m^2]$ 초과하므로
  - 경계구역수 : 16회로

  - 감지기회로 공통선 : 경계구역 7개 이하에 접속

  - 종단저항이 발신기에 있으므로

    ├─㉠의 배관에 ⑭, ⑯ 구역 감지기회로가 함께 입선(공통 2, 지구 2)
    └─㉡의 배관에 ⑩, ⑪ 구역 감지기회로가 함께 입선(공통 2, 지구 2)

  - 전선의 종류 및 용도

기 호	배선의 종류 및 가닥수	용 도
㉠	HFIX 1.5-4	지구선 2, 공통선 2
㉡	HFIX 1.5-4	지구선 2, 공통선 2
㉢	HFIX 2.5-13	지구선 6, 공통선 2, 응답선 1, 전화선 1, 벨선 2, 표시등 1
㉣	HFIX 1.5-4	지구선 2, 공통선 2
㉤	HFIX 2.5-21	지구선 11, 공통선 3, 응답선 1, 전화선 1, 벨선 4, 표시등 1

- **옥내배선기호**

명 칭	그림기호	적 요
수신기		다른 설비의 기능을 가진 경우는 필요에 따라 해당 설비의 그림기호를 같이 적는다. **[예]** 가스누설경보설비와 일체인 것 가스누설경보설비 및 방배연 연동과 일체인 것
부수신기 (표시기)		
경계구역 번호		• ◯ 에 경계구역 번호를 넣는다. • 필요에 따라 ─◯─ 로 하고, 상부에 필요사항, 하부에 경계구역 번호를 넣는다. (계단)(샤프트)

2013년 4월 22일 시행

제 **1** 회

※ 다음 물음에 대한 답을 해당 답란에 답하시오(배점 : 100).

01

3개의 독립된 1층 공장건물에 P형 1급 발신기를 그림과 같이 설치하고 수신기는 경비실에 설치하였다. 지구경종의 경보방식은 동별 구분경보방식을 적용하였으며, 옥내소화전의 가압송수장치는 기동용 수압개폐장치를 사용하는 방식을 사용할 경우에 다음 물음에 답하시오.

득점	배점
	8

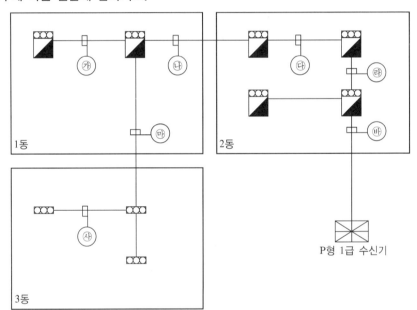

물음

(가) ㉮~㉠까지의 필요한 전선 가닥수를 빈칸에 쓰시오.

항 목	지구선	지구경종선	지구공통선
㉮			
㉯			
㉰			
㉱			
㉲			
㉳			
㉠			

(나) 자동화재탐지설비의 화재안전기준에서 정하는 수신기의 설치기준에 대하여 (   ) 안의 알맞은 내용을 답란에 쓰시오.
- 수신기가 설치된 장소에는 화재가 발생한 구역을 쉽게 알아보기 위하여 (①)를 비치한다.
- 수신기의 (②)는 그 음량 및 음색이 다른 기기의 소음 등과 명확히 구별될 수 있는 것으로 할 것
- 수신기는 (③)·(④) 또는 (⑤)가 작동하는 경계구역을 표시할 수 있는 것으로 할 것

☆해답 (가)

항 목	지구선	지구경종선	지구공통선
㉮	1	1	1
㉯	5	2	1
㉰	6	3	1
㉱	7	3	1
㉲	3	1	1
㉳	9	3	2
㉴	1	1	1

(나) ① 경계구역 일람도   ② 음향기구
     ③ 감지기   ④ 중계기
     ⑤ 발신기

해☆설

(가)

	지구선	경종선	지구공통선	경종표시 등공통선	표시등선	응답선	전화선	기동확인 표시등	합 계
㉮	1	1	1	1	1	1	1	2	9
㉯	5	2	1	1	1	1	1	2	14
㉰	6	3	1	1	1	1	1	2	16
㉱	7	3	1	1	1	1	1	2	17
㉲	3	1	1	1	1	1	1		9
㉳	9	3	2	1	1	1	1	2	20
㉴	1	1	1	1	1	1	1		7

(나) 수신기의 설치기준
- 수위실 등 상시 사람이 근무하는 장소에 설치할 것(상시 근무하는 장소가 없는 경우 관계인이 쉽게 접근할 수 있고 관리가 용이한 장소)
- 수신기가 설치된 장소에는 경계구역 일람도를 비치할 것
- 수신기의 음향기구는 그 음량 및 음색이 다른 기기의 소음 등과 명확히 구별될 수 있는 것으로 할 것
- 수신기는 감지기·중계기 또는 발신기가 작동하는 경계구역을 표시할 수 있는 것으로 할 것
- 화재·가스 전기 등에 대한 종합방재반을 설치한 경우에는 해당 조작반에 수신기의 작동과 연동하여 감지기·중계기 또는 발신기가 작동하는 경계구역을 표시할 수 있는 것으로 할 것
- 하나의 경계구역은 하나의 표시등 또는 하나의 문자로 표시되도록 할 것
- 수신기의 조작스위치는 바닥으로부터의 높이가 0.8[m] 이상 1.5[m] 이하인 장소에 설치할 것

• 하나의 특정소방대상물에 2 이상의 수신기를 설치하는 경우에는 수신기를 상호 간 연동하여 화재 발생상황을 각 수신기마다 확인할 수 있도록 할 것

02

자동화재탐지설비의 화재안전기준에서 감지기를 설치하지 않아도 되는 장소를 5가지만 쓰시오.	득점	배점
		5

 해답
① 천장 또는 반자의 높이가 20[m] 이상인 장소
② 헛간 등 외부와 기류가 통하는 장소로서 감지기에 의하여 화재 발생을 유효하게 감지할 수 없는 장소
③ 부식성 가스가 체류하고 있는 장소
④ 고온도 및 저온도로서 감지기의 기능이 정지되기 쉽거나 감지기의 유지관리가 어려운 장소
⑤ 목욕실·욕조나 샤워시설이 있는 화장실·기타 이와 유사한 장소

해설

감지기 설치 제외 장소
• 천장 또는 반자의 높이가 20[m] 이상인 장소
• 헛간 등 외부와 기류가 통하는 장소로서 감지기에 의하여 화재 발생을 유효하게 감지할 수 없는 장소
• 부식성 가스가 체류하고 있는 장소
• 고온도 및 저온도로서 감지기의 기능이 정지되기 쉽거나 감지기의 유지관리가 어려운 장소
• 목욕실·욕조나 샤워시설이 있는 화장실·기타 이와 유사한 장소
• 파이프덕트 등 그 밖의 이와 비슷한 것으로서 2개 층마다 방화구획된 것이나 수평단면적이 5[m²] 이하인 것
• 먼지·가루 또는 수증기가 다량으로 체류하는 장소 또는 주방 등 평시에 연기가 발생하는 장소(연기감지기에 한한다)

03

P형 1급 수신기와 감지기 사이의 배선회로에서 종단저항은 10[kΩ], 릴레이저항은 550[Ω], 배선회로의 저항은 50[Ω]이며, 회로전압이 DC 24[V]일 때 다음 각 물음에 답하시오.

득점	배점
	4

(가) 평소 감시전류(I_A)는 몇 [mA]인가?
- 계산 :
- 답 :

(나) 감지기가 동작할 때(화재 시)의 동작전류(I_B)는 몇 [mA]인가?
- 계산 :
- 답 :

해답

(가) • 계산 : $I_A = \dfrac{24}{(10\times10^3)+550+50}\times10^3 = 2.26$
   • 답 : 2.26[mA]

(나) • 계산 : $I_B = \dfrac{24}{550+50}\times10^3 = 40$
   • 답 : 40[mA]

해설

(가) 감시전류 I_A

$$I_A = \frac{회로전압}{종단저항+릴레이저항+배선회로저항}$$
$$= \frac{24}{(10\times10^3)+550+50}\times10^3 = 2.26[mA]$$

(나) 동작전류 I_B

$$I_B = \frac{회로전압}{릴레이저항+배선회로저항}$$
$$= \frac{24}{550+50}\times10^3 = 40[mA]$$

04 그림과 같은 비내화건축물이 있다. 여기에 차동식스포트형 감지기(1종)을 설치하고자 할 경우 필요한 차동식스포트형 감지기의 개수와 최소 경계구역 수를 계산하시오(단, 천장의 높이는 3.8[m]이다).

득점	배점
	7

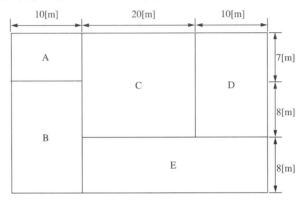

물음

(가) 차동식스포트형감지기의 개수를 계산하시오.

실 명	계산과정	수 량
A		
B		
C		
D		
E		
계		

(나) 최소 경계구역수를 계산하시오.
- 계산 :
- 답 :

해답 (가)

실 명	계산과정	수 량
A	$\dfrac{10\times7}{50}=1.4$	2
B	$\dfrac{10\times16}{50}=3.2$	4
C	$\dfrac{20\times15}{50}=6$	6
D	$\dfrac{10\times15}{50}=3$	3
E	$\dfrac{30\times8}{50}=4.8$	5
계		20

(나) • 계산 : $\dfrac{40 \times 23}{600} = 1.53$

　　　 • 답 : 2경계구역

해☆설

(가)

부착 높이 및 소방대상물의 구분		감지기의 종류						
		차동식스포트형		보상식스포트형		정온식스포트형		
		1종	2종	1종	2종	특 종	1종	2종
4[m] 미만	주요 구조부를 내화 구조로 한 소방대상물 또는 그 부분	90	70	90	70	70	60	20
	기타 구조의 소방대상물 또는 그 부분	50	40	50	40	40	30	15
4[m] 이상 8[m] 미만	주요 구조부를 내화 구조로 한 소방대상물 또는 그 부분	45	35	45	35	35	30	–
	기타 구조의 소방대상물 또는 그 부분	30	25	30	25	25	15	–

실 명	계산과정	수 량
A	$\dfrac{\text{바닥면적}}{50} = \dfrac{10 \times 7}{50} = 1.4$	2
B	$\dfrac{\text{바닥면적}}{50} = \dfrac{10 \times 16}{50} = 3.2$	4
C	$\dfrac{\text{바닥면적}}{50} = \dfrac{20 \times 15}{50} = 6$	6
D	$\dfrac{\text{바닥면적}}{50} = \dfrac{10 \times 15}{50} = 3$	3
E	$\dfrac{\text{바닥면적}}{50} = \dfrac{30 \times 8}{50} = 4.8$	5
계		20

(나) 자동화재탐지설비의 경계구역 설정기준

① 하나의 경계구역이 2개 이상의 건축물에 미치지 아니하도록 할 것

② 하나의 경계구역이 2개 이상의 층에 미치지 아니하도록 할 것(500[m²] 이하의 범위 안에서는 2개 층을 하나의 경계구역으로 할 수 있다)

③ 하나의 경계구역의 면적은 600[m²] 이하로 하고, 한 변의 길이는 50[m] 이하로 할 것

$\dfrac{\text{면적}}{600} = \dfrac{40 \times 23}{600} = 1.533$

∴ 2경계구역

05 다음 평면도와 같이 각 실별로 화재감지기를 설치하였다. 평면도에 명시된 배관루트에 따라 주어진 배관도를 이용하여 감지기와 감지기 간, 감지기와 발신기 간, 발신기와 수신기 간에 연결되는 전선을 모두 그리시오(단, 종단저항은 발신기 내에 부착되어 있다).

득점	배점
	5

• 평면도

• 배관도

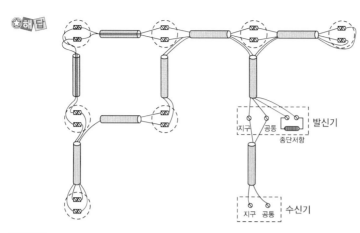

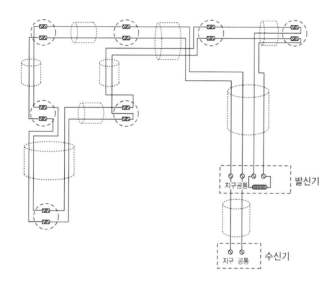

06 도면은 Y-△ 기동회로의 미완성 회로이다. 이 회로를 보고 다음 각 물음에 답하시오.

득점	배점
	6

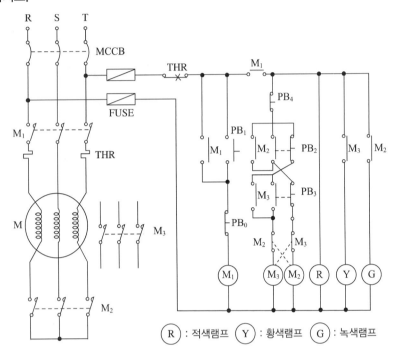

R : 적색램프   Y : 황색램프   G : 녹색램프

물 음

(가) 주회로 부분의 미완성된 Y-△ 회로를 주어진 도면에 완성하시오.

(나) 누름버튼스위치 PB_1을 눌렀을 때 점등되는 램프는?

(다) 전자접촉기 M_1이 동작되고 있는 상태에서 PB_2, PB_3를 눌렀을 때 점등되는 램프는?

푸시버튼	PB_2	PB_3
램 프		

(라) 제어회로의 THR은 무엇을 나타내는지 쓰시오.

(마) MCCB의 우리말 명칭을 쓰시오.

☆해답 (가)

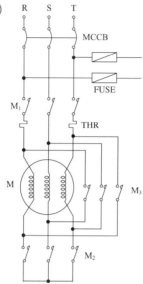

R S T

MCCB
FUSE

M₁ THR

M M₃

M₂

(나) (R)램프

(다)

푸시버튼	PB₂	PB₃
램프	(G)램프	(Y)램프

(라) 열동계전기 b접점
(마) 배선용 차단기

해☆설

(나), (다)

① PB₁을 누르면 (M₁)전자개폐기가 여자되어 램프 (R)이 점등된다.

② PB₂를 누르면 (M₂)전자개폐기가 여자되어 램프 (G)가 점등되고 Y결선으로 기동된다.

③ PB₃을 누르면 (M₂)전자개폐기가 소자되고, (G) 램프가 소등되며 (M₃)전자개폐기가 여자되어 (Y)램프가 점등되고 전동기는 △결선으로 운전된다.

(라) 열동계전기 b접점
　　주회로의 열동계전기는 전동기 과부하 시 보호

(마) 배선용 차단기(MCCB ; Molded Case Circuit Breaker)
　　단락 및 과부하 시 회로를 차단하여 부하 보호목적으로 사용

07 자동화재탐지설비에서 비화재보가 발생하는 원인과 방지대책에 대해 각각 4가지를 쓰시오.

득점	배점
	6

(가) 발생원인
(나) 방지대책

(가) 비화재보 발생원인

    ① 인위적인 요인

    ② 기능상의 요인

    ③ 환경적인 요인

    ④ 유지상의 요인

 (나) 비화재보 방지대책

    ① 축적기능이 있는 수신기 설치

    ② 비화재보에 적응성 있는 감지기 설치

    ③ 감지기 설치 장소 환경개선

    ④ 오동작 방지기 설치

해☆설

• 비화재보 발생원인

 – 인위적인 요인 : 분진(먼지), 담배연기, 자동차 배기가스, 조리 시 발생하는 열, 연기 등

 – 기능상의 요인 : 부품 불량, 결로, 감도 변화, 모래, 분진(먼지) 등

 – 환경적인 요인 : 온도, 습도, 기압, 풍압 등

 – 유지상의 요인 : 청소(유지관리)불량, 미방수처리 등

 – 설치상의 요인 : 감지기 설치 부적합장소, 배선 접촉불량 및 시공상 부적합한 경우 등

• 비화재보 방지대책

 – 축적기능이 있는 수신기 설치

 – 비화재보에 적응성 있는 감지기 설치

 – 감지기 설치 장소 환경개선

 – 오동작 방지기 설치

 – 감지기 방수처리 강화

 – 청소 및 유지관리 철저

08

	득점	배점
20[W] 중형 피난구유도등 30개가 AC 220[V] 사용전원에 연결되어 점등되고 있다. 이때 전원으로부터 공급되는 전류를 계산하시오(단, 유도등의 역률은 0.7이며, 유도등 배터리의 충전전류는 무시한다).		4

• 계산 :

• 답 :

 • 계산 $I = \dfrac{20 \times 30}{220 \times 0.7} = 3.896$

• 답 : 3.9[A]

해☆설

전류(I)

• 단상전력 $P = VI\cos\theta$

• 전류 $I = \dfrac{P}{V\cos\theta} = \dfrac{20[\text{W}] \times 30개}{220[\text{V}] \times 0.7} = 3.896[\text{A}]$

09

> **가스누설경보기에 관한 다음 각 물음에 답하시오.**
>
> | 득점 | 배점 |
> |------|------|
> | | 4 |
>
> (가) 가스누설경보기는 가스누설신호를 수신한 경우에는 누설표시등
> 이 점등되어 가스의 발생을 자동적으로 표시하고 있다. 이 경우 점등되는
> 누설표시등의 색상을 쓰시오.
>
> (나) 가스누설경보기를 그 구조와 용도에 따라 구분하여 (   ) 안에 쓰시오.
> - 구조에 따른 구분 : (   )형, (   )형
> - 용도에 따른 구분 : (   )용, (   )용과 (   )용
>
> (다) 가스누설경보기 중 가스누설을 검지하여 중계기 또는 수신부에 가스누설의
> 신호를 발신하는 부분 또는 가스누설을 검지하여 이를 음향으로 경보하고
> 동시에 중계기 또는 수신부에 가스누설의 신호를 발신하는 부분은 무엇인지
> 쓰시오.

☆해답
  (가) 황 색
  (나) • 구조에 따른 구분 : 단독형, 분리형
      • 용도에 따른 구분 : 가정용, 영업용과 공업용
  (다) 탐지부

해☆설

(가) 표시등
  ① 누설등(가스의 누설을 표시하는 표시등) : 황색
  ② 지구등(가스가 누설할 경계구역의 위치를 표시하는 표시등) : 황색
  ③ 화재등 : 적색

(나) ① 구조에 따른 구분 : 단독형, 분리형
  ② 용도에 따른 구분
    • 단독형 : 가정용
    • 분리형 : 영업용과 공업용

(다)

용 어	내 용
탐지부	가스누설을 탐지하여 부수신기나 부신기에 신호를 보내는 설비
수신부	가스누설을 탐지부로부터 수신하여 경보부에 신호를 보내는 설비
주경보부	가스누설탐지를 수신기로부터 수신하여 수신부에서 경보를 발하는 설비
지구경보부	가스누설탐지를 수신기로부터 수신하여 지구에서 경보를 발하는 설비
가스잠금장치	가스누설탐지를 수신기로부터 수신하여 가스잠금장치를 닫아 누설을 방지하는 설비

10

그림은 어느 아파트 지하주차장(B_1, B_2)의 준비작동식 스프링클러설비의 계통도이다. 수신기의 위치는 1층이고 지하층의 면적이 같다고 할 때, 다음 각 물음에 답하시오.

득점	배점
	14

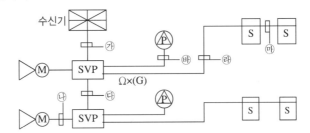

물음

(가) ㉮~㉯까지에 배선되어야 할 전선의 가닥수는 몇 가닥인가?(단, SVP와 프리액션 밸브 간에는 공통선을 별도로 사용하며, 감지기 공통선은 전원(−)과 공용으로 사용하는 것으로 한다)

구 분	㉮	㉯	㉰	㉱	㉲	㉯
문제 가닥수						

(나) 준비작동식 밸브에 부착된 장치 3가지와 그 기능을 간단히 설명하시오.

기구명	기 능

(다) ㉰에 인입되는 각각의 배선용도를 모두 쓰시오.

(라) 종단저항의 수(G 부분)는 몇 개가 필요한지 쓰시오.

(마) 수동조작함(SVP)의 전원용 배선에 사용되는 전선의 종류와 그 굵기를 쓰시오.

해답 (가)

구 분	㉮	㉯	㉰	㉱	㉲	㉯
문제 가닥수	15	2	9	8	4	6

(나)

기구명	기 능
압력스위치	물의 흐름을 감지하여 제어반에 신호를 보내 펌프를 기동시키는 스위치
솔레노이드밸브	수신반의 신호에 의해 동작하여 프리액션밸브를 개방시키는 밸브
탬퍼스위치	개폐표시형 밸브의 개폐 상태를 감시하는 스위치

(다) 전원 ⊕·⊖, 전화, 감지기 A·B, 밸브기동, 밸브개방확인, 밸브주의, 모터사이렌

(라) 2개

(마) • 전선의 종류 : HFIX(450/750[V] 저독성 난연 가교 폴리올레핀 절연전선)
   • 전선의 굵기 : 2.5[mm²]

해☆설

(가), (다)

기 호	구 분	배선수	배선 굵기	배선의 용도
㉮	SVP ↔ 수신기	15	2.5[mm²]	전원 ⊕·⊖, 전화, (감지기 A·B, 밸브기동, 밸브개방확인, 밸브주의, 모터사이렌)×2
㉯	모터사이렌 ↔ SVP	2	2.5[mm²]	모터사이렌 2
㉰	SVP ↔ SVP	9	2.5[mm²]	전원 ⊕·⊖, 전화, 감지기 A·B, 밸브기동, 밸브개방확인, 밸브주의, 모터사이렌
㉱	감지기 ↔ SVP	8	2.5[mm²]	지구 4, 공통 4
㉲	감지기 ↔ 감지기	4	1.5[mm²]	지구 2, 공통 2
㉳	프리액션밸브 ↔ SVP	6	2.5[mm²]	솔레노이드밸브 2, 압력스위치 2, 탬퍼스위치 2

(나) • 압력스위치(Pressure Switch) : 물의 흐름을 감지하여 제어반에 신호를 보내 펌프를 기동시키는 스위치이다. 준비작동밸브의 측로를 통하여 흐르는 물의 압력으로 압력스위치 내의 벨로스(Bellows)가 가압되면 전기적 회로가 구성되어 신호를 발생한다. 이 신호는 제어반으로 보내어 경보를 발하고 화재를 표시하며 가압펌프를 기동시킨다.

• 솔레노이드밸브(Solenoid Valve) : 수신반의 신호에 의해 동작하여 프리액션밸브를 개방시키는 밸브이다. 화재 시 감지기 연동이나 슈퍼비조리패널 기동 등으로 작동되는 솔레노이드밸브는 준비작동밸브(Preaction Valve)를 개방하여 화재실 내로 가압수를 방출시킨다.

• 탬퍼스위치(Tamper Switch) : 개폐지시형 밸브의 개폐 상태를 감시하는 스위치이다. 탬퍼스위치는 개폐지시형 밸브(OS & Y Valve)에 부착하여 개폐지시형 밸브가 폐쇄되었을 때 슈퍼비조리패널 및 제어반에 신호를 보내어 관계인에게 알리는 것으로서, 평상시 개폐지시형 밸브는 반드시 개방시켜 놓아야 한다.

11 다음 그림은 이온화식연기감지기의 구조를 나타내고 있다. 다음 물음에 답하시오.

득점	배점
	6

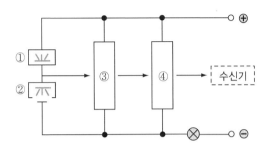

물음

(가) ①~④의 명칭을 쓰시오.

(나) 이온실 내부의 대표적인 방사선 물질과 방사선 물질의 기능을 쓰시오.
- 방사능 물질 :
- 기 능 :

(다) 외부로부터 실내로 공기가 유입되는 경우 감지기는 유입구로부터 몇 [m] 이상 이격시켜야 하는가?

(라) 연기감지기는 벽 또는 보로부터 몇 [m] 이상 떨어진 곳에 설치하여야 하는가?

해답

(가) ① 내부이온실　　② 외부이온실
　　③ 신호증폭회로　　④ 스위치회로

(나) • 방사능 물질 : 아메리슘 241(Am²⁴¹) 또는 라듐(Ra)
　　• 기능 : 아메리슘 241에서 방사되는 α 선에 의해 주변공기가 이온화되어 이온전류를 흐르게 하는 기능

(다) 1.5[m]

(라) 0.6[m]

해설

(가)

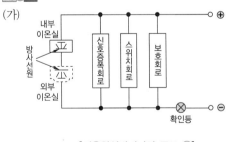

[이온화식감지기의 구조 ①]　　　　　　[이온화식감지기의 구조 ②]

(나) 외부이온식 방사선원 : 아메리슘 241(Am²⁴¹), 라듐(Ra)

　　기능 : 아메리슘 241에서 방사되는 α 선에 의해 주변공기가 이온화되어 이온전류를 흐르게 하는 기능

(다) 실내로의 공기유입구로부터 1.5[m] 이상 이격하여 설치

(라) 감지기는 벽 또는 보로부터 0.6[m] 이상 떨어진 곳에 설치할 것

12

굴곡이 많은 곳이나 전동기의 동력선을 보호하고, 유연성이 좋아서 연결 작업이 쉬운 배관공사 방법을 쓰시오.

득점	배점
	3

☆해답 가요 전선관 공사

해☆설

가요란 구부릴 수 있다는 의미로, 굴곡장소가 많거나 전동기와 연결 시 진동에 따른 흡수가 가능한 곳에 사용한다.

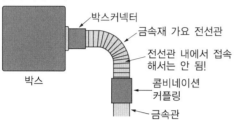

박스커넥터
금속재 가요 전선관
전선관 내에서 접속
해서는 안 됨!
콤비네이션
커플링
금속관

박스

13

상온 20[℃]에서 저항온도계수 α_{20}=0.00393을 갖는 경동선의 저항이 100 [Ω]이었다. 화재로 인하여 온도가 100[℃]로 상승하였을 때 경동선의 저항 [Ω]을 계산하시오.

득점	배점
	4

• 계산 :　　　　　　　　　　　• 답 :

☆해답 • 계산 : $R_{100} = 100 \times \{1 + 0.00393 \times (100 - 20)\} = 131.44[\Omega]$
　　　• 답 : $131.44[\Omega]$

해☆설

$$R_t = R_{t_0}\{1 + \alpha_t(t - t_0)\}$$

여기서, R_t : t[℃]에서의 저항　　　　R_{t_0} : t_0[℃]에서의 저항
　　　α_t : 저항의 온도계수　　　　t : 나중 온도
　　　t_0 : 처음 온도

$R_{100} = 100 \times \{1 + 0.00393 \times (100 - 20)\}$
　　　$= 131.44[\Omega]$

안심Touch

14

> 배연창 설비에 관한 다음 물음에 답하시오.
>
> | 득점 | 배점 |
> |---|---|
> | | 5 |
>
> (가) 배연창 설비는 몇 층 이상의 건물에 시설하는가?
>
> (나) 배연창 설비는 어떤 방식이 사용되는지 그 방식을 2가지 쓰시오.
>
> (다) 방화구획된 경우 그 부분마다 몇 개소 이상 배연구를 설치하는가?
>
> (라) 배연구의 크기는 배연에 필요한 유효면적이 몇 [m²] 이상이어야 하는가?

해답 (가) 6층 이상 (나) 솔레노이드방식, 모터방식
　　　 (다) 1개소 이상 (라) 1[m²]

해설

(가) 배연창 설비는 6층 이상의 건물에 시설하는 설비로서 화재 발생으로 인한 연기를 신속하게 외부로
　　 유출함으로써 피난 및 소화활동에 지장이 없도록 하기 위한 설비

(나) ① 솔레노이드 방식 : 감지기 또는 수동조작함의 스위치 ON 시 제연창이 동작되어 수신반에
　　　　기동 상태를 표시하게 된다. 구동장치는 솔레노이드를 사용하므로 복구 시는 현장의 수동레버
　　　　를 당겨야 한다.

　　 ② 모터방식 : 동작원리는 솔레노이드식과 거의 같고 제연창의 개방, 폐쇄, 각도 조절을 원격스위
　　　　치에 의해 가동할 수 있다.

(다), (라) 6층 이상 거실의 배연구(건축물의 설비기준 등에 관한 규칙 제14조 제1항)

　　• 설치수 : 방화구획 부분마다 1개소 이상

　　• 설치 위치 : 바닥에서 1[m] 이상의 높이

　　• 크기 : 방화구획된 바닥면적의 1/100 이상으로서 1[m²] 이상

　　• 구조 : 수동 및 자동 개폐(자동 : 연기 또는 열감지기 등 이용)

　　• 전원 : 예비전원에 의해 개방할 수 있을 것

15

> 저압옥내배선의 금속관공사에 있어서 금속관과 박스 그 밖의 부속품은 다음
> 각호에 의하여 시설하여야 한다. (　) 안에 알맞은 내용을 답란에 쓰시오.
>
> | 득점 | 배점 |
> |---|---|
> | | 5 |
>
> • 금속관은 직접 지중에 매입하여 배관하여서는 아니 된다. 다만, 공사상 부득이하
> 여 (①)전선관을 사용하고 이것에 방수·방부조치로서 (②)를 감거나 (③)
> 로 감싸는 등의 방호조치를 하는 경우는 그러하지 아니하다.
>
> • 금속관과 박스 그 밖의 이와 유사한 것과를 접속하는 경우로서 틀어 끼우는 방
> 법에 의하지 아니할 때는 (④) 2개를 사용하여 박스 또는 캐비닛 접속 부분
> 의 양측을 조일 것. 다만, (⑤) 등으로 견고하게 부착할 경우에는 그러하지
> 아니하다.

 해답 ① 후 강 ② 주 트
　　　 ③ 콘크리트 ④ 로크너트
　　　 ⑤ 부 싱

해설

금속관공사의 시설

- 금속관은 부식 방지를 위하여 직접 대지에 매입하여 배관하여서는 안 된다. 다만, 공사상 부득이한 경우 후강전선관을 사용하고, 이것에 방수·방부조치로써 주트(황마)를 감싸거나 콘크리트로 감싸는 등의 방호조치를 해야 한다.
- 금속관과 박스, 기타 이와 유사한 것을 접속하는 경우로써 틀어 끼우는 방법에 의하지 아니할 때에는 로크너트 2개를 사용하여 박스의 내·외면을 견고하게 조인다. 단, 부싱 등으로 견고하게 부착할 때에는 그러하지 아니한다.

16

비상콘센트설비를 하려고 한다. 다음의 경우에는 어떻게 하여야 하는가?	득점	배점
		6

(가) 비상콘센트의 플러그접속기는 구체적으로 어떤 형(종류)의 플러그 접속기를 사용하여야 하는가?

(나) 하나의 전용회로에 설치하는 비상콘센트가 7개이다. 이 경우에 전선의 용량은 비상콘센트 몇 개의 공급용량을 합한 용량 이상의 것으로 하여야 하는가?

(다) 비상콘센트설비의 전원부와 외함 사이의 절연저항 측정방법 및 절연내력시험 방법에 대하여 설명하고 그 적합한 기준은 무엇인지를 설명하시오.
  - 절연저항 :
  - 절연내력 :

해답
(가) 접지형
(나) 3개
(다) • 절연저항 : 500[V] 절연저항계로 측정할 때 20[MΩ] 이상일 것
   • 절연내력 : 다음과 같이 실효전압을 가하는 시험에서 1분 이상 견디는 것으로 할 것
     – 정격전압이 150[V] 이하 : 1,000[V]의 실효전압
     – 정격전압이 150[V] 초과 : 그 정격전압 × 2 + 1,000[V]의 실효전압

해설

(가) 비상콘센트의 전원회로

구 분	전 압	공급용량	플러그접속기
단상 교류	220[V]	1.5[kVA] 이상	접지형 2극

(나) 하나의 전용회로에 설치하는 비상콘센트는 10개 이하로 할 것. 이 경우 전선의 용량은 각 비상콘센트(비상콘센트가 3개 이상인 경우에는 3개)의 공급용량을 합한 용량 이상의 것으로 하여야 한다.

(다) 절연저항 및 절연내력의 기준
  • 절연저항은 전원부와 외함 사이를 500[V] 절연저항계로 측정할 때 20[MΩ] 이상일 것
  • 절연내력은 전원부와 외함 사이에 다음과 같이 실효전압을 가하는 시험에서 1분 이상 견디는 것으로 할 것
    – 정격전압이 150[V] 이하 : 1,000[V]의 실효전압
    – 정격전압이 150[V] 초과 : (그 정격전압×2)+1,000[V]

17

> 감지기 설치기준 중 일시적으로 발생한 열기, 연기 또는 먼지 등으로 인하여 화재신호를 발신할 우려가 있는 장소로서 축적형 감지기를 사용하여야 하는 장소이다. (   ) 안의 알맞은 내용을 답란에 쓰시오(단, 수신기기는 비축적형이다).
>
> | 득점 | 배점 |
> |---|---|
> | | 4 |
>
> • (①), (②) 등으로서 환기가 잘되지 않는 장소
> • 실내면적이 (③)[m²] 미만인 장소
> • 감지기의 부착면과 실내 바닥과의 사이가 (④)[m] 이하인 곳으로서 일시적으로 열·연기 또는 먼지 등으로 인하여 화재신호를 발신할 우려가 있는 장소

해답

① 지하층   ② 무창층
③ 40   ④ 2.3

해설

(1) 사용하여야 하는 장소
   • 지하층, 무창층 등으로 환기가 잘되지 아니하는 장소
   • 실내면적이 40[m²] 미만인 장소
   • 감지기의 부착면과 실내 바닥과의 거리가 2.3[m] 이하인 곳으로서 일시적으로 발생한 열, 연기 또는 먼지 등으로 인하여 화재신호를 발신할 우려가 있는 장소(단, 축적형 수신기를 설치한 경우는 제외한다)
(2) 사용할 수 없는 장소(경우)
   • 교차회로방식의 적용장소
   • 급속한 연소확대가 우려되는 장소
   • 축적기능이 있는 수신기 설치장소
(3) 축적형 : 일정농도 이상의 연기가 일정시간(공칭축적시간) 연속하는 것을 전기적으로 검출함으로써 작동하는 감지기(작동시간만 지연시키는 것은 제외)

18 내화배선과 내열배선의 공사방법에 대한 차이점을 설명하시오.

득점	배점
	4

- 내화배선 : 금속관·2종 금속제 가요 전선관 또는 합성수지관에 수납하여 내화구조로 된 벽 또는 바닥 등에 벽 또는 바닥의 표면으로부터 25[mm] 이상의 깊이로 매설하여야 한다.
- 내열배선 : 금속관·금속제 가요전선관·금속덕트 또는 케이블 공사방법에 따라야 한다.

해설

(1) 내화배선 공사방법

사용전선의 종류	공사방법
• 450/750[V] 저독성 난연 가교 폴리올레핀 절연전선 • 0.6/1[kV] 가교 폴리에틸렌 절연 저독성 난연 폴리올레핀 시스 전력용 케이블 • 6/10[kV] 가교 폴리에틸렌 절연 저독성 난연 폴리올레핀 시스 전력용 케이블 • 가교 폴리에틸렌 절연 비닐시스 트레이용 난연 전력용 케이블 • 0.6/1[kV] EP 고무절연 클로로프렌 시스 케이블 • 300/500[V] 내열성 실리콘 고무 절연전선(180[℃]) • 내열성 에틸렌 – 비닐/아세테이트 고무 절연/케이블 • 버스덕트(Bus Duct) • 기타 전기용품안전관리법 및 전기설비기술기준에 따라 동등 이상의 내화성능이 있다고 주무부장관이 인정하는 것	금속관·2종 금속제 가요 전선관 또는 합성수지관에 수납하여 내화구조로 된 벽 또는 바닥 등에 벽 또는 바닥의 표면으로부터 25[mm] 이상의 깊이로 매설하여야 한다. 다만, 다음의 기준에 적합하게 설치하는 경우에는 그러하지 아니하다. ① 배선을 내화성능을 갖는 배선전용실 또는 배선용 샤프트·피트·덕트 등에 설치하는 경우 ② 배선전용실 또는 배선용 샤프트·피트·덕트 등에 다른 설비의 배선이 있는 경우에는 이로 부터 15[cm] 이상 떨어지게 하거나 소화설비의 배선과 이웃하는 다른 설비의 배선 사이에 배선지름(배선의 지름이 다른 경우에는 가장 큰 것을 기준으로 한다)의 1.5배 이상의 높이의 불연성 격벽을 설치하는 경우
내화전선	케이블공사의 방법에 따라 설치하여야 한다.

(2) 내열배선 공사방법

사용전선의 종류	공사방법
• 450/750[V] 저독성 난연 가교 폴리올레핀 절연전선 • 0.6/1[kV] 가교 폴리에틸렌 절연 저독성 난연 폴리올레핀 시스 전력용 케이블 • 6/10[kV] 가교 폴리에틸렌 절연 저독성 난연 폴리올레핀 시스 전력용 케이블 • 가교 폴리에틸렌 절연 비닐시스 트레이용 난연 전력용 케이블 • 0.6/1[kV] EP 고무절연 클로로프렌 시스 케이블 • 300/500[V] 내열성 실리콘 고무 절연전선(180[℃]) • 내열성 에틸렌 – 비닐/아세테이트 고무 절연/케이블 • 버스덕트(Bus Duct) • 기타 전기용품안전관리법 및 전기설비기술기준에 따라 동등 이상의 내열성능이 있다고 주무부장관이 인정하는 것	금속관·금속제 가요전선관·금속덕트 또는 케이블(불연성덕트에 설치하는 경우에 한한다) 공사방법에 따라야 한다. 다만, 다음의 기준에 적합하게 설치하는 경우에는 그러하지 아니하다. ① 배선을 내화성능을 갖는 배선전용실 또는 배선용 샤프트·피트·덕트 등에 설치하는 경우 ② 배선전용실 또는 배선용 샤프트·피트·덕트 등에 다른 설비의 배선이 있는 경우에는 이로부터 15[cm] 이상 떨어지게 하거나 소화설비의 배선과 이웃하는 다른 설비의 배선 사이에 배선지름(배선의 지름이 다른 경우에는 지름이 가장 큰 것을 기준으로 한다)의 1.5배 이상의 높이의 불연성 격벽을 설치하는 경우
내화전선·내열전선	케이블공사의 방법에 따라 설치하여야 한다.

2013년 7월 14일 시행

※ 다음 물음에 대한 답을 해당 답란에 답하시오(배점 : 100).

01

		득점	배점
			5

다음은 건물의 거실 평면도를 나타낸 것이다. 정온식스포트형감지기 1종을 설치할 경우 각 실에 설치할 감지기 설치 수량을 구하시오(단, 건물의 주요구조부는 내화구조이며, 감지기의 설치 높이는 3[m]이다).

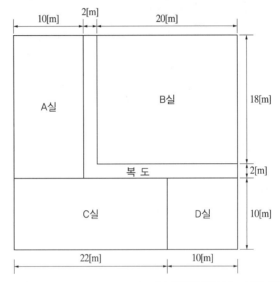

구 분	계산과정	수 량
A실		
B실		
C실		
D실		
합 계		

구 분	계산과정	수 량
A실	$\dfrac{10 \times 20}{60} = 3.3$	4개
B실	$\dfrac{20 \times 18}{60} = 6$	6개
C실	$\dfrac{22 \times 10}{60} = 3.6$	4개
D실	$\dfrac{10 \times 10}{60} = 1.6$	2개
합 계	$4 + 6 + 4 + 2 = 16$	16개

해☆설

부착 높이 및 소방대상물의 구분		감지기의 종류						
		차동식스포트형		보상식스포트형		정온식스포트형		
		1종	2종	1종	2종	특종	1종	2종
4[m] 미만	주요 구조부를 내화 구조로 한 특정소방대상물 또는 그 부분	90	70	90	70	70	60	20
	기타 구조의 특정소방대상물 또는 그 부분	50	40	50	40	40	30	15
4[m] 이상 8[m] 미만	주요 구조부를 내화 구조로 한 특정소방대상물 또는 그 부분	45	35	45	35	35	30	–
	기타 구조의 특정소방대상물 또는 그 부분	30	25	30	25	25	15	–

02 3선식 배선에 따라 상시 충전되는 유도등의 전기회로에 점멸기를 설치하는 경우에 유도등이 점등되어야 하는 경우 5가지를 쓰시오. (득점 / 배점 6)

☆해답
① 자동화재탐지설비의 감지기 또는 발신기가 작동되는 때
② 비상경보설비의 발신기가 작동되는 때
③ 상용전원이 정전되거나 전원선이 단선되는 때
④ 방재업무를 통제하는 곳 또는 전기실의 배전반에서 수동으로 점등하는 때
⑤ 자동소화설비가 작동되는 때

03 비상콘센트설비를 15층 건축물에 설치하려고 한다. 각 층에 1개씩 설치할 경우 다음 물음에 답하시오(단, 역률은 85[%]이고, 안전율 1.25배로 한다). (득점 / 배점 7)

물음
(가) 단상 220[V]를 공급할 경우 간선의 허용전류는 얼마인가?
(나) 이 건축물에 비상콘센트함을 몇 개 설치하면 되는가?

☆해답
(가) 계산 : $I = \dfrac{1.5 \times 10^3 \times 3}{220} \times 1.25 = 25.568[A]$
　　　답 : 25.57[A]
(나) 5개

해☆설
(가) 간선허용전류 : $I = \dfrac{P \cdot N}{V} \times 안전율 = \dfrac{1.5 \times 10^3 \times 3개}{220} \times 1.25 \fallingdotseq 25.57[A]$
　　비상콘센트 단상 220[V], 용량 1.5[kVA] → 최대 : 3개
(나) 비상콘센트는 지하층을 제외한 11층 이상의 층에 설치하므로 11~15층 5개 설치

04

차동식분포형 공기관식 감지기의 유통시험에 관한 것이다. 사용되는 주요 기구 2가지는?

득점	배점
	4

 해답 테스트 펌프, 마노미터

05

외기에 상시 개방된 부분이 있는 (a), (b), (c) 등에 있어서는 각 부분으로부터 5[m] 미만의 범위 안에 있는 부분은 경계구역에 산입하지 않는다. a, b, c에 들어갈 내용을 작성하시오.

득점	배점
	5

해답 a : 차고, b : 창고, c : 주차장

06

모터컨트롤센터(MCC)에서 소화전 펌프전동기에 전기를 공급하고자 하는 경우 전동기에 대한 다음 각 물음에 답하시오(단, 전압은 3상 200[V]이고, 전동기의 용량은 15[kW], 역률은 60[%]라고 한다).

득점	배점
	7

물음

(가) 전동기의 전부하전류[A]를 구하시오.
　　① 계산 :
　　② 답 :
(나) 모터컨트롤센터(MCC)와 압력탱크 사이에 사용할 수 있는 관 종류와 배선을 기술하시오.
　　① 보호관 종류 :
　　② 배선 :
(다) 전동기의 역률을 90[%]로 개선하고자 할 때 필요한 전력용 콘덴서의 용량 [kVA]을 구하시오.
　　① 계산 :
　　② 답 :
(라) 모터의 기동방식을 기준으로 MCC반과 펌프 사이의 가닥수와 기동방식을 선택 기술하시오.

해답
(가) ① 계산 : $I = \dfrac{P}{\sqrt{3}\,V\cos\theta} = \dfrac{15 \times 10^3}{\sqrt{3} \times 200 \times 0.6} = 72.17[\text{A}]$

　　② 답 : 72.17[A]
(나) ① 보호관 종류 : 금속관, 금속제 가요 전선관
　　② 배선 : 450/750[V] 저독성 난연 가교 폴리에틸렌 절연전선

(다) ① 계산 : $Q_C = P\left(\dfrac{\sqrt{1-\cos^2\theta_1}}{\cos\theta_1} - \dfrac{\sqrt{1-\cos^2\theta_2}}{\cos\theta_2}\right)$

$$= 15 \times \left(\dfrac{\sqrt{1-0.6^2}}{0.6} - \dfrac{\sqrt{1-0.9^2}}{0.9}\right) = 12.735 [\text{kVA}]$$

② 답 : 12.74[kVA]

(라) 기동방식 : Y-△ 기동

가닥수 : 6가닥

07

대지전압이 220[V] 전로에서 누설전류값을 구하시오(단, 절연저항은 0.2[MΩ]).

득점	배점
	3

☆해답

계산과정 : $I = \dfrac{V}{R} = \dfrac{220}{0.2 \times 10^6} \times 10^3 = 1.1[\text{mA}]$

답 : 1.1[mA]

08

주어진 도면을 이용하여 다음 각 물음에 답하시오.

득점	배점
	10

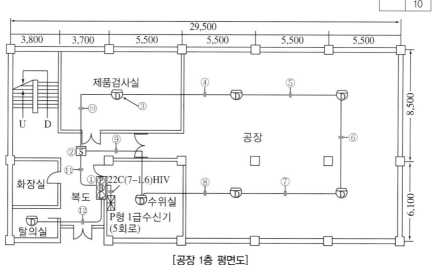

[공장 1층 평면도]

물음

(가) 도면에서 ①로 표시된 것의 명칭과 여기에 내장되어 있는 것을 모두 쓰시오.

(나) 도면에 필요한 물량을 산출할 때 박스와 부싱은 몇 개가 필요한가?

(다) ②와 ③의 명칭은 무엇인가?

(라) ④~⑫까지에 해당되는 배선 가닥수는 몇 본인가?

⭐해답 (가) 명칭 : 수동발신기세트
내장되어 있는 것 : 발신기, 경종, 표시등
(나) 박스 : 10개
부싱 : 20개
(다) ② 연기감지기
③ 차동식스포트형감지기
(라) ④ 2가닥 ⑤ 2가닥 ⑥ 2가닥 ⑦ 2가닥 ⑧ 2가닥
⑨ 2가닥 ⑩ 2가닥 ⑪ 4가닥 ⑫ 4가닥

해⭐설

(가) **수동발신기세트** : **발신기, 경종, 표시등**이 하나의 세트로 구성된 것

경종
표시등
발신기

(나) ① 박스 사용 개소 : 10개소(감지기 : 8개소, 수동발신기세트 : 1개소, 수신기 : 1개소)
② 부싱 사용 개소 : 20개소(3방출 : 2개소, 2방출 : 6개소, 1방출 : 2개소)

(다) **옥내배선기호**

명 칭	그림기호	적 요
차동식스포트형감지기	⌓	필요에 따라 종별을 같이 적는다.
보상식스포트형감지기	⌓	필요에 따라 종별을 같이 적는다.
정온식스포트형감지기	⌓	• 필요에 따라 종별을 같이 적는다. • 방수인 것은 ⊽로 한다. • 내산인 것은 ⊽로 한다. • 내알칼리인 것은 ⊽로 한다. • 방폭인 것은 EX를 같이 적는다.
연기감지기	S	• 필요에 따라 종별을 같이 적는다. • 점검 박스가 있는 경우는 Ⓢ로 한다. • 매입인 것은 Ⓢ로 한다.

(라) 감지기배선 : 송배전식(루프 구간 : 2가닥, 기타 : 4가닥)

09 급수용 유도전동기의 운전을 현장인 전동기 옆에서도 할 수 있고 멀리 제어실에서도 할 수 있는 시퀀스회로를 구성하시오(단, 사용기구는 누름버튼스위치와 전자접촉기를 사용하되 기구수와 접점수는 최소수만 사용하도록 한다).

득점	배점
	5

 해답

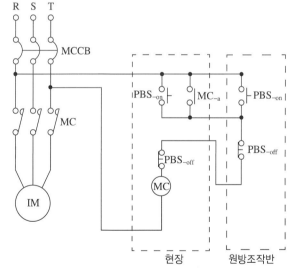

해설

기동스위치(PBS_{-on})는 자기유지접점과 항상 병렬로 접속되어야 하며, 정지스위치(PBS_{-off})는 MC 전자접촉기와 항상 직렬로 접속되어야 한다.

기동스위치(PBS_{-on})와 자기유지접점(MC_{-a}) 병렬접속

정지스위치(PBS_{-off})와 MC 전자접촉기 직렬접속

10 풍량이 5[m³/s]이고, 풍압이 35[mmHg]인 전동기의 용량은 몇 [kW]이겠는가?(단, 펌프효율은 100[%]이고, 여유계수는 1.2라고 한다)

득점	배점
	5

해답

계산 : 전압 $P_T = \dfrac{35}{760} \times 10,332 = 475.82$[mmAq]

전동기 용량 $P = \dfrac{1.2 \times 475.82 \times 5}{102 \times 1} = 27.99$[kW]

답 : 27.99[kW]

해설

- 전압 : $P_T = \dfrac{35[\mathrm{mmHg}]}{760[\mathrm{mmHg}]} \times 10,332[\mathrm{mmAq}]$

  $= 475.82[\mathrm{mmAq}]$

- 전동기 용량 : $P = \dfrac{KP_T Q}{102\eta}$

  $= \dfrac{1.2 \times 475.82 \times 5}{102 \times 1} = 27.99[\mathrm{kW}]$

11 무선통신보조설비에서 무반사종단저항의 설치 위치와 설치목적을 쓰시오.

득점	배점
	4

해답
- 설치 위치 : 누설동축케이블의 말단
- 설치목적 : 전파가 전송로의 말단에서 반사하여 주전파의 통신장애를 주지 않기 위함

해설
누설동축케이블의 **끝부분**에는 **무반사종단저항**을 견고하게 설치할 것

12 다음 그림과 같이 총길이 2,100[m]인 지하구에 자동화재탐지설비를 설치하려고 한다. 최소 경계구역수와 지하구에 설치할 수 있는 감지기를 3가지만 쓰시오.

득점	배점
	5

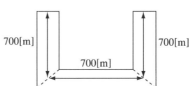

2021년 1월 15일 화재안전기준 변경으로 맞지 않는 문제임

13

> 비상콘센트의 설치기준으로 괄호 안에 알맞은 말을 써넣으시오.
>
> | 득점 | 배점 |
> |---|---|
> | | 5 |
>
> • 보호함에는 쉽게 개폐할 수 있는 (①)을 설치하여야 한다.
> • 비상콘센트의 보호함에는 그 (②)에 "비상콘센트"라고 표시한 표식을 하여야 한다.
> • 비상콘센트의 보호함에는 그 상부에 (③)색의 (④)을 설치하여야 한다. 다만, 비상콘센트의 보호함을 옥내소화전함 등과 접속하여 설치하는 경우에는 (⑤) 등의 표시등과 겸용할 수 있다.

　① 문　　　　　　　　② 표 면
　　③ 적　　　　　　　　④ 표시등
　　⑤ 옥내소화전함

14

> 피난구 유도등은 어떤 장소에 설치하여야 하는지 그 기준을 4가지 쓰시오.
>
> | 득점 | 배점 |
> |---|---|
> | | 4 |

　① 옥내로부터 직접 지상으로 통하는 출입구 및 그 부속실의 출입구
　　② 직통계단·직통계단의 계단실 및 그 부속실의 출입구
　　③ 출입구에 이르는 복도 또는 통로로 통하는 출입구
　　④ 안전구획된 거실로 통하는 출입구

15

> 비상방송설비에 대한 다음 각 물음에 답하시오.
>
> | 득점 | 배점 |
> |---|---|
> | | 5 |
>
> (가) 확성기의 음성 입력기준을 실외에 설치하는 경우 몇 [W] 이상이어야 하는가?
> (나) 우선경보방식에 대하여 발화층의 예를 들어 상세히 설명하시오.
> (다) 음량조정기를 설치할 때 배선은 어떻게 하는가?
> (라) 조작부의 조작스위치 설치 높이에 대한 기준을 쓰시오.

　(가) 3[W]
　　(나) 우선경보방식
　　　　① 2층 이상의 층에서 발화 : 발화층, 직상층
　　　　② 1층에서 발화 : 발화층, 직상층, 지하층
　　　　③ 지하층에서 발화 : 발화층, 직상층, 기타 지하층
　　(다) 3선식
　　(라) 0.8[m] 이상 1.5[m] 이하

해★설

(가) 확성기의 음성 입력

구 분	실 내	실 외
음성 입력	1[W] 이상	3[W] 이상

(나) 우선경보방식에 대한 발화층

발화층	경보를 발하여야 하는 층
2층 이상의 층	발화층, 그 직상층
1층	발화층, 그 직상층, 지하층
지하층	발화층, 그 직상층, 기타 지하층

(다) 음량조정기의 배선은 **3선식**으로 할 것
(라) 비상방송설비의 **조작스위치**는 바닥으로부터 **0.8[m] 이상 1.5[m] 이하**의 높이에 설치할 것

16

무선통신보조설비의 누설동축케이블 등에 관한 설명 중 다음 (   ) 안에 알맞은 말은?

득점	배점
	4

• 누설동축케이블 및 공중선은 고압의 전로로부터 1.5[m] 이상 떨어진 위치에 설치할 것. 다만, 해당 전로에 (㉮)장치를 유효하게 설치한 경우에는 그러하지 아니하다.
• 누설동축케이블의 끝부분에는 (㉯)을 견고하게 설치할 것
• 누설동축케이블 또는 동축케이블의 임피던스는 (㉰)[Ω]으로 하고, 이에 접속하는 공중선, 분배기 기타의 장치는 해당 임피던스에 적합한 것으로 하여야 한다.
• 누설동축케이블은 화재에 의하여 해당 케이블의 피복이 소실된 경우에 케이블 본체가 떨어지지 아니하도록 (㉱)[m] 이내마다 금속제 또는 자기제 등의 지지금구로 벽, 천장, 기둥 등에 견고하게 고정시킬 것. 다만, 불연재료로 구획된 반자 안에 설치하는 경우에는 그러하지 아니하다.

★해답
㉮ 정전기 차폐
㉯ 무반사종단저항
㉰ 50[Ω]
㉱ 4

해☆설

누설동축케이블 등의 설치기준

- 누설동축케이블 및 공중선은 고압의 전로로부터 1.5[m] 이상 떨어진 위치에 설치할 것(단, 해당 전로에 **정전기 차폐장치**를 유효하게 설치한 경우에는 그러하지 아니하다)
- 누설동축케이블의 **끝부분**에는 **무반사종단저항**을 견고하게 설치할 것
- 누설동축케이블 또는 동축케이블의 임피던스는 **50[Ω]**으로 하고, 이에 접속하는 공중선・분배기 기타의 장치는 해당 임피던스에 적합한 것으로 하여야 할 것
- 누설동축케이블은 화재에 의하여 해당 케이블의 피복이 소실된 경우에 케이블 본체가 떨어지지 아니하도록 **4[m]** 이내마다 금속제 또는 자기제 등의 지지금구로 벽, 천장, 기둥 등에 견고하게 고정시킬 것. 다만, 불연재료로 구획된 반자 안에 설치하는 경우에는 그러하지 아니하다.

17

다음 그림은 어느 공장의 1층에 설치된 소화설비이다. ㉮~㊀까지의 가닥수를 구하고 두 가지 기기의 차이점과 전면에 부착된 기기의 명칭을 열거하시오. 옥내소화전함은 기동용 수압개폐장치 기동방식과 발신기세트는 각 층마다 설치한다.

득점	배점
	11

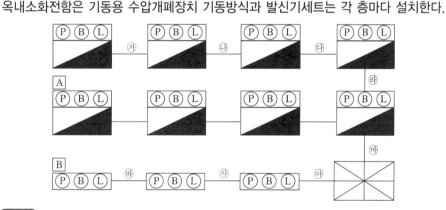

 물음

(가) ㉮~㊀의 전선 가닥수를 표시하시오.

(나) A와 B의 차이점은 무엇인가?

(다) A와 B의 전면에 부착된 기기의 명칭을 열거하시오.

☆해답
(가) ㉮ 9   ㉯ 10
      ㉰ 11   ㉱ 12
      ㉲ 17   ㉳ 7
      ㉴ 8   ㉵ 9
(나) ① A는 발신기세트 옥내소화전 내장형
      ② B는 발신기세트 단독형
(다) ① A : 발신기, 경종, 표시등, 기동확인표시등
      ② B : 발신기, 경종, 표시등

해★설

(가) 배선의 용도 및 가닥수

적 요		㉮	㉯	㉰	㉱	㉲	㉳	㉴	㉵
발신기 세트	지구선	1	2	3	4	8	1	2	3
	지구공통선	1	1	1	1	2	1	1	1
	응답선	1	1	1	1	1	1	1	1
	전화선	1	1	1	1	1	1	1	1
	지구경종선	1	1	1	1	1	1	1	1
	표시등선	1	1	1	1	1	1	1	1
	경종·표시등공통선	1	1	1	1	1	1	1	1
옥내 소화전	기동확인표시등	1	1	1	1	1			
	표시등공통	1	1	1	1	1			
합 계		9	10	11	12	17	7	8	9

(나) ① : 발신기세트 옥내소화전 내장형

　② Ⓟ Ⓑ Ⓛ : 발신기세트 단독형

(다) ① A : 발신기세트 옥내소화전 내장형

　　전면 부착기기 : 발신기, 경종, 표시등, 기동확인표시등

　② B : 발신기세트 단독형

　　전면 부착기기 : 발신기, 경종, 표시등

18 비상콘센트의 비상전원을 자가발전설비로 설치하려고 한다. 비상전원의 설치기준을 5가지 쓰시오.

득점	배점
	5

★해답 ① 점검에 편리하고 화재 및 침수 등의 재해로 인한 피해를 받을 우려가 없는 곳에 설치할 것

② 비상콘센트설비를 유효하게 20분 이상 작동할 수 있어야 할 것

③ 상용전원으로부터 전력의 공급이 중단된 때에는 자동으로 비상전원으로부터 전력을 공급받을 수 있도록 할 것

④ 비상전원의 설치장소는 다른 장소와 방화구획할 것. 이 경우 그 장소에는 비상전원의 공급에 필요한 기구나 설비 외의 것을 두어서는 아니 된다.

⑤ 비상전원을 실내에 설치하는 때에는 그 실내에 비상조명등을 설치할 것

2013년 11월 9일 시행

제**4**회

※ 다음 물음에 대한 답을 해당 답란에 답하시오(배점 : 100).

01 자동화재탐지설비의 감지기 절연저항 측정에 대하여 상세히 쓰시오.

득점	배점
	6

해답 감지기의 절연된 단자 간 절연저항 및 단자와 외함 간 절연저항은 직류 500[V]의 절연저항계로 측정한 값이 50[MΩ] 이상

02 다음 그림은 옥내소화전함과 자동화재탐지설비가 설치된 건축물이다. 옥내소화전은 기동용 수압개폐장치를 사용하는 지하 1층, 지상 5층 건축물이다. 다음 물음에 답하시오.

득점	배점
	10

5층 (P)(B)(L)　　　　　(P)(B)(L)
　　　　　　　ㄱ

4층 (P)(B)(L)　　　　　(P)(B)(L)
　　　　　　　　　　　　　ㅁ

3층 (P)(B)(L)　　　　　(P)(B)(L)
　　　　　　　ㄴ

2층 (P)(B)(L)　　　　　(P)(B)(L)

1층 (P)(B)(L)　　　　　(P)(B)(L)
　　　　　　　　　　　　　ㅂ

　　　　　ㄷ　ㄹ

지하 1층 (P)(B)(L)

물음

(가) 도면에서 ㉠~㉫까지 가닥수를 쓰시오.

(나) 다음 2가지 기동방식에 따라 가닥수와 배선의 명칭을 쓰시오.

　• ON, OFF 방식 :

　• 기동용 수압개폐장치 방식 :

(다) 옥내소화전함의 두께는 각각 몇 [mm] 이상인가?

　• 강판 두께 :

　• 합성수지재 :

해답

(가) ㉠ 9가닥　　　　　　　㉡ 13가닥

　　㉢ 9가닥　　　　　　　㉣ 19가닥

　　㉤ 11가닥　　　　　　　㉫ 17가닥

(나) ON, OFF 방식 : 5가닥(기동, 정지, 공통, 기동확인표시등 2)

　　기동용 수압개폐장치 방식 : 2가닥(기동확인표시등 2)

(다) 강판 두께 : 1.5[mm] 이상

　　합성수지재 : 4[mm] 이상

해설

기 호	가닥수	전선의 사용용도(가닥수)
㉠	9	회로선 1, 회로공통선 1, 경종선 1, 경종표시등공통선 1, 전화선 1, 응답선 1, 표시등선 1, 기동확인표시등 2
㉡	13	회로선 3, 회로공통선 1, 경종선 3, 경종표시등공통선 1, 전화선 1, 응답선 1, 표시등선 1, 기동확인표시등 2
㉢	9	회로선 1, 회로공통선 1, 경종선 1, 경종표시등공통선 1, 전화선 1, 응답선 1, 표시등선 1, 기동확인표시등 2
㉣	19	회로선 6, 회로공통선 1, 경종선 6, 경종표시등공통선 1, 전화선 1, 응답선 1, 표시등선 1, 기동확인표시등 2
㉤	11	회로선 2, 회로공통선 1, 경종선 2, 경종표시등공통선 1, 전화선 1, 응답선 1, 표시등선 1, 기동확인표시등 2
㉫	17	회로선 5, 회로공통선 1, 경종선 5, 경종표시등공통선 1, 전화선 1, 응답선 1, 표시등선 1, 기동확인표시등 2

03 2전력계법을 사용하여 3상 유도전동기의 전력 측정의 미완성 도면을 완성하시오.

득점	배점
	5

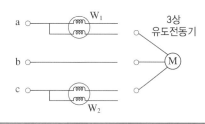

해답

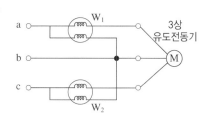

04 그림과 같은 내화건축물이 있다. 여기에 차동식스포트형감지기(1종)를 설치하고자 할 경우 필요한 차동식스포트형감지기의 개수와 최소 경계구역수를 계산하시오(단, 천장의 높이는 5[m]이다).

득점	배점
	6

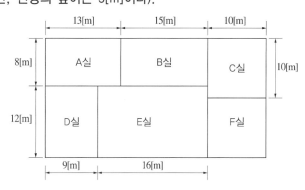

물음

(가) A~F실의 차동식스포트형감지기의 개수를 계산하시오.

(나) 최소 경계구역수를 계산하시오.

　　① 계산 :

　　② 답 :

해답 (가)

구 분	계산과정	설치수량(개)
A실	$\dfrac{13 \times 8}{45} = 2.3 ≒ 3개$	3개
B실	$\dfrac{15 \times 8}{45} = 2.6 ≒ 3개$	3개
C실	$\dfrac{10 \times 10}{45} = 2.2 ≒ 3개$	3개
D실	$\dfrac{9 \times 12}{45} = 2.4 ≒ 3개$	3개
E실	$\dfrac{16 \times 12}{45} = 4.2 ≒ 5개$	5개
F실	$\dfrac{10 \times 10}{45} = 2.2 ≒ 3개$	3개
합 계	$3+3+3+3+5+3 = 20개$	20개

(나) ① 계산 : $\dfrac{38 \times 20}{600} = 1.2 ≒ 2경계구역$

② 답 : 2경계구역

해설

(가)

부착 높이 및 소방대상물의 구분		감지기의 종류						
		차동식스포트형		보상식스포트형		정온식스포트형		
		1종	2종	1종	2종	특 종	1종	2종
4[m] 미만	주요 구조부를 내화 구조로 한 소방대상물 또는 그 부분	90	70	90	70	70	60	20
	기타 구조의 소방대상물 또는 그 부분	50	40	50	40	40	30	15
4[m] 이상 8[m] 미만	주요 구조부를 내화 구조로 한 소방대상물 또는 그 부분	45	35	45	35	35	30	
	기타 구조의 소방대상물 또는 그 부분	30	25	30	25	25	15	

05 광전식스포트형감지기와 광전식분리형감지기 원리에 대해 설명하시오.

득점	배점
	4

해답
- 광전식스포트형감지기 : 화재 발생 시 연기에 의해 광전소자에 접하는 광량의 변화로 작동
- 광전식분리형감지기 : 화재 발생 시 광범위한 연기의 누적에 의한 광전소자의 수광량 변화에 의해 작동

해★설

- 광전식스포트형 : 광원소자에서 빛을 발하고, 화재 시 연기가 들어오면 산란된 빛의 수광소자의 수광량 증가에 따라 동작

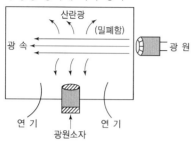

- 광전식분리형 : 광원소자에서 빛을 발하고, 화재 시 연기가 상승하면 발광부의 빛이 수광부에 들어오지 못하는 수광량 감소에 따라 동작

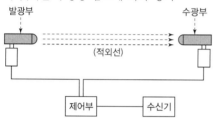

06

다음 그림과 같이 미완성된 3상 유도전동기의 전전압 기동조작회로를 완성하시오.

득점	배점
	5

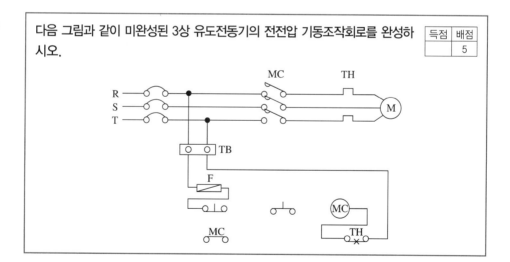

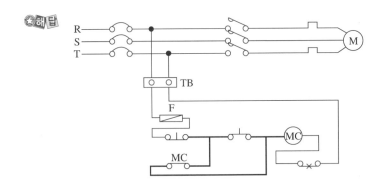

07 다음 그림은 전파브리지정류회로의 미완성 도면을 나타낸 것이다. 물음에 답하시오.

득점	배점
	4

(가) 도면대로 정류될 수 있도록 다이오드 4개를 사용하여 회로를 완성하시오.
(나) 콘덴서(C)의 역할을 쓰시오.

해답 (가)

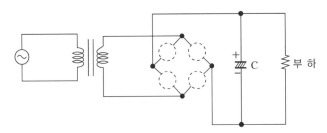

(나) 전압 맥동분을 제거하여 정전압 유지

해설

브리지 다이오드 회로

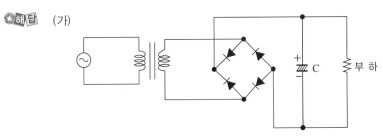

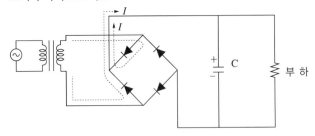

- 콘덴서(C)의 ⊕극성과 다이오드의 ⊖극성이 만나도록 결선한다.

[다이오드의 극성 표시]

- 콘덴서(C)의 역할 : 회로에 병렬로 설치하여 전압의 맥동분을 제거한다.

08

	득점	배점
		6

다음 설명은 이산화탄소소화설비에 관련된 설명이다. 다음 물음에 답하시오.

(가) 전역방출방식에 있어서는 (　　)마다, 국소방출방식에 있어서는 (　　)마다 설치할 것

(나) 기동장치의 조작부 설치 높이에 대해 쓰시오.

(다) 비상스위치 설치목적에 대해 쓰시오.

해답
(가) 방호구역, 방호대상물
(나) 바닥으로부터 높이 0.8[m] 이상 1.5[m] 이하
(다) 소화약제의 방출 지연

09

	득점	배점
		10

다음은 자동화재탐지설비와 연동된 습식 스프링클러설비의 계통도이다. 각 구간별 필요한 최소 배선수를 표시하시오.

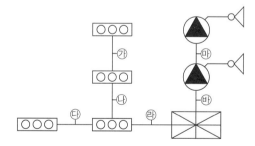

물음

(1) 배선 가닥수

㉮ :　　　㉯ :　　　㉰ :　　　㉱ :　　　㉲ :　　　㉳ :

(2) 습식 스프링클러설비 유수검지장치의 작동을 감지해 수신기로 신호를 보내어 경보를 발하는 기기의 명칭을 쓰시오.

(3) 소화용 펌프동력제어반의 각 사항에 대하여 쓰시오.

① 동력제어반 외함 색깔 :

② 동력제어반 표시판 :

◎해답 (1) 배선 가닥수 : ㉮ 7가닥 ㉯ 8가닥 ㉰ 7가닥 ㉱ 10가닥 ㉲ 4가닥 ㉳ 7가닥
(2) 압력스위치
(3) ① 동력제어반 외함 색깔 : 적색
　　② 동력제어반 표시판 : 스프링클러설비용 동력제어반

해◎설

(1) 배선가닥수

번 호	응 답	지 구	전 화	공 통	경 종	표시등	경종, 표시등 공통	압력 스위치	사이렌	공 통	탬퍼 스위치	계
㉮, ㉰	1	1	1	1	1	1	1					7
㉯	1	2	1	1	1	1	1					8
㉱	1	4	1	1	1	1	1					10
㉲								1	1	1	1	4
㉳								2	2	1	2	7

(2) 습식 스프링클러 작동 순서

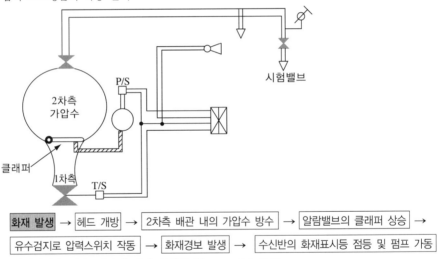

화재 발생 → 헤드 개방 → 2차측 배관 내의 가압수 방수 → 알람밸브의 클래퍼 상승 →
유수검지로 압력스위치 작동 → 화재경보 발생 → 수신반의 화재표시등 점등 및 펌프 가동

(3) 동력제어반은 다음 기준에 따라 설치한다(NFSC 103 13조).
　① 앞면은 적색으로 하고 "스프링클러설비용 동력제어반"이라고 표시한 표지를 설치할 것
　② 외함은 두께 1.5[mm] 이상의 강판 또는 이와 동등 이상의 강도 및 내열성능이 있는 것으로 할 것

10 수동발신기세트의 지구경종과 표시등을 공통선을 사용하여 작동시키려고 한다. 이때 공통선에 흐르는 전류는 몇 [A]인가?(단, 경종은 DC 24[V] 2.4[W], 표시등은 0.72[W]이다)

득점	배점
	5

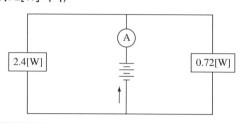

해답

계산 : 전류 $I = \dfrac{2.4}{24} + \dfrac{0.72}{24} = 0.13[A]$

답 : 0.13[A]

해설

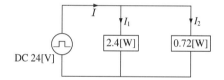

전전류(I) = 경종전류(I_1) + 표시등전류(I_2)

$I = I_1 + I_2 = \dfrac{P_1}{V} + \dfrac{P_2}{V} = \dfrac{2.4}{24} + \dfrac{0.72}{24}$
$= 0.13[A]$

11 무선통신보조설비에 대한 다음 각 물음에 답하시오.

득점	배점
	5

(가) 누설동축케이블은 화재에 의하여 해당 케이블의 피복이 소실된 경우에 케이블 본체가 떨어지지 아니하도록 4[m] 이내마다 금속제 또는 자기제 등의 지지금구로 벽, 천장, 기둥 등에 견고하게 고정시켜야 한다. 다만, 어떤 경우에 그렇게 하지 않아도 되는가?

(나) 무선기기 접속단자는 바닥으로부터 높이 몇 [m] 이상 몇 [m] 이하의 위치에 설치하여야 하는가?

(다) 증폭기의 전면에는 주회로의 전원이 정상인지의 여부를 표시할 수 있는 것으로 어떤 것을 설치하여야 하는가?

해답
(가) 불연재료로 구획된 반자 안에 설치하는 경우
(나) 0.8[m] 이상 1.5[m] 이하
(다) 표시등 및 전압계

해☆설

(가) 누설동축케이블은 화재에 의하여 해당 케이블의 피복이 소실된 경우에 케이블 본체가 떨어지지 아니하도록 4[m] 이내마다 금속제 또는 자기제 등의 지지금구로 벽·천장·기둥 등에 견고하게 고정시킬 것. 다만, **불연재료로 구획된 반자 안에 설치하는 경우**에는 그러하지 아니하다.

(나) 단자를 한국산업규격에 적합한 것으로 하고, 바닥으로부터 높이 **0.8[m] 이상 1.5[m] 이하**의 위치에 설치할 것

(다) 증폭기의 전면에는 주회로의 전원이 정상인지의 여부를 표시할 수 있는 **표시등** 및 **전압계**를 설치할 것

12

	득점	배점
차동식 분포형 공기관식 감지기의 시험 중 유통시험의 시험방법에 대해 설명하시오.		3

☆해답 차동식 분포형 공기관식 감지기 유통시험방법
- 공기관 분리, 마노미터 접속, 다른 쪽에 테스트 펌프 접속
- 공기주입 마노미터 수위를 100[mm]로 유지
- 시험콕을 세워 송기구 개방, 수위 50[mm]가 될 때까지의 시간을 측정

해☆설

차동식 분포형 공기관식 감지기 유통시험 시험방법

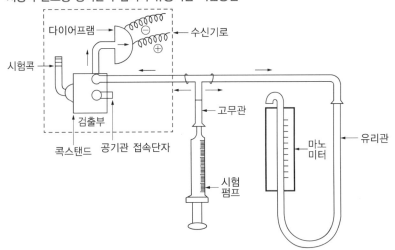

① 목적 : 공기관의 누설, 변형, 폐쇄 등 공기관의 유통 상태 점검목적

② 시험방법
- 공기관 분리, 마노미터 접속, 다른 쪽에 테스트 펌프 접속
- 공기주입 마노미터 수위 100[mm]를 유지
- 시험콕을 세워 송기구 개방, 수위 50[mm]가 될 때까지의 시간을 측정

③ 판정방법(표시된 허용범위 내가 되어야 한다)
- 설정시간보다 빠르다 : 공기관이 누설된다.
- 설정시간보다 느리다 : 공기관이 변형되어 있다.

13

피난구유도등에 대한 다음 각 물음에 답하시오.

득점	배점
	5

(가) 설치하여야 하는 장소를 3가지만 쓰시오.

(나) 피난구의 바닥으로부터 높이 몇 [m] 이상의 곳에 설치하여야 하는가?

(다) 조명도는 피난구로부터 몇 [m]의 거리에서 문자 및 색채를 쉽게 식별할 수 있는 것으로 하여야 하는가?

해답

(가) ① 옥내로부터 직접 지상으로 통하는 출입구 및 그 부속실의 출입구

② 직통계단·직통계단의 계단실 및 그 부속실의 출입구

③ 안전구획된 거실로 통하는 출입구

(나) 1.5[m]

(다) 30[m]

해설

피난구유도등의 설치기준

(1) **설치장소**

① 옥내로부터 직접 지상으로 통하는 출입구 및 그 부속실의 출입구

② 직통계단과 직통계단의 계단실 및 그 부속실의 출입구

③ ① 및 ②의 규정에 의한 출입구에 이르는 복도 또는 통로로 통하는 출입구

④ 안전구획된 거실로 통하는 출입구

(2) 피난구 바닥으로부터 높이 **1.5[m]** 이상의 곳에 설치

(3) **조명도**는 피난구로부터 **30[m]**의 거리에서 문자 및 색채를 쉽게 식별할 수 있을 것

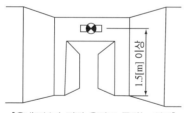

[옥내로부터 직접 옥외로 통하는 입구]

[직통계단, 부속실의 출입구에 설치하는 경우]

14 세그먼트 다이오드로 1~8까지 숫자를 표현하려고 한다. 그림에 알맞게 다이
오드를 그리시오.

득점	배점
	5

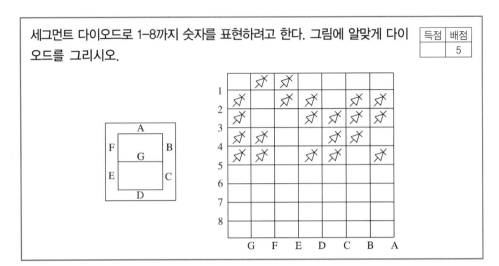

⭐해답

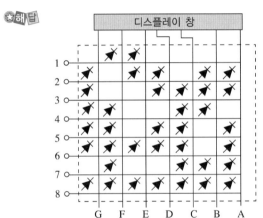

해⭐설

다이오드의 전류 흐름에 의해 1~8의 경계구역 번호를 디스플레이 창에 표시한다.

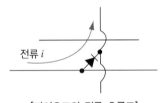

[다이오드의 전류 흐름도]

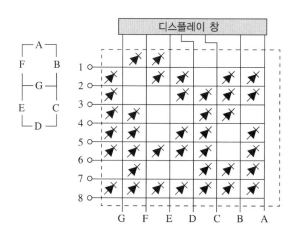

1-E, F(2)
2-A, B, D, E, G(5)
3-A, B, C, D, G(5)
4-B, C, F, G(4)
5-A, C, D, F, G(5)
6-A, C, D, E, F, G(6)
7-A, B, C, F(4)
8-A, B, C, D, E, F, G(7)

15

	득점	배점
비상콘센트의 설치기준으로 괄호 안에 알맞은 말을 써넣으시오. | | 5 |

- 보호함에는 쉽게 개폐할 수 있는 (①)을 설치하여야 한다.
- 비상콘센트의 보호함에는 그 (②)에 "비상콘센트"라고 표시한 표식을 하여야 한다.
- 비상콘센트의 보호함에는 그 상부에 (③)색의 (④)을 설치하여야 한다. 다만, 비상콘센트의 보호함을 옥내소화전함 등과 접속하여 설치하는 경우에는 (⑤) 등의 표시등과 겸용할 수 있다.

① 문
② 표 면
③ 적
④ 표시등
⑤ 옥내소화전함

16

다음은 할론(Halon)소화설비의 고정식 시스템에 대한 것이다. 주어진 조건하에 각 물음에 답하시오.

득점	배점
	10

조건

• 전선의 가닥수는 최소한으로 한다.
• 복구스위치 및 도어스위치는 없는 것으로 한다.

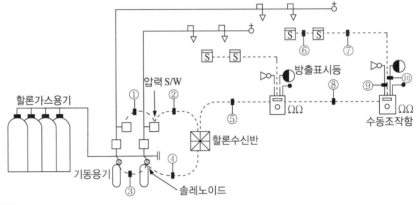

물음

(가) ①~⑩의 전선 가닥수는?
(나) ⑧에 사용된 각 전선들의 용도는?
(다) 사이렌의 설치목적을 설명하시오.
(라) 감지기의 배선방식을 설명하시오.

해답

(가) ① 2가닥   ② 3가닥
　　 ③ 2가닥   ④ 3가닥
　　 ⑤ 13가닥   ⑥ 4가닥
　　 ⑦ 8가닥   ⑧ 8가닥
　　 ⑨ 2가닥   ⑩ 2가닥

(나) 전원 ⊕·⊖, 감지기 A·B, 사이렌, 비상스위치, 방출표시등, 기동스위치

(다) 화재 시 경보를 발하여 실내에 있는 인명의 신속 대피

(라) 교차회로방식 : 감지기의 오동작으로 가스 방출을 방지하기 위하여 하나의 감지구역에 2개 이상의 감지기회로가 동시에 동작하였을 때 작동되도록 하는 배선방식

해☆설

• 배선의 종류 및 용도

기 호	배선의 종류 및 가닥수	배선의 용도
①	HFIX 2.5-2	압력스위치 2
②	HFIX 2.5-3	압력스위치 2, 공통
③	HFIX 2.5-2	솔레노이드밸브 2
④	HFIX 2.5-3	솔레노이드밸브 2, 공통
⑤	HFIX 2.5-13	전원 ⊕·⊖, (감지기 A·B, 기동스위치, 방출표시등, 사이렌)×2, 비상스위치
⑥	HFIX 1.5-4	감지기회로 2, 공통 2
⑦	HFIX 1.5-8	감지기회로 4, 공통 4
⑧	HFIX 2.5-8	전원 ⊕·⊖, 감지기 A·B, 기동스위치, 방출표시등, 사이렌, 비상스위치
⑨	HFIX 2.5-2	사이렌 2
⑩	HFIX 2.5-2	방출표시등 2

- **비상스위치**(·) : 수동조작함 부근에 설치하여 소화약제의 방출을 순간지연시킬 수 있는 스위치
- 교차회로방식

PLUS ONE ➕ 적용설비
- 스프링클러설비(준비작동식, 일제살수식)
- 할론소화설비
- 물분무소화설비
- CO_2소화설비
- 분말소화설비
- 할로겐화합물 및 불활성 기체 소화설비

※ **동작원리** : 감지기 오동작에 의한 설비의 오동작을 방지하기 위하여 하나의 감지구역에 2개 이상의 감지기회로를 설치하여 화재 시 회로별로 각각 1개 이상 감지기가 동작되어야 수신기에 신호를 보내는 방식

설비명	설치 위치	용 도
경보사이렌	방호구역 내부 상단	화재 시 실내의 인명 신속 대피
방출표시등	방호구역 외부 출입구 상단	화재 시 소화약제의 방출을 알려 외부인 진입금지
수동조작함	방호지역 외부 출입문 부근	화재 시 조작자가 안전하고 유효하게 조작하기 위함

• 화재가 발생하여 2개 이상의 감지기회로가 동작하거나 수동조작함의 스위치를 동작시켜 신호를 할론수신반으로 보내면 화재표시등 및 지구표시등의 점등과 동시에 해당 구역에 사이렌이 울려 인명을 대피시킨다. 일정시간 경과한 후 기동용기의 솔레노이드가 작동되어 가스용기 내의 소화약제가 방출된다. 이때 압력스위치가 작동되어 방출표시등을 점등시킨다.

17 그림과 같은 회로를 보고 다음 각 물음에 답하시오.

득점	배점
	6

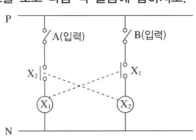

물음

(가) 주어진 회로에 대한 논리회로를 완성하시오.

(나) 회로의 동작 상황을 타임차트로 그리시오.

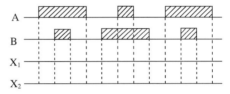

(다) 주어진 회로에서 접점 X_1과 X_2의 관계를 무엇이라 하는가?

★해답

(가)

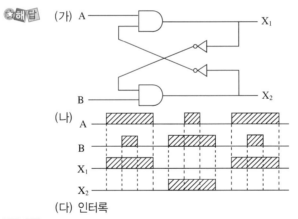

(나)

(다) 인터록

해설

인터록(선입력 우선)회로 : 어떤 회로에 동시에 2가지 입력이 같이 투입되는 것을 방지하는 회로로, 우선적으로 입력된 회로만 동작시키고 나중에 들어온 입력은 무시하므로 선입력 우선회로라고도 한다(인터록＝선입력 우선회로＝병렬우선회로).

2014년 4월 20일 시행

제 **1** 회

※ 다음 물음에 대한 답을 해당 답란에 답하시오(배점 : 100).

01

	득점	배점
자동화재탐지설비에서 중계기 설치기준에서 수신기의 감시배선을 통하지 않고 중계기로 직접 전력을 공급받는 경우는 어떻게 해야 하는지 설명하시오. | | 3 |

◎해답 전원의 입력측에 과전류차단기를 설치하고 상용전원 정전 시 즉시 수신기에 표시할 수 있는 것으로 상용전원 및 예비전원시험을 할 수 있을 것

해◎설

중계기 설치기준
- 수신기에서 직접 감지기회로의 **도통시험**을 행하지 아니하는 것에 있어서는 **수신기와 감지기 사이**에 설치할 것
- **조작 및 점검**에 편리하고, **화재 및 침수** 등의 재해로 인한 피해를 받을 우려가 없는 장소에 설치할 것
- 수신기에 의하여 감시되지 아니하는 배선을 통하여 전력을 공급받는 것에 있어서는 **전원 입력측의 배선에 과전류차단기를 설치**하고 해당 전원의 정전 시 즉시 수신기에 표시되는 것으로 하며, 상용전원 및 예비전원의 시험을 할 수 있도록 할 것

02

	득점	배점
분전반에서 150[m] 떨어진 곳에 직류 24[V], 전류 0.8[A]인 스프링클러설비의 솔레노이드밸브를 설치하려고 한다. 전선의 굵기는 몇 [mm²]인지 최소 굵기를 구하시오(단, 전압강하는 3[%] 이내이고, 전선은 동선을 사용한다). | | 4 |

 ◎해답 계산 : $A = \dfrac{35.6LI}{1,000e} = \dfrac{35.5 \times 150 \times 0.8}{1,000 \times 24 \times 0.3} = 5.93[\text{mm}^2]$

답 : 6[mm²]

해◎설

전압강하 : $e = 24[\text{V}] \times$ 전압강하 $= 24 \times 0.03 = 0.72[\text{V}]$

전선 단면적 : $A = \dfrac{35.6LI}{1,000e} = \dfrac{35.6 \times 150 \times 0.8}{1,000 \times 0.72} = 5.93[\text{mm}^2]$

전선의 공칭단면적 : 1.5, 2.5, 4, 6, 10, 16, 25, 35, 50(전선의 굵기 공칭 단면적으로 기재)

03

다음 그림은 기동용 수압개폐장치를 사용하는 옥내소화전함과 P형 1급 발신기를 사용하는 자동화재탐지설비가 설치된 8층의 건축물이 있다. 다음 물음에 답하시오.

득점	배점
	10

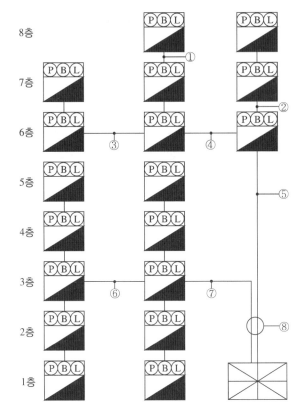

물음

(가) 기호 ①~⑧의 최소 선로수를 쓰시오.

①   ②   ③

④   ⑤   ⑥

⑦   ⑧

(나) 자동화재탐지설비의 발신기 설치기준에 관련 (   ) 안에 내용을 완성하시오.

- 조작이 쉬운 장소에 설치하고 (①)는 바닥으로부터 0.8[m] 이상 1.5[m] 이하의 높이에 설치한다.

- 특정소방대상물의 층마다 설치하되, 해당 특정소방대상물의 각 부분으로부터 하나의 발신기까지의 수평거리가 (②)[m] 이하가 되도록 할 것. 단, 복도 또는 별도로 구획된 실로서 보행거리가 (③)[m] 이상일 경우에는 추가로 설치하여야 한다.

- 발신기의 위치를 표시하는 표시등은 함의 (④)에 설치하되, 그 불빛은 부착면으로부터 15° 이상의 범위 안에서 부착지점으로부터 (⑤)[m] 이내의 어느 곳에서도 쉽게 식별할 수 있는 적색등으로 하여야 한다.

★해답 (가) ① 9 ② 11
　　　　③ 11 ④ 15
　　　　⑤ 19 ⑥ 17
　　　　⑦ 23 ⑧ 42
　　(나) ① 스위치 ② 25[m]
　　　　③ 40[m] ④ 상부
　　　　⑤ 10[m]

해★설

(가)

기 호	가닥수	내 역
①	9	회로선 1, 회로공통선 1, 경종선 1, 경종표시등공통선 1, 전화선 1, 응답선 1, 표시등선 1, 기동확인표시등 2
②	11	회로선 2, 회로공통선 1, 경종선 2, 경종표시등공통선 1, 전화선 1, 응답선 1, 표시등선 1, 기동확인표시등 2
③	11	회로선 2, 회로공통선 1, 경종선 2, 경종표시등공통선 1, 전화선 1, 응답선 1, 표시등선 1, 기동확인표시등 2
④	15	회로선 5, 회로공통선 1, 경종선 3, 경종표시등공통선 1, 전화선 1, 응답선 1, 표시등선 1, 기동확인표시등 2
⑤	19	회로선 8, 회로공통선 2, 경종선 3, 경종표시등공통선 1, 전화선 1, 응답선 1, 표시등선 1, 기동확인표시등 2
⑥	17	회로선 5, 회로공통선 1, 경종선 5, 경종표시등공통선 1, 전화선 1, 응답선 1, 표시등선 1, 기동확인표시등 2
⑦	23	회로선 10, 회로공통선 2, 경종선 5, 경종표시등공통선 1, 전화선 1, 응답선 1, 표시등선 1, 기동확인표시등 2
⑧	42	회로선 18, 회로공통선 4, 경종선 8, 경종표시등공통선 2, 전화선 2, 응답선 2, 표시등선 2, 기동확인표시등 4

(나) 자동화재탐지설비 발신기 설치기준

- 조작이 쉬운 장소에 설치하고, **스위치**는 바닥으로부터 0.8[m] 이상 1.5[m] 이하의 높이에 설치한다.
- 특정소방대상물의 층마다 설치하되, 해당 특정소방대상물의 각 부분으로부터 하나의 발신기까지의 수평거리는 **25[m]** 이하가 되도록 할 것. 단, 복도 또는 별도로 구획된 실로서 보행거리가 **40[m]** 이상일 경우에는 추가로 설치하여야 한다.
- 기둥 또는 벽이 설치되지 아니하는 대형 공간의 경우 발신기는 설치대상 장소의 가장 가까운 장소의 벽 또는 기둥 등에 설치하여야 한다.
- 발신기의 위치를 표시하는 표시등은 함의 **상부**에 설치하되, 그 불빛은 부착면으로부터 15° 이상의 범위 안에서 부착지점으로부터 **10[m]** 이내의 어느 곳에서도 쉽게 식별할 수 있는 적색등으로 하여야 한다.

04 다음 도면은 소방펌프용 모터의 Y-△ 기동방식의 미완성 시퀀스 도면이다. 도면을 보고 다음 각 물음에 답하시오.

득점	배점
	6

물음

(가) 주회로의 미완성된 부분을 완성하시오.

(나) ①~③의 접점 및 접점기호를 표시하시오.

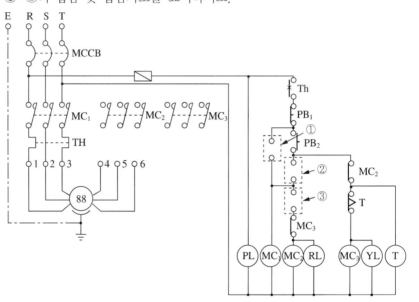

☆해답 (가)

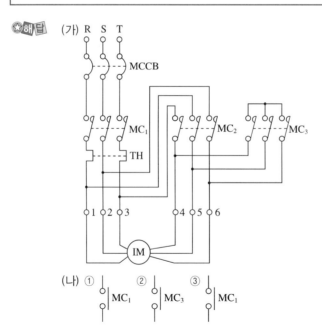

05

> 3선식 배선에 의하여 상시 충전되는 유도등의 전기회로에 점멸기를 설치하는 경우에는 어떤 때에 유도등이 반드시 점등되도록 하여야 하는지 그 경우를 5가지 쓰시오.
>
> | 득점 | 배점 |
> |---|---|
> | | 5 |

⭐해답
① 자동화재탐지설비의 감지기 또는 발신기가 작동되는 때
② 비상경보설비의 발신기가 작동되는 때
③ 상용전원이 정전되거나 전원선이 단선되는 때
④ 방재업무를 통제하는 곳 또는 전기실의 배전반에서 수동으로 점등되는 때
⑤ 자동소화설비가 작동되는 때

06

> 아래 그림은 자동화재탐지설비와 프리액션 스프링클러설비의 계통도이다. 그림을 보고 다음 각 물음에 답을 하시오(단, 감지기 공통선과 전원 공통선은 분리해서 사용하고, 프리액션밸브용 압력스위치, 탬퍼스위치 및 솔레노이드밸브 공통선은 1가닥을 사용).
>
> | 득점 | 배점 |
> |---|---|
> | | 8 |

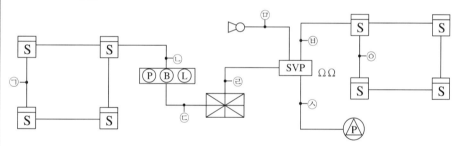

물음

(가) 다음 그림을 보고 ㉠~㉣까지의 가닥수를 쓰시오.

기 호	㉠	㉡	㉢	㉣	㉤	㉥	㉦	㉧
가닥수								

(나) ㉣의 배선내역과 가닥수를 쓰시오.

	가닥수	내 역
㉣		

★해답 (가)

기 호	㉠	㉡	㉢	㉣	㉤	㉥	㉦	㉧
가닥수	2가닥	4가닥	7가닥	10가닥	2가닥	8가닥	4가닥	4가닥

(나)

	가닥수	내 역
㉣	10가닥	전원 ⊕·⊖, 전화, 감지기 A·B, 감지기 공통, 밸브기동, 밸브개방확인, 밸브주의, 사이렌

해★설

(가) 전원 공통선과 감지기 공통선은 1가닥을 사용하고 프리액션밸브용 압력스위치, 탬퍼스위치 및 솔레노이드밸브의 공통선은 1가닥을 사용하는 경우

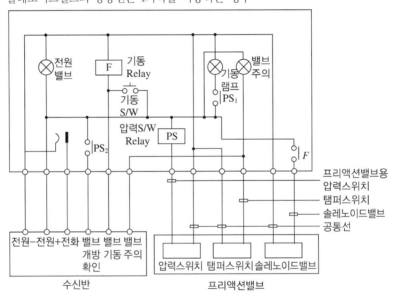

[슈퍼비조리패널~프리액션밸브 가닥수 : 4가닥인 경우]

기 호	가닥수	내 역
㉠	2가닥	지구선 1, 공통선 1
㉡	4가닥	지구선 2, 공통선 2
㉢	7가닥	지구선 1, 회로공통선 1, 경종선 1, 경종표시등공통선 1, 응답선 1, 전화선 1, 표시등선 1
㉣	10가닥	전원 ⊕·⊖, 전화, 감지기 A·B, 감지기 공통, 밸브기동, 밸브개방확인, 밸브주의, 사이렌
㉤	2가닥	사이렌 2
㉥	8가닥	지구선 4, 공통선 4
㉦	4가닥	솔레노이드밸브 1, 압력스위치 1, 탬퍼스위치 1, 공통선 1
㉧	4가닥	지구선 2, 공통선 2

07

차동식스포트형 감지기의 구조에 관한 다음 그림에서 주어진 번호의 명칭 및 역할을 간단히 설명하시오.

득점	배점
	7

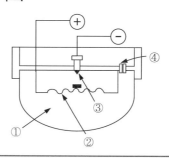

해답
① 감열실 : 열을 수신하는 부분
② 다이어프램 : 열을 받아 공기팽창에 의해 접점이 상부의 접점에 밀려올라가도록 하는 설비
③ 고정용 접점 : 가동접점과 접촉되어 화재신호를 발신
④ 리크 공 : 일반적인 온도 변화에 따른 팽창으로 오동작 방지

08

비상콘센트의 설치기준에 관하여 다음의 빈 칸을 완성하시오.

득점	배점
	5

(가) 전원회로는 각 층에 (   ) 되도록 설치할 것. 단, 설치하여야 할 층의 비상콘센트가 1개인 때에는 하나의 회로로 할 수 있다.
(나) 전원회로는 (   )에서 전용회로로 할 것. 단, 다른 설비의 회로의 사고에 따른 영향을 받지 아니하도록 되어 있는 것에 있어서는 그러하지 아니하다.
(다) 콘센트마다 (   )를 설치하여야 하며, (   )가 노출되지 아니하도록 할 것
(라) 하나의 전용회로에 설치하는 비상콘센트는 (   ) 이하로 할 것

해답
(가) 2 이상   (나) 주배전반
(다) 배선용 차단기, 충전부   (라) 10개

해설

비상콘센트 전원회로 설치기준
• 비상콘센트의 전원회로는 단상교류 220[V]인 것으로서 그 공급용량은 1.5[kVA] 이상인 것으로 할 것
• 전원회로는 **각 층에 2 이상**이 되도록 설치할 것
• 전원회로는 **주배전반에서 전용회로**로 할 것
• 전원으로부터 각 층의 비상콘센트에 분기되는 경우에는 분기배선용 차단기를 보호함 안에 설치할 것
• 콘센트마다 **배선용 차단기를 설치**하여야 하며 충전부가 노출되지 아니하도록 할 것
• 개폐기에는 "비상콘센트"라고 표시한 표지를 할 것
• 비상콘센트용의 풀박스 등은 방청도장을 한 것으로서 두께 1.6[mm] 이상의 철판으로 할 것
• 하나의 전용회로에 설치하는 **비상콘센트는 10개 이하**로 할 것

09

이산화탄소소화설비의 제어반에서 수동으로 기동스위치를 조작하였으나 기동용기가 개방되지 않았다. 기동용기가 개방되지 않는 이유에 대해 전기적 원인을 4가지만 쓰시오(단, 제어반의 회로기판은 정상이다).

득점	배점
	5

★해답 **기동스위치 조작에 의한 기동용기 미개방 확인**
① 제어반의 공급전원 차단
② 기동스위치의 접점 불량
③ 기동용 솔레노이드의 코일 단선
④ 기동용 솔레노이드의 절연 파괴

해★설
기동스위치 조작에 의한 기동용기 미개방 확인
- 제어반의 공급전원 차단
- 기동스위치의 접점 불량
- 기동용 시한계전기(타이머)의 불량
- 제어반에서 기동용 솔레노이드에 연결된 배선의 단선
- 제어반에서 기동용솔레노이드에 연결된 배선의 오접속
- 기동용 솔레노이드의 코일 단선
- 기동용 솔레노이드의 절연 파괴

10

P형 1급 수신기와 감지기와의 배선회로에서 P형 1급 수신기 종단저항은 10[kΩ], 감시전류는 2[mA], 릴레이저항은 950[Ω], DC 24[V]일 때 감지기가 동작할 때의 동작전류는 몇 [mA]인가?

득점	배점
	3

★해답 계산 : 배선저항 = $\dfrac{24}{2\times10^{-3}} - 10\times10^{3} - 950 = 1{,}050[\Omega]$

동작전류 = $\dfrac{24}{950+1{,}050} = 0.012[A] = 12[mA]$

답 : 12[mA]

해★설

감시전류 = $\dfrac{회로전압}{종단저항+릴레이저항+배선저항}$에서,

- 종단저항+릴레이저항+배선저항 = $\dfrac{회로전압}{감시전류}$

- 배선저항 = $\dfrac{회로전압}{감시전류}$ - 종단저항 - 릴레이저항

∴ $\dfrac{24}{2\times10^{-3}} - 10\times10^{3} - 950 = 1{,}050[\Omega]$

즉, 동작전류 = $\dfrac{회로전압}{릴레이저항+배선저항}$ = $\dfrac{24}{950+1{,}050}$ = 0.012[A] = 12[mA]

11 비상방송설비에 대한 설치기준의 (　　) 안에 알맞은 말 또는 수치를 쓰시오.

득점	배점
	4

(가) 확성기의 음성입력은 실내에 설치하는 것에 있어서는 (　　)[W] 이상일 것

(나) 음량조정기를 설치하는 경우 음량조정기의 배선은 (　　)으로 할 것

(다) 기동장치에 의한 화재신고를 수신한 후 필요한 음량으로 방송이 개시될 때 까지의 소요시간은 (　　)초 이하로 할 것

(라) 확성기는 각 층마다 설치하되, 그 층의 각 부분으로부터 하나의 확성기까지 의 수평거리가 (　　)[m] 이하가 되도록 할 것

해답　(가) 1　　　　　　　　　　　　(나) 3선식
　　　　(다) 10　　　　　　　　　　　(라) 25

비상방송설비 설치기준
- 확성기의 음성입력은 3[W](**실내는 1[W]**) 이상일 것
- 음량조정기의 배선은 **3선식**으로 할 것
- 기동장치에 의한 화재신고를 수신한 후 필요한 음량으로 방송이 개시될 때까지의 소요시간은 **10초 이하**로 할 것
- 조작부의 조작 스위치는 바닥으로부터 0.8[m] 이상 1.5[m] 이하의 높이에 설치할 것
- 다른 전기회로에 의하여 유도장해가 생기지 아니하도록 할 것
- 확성기는 각 층마다 설치하되, 그 층의 각 부분으로부터의 **수평거리는 25[m] 이하**일 것

12 자동화재탐지설비의 감지기 설치 제외 장소 5가지를 쓰시오.

득점	배점
	5

해답　① 천장 또는 반자의 높이가 20[m] 이상인 장소
　　　　② 헛간 등 외부와 기류가 통하는 장소로서 감지기에 의하여 화재 발생을 유효하게 감지할 수 없는 장소
　　　　③ 부식성 가스가 체류하고 있는 장소
　　　　④ 고온도 및 저온도로서 감지기의 기능이 정지되기 쉽거나 감지기의 유지관리가 어려운 장소
　　　　⑤ 목욕실·욕조나 샤워시설이 있는 화장실·기타 이와 유사한 장소

해설

감지기 설치 제외 장소
- **천장** 또는 반자의 높이가 **20[m] 이상**인 장소
- 헛간 등 외부와 기류가 통하는 장소로서 감지기에 의하여 화재 발생을 유효하게 감지할 수 없는 장소
- **부식성 가스**가 체류하고 있는 장소
- **고온도** 및 **저온도**로서 감지기의 기능이 정지되기 쉽거나 **감지기의 유지관리**가 **어려운 장소**
- **목욕실**·욕조나 샤워시설이 있는 화장실·기타, 이와 **유사한 장소**
- 파이프덕트 등 그 밖의 이와 비슷한 것으로서 2개 층마다 방화구획된 것이나 수평단면적이 5[m²] 이하인 것
- 먼지·가루 또는 수증기가 다량으로 체류하는 장소 또는 주방 등 평시에 연기가 발생하는 장소(연기 감지기에 한한다)

13 다음 그림은 전기회로에 전류를 측정하기 위한 도면의 일부분이다. 다음의 각 물음에 답하시오.

득점	배점
	5

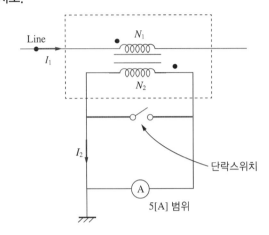

물음

(가) 그림에서 [   ]의 명칭 및 역할은 무엇인가?

   • 명칭 :

   • 역할 :

(나) 전류 I_2는 어떻게 구할 수 있는지 전류 I_1, 권수 N_1, N_2를 이용하여 식을 쓰시오.

★해답 (가) 명칭 : 변류기

       역할 : 대전류를 소전류로 전환하여 계기 및 계전기에 전원 공급

   (나) $I_2 = \dfrac{N_1}{N_2} \times I_1 [\mathrm{A}]$

해★설

(가) 계기용 변류기(CT) : 대전류를 소전류로 변류하여 계기 및 계전기에 전원 공급

   ① 2차 전류 : $I_2 = 5[\mathrm{A}]$

   ② 점검 : 2차측 단락 → 이유 : 2차측 절연 보호

(나) 권수비 : $a = \dfrac{V_1}{V_2} = \dfrac{N_1}{N_2} = \dfrac{I_2}{I_1} = \sqrt{\dfrac{Z_1}{Z_2}} = \sqrt{\dfrac{R_1}{R_2}}$

        $\dfrac{N_1}{N_2} = \dfrac{I_2}{I_1}$ 에서 $I_2 = \dfrac{N_1}{N_2} \times I_1$

14 다음 도면은 어느 사무실 건물의 1층 자동화재탐지설비의 미완성 평면도를
나타낸 것이다. 이 건물은 지상 3층으로 각 층의 평면은 1층과 동일하다고
할 경우 평면도 및 주어진 조건을 이용하여 다음 각 물음에 답하시오.

득점	배점
	10

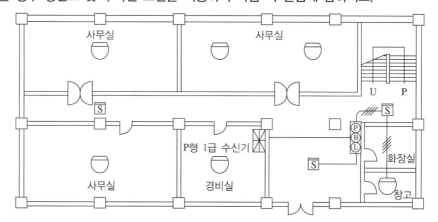

조건

• 계통도 작성 시 각 층 수동발신기는 1개씩 설치하는 것으로 한다.
• 간선의 사용 전선은 2.5[mm^2]이며, 공통선은 발신기 공통 1선, 경종표시등 공통 1선을 각각 사용한다.
• 계단실의 감지기는 설치를 제외한다.
• 계통도 작성 시 선수는 최소로 한다.
• 전선관 공사는 후강전선관으로 콘크리트 내 매입 시 시공한다.
• 각 실의 바닥에서 천장까지의 높이는 2.8[m]이다.
• 각 실은 이중천장이 없는 구조이며, 천장에 감지기를 바로 취부한다.
• 후강전선관의 굵기표는 다음 표와 같다.

도체단면적 [mm^2]	전선 본수									
	1	2	3	4	5	6	7	8	9	10
	전선관의 굵기[mm]									
2.5	16	16	16	16	22	22	22	28	28	28
4	16	16	16	22	22	22	28	28	28	28
6	16	16	22	22	22	28	28	28	36	36
10	16	22	22	28	28	36	36	36	36	36

물 음

(가) 도면의 P형 1급 수신기는 최소 몇 회로용으로 사용하여야 하는가?

(나) 수신기에서 발신기 세트까지의 배선 가닥수는 몇 가닥이며, 여기에 사용되는 후강전선관은 몇 [mm]를 사용하는가?

　• 가닥수 :

　• 후강전선관 :

(다) 연기감지기를 매입인 것으로 사용한다고 하면 그림기호는 어떻게 표시하는가?

(라) 배관 및 배선을 하여 자동화재탐지설비의 도면을 완성하고 배선 가닥수를 표기하도록 하시오.

(마) 간선계통도를 그리고 간선의 가닥수를 표기하시오.

해답

(가) 5회로용

(나) 가닥수 : 9가닥

　　후강전선관 : 28[mm]

(다)

$\boxed{S}$

(라)

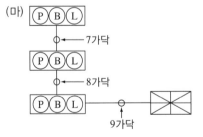

(마)

(P)(B)(L) —7가닥

(P)(B)(L) —8가닥

(P)(B)(L) ○ ✕ 9가닥

해설

(가) P형 1급수신기는 3회로이므로 최소 회로인 **5회로용**으로 한다.

(나) 5층 이하로서 면적이 주어지지 아니하므로 일제경보방식으로 가닥수를 산정하면 9가닥이 된다
　　(회로선 3, 발신기공통선 1, 경종선 1, 경종표시등 공통선 1, 응답선 1, 전화선 1, 표시등선 1)

　• 가닥수 : **9가닥**

　• 후강전선관 : **28[mm]**

(마)

가닥수	전선굵기	후강전선관 굵기	배선내역
7가닥	2.5[mm²]	22[mm]	회로선 1, 발신기공통선 1, 경종선 1, 경종표시등공통선 1, 응답선 1, 전화선 1, 표시등선 1
8가닥	2.5[mm²]	28[mm]	회로선 2, 발신기공통선 1, 경종선 1, 경종표시등공통선 1, 응답선 1, 전화선 1, 표시등선 1
9가닥	2.5[mm²]	28[mm]	회로선 3, 발신기공통선 1, 경종선 1, 경종표시등공통선 1, 응답선 1, 전화선 1, 표시등선 1

15

다음 표에 주어진 진리표를 보고 다음 각 물음에 답하시오.

득점	배점
	6

A	B	C	X
0	0	0	0
0	0	1	0
0	1	0	1
0	1	1	0
1	0	0	1
1	0	1	1
1	1	0	1
1	1	1	0

물 음

(가) 카르노맵을 이용하여 간략화하고 논리식을 쓰시오.

A \ BC	00	01	11	10
0				
1				

* 논리식 :
(나) 간략화된 논리식을 보고 유접점회로 및 무접점회로로 나타내시오.
* 유접점 :
* 무접점 :

해답 (가) • 카르노맵

A \ BC	00	01	11	10
0				1
1	1	1		1

* 논리식 : $X = A\overline{B} + B\overline{C}$

(나) • 유접점회로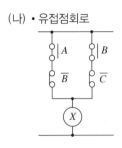

• 무접점회로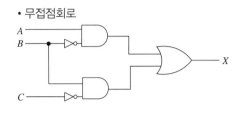

해☆설

(가) • 카르노맵

① 출력이 나온 것만(X가 1인 것) 도표에 적는다.

② 이웃한 것끼리 2개, 4개, 8개로 가급적 크게 묶는다.

③ 묶음에서 변하지 않는 것만 정리한 후 묶음끼리 더한다.

A \ BC	00	01	11	10
0				1
1	1	1		1

$\quad\quad\quad\quad\quad A\overline{B} \quad\quad\quad\quad\quad\quad\quad B\overline{C}$

• 논리식 : $X = A\overline{B} + B\overline{C}$

(나) • 유접점회로

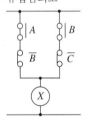

• 무접점회로

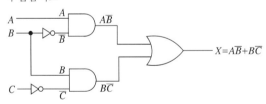

16

> 저압옥내배선에서 금속관공사의 배선방법은 다음과 같이 하여야 한다.
> ( ) 안을 완성하시오.
>
> (가) 금속관을 구부릴 때 금속관의 단면이 심하게 변형되지 아니하도록 구부려야
> 하며, 그 안측의 반지름은 관 안지름의 (①)배 이상이 되어야 한다.
> (나) 아웃렛박스 사이 또는 전선 인입구를 가지는 기구 사이의 금속관에는 3개소
> 를 초과하는 (②) 또는 (③)에 가까운 굴곡 개소를 만들어서는 아니
> 된다. 굴곡 개소가 많은 경우 또는 관의 길이가 (④)[m]를 넘는 경우에
> 는 풀박스를 설치하는 것이 바람직하다.

득점	배점
	3

해답 ① 6 ② 직각
③ 직각 ④ 30

해설

금속관공사의 시설

- 금속관을 구부릴 때 금속관의 단면이 심하게 변형되지 아니하도록 구부려야 하며, 그 안측의 반지름은 **관 안지름의 6배** 이상이 되어야 한다.
- 아웃렛박스(Outlet Box) 사이 또는 전선 인입구를 가지는 기구 사이의 금속관에는 3개소를 초과하는 **직각** 또는 **직각에 가까운** 굴곡 개소를 만들어서는 아니된다. 굴곡개소가 많은 경우 또는 관의 길이가 **30[m]**를 초과하는 경우에는 풀박스를 설치하는 것이 바람직하다.
- 유니버설엘보(Universal Elbow), 티, 크로스 등은 조영재에 은폐시켜서는 안 된다(단, 그 부분을 점검할 수 있는 경우는 예외).
- 티, 크로스 등은 덮개가 있는 것이어야 한다.

17

> 정격전압이 220[V]인 비상용 발전기의 절연내력시험을 할 경우 시험전압과
> 시험방법을 쓰시오.

득점	배점
	5

해답 ① 시험전압 : 500[V]
② 시험방법 : 권선과 대지 사이에 연속하여 10분간 시험

해설

발전기의 절연내력시험(전기설비기술기준)

시험전압	시험방법
최대 사용전압 × 1.5배(500[V] 미만은 500[V])	권선과 대지 사이에 연속하여 10분간 시험

18 무선통신보조설비의 무선기기접속단자 설치기준 3가지를 쓰시오.

득점	배점
	6

 ① 한국산업규격에 적합한 것으로 하고, 바닥으로부터 높이 0.8[m] 이상 1.5[m] 이하의 위치에 설치할 것
② 지상에 설치하는 접속단자는 보행거리 300[m] 이내마다 설치하고, 다른 용도로 사용되는 접속단자에서 5[m] 이상의 거리를 둘 것
③ 보호함의 표면에 "무선기 접속단자"라고 표시한 표지를 할 것

해설

무선통신보조설비의 무선기기접속단자 설치기준
- 화재층으로부터 지면으로 떨어지는 유리창 등에 의한 지장을 받지 않고 지상에서 유효하게 소방활동을 할 수 있는 장소 또는 수위실 등 상시 사람이 근무하고 있는 장소에 설치할 것
- 한국산업규격에 적합한 것으로 하고, 바닥으로부터 높이 0.8[m] 이상 1.5[m] 이하의 위치에 설치할 것
- 지상에 설치하는 접속단자는 보행거리 300[m] 이내마다 설치하고, 다른 용도로 사용되는 접속단자에서 5[m] 이상의 거리를 둘 것
- 지상에 설치하는 단자를 보호하기 위하여 견고하고 함부로 개폐할 수 없는 구조의 보호함을 설치하고, 먼지·습기 및 부식 등에 따라 영향을 받지 아니하도록 조치할 것
- 보호함의 표면에 "무선기 접속단자"라고 표시한 표지를 할 것

2014년 7월 6일 시행

※ 다음 물음에 대한 답을 해당 답란에 답하시오(배점 : 100).

01

지하주차장에 준비작동식 스프링클러설비를 설치하고, 차동식 스포트형 감지기 2종을 설치하여 소화설비와 연동하는 감지기를 배선하고자 한다. 다음 그림의 미완성 평면도를 그리고 다음의 각 물음에 답하시오(단, 층고는 3.5[m]이며, 내화구조이다).

득점	배점
	6

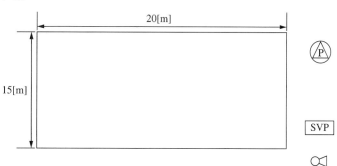

물음

(가) 본 설비에서 필요한 감지기의 수량을 산출하시오.

(나) 각 설비 및 감지기 간 배선도를 평면도에 작성하고 배선에 필요한 가닥수를 표시하시오(단, SVP와 준비작동밸브 간의 공통선은 겸용으로 사용하지 않는다).

★해답

(가) 계산 : $N = \dfrac{20 \times 15}{70} = 4.28 ≒ 5$

∴ 5×2개 회로＝10개

답 : 10개

(나)

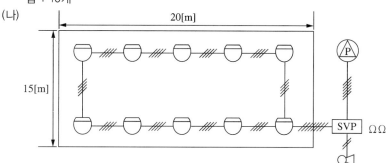

해★설

(가) • 감지기의 부착높이에 따른 바닥면적(단위 : $[m^2]$)

부착 높이 및 특정소방대상물의 구분		감지기의 종류				
		차동식/보상식 스포트형		정온식 스포트형		
		1종	2종	특 종	1종	2종
4[m] 미만	내화 구조	90	70	70	60	20
	기타 구조	50	40	40	30	15
4[m] 이상 8[m] 미만	내화 구조	45	35	35	30	–
	기타 구조	30	25	25	15	–

• 감지기 계산과정 $N = \dfrac{20 \times 15}{70} = 4.28 ≒ 5$ ∴ 5×2개 회로 = 10개

(나) • 준비작동식 스프링클러설비는 교차회로방식을 적용하여 하므로 감지기회로의 배선은 말단 및 루프된 곳은 4가닥을 설치하고 기타 배선은 8가닥이 된다.

• 준비작동식 밸브는 조건에 의해 공통선을 겸용으로 사용하지 않으므로 6가닥이 필요하다(밸브 기동 2, 밸브 개방 확인 2, 밸브 주의 2).

• 공통선을 겸용하는 경우   • 공통선을 겸용하지 않는 경우

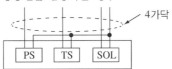 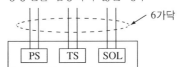

02

피난구유도등의 설치 높이와 표시면에 대하여 다음 각 물음에 대하여 답하시오.

득점	배점
	5

(가) 표시면의 색상을 쓰시오.

(나) 피난구유도등의 피난구 바닥으로부터 설치 높이를 쓰시오.

★해답
(가) 녹색 바탕에 백색 문자
(나) 1.5[m] 이상

해★설

(가) 표시면의 색상

피난구유도등	통로유도등
녹색 바탕에 백색 문자	백색 바탕에 녹색 문자

(나) 피난구유도등의 피난구 바닥으로부터 설치 높이

설치 높이	유도등·유도표지
1[m] 이하	• 복도통로유도등 • 계단통로유도등 • 통로유도표지
1.5[m] 이상	• 피난구유도등 • 거실통로유도등

03

> 자동화재탐지설비에서 정온식감지선형감지기의 설치기준에 대하여 다음 각 부분을 물음에 답하시오.
>
> | 득점 | 배점 |
> |---|---|
> | | 6 |
>
> (가) 감지기의 단자부와 마감고정구와의 설치 간격의 기준은?
>
> (나) 감지기의 굴곡반경의 기준은?
>
> (다) 1종 감지선형 감지기와 감지구역의 각 부분과의 수평거리 기준은?(단, 주요 구조부는 내화구조이다)

 (가) 10[cm] 이내 　　　　　 (나) 5[cm] 이상

　　　　(다) 4.5[m] 이하

해☆설

• 정온식 감지기의 거리기준

수평거리　　　　　　　　　　　　종 별	1종		2종	
	내화구조	기타구조	내화구조	기타구조
감지기와 감지구역의 각 부분과의 수평거리	4.5[m] 이하	3[m] 이하	3[m] 이하	1[m] 이하

• 감지선형 감지기의 굴곡반경 : **5[cm] 이상**
• 단자부와 마감고정금구와의 설치 간격 : **10[cm] 이내**
• 보조선이나 고정금구를 사용하여 감지선이 늘어지지 않도록 설치할 것
• 케이블트레이에 감지기를 설치하는 경우에는 케이블트레이 받침대에 마감금구를 사용하여 설치할 것
• 창고의 천장 등에 지지물이 적당하지 않은 장소에서는 보조선을 설치하고 그 보조선에 설치할 것
• 분전반 내부에 설치하는 경우 접착제를 이용하여 돌기를 바닥에 고정시키고, 그곳에 감지기를 설치할 것

04

> 객석유도등을 설치하지 않아도 되는 경우를 2가지 쓰시오.
>
> | 득점 | 배점 |
> |---|---|
> | | 4 |

☆해답 ① 채광이 충분한 객석(주간에만 사용)

　　　② 통로유도등이 설치된 객석(거실 각 부분에서 거실 출입구까지의 보행거리 20[m] 이하)

05

비상용 발전설비를 설치하려고 한다. 기동용량 500[kVA] 허용 전압강하는 15[%]까지 허용하며, 과도리액턴스는 20[%]일 때 발전기 정격용량은 몇 [kVA] 이상의 것을 선정하여야 하며, 발전기용 차단기의 차단용량은 몇 [MVA] 이상인가? (단, 차단용량의 여유율은 25[%]로 계산한다)

득점	배점
	4

(가) 발전기 용량
(나) 차단기의 차단용량

★해답

(가) 계산 : $P_n = \left(\dfrac{1}{e} - 1\right) X_L P = \left(\dfrac{1}{0.15} - 1\right) \times 0.2 \times 500 \fallingdotseq 566.67 [\mathrm{kVA}]$

답 : 566.67[kVA]

(나) 계산 : $P_s = \dfrac{P_n}{X_L} \times 여유율 = \dfrac{566.67}{0.2} \times 1.25 \times 10^{-3} \fallingdotseq 3.54 [\mathrm{MVA}]$

답 : 3.54[MVA]

해★설

(가) 발전기 용량

$$P_n \geqq \left(\frac{1}{e} - 1\right) X_L P [\mathrm{kVA}]$$

여기서, P_n : 발전기 정격용량[kVA] e : 허용전압강하

X_L : 과도리액턴스 P : 기동용량[kVA]

$\therefore\ P_n \geqq \left(\dfrac{1}{0.15} - 1\right) \times 0.2 \times 500 = 566.666 \fallingdotseq 566.67 [\mathrm{kVA}]$

(나) 차단기의 차단용량

$$P_s \geqq \frac{P_n}{X_L} \times 1.25 (여유율)$$

여기서, P_s : 발전기용 차단기의 용량[kVA] X_L : 과도리액턴스

P_n : 발전기 정격용량[kVA]

$\therefore\ P_s \geqq \dfrac{566.67}{0.2} \times 1.25 \fallingdotseq 3,541 [\mathrm{kVA}] = 3.541 [\mathrm{MVA}] \fallingdotseq 3.54 [\mathrm{MVA}]$

06

구 분	계산과정

수위실에서 600[m] 떨어진 지하 1층, 지상 5층에 연면적 5,000[m²]의 공장에 자동화재탐지설비를 설치하였는데 경종, 표시등이 각 층에 2회로로(전체 12회로)일 때 다음 물음에 답하시오(단, 표시등 30[mA/개], 경종 50[mA/개]를 소모하고, 전선은 2.5[mm²]를 사용한다.

득점	배점
	7

(가) 표시등 및 경종의 최대 소요전류와 총소요전류는 각각 몇 [A]인가?

구 분	계산과정
표시등	
경 종	
총소요전류	

(나) 2.5[mm²]의 전선을 사용하여 경종이 작동하였다고 가정하였을 때 최말단에서의 전압강하는 최대 몇 [V]인지 계산하시오.

(다) 직상층 우선경보방식의 기준을 설명하시오.

(라) 경종 작동 여부를 답하시오.

해답 (가)

구 분	계산과정
표시등	30[mA] × 12 = 360[mA] = 0.36[A] 답 : 0.36[A]
경 종	50[mA] × 6 = 300[mA] = 0.3[A] 답 : 0.3[A]
총소요전류	0.36 + 0.3 = 0.66[A] 답 : 0.66[A]

(나) 계산 : $e = \dfrac{35.6LI}{1,000A} = \dfrac{35.6 \times 600 \times 0.66}{1,000 \times 2.5} ≒ 5.64[V]$

답 : 5.64[V]

(다) 지하층을 제외한 층수 5층 이상으로서 연면적 3,000[m²]를 초과하는 소방대상물

(라) 작동하지 않는다.

해설

(가) 표시등의 최대 소요전류 = 표시등 1개당 소요전류 × 전체회로수

= 30[mA] × 12회로 = 360[mA] = 0.36[A]

※ 표시등 : 발신기의 위치를 표시해야 하므로 평상시 점등 상태

경종의 최대 소요전류 = 경종 1개당 소요전류 × 3개층 회로수(6회로)

= 50[mA] × 6회로 = 300[mA] = 0.3[A]

※ 직상층 우선 경보방식이므로 경종이 최대로 동작하는 경우는 1층에서 발화한 경우로 발화층 및 직상층, 지하층(지하 1층, 지상 1, 2층)에서 경종이 울린다. 따라서, 최대 동작회로는 3개층 6회로가 최대가 된다.

총 소요전류 = 표시등 + 경종 = 0.36 + 0.3 = 0.66[A]

(나) 단상 2선식에서 전압강하 : $e = \dfrac{35.6\,L\,I}{1,000\,A}$ [V]

$e = \dfrac{35.6 \times 600 \times (0.36 + 0.3)}{1,000 \times 2.5} = 5.639 ≒ 5.64$[V]

(다) 직상층 우선경보방식

지하층을 제외한 층수 5층 이상으로 연면적이 3,000[m²]를 초과하는 특정소방대상물

(라) 경종(음향장치)은 정격전압의 80[%]전압에서 음향을 발할 수 있어야 한다.

정격전압의 80[%]전압 = 24 × 0.8 = 19.2[V]

말단전압 = 24 − e = 24 − 5.64 = 18.36[V]

∴ 말단전압이 정격전압의 80[%] 미만이므로 경종은 작동하지 않는다.

07

P형 1급 발신기와 P형 2급 발신기에 대하여 구조, 기능, 사용되는 수신기의 종류 등에 대하여 서로를 비교 설명하시오.

득점	배점
	4

★해답

구 분	P형 1급 발신기	P형 2급 발신기
구 조	스위치, 전화잭, 응답램프가 있다.	스위치만 있다.
기 능	• 스위치를 누르면 응답램프가 점등되고, 수신기에 신호를 보낸다. • 전화잭을 이용하여 수신기와 전화통화 가능	스위치를 누르면 수신기에 신호를 보낸다.
수신기의 종류	P형 1급 수신기 또는 R형 수신기	P형 2급 수신기

08

> 비상콘센트설비 중 연면적 2,000[m²] 이상 7층 건물에 사용하는 비상전원에 대한 다음 각 물음에 답하시오.
>
> | 득점 | 배점 |
> |---|---|
> | | 5 |
>
> (가) 어떤 비상전원설비를 사용하여야 하는지 2가지를 쓰시오.
> (나) 비상콘센트설비의 전원부와 외함 사이의 절연저항의 측정방법에 대하여 쓰시오.

☆해답 (가) ① 자가발전설비
　　　　　　② 비상전원수전설비
　　　　(나) 직류 500[V] 절연저항계로 측정하여 절연저항이 20[MΩ] 이상 나오는지 확인

해☆설

(가) 비상전원의 종류
- 자가발전설비
- 비상전원수전설비 또는 전기저장장치

(나) 비상콘센트설비의 전원부와 외함 사이의 절연저항의 측정방법

절연저항계	절연저항	대 상
직류 250[V]	0.1[MΩ]	경계구역의 절연저항
직류 500[V]	5[MΩ]	• 누전경보기 • 가스누설경보기 • 수신기 • 자동화재속보설비 • 비상경보설비 • 유도등(교류 입력측과 외함 간 포함) • 비상조명등(교류 입력측과 외함 간 포함)
	20[MΩ]	• 경 종 • 발신기 • 중계기 • 비상콘센트 • 기기의 절연된 선로 간 • 기기의 충전부와 비충전부 간 • 기기의 교류 입력측과 외함 간(유도등, 비상조명등 제외)
	50[MΩ]	• 감지기(정온식감지선형감지기 제외) • 가스누설경보기(10회로 이상) • 수신기(10회로 이상)
	1,000[MΩ] 이상	정온식감지선형감지기

∴ 직류 500[V] 절연저항계로 20[MVA]의 절연저항을 만족한다.

09

극수변환식 3상 농형 유도전동기가 있다. 고속측은 4극이고 정격출력은 90[kW]이다. 저속측은 1/3속도라면 저속측의 극수와 정격출력은 몇 [kW]인지 계산하시오(단, 슬립 및 정격토크는 저속측과 고속측이 같다고 본다).

득점	배점
	5

(가) 극 수

(나) 정격출력

해답 (가) 계산 : 극수 $P = \dfrac{120f}{N_s}\left(P \propto \dfrac{1}{N_s}\right)$ 이므로, $\dfrac{\text{저속측 극수}}{\text{고속측 극수}} = \dfrac{P}{4} = \dfrac{\frac{1}{\frac{1}{3}N_s}}{\frac{1}{N_s}} = 3$

$$\therefore P = 3 \times 4 = 12극$$

답 : 12극

(나) 계산 : 출력$(P) \propto$ 속도(N)이므로

$$90 : N_s = P' : \frac{1}{3}N_s$$

$$\therefore P' = \frac{1}{3} \times 90 = 30[\text{kW}]$$

답 : 30[kW]

해설

(가) 극 수

$$\text{동기속도}(N_s) = \frac{120f}{P}$$

여기서, N_s : 동기속도[rpm] $\qquad$ f : 주파수[Hz]

$\qquad\quad$ P : 극 수

$$\text{극수}(P) = \frac{120f}{N_s} \propto \frac{1}{N_s}$$ $\qquad$ $\dfrac{\text{저속측 극수}}{\text{고속측 극수}} = \dfrac{P}{4} = \dfrac{\frac{1}{\frac{1}{3}N_s}}{\frac{1}{N_s}} = 3$

$$\therefore \frac{P}{4} = 3, \ \text{저속측 극수}(P) = 4 \times 3 = 12극$$

(나) 정격출력

$$P = 9.8\omega\tau = 9.8 \times 2\pi\frac{N}{60} \times \tau[\text{W}]$$

여기서, P : 출력[W] $\qquad\qquad$ ω : 각속도[rad/s]

$\qquad\quad$ N : 회전수[rpm] $\qquad$ τ : 토크[kg · m]

$P \propto N$이므로 비례식을 풀면

$$90 : N = P' : \frac{1}{3}N$$

$$P'N = 90 \times \frac{1}{3}N$$

$$\therefore P' = \frac{90 \times \frac{1}{3}N}{N} = 30[\text{kW}]$$

10

다음 그림은 자동화재탐지설비의 일부분이다. 그림에서 P형 1급 수신기로부터 시작하는 지구선 및 지구공통선을 감지기 1, 감지기 2~감지기 6을 경유하여 발신기까지 차례대로 연결하는 배선도를 완성하고, 이와 같은 배선방식의 명칭을 쓰시오.

득점	배점
	6

(가) 배선도 작성

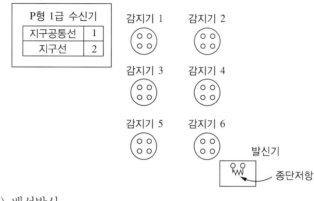

(나) 배선방식

해답 (가)

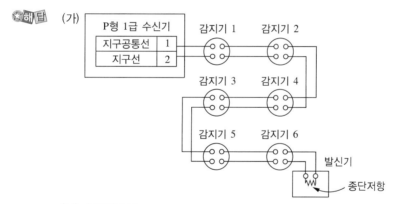

(나) 송배전방식

11 저압옥내배선공사의 금속관공사에 이용되는 부품의 명칭을 쓰시오.

득점	배점
	6

(가) 금속 상호 간을 연결할 때 쓰이는 배관 부속자재

(나) 전선의 절연피복을 보호하기 위하여 금속관 끝에 취부하는 것

(다) 금속관과 박스를 고정시킬 때 쓰이는 배관 부속자재

☆해답 (가) 커플링
(나) 부 싱
(다) 로크너트

해☆설

금속관공사에 이용되는 부품

명 칭	외 형	설 명
부싱(Bushing)		전선의 절연피복을 보호하기 위하여 금속관 끝에 취부하여 사용되는 부품
유니언커플링 (Union Coupling)		금속전선과 상호 간을 접속하는 데 사용되는 부품(관이 고정되어 있을 때)
노멀밴드 (Normal Bend)		매입 배관공사를 할 때 직각으로 굽히는 곳에 사용하는 부품
유니버설엘보 (Universal Elbow)		노출배관공사를 할 때 관을 직각으로 굽히는 곳에 사용하는 부품
링리듀서 (Ring Reducer)		금속관을 아웃렛박스에 로트너트만으로 고정하기 어려울 때 보조적으로 사용되는 부품
커플링(Coupling)		금속전선관 상호 간을 접속하는 데 사용되는 부품(관이 고정되어 있지 않을 때)
새들(Saddle)		관을 지지하는 데 사용하는 재료
로크너트 (Lock Nut)		금속관과 박스를 접속할 때 사용하는 재료로 최소 2개를 사용한다.

파이프 커터 (Pipe Cutter)		금속관 말단의 모를 다듬기 위한 기구
환형 3방출 정선박스		배관을 분기할 때 사용하는 박스
파이프벤더 (Pipe Bender)		금속관(후강전선관, 박강전선관)을 구부릴 때 사용하는 공구

12

스프링클러설비의 화재안전기준에서 정하는 일제개방밸브의 작동을 위한 화재감지기회로는 교차회로방식으로 한다. 이 경우 교차회로방식을 적용하지 않아도 되는 감지기 종류 8가지를 쓰시오.

득점	배점
	4

해답
① 불꽃감지기
② 정온식감지선형감지기
③ 분포형감지기
④ 복합형감지기
⑤ 광전식분리형감지기
⑥ 아날로그방식감지기
⑦ 다신호방식감지기
⑧ 축적방식감지기

13

풍량이 5[m³/s]이고, 풍압이 35[mmHg]인 제연설비용 팬을 설치한 경우 이 팬을 운전하는 전동기의 소요용량은 몇 [kW]인지 계산하시오(단, 효율은 70[%]이고, 여유계수는 1.2이다).

득점	배점
	5

해답

계산 : $P = \dfrac{KRQ}{100\eta} = \dfrac{1.2 \times 475.82 \times 5}{102 \times 0.7} = 39.98[\text{kW}]$

전압 : $P_T = \dfrac{35}{760} \times 10.332 = 475.82[\text{mmAq}]$

답 : 39.98[kW]

해설

$P[\text{kW}] = \dfrac{P_T Q}{102\eta} K$

여기서, P_T : 전압[mmAq]　　　　　Q : 풍량[m³/s]

　　　　K : 전달계수(여유계수)　　η : 효 율

※ 760[mmHg] = 10,332[mmAq]

$P_T = \dfrac{35[\text{mmHg}]}{760[\text{mmHg}]} \times 10.332[\text{mmAq}] = 475.82[\text{mmAq}]$

$\therefore P = \dfrac{475.8[\text{mmAq}] \times 5[\text{m}^3/\text{s}]}{102 \times 0.7} \times 1.2 = 39.98[\text{kW}]$

14

> 하나의 방호구역 내에 2 이상의 화재감지기회로를 설치하고 인접한 2 이상의 감지기가 동시에 감지되는 때에 설비가 작동하는 방식을 적용하는 소화설비 5가지를 쓰시오.

득점	배점
	5

★해답 ① 분말소화설비
② 할론소화설비
③ 이산화탄소소화설비
④ 준비작동식 스프링클러설비
⑤ 일제작동식 스프링클러설비

15

> 자동화재탐지설비에 대한 다음 각 물음에 답하시오.
> (가) 연기감지기의 설치장소의 기준 3가지를 쓰시오.
> (나) 스포트형감지기 부착 시 몇 도 이상 경사되지 아니하여야 하는가?
> (다) 공기관식 차동식분포형감지기의 공기관의 노출 부분은 감지구역마다 몇 [m] 이상이 되도록 하여야 하는가?

득점	배점
	8

★해답 (가) ① 계단, 경사로 및 에스컬레이터 경사로
② 복도(30[m] 미만 제외)
③ 천장 또는 반자의 높이가 15~20[m] 미만인 장소
(나) 45°
(다) 20[m]

해★설

(가) 연기감지기 설치장소
• 계단, 경사로 및 에스컬레이터 경사로
• 복도(30[m] 미만 제외)
• 엘리베이터 승강로(권상기실이 있는 경우는 권상기실), 린넨슈트, 파이프피트 및 덕트, 기타 이와 유사한 장소
• 천장 또는 반자의 높이가 15~20[m] 미만인 장소
• 공동주택, 오피스텔, 숙박시설, 노유자시설, 수련시설 ⎤
• 합숙소   ⎥ 취침, 숙박, 입원 등
• 의료시설, 입원실이 있는 의원, 조산원   ⎬ 이와 유사한 용도로
• 교정 및 군사시설   ⎥ 사용되는 거실
• 고시원   ⎦

(나) 경사제한 각도

차동식분포형감지기	스포트형감지기
5° 이상	45° 이상

(다) 공기관식 차동식분포형 감지기의 공기관의 노출 부분은 감지구역마다 **20[m]** 이상이 되도록 한다.

16 다음은 옥내소화전설비를 겸용한 자동화재탐지설비의 계통도이다. 기호 ①~⑤의 최소 가닥수를 쓰시오.

득점	배점
	5

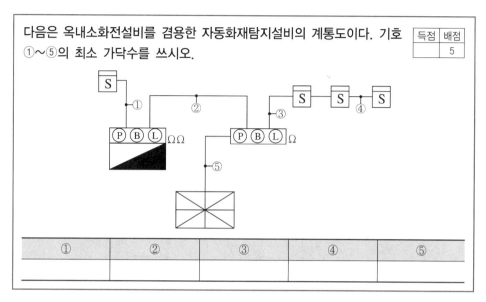

①	②	③	④	⑤

☆해답

①	②	③	④	⑤
4	10	4	4	11

해☆설

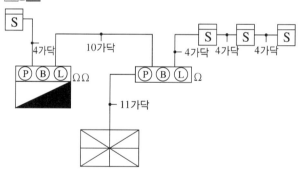

기 호	가닥수	내 역
①	4	회로선 2, 공통선 2
②	10	회로선 2, 회로공통선 1, 경종선 1, 경종표시등공통선 1, 전화선 1, 응답선 1, 표시등선 1, 기동확인표시등 2
③	4	회로선 2, 공통선 2
④	4	회로선 2, 공통선 2
⑤	11	회로선 3, 회로공통선 1, 경종선 1, 경종표시등공통선 1, 전화선 1, 응답선 1, 표시등선 1, 기동확인표시등 2

17 다음 그림은 Y-△ 기동에 대한 시퀀스도이다. 그림을 보고 다음 각 물음에 답하시오.

득점	배점
	5

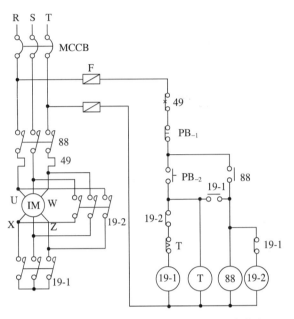

(가) 19-1과 19-2는 전자접촉기이다. 이것의 용도는 무엇인가?

(나) 그림에서 49(EOCR)는 어떤 계전기의 제어약호인가?

(다) MCCB는 무엇인가?

(라) 그림에서 ⑧⑧은 어떤 용도의 전자접촉기인가?

해답
(가) 19-1 : Y결선 기동용
　　　 19-2 : △결선 운전용
(나) 전자식 과전류계전기
(다) 배선용 차단기
(라) 주전원 개폐용

해설

기 호	내 용
19-1	Y결선 기동용
19-2	△결선 운전용
88	주전원 개폐용
49(EOCR)	전자식 과전류계전기
THR	열동계전기
MCCB	배선용 차단기
ELB	누전차단기

18

다음 표는 어느 15층 건물의 자동화재탐지설비의 공사에 소요되는 자재물량이다. 주어진 조건 및 품셈을 이용하여 ①~⑰의 빈칸을 채우시오(단, 주어진 도면은 1층의 평면도이며 모든 층의 구조는 동일하다).

득점	배점
	10

조 건

- 본 방호대상물은 이중천장이 없는 구조이다.
- 공량 산출 시 내선정공의 단위공량은 첨부된 품셈표에서 찾아 적용한다.
- 배관공사는 콘크리트 매입으로 전선관은 후강전선관을 사용한다.
- 감지기 취부는 매입 콘크리트박스에 직접 취부하는 것으로 한다.
- 감지기 간 전선은 $1.5[\text{mm}^2]$ 전선, 감지기 간 배선을 제외한 전선은 $2.5[\text{mm}^2]$ 전선을 사용한다.
- 아웃렛박스(Outlet Box)는 내선전공 공량 산출에서 제외한다.
- 내선전공 1인의 1일 최저 노임단가는 100,000원으로 책정한다.

품 명	수 량	단 위	공량계(인)	공량 합계(인)
수신기	1	대	(①)	
발신기세트	(②)	개	(③)	
연기감지기	(④)	개	(⑤)	
차동식감지기	(⑥)	개	(⑦)	
후강전선관(16[mm])	1,000	개	(⑧)	
후강전선관(22[mm])	430	m	(⑨)	(⑭)
후강전선관(28[mm])	50	m	(⑩)	
후강전선관(36[mm])	30	m	(⑪)	
전선($1.5[\text{mm}^2]$)	4,500	m	(⑫)	
전선($2.5[\text{mm}^2]$)	1,500	m	(⑬)	
직접노무비				(⑮)
공구손료(3[%])				(⑯)
공구손료를 고려한 공사비 합계(원)				(⑰)

품 명	단 위	내선전공공량	품 명	단 위	내선전공공량
P-1 수신기(기본공수)	대	6	후강전선관(36[mm])	m	0.2
P-1 수신기 회선당 할증	회선	0.3	전선($1.5[\text{mm}^2]$)	m	0.01
부수신기	대	3.0	전선($2.5[\text{mm}^2]$)	m	0.01
아웃렛박스	개	0.2	발신기세트	개	0.9
후강전선관(16[mm])	m	0.08	연기감지기	개	0.13
후강전선관(22[mm])	m	0.11	차동식감지기	개	0.13
후강전선관(28[mm])	m	0.14			

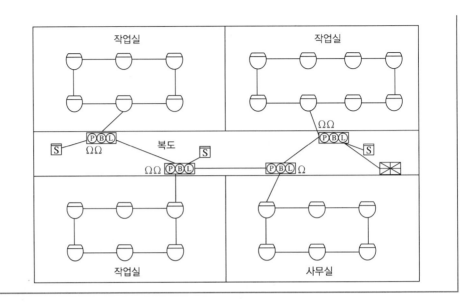

 해답

① 6+(105×0.3) = 37.5인

② 60개

③ 60×0.9 = 54인

④ 3개×15층 = 45개

⑤ 45×0.13 = 5.85인

⑥ 26개×15층 = 390개

⑦ 390×0.13 = 50.7인

⑧ 1,000×0.08 = 80인

⑨ 430×0.11 = 47.3인

⑩ 50×0.14 = 7인

⑪ 30×0.2 = 6인

⑫ 4,500×0.01 = 45인

⑬ 1,500×0.01 = 15인

⑭ 공량계의 합 : 37.5+54+5.85+50.7+80+47.3+7+6+45+15 = 348.35인

⑮ 348.35인×100,000원 = 34,835,000

⑯ 34,835,000원×0.03 = 1,045,050원

⑰ 직접노무비+공구손료 : 34,835,000원+1,045,050원 = 35,880,050원

해☆설

품 명	수 량	단 위	내선전공공량	공량계(인)	공량 합계(인)
수신기	1	대	6 (회선당 0.3 할증)	(① 6+(105×0.3) = 37.5인)	
발신기세트	(② 4개×15층 = 60개)	개	0.9	(③ 60×0.9 = 54인)	
연기감지기	(④ 3개×15층 = 45개)	개	0.13	(⑤ 45×0.13 = 5.85인)	
차동식 감지기	(⑥ 26개×15층 = 390개)	개	0.13	(⑦ 390×0.13 = 50.7인)	(⑭ 공량계의 합 : 37.5+54+5.85 +50.7+80+ 47.3+7+6+45+ 15 = 348.35인)
후강전선관(16[mm])	1,000	m	0.08	(⑧ 1,000×0.08 = 80인)	
후강전선관(22[mm])	430	m	0.11	(⑨ 430×0.11 = 47.3인)	
후강전선관(28[mm])	50	m	0.14	(⑩ 50×0.14 = 7인)	
후강전선관(36[mm])	30	m	0.2	(⑪ 30×0.2 = 6인)	
전선(1.5[mm^2])	4,500	m	0.01	(⑫ 4,500×0.01 = 45인)	
전선(2.5[mm^2])	1,500	m	0.01	(⑬ 1,500×0.01 = 15인)	
직접노무비					(⑮ 348.35인× 100,000원 = 34,835,000)
공구손료(3[%])					(⑯ 34,835,000원× 0.03 = 1,045,050원)
공구손료를 고려한 공사비 합계(원)					(⑰ 직접노무비+ 공구손료 : 34,835,000원 +1,045,050원 = 35,880,050원)

제 **4** 회

2014년 11월 1일 시행

※ 다음 물음에 대한 답을 해당 답란에 답하시오(배점 : 100).

01

득점	배점
	5

대형 피난유도등을 바닥에서 2[m]되는 곳에서 점등하였을 때 바닥면의 조도가 20[lx]로 측정되었다. 유도등을 0.5[m] 밑으로 내려서 설치할 경우의 바닥면의 조도는 몇 [lx]가 되는지 계산하시오.

★해답

계산 : $20 : \dfrac{1}{2^2} = E : \dfrac{1}{1.5^2}$

$E = \left(\dfrac{2}{1.5}\right)^2 \times 20 ≒ 35.56[\text{lx}]$

답 : 35.56[lx]

해★설

① 수직조도

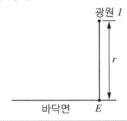

광원 I

r

바닥면 E

$$E = \dfrac{I}{r^2}$$

여기서, E : 수직조도[lx] I : 광도[cd]
        r : 거리[m]

② 0.5[m] 밑으로 내렸을 때의 조도

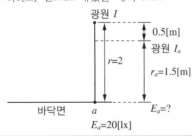

광원 I
0.5[m]
광원 I_a
$r=2$ $r_a=1.5$[m]

바닥면 a $E_a=?$
$E_a=20$[lx]

$$E = \dfrac{I_a}{r_a^2}$$

여기서, E_a : a점의 조도[lx] I : 광도[cd]
        r : 거리[m]

③ 계 산

$$E_a = \frac{I_a}{r_a^2} \propto \frac{1}{r_2^2} \qquad\qquad E : E_a = \frac{1}{r^2} : \frac{1}{r_a^2}$$

$$20 : E_a = \frac{1}{2^2} : \frac{1}{1.5^2} \qquad\qquad E_a \times \frac{1}{2^2} = 20 \times \frac{1}{1.5^2}$$

$$\therefore E_a = 20 \times \frac{1}{1.5^2} \times 2^2 = 35.555 \fallingdotseq 35.56[lx]$$

02

	득점	배점
		4

자동화재탐지설비에 사용되는 감지기의 절연저항시험을 하려고 한다. 사용 기기와 판정기준은 무엇인가?(단, 감지기의 절연된 단자 간의 절연저항 및 단자와 외함 간의 절연저항이며, 정온식감지선형 감지기는 제외한다)

●해답

① 사용기기 : 직류(DC) 500[V] 절연저항계
② 판정기준 : 절연저항 50[MΩ] 이상

해●설

절연저항시험

절연저항계	절연저항	대 상
직류 250[V]	0.1[MΩ]	경계구역의 절연저항
직류 500[V]	5[MΩ]	• 누전경보기 • 가스누설경보기 • 수신기 • 자동화재속보설비 • 비상경보설비 • 유도등(교류 입력측과 외함 간 포함) • 비상조명등(교류 입력측과 외함 간 포함)
	20[MΩ]	• 경 종 • 발신기 • 중계기 • 비상콘센트 • 기기의 절연된 선로 간 • 기기의 충전부와 비충전부 간 • 기기의 교류 입력측과 외함 간(유도등, 비상조명등 제외)
	50[MΩ]	• 감지기(정온식감지선형감지기 제외) • 가스누설경보기(10회로 이상) • 수신기(10회로 이상)
	1,000[MΩ] 이상	정온식감지선형감지기

∴ 직류 500[V] 절연저항계로 20[MVA]의 절연저항을 만족한다.

03

단독경보형 감지기의 설치기준이다. (   ) 안에 들어갈 알맞은 내용을 채우시오.

득점	배점
	5

(가) 각 실(이웃하는 실내의 바닥면적이 각각 (   )이고, 벽체 상부의 전부 또는 일부가 개방되어 이웃하는 실내와 공기가 상호 유통되는 경우에는 이를 (   )의 실로 본다)

(나) (   )를 주전원으로 사용하는 단독경보형 감지기는 정상적인 작동 상태를 유지할 수 있도록 (   )를 교환할 것

(다) 상용전원을 주전원으로 사용하는 단독경보형 감지기의 (   )는 제품검사에 합격한 것을 사용할 것

☆해답 (가) 30[m²], 1개
(나) 건전지, 건전지
(다) 2차 전지

해☆설

단독경보형 감지기의 설치기준(NFSC 201)

- 각 실(이웃하는 실내의 바닥면적이 각각 **30[m²] 미만**이고, 벽체 상부의 전부 또는 일부가 개방되어 이웃하는 실내와 공기가 상호 유통되는 경우에는 이를 **1개**의 실로 본다)
- 최상층의 계단실의 천장(외기가 상통하는 계단실의 경우 제외)에 설치할 것
- **건전지**를 주전원으로 사용하는 단독경보형 감지기는 정상적인 작동 상태를 유지할 수 있도록 **건전지**를 교환할 것
- 상용전원을 주전원으로 사용하는 단독경보형 감지기의 **2차 전지**는 제품검사에 합격한 것을 사용할 것

04

분전반에서 40[m] 거리에 AC 200, 20[W]의 유도등 20개를 설치하고자 한다. 전압강하를 3[V] 이내로 하려면 전선의 최소 굵기(계산상 굵기)는 얼마 이상으로 하면 되는지 계산하시오(단, 배선은 금속관공사이며 유도등의 **역률은 95[%]**, 전원 공급방식은 단상 2선식이다).

득점	배점
	6

☆해답 계산 : 전류 $I = \dfrac{20 \times 20}{220 \times 0.95} = 1.913[\text{A}]$

전선 단면적 $A = \dfrac{35.6 \times 40 \times 1.913}{1,000 \times 3} = 0.908[\text{mm}^2]$

답 : 1.5[mm²]

해☆설

- 전 류

전류$(I) = \dfrac{P}{V\cos\theta} = \dfrac{20[\text{W}] \times 20개}{220 \times 0.95} ≒ 1.913[\text{A}]$

- 전선 굵기

전선 단면적$(A) = \dfrac{35.6LI}{1,000e} = \dfrac{35.6 \times 40 \times 1.913}{1,000 \times 3} = 0.908 ≒ 0.91[\text{mm}^2]$

- 전선 공칭 단면적 : 1.5, 2.5, 4, 6, 10, 16, 25, 35, 50(전선의 굵기는 공칭 단면적으로 기재)

05

> 펌프용 전동기로 매 분당 13[m³]의 물을 높이가 20[m]인 탱크에 양수하려고 한다. 이때 각 물음에 답하시오(단, 펌프용 전동기의 효율은 70[%], 역률은 80[%]이고, 여유계수는 1.15이다)
>
> | 득점 | 배점 |
> |---|---|
> | | 5 |
>
> (가) 펌프용 전동기의 용량은 몇 [kW]인가?
> (나) 이 펌프용 전동기의 역률을 95[%]로 개선하려면 전력용 콘덴서는 몇 [kVA] 가 필요한가?

☆해답

(가) 계산 : $P = \dfrac{9.8 \times 1.15 \times \dfrac{13}{60} \times 20}{0.7} = 69.766$

답 : 69.77[kW]

(나) 계산 : $Q_c = 69.77 \times \left(\dfrac{0.6}{0.8} - \dfrac{\sqrt{1-0.95^2}}{0.95} \right) = 29.395$

답 : 29.4[kVA]

해☆설

(가) 전동기의 용량

전동기 용량$(P) = \dfrac{9.8KHQ}{\eta t} = \dfrac{9.8 \times 1.15 \times 20 \times 13}{0.7 \times 60} = 69.766 \fallingdotseq 69.77$[kW]

(나) 전력용 콘덴서

$$Q_c = P(\tan\theta_1 - \tan\theta_2) = P\left(\frac{\sin\theta_1}{\cos\theta_1} - \frac{\sin\theta_2}{\cos\theta_2}[\text{kVA}] \right)$$

여기서, Q_c : 콘덴서의 용량[kVA]　　　　P : 유효전력[kW]

$\cos\theta_1$: 개선 전 역률　　　　　　　$\cos\theta_2$: 개선 후 역률

$\sin\theta_1$: 개선 전 무효율($\sin\theta_1 = \sqrt{1-\cos\theta_1^2}$)

$\sin\theta_2$: 개선 후 무효율($\sin\theta_2 = \sqrt{1-\cos\theta_2^2}$)

$Q_c = P\left(\dfrac{\sqrt{1-\cos\theta_1^2}}{\cos\theta_1} - \dfrac{\sqrt{1-\cos\theta_2^2}}{\cos\theta_1} \right)$

$\quad = 69.77 \times \left(\dfrac{\sqrt{1-0.8^2}}{0.8} - \dfrac{\sqrt{1-0.95^2}}{0.95} \right) = 29.395 \fallingdotseq 29.4$[kVA]

06

> 누전경보기의 구성요소 4가지와 각각의 기능에 대하여 설명하시오.
>
> | 득점 | 배점 |
> |---|---|
> | | 4 |

구성요소	기능

★해답

구성요소	기능
영상변류기(ZCT)	누설전류 검출
수신기	누설전류 증폭
음향장치	누전 시 경보 발생
차단기(차단릴레이 포함)	누설전류가 발생할 때 전원 차단

07

자동화재탐지설비의 감지기 설치기준 중 축적기능이 있는 감지기 2가지와 축적기능이 없는 감지기를 사용하는 경우 3가지를 쓰시오.

득점	배점
	5

(가) 축적기능이 있는 감지기를 사용하는 경우

(나) 축적기능이 없는 감지기를 사용하는 경우

★해답   (가) 축적기능이 있는 감지기를 사용하는 경우
- 지하층, 무창층으로 환기가 잘되지 않는 장소
- 실내면적이 40[m²] 미만인 장소

(나) 축적기능이 없는 감지기를 사용하는 경우
- 축적형 수신기에 연결하여 사용하는 경우
- 교차회로방식에 사용하는 경우
- 급속한 연소확대가 우려되는 장소

08

연결송수관설비의 가압송수장치에 대한 다음 물음에 답하고 ( ) 안을 답하시오.

득점	배점
	5

(가) 지표면에서 최상층 방수구의 높이가 몇 [m] 이상의 특정소방대상물에는 연결송수관설비의 가압송수장치를 설치하여야 하는가?

(나) 송수구로부터 (①) 이내의 보기 쉬운 장소에 바닥으로부터 높이 (②)로 설치할 것

(다) (③) 이상의 강판함에 수납하여 설치하고 "연결송수관설비 수동스위치"라고 표시한 표지를 부착할 것. 이 경우 문짝은 (④)로 설치할 수 있다.

★해답   (가) 70[m]
(나) ① 5[m]   ② 0.8[m] 이상 1.5[m] 이하
(다) ③ 1.5[mm]   ④ 불연재료

해★설

연결송수관설비 가압송수장치의 설치기준(NFSC 502)
- 지표면에서 최상층 방수구의 높이 **70[m]** 이상에 설치
- 송수구로부터 5[m] 이내의 보기 쉬운 장소에 바닥으로부터 높이 **0.8[m] 이상 1.5[m] 이하**로 설치
- **1.5[mm]** 이상의 강판함에 수납하여 설치하되 문짝은 **불연재료**로 설치

09

비상방송설비가 설치된 지하 2층, 지상 10층 내화구조로 된 업무용 건물이 있다. 다음 각 물음에 답하시오.

득점	배점
	6

(가) 확성기의 음성입력은 몇 [W] 이상이어야 하는가?

(나) 기동장치에 의한 화재신호를 수신한 후 필요한 음량으로 방송이 개시될 때까지의 소요시간은 몇 초 이하로 하여야 하는가?

(다) 경보방식은 어떤 방식으로 하여야 하는지 그 방식을 쓰고, 그 방식의 발화층에 대한 경보층의 구체적인 경우를 3가지로 구분하여 설명하시오.

•경보방식 :

•발화층에 대한 경보층의 구체적인 경우 :

발화층	경보를 발하는 층
2층 이상	
1층	
지하층	

해답 (가) 실내 : 1[W] 이상
실외 : 3[W] 이상

(나) 10초

(다) 경보방식 : 발화층 및 직상층 우선경보방식

발화층	경보를 발하는 층
2층 이상	발화층, 직상층
1층	발화층, 직상층, 지하층
지하층	발화층, 직상층, 기타의 지하층

해설

비상방설설비의 설치기준(NFSC 202)

• 확성기의 음성입력은 **3[W]**(실내는 1[W]) 이상일 것

• 음량조정기의 배선은 3선식으로 할 것

• 기동장치에 의한 화재신호를 수신한 후 필요한 음량으로 방송이 개시될 때까지의 소요시간은 **10초 이하**로 할 것

• 조작부의 조작스위치는 바닥으로부터 0.8~1.5[m] 이하의 높이에 설치할 것

기 기	설치 높이
기타 기기	바닥에서 0.8~1.5[m]
시각경보장치	바닥에서 2~2.5[m]

• 다른 전기회로에 의하여 유도장애가 생기지 아니하도록 할 것

• 확성기는 각 층마다 설치하되, 각 부분으로부터의 수평거리는 25[m] 이하일 것

• 발화층 및 직상층 우선경보방식 : 화재 시 원활한 대피를 위하여 위험한 층(발화층 및 직상층)부터 우선적으로 경보하는 방식

발화층	경보를 발하는 층	
2층 이상	• 발화층 • 직상층	• 발화층 • 직상 4개층
1층	• 발화층 • 직상층 • 지하층	• 발화층 • 직상 4개층 • 지하층
지하층	• 발화층 • 직상층 • 기타의 지하층	• 발화층 • 직상층 • 기타의 지하층

10

비상용 조명부하에 연축전지를 설치하고자 한다. 주어진 조건과 표, 그림을 참고하여 연축전지의 용량[Ah]을 구하시오.

득점	배점
	5

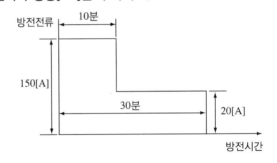

조건

• 허용전압 최고 : 120[V], 최저 : 88[V]

• 부하정격전압 : 100[V]

• 형식 : CS형

• 최저 허용전압[V/셀] : 1.7[V]

• 보수율 : 0.8

• 최저 축전지온도 : 5[℃]

• 최저 축전지온도에서 용량환산시간

형식	온도 [℃]	10분			20분			30분		
		1.6[V]	1.7[V]	1.8[V]	1.6[V]	1.7[V]	1.8[V]	1.6[V]	1.7[V]	1.8[V]
CS	25	0.8	1.06	1.42	1.07	1.35	1.65	1.34	1.55	1.88
	5	1.1	1.26	1.8	1.43	1.55	2.08	1.75	1.83	2.35
	−5	1.25	1.5	2.25	1.65	1.85	2.63	2.05	2.2	3.0
HS	25	0.58	0.7	0.93	0.81	0.92	1.16	1.03	1.14	1.38
	5	0.62	0.74	1.05	0.87	0.98	1.30	1.11	1.22	1.54
	−5	0.68	0.82	1.15	0.94	1.09	1.42	1.2	1.35	1.68

⭐해답

계산 : $C = \dfrac{1}{0.8} \times (1.26 \times 150 + 1.55 \times 20) = 275[Ah]$

답 : 275[Ah]

해⭐설

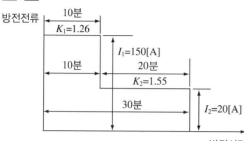

방전시간은 각각 10분과 20분, 최저 허용전압 1.7[V], CS형, 최저 축전지온도 5[℃]이므로
$K_1 = 1.26$, $K_2 = 1.55$가 된다.

형 식	온도 [℃]	10분			20분			30분		
		1.6[V]	1.7[V]	1.8[V]	1.6[V]	1.7[V]	1.8[V]	1.6[V]	1.7[V]	1.8[V]
CS	25	0.8	1.06	1.42	1.07	1.35	1.65	1.34	1.55	1.88
	5	1.1	1.26	1.8	1.43	1.55	2.08	1.75	1.83	2.35
	−5	1.25	1.5	2.25	1.65	1.85	2.63	2.05	2.2	3.0
HS	25	0.58	0.7	0.93	0.81	0.92	1.16	1.03	1.14	1.38
	5	0.62	0.74	1.05	0.87	0.98	1.30	1.11	1.22	1.54
	−5	0.68	0.82	1.15	0.94	1.09	1.42	1.2	1.35	1.68

축전지의 용량 산출

$$C = \dfrac{1}{L} KI$$

여기서, C : 축전지 용량[Ah] L : 용량 저하율(보수율)
K : 용량환산시간[h] I : 방전전류[A]

$C = \dfrac{1}{L}(K_1 I_1 + K_2 I_2) = \dfrac{1}{0.8} \times [(1.26 \times 150) + (1.55 \times 20)] = 275[Ah]$

11

무선통신보조설비의 누설동축케이블 등의 설치기준에 대한 다음 ( ) 안을 설명하시오.

득점	배점
	5

(가) 소방전용 주파수대에서 전파의 전송 또는 복사에 적합한 것으로서 (①) 의 것으로 할 것

(나) 누설동축케이블은 화재에 따라 해당 케이블의 피복이 소실된 경우에 케이블 본체가 떨어지지 아니하도록 (②)마다 (③) 또는 (④) 등의 지지금구로 벽, 천장, 기둥 등에 견고하게 고정시킬 것. 다만, (⑤)로 구획된 반자 안에 설치하는 경우에는 그러하지 아니하다.

★해답
　　① 소방전용
　　② 4[m] 이내
　　③ 금속제
　　④ 자기제
　　⑤ 불연재료

해★설

무선통신보조설비의 설치기준
- 소방전용 주파수대에서 전파의 전송 또는 복사에 적합한 것으로서 **소방전용**의 것일 것
- 누설동축케이블은 불연 또는 난연성의 것으로서 습기에 따라 전기의 특성이 변질되지 아니하는 것으로 할 것
- 누설동축케이블 및 안테나는 금속판 등에 의하여 전파의 복사 또는 특성이 현저하게 저하되지 아니하는 위치에 설치할 것
- 누설동축케이블과 이에 접속하는 안테나 또는 동축케이블과 이에 접속하는 안테나일 것
- 누설동축케이블은 **4[m] 이내**마다 **금속제** 또는 **자기제** 등의 지지금구로 벽, 천장, 기둥 등에 견고하게 고정시킬 것(**불연재료**로 구획된 반자 안에 설치하는 경우는 제외)
- 누설동축케이블 및 안테나는 고압전로로부터 1.5[m] 이상 떨어진 위치에 설치할 것(해당 전호에 정전기 차폐장치를 유효하게 설치한 경우에는 제외)
- 누설동축케이블의 끝부분에는 무반사종단저항을 설치할 것

12

어느 특정소방대상물에 자동화재탐지설비용 차동식 분포형 감지기를 설치하려고 한다. 다음 각 물음에 답하시오.

득점	배점
	5

(가) 공기관의 노출 부분은 감지구역마다 몇 [m] 이상으로 하여야 하는가?

(나) 하나의 검출부에 접속하는 공기관의 길이는 몇 [m] 이하로 하여야 하는가?

(다) 공기관과 감지구역의 각 변과의 수평거리는 몇 [m] 이하여야 하는가?

(라) 공기관 상호 간의 거리는 몇 [m] 이하여야 하는가?(단, 주요 구조부가 비내화구조이다)

☆해답 (가) 20[m] 이상 (나) 100[m] 이하
(다) 1.5[m] 이하 (라) 6[m] 이하

해☆설
공기관식 차동식 분포형 감지기의 설치기준
- 공기관의 노출 부분은 감지구역마다 **20[m] 이상**이 되도록 설치한다.
- 공기관과 감지구역의 각 변과의 수평거리는 **1.5[m] 이하**가 되도록 한다.
- 공기관 상호 간의 거리는 **6[m]**(내화구조는 9[m]) **이하**가 되도록 한다.
- 하나의 검출부에 접속하는 공기관의 길이는 **100[m] 이하**가 되도록 한다.
- 검출부는 바닥으로부터 0.8~1.5[m] 이하의 위치에 설치한다.
- 공기관은 도중에 분기하지 않도록 한다.

13

그림은 어느 공장 1층의 소화설비계통도이다. 공장에 수압개폐방식을 사용하는 옥내소화전설비와 습식 스프링클러설비가 설치되어 있을 때 다음 각 물음에 답하시오.

득점	배점
	8

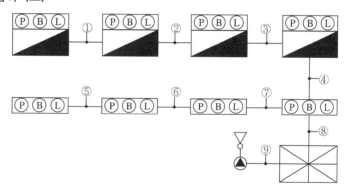

(가) ①~⑨의 최소 가닥수를 쓰시오.

①	②	③	④	⑤	⑥	⑦	⑧	⑨

(나) ①의 길이가 15[m]일 때 전선관의 길이[m]를 구하여라(단, 할증률은 10[%]이며 발신기세트와 발신기세트 간, 발신기세트와 수신기 간, 수신기와 알람체크밸브 사이의 길이는 모두 동일하고 알람체크밸브와 사이렌 간의 길이는 무시한다).

(다) 단독 발신기세트에 부착하는 기기 명칭을 쓰시오.

☆해답 (가)

①	②	③	④	⑤	⑥	⑦	⑧	⑨
9	10	11	12	7	8	9	17	4

(나) 계산 : $15 \times 9 \times 1.1 = 148.5$[m]
답 : 148.5[m]

(다) ① 발신기 ② 경 종
③ 표시등

해☆설

(가)

기 호	가닥수	전선의 사용용도
①	9	회로선 1, 회로공통선 1, 경종선 1, 경종표시등공통선 1, 전화선 1, 응답선 1, 표시등선 1, 기동확인표시등 2
②	10	회로선 2, 회로공통선 1, 경종선 1, 경종표시등공통선 1, 전화선 1, 응답선 1, 표시등선 1, 기동확인표시등 2
③	11	회로선 3, 회로공통선 1, 경종선 1, 경종표시등공통선 1, 전화선 1, 응답선 1, 표시등선 1, 기동확인표시등 2
④	12	회로선 4, 회로공통선 1, 경종선 1, 경종표시등공통선 1, 전화선 1, 응답선 1, 표시등선 1, 기동확인표시등 2
⑤	7	회로선 1, 회로공통선 1, 경종선 1, 경종표시등공통선 1, 전화선 1, 응답선 1, 표시등선 1
⑥	8	회로선 2, 회로공통선 1, 경종선 1, 경종표시등공통선 1, 전화선 1, 응답선 1, 표시등선 1
⑦	9	회로선 3, 회로공통선 1, 경종선 1, 경종표시등공통선 1, 전화선 1, 응답선 1, 표시등선 1
⑧	17	회로선 8, 회로공통선 2, 경종선 1, 경종표시등공통선 1, 전화선 1, 응답선 1, 표시등선 1, 기동확인표시등 2
⑨	4	압력스위치 1, 탬퍼스위치 1, 사이렌 1, 공통 1

(나) 제시된 조건에 의해 전선관의 길이는 모두 15[m]이다(단, 알람체크밸브와 사이렌 간의 길이는 무시한다).

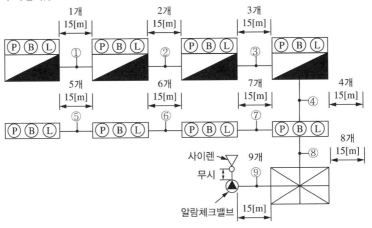

(다)

명 칭	도시기호	전기기기 명칭	비 고
발신기세트 옥내소화전 내장형	(P)(B)(L)(X)	• P : 발신기 • B : 경 종 • L : 표시등 • X : 기동확인표시등	자동기동방식
	(P)(B)(L) ⊙⊙ X	• P : 발신기 • B : 경 종 • L : 표시등 • ⊙ : 기동스위치 • ⊙ : 정지스위치 • X : 기동확인표시등	수동기동방식
발신기세트 단독형	(P)(B)(L) 또는 (P)(B)(L)	• P : 발신기 • B : 경 종 • L : 표시등	–

14 예비전원으로 시설하는 발전기에서 부하에 이르는 전로가 있다. 발전기와 가까운 장소에 설치하여야 하는 기기의 명칭 4가지를 쓰시오.

득점	배점
	4

해답
① 개폐기
② 과전류차단기
③ 전압계
④ 전류계

해설
① 축전기와 부하 간 설치기기
  • 개폐기
  • 과전류 차단기
② 발전기–부하 간 설치기기
  • 개폐기
  • 과전류차단기
  • 전압계
  • 전류계

15 지상 1층에서 7층까지의 내화구조 건축물로 된 사무실이 있다. 계단은 각 층의 2개 장소에 있고, 각 층의 높이는 3.6[m]이며, 각 층의 면적은 560[m²]이다. 1층에 수신기가 설치되어 있고, 종단저항은 발신기세트에 내장되어 있으며, 계단은 별도로 감지기회로를 구성하여 3층의 발신기세트에 각각 연결될 경우 다음의 물음에 답하시오.

	득점	배점
		14

(가) 각 층에 설치하는 감지기의 종류를 쓰고, 그 수량을 산정하시오.

(나) 계단에 설치하는 감지기의 종류를 쓰고, 그 수량을 산정하시오.

(다) 각 층에 설치하는 발신기의 종류를 쓰고, 그 수량을 산정하시오.

(라) 1층에 설치하는 수신기의 종류를 쓰고, 그 회로수를 쓰시오.

(마) 종단저항은 몇 개가 필요한지 필요 개소별로 그 개수를 쓰시오.

총 계	1층	2층	3층	4층	5층	6층	7층

(바) 계통도를 그리고 각 간선의 전선수량을 표현하시오.

	옥 상
	7층
	6층
	5층
	4층
	3층
	2층
	1층

[계통도]

해답 (가) 감지기의 종류 : 차동식스포트형 2종, 수량 : 56개

(나) 감지기의 종류 : 연기감지기 2종, 수량 : 4개

(다) 감지기의 종류 : P형 1급 발신기, 수량 : 7개

(라) 감지기의 종류 : P형 1급 수신기, 수량 : 9회로

(마)

총 계	1층	2층	3층	4층	5층	6층	7층
9개	1개	1개	3개	1개	1개	1개	1개

(바)
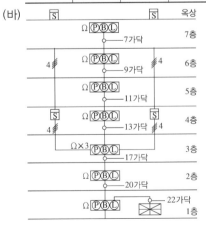

해★설

(가) 각 층의 설치감지기 종류 및 수량 산정

부착높이 및 소방대상물의 구분		감지기의 종류				
		차동식/보상식스포트형		정온식스포트형		
		1종	2종	특 종	1종	2종
4[m] 미만	내화 구조	90[m²]	70[m²]	70[m²]	60[m²]	20[m²]
	기타 구조	50[m²]	400[m²]	40[m²]	30[m²]	15[m²]
4[m] 이상 8[m] 미만	내화 구조	45[m²]	35[m²]	35[m²]	30[m²]	–
	기타 구조	30[m²]	25[m²]	25[m²]	15[m²]	–

※ 높이 3.6[m] 내화구조, 사무실이므로 차동식스포트형감지기, 일반적으로 종별은 2종이므로 감지기 1개의 바닥면적은 70[m²]이다.

$$1층\ 설치\ 개수 = \frac{560}{70} = 8개 \qquad\qquad \therefore\ 8개 \times 7층 = 56개$$

(나) 계단에 설치하는 감지기의 종류 및 수량 산정

- 적용 감지기 : 연기감지기(2종)
- 설치수량
  - 1개 계단 높이 : 7층×3.6[m] = 총 25.2[m]
  - 1개 계단감지기 설치 수량 : 감지기 개수 $= \dfrac{수직거리}{15[m]} = \dfrac{25.2[m]}{15[m]} = 1.68 ≒ 2개[절상]$
  - 계단이 양쪽에 2개이므로 총 4개 설치

※ 계단의 경계구역 및 감지기 개수 산출

경계구역	감지기 개수
경계구역 $= \dfrac{수직거리}{45[m]}$	• 연기감지기(1/2종) : 감지기 개수 $= \dfrac{수직거리}{15[m]}$ • 연기감지기(3종) : 감지기 개수 $= \dfrac{수직거리}{10[m]}$

(다) 각 층에 설치하는 발신기 종류 및 수량 산정

층 별	발신기 종류	수량 산출	수 량
1층	P형 1급 발신기	$\dfrac{500[m²]}{600[m²]} = 0.83(절상)$	1
2층	P형 1급 발신기	$\dfrac{500[m²]}{600[m²]} = 0.83(절상)$	1
3층	P형 1급 발신기	$\dfrac{500[m²]}{600[m²]} = 0.83(절상)$	1
4층	P형 1급 발신기	$\dfrac{500[m²]}{600[m²]} = 0.83(절상)$	1
5층	P형 1급 발신기	$\dfrac{500[m²]}{600[m²]} = 0.83(절상)$	1
6층	P형 1급 발신기	$\dfrac{500[m²]}{600[m²]} = 0.83(절상)$	1
7층	P형 1급 발신기	$\dfrac{500[m²]}{600[m²]} = 0.83(절상)$	1
계			7

(라) 1층에 설치되는 수신기의 종류 및 회로수
- 수신기의 종류 : P형 1급 수신기
- 회로수 : 각 층(7회로)+계단(2회로) = 9회로

[수신기의 설치장소 및 적응 발신기]		
P형 2급 수신기	P형 1급 수신기	R형 수신기
4층 미만이고 5회선 이하	4층 이상이거나 5회선 초과	중계기가 사용되는 대형 건축물
P형 2급 발신기	P형 1급 발신기	P형 1급 발신기
※ 지상 7층으로서 4층 이상이므로 P형 1급 수신기를 설치한다.		

(마) 종단저항 및 필요 개소별 개수

층 별	설치 개소	개 수	용 도
1층	발신기세트 내	1개	층별 1회로
2층	발신기세트 내	1개	층별 1회로
3층	발신기세트 내	3개	층별 1회로, 계단 2회로
4층	발신기세트 내	1개	층별 1회로
5층	발신기세트 내	1개	층별 1회로
6층	발신기세트 내	1개	층별 1회로
7층	발신기세트 내	1개	층별 1회로
계		9개	

(바) 7층이고 연면적이 3,920[m^2]이므로 우선경보방식으로 가닥수를 산정하여야 한다.

층	가닥수	전선의 사용용도
7층	7	회로선 1, 회로공통선 1, 경종선 1, 경종표시등공통선 1, 전화선 1, 응답선 1, 표시등선 1
6층	9	회로선 2, 회로공통선 1, 경종선 2, 경종표시등공통선 1, 전화선 1, 응답선 1, 표시등선 1
5층	11	회로선 3, 회로공통선 1, 경종선 3, 경종표시등공통선 1, 전화선 1, 응답선 1, 표시등선 1
4층	13	회로선 4, 회로공통선 1, 경종선 4, 경종표시등공통선 1, 전화선 1, 응답선 1, 표시등선 1
3층	17	회로선 7, 회로공통선 1, 경종선 5, 경종표시등공통선 1, 전화선 1, 응답선 1, 표시등선 1
2층	20	회로선 8, 회로공통선 2, 경종선 6, 경종표시등공통선 1, 전화선 1, 응답선 1, 표시등선 1
1층	22	회로선 9, 회로공통선 2, 경종선 7, 경종표시등공통선 1, 전화선 1, 응답선 1, 표시등선 1

16 임피던스 미터의 용도 및 측정방법에 대하여 각각 3가지를 쓰시오.

득점	배점
	6

☆해답 • 용 도
① 저항(R) 측정
② 인덕턴스(L) 측정
③ 커패시턴스(C) 측정
• 측정방법
① 주파수 범위를 설정한다.
② 측정하고자 하는 부품의 양단에 탐침을 접촉한다.
③ 임피던스를 측정한다.

임피던스 미터(RLC Meter)

용 도	• 저항(R) 측정 • 인덕턴스(L) 측정 • 커패시턴스(C) 측정
측정방법	• 주파수 범위를 설정한다. • 측정하고자 하는 부품의 양단에 탐침을 접촉한다. • 임피던스를 측정한다.
외형 또는 구조	

17 자동화재탐지설비의 수신기의 설치기준을 5가지만 쓰시오.

득점	배점
	5

☆해답 ① 수위실 등 상시 사람이 근무하고 있는 장소에 설치할 것
② 수신기가 설치된 장소에는 경계구역 일람도를 비치할 것
③ 수신기의 음향기구는 그 음량 및 음색이 다른 기기의 소음 등과 명확히 구별될 수 있는 것으로 할 것
④ 수신기는 감지기, 중계기 또는 발신기가 작동하는 경계구역을 표시할 수 있는 것으로 할 것
⑤ 하나의 경계구역은 하나의 표시등 또는 하나의 문자로 표시되도록 할 것

해★설
자동화재탐지설비 수신기의 설치기준(NFSC 203)
- 수위실 등 상시 사람이 근무하고 있는 장소에 설치할 것. 단, 사람이 상시 근무하는 장소가 없는 경우에는 관계인이 쉽게 접근할 수 있고 관리가 용이한 장소에 설치할 수 있다.
- 수신기가 설치된 장소에는 경계구역 일람도를 비치할 것. 단, 주수신기를 설치하는 경우에는 주수신기를 제외한 기타 수신기는 제외한다.
- 수신기의 음향기구는 그 음량 및 음색이 다른 기기의 소음 등과 명확히 구별될 수 있는 것으로 할 것
- 수신기는 감지기, 중계기 또는 발신기가 작동하는 경계구역을 표시할 수 있는 것으로 할 것
- 화재, 가스, 전기 등에 대한 종합방재반을 설치한 경우에는 해당 조작반에 수신기의 작동과 연동하여 감지기, 중계기 또는 발신기가 작동하는 경계구역을 표시할 수 있는 것으로 할 것
- 하나의 경계구역은 하나의 표시등 또는 하나의 문자로 표시되도록 할 것
- 수신기의 조작스위치는 바닥으로부터의 높이가 0.8~1.5[m] 이하인 장소에 설치할 것
- 하나의 소방대상물에 2 이상의 수신기를 설치하는 경우에는 수신기를 상호 간 연동하여 화재 발생상황을 각 수신기마다 확인할 수 있도록 할 것

18 | 피난구유도등은 적색 LED와 녹색 LED가 설치되어 있다. 평상시 적색 LED가 점등되었다면 이는 무엇을 의미하는가? | 득점 | 배점 |
| | | 3 |

★해답 비상전원의 불량

해★설
피난구유도등의 구성

상용전원 감시램프	비상전원 감시램프	비상전원 점검스위치
사용전원 정상 시 녹색 LED 점등	축전지 등의 비상전원 불량 시 (이상 시) 적색 LED 점등	누르거나 당기면 피난구유도등이 비상전원으로 점등되어 비상전원이 이상 유무 확인

2015년 4월 18일 시행

제 1 회

※ 다음 물음에 대한 답을 해당 답란에 답하시오(배점 : 100).

01

어떤 건물에 대한 소방설비의 배선도면을 보고 다음 각 물음에 답하시오(단, 배선공사는 후강전선관을 사용한다).

득점	배점
	12

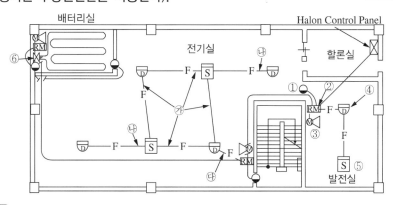

물음

(가) 도면에 표시된 그림기호 ①~⑥의 명칭은 무엇인가?

(나) 도면에서 ㉮~㉰의 배선 가닥수는 몇 본인가?

(다) 도면에서 물량을 산출할 때 어떤 박스를 몇 개 사용하여야 하는지 각각 구분하여 답을 하시오.

(라) 부싱은 몇 개가 소요되겠는가?

☆해답

(가) ① 방출표시등 ② 수동조작함
③ 모터사이렌 ④ 차동식스포트형감지기
⑤ 연기감지기 ⑥ 차동식분포형감지기의 검출부

(나) ㉮ 4가닥, ㉯ 4가닥, ㉰ 8가닥

(다) • 4각 박스(4개)
• 8각 박스(16개)

(라) 부싱 : 40개

해☆설

(가)

명 칭	그림기호	적 요
방출표시등	⊗ 또는 ◖	벽붙이형 : ⊢⊗
수동조작함	RM	소방설비용 : RM F
사이렌	▷◁	• 모터사이렌 : Ⓜ◁ • 전자사이렌 : Ⓢ◁

명 칭	그림기호	적 요
차동식스포트형 감지기	⌓	예전기호 : Ⓓ
보상식스포트형 감지기	⌓	–
정온식스포트형 감지기	⌓	• 방수형 : ⌓ • 내산형 : ⌓ • 내알칼리형 : ⌓ • 방폭형 : ⌓EX
연기감지기	Ⓢ	• 점검박스 붙이형 : Ⓢ • 매입형 : Ⓢ

(나) 할론소화설비의 감지기회로 배선은 교차회로방식으로 말단과 루프인 곳은 4가닥, 기타는 8가닥이 된다.

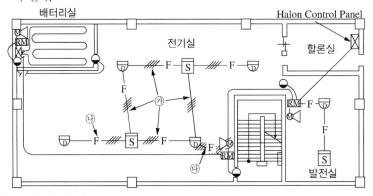

(다) • 4각 박스(4개)

▨ : 제어반, 수신기, 부수신기, 발신기세트, 수동조작함, 슈퍼비조리패널,
8각 박스 설치 장소 중 한쪽에서 2방출 이상인 곳

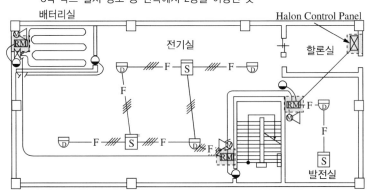

• 8각 박스(16개)

⬚ : 감지기, 사이렌, 유도등, 방출표시등, 유수검지장치 등

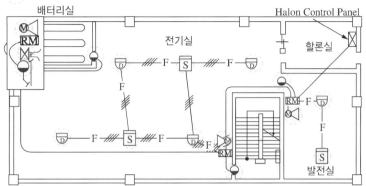

(라) 부싱 : 40개

● : 부싱 표시

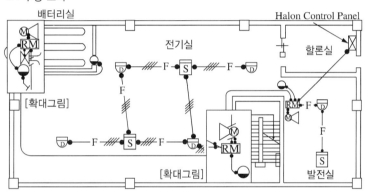

02

 일제명동방식의 경계구역이 5회로인 자동화재탐지설비의 간선계통도를 그리고 간선계통상에 최소 전선수를 표기하시오(단, 수신기는 P형 5회로 수신기이다).

득점	배점
	7

✪해답

해★설

가닥수	내 역	용 도
7	22C(HFIX 2.5-7)	회로선 1, 발신기공통선 1, 경종선 1, 경종선표시등공통선 1, 응답선 1, 전화선 1, 표시등선 1
8	28C(HFIX 2.5-8)	회로선 2, 발신기공통선 1, 경종선 1, 경종선표시등공통선 1, 응답선 1, 전화선 1, 표시등선 1
9	28C(HFIX 2.5-9)	회로선 3, 발신기공통선 1, 경종선 1, 경종선표시등공통선 1, 응답선 1, 전화선 1, 표시등선 1
10	28C(HFIX 2.5-10)	회로선 4, 발신기공통선 1, 경종선 1, 경종선표시등공통선 1, 응답선 1, 전화선 1, 표시등선 1
11	28C(HFIX 2.5-11)	회로선 5, 발신기공통선 1, 경종선 1, 경종선표시등공통선 1, 응답선 1, 전화선 1, 표시등선 1

03 도면은 지하 1층, 지상 9층으로 연면적이 4,500[m²]인 건물에 설치되어 있는 자동화재탐지설비의 계통도이다. 간선의 전선 가닥수와 각 전선의 용도 및 가닥수를 답안 작성 예시와 같이 작성하시오(단, 자동화재탐지설비를 운용하기 위한 최소 전선수를 사용하도록 한다).

득점	배점
	10

[답안 작성 예시]

번 호	가닥수	전선의 사용용도
⑪	14	응답선 2, 지구선 2, 전화선 2, 공통선 2, 경종선 2, 표시등선 2, 경종 및 표시등공통선 2

⭐해답

번호	가닥수	전선의 사용용도
①	7	응답선, 지구선, 전화선, 공통선, 경종선, 표시등선, 경종 및 표시등공통선
②	8	응답선, 지구선 2, 전화선, 공통선, 경종선, 표시등선, 경종 및 표시등공통선
③	10	응답선, 지구선 3, 전화선, 공통선, 경종선 2, 표시등선, 경종 및 표시등공통선
④	12	응답선, 지구선 4, 전화선, 공통선, 경종선 3, 표시등선, 경종 및 표시등공통선
⑤	14	응답선, 지구선 5, 전화선, 공통선, 경종선 4, 표시등선, 경종 및 표시등공통선
⑥	16	응답선, 지구선 6, 전화선, 공통선, 경종선 5, 표시등선, 경종 및 표시등공통선
⑦	18	응답선, 지구선 7, 전화선, 공통선, 경종선 6, 표시등선, 경종 및 표시등공통선
⑧	21	응답선, 지구선 8, 전화선, 공통선 2, 경종선 7, 표시등선, 경종 및 표시등공통선
⑨	23	응답선, 지구선 9, 전화선, 공통선 2, 경종선 8, 표시등선, 경종 및 표시등공통선
⑩	27	응답선, 지구선 11, 전화선, 공통선 2, 경종선 10, 표시등선, 경종 및 표시등공통선

04

	득점	배점
제베크효과를 이용하면 열전대식 감지기의 작동원리를 설명할 수 있다. 이 원리에 대하여 설명하시오.		4

⭐해답 서로 다른 두 종류의 금속에 온도의 차가 생기면 열기전력이 발생하는 원리

해⭐설

① 제베크효과 : 서로 다른 두 금속을 접속하여 접속점에 온도차를 주면 열기전력이 발생하는 효과

② 펠티에효과 : 두 종류의 금속에 회로를 구성한 후 전류를 흘리면 각 접속점에서 열의 흡수 및 발열이 발생하는 효과

③ 톰슨효과 : 하나의 금속에 전류를 흘리면 한쪽에서는 열의 흡수가 한쪽에서는 열의 발열이 발생하는 효과

05

38[mm²]의 저압옥내 간선에서 분기하여 8[m] 지점에 분기회로용 과전류차단기를 그림과 같이 설치하려고 한다. 이 경우에 AB 구역에 사용할 전선의 최소 굵기는 몇 [mm²]인가?(단, 전선의 허용전류는 다음 표와 같다)

득점	배점
	4

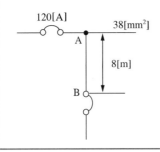

공칭단면적[mm²]	허용전류[A]
2.0	27
3.5	37
5.5	49
8	61

⭐해답 계산 : $120[\text{A}] \times 0.35 = 42[\text{A}]$
답 : $5.5[\text{mm}^2]$

해⭐설

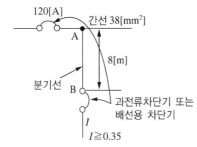

※ 분기개폐기 시설
① 분기점에서 3[m] 이내 설치
② 분기선 허용전류가 간선보호용 과전류차단기 정격전류의 35[%] 이상 55[%] 미만인 경우 8[m] 이내 설치

공칭단면적[mm²]	허용전류[A]
2.0	27
3.5	37
5.5 ◄	49
8	61

$I \geqq 0.35$이므로 8[m] 이하의 분기회로 전선 굵기 = 간선전류×0.35 = 120×0.35 = 42[A]
표에서 **49[A] 이하**이므로 **5.5[mm²]** 선정

06

그림 (a)와 같은 △ 결선회로와 등가인 그림 (b)의 Y결선회로의 A, B, C의 저항값[Ω]을 구하시오.

득점	배점
	3

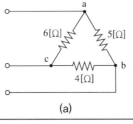

(a)

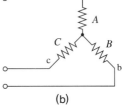

(b)

☆해답 $A : 2[\Omega]$ $B : 1.33[\Omega]$
    $C : 1.6[\Omega]$

해☆설

① △–Y 변환

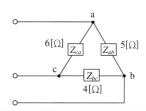
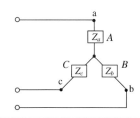

- $A = Z_a = \dfrac{Z_{ab} \cdot Z_{ca}}{Z_{ab} + Z_{bc} + Z_{ca}}$

- $B = Z_b = \dfrac{Z_{ab} \cdot Z_{bc}}{Z_{ab} + Z_{bc} + Z_{ca}}$

- $C = Z_c = \dfrac{Z_{bc} \cdot Z_{ca}}{Z_{ab} + Z_{bc} + Z_{ca}}$

② Y–△ 변환

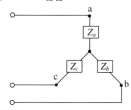
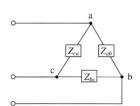

- $Z_{ab} = \dfrac{Z_a Z_b + Z_b Z_c + Z_c Z_a}{Z_c}[\Omega]$

- $Z_{bc} = \dfrac{Z_a Z_b + Z_b Z_c + Z_c Z_a}{Z_a}[\Omega]$

- $Z_{ca} = \dfrac{Z_a Z_b + Z_b Z_c + Z_c Z_a}{Z_b}[\Omega]$

$\therefore A = Z_a = \dfrac{Z_{ab} \cdot Z_{ca}}{Z_{ab} + Z_{bc} + Z_{ca}} = \dfrac{5 \times 6}{5 + 4 + 6} = 2[\Omega]$

$B = Z_b = \dfrac{Z_{ab} \cdot Z_{bc}}{Z_{ab} + Z_{bc} + Z_{ca}} = \dfrac{5 \times 4}{5 + 4 + 6} = 1.333 \fallingdotseq 1.33[\Omega]$

$C = Z_c = \dfrac{Z_{bc} \cdot Z_{ca}}{Z_{ab} + Z_{bc} + Z_{ca}} = \dfrac{4 \times 6}{5 + 4 + 6} = 1.6[\Omega]$

07 도면은 준비작동식 스프링클러설비의 평면도이다. 도면을 보고 다음 각 물음에 답하시오.

득점	배점
	6

(가) 기호 ①~④까지 최소 가닥수를 쓰시오.

(나) 기호 ⓐ~ⓒ의 명칭을 쓰시오.

(다) 3층 건물일 경우 간선계통도를 그리시오.

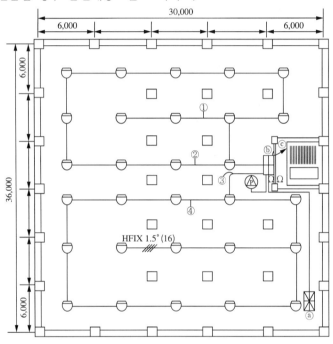

★해답 (가) ① 8가닥   ② 4가닥

   ③ 8가닥   ④ 4가닥

(나) ⓐ 수신반(감시제어반) ⓑ 슈퍼비조리패널

  ⓒ 상 승

(다) 계통도

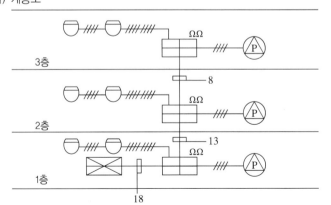

해★설

① 준비작동식 스프링클러설비는 교차회로방식이므로 말단과 루프된 곳은 4가닥, 기타 8가닥이 된다.

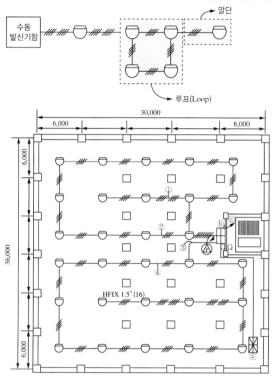

② 옥내배선기호

명 칭	그림기호	적 요
상 승	⊙↗	케이블의 방화구획 관통부 : ⊙↗
인 하	↗⊙	케이블의 방화구획 관통부 : ↗⊙
소 통	↗⊙↗	케이블의 방화구획 관통부 : ↗⊙↗
수신기	⧅	• 가스누설경보설비와 일체인 것 : ⧅▷ • 가스누설경보설비 및 방배연 연동과 일체인 것 : ⧅▷ • P형 1급 10회로용 수신기 : ⧄
부수신기(표시기)	⊞	
슈퍼비조리패널	SVP	
경보밸브(습식)	▲	
경보밸브(건식)	△	※ ⓑ의 심벌 명칭은 부수신기이지만 도면에서 프리액션밸브가 연결되어 있으므로 슈퍼비조리패널이라 답해야 한다.
프리액션밸브	Ⓟ	
경보델류지밸브	◀D	

08 다음 그림은 프리액션 스프링클러설비의 계통도이다. 그림을 보고 표의 가닥수 및 용도를 쓰시오.

득점 | 배점
 | 6

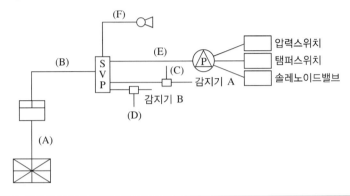

기 호	가닥수	용 도
A		
B	8	
C		
D		
E		
F		

☆해답

기 호	가닥수	용 도
A	4	전원 ⊕·⊖, 신호선 2
B	8	전원 ⊕·⊖, 사이렌, 감지기 A·B, 솔레노이드밸브, 압력스위치, 탬퍼스위치
C	4	지구선 2, 공통선 2
D	4	지구선 2, 공통선 2
E	4	솔레노이드밸브, 압력스위치, 탬퍼스위치, 공통선
F	2	사이렌 2

09 유량 2,400[lpm], 양정 100[m]인 스프링클러설비용 펌프전동기의 용량 [kW]을 구하시오(단, 펌프의 효율은 0.6, 전달계수는 1.10이다).

득점 | 배점
 | 5

☆해답 계산 : $P = \dfrac{9.8 KQH}{\eta} = \dfrac{9.8 \times 1.1 \times \dfrac{2.4}{60} \times 100}{0.6} ≒ 71.87 [\text{kW}]$

답 : 71.87[kW]

해✪설

$$1[\mathrm{lpm}] = 10^{-3}[\mathrm{m}^3/\mathrm{min}]$$

이므로, $P = \dfrac{9.8KHQ}{\eta t} = \dfrac{9.8 \times 1.1 \times 100 \times (2,400 \times 10^{-3})}{0.6 \times 60} = 71.867 \fallingdotseq 71.87[\mathrm{kW}]$

10

무선통신보조설비의 설치기준에 관한 다음 물음에 답 또는 빈칸을 채우시오.

득점	배점
	8

(가) 누설동축케이블의 끝부분에는 어떤 것을 견고하게 설치하여야 하는가?

(나) 누설동축케이블 및 안테나는 고압의 전로로부터 (　　)[m] 이상 떨어진 위치에 설치할 것

(다) 지상에 설치하는 무선기기 접속단자는 보행거리 (　　)[m] 이내마다 설치할 것

(라) 증폭기의 전면에는 주회로의 전원이 정상인지의 여부를 표시할 수 있는 (　　) 및 (　　)를 설치할 것

✪해답
(가) 무반사종단저항　　　　　　　(나) 1.5
(다) 300　　　　　　　　　　　　　(라) 표시등, 전압계

해✪설

무선통신보조설비의 설치기준

- 누설동축케이블은 불연 또는 난연성의 것으로서 습기에 따라 전기의 특성이 변질되지 아니하는 것으로 할 것
- 누설동축케이블 및 안테나는 금속판 등에 의하여 전파의 복사 또는 특성이 현저하게 저하되지 아니하는 위치에 설치할 것
- 누설동축케이블과 이에 접속하는 안테나 또는 동축케이블과 이에 접속하는 안테나일 것
- 누설동축케이블은 4[m] 이내마다 금속제 또는 자기제 등의 지지금구로 벽·천장·기둥 등에 견고하게 고정시킬 것(불연재료로 구획된 반자 안에 설치하는 경우는 제외)
- 누설동축케이블 및 안테나는 **고압전로로부터 1.5[m] 이상 떨어진 위치에 설치**할 것(해당 전로에 정전기 차폐장치를 유효하게 설치한 경우에는 제외)
- 누설동축케이블의 끝부분에는 **무반사종단저항을 설치**할 것
- 누설동축케이블, 동축케이블, 분배기, 분파기, 혼합기 등의 임피던스는 50[Ω]으로 할 것
- 증폭기의 전면에는 **표시등 및 전압계를 설치**할 것
- 무선기기 접속단자는 바닥에서 0.8~1.5[m] 이하의 높이에 설치할 것
- 지상에 설치하는 무선기기 접속단자는 **보행거리 300[m] 이내마다 설치**할 것
- 다른 용도로 사용되는 무선기기 접속단자에서 5[m] 이상의 거리를 둘 것
- 증폭기의 전원은 전기가 정상적으로 공급되는 축전지 또는 교류전압 옥내 간선으로 하고, 전원까지의 배선은 전용으로 할 것
- 누설동축케이블 또는 동축케이블의 임피던스는 50[Ω]으로 할 것

11 차동식스포트형, 보상식스포트형, 정온식스포트형 감지기는 부착 높이 및 특정소방대상물에 따라 다음 표를 따른 바닥면적마다 1개 이상을 설치하여야 한다. 표의 빈칸에 해당되는 면적기준을 쓰시오.

득점	배점
	6

(단위 : $[m^2]$)

부착 높이 및 특정소방대상물의 구분		감지기의 종류						
		차동식스포트형		보상식스포트형		정온식스포트형		
		1종	2종	1종	2종	특 종	1종	2종
4[m] 미만	내화 구조	90	70	①	70	②	60	20
	기타 구조	③	40	50	④	40	30	15
4[m] 이상 8[m] 미만	내화 구조	45	⑤	45	35	35	⑥	–
	기타 구조	30	25	30	⑦	25	⑧	–

☆해답

① 90   ② 70
③ 50   ④ 40
⑤ 35   ⑥ 30
⑦ 25   ⑧ 15

해☆설

(단위 : $[m^2]$)

부착 높이 및 특정소방대상물의 구분		감지기의 종류						
		차동식 스포트형		보상식 스포트형		정온식 스포트형		
		1종	2종	1종	2종	특 종	1종	2종
4[m] 미만	주요 구조부를 내화 구조로 한 특정소방대상물 또는 그 부분	90	70	90	70	70	60	20
	기타 구조의 특정소방대상물 또는 그 부분	50	40	50	40	40	30	15
4[m] 이상 8[m] 미만	주요 구조부를 내화 구조로 한 특정소방대상물 또는 그 부분	45	35	45	35	35	30	–
	기타 구조의 특정소방대상물 또는 그 부분	30	25	30	25	25	15	–

12 보충량 12,000[CMH], 누설량 10[m³/min], 전압 30[mmAq]인 제연설비용 송풍기의 전동기 용량[kW]을 구하시오(단, 효율은 60[%], 전달계수는 1.10이다).

득점	배점
	8

☆해답

계산 : $P = \dfrac{KP_T Q}{102\eta} = \dfrac{1.1 \times 30 \times (200+10)}{102 \times 60 \times 0.6} ≒ 1.89[\text{kW}]$

답 : 1.89[kW]

해☆설

- Q : 풍량 = 보충량+누설량 = $200[\text{m}^3/\text{min}]+10[\text{m}^3/\text{min}]$

> - $[\text{m}^3/\text{h}]$ = [CMH](Cubic Meter per Hour)
> - $1[\text{h}]$ = $60[\text{min}]$이므로, $12,000[\text{m}^3/\text{h}]$ = $12,000[\text{m}^3/60\text{min}]$
> - $12,000[\text{CMH}]$ = $12,000[\text{m}^3/\text{h}]$ = $12,000[\text{m}^3/60\text{min}]$ = $200[\text{m}^3/\text{min}]$

- P_T : $30[\text{mmAq}]$
- η : $60[\%]$ = 0.6
- K : 1.1

$$P = \frac{P_T Q}{102 \times 60\eta} K$$

여기서, P : 배연기 동력(전동기 용량)[kW]

P_T : 전압(풍압)[mmAq, mmH₂O]

Q : 풍량[m³/min]　　　　　η : 효율

∴ 전동기 용량(P)은

$= \dfrac{P_T Q}{102 \times 60\eta} K = \dfrac{30 \times (200 + 10)}{102 \times 60 \times 0.6} \times 1.1 = 1.887 ≒ 1.89[\text{kW}]$

---

13 이산화탄소소화설비의 화재안전기준에서 정하는 화재감지기회로는 교차회로방식으로 한다. 교차회로방식을 적용하지 않아도 되는 감지기 종류 5가지를 쓰시오.

득점	배점
	5

☆해답
① 불꽃감지기
② 분포형 감지기
③ 복합형 감지기
④ 정온식 감지선형 감지기
⑤ 광전식 분리형 감지기

해☆설

교차회로방식 적용이 필요 없는 감지기

- 불꽃감지기
- 분포형 감지기
- 광전식 분리형 감지기
- 다신호방식 감지기
- 정온식 감지선형 감지기
- 복합형 감지기
- 아날로그방식 감지기
- 축적방식 감지기

---

14 길이 50[m]의 통로에 객석유도등을 설치하려고 한다. 이때 필요한 객석유도등의 수량은 최소 몇 개인가?

득점	배점
	4

☆해답
계산 : 설치 개수 $= \dfrac{50}{4} - 1 = 11.5$

답 : 12개

해☆설

설치개수 $= \dfrac{\text{객석 통로 직선 부분의 길이[m]}}{4} - 1 = \dfrac{50}{4} - 1 = 11.5 ≒ 12$개

∴ 객석유도등의 개수 산정은 절상이므로 **12개**를 설치한다.

15

> **직류전원설비에 대하여 다음 각 물음에 답하시오.**
>
>
>
> (가) 축전지에는 수명이 있으며, 또한 부하를 만족하는 용량을 감정
>   하기 위한 계수로서 보통 0.8로 하는 것을 무엇이라고 하는가?
> (나) 전지개수를 결정할 때 셀수를 N, 1셀당 축전지의 공칭전압을 V_B[V/cell],
>   부하의 정격전압을 V[V], 축전지 용량을 C[Ah]라 하면 셀수 N은 어떻게
>   표현되는가?
> (다) 그림과 같이 구성되는 충전방식은?
>
>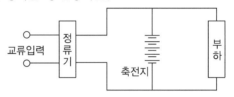

☆해답 (가) 보수율

(나) $N = \dfrac{V}{V_B}$

(다) 부동충전방식

해☆설

(가) 용량 저하율(보수율) : 용량 저하를 고려하여 설계 시에 미리 보상하여 주는 값

(나) $N = \dfrac{V[\text{V}]}{V_B[\text{V/cell}]}[\text{cell}]$

(다) 부동충전방식이란, 축전지와 부하를 충전기(정류기)에 병렬로 접속하여 충전과 방전을 동시에
    행하는 방식이다.

16

> **비상방송설비에서 AMP와 스피커 간 임피던스 매칭을 위한 순서 3단계를**
> **쓰시오.**

 ① 스피커의 임피던스 및 음성입력 선정(음성입력 실외 3[W] 이상, 실내 1[W] 이상으로
   선정)
② 스피커의 임피던스 및 음성입력에 따른 AMP(앰프)의 출력 선정
③ AMP(앰프)의 출력모드 설정

2015년 7월 12일 시행

※ 다음 물음에 대한 답을 해당 답란에 답하시오(배점 : 100).

01

	득점	배점
감지기 회로의 배선방식으로 교차회로방식을 사용할 경우 다음 각 물음에 답하시오.		3

(가) 불대수의 정리를 이용하여 간단한 논리식을 쓰시오.

(나) 무접점회로를 나타내시오.

(다) 진리표를 완성하시오.

A	B	C

★해답

(가) C = A·B

(나) A─┐
      ├─ C
   B─┘

(다)

입력신호		출력신호
A	B	C
0	0	0
0	1	0
1	0	0
1	1	1

해★설

교차회로방식은 감지기 A와 B가 둘다 작동되었을 때 설비가 작동되는 AND회로가 적용된다.

(가) 논리식 : C = A · B

(나) 논리기호 : A─┐
              ├─ C
           B─┘

(다) 진리표

A	B	C
0	0	0
0	1	0
1	0	0
1	1	1

02 그림은 배연창 설비이다. 계통도 및 조건을 참고하여 배선수와 각 배선의 용도를 표기하시오.

득점	배점
	6

조 건

- 전동구동장치는 솔레노이드식이다.
- 화재감지기가 작동되거나 수동조작함의 스위치를 ON시키면 배연창이 동작되어 수신기에 동작 상태를 표시하게 된다.
- 화재감지기는 자동화재탐지설비용 감지기를 겸용으로 사용한다.

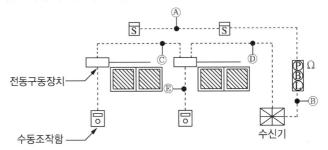

기 호	구 분	배선수	배선의 용도
Ⓐ	감지기 ↔ 감지기		
Ⓑ	발신기 ↔ 수신기		
Ⓒ	전동구동장치 ↔ 전동구동장치		
Ⓓ	전공구동장치 ↔ 수신기		
Ⓔ	전동구동장치 ↔ 수동조작함		

★해답

기 호	구 분	배선수	배선의 용도
Ⓐ	감지기 ↔ 감지기	4	지구 2, 공통 2
Ⓑ	발신기 ↔ 수신기	7	응답, 지구, 전화, 경종표시등공통, 경종, 표시등, 지구공통
Ⓒ	전동구동장치 ↔ 전동구동장치	3	기동, 확인, 공통
Ⓓ	전공구동장치 ↔ 수신기	5	기동 2, 확인 2, 공통
Ⓔ	전동구동장치 ↔ 수동조작함	3	기동, 확인, 공통

03

배선의 공사방법 중 내화배선의 공사방법에 대한 다음 ( )를 완성하시오.

득점	배점
	7

> 금속관·2종 금속제 (①) 또는 (②)에 수납하여 (③)로 된 벽 또는
> 바닥 등에 벽 또는 바닥의 표면으로부터 (④)의 깊이로 매설하여야 한다.

 해답
① 가요전선관   ② 합성수지관
③ 내화구조   ④ 25[mm] 이상

해설

• 내화배선

사용전선의 종류	공사방법
• 450/750[V] 저독성 난연 가교 폴리올레핀 절연전선 • 0.6/1[kV] 가교 폴리에틸렌 절연 저독성 난연 폴리올레핀 시스 전력용 케이블 • 6/10[kV] 가교 폴리에틸렌 절연 저독성 난연 폴리올레핀 시스 전력용 케이블 • 가교 폴리에틸렌 절연 비닐시스 트레이용 난연 전력용 케이블 • 0.6/1[kV] EP 고무절연 클로로프렌 시스 케이블 • 300/500[V] 내열성 실리콘 고무 절연전선(180[℃]) • 내열성 에틸렌 - 비닐/아세테이트 고무 절연/케이블 • 버스덕트(Bus Duct) • 기타 전기용품안전관리법 및 전기설비기술기준에 따라 동등 이상의 내화성능이 있다고 주무부장관이 인정하는 것	금속관·2종 금속제 가요전선관 또는 합성수지관에 수납하여 내화구조로 된 벽 또는 바닥 등에 벽 또는 바닥의 표면으로부터 25[mm] 이상의 깊이로 매설하여야 한다. 다만, 다음의 기준에 적합하게 설치하는 경우에는 그러하지 아니하다. ① 배선을 내화성능을 갖는 배선전용실 또는 배선용 샤프트·피트·덕트 등에 설치하는 경우 ② 배선전용실 또는 배선용 샤프트·피트·덕트 등에 다른 설비의 배선이 있는 경우에는 이로부터 15[cm] 이상 떨어지게 하거나 소화설비의 배선과 이웃하는 다른 설비의 배선 사이에 배선지름(배선의 지름이 다른 경우에는 가장 큰 것을 기준으로 한다)의 1.5배 이상의 높이의 불연성 격벽을 설치하는 경우
내화전선	케이블공사의 방법에 따라 설치하여야 한다.

• 내열배선

사용전선의 종류	공사방법
• 450/750[V] 저독성 난연 가교 폴리올레핀 절연전선 • 0.6/1[kV] 가교 폴리에틸렌 절연 저독성 난연 폴리올레핀 시스 전력용 케이블 • 6/10[kV] 가교 폴리에틸렌 절연 저독성 난연 폴리올레핀 시스 전력용 케이블 • 가교 폴리에틸렌 절연 비닐시스 트레이용 난연 전력용 케이블 • 0.6/1[kV] EP 고무절연 클로로프렌 시스 케이블 • 300/500[V] 내열성 실리콘 고무 절연전선(180[℃]) • 내열성 에틸렌 - 비닐/아세테이트 고무 절연/케이블 • 버스덕트(Bus Duct) • 기타 전기용품안전관리법 및 전기설비기술기준에 따라 동등 이상의 내열성능이 있다고 주무부장관이 인정하는 것	금속관·금속제 가요전선관·금속덕트 또는 케이블(불연성덕트에 설치하는 경우에 한한다) 공사방법에 따라야 한다. 다만, 다음의 기준에 적합하게 설치하는 경우에는 그러하지 아니하다. ① 배선을 내화성능을 갖는 배선전용실 또는 배선용 샤프트·피트·덕트 등에 설치하는 경우 ② 배선전용실 또는 배선용 샤프트·피트·덕트 등에 다른 설비의 배선이 있는 경우에는 이로부터 15[cm] 이상 떨어지게 하거나 소화설비의 배선과 이웃하는 다른 설비의 배선 사이에 배선지름(배선의 지름이 다른 경우에는 지름이 가장 큰 것을 기준으로 한다)의 1.5배 이상의 높이의 불연성 격벽을 설치하는 경우
내화전선·내열전선	케이블공사의 방법에 따라 설치하여야 한다.

04

가압송수장치를 기동용 수압개폐방식으로 사용하는 1, 2, 3동의 공장 내부에 옥내소화전함과 자동화재탐지설비용 발신기를 다음과 같이 설치하였다. 다음의 각 물음에 답하시오.

득점	배점
	13

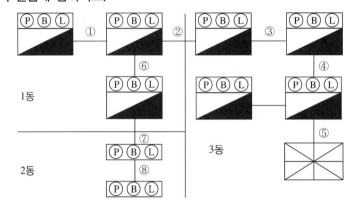

물음

(가) 기호 ①~⑧의 전선 가닥수를 표시한 도표이다. 전선 가닥수를 표 안에 숫자로 쓰시오(단, 가닥수가 필요 없는 곳은 공란으로 둘 것).

기 호	회로선	회로 공통선	경종선	경종 표시등 공통선	표시등선	응답선	전화선	기동확인 표시등	합 계
①									
②									
③									
④									
⑤									
⑥									
⑦									
⑧									

(나) 도면의 P형 1급 수신기는 최소 몇 회로용을 사용하여야 하는가?(단, 회로수 산정 시 10[%]의 여유를 둔다)

(다) 수신기를 설치하여야 하지만, 상시근무자가 없는 곳이다. 이때의 수신기의 설치장소는?

(라) 수신기가 설치된 장소에는 무엇을 비치하여야 하는가?

☆해답 (가)

기 호	회로선	회로 공통선	경종선	경종 표시등 공통선	표시등선	응답선	전화선	기동확인 표시등	합 계
①	1	1	1	1	1	1	1	2	9
②	5	1	2	1	1	1	1	2	14
③	6	1	3	1	1	1	1	2	16
④	7	1	3	1	1	1	1	2	17
⑤	9	2	3	1	1	1	1	2	20
⑥	3	1	2	1	1	1	1	2	12
⑦	2	1	1	1	1	1	1	–	8
⑧	1	1	1	1	1	1	1	–	7

(나) 10회로용
(다) 관계인이 쉽게 접근할 수 있으며 관리가 양호한 장소에 시설
(라) 경계구역 일람도

해☆설

(가)

기 호	가닥수	배선내역
①	HFIX 2.5-9	회로선 1, 회로공통선 1, 경종선 1, 경종표시등공통선 1, 표시등선 1, 응답선 1, 전화선 1, 기동확인표시등 2
②	HFIX 2.5-14	회로선 5, 회로공통선 1, 경종선 2, 경종표시등공통선 1, 표시등선 1, 응답선 1, 전화선 1, 기동확인표시등 2
③	HFIX 2.5-16	회로선 6, 회로공통선 1, 경종선 3, 경종표시등공통선 1, 표시등선 1, 응답선 1, 전화선 1, 기동확인표시등 2
④	HFIX 2.5-17	회로선 7, 회로공통선 1, 경종선 3, 경종표시등공통선 1, 표시등선 1, 응답선 1, 전화선 1, 기동확인표시등 2
⑤	HFIX 2.5-20	회로선 9, 회로공통선 2, 경종선 3, 경종표시등공통선 1, 표시등선 1, 응답선 1, 전화선 1, 기동확인표시등 2
⑥	HFIX 2.5-12	회로선 3, 회로공통선 1, 경종선 2, 경종표시등공통선 1, 표시등선 1, 응답선 1, 전화선 1, 기동확인표시등 2
⑦	HFIX 2.5-8	회로선 2, 회로공통선 1, 경종선 1, 경종표시등공통선 1, 표시등선 1, 응답선 1, 전화선 1
⑧	HFIX 2.5-7	회로선 1, 회로공통선 1, 경종선 1, 경종표시등공통선 1, 표시등선 1, 응답선 1, 전화선 1

(나) 기호 ⑤에서 회로선은 최대 9가닥이므로 9×1.1(여유 10[%]) = 9.9 ≒ **10회로(절상)**이다.
(다), (라)
　자동화재탐지설비의 수신기 설치기준
　① **수위실 등 상시 사람이 상주하는 곳**(관계인이 쉽게 접근할 수 있고 관리가 용이한 장소에 설치 가능)
　② **경계구역 일람도 비치**(주수신기 설치 시 기타 수신기는 제외)
　③ 조작스위치는 바닥에서 0.8~1.5[m]의 위치에 설치
　④ 하나의 경계구역은 하나의 표시등·문자가 표시될 것
　⑤ 감지기, 중계기, 발신기가 작동하는 경계구역을 표시

05

휴대용 비상조명등의 적합설치기준에 대한 다음 ( ) 안을 완성하시오.

득점	배점
	8

(가) 다음 장소에 설치할 것

- 숙박시설 또는 다중이용업소에는 객실 또는 영업장 안의 구획된 실마다 잘 보이는 곳(외부에 설치 시 출입문 손잡이로부터 (①)[m] 이내 부분)에 1개 이상 설치
- 대규모점포(지하상가 및 지하역사는 제외)와 영화상영관에는 보행거리 (②)[m] 이내마다 (③)개 이상 설치
- 지하상가 및 지하역사에는 보행거리 (④)[m] 이내마다 (⑤)개 이상 설치

(나) 설치높이는 바닥으로부터 ( )[m] 이상 ( )[m] 이하의 높이에 설치할 것

(다) 사용 시 ( )으로 점등되는 구조일 것

(라) 건전지 및 충전식 배터리의 용량은 ( )분 이상 유효하게 사용할 수 있는 것으로 할 것

해답

(가) ① 1
② 50
③ 3
④ 25
⑤ 3

(나) 0.8, 1.5

(다) 자동

(라) 20

해설

휴대용 비상조명등의 설치기준

- 다음 장소에 설치할 것
  - 숙박시설 또는 다중이용업소에는 객실 또는 영업장 안의 구획된 실마다 잘 보이는 곳(외부에 설치 시 출입문 손잡이로부터 **1[m] 이내** 부분)에 1개 이상 설치
  - 유통산업발전법 제2조 제3호에 따른 대규모점포(지하상가 및 지하역사를 제외한다)와 영화상영관에는 **보행거리 50[m] 이내**마다 **3개 이상** 설치
  - 지하상가 및 지하역사에는 **보행거리 25[m] 이내**마다 **3개 이상** 설치
- 설치높이는 바닥으로부터 **0.8~1.5[m] 이하의 높이**에 설치할 것
- 어둠 속에서 위치를 확인할 수 있도록 할 것
- 사용 시 **자동으로 점등**되는 구조일 것
- 외함은 난연성능이 있을 것
- 건전지를 사용하는 경우에는 방전방지조치를 하여야 하고, 충전식 배터리의 경우에는 상시 충전되도록 할 것
- 건전지 및 충전식 배터리의 용량은 **20분 이상** 유효하게 사용할 수 있는 것으로 할 것

06 다음은 자동화재탐지설비의 평면도이다. 다음 조건을 참고하여 표의 산출식 및 총물량을 산정하시오.

득점	배점
	7

조 건

천장 높이는 3.5[m]이고 반자는 없으며, 발신기세트와 수신기는 바닥으로부터 1.2[m]의 높이에 설치되어 있으며, 배관의 할증은 5[%], 배선의 할증은 10[%]를 적용한다.

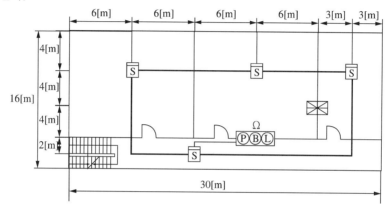

구 분	산출식		총물량
전선관 16C	감지기와 감지기 간	6+6+6+3+4+4+2+6+6+6+3+4+4+2 = 62[m]	75.92[m]
	감지기와 발신기 간	6+2+(3.5-1.2) = 10.3[m]	
	할증[%]	(62+10.3)×5[%] = 3.62[m]	
전선 (HFIX 1.5[mm²])	감지기와 감지기 간		
	감지기와 발신기 간		
	할증[%]		
전선관 22C	발신기와 수신기 간		
	할증[%]		
전선 (HFIX 2.5[mm²])	발신기와 수신기 간	14.6×7 = 102.2[m]	112.42[m]
	할증[%]	102.2×10[%] = 10.22[m]	

☆해답

구 분	산출식		총물량
전선관 16C	감지기와 감지기 간	6+6+6+3+4+4+2+6+6+6+3+4+4+2 = 62[m]	75.92[m]
	감지기와 발신기 간	6+2+(3.5-1.2) = 10.3[m]	
	할증[%]	(62+10.3)×5[%] = 3.62[m]	
전선 (HFIX 1.5[mm²])	감지기와 감지기 간	62×2 = 124[m]	181.72[m]
	감지기와 발신기 간	10.3×4 = 41.2[m]	
	할증[%]	(124+41.2)×10[%] = 16.52[m]	
전선관 22C	발신기와 수신기 간	6+4+(3.5-1.2)+(3.5-1.2) = 14.6[m]	15.33[m]
	할증[%]	14.6×5[%] = 0.73[m]	
전선 (HFIX 2.5[mm²])	발신기와 수신기 간	14.6×7 = 102.2[m]	112.42[m]
	할증[%]	102.2×10[%] = 10.22[m]	

해★설

• 전 선

구 분	산출식	총물량[m]
전선 (HFIX 1.5[mm²])	• 감지기와 감지기 간의 전선 62[m]×2가닥 = 124[m] • 감지기와 발신기 간의 전선 10.3[m]×4가닥 = 41.2[m] • 전선(배선) 할증 10[%] (124+41.2)[m]×0.1 = 16.52[m]	124[m]+41.2[m]+16.52[m]=181.72[m]

• 전선관

구 분	산출식	총물량[m]
전선관(22C)	• 발신기와 수신기 간의 전선관 6[m]+4[m]+2.3[m]+2.3[m] = 14.6[m] • 전선관(배관) 할증 5[%] 14.6[m]×0.05 = 0.73[m]	14.6[m]+0.73[m] = 15.33[m]

07 다음 그림과 같은 자동화재탐지설비의 평면도에서 ①~⑤의 전선 가닥수를 주어진 표의 빈칸에 쓰시오.

득점	배점
	5

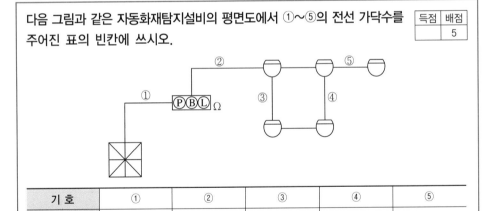

기 호	①	②	③	④	⑤
가닥수					

★해답

기 호	①	②	③	④	⑤
가닥수	7	4	2	2	4

해★설

기 호	가닥수	배선내역
①	7	지구선 1, 공통선 1, 경종선 1, 경종표시등공통선 1, 표시등선 1, 응답선, 전화선 1
②	4	지구선 2, 공통선 2
③	2	지구선 1, 공통선 1
④	2	지구선 1, 공통선 1
⑤	4	지구선 2, 공통선 2

08

그림과 같이 구획된 철근콘크리트 건물의 공장이 있다. 다음 표에 따라 자동화재탐지설비의 감지기를 설치하고자 한다. 다음의 각 물음에 답하시오.

득점	배점
	10

(가) 다음 표를 완성하여 감지기 개수를 선정하시오.

구 역	설치높이[m]	감지기 종류	계산내용	감지기 개수
A구역	3.5	연기감지기 2종		
B구역	3.5	연기감지기 2종		
C구역	4.5	연기감지기 2종		
D구역	3.8	정온식 스포트형 1종		
E구역	5.5	차동식 스포트형 2종		

(나) 해당 구역에 감지기를 배치하시오.

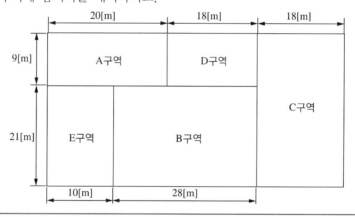

☆해답 (가)

구 역	설치높이[m]	감지기 종류	계산내용	감지기 개수
A구역	3.5	연기감지기 2종	$\dfrac{20 \times 9}{150} = 1.2$	2개
B구역	3.5	연기감지기 2종	$\dfrac{28 \times 21}{150} = 3.92$	4개
C구역	4.5	연기감지기 2종	$\dfrac{18 \times (9+21)}{75} = 7.2$	8개
D구역	3.8	정온식 스포트형 1종	$\dfrac{18 \times 9}{60} = 2.7$	3개
E구역	5.5	차동식 스포트형 2종	$\dfrac{10 \times 21}{35} = 6$	6개

(나)

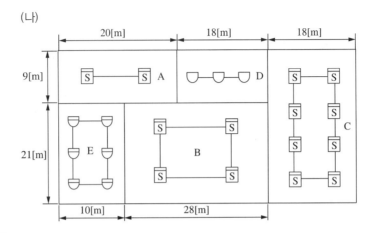

해★설

① 연기감지기의 바닥면적

(단위 : [m²])

부착높이	감지기의 종류	
	1종 및 2종	3종
4[m] 미만	150	50
4~20[m] 미만	75	–

② 스포트형 감지기의 바닥면적

(단위 : [m²])

부착높이 및 특정소방대상물의 구분		차동식·보상식 스포트형		정온식 스포트형		
		1종	2종	특 종	1종	2종
4[m] 미만	내화구조	90	70	70	60	20
	기타 구조	50	40	40	30	12
4[m] 이상 8[m] 미만	내화구조	45	35	35	30	–
	기타 구조	30	25	25	15	–

09 다음 표를 보고 각 설비에서 해당되는 비상전원에 O 표시를 하시오.

득점	배점
	4

구 분	자가발전설비	축전지	비상전원수전설비
옥내소화전설비, 제연설비, 연결송수관설비			
비상콘센트설비			
자동화재탐지설비, 유도등, 무선통신보조설비			
스프링클러설비			

⊙해답

구 분	자가발전설비	축전지	비상전원수전설비
옥내소화전설비, 제연설비, 연결송수관설비	○	○	
비상콘센트설비	○		○
자동화재탐지설비, 유도등, 무선통신보조설비		○	
스프링클러설비	○	○	○

해⊙설

(1) 소화설비

[소화설비의 비상전원 적용]

소방시설	비상전원 대상	비상전원 종류			용 량
		발 전	축 전	수 전	
옥내소화전	① 7층 이상으로 연면적 2,000[m²] 이상 ② 지하층 바닥면적의 합계 3,000[m²] 이상	○	○		
스프링클러설비	① 차고, 주차장으로 스프링클러를 설치한 부분의 바닥면적 합계가 1,000[m²] 미만	○	○	○	
	② 기타 대상인 경우	○	○		
포소화설비	① Foam Head 또는 고정포방출설비가 설치된 부분의 바닥면적 합계가 1,000[m²] 미만 ② 호스릴포 또는 포소화전만을 설치한 차고, 주차장	○	○	○	20분
	③ 기타 대상인 경우	○	○		
물분무설비, CO₂설비 Halon설비, 할로겐화합물 및 불활성기체 소화설비	대상 건물 전체	○	○		
간이 스프링클러	대상 건물 전체(단, 전원이 필요한 경우)	○	○	○	10분(단, 근생 용도는 20분)
ESFR 스프링클러	대상 건물 전체	○	○		

※ 2016년 7월 13일 화재안전기준 개정으로 인해 비상전원에 전기저장장치가 추가됨(간이스프링클러설비, ESFR 스프링클러설비는 제외함, 개정시행일 2016. 7. 13)

(2) 경보설비

[경보설비의 비상전원 적용]

소방시설	비상전원 대상	비상전원 종류			용 량
		발 전	축 전	수 전	
자동화재탐지설비 비상경보설비· 방송설비	대상 건물 전체		○		감시 60분 후 10분 경보

※ 2016년 7월 13일 화재안전기준 개정으로 인해 비상전원에 전기저장장치가 추가됨(개정시행일 2016. 7. 13)

(3) 피난구조설비

[피난구조설비의 비상전원 적용]

설비종류	설치대상	비상전원			용량
		발전	축전	수전	
유도등 설비	① 11층 이상의 층 ② 지하층 또는 무창층 용도(도매시장, 소매시장, 여객 자동차 터미널, 지하역사, 지하상가)		○		60분
	③ 기타 대상인 경우		○		20분
비상조명등 설비	① 11층 이상의 층 ② 지하층 또는 무창층 용도(도매시장, 소매시장, 여객 자동차 터미널, 지하역사, 지하상가)	○	○		60분
	③ 기타 대상인 경우	○	○		20분

※ 2016년 7월 13일 화재안전기준 개정으로 인해 비상전원에 전기저장장치가 추가됨(유도등 설비는 제외함, 개정시행일 2016. 7. 13)

(4) 소화활동설비

[소화활동설비의 비상전원 적용]

설비종류	설치대상	비상전원			용량
		발전	축전	수전	
제연설비	대상 건물 전체	○	○		20분
연결송수관설비	높이 70[m] 이상 건물(중간 펌프)	○	○		20분
비상콘센트설비	① 7층 이상으로 연면적 2,000[m²] 이상 ② 지하층의 바닥면적의 합계 3,000[m²] 이상	○		○	20분
무선통신보조설비	증폭기를 설치한 경우		○		20분

※ 2016년 7월 13일 화재안전기준 개정으로 인해 비상전원에 전기저장장치가 추가됨(개정시행일 2016. 7. 13)

10

연축전지의 정격용량이 100[Ah]이고, 상시부하가 13[kW], 표준전압이 100[V]인 부동충전방식 충전기의 2차 충전전류값은 얼마인가?(단, 연축전지의 방전율은 10시간율로 한다)

득점	배점
	3

해답

계산 : 2차 충전전류 $= \dfrac{축전지의\ 정격용량}{축전지의\ 공칭용량} + \dfrac{상시부하}{표준전압} = \dfrac{100}{10} + \dfrac{13 \times 10^3}{100} = 140[A]$

답 : 140[A]

11

청각장애인용 시각경보장치의 설치기준에 대한 다음 (   ) 안을 완성하시오.

득점	배점
	3

(가) 공연장·집회장·관람장 또는 이와 유사한 장소에 설치하는 경우에는 시선이 집중되는 (①) 등에 설치할 것

(나) 바닥으로부터 (②)[m] 이하의 높이에 설치할 것. 단, 천장높이가 2[m] 이하는 천장에서 (③)[m] 이내의 장소에 설치하여야 한다.

★해답
① 무대부 부분
② 2~2.5[m]
③ 0.15[m]

해★설

청각장애인용 시각경보장치의 설치기준(NFSC 203)

• 복도·통로·청각장애인용 객실 및 공용으로 사용하는 거실에 설치하며, 각 부분에서 유효하게 경보를 발할 수 있는 위치에 설치할 것
• 공연장·집회장·관람장 또는 이와 유사한 장소에 설치하는 경우에는 시선이 집중되는 **무대부 부분 등에 설치**할 것
• 바닥으로부터 **2~2.5[m] 이하**의 높이에 설치할 것(단, **천장높이가 2[m] 이하**는 천장에서 **0.15[m] 이내의 장소**에 설치)

12

P형 1급 수동발신기에서 주어진 단자의 명칭을 쓰고 내부결선을 완성하여 각 단자와 연결하시오. 또한 LED, 푸시버튼 스위치, 전화잭의 기능을 간략하게 설명하시오.

득점	배점
	8

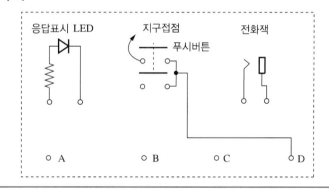

★해답
A : 응답선   B : 지구선
C : 전화선   D : 공통선
① LED : 발신기의 신호가 수신기에 전달되었는가를 확인하여 주는 램프
② 푸시버튼 : 수동조작에 의해 수신기에 화재신호를 발신하는 스위치
③ 전화잭 : 수신기와 발신기 간의 상호 전화연락을 하는 잭

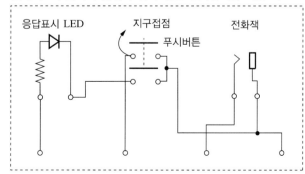

해★설

P형 1급 수동발신기 도면

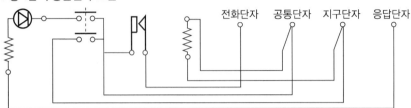

13 P형 1급 수신기와 감지기와의 배선회로에서 종단저항은 11[kΩ], 배선저항은 50[Ω], 릴레이저항은 550[Ω]이며, 회로전압이 DC 24[V]일 때 다음 각 부분에 대하여 답하시오.

득점	배점
	4

(가) 평소 감시전류는 몇 [mA]인가?

(나) 감지기가 동작할 때(화재 시)의 전류는 몇 [mA]인가?(단, 배선저항은 무시)

★해답

(가) 감시전류(I) = $\dfrac{회로전압}{종단저항+릴레이저항+배선저항}$ = $\dfrac{24}{11\times10^3+550+50}$

$\quad$ = 0.002068[A] = 2.068[mA] ≒ 2.07[mA]

(나) 동작전류(I) = $\dfrac{회로전압}{릴레이저항}$ = $\dfrac{24}{550}$ = 0.043636[A] = 43.636[mA] ≒ 43.64[mA]

14 특정소방대상물에 설치된 소방시설 등을 구성하는 전부 또는 일부를 개설, 이전 또는 정비하는 소방시설공사의 착공신고 대상 3가지를 쓰시오(단, 고장 또는 파손 등으로 인하여 작동시킬 수 없는 소방시설을 긴급히 교체하거나 보수하여야 하는 경우에는 신고하지 않을 수 있다).

득점	배점
	6

★해답

① 수신반

② 소화펌프

③ 동력(감시)제어반

15

도면은 상용전원과 예비전원의 절환도이다. 다음 각 물음에 대하여 답하시오.

득점	배점
	6

(가) 도면에서 MCCB의 명칭을 쓰시오.

(나) 미완성된 부분을 완성하시오.

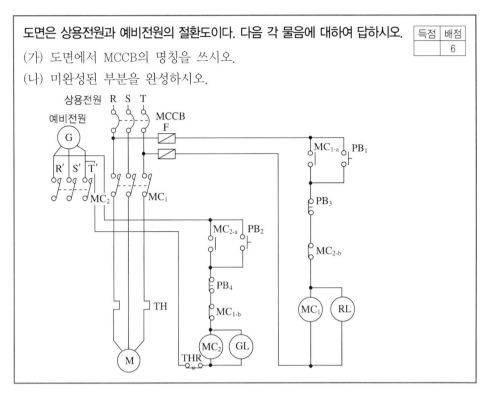

 (가) MCCB : 배선용 차단기

(나)

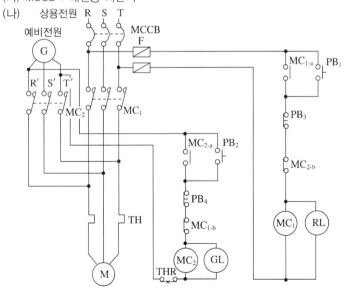

16 다음 조건에서 설명하는 감지기의 명칭을 쓰시오(단, 감지기의 종별은 무시한다).

득점	배점
	2

조 건

• 공칭작동온도 : 75[℃]
• 작동방식 : 반전바이메탈식, 60[V], 0.1[A]
• 부착높이 : 8[m]

★**해답** 정온식 스포트형 감지기

17 지하층·무창층으로서 환기가 잘되지 않거나 감지기의 부착면과 실내바닥과의 거리가 2.3[m] 이하인 곳으로서 일시적으로 발생한 열·연기 또는 먼지 등으로 인하여 화재신호를 발신할 우려가 있는 장소에 설치가능한 감지기(교차회로방식 적용이 필요 없는 감지기) 5가지를 쓰시오.

득점	배점
	5

★**해답**
① 불꽃감지기
② 분포형 감지기
③ 복합형 감지기
④ 정온식 감지선형 감지기
⑤ 광전식 분리형 감지기

해★설
지하층·무창층 등으로서 환기가 잘되지 아니하거나 실내면적이 40[m²] 미만인 장소, 감지기의 부착면과 실내바닥과의 거리가 2.3[m] 이하인 곳으로서 일시적으로 발생한 열·연기 또는 먼지 등으로 인하여 화재신호를 발신할 우려가 있는 장소에 설치가능한 감지기(교차회로방식의 적용이 필요 없는 감지기)
• 불꽃감지기
• 정온식 감지선형 감지기
• 분포형 감지기
• 복합형 감지기
• 광전식 분리형 감지기
• 아날로그방식 감지기
• 다신호방식 감지기
• 축적방식 감지기

2015년 11월 7일 시행

제**4**회

※ 다음 물음에 대한 답을 해당 답란에 답하시오(배점 : 100).

01

득점	배점
	7

다음은 자동화재탐지설비의 금속관 공사방법을 설명한 것이다. 다음 (   ) 안에 알맞은 용어를 기입하시오.

(가) 금속관 공사에는 조명재 표면에 금속관을 노출하여 부착하는 (①) 공사, 콘크리트 속에 부설하는 (②) 공사, 이중 천장 속에 배관하는 (③) 공사 등이 있으며, 금속관의 종류에는 후강전선관과 박강전선관이 있다. (④)전선관의 크기는 내경에 가까울수록 짝수로 (⑤)전선관의 크기는 외경에 가까운 홀수를 나타낸다.

(나) 금속관 공사 시 유의사항은 다음과 같다.
  (①) 전선을 사용하여야 한다. 관 내에서 전선의 (②)이 없어야 한다.

해답 (가) ① 노출배관
      ② 매입배관
      ③ 천장은폐
      ④ 후 강
      ⑤ 박 강
   (나) ① 절 연
      ② 접 속

해설
(가) 금속관 공사에는 조영재 표면에 금속관을 노출하여 부착하는 **노출배관 공사**, 콘크리트 속에 부석하는 **매입배관 공사**, 이 중 천장 속에 배관하는 **천장은폐 공사** 등이 있으며, 금속관의 종류에는 후강전선관과 박강전선관이 있다. **후강전선관**의 크기는 내경에 가까울수록 짝수로, **박강전선관**의 크기는 외경에 가까운 홀수를 나타낸다.
(나) 금속관 공사 시 유의사항은 다음과 같다.
   절연전선을 사용하여야 한다. 관 내에서 전선의 **접속**이 없어야 한다.

02 다음 그림은 옥내소화전 계통도이다. 다음 그림을 보고 주어진 표의 Ⓐ와 Ⓑ의 배선수와 각 배선의 용도를 쓰시오(단, 사용전선은 HFIX 전선이며, 배선수는 운전조작상 필요한 최소전선수를 쓰도록 한다).

득점	배점
	6

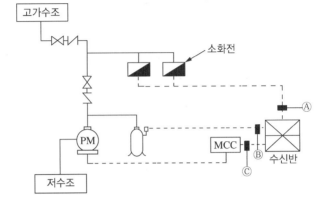

기 호	구 분		배선수	배선굵기	배선의 용도
Ⓐ	소화전함 ↔ 수신반	ON, OFF식		2.5[mm²] 이상	
		수압개폐식		2.5[mm²] 이상	
Ⓑ	압력탱크 ↔ 수신반			2.5[mm²] 이상	
Ⓒ	MCC ↔ 수신반		5	2.5[mm²] 이상	공통, ON, OFF, 운전표시, 정지표시

⭐해답

기호	구 분		배선수	배선굵기	배선의 용도
Ⓐ	소화전함 ↔ 수신반	ON, OFF식	5	2.5[mm²] 이상	기동, 정지, 공통, 기동확인표시등 2
		수압개폐식	2	2.5[mm²] 이상	기동확인표시등 2
Ⓑ	압력탱크 ↔ 수신반		2	2.5[mm²] 이상	압력스위치 2
Ⓒ	MCC ↔ 수신반		5	2.5[mm²] 이상	공통, ON, OFF, 운전표시, 정지표시

03 다음 그림은 이산화탄소 소화설비의 간선계통이다. 각 물음에 답을 하시오
(단, 감지기공통선과 전원공통선은 각각 분리해서 사용하는 조건이다).

득점	배점
	13

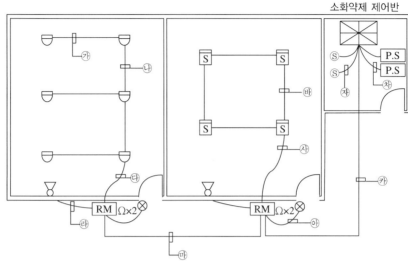

소화약제 제어반

(가) ㉮~㉿까지의 배선 가닥수를 쓰시오.

㉮	㉯	㉰	㉱	㉲	㉳	㉴	㉵	㉶	㉷	㉿

(나) ㉲의 배선별 용도를 쓰시오(단, 해당 배선 가닥수까지만 기록).

번 호	배선의 용도	번 호	배선의 용도
1		6	
2		7	
3		8	
4		9	
5		10	

(다) ㉿의 배선 중 ㉲의 배선과 병렬로 접속하지 않고 추가해야 하는 배선의 용
도는?

번 호	배선의 용도
1	
2	
3	
4	
5	

(가)

㉮	㉯	㉰	㉱	㉲	㉳	㉴	㉵	㉶	㉷	㉸
4	8	8	2	9	4	8	2	2	2	14

(나)

번 호	배선의 용도	번 호	배선의 용도
1	전원 ⊕	6	감지기 B
2	전원 ⊖	7	기동스위치
3	비상스위치	8	사이렌
4	감지기공통	9	방출표시등
5	감지기 A	10	

(다) 이산화탄소소화설비 배선의 용도

번 호	배선의 용도
1	감지기 A
2	감지기 B
3	기동스위치
4	사이렌
5	방출표시등

해★설

04 거실의 높이가 20[m] 이상 되는 곳에 설치할 수 있는 감지기를 2가지를 들고 쓰시오.

득점	배점
	3

① 불꽃감지기
② 광전식(분리형, 공기흡입형) 중 아날로그 방식

05 P형 수신기 점검 시 다음 시험의 양부판정기준을 쓰시오.
(가) 공통선시험 양부판정기준
(나) 지구음향장치 작동시험 양부판정기준
(다) 회로저항시험 양부판정기준

득점	배점
	6

(가) 공통선이 담당하고 있는 경계구역수가 7 이하일 것
(나) 지구음향장치가 작동하고 음량이 정상일 것
(다) 하나의 감지기회로의 합성저항치는 50[Ω] 이하로 할 것

06 수신기에서 60[m] 떨어진 장소의 감지기가 작동할 때 소비전류가 400[mA] 라고 하면, 이때 전압강하[V]를 구하시오(단, 전선의 굵기는 1.6[mm]이다).

득점	배점
	5

계산 : 전압강하 $e = \dfrac{35.6LI}{1,000A} = \dfrac{35.6 \times 60 \times (400 \times 10^{-3})}{1,000 \times (\pi \times 0.8^2)} = 0.424 ≒ 0.42[V]$
답 : 0.42[V]

단상 2선식 : $e = \dfrac{35.6LI}{1,000A} = \dfrac{35.6LI}{1,000 \times \pi r^2} = \dfrac{35.6 \times 60 \times 400 \times 10^{-3}}{1,000 \times \pi \times 0.8^2} = 0.424[V]$
∴ 0.42[V]

07 다음 그림은 Y-△ 시동제어회로의 미완성 도면이다. 이 도면과 주어진 조건을 이용하여 다음의 각 물음에 답하시오.

득점	배점
	8

조건 1

① 소방관계법령 및 화재안전기준에 따른 제연설비 설치
② 배출기 Main Duct(흡입측 및 배출측 포함)의 폭은 1,000[mm]
③ 제연구역의 설계풍량은 43,200[m³/h]
④ 배출기는 원심식 터보형 송풍기를 사용
⑤ 기타 조건은 무시

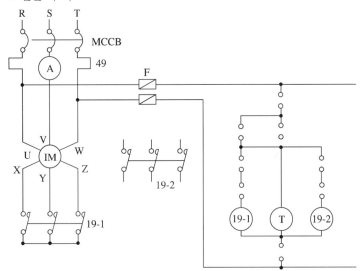

조건 2

- Ⓐ : 전류계
- ㉄ : 표시등
- Ⓣ : 스타델타 타이머
- 19-1 : 전자접촉기(Y)
- 19-2 : 전자접촉기(△)

(가) Y-△ 운전이 가능하도록 주회로 부분을 미완성 도면에 완성하시오.
(나) Y-△ 운전이 가능하도록 보조회로(제어회로) 부분을 미완성 도면에 완성하시오.
(다) MCCB를 투입하면 표시등 ㉄이 점등되도록 미완성 도면에 회로를 구성하시오.
(라) Y결선에서는 각 상의 권선에 가해지는 전압은 정격전압의 몇 배로 되는가?
(마) Y결선에서의 시동전류는 △결선에 비하여 얼마 정도로 경감되는가?

★해답

(가)~(다)

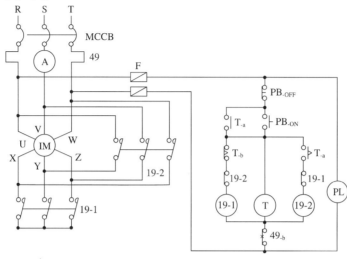

(라) $\dfrac{1}{\sqrt{3}}$ 배

(마) $\dfrac{1}{3}$ 배

해★설

(라)

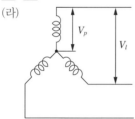

$$V_l = \sqrt{3}\,V_p$$

여기서, V_p : 상전압(각 상의 권선에서 가해지는 전압)

V_l : 선간전압(정격전압[V])

∴ 상전압(V_p) = $\dfrac{V_l}{\sqrt{3}} = \dfrac{1}{\sqrt{3}}\,V_l$, 즉 $\dfrac{1}{\sqrt{3}}$ 배이다.

(마) $\dfrac{\text{Y결선 선전류}}{\triangle\text{결선 선전류}} = \dfrac{I_Y}{I_\triangle} = \dfrac{\dfrac{V_l}{\sqrt{3}\,Z}}{\dfrac{\sqrt{3}\,V_l}{Z}} = \dfrac{1}{3}$, 즉 시동전류는 Y결선을 하면 △ 결선에 $\dfrac{1}{3}$ 로 경감(감

소)한다.

△결선 선전류	Y결선 선전류
$I_\Delta = \dfrac{\sqrt{3}\,V_l}{Z}$	$I_Y = \dfrac{V_l}{\sqrt{3}\,Z}$
여기서, I_Δ : 선전류[A]	여기서, I_Y : 선전류[A]
V_l : 선간전압[V]	V_l : 선간전압[V]
Z : 임피던스[Ω]	Z : 임피던스[Ω]

08

자동화재탐지설비의 계통도와 주어진 조건을 이용하여 다음 각 물음에 답하시오.

득점	배점
	10

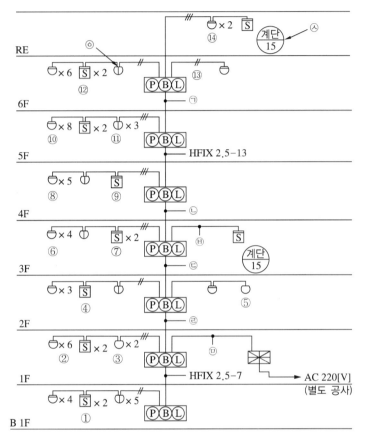

- 발신기 세트에는 경종, 표시등, 발신기 등을 수용한다.
- 경종은 직상층 우선경보방식이다.
- 종단저항은 감지기 말단에 설치한 것으로 한다.

물 음

(가) ㉠~㉣ 개소에 해당되는 곳의 전선 가닥수를 쓰시오.

(나) ㉢ 개소의 전선 가닥수에 대한 상세내역을 쓰시오.

(다) ㉥ 개소의 전선 가닥수는 몇 가닥인가?

(라) ㉦과 같은 그림기호의 의미를 상세히 기술하시오.

(마) ◎의 감지기는 어떤 종류의 감지기인지 그 명칭을 쓰시오.

(바) 본 도면의 설비에 대한 전체 회로수는 모두 몇 회로인가?

 (가) ㉠ 10가닥   ㉡ 17가닥

              ㉢ 20가닥   ㉣ 23가닥

(나) 회로선 15, 회로공통선 3, 경종선 7, 경종표시등공통선 1, 응답선 1, 전화선 1, 표시등선 1
(다) 4가닥
(라) 경계구역 번호가 15인 계단
(마) 정온식스포트형감지기(방수형)
(바) 15회로

해☆설

(가)~(다)

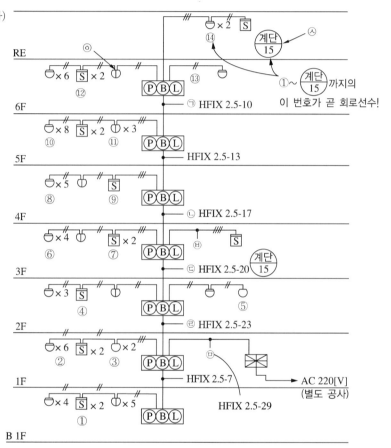

기 호	배선 가닥수	배선의 용도
㉠	10가닥	회로선 4, 회로공통선 1, 경종선 1, 경종표시등공통선 1, 응답선 1, 전화선 1, 표시등선 1
㉡	17가닥	회로선 8, 회로공통선 2, 경종선 3, 경종표시등공통선 1, 응답선 1, 전화선 1, 표시등선 1
㉢	20가닥	회로선 10, 회로공통선 2, 경종선 4, 경종표시등공통선 1, 응답선 1, 전화선 1, 표시등선 1
㉣	23가닥	회로선 12, 회로공통선 2, 경종선 5, 경종표시등공통선 1, 응답선 1, 전화선 1, 표시등선 1
㉤	29가닥	회로선 15, 회로공통선 3, 경종선 7, 경종표시등공통선 1, 응답선 1, 전화선 1, 표시등선 1
㉥	4가닥	회로선 2, 공통선 2(종단저항이 감지기 말단에 설치되어 있지만 계단/15이 2곳에 있고 ⑭번 앞의 가닥수가 3가닥이므로 ㉥은 4가닥이 된다)

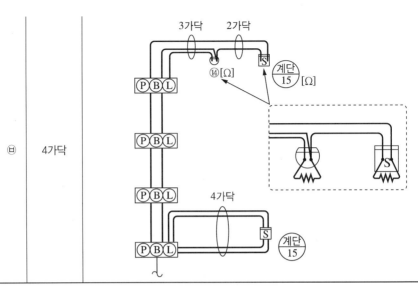

(라)~(마)

명 칭	그림기호	적 요
경계구역 경계선	━ ▪ ━	
경계구역 번호	◯	• ①: 경계구역 번호가 1 • 계단/7 : 경계구역 번호가 7인 계단
차동식 스포트형 감지기	⌣	
보상식 스포트형 감지기	⌣	
정온식 스포트형 감지기	▽	• 방수형 : ⌣ • 내산형 : ⌣ • 내알칼리형 : ⊔ • 방폭형 : ⌣EX
연기감지기	S	• 이온화식 스포트형 : S$_I$ • 광전식 스포트형 : S$_P$ • 광전식 아날로그식 : S$_A$

09 다음 그림의 소방시설 그림기호의 명칭을 쓰시오.

득점	배점
	4

(가) ◁ :

(나) Ⓑ :

(다) ▽ :

(라) S :

⭐해답 (가) 사이렌 (나) 경보벨
(다) 정온식 스포트형 감지기 (라) 연기감지기

10 다음 그림과 같은 전원설비의 도면에서 ①과 ②의 명칭을 쓰시오.

득점	배점
	6

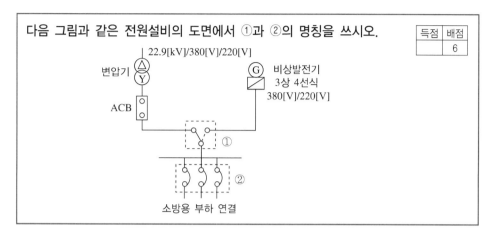

해탑 ① 자동절환개폐기   ② 배선용 차단기

해설

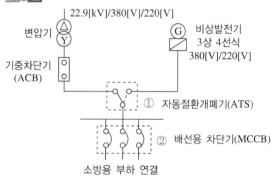

① 자동절환개폐기(ATS)
② 배선용 차단기(MCCB)

11 화재 발생 시 화재를 검출하기 위하여 감지기를 설치한다. 이때 축적기능이 없는 감지기로 설치하여야 하는 경우 3가지를 쓰시오.

득점	배점
	4

해탑 ① 교차회로방식에 사용되는 감지기
② 급속한 연소확대가 우려되는 장소에 사용되는 감지기
③ 축적기능이 있는 수신기에 연결하여 사용되는 감지기

해설

축적형 감지기

일정 농도 이상의 연기가 일정 시간 연속하는 것을 전기적으로 검출함으로써 작동하는 감지기

축적기능이 없는 감지기를 사용하는 경우(NFSC 203)	축적형 수신기의 설치 (축적기능이 있는 감지기를 사용하는 경우) (NFSC 203)
① 교차회로방식에 사용되는 감지기 ② 급속한 연소확대가 우려되는 장소에 사용되는 감지기 ③ 축적기능이 있는 수신기에 연결하여 사용하는 감지기	① 지하층·무창층으로 환기가 잘되지 않는 장소 ② 실내면적이 40[m²] 미만인 장소 ③ 감지기의 부착면과 실내바닥의 사이가 2.3[m] 이하인 장소로서 일시적으로 발생한 열·연기·먼지 등으로 인하여 감지기가 화재신호를 발신할 우려가 있는 때

12

피난구유도등의 2선식 배선방식과 3선식 배선방식의 미완성 결선도를 완성하고, 배선방식의 차이점을 2가지만 쓰시오.

득점	배점
	6

(가) 미완성 결선도

```
        2선식                          3선식
상용                           상용
전원  ⊙━━━━━━━━━━━━━       전원  ⊙━━━━━━━━━━━━━
                            원격
                            스위치

┌───────────┐ ┌───────────┐   ┌───────────┐ ┌───────────┐
│적색 흑색 백색│ │적색 흑색 백색│   │적색 흑색 백색│ │적색 흑색 백색│
└───────────┘ └───────────┘   └───────────┘ └───────────┘
   유도등         유도등           유도등         유도등
```

(나) 배선방식의 차이점

구 분	2선식	3선식
점등상태		
충전상태		

해답 (가) 미완성 결선도

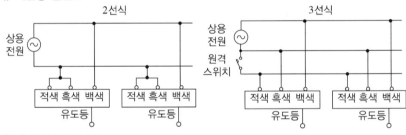

(나) 배선방식의 차이점

구 분	2선식	3선식
점등상태	평상시 및 화재 시 : 항상 점등	• 평상시 : 소등 • 화재 시 : 점등
충전상태	• 평상시 : 항상 충전 • 화재 시 : 방전	• 평상시 : 항상 충전 • 화재 시 : 방전

13

다음 그림의 평면도를 보고 물음에 답을 하시오.

득점	배점
	6

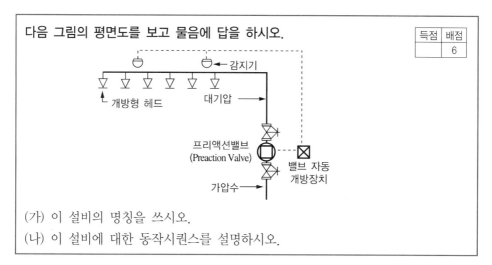

(가) 이 설비의 명칭을 쓰시오.

(나) 이 설비에 대한 동작시퀀스를 설명하시오.

해답   (가) 일제살수식 스프링클러설비

(나) ① 감지기 A·B 작동

② 수신반에 신호(화재표시등 및 지구표시등 점등)

③ 전자밸브 작동

④ 준비작동식 밸브 또는 일제살수식 밸브 작동

⑤ 압력스위치 작동

⑥ 수신반에 신호(기동표시등 및 밸브개방표시등 점등)

해설

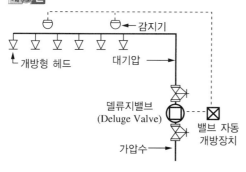

[일제살수식 스프링클러설비]

14

수신기의 화재표시 작동시험을 실시할 때 확인사항 3가지를 쓰시오.

득점	배점
	6

해답   ① 릴레이의 작동

② 음향장치의 작동

③ 화재표시등, 지구표시등 등의 표시장치 점등

15 차동식 스포트형 감지기의 구조를 나타낸 것이다. 각 부분의 명칭(①~④)을 쓰고 ①의 기능에 대하여 간단히 설명하시오.

득점	배점
	6

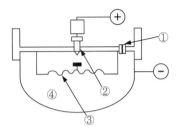

(가) ①~④ 부분의 명칭

①		②	
③		④	

(나) ①의 기능

★해답 (가)

①	리크 구멍	③	다이어프램
②	고정접점	④	감열실

(나) 감지기 오동작 방지

해★설

구성요소	설 명
감열실(Chamber)	열을 유효하게 받는 역할
다이어프램(Diaphragm)	• 공기의 팽창에 의해 접점이 잘 밀려 올라가도록 하는 역할 • 신축성이 있는 금속판으로 인청동판이나 황동판으로 만들어져 있다.
고정접점	• 가동접점과 접촉되어 화재신호 발신 • 전기접점은 PGS합금으로 구성
가동접점	• 고정접점과 접촉되어 화재신호 발신 • 전기접점은 PGS합금으로 구성
배 선	수신기에 화재신호를 보내기 위한 전선
리크 구멍(Leak Hole)	• 감지기의 오동작 방지 • 완만한 온도상승 시 열의 조절 구멍

16 감지기회로의 배선방식에는 송배전식과 교차회로방식이 있다. 이와 같이 배선하는 주 이유를 각각 쓰시오.

득점	배점
	4

(가) 송배전식

(나) 교차회로방식

⊙해답 (가) 송배전식 : 감지기회로의 도통시험을 용이하게 하기 위해

(나) 교차회로방식 : 감지기의 오동작을 방지하기 위해

해⊙설

송배전식과 교차회로방식

구 분	송배전식	교차회로방식
목 적	감지기회로의 도통시험을 용이하게 하기 위하여	감지기의 오동작 방지
원 리	배선의 도중에서 분기하지 않는 방식	하나의 담당구역 내에 2 이상의 화재감지기회로를 설치하고 인접한 2 이상의 화재감지기회로가 동시에 감지되는 때에 설비가 작동하는 방식으로 회로방식이 AND회로에 해당된다.
적용설비	• 자동화재탐지설비 • 제연설비	• 분말소화설비 • 할론소화설비 • 이산화탄소소화설비 • 준비작동식스프링클러설비 • 일제살수식스프링클러설비 • 할로겐화합물 및 불활성기체소화설비
가닥수 산정	종단저항을 수동발신기함 내에 설치하는 경우 루프(Loop)된 곳은 2가닥, 기타 4가닥이 된다.	말단과 루프(Loop)된 곳은 4가닥, 기타 8가닥이 된다.

2016년 4월 17일 시행

※ 다음 물음에 대한 답을 해당 답란에 답하시오(배점 : 100).

01 비상콘센트 설비의 비상전원인 비상전원수전설비, 자가발전설비를 설치하지 않아도 되는 경우 2가지를 쓰시오.

득점	배점
	5

해답 ① 둘 이상의 변전소에서 전력을 동시에 공급받을 수 있을 경우
② 하나의 변전소로부터 전력의 공급이 중단되는 때에 자동으로 다른 변전소로부터 전력을 공급받을 수 있도록 상용전원을 설치한 경우

02 자동화재탐지용 감지기 설치제외장소 5가지만 기술하시오.

득점	배점
	5

해답 ① 천장 또는 반자의 높이가 20[m] 이상인 장소
② 헛간 등 외부와 기류가 통하는 장소로서 감지기에 따라 화재발생을 유효하게 감지할 수 없는 장소
③ 부식성 가스가 체류하고 있는 장소
④ 고온도 및 저온도로서 감지기의 기능이 정지되기 쉽거나 감지기의 유지관리가 어려운 장소
⑤ 목욕실·욕조나 샤워시설이 있는 화장실·기타 이와 유사한 장소

해설
- 천장 또는 반자의 높이가 **20[m] 이상**인 장소
- 헛간 등 외부와 기류가 통하는 장소로서 감지기에 따라 화재발생을 유효하게 감지할 수 없는 장소
- **부식성 가스**가 **체류**하고 있는 장소
- **고온도** 및 **저온도**로서 감지기의 기능이 정지되기 쉽거나 감지기의 **유지관리가 어려운 장소**
- **목욕실**·욕조나 샤워시설이 있는 화장실·기타 이와 유사한 장소
- **파이프덕트** 등 그 밖의 이와 비슷한 것으로서 2개 층마다 방화구획된 것이나 수평 단면적이 5[m²] 이하인 것
- **먼지·가루** 또는 **수증기**가 다량으로 체류하는 장소(연기감지기에 한함)
- 프레스공장·주조공장 등 화재발생의 위험이 적은 장소로서 감지기의 유지관리가 어려운 장소

03

> 200[V]용 전구 50[W] 80개, 전구 30[W] 70개가 부하에 연결되어 있고, 용량환산시간 1.2[h], 보수율 0.8, 최저전압 190[V]일 때 축전지 용량 C[Ah]을 구하고, 다음 내용의 해답을 구하시오.
>
> | 득점 | 배점 |
> |---|---|
> | | 6 |
>
> (가) 축전지의 용량은?
>
> (나) 자기방전량만을 충전하는 방식은?
>
> (다) 연 및 알칼리축전지의 공칭전압은?

해답

(가) 계산 : $C = \dfrac{1}{0.8} \times 1.2 \times \dfrac{(50 \times 80 + 30 \times 70)}{200} = 45.75$[Ah]

답 : 45.75[Ah]

(나) 세류충전방식

(다) 연축전지 공칭전압 : 2[V], 알칼리축전지 공칭전압 : 1.2[V]

해설

(가) 축전지 용량[Ah]

$$C = \frac{1}{L}KI = \frac{1}{L}K\frac{P}{V} = \frac{1}{0.8} \times 1.2 \times \frac{(50 \times 80 + 30 \times 70)}{200} = 45.75[\text{Ah}]$$

(나) 충전방식의 종류

- **부동충전방식** : 전지의 자기방전을 보충함과 동시에 상용부하에 대한 전력공급은 충전기가 부담하고 충전기가 부담하기 어려운 대전류 부하는 축전지가 부담하게 하는 방법이다.
- **균등충전** : 전지를 장시간 사용하는 경우 단전지들의 전압이 불균일하게 되는 때 얼마 동안 과충전을 계속하여 각 전해조의 전압을 일정하게 하는 것
- **세류충전** : 자기방전량만 항상 충전하는 방식으로 부동충전방식의 일종
- **회복충전** : 축전지를 과방전 또는 방치상태에서 기능회복을 위하여 실시하는 충전방식

(다) 연 및 알칼리 축전지의 공칭전압

구 분	연축전지	알칼리축전지
공칭용량	10[Ah]	5[Ah]
공칭전압	2.0[V]	1.2[V]
기전력	2.05~2.08[V]	1.43~1.49[V]
셀 수(100[V])	50~55개	80~86개
충전시간	길다.	짧다.
기계적 강도	약하다.	강하다.
전기적 강도	약하다.	강하다.
기대수명	5~15년	12~20년
종 류	클래드식, 페이스트식	소결식, 포켓식

04

P형 1급 수신기와 감지기와의 배선회로에서 종단저항은 11[kΩ], 배선저항
은 50[Ω], 릴레이저항은 550[Ω]이며, 회로전압이 DC 24[V]일 때 다음
각 물음에 답하시오.

득점	배점
	5

(가) 평소감시전류는 몇 [mA]인가?

(나) 감지기가 동작할 때의 전류는 몇 [mA]인가?(단, 배선저항은 무시한다)

해답

(가) 계산 : 감시전류 $I = \dfrac{24}{11 \times 10^3 + 550 + 50} \times 10^3 = 2.07\,[\mathrm{mA}]$

답 : 2.07[mA]

(나) 계산 : 동작전류 $I = \dfrac{24}{550} \times 10^3 = 43.63\,[\mathrm{mA}]$

답 : 43.6[mA]

해설

(가) 감시전류 I는

$$I = \frac{\text{회로전압}}{\text{종단저항} + \text{릴레이저항} + \text{배선저항}} = \frac{24}{11 \times 10^3 + 550 + 50} = 0.002068\,[\mathrm{A}] = 2.07\,[\mathrm{mA}]$$

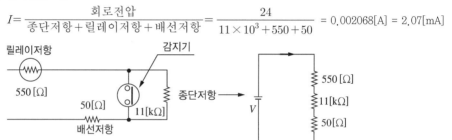

(나) 동작전류 I는

$$I = \frac{\text{회로전압}}{\text{릴레이저항}} = \frac{24}{550} = 0.0436\,[\mathrm{A}] = 43.63\,[\mathrm{mA}]$$

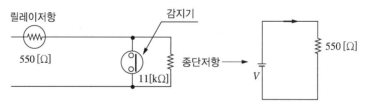

05

어떤 지하 5층 지상 15층 건물에 비상방송설비를 설치하고자 한다. 11층, 1층, 지하 1층에 화재 시 경보층은 어떻게 되는가?(단, 직상층 우선경보방식 이다)

득점	배점
	5

 • 11층 발화 : 11층(발화층), 12층 경보(직상층)
• 1층 발화 : 1층(발화층), 2층(직상층), 지하 1~5층(지하층)
• 지하 1층 발화 : 지하 1층(발화층), 1층(직상층), 지하 2층~지하 5층(지하층)

해설

① 우선경보방식 소방대상물 : 5층 이상으로서 연면적이 3,000[m²]를 초과하는 소방대상물

발화층	경보층	
	30층 미만	30층 이상
2층 이상 발화	발화층, 직상층	발화층, 직상 4개층
1층 발화	발화층, 직상층, 지하층	발화층, 직상 4개층, 지하층
지하층 발화	발화층, 직상층, 기타의 지하층	발화층, 직상층, 기타의 지하층

② 화재경보층
• 11층 발화 : 11층(발화층), 12층 경보(직상층)
• 1층 발화 : 1층(발화층), 2층(직상층), 지하 1~5층(지하층)
• 지하 1층 발화 : 지하 1층(발화층), 1층(직상층), 지하 2층~지하 5층(지하층)

06

정온식 감지선형 감지기는 외피에 다음의 구분에 의한 공칭작동온도의 색상을 표시에 따른 적당한 공칭작동온도를 표시하시오.

득점	배점
	6

(가) 백 색
(나) 청 색
(다) 적 색

해답 (가) 80[℃] 이하
(나) 80[℃] 이상 120[℃] 이하
(다) 120[℃] 이상

해설

정온식 감지선형 감지기의 공칭작동온도 색상

온 도	색 상
80[℃] 이하	백 색
80[℃] 이상 120[℃] 이하	청 색
120[℃] 이상	적 색

07 다음은 스프링클러 설비의 블록다이어그램을 나타낸 것이다. 구성요소 간 내열배선, 내화배선, 일반배선으로 구분하여 완성하시오(단, ▬▬▬ : 내화배선, ▨▨▨ : 내열배선, ──── : 일반배선).

득점	배점
	6

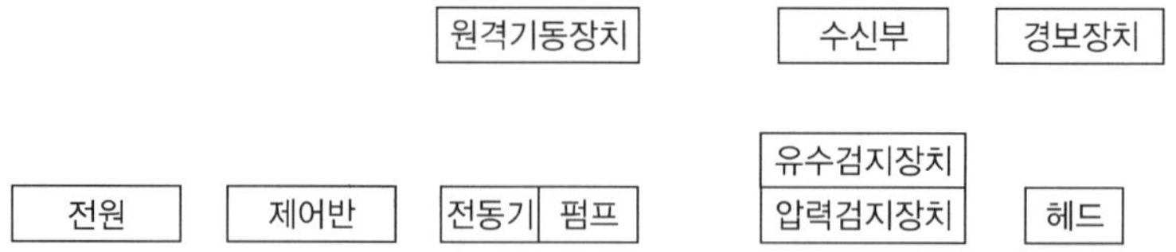

(문제 그림)

원격기동장치   수신부   경보장치

유수검지장치
전원   제어반   전동기 펌프   압력검지장치   헤드

★해답

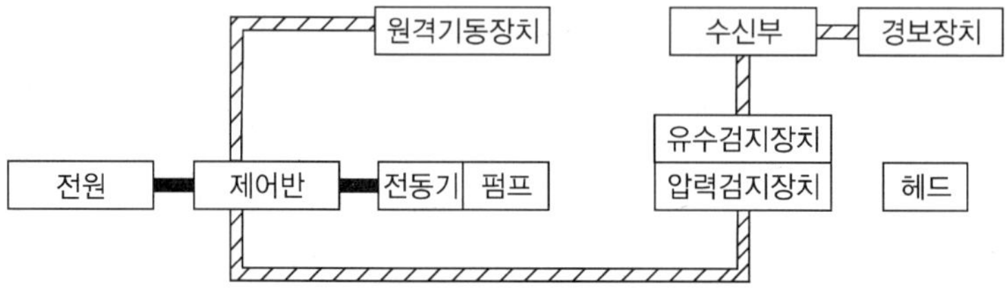

08 감지기회로 배선방식에 대하여 다음 물음에 답하시오.

득점	배점
	6

(가) 송배전방식에 대하여 설명하고, 적용설비 2가지만 쓰시오.
(나) 교차회로방식에 대하여 설명하고, 적용설비 5가지만 쓰시오.

★해답 (가) 송배전방식 : 감지기회로의 도통시험을 용이하게 하기 위해 배선 중간에 분기하지 않는 방식
　　　　 적용설비 : 자동화재탐지설비, 제연설비
　　　 (나) 교차회로방식 : 하나의 담당구역 내에 2 이상의 화재감지기 회로를 설치하고 인접한 2 이상의 화재감지기가 동시에 감지되는 때에 설비가 작동하는 방식
　　　　 적용설비 : 분말소화설비, 할론소화설비, 이산화탄소소화설비, 준비작동식 스프링클러설비, 일제살수식 스프링클러설비

해☆설

구 분	종 류	송배전식	교차회로방식(가위배선)
방 식		수신기에서 2차측의 외부배선의 도통시험을 용이하게 하기 위하여 배선의 중간에서 분기하지 않는 방식	하나의 담당구역 내에 2 이상의 화재감지기 회로를 설치하고 인접한 2 이상의 화재감지기가 동시에 감지되는 때에 설비가 작동하는 방식
개념도			감지기 A 감지기 B
적응설비		• 자동화재탐지설비 　– 차동식스포트형감지기 　– 보상식스포트형감지기 　– 정온식스포트형감지기 • 제연설비	• 할론소화설비 • 스프링클러설비(준비작동식, 일제살수식) • 분말소화설비 • CO_2소화설비 • 할로겐화합물 및 불활성기체소화설비

09

다음의 단독경보형 감지기 설치기준에서 괄호 안을 채워 넣으시오.

득점	배점
	6

(가) 각 실(이웃하는 실내의 바닥면적이 각각 (①) 미만이고 벽체의 상부가 전부 또는 일부가 개방되어 이웃하는 실내와 공기가 상호 유통되는 경우에는 이를 1개의 실로 본다)마다 설치하되, 바닥면적이 (②)를 초과하는 경우에는 (③)마다 (④)개 이상 설치할 것
(나) 상용전원을 주전원으로 사용하는 단독경보형 감지기의 (⑤)는 제품검사에 합격한 것을 사용할 것

☆해답　① 30[m²]　　　　　② 150[m²]
　　　　③ 150[m²]　　　　④ 1개
　　　　⑤ 2차전지

해☆설

(가) 각 실(이웃하는 실내의 바닥면적이 각각 **30[m²]** 미만이고 벽체의 상부가 전부 또는 일부가 개방되어 이웃하는 실내와 공기가 상호 유통되는 경우에는 이를 1개의 실로 본다)마다 설치하되, 바닥면적이 **150[m²]**를 초과하는 경우에는 **150[m²]**마다 **1개** 이상 설치할 것
(나) 상용전원을 주전원으로 사용하는 단독경보형 감지기의 **2차전지**는 제품검사에 합격한 것을 사용할 것

10 수신기와 수동발신기, 경종, 표시등 사이를 결선하시오(단, 지상 6층 건물이며, 연면적 3,500[m²]이다).

득점	배점
	12

발신기 / 표시등 / 경 종

1번 : 응답선, 2번 : 지구선, 3번 : 전화선, 4번 : 지구공통선, 5번 : 표시등선, 6번 : 표시등공통, 7번 : 경종공통, 8번 : 경종

★해답

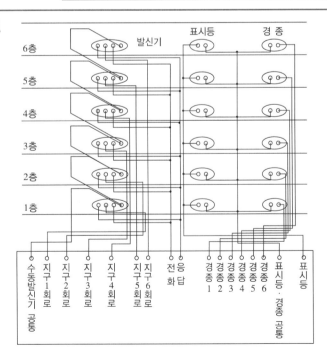

11

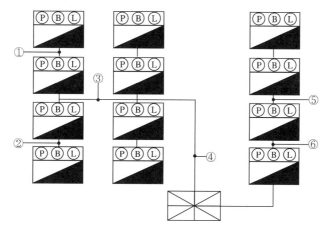

다음 그림은 옥내소화전설비와 수신기를 사용한 자동화재탐지설비이다. 다음 각 물음에 답하시오.

득점	배점
	10

(가) 기호 ①~⑥의 전선 가닥수는?

(나) 종단저항 설치목적은?

(다) 감지기회로의 전로저항은?

(라) 정격전압의 몇 [%]에서 음향을 발할 수 있어야 하는가?

해답

(가) ① 9가닥　　　　　② 9가닥
　　③ 12가닥　　　　③ 17가닥
　　⑤ 10가닥　　　　⑥ 11가닥

(나) 종단저항 설치목적 : 감지기회로의 도통시험을 용이하게 하기 위하여 감지기회로의 끝 부분에 설치하는 저항

(다) 50[Ω]

(라) 80[%]

해설

기 호	가닥수	배선내역
①	HFIX 2.5-9	회로선 1, 공통선 1, 경종선 1, 경종·표시등공통선 1, 응답선 1, 전화선 1, 표시등선 1, 기동확인표시등 2
②	HFIX 2.5-9	회로선 1, 공통선 1, 경종선 1, 경종·표시등공통선 1, 응답선 1, 전화선 1, 표시등선 1, 기동확인표시등 2
③	HFIX 2.5-12	회로선 4, 공통선 1, 경종선 1, 경종·표시등공통선 1, 응답선 1, 전화선 1, 표시등선 1, 기동확인표시등 2
④	HFIX 2.5-17	회로선 8, 공통선 2, 경종선 1, 경종·표시등공통선 1, 응답선 1, 전화선 1, 표시등선 1, 기동확인표시등 2
⑤	HFIX 2.5-10	회로선 2, 공통선 1, 경종선 1, 경종·표시등공통선 1, 응답선 1, 전화선 1, 표시등선 1, 기동확인표시등 2
⑥	HFIX 2.5-11	회로선 3, 공통선 1, 경종선 1, 경종·표시등공통선 1, 응답선 1, 전화선 1, 표시등선 1, 기동확인표시등 2

12 상가매장에 설치되어 있는 제연설비의 전기적인 계통도이다. ⓐ~ⓕ까지의 배선수와 각 배선의 용도를 쓰시오(단, 모든 댐퍼는 기동, 복구형 댐퍼방식이다).

	득점	배점
		10

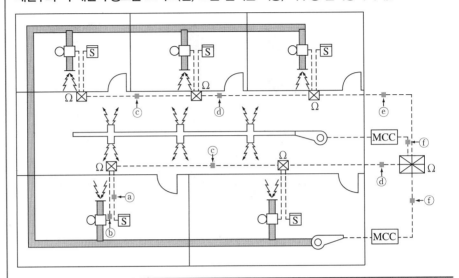

기 호	구 분	배선수	배선 굵기	배선의 용도
ⓐ	감지기 ↔ 수동조작함		1.5[mm²]	
ⓑ	댐퍼 ↔ 수동조작함		2.5[mm²]	
ⓒ	수동조작함 ↔ 수동조작함		2.5[mm²]	
ⓓ	수동조작함 ↔ 수동조작함		2.5[mm²]	
ⓔ	수동조작함 ↔ 수신반		2.5[mm²]	
ⓕ	MCC ↔ 수신반		2.5[mm²]	

☆해답

기 호	구 분	배선수	배선굵기	배선의 용도
ⓐ	감지기 ↔ 수동조작함	4	1.5[mm²]	지구 2, 공통 2
ⓑ	댐퍼 ↔ 수동조작함	5	2.5[mm²]	전원 ⊕/⊖, 복구, 기동, 기동표시
ⓒ	수동조작함 ↔ 수동조작함	6	2.5[mm²]	전원 ⊕/⊖, 복구, 지구, 기동, 기동표시
ⓓ	수동조작함 ↔ 수동조작함	9	2.5[mm²]	전원 ⊕/⊖, 복구, (지구, 기동, 기동표시)×2
ⓔ	수동조작함 ↔ 수신반	12	2.5[mm²]	전원 ⊕/⊖, 복구, (지구, 기동, 기동표시)×3
ⓕ	MCC ↔ 수신반	5	2.5[mm²]	기동, 정지, 공통, 전원표시등, 기동확인표시등

13 그림과 같은 유접점회로의 논리식을 간소화하고, 간소화한 논리식을 무접점 회로로 그리시오.

득점	배점
	8

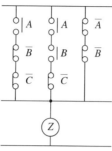

☆해답

• 논리식 간략화

$$Z = A\overline{B}\overline{C} + AB\overline{C} + \overline{A}\,\overline{B} = A\overline{C}\,(\overline{B} + B) + \overline{A}\,\overline{B} = A\overline{C} + \overline{A}\,\overline{B}$$

• 무접점회로

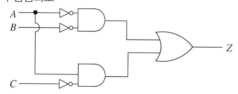

14 다음 그림과 조건은 지하 2층 지상 4층 건물의 자동화재탐지설비의 도면이다. 다음의 조건을 가지고 각 물음에 답하시오.

득점	배점
	10

조 건

• 각 층의 높이는 4[m]이다.
• 계단 및 수직경계구역의 면적은 계산과정에 포함하지 않는다.

300[m²]	4F
600[m²]	3F
700[m²]	2F
750[m²]	1F
800[m²]	B1
1,200[m²]	B2

(가) 도면을 보고 경계구역수를 산출하여 표를 작성하시오.

층 수	산출내역	경계구역수
4F		
3F		
2F		
1F		
B1		
B2		

(나) 건물에 계단 1개소, 엘리베이터 1개소가 설치되어 있을 경우 수신기는 P형 1급 몇 회로용을 사용하여야 하는지 답하시오.

⭐해답 (가) 경계구역수 산출

층 수	산출내역	경계구역수
4F	$\dfrac{300}{600} = 0.5 \fallingdotseq 1$	1경계구역
3F	$\dfrac{600}{600} = 1$	1경계구역
2F	$\dfrac{700}{600} = 1.16 \fallingdotseq 2$	2경계구역
1F	$\dfrac{750}{600} = 1.25 \fallingdotseq 2$	2경계구역
B1	$\dfrac{800}{600} = 1.33 \fallingdotseq 2$	2경계구역
B2	$\dfrac{1,200}{600} = 2$	2경계구역

(나) 15회로용

해⭐설

① 각층 : 1+1+2+2+2+2 = 10경계구역
② 계 단

- 지상층 $\dfrac{16}{45}$ = 0.35 ≒ 1경계구역(절상)

- 지하층 $\dfrac{8}{45}$ = 0.17 ≒ 1경계구역(절상)

- 엘리베이터 1경계구역
- 합계 13경계구역   ∴ 수신기 15회로용

2016년 6월 26일 시행

제**2**회

※ 다음 물음에 대한 답을 해당 답란에 답하시오(배점 : 100).

01

득점	배점
	5

금속관 공사의 배관방법에서 다음의 괄호 안을 채워 넣으시오.

(가) 금속관을 구부릴 때 금속관의 단면이 심하게 변형되지 아니하도록 구부려야 하며, 그 안측의 (①)은 관 안지름의 (②) 이상이 되어야 한다.

(나) 아웃렛박스 사이 또는 전선 인입구를 가지는 기구 사이의 금속관에는 (③)가 초과하는 직각 또는 직각에 가까운 굴곡개소를 만들어서는 아니 된다. 굴곡개소가 많은 경우 또는 관의 길이가 (④)를 초과하는 경우에는 (⑤)를 설치하는 것이 바람직하다.

해답
① 반지름　　　　　② 6배
③ 3개소　　　　　④ 30[m]
⑤ 풀박스

해설
금속관공사의 배관방법
- 금속관을 구부릴 때 금속관의 단면이 심하게 **변형**되지 아니하도록 구부려야 하며, 그 안측의 **반지름**은 관 안지름의 **6배 이상**이 되어야한다.
- 아웃렛박스 사이 또는 전선 인입구를 가지는 기구사이의 금속관에는 **3개소**가 초과하는 직각 또는 직각에 가까운 굴곡개소를 만들어서는 아니 된다. 굴곡개소가 많은 경우 또는 관의 길이가 **30[m]**를 초과하는 경우에는 **풀박스**를 설치하는 것이 바람직하다.

02

득점	배점
	5

다음은 광전식 분리형 감지기의 설치기준이다. 설치기준에서 괄호 안을 채워 넣으시오.

(가) 감지기의 (①)은 햇빛을 직접 받지 않도록 설치할 것

(나) 광축(송광면과 수광면의 중심을 연결한 선)은 나란한 벽으로부터 (②)[m] 이상 이격하여 설치할 것

(다) 감지기의 발광부와 수광부는 설치된 (③)으로부터 1[m] 이내 위치에 설치할 것

(라) 광축의 높이는 천장 등(천장의 실내에 면한 부분 또는 상층의 바닥 하부면을 말한다) 높이의 (④)[%] 이상일 것

(마) 감지기의 광축의 길이는 (⑤) 범위 이내일 것

해답
① 수광면
② 0.6
③ 뒷 벽
④ 80
⑤ 공칭감시거리

해설

광전식 분리형 감지기 설치기준

• 감지기의 **수광면**은 **햇빛**을 직접 받지 않도록 설치할 것
• 광축(송광면과 수광면의 중심을 연결한 선)은 나란한 벽으로부터 **0.6[m] 이상 이격**하여 설치할 것
• 감지기의 발광부와 수광부는 설치된 **뒷벽**으로부터 **1[m] 이내 위치**에 설치할 것
• 광축의 높이는 천장 등(천장의 실내에 면한 부분 또는 상층의 바닥 하부면을 말한다) 높이의 **80[%] 이상**일 것
• 감지기의 광축의 길이는 **공칭감시거리 범위 이내**일 것
• 수광부, 발광부 위치 바닥으로부터 0.9[m] 이상
• 광축길이 100[m] 이내

---

03 통신 케이블에 실드선을 사용하는 이유와 꼬임을 하는 목적, 접지의 목적에 대하여 쓰시오.

득점	배점
	6

해답
① 실드선 : 외부의 유도장애 및 전자파에 대한 차폐하여 보내고자 하는 신호를 양질의 신호를 유지하기 위하여 사용
② 꼬임 : 내부에서 발생하는 자속에 의한 잡음을 상쇄시켜 외부에 주는 영향을 최소화하기 위하여 사용
③ 접지의 목적
• 인축의 감전방지
• 전기설비의 절연파괴방지
• 전기설비 고장 시 원활한 차단성능 확보
• 전위의 안정화 확보

---

04 시각경보장치의 설치기준에 대하여 3가지만 기술하시오.

득점	배점
	6

해답
① 복도·통로·청각장애인용 객실 및 공용으로 사용하는 거실에 설치하며, 각 부분으로부터 유효하게 경보를 발할 수 있는 위치에 설치할 것
② 공연장·집회장·관람장 또는 이와 유사한 장소에 설치하는 경우에는 시선이 집중되는 무대부 부분 등에 설치할 것
③ 설치높이는 바닥으로부터 2[m] 이상 2.5[m] 이하의 장소에 설치할 것(단, 천장높이가 2[m] 이하는 천장에서 0.15[m] 이내의 장소에 설치)

05 상가매장에 설치되어 있는 제연설비의 전기적인 계통도이다. ⓐ～ⓕ까지의
배선수와 각 배선의 용도를 쓰시오(단, 모든 댐퍼는 기동, 복구형 댐퍼방식이
다).

	득점	배점
		10

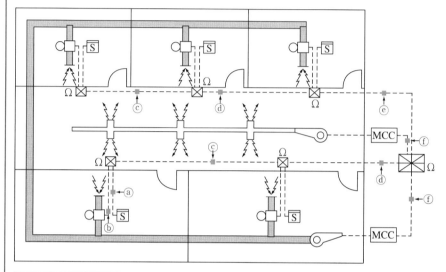

기 호	구 분	배선수	배선 굵기	배선의 용도
ⓐ	감지기 ↔ 수동조작함		1.5[mm²]	
ⓑ	댐퍼 ↔ 수동조작함		2.5[mm²]	
ⓒ	수동조작함 ↔ 수동조작함		2.5[mm²]	
ⓓ	수동조작함 ↔ 수동조작함		2.5[mm²]	
ⓔ	수동조작함 ↔ 수신반		2.5[mm²]	
ⓕ	MCC ↔ 수신반		2.5[mm²]	

해답

기 호	구 분	배선수	배선굵기	배선의 용도
ⓐ	감지기 ↔ 수동조작함	4	1.5[mm²]	지구 2, 공통 2
ⓑ	댐퍼 ↔ 수동조작함	5	2.5[mm²]	전원 ⊕/⊖, 복구, 기동, 기동표시
ⓒ	수동조작함 ↔ 수동조작함	6	2.5[mm²]	전원 ⊕/⊖, 복구, 지구, 기동, 기동표시
ⓓ	수동조작함 ↔ 수동조작함	9	2.5[mm²]	전원 ⊕/⊖, 복구, (지구, 기동, 기동표시)×2
ⓔ	수동조작함 ↔ 수신반	12	2.5[mm²]	전원 ⊕/⊖, 복구, (지구, 기동, 기동표시)×3
ⓕ	MCC ↔ 수신반	5	2.5[mm²]	기동, 정지, 공통, 전원표시등, 기동확인표시등

해설

• 제연설비 : 화재 시 발생하는 연기를 감지하여 연기의 확산을 방지하여 연기 흡입에 따른 인명
손실을 최소화하기 위한 설비이다.

• 기동 및 복구 댐퍼를 사용할 경우

기 호	구 분	배선수	배선굵기	배선의 용도
ⓐ	감지기 ↔ 수동조작함	4	1.5[mm²]	지구 2, 공통 2
ⓑ	댐퍼 ↔ 수동조작함	5	2.5[mm²]	전원 ⊕/⊖, 복구, 기동, 기동표시
ⓒ	수동조작함 ↔ 수동조작함	6	2.5[mm²]	전원 ⊕/⊖, 복구, 지구, 기동, 기동표시
ⓓ	수동조작함 ↔ 수동조작함	9	2.5[mm²]	전원 ⊕/⊖, 복구, (지구, 기동, 기동표시)×2
ⓔ	수동조작함 ↔ 수신반	12	2.5[mm²]	전원 ⊕/⊖, 복구, (지구, 기동, 기동표시)×3
ⓕ	MCC ↔ 수신반	5	2.5[mm²]	기동, 정지, 공통, 전원표시등, 기동확인표시등

---

06 펌프모터의 레벨제어에 관한 다음의 도면을 완성하시오.

득점	배점
	8

조 건

• 자동제어
① 배선용 차단기(MCCB)를 투입하면 저수위일 때 플롯스위치에 의해 전자접촉기(MC)가 여자되고, MC 주접점에 의해 모터(M)가 기동된다.
② 고수위가 되면 플롯스위치가 OFF되어 MC는 소자되고 모터(M)는 정지한다.
③ 모터는 운전 중 열동계전기(THR)가 동작하면 MC는 소자되고 모터(M)는 정지한다.

• 수동제어
① 배선용 차단기(MCCB)를 투입하고 PB₋ON 스위치를 ON하면 전자접촉기(MC)가 여자되고, 자기가 유지된다. MC 주접점에 의해 모터(M)가 기동된다.
② PB₋OFF 스위치를 OFF하면 MC는 소자되고 모터(M)는 정지한다.
③ 모터(M)는 운전 중 열동계전기(THR)가 동작하면 MC는 소자되고 모터(M)는 정지한다.

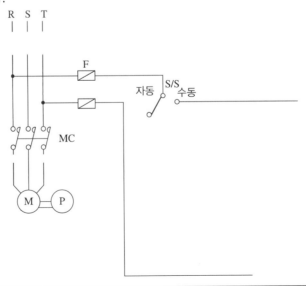

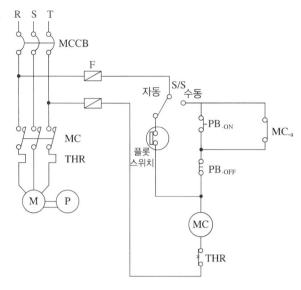

07 아파트 단지 내에 다수의 동이 존재하는 경우 자동화재탐지설비의 관리와 감시를 위해 통신망을 구축하여 중앙집중관리를 하고자 한다. 다음 물음에 답하시오.

득점	배점
	6

(가) 스타형의 정의와 장단점 3가지씩 쓰시오.

(나) 링형의 정의와 장단점 3가지씩 쓰시오.

☆해답☆ (가) 스타형

정의 : Star 네트워크는 모든 기기가 중앙의 연결점을 향해 점대점(Point-to-Point)의 케이블 연결방식

• 장 점
① 확장이 용이하다.　　　　　② 유지·보수가 용이하다.
③ 하나의 터미널 고장 시 다른 터미널에 영향을 주지 않는다.

• 단 점
① 설치비용이 많이 든다.
② 통신량이 많을 경우에는 전송지연이 발생한다.
③ 중앙전송제어장치에 고장이 발생하면 네트워크가 동작불능된다.

(나) 링 형

정의 : Ring 네트워크는 근거리 통신망에 많이 사용되며, Loop로 연결하여 신뢰성 확보

• 장 점
① 설치와 재구성이 용이하다.　　② 전송속도가 비교적 빠르다.
③ 전자기파의 유도 및 잡음에 강하다.

• 단 점
① 제어절차가 복잡하다.
② 링(루프)에 결함이 발생할 경우 전체 네트워크가 사용불능된다.
③ 노드의 변경, 추가, 고장수리가 어렵다.

08 다음은 감지기의 부착높이 및 설치면적 기준에 관한 표이다. ①~⑥에 해당하는 면적을 기입하시오.

득점	배점
	8

(단위 : [m²])

부착높이 및 특정소방대상물의 구분		감지기의 종류						
		차동식 스포트형		보상식 스포트형		정온식 스포트형		
		1종	2종	1종	2종	특 종	1종	2종
4[m] 미만	주요 구조부를 내화 **구조**로 한 특정소방대상물 또는 그 부분	90	70	(①)	70	(②)	60	20
	기타 구조의 특정소방대상물 또는 그 부분	(③)	40	50	40	40	30	15
4[m] 이상 8[m] 미만	주요 구조부를 내화 구조로 한 특정소방대상물 또는 그 부분	45	35	45	35	(④)	(⑤)	–
	기타 구조의 특정소방대상물 또는 그 부분	30	25	30	25	(⑥)	15	–

☆해답

① 90 ② 70
③ 50 ④ 35
⑤ 30 ⑥ 25

해☆설

(단위 : [m²])

부착높이 및 특정소방대상물의 구분		감지기의 종류						
		차동식 스포트형		보상식 스포트형		정온식 스포트형		
		1종	2종	1종	2종	특 종	1종	2종
4[m] 미만	주요 구조부를 내화 **구조**로 한 특정소방대상물 또는 그 부분	90	70	**90**	70	**70**	60	20
	기타 구조의 특정소방대상물 또는 그 부분	**50**	40	50	40	40	30	15
4[m] 이상 8[m] 미만	주요 구조부를 내화 구조로 한 특정소방대상물 또는 그 부분	45	35	45	35	**35**	**30**	–
	기타 구조의 특정소방대상물 또는 그 부분	30	25	30	25	**25**	15	–

09 수신기가 1층 경비실에 시설되어 있다. 이것을 지하 1층 방재센터로 이설하고자 할 때 수신기 전원선을 배선전용실(EPS)을 이용하여 시공할 경우 물음에 답하시오.

득점	배점
	6

(가) 수신기 전원의 배선종류와 전선관 종류를 쓰시오.

(나) 배선전용실(EPS)에 시공 시 시공기준 3가지를 쓰시오.

🌟해답
(가) 배선 종류 : 내화 배선
　　　전선관 종류 : 금속관
(나) ① 배선은 내화성능을 갖는 전선으로 할 것
　　　② 다른 설비 배선과 15[cm] 이상 이격시킬 것
　　　③ 다른 설비의 배선과 배선 사이에 배선지름의 1.5배 이상 높이의 불연성 격벽을
　　　　설치할 것(배관의 지름이 다른 경우에는 가장 큰 것)

10

자동화재탐지설비와 준비작동식 스프링클러설비의 계통도이다. 그림을 보고 다음 각 물음의 가닥수를 쓰시오(단, 감지기 공통선과 전원 공통선은 분리해서 사용하고, 준비작동식밸브용 압력스위치, 탬퍼스위치 및 솔레노이드 밸브의 공통선은 1가닥을 사용).

득점	배점
	10

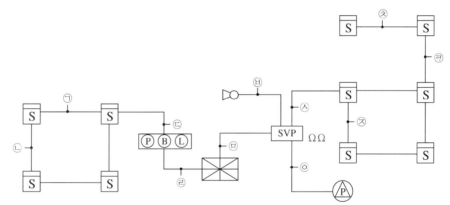

물음

(가) ㉠~㉡까지 배선 가닥수를 기입하시오.

기 호	㉠	㉡	㉢	㉣	㉤	㉥	㉦	㉧	㉨	㉩	㉪
가닥수											

(나) ㉤의 가닥수와 배선별 용도를 쓰시오.

㉤	가닥수	내 용

🌟해답
(가)

기 호	㉠	㉡	㉢	㉣	㉤	㉥	㉦	㉧	㉨	㉩	㉪
가닥수	2	2	4	7	10	2	8	4	4	4	8

(나)

㉤	가닥수	내 용
	10	전원 ⊕.⊖, 전화, 사이렌, 감지기 A·B, 솔레노이드밸브, 압력스위치, 탬퍼스위치, 감지기 공통

11

다음 그림은 지하 1층, 지상 5층 건축물에 자동화재탐지설비를 설치하려고 한다. 아래의 조건을 참고하여 다음의 각 물음에 답하시오.

득점	배점
	7

조 건

- 계단 및 엘리베이터는 건축물 양쪽에 각 1개씩 설치한다.
- 계단 1개소의 단면적은 25[m²]이고, 엘리베이터 1개소의 단면적은 12[m²]이다.
- 평면도는 지상 1층을 나타내며, 모든 층의 건물구조는 지상 1층과 동일 조건이다.
- 엘리베이터는 2대 모두 지하 1층에서 지상 5층까지 연결된다.
- 이 건물의 층고는 4[m]이다.

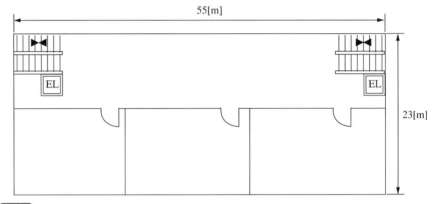

물 음

(가) 한 개 층의 수평경계구역은 각각 몇 경계구역인가?

(나) 이 건축물의 수평경계구역 및 수직경계구역은 각각 몇 경계구역인가?
　　① 수평경계구역
　　② 수직경계구역

(다) 계단에 감지기를 설치할 때 설치하여야 할 층을 모두 쓰시오.

(라) 일반적으로 엘리베이터실 상부에 설치하는 감지기의 종류를 쓰시오.

(마) 이 건축물에 사용되는 수신기의 종류는?

해답　(가) 2경계구역
　　　　(나) ① 수평경계구역 : 12경계구역
　　　　　　② 수직경계구역 : 4경계구역
　　　　(다) 지상 2층, 지상 5층
　　　　(라) 연기감지기 2종
　　　　(마) P형 1급 수신기

해★설

(가) 경계구역수의 계산

$$\frac{(55 \times 23 - 25 \times 2 - 12 \times 2)[\text{m}^2]}{600[\text{m}^2]} = 1.985 ≒ 2경계구역(절상)$$

(나) 수평 및 수직 경계구역

① 수평경계구역 : 한 층당 2경계구역×6개층 = 12경계구역

② 수직경계구역 : 4경계구역

- $\dfrac{4[\text{m}] \times 6}{45[\text{m}]} = 0.53 ≒ 1(계단이 양쪽에 있으므로 2경계구역)$

- 엘리베이터 경계구역 : 2경계구역

- 합계 : 4경계구역

(다) 감지기 개수 = $\dfrac{수직거리}{15[\text{m}]}$ = $\dfrac{4[\text{m}] \times 6층}{15}$ = 1.6 ≒ 2개

∴ 2층에 1개, 5층에 1개 설치

(라) 계단 및 엘리베이터 권상기실 설치 감지기 : 연기감지기 2종

(마) 4층 이상이고 40회로 이하이므로 P형 1급 수신기

12

다음 그림은 내화구조인 지하 1층 지상 5층인 건물의 지상 1층 평면도이다. 각 층의 층고는 4.3[m]이고 천장과 반자 사이는 0.5[m]이다. 각 실에는 반자가 설치되어 있으며, 계단감지기는 3층과 5층에 설치되어 있다. 조건을 참고하여 다음의 물음에 각각 답하시오.

득점	배점
	7

조 건

- ㉠ 구역에는 차동식 스포트형 감지기 2종
- ㉡ 구역에는 연기감지기 2종
- ㉢ 구역에는 정온식 스포트형 감지기 1종
- ㉣ 복도에는 연기감지기 2종을 설치한다.

물 음

(가) 각 구역에 감지기 설치개수를 쓰시오.

구 역	계산과정	설치개수
㉠		
㉡		
㉢		
㉣		

(나) 도면에 감지기를 설치하고 배선에 가닥수를 기재하시오.

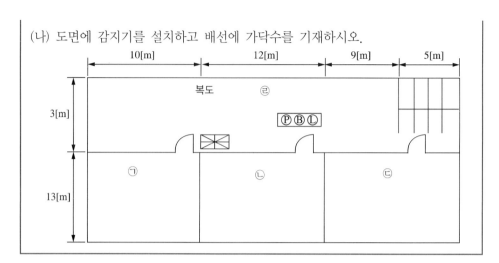

해답 (가)

구 역	계산과정	설치개수
㉠	$\dfrac{10 \times 13}{70} = 1.86 \fallingdotseq 2$	2개
㉡	$\dfrac{13 \times 12}{150} = 1.04 \fallingdotseq 2$	2개
㉢	$\dfrac{13 \times (9+5)}{60} = 3.03 \fallingdotseq 4$	4개
㉣	$\dfrac{(10+12+9)}{30} = 1.03 \fallingdotseq 2$	2개

(나)

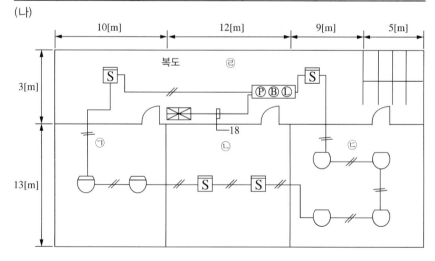

해☆설

(가)

[특정소방대상물에 따른 감지기 종류]

부착높이 및 특정소방대상물의 구분		감지기의 종류						
		차동식 스포트형		보상식 스포트형		정온식 스포트형		
		1종	2종	1종	2종	특종	1종	2종
4[m] 미만	주요 구조부를 **내화 구조**로 한 특정소방대상물 또는 그 부분	90	**70**	90	70	70	**60**	20
	기타 구조의 특정소방대상물 또는 그 부분	50	40	50	40	40	30	15
4[m] 이상 8[m] 미만	주요 구조부를 내화 구조로 한 특정소방대상물 또는 그 부분	45	35	45	35	35	30	–
	기타 구조의 특정소방대상물 또는 그 부분	30	25	30	25	25	15	–

[연기감지기의 부착 높이에 따른 감지기의 바닥면적]

부착 높이	감지기의 종류	
	1종 및 2종	3종
4[m] 미만	150	50
4[m] 이상 20[m] 미만	75	–

[연기감지기 장소에 따른 설치기준]

설치장소	복도 및 통로		계단 및 경사로	
	1종, 2종	3종	1종, 2종	3종
설치거리	보행거리 30[m]	보행거리 20[m]	수직거리 15[m]	수직거리 10[m]

㉠ 차동식 스포트형 감지기 2종 설치개수 $= \dfrac{10 \times 13}{70} = 1.86$ ∴ 2개

㉡ 연기감지기 2종 설치개수 $= \dfrac{12 \times 13}{150} = 1.04$ ∴ 2개

㉢ 정온식 스포트형 감지기 1종 설치개수 $= \dfrac{(9+5) \times 13}{60} = 3.03$ ∴ 4개

㉣ 복도 연기감지기 2종 설치개수 $= \dfrac{(10+12+9)}{30} = 1.03$ ∴ 2개

※ 감지기 부착높이 = 층고(천장높이) − 천장과 반자 사이 높이
$= 4.3 - 0.5 = 3.8$[m] (부착높이 4[m] 미만)

(나) 감지기 사이 배선은 모두 루프회로이므로 2가닥이다.

발신기와 수신기 사이 배선은 우선경보방식이므로 18가닥이다.

※ 층수 5층 이상, 연면적 3,000[m²] 초과이므로 직상층 우선경보방식

• 1층 면적 $= (10+12+9+5) \times (3+13) - 3 \times 5 = 561$[m²]
• 연면적 $= 561 \times 6$층 $= 3,366$[m²]

※ 발신기와 수신기 사이 배선 용도 : 회로선 7(계단 1회로 추가), 경종선 6, 공통선 1, 응답선 1, 전화선 1, 표시등선 1, 경종표시등 공통선 1

13

> 유도전동기에 사용할 비상용 자가발전설비를 설치하려고 한다. 이 설비에 사용되는 발전기의 조건을 보고 다음 각 물음에 답하시오.
>
> | 득점 | 배점 |
> |---|---|
> | | 5 |
>
> **발전기 조건**
>
> 기동용량 700[kVA], 기동 시 전압강하 20[%]까지 허용, 과도리액턴스 25[%]
>
> **물음**
>
> (가) 발전기 용량은 이론상 몇 [kVA] 이상의 것을 선정하여야 하는가?
>
> (나) 발전기용 차단기의 차단용량은 몇 [kVA]인가?(단, 차단용량의 여유율은 25[%]를 계산한다)

★해답

(가) 계산 : 발전기용량 $P_n = \left(\dfrac{1}{0.2} - 1\right) \times 0.25 \times 700 = 700[\text{kVA}]$

　　　답 : 700[kVA]

(나) 계산 : 차단기용량 $P_s = \dfrac{700}{0.25} \times 1.25 = 3,500[\text{kVA}]$

　　　답 : 3,500[kVA]

해★설

(가) 발전기 용량 : $P_n \geqq \left(\dfrac{1}{e} - 1\right) X_L P = \left(\dfrac{1}{0.2} - 1\right) \times 0.25 \times 700 = 700[\text{kVA}]$

　　e : 전압강하, X_L : 과도리액턴스, P : 기동용량

(나) 차단기 용량 : $P_s \geqq \dfrac{P_n}{X_L} \times 여유율 = \dfrac{700}{0.25} \times 1.25 = 3,500[\text{kVA}]$

14

> 수신기에서 500[m] 떨어진 지하 1층, 지상 5층에 연면적 5,000[m²]의 공장에 자동화재탐지설비를 설치하였는데 경종, 표시등이 각 층에 2회로(전체 12회로)일 때 다음 물음에 답하시오(단, 표시등 40[mA/개], 경종 50[mA/개]로서 1회당 90[mA]를 소모하고, 전선은 HFIX 2.5[mm²]를 사용한다).
>
> | 득점 | 배점 |
> |---|---|
> | | 6 |
>
> (가) 표시등 및 경종의 최대소요전류와 총소요전류는 각각 몇[A]인가?
> 　① 표시등의 최대소요전류
> 　② 경종의 최대소요전류
> 　③ 총소요전류
>
> (나) 2.5[mm²]의 전선을 사용할 경우 경종이 작동하였다고 가정하면 최말단에서 전압강하는 최대 몇 [V]인지 계산하시오.
>
> (다) 경종의 작동여부를 설명하시오.
> 　• 이유 :
> 　• 답 :

★해답　(가) ① 계산 : 표시등의 최대소요전류 = $40 \times 12 = 480 [\mathrm{mA}] = 0.48 [\mathrm{A}]$
　　　　　　답 : 0.48[A]
　　　　② 계산 : 경종의 최대소요전류 = $50 \times 6 = 300 [\mathrm{mA}] = 0.3 [\mathrm{A}]$
　　　　　　답 : 0.3[A]
　　　　③ 계산 : 총소요전류 = $0.48 + 0.3 = 0.78 [\mathrm{A}]$
　　　　　　답 : 0.78[A]

　　　(나) 계산 : 전압강하 $e = \dfrac{35.6 \times 500 \times 0.78}{1,000 \times 2.5} \fallingdotseq 5.55 [\mathrm{V}]$

　　　　　답 : 5.55[V]

　　　(다) 이유 : 말단전압이 정격전압의 80[%] 미만
　　　　　정격전압의 80[%]전압 : 24 × 0.8 = 19.2[V]
　　　　　말단전압 : 24 - 5.55 = 18.45[V]
　　　　　답 : 작동하지 않는다.

해★설

(가) 표시등의 최대 소요전류 = 표시등 1개당 소요전류 × 전체회로수
　　　　　　　　　　　 = 40[mA] × 12회로 = 480[mA] = 0.48[A]
　　※ 표시등 : 발신기의 위치를 표시해야 하므로 평상시 점등 상태
　　　경종의 최대 소요전류 = 경종 1개당 소요전류 × 3개층 회로수(6회로)
　　　　　　　　　　　 = 50[mA] × 6회로 = 300[mA] = 0.3[A]
　　※ 직상층 우선 경보방식이므로 경종이 최대로 동작하는 경우는 1층에서 발화한 경우로 발화층
　　　및 직상층, 지하층(지하 1층, 지상 1, 2층)에서 경종이 울린다. 따라서, 최대 동작회로는 3개층
　　　6회로가 최대가 된다.
　　　총 소요전류 = 표시등 + 경종 = 0.48 + 0.3 = 0.78[A]

(나) 단상 2선식에서 전압강하 : $e = \dfrac{35.6\,L\,I}{1,000\,A} [\mathrm{V}]$

　　$e = \dfrac{35.6 \times 500 \times (0.48 + 0.3)}{1,000 \times 2.5} = 5.5536 \fallingdotseq 5.55 [\mathrm{V}]$

(다) 경종(음향장치)은 정격전압의 80[%] 전압에서 음향을 발할 수 있어야 한다.
　　　정격전압의 80[%]전압 = 24 × 0.8 = 19.2[V]
　　　말단전압 = 24 - e = 24 - 5.55 = 18.45[V]
　　　∴ 말단전압이 정격전압의 80[%] 미만이므로 경종은 작동하지 않는다.

15

다음은 자동화재탐지설비의 수신기 비상전원인 축전지의 용량을 산출하려고 한다. 주어진 조건을 참고하여 물음에 답하시오.

득점	배점
	5

조 건

- 용량저하율(보수율) : 0.8
- 감시시간 용량 환산시간계수 : 1.8
- 동작시간 용량 환산시간계수 : 0.5
- 감시전류 : 0.1[A]
- 2회선의 동작전류 및 다른 회선 감시전류 : 0.7[A]

물 음

(가) 감시를 60분간 감시하고 10분 동안 2회선이 작동하는 경우 축전지 용량을 계산하시오.

(나) 2회선을 1분간 작동시킴과 동시에 다른 회선 감시 시 축전지의 용량을 계산하시오.

★해답

(가) 계산 : $C = \dfrac{1}{0.8} \times [1.8 \times 0.1 + 0.5 \times (0.7 - 0.1)] = 0.6[\text{Ah}]$

　　답 : 0.6[Ah]

(나) 계산 : $C = \dfrac{1}{0.8} \times 0.5 \times 0.7 = 0.437[\text{Ah}]$

　　답 : 0.44[Ah]

해★설

(가) 축전지 용량 : $C = \dfrac{1}{L}[K_1 I_1 + K_2 (I_2 - I_1)] = \dfrac{1}{0.8} \times [1.8 \times 0.1 + 0.5 \times (0.7 - 0.1)] = 0.6[\text{Ah}]$

(나) 축전지 용량 : $C = \dfrac{1}{L} K_2 I_2 = \dfrac{1}{0.8} \times 0.5 \times 0.7 = 0.437[\text{Ah}]$

2016년 11월 12일 시행

※ 다음 물음에 대한 답을 해당 답란에 답하시오(배점 : 100).

01

다음 도면은 준비작동식 스프링클러설비에서 슈퍼비조리패널(SVP)에서 수신기까지 내부회로 결선도이다. 다음 각 물음에 답을 하시오.

득점	배점
	10

(가) 계통에 표시되어 있는 ①~⑨까지의 명칭을 쓰시오

(나) ⑩~⑮의 전선가닥수를 쓰시오.

(다) A, B, C에 들어갈 그림기호를 표시하시오.

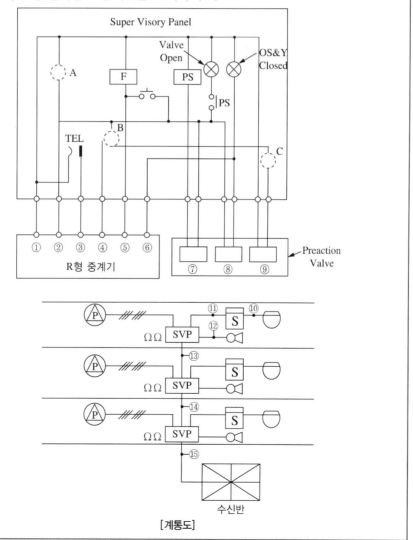

[계통도]

★해답

(가) ① 전원 (-) ② 전원 (+)
③ 전 화 ④ 밸브개방확인
⑤ 밸브기동 ⑥ 밸브주의
⑦ 압력스위치 ⑧ 탬퍼스위치
⑨ 솔레노이드밸브

(나) ⑩ 4가닥 ⑪ 8가닥
⑫ 2가닥 ⑬ 9가닥
⑭ 15가닥 ⑮ 21가닥

(다) A : ⊗

B : ╱ PS

C : ╱ F

해★설

• 계통도

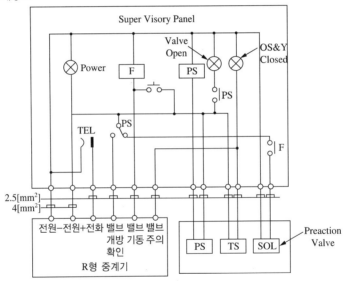

• 전선가닥수

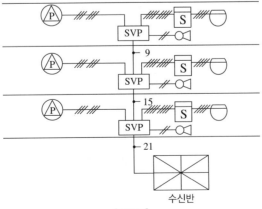

[계통도]

02

연기감지기를 설치할 수 없는 경우 차동식 분포형 감지기 1, 2종 모두 적응성 있는 상태 5가지를 기술하시오.

득점	배점
	5

해답
① 물방울이 생기는 곳
② 연기가 다량 유입될 수 있는 곳
③ 배기가스가 다량 체류하는 곳
④ 부식성가스 발생우려가 있는 곳
⑤ 먼지 또는 미분 등이 다량 체류하는 곳

03

공기관식 감지기 시험방식 중의 유통시험에서 다음의 괄호 안에 적합한 내용을 쓰시오.

득점	배점
	4

유통시험방법

(가) 검출부의 시험콕 레버위치를 시험위치로 돌린다.
(나) 검출부 시험구멍 또는 공기관의 한쪽 끝에 (①)를 접속시키고, 다른 쪽 끝에 (②)를 접속시킨다.
(다) (②)로 공기를 주입하고, (①) 수위를 100[mm]로 상승시켜 수위를 정지시킨다.
(라) 시험콕 또는 열쇠를 이동시켜 송기루를 열 때부터 수위가 약 50[mm] 내려 가는 시간을 측정하여 유통시험을 한다.

해답   ① 마노미터   ② 테스트펌프

해설
• 구 성

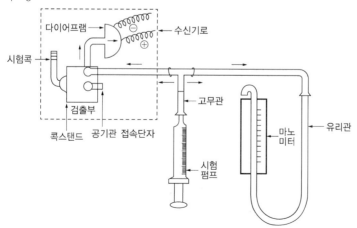

- 유통시험
  - 검출부의 시험콕 레버위치를 시험위치로 돌린다.
  - 검출부 시험구멍 또는 공기관의 한쪽 끝에 마노미터를 접속시키고, 다른 쪽 끝에 테스트펌프를 접속시킨다.
  - 테스트펌프로 공기를 주입하고, 마노미터 수위를 100[mm]로 상승시켜 수위를 정지시킨다.
  - 시험콕 또는 열쇠를 이동시켜 송기루를 열 때부터 수위가 약 50[mm] 내려가는 시간을 측정하여 유통시험을 한다.

04

보상식과 열복합형 감지기의 비교에서 다음 칸의 내용을 채우시오.

득점	배점
	4

구 분	보상식	열복합형
동작방식		
목 적		
적응성		

해답

구 분	보상식	열복합형
동작방식	차동식과 정온식의 OR회로	차동식과 정온식의 AND회로
목 적	실보방지	비화재보 방지
적응성	심부성 화재 우려가 있는 장소	지하층, 무창층으로 환기가 잘되지 않는 장소

05

다음 그림은 어느 건물의 자동화재탐지설비의 평면도이다. 감지기와 감지기 사이 및 감지기와 발신기 세트 사이의 거리가 각각 10[m]라고 할 때 다음 각 물음에 답을 쓰시오.

득점	배점
	6

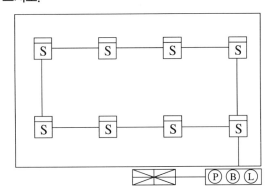

물음

(가) 수신기와 발신기세트 사이의 거리가 15[m]일 때 전선관의 총길이는 몇 [m]인가?

(나) 연기감지기 2종을 부착면의 높이가 5[m]인 곳에 설치할 경우 소방대상물의 바닥면적은 몇 [m^2]인가?

(다) 전선관과 전선의 물량을 산출하시오(단, 발신기와 수신기의 사이 물량은 제외한다).

☆해답 (가) 계산 : $10[\mathrm{m}] \times 9$개 $+ 15[\mathrm{m}] = 105[\mathrm{m}]$
　　　　　　답 : 105[m]
　　　　(나) 계산 : $75[\mathrm{m}^2] \times 8$개 $= 600[\mathrm{m}^2]$
　　　　　　답 : 600[m²]
　　　　(다) 계산 : 전선관$= 105 - 15 = 90[\mathrm{m}]$
　　　　　　전선$= 10 \times 8 \times 2 + 10 \times 1 \times 4 = 200[\mathrm{m}]$
　　　　　　답 : 전선관 : 90[m]
　　　　　　　　전선 : 200[m]

해☆설

(가) 10[m]×9개+15[m] = 105[m]

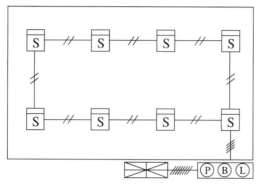

(나) 연기감지기의 부착높이

부착높이	감지기의 종류	
	1종 및 2종	3종
4[m] 미만	150	50
4~20[m] 미만	75	-

부착높이가 5[m]인 연기감지기의 1개가 담당하는 면적은 75[m²]이므로, 75[m²]×8개 = 600[m²]
이하이다.

(다) 전선관 및 전선의 물량

구 분	산출내역	총길이[m]	수신기와 발신기세트 사이의 물량을 제외한 길이[m]
전선관	• 감지기와 감지기 사이의 거리 　10[m]×8 = 80[m] • 감지기와 발신기세트 사이의 거리 　10[m]×1 = 10[m] • 수신기와 발신기세트 사이의 거리 　15[m]×1 = 15[m]	105[m]	90[m]
전 선	• 감지기와 감지기 사이의 거리 　10[m]×8×2가닥 = 160[m] • 감지기와 발신기세트 사이의 거리 　10[m]×1×4가닥 = 40[m] • 수신기와 발신기세트 사이의 거리 　15[m]×1×7가닥 = 105[m]	305[m]	200[m]

06

수위실에서 400[m] 떨어진 지하 1층, 지상 6층 연면적 5,000[m²]의 공장에 자동화재탐지설비를 설치하여 경종과 발신기가 각 층에 2회로(전체 14회로) 일 때 다음을 계산하시오(단, 경종은 50[mA/개], 발신기 감시전류는 30[mA/개]를 소모하고, 전선은 HFIX 2.5[mm²]일 때 1층 발화 시 전류와 전압강하를 계산하시오.

득점	배점
	4

(가) 소모전류[A]는?

(나) 수위실과 공장 간의 전압강하[V]는?

★해답 (가) 계산 : 경종소모전류 $= 50 \times 2 \times 3 = 300[mA] = 0.3[A]$
발신기감시전류 $= 30 \times 14 = 420[mA] = 0.42[A]$
소모전류 $= 0.3 + 0.42 = 0.72[A]$
답 : 0.72[A]

(나) 계산 : $e = \dfrac{35.6 \times 400 \times 0.72}{1,000 \times 2.5} \fallingdotseq 4.1[V]$
답 : 4.1[V]

해★설

(가) 소모전류 : 0.3+0.42 = 0.72[A]
  • 경종의 소모전류 : 50[mA]×2회로×3개층 = 300[mA] = 0.3[A]
  • 발신기 감시전류 : 30[mA]×14회로 = 420[mA] = 0.42[A]

(나) 전압강하[V]

$$e = \frac{35.6LI}{1,000A} = \frac{35.6 \times 400 \times 0.72}{1,000 \times 2.5} \fallingdotseq 4.1[V]$$

여기서, e : 전압강하[V] L : 선로길이[m]
  I : 전류[A] A : 전선의 단면적[mm²]

07

공기관식 차동식 분포형 감지기의 접점수고시험에서 다음 조건과 같을 때 어떤 현상이 일어나는지 설명하시오.

득점	배점
	5

(가) 접점수고가 낮을 때

(나) 접점수고가 높을 때

★해답 (가) 접점수고가 낮을 때 : 감도가 예민하여 비화재보 가능성이 크다.
(나) 접점수고가 높을 때 : 감도가 둔감하여 실보 가능성이 크다.

해★설

공기관식 차동식 분포형 감지기의 접점수고시험

① 목적 : 접점의 높고 낮음을 표시하여 비화재보, 실보 판단

② 방 법
  • 공기관 분리, 마노미터 접속, 테스트 펌프 접속
  • 시험콕 접점 수고값 조절 후 공기 주입

• 점검 후 수고값 측정

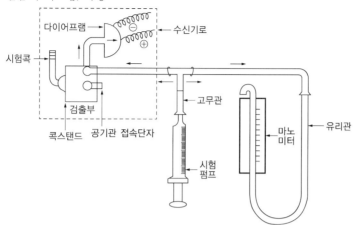

08

다음 표는 어느 15층 건축물의 자동화재탐지설비의 공사에 소요되는 자재물량이다. 주어진 노무비의 품셈을 이용하여 ①~⑰의 빈칸을 채우시오(단, 주어진 도면은 1층의 평면도이며, 모든 층의 구조는 동일한 조건이다).

득점	배점
	10

조건

• 공량 산출 시 내선전공의 단위 공량은 첨부된 노무비의 품셈에서 찾아서 적용
• 본 방호대상물은 이중천장이 없는 구조
• 배관공사는 콘크리트 매입으로 전선관은 후강전선관을 사용
• 아웃렛박스는 내선전공 공량 산출에서 제외
• 감지기 취부는 매입 콘크리트박스에 직접 취부하는 것으로 한다.
• 감지기 간 전선은 1.5[mm^2] 전선, 감지기간 배선을 제외한 전선은 2.5[mm^2] 전선을 사용
• 내선전공 1인의 1일 최저 노임단가는 100,000원으로 책정

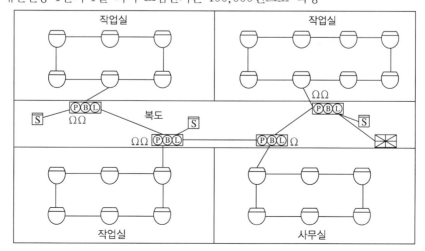

품 명	수 량	단 위	공량계(인)	공량 합계(인)
수신기	1	대	(①)	(⑭)
발신기세트	(②)	개	(③)	
연기감지기	(④)	개	(⑤)	
차동식 감지기	(⑥)	개	(⑦)	
후강전선관(16[mm])	1,000	m	(⑧)	
후강전선관(22[mm])	430	m	(⑨)	
후강전선관(28[mm])	50	m	(⑩)	
후강전선관(36[mm])	30	m	(⑪)	
전선(1.5[mm^2])	4,500	m	(⑫)	
전선(2.5[mm^2])	1,500	m	(⑬)	
직접노무비				(⑮)
공구손료(3[%])				(⑯)
공구손료를 고려한 공사비 합계(원)				(⑰)

품 명	단 위	내선전공 공량	품 명	단 위	내선전공 공량
P-1 수신기(기본 공수)	대	6	후강전선관(36[mm])	m	0.2
P-1 수신기 회선당 할증	회 선	0.3	전선 1.5[mm^2]	m	0.01
부수신기(기본 공수)	대	3.0	전선 2.5[mm^2]	m	0.01
아웃렛 박스	개	0.2	발신기세트	개	0.9
후강전선관(16[mm])	m	0.08	연기감지기	개	0.13
후강전선관(22[mm])	m	0.11	차동식감지기	개	0.13
후강전선관(28[mm])	m	0.14			

★해답

① 6+(105×0.3) = 37.5인

② 60개

③ 60×0.9 = 54인

④ 3개×15층 = 45개

⑤ 45×0.13 = 5.85인

⑥ 26개×15층 = 390개

⑦ 390×0.13 = 50.7인

⑧ 1,000×0.08 = 80인

⑨ 430×0.11 = 47.3인

⑩ 50×0.14 = 7인

⑪ 30×0.2 = 6인

⑫ 4,500×0.01 = 45인

⑬ 1,500×0.01 = 15인

⑭ 공량계의 합 : 37.5+54+5.85+50.7+80+47.3+7+6+45+15 = 348.35인

⑮ 348.35인×100,000원 = 34,835,000

⑯ 34,835,000원×0.03 = 1,045,050원
⑰ 직접노무비+공구손료 : 34,835,000원+1,045,050원 = 35,880,050원

해☆설

품 명	수 량	단 위	내선전공공량	공량계(인)	공량합계(인)
수신기	1	대	6 (회선당 0.3 할증)	(① 6+(105×0.3) = 37.5인)	(⑭ 공량계의 합 : 37.5+54+5.85 +50.7+80+47. 3+7+6+45+15 = 348.35인)
발신기세트	(② 4개×15층 = 60개)	개	0.9	(③ 60×0.9 = 54인)	
연기감지기	(④ 3개×15층 = 45개)	개	0.13	(⑤ 45×0.13 = 5.85인)	
차동식 감지기	(⑥ 26개×15층 = 390개)	개	0.13	(⑦ 390×0.13 = 50.7인)	
후강전선관(16[mm])	1,000	m	0.08	(⑧ 1,000×0.08 = 80인)	
후강전선관(22[mm])	430	m	0.11	(⑨ 430×0.11 = 47.3인)	
후강전선관(28[mm])	50	m	0.14	(⑩ 50×0.14 = 7인)	
후강전선관(36[mm])	30	m	0.2	(⑪ 30×0.2 = 6인)	
전선(1.5[mm^2])	4,500	m	0.01	(⑫ 4,500×0.01 = 45인)	
전선(2.5[mm^2])	1,500	m	0.01	(⑬ 1,500×0.01 = 15인)	
직접노무비					(⑮ 348.35인× 100,000원 = 34,835,000)
공구손료(3[%])					(⑯ 34,835,000원 ×0.03 = 1,045,050원)
공구손료를 고려한 공사비 합계(원)					(⑰ 직접노무비+ 공구손료 : 34,835,000원+ 1,045,050원 = 35,880,050원)

09 다음 그림은 금속관 노출배관공사의 일부분이다. 물음에 답하시오.

득점	배점
	5

⑤ → 뚜껑

스위치박스

물음

(가) 금속관공사에 사용하는 기호 ①~④의 명칭을 쓰시오.

(나) 노출배관공사에 ④번 대신 사용하는 ⑤번의 명칭을 쓰시오.

★해답 (가) ① 커플링　　　　　　　② 새 들
　　　　　③ 노출환형박스(2방출)　④ 노멀밴드
　　(나) ⑤ 유니버설엘보

10 다음 회로에서 램프 L의 작동을 주어진 타임차트에 표시하시오(단, PB : 누름버튼스위치, LS : 리밋스위치, R : 릴레이이다).

득점	배점
	5

(가) R ─ PB ─ R ─ LS ─ R ─ T

(나) R ─ LS ─ R ─ PB ─ R ─ T

★해답 (가)

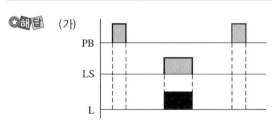

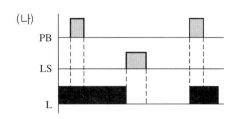

(나)

해★설

(가) ① 점등조건 : ®계전기 여자 중 LS가 동작되어 두 입력이 모두 충족해야 점등

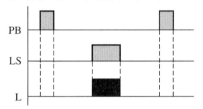

(나) ① 소등조건 : ®계전기가 여자되면 ®-b접점에 의해 소등

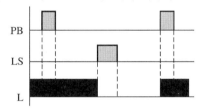

11

다음 그림은 3상3선식 전기회로에 변류기를 설치하고 이의 작동원리를 표시한 것이다. 누전되고 있다고 할 때 다음 각 물음에 답하시오.

득점	배점
	8

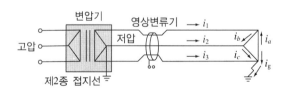

물음

(가) 정상 시 전류값 I_1, I_2, I_3, $I_1 + I_2 + I_3$을 구하시오.

(나) 누전 시 전류값 I_1, I_2, I_3, $I_1 + I_2 + I_3$을 구하시오.

★해답

(가) 정상 시

① $I_1 = I_b - I_a$ $\qquad$ $I_2 = I_c - I_b$

$\quad$ $I_3 = I_a - I_c$

② $I_1 + I_2 + I_3 = 0$

(나) 누전 시

① $I_1 = I_b - I_a$ $\qquad$ $I_2 = I_c - I_b$

$\quad$ $I_3 = I_a - I_c + I_g$

② $I_1 + I_2 + I_3 = I_g$

해☆설

키르히호프의 법칙에 의하여 A, B, C점의 전류를 구하면

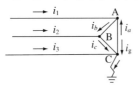

(가) 정상 시

① A점 전류 : $I_1 + I_a = I_b$ → $I_1 = I_b - I_a$

B점 전류 : $I_2 + I_b = I_c$ → $I_2 = I_c - I_b$

C점 전류 : 정상 시이므로 $I_g = 0$이다. : $I_3 + I_c = I_a$ → $I_3 = I_a - I_c$

② $I_1 + I_2 + I_3 = (I_b - I_a) + (I_c - I_b) + (I_a - I_c) = 0$

(나) 누전 시

① A점 전류 : $I_1 + I_a = I_b$ → $I_1 = I_b - I_a$

B점 전류 : $I_2 + I_b = I_c$ → $I_2 = I_c - I_b$

C점 전류 : $I_3 + I_c = I_a + I_g$ → $I_3 = I_a - I_c + I_g$

② $I_1 + I_2 + I_3 = I_g$이다.

12

다음의 예비전원설비일 때 축전지에 대하여 각 물음에 답하시오.

득점	배점
	8

물 음

(가) 비상용 조명부하가 30[W] 140등, 50[W] 60등이 있다. 방전시간은 30분이며, 연축전지 HS형 54셀, 허용최저전압 90[V], 최저축전지온도 5[℃]일 때 축전지 용량[Ah]을 구하시오(단, 전압은 100[V]이고, 연축전지의 용량환산시간 K는 다음의 표와 같으며, 보수율은 0.8로 한다).

(나) CS형과 HS형의 방전형식에 따라 나누시오.

형 식	온도[℃]	10분			30분		
		1.6[V]	1.7[V]	1.8[V]	1.6[V]	1.7[V]	1.8[V]
CS	25	0.9	1.15	1.6	1.41	1.6	2.0
		0.8	1.06	1.42	1.34	1.55	1.88
	5	1.15	1.35	2.0	1.75	1.85	2.45
		1.1	1.25	1.8	1.75	1.8	2.35
	−5	1.35	1.6	2.65	2.05	2.2	3.1
		1.25	1.5	2.25	2.05	2.2	3.0
HS	25	0.58	0.7	0.93	1.03	1.14	1.38
	5	0.62	0.74	1.05	1.11	1.22	1.54
	−5	0.68	0.82	1.15	1.2	1.35	1.68

★해답

(가) 계산 : 공칭전압$=\dfrac{90}{54}=1.666 \fallingdotseq 1.7[\text{V/셀}]$

표에서 용량환산 시간 $K=1.22$

축전지용량 $C=\dfrac{1}{0.8}\times\left[1.22\times\dfrac{(30\times140+50\times60)}{100}\right]=109.8[\text{Ah}]$

답 : 109.8[Ah]

(나) CS형 : 완전방전형, HS형 : 급방전형

해★설

(가) 공칭전압$=\dfrac{\text{허용최저전압}}{\text{셀수}}=\dfrac{90}{54}=1.666 \fallingdotseq 1.7[\text{V/셀}]$

표에서 용량환산 시간 $K=1.22$

용량산정

$C=\dfrac{1}{L}KI=\dfrac{1}{0.8}\times\left[1.22\times\dfrac{(30\times140+50\times60)}{100}\right]=109.8[\text{Ah}]$

형 식	온도[℃]	10분			30분		
		1.6[V]	1.7[V]	1.8[V]	1.6[V]	1.7[V]	1.8[V]
CS	25	0.9	1.15	1.6	1.41	1.6	2.0
		0.8	1.06	1.42	1.34	1.55	1.88
	5	1.15	1.35	2.0	1.75	1.85	2.45
		1.1	1.25	1.8	1.75	1.8	2.35
	-5	1.35	1.6	2.65	2.05	2.2	3.1
		1.25	1.5	2.25	2.05	2.2	3.0
HS	25	0.58	0.7	0.93	1.03	1.14	1.38
	5	0.62	0.74	1.05	1.11	▼ 1.22	1.54
	-5	0.68	0.82	1.15	1.2	1.35	1.68

(나) CS형 : 완전방전형, HS형 : 급방전형

13

내화구조인 특정소방대상물에 설치된 공기관식차동식분포형감지기에 대한 다음 각 물음에 답하시오.

득점	배점
	8

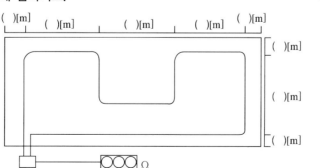

물음

(가) 빈칸에 알맞은 숫자를 써넣으시오.

(나) 공기관의 노출 부분은 감지구역마다 몇 [m] 이상이 되도록 하여야 하는가?

(다) 검출부와 수동발신기에 종단저항을 설치할 경우 배선수를 도면에 표시하시오.

(라) 하나의 검출부에 접속하는 공기관의 길이는 몇 [m] 이하가 되도록 하여야 하는가?

(마) 검출부는 몇 도 이상 경사되지 아니하도록 설치하여야 하는가?

★해답 (가), (다)

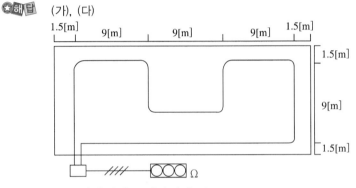

(나) 20[m], (라) 100[m], (마) 5°

해★설

(가), (다)

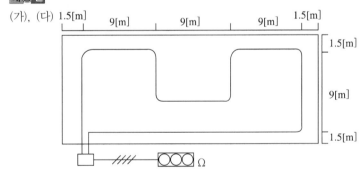

(나), (라), (마) **공기관식차동식분포형감지기의 설치기준**
- 공기관의 노출 부분은 감지구역마다 **20[m]** 이상이 되도록 할 것
- 공기관과 감지구역의 각 변과의 수평거리는 **1.5[m]** 이하가 되도록 하고 공기관 상호 간의 거리는 **6[m]**(내화구조 : 9[m]) 이하가 되도록 할 것
- 공기관은 도중에서 분기하지 아니하도록 할 것
- 하나의 검출 부분에 접속하는 공기관의 길이는 **100[m]** 이하로 할 것
- 검출부는 **5°** 이상 경사되지 아니하도록 부착할 것
- 검출부는 바닥으로부터 **0.8[m]** 이상 **1.5[m]** 이하의 위치에 설치할 것

14

다음 그림은 지하 3층, 지상 14층이고, 건축물에 자동화재탐지설비를 설치하고자 한다. 조건을 참고하여 다음 각 물음에 답을 쓰시오.

득점	배점
	10

조 건

- 계단은 건축물 우측에 1개소에 설치되고, 지하 3층에서 옥상까지 연결되어 있다.
- 엘리베이터는 지하 3층에서 지상 14층까지 연결되는 1대와 지하 3층에서 지상 6층까지 연결되는 1대 총 2대를 운영하고자 한다.
- 이 건축물의 층고는 3.3[m]이다.

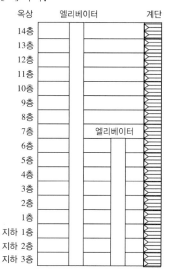

물 음

(가) 그림에서 수직 경계구역의 적당한 위치에 연기감지기를 그리시오.

(나) 수직경계구역의 전체 회로수는 얼마인가?

(다) 연기가 멀리 이동해서 감지기에 도달하는 장소에 설치하는 감지기는?

★해답 (가)

| 옥상 | 엘리베이터 | 계단 |

14층 S ... S
13층
12층 S
11층
10층
9층
8층 S
7층 엘리베이터
6층 S
5층
4층 S
3층
2층
1층
지하 1층 S
지하 2층
지하 3층

(나) 5회로

(다) 광전식분리형 감지기

해☆설

(가) 연기감지기 개수 및 배치

구 분	감지기 개수
엘리베이터	2개
지하층	① 수직거리 : 3.3[m]×3층 = 9.9[m] ② 감지기 개수 : $\dfrac{수직거리}{15[m]}$ = $\dfrac{9.9[m]}{15[m]}$ = 0.66 ≒ 1개(절상)
지상층	① 수직거리 : 3.3[m]×14층 = 46.2[m] ② 감지기 개수 : $\dfrac{수직거리}{15[m]}$ = $\dfrac{46.2[m]}{15[m]}$ = 3.08 ≒ 4개(절상)
합 계	7개

(나) 경계구역수

구 분	경계구역
엘리베이터	2개
지하층	① 수직거리 : 3.3[m]×3층 = 9.9[m] ② 감지기 개수 : $\dfrac{수직거리}{45[m]}$ = $\dfrac{9.9[m]}{45[m]}$ = 0.22 ≒ 1회로(절상)
지상층	① 수직거리 : 3.3[m]×14층 = 46.2[m] ② 감지기 개수 : $\dfrac{수직거리}{45[m]}$ = $\dfrac{46.2[m]}{45[m]}$ = 1.02 ≒ 2개(절상)
합 계	5회로

(다) 계단, 경사로서 연기가 멀리 이동해서 감지기에 도달하는 장소에는 다음의 감지기를 설치할 수 있다.

① 광전식스포트형 감지기   ② 광전식분리형 감지기

③ 광전아날로그식스포트형 감지기   ④ 광전아날로그식분리형 감지기

15

다음의 논리식에 대하여 각각 쓰시오.

득점	배점
	3

(가) $(A+B+C)(\overline{A}+B+C) = B+C$의 간소화 과정을 쓰고, 증명하시오.

(나) $B+C$ 유접점 회로(스위칭 회로)를 그리시오.

☆해답

(가) 논리식 간소화

$(A+B+C)(\overline{A}+B+C)$

$= A\overline{A} + AB + AC + \overline{A}B + BB + BC + \overline{A}C + BC + CC$

$= 0 + \underline{AB} + AC + \underline{\overline{A}B} + B + \underline{BC} + \overline{A}C + \underline{BC} + C$

$= B\underbrace{(A+\overline{A}+1+C+C)}_{1} + C\underbrace{(A+\overline{A}+1)}_{1}$

$= B+C$

(나) 스위칭 회로

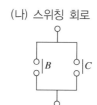

16

다음은 옥내소화전설비 블록선도를 나타낸 것이다. 구성요소 간 내화배선, 내열배선, 일반배선 등으로 배선하시오(단, ▬▬ : 내화배선, ▨ : 내열배선, ―――― : 일반배선).

득점	배점
	5

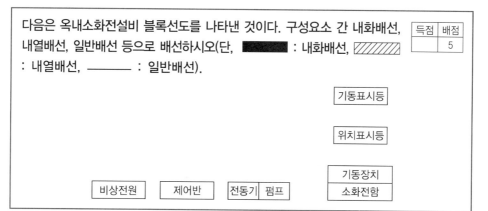

기동표시등

위치표시등

기동장치
소화전함

비상전원　　제어반　　전동기 펌프

⭐해답

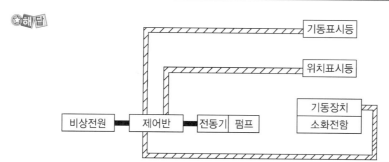

2017년 4월 16일 시행

제 **1** 회

※ 다음 물음에 대한 답을 해당 답란에 답하시오(배점 : 100).

01

그림은 배연창설비의 회로 계통도에 대한 도면이다. 주어진 표를 이용하여 다음 각 물음에 답하시오(단, 전동구동장치는 MOTOR방식이며, 사용전선은 HFIX 전선을 사용한다).

득점	배점
	10

조건

- 화재감지기가 동작하거나 수동조작함 기동스위치가 ON되면 배연창이 동작되고 수신기에 동작상태를 표시한다.
- 화재감지기는 자동화재탐지설비 감지기와 겸용 사용된다.

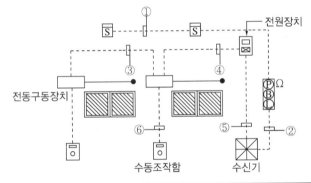

도체 단면적 [mm²]	전선본수									
	1	2	3	4	5	6	7	8	9	10
	전선관의 최소굵기[mm]									
2.5	16	16	16	16	22	22	22	28	28	28
4	16	16	16	22	22	22	28	28	28	28
6	16	16	22	22	22	28	28	28	36	36
10	16	22	22	28	28	36	36	36	36	36

물음

(가) 이 설비는 일반적으로 몇 층 이상의 건물에 시설하는가?

(나) 도면에 표시된 ②와 ④~⑥의 내역 및 용도를 빈칸에 써 넣으시오.

기호	내역	용도
①	16C (HFIX 1.5[mm²]−4)	지구, 공통 각 2가닥
②		
③	22C (HFIX 2.5[mm²]−5)	전원+, 전원−, 기동, 복구, 기동확인
④		
⑤		
⑥		

⭐해답 (가) 6층 이상

(나)

기 호	내 역	용 도
①	16C (HFIX 1.5[mm²]-4)	지구, 공통 각 2가닥
②	22C (HFIX 2.5[mm²]-7)	응답, 지구, 전화, 경종표시등공통, 경종, 표시등, 지구공통
③	22C (HFIX 2.5[mm²]-5)	전원+, 전원-, 기동, 복구, 기동확인
④	22C (HFIX 2.5[mm²]-6)	전원+, 전원-, 기동, 복구, 기동확인 2
⑤	28C (HFIX 2.5[mm²]-8)	전원+, 전원-, 교류전원 2, 기동, 복구, 기동확인 2
⑥	22C (HFIX 2.5[mm²]-5)	전원+, 전원-, 기동, 복구, 정지

해⭐설

배연창설비 : **6층 이상**의 고층건물에 시설하여 화재로 인한 연기를 신속하게 배출시켜, 피난 및 소화활동에 지장이 없도록 하는 설비

02

다음과 같은 자동화재탐지설비의 평면도에서 ㉮~㉚의 전선가닥수를 주어진 표의 빈칸에 쓰시오.

	득점	배점
		10

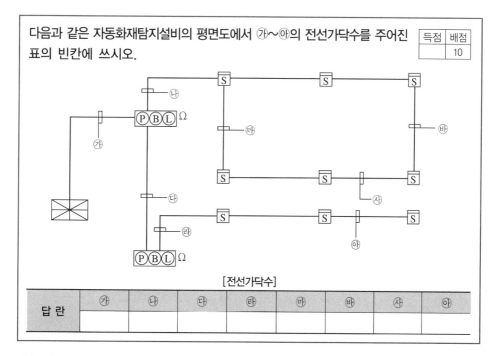

[전선가닥수]

답 란	㉮	㉯	㉰	㉱	㉲	㉳	㉴	㉚

⭐해답

㉮	㉯	㉰	㉱	㉲	㉳	㉴	㉚
8	4	7	4	2	2	2	4

해☆설

기 호	가닥수	배선내용
㉮	8	경종선(벨) 1, 표시등선 1, 경종 및 표시등 공통선 1, 전화선 1, 응답선 1, 회로선(지구선) 2, 회로(지구)공통선 1
㉯	4	회로(지구)선 2, 회로(지구)공통선 2
㉰	7	경종선(벨) 1, 표시등선 1, 경종 및 표시등 공통선 1, 전화선 1, 응답선 1, 회로선(지구선) 1, 회로(지구)공통선 1
㉱	4	회로(지구)선 2, 회로(지구)공통선 2
㉲	2	회로(지구)선 1, 회로(지구)공통선 1
㉳	2	회로(지구)선 1, 회로(지구)공통선 1
㉴	2	회로(지구)선 1, 회로(지구)공통선 1
㉵	4	회로(지구)선 2, 회로(지구)공통선 2

03

다음 그림은 준비작동식 스프링클러설비의 전기적 계통도이다. 그림을 보고 다음 각 물음에 답하시오(단, 배선수는 운전조작상 필요한 최소전선수를 쓰도록 하시오).

득점	배점
	10

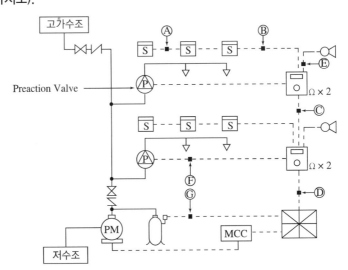

물 음

(가) ⒜~⒢까지의 가닥수는?

　　ⒶＡ　　　ⒷＢ　　　ⒸＣ　　　ⒹＤ　　　ⒺＥ　　　ⒻＦ　　　ⒼＧ

(나) 음향장치는 어떤 경우에 작동되는가?

(다) 준비작동식 밸브의 2차측 주밸브를 잠그고 유수검지장치의 전기적 작동방법 2가지는?

　　①

　　②

> (라) 감지기의 회로방식을 A・B회로로 구분하여 결선하는 이유와 이와 같은 회로
> 　　 방식의 명칭은?
> 　　① 이 유
> 　　② 회로방식의 명칭
> (마) (라)와 같은 회로방식을 적용하지 않아도 되는 감지기 종류 3가지를 쓰시오.

★해답　(가) Ⓐ 4
　　　　　　Ⓑ 8
　　　　　　Ⓒ 9
　　　　　　Ⓓ 15
　　　　　　Ⓔ 2
　　　　　　Ⓕ 4
　　　　　　Ⓖ 2
　　　　　(나) 감지기 A・B회로 중 1개 이상 작동 시 또는 SVP의 기동스위치 작동 시
　　　　　(다) ① 감지기 A・B(교차회로방식) 동시 작동 시　② SVP의 기동스위치 작동
　　　　　(라) ① 감지기의 오동작 방지, ② 교차회로방식
　　　　　(마) 특수감지기 : 불꽃감지기, 정온식 감지선형 감지기, 분포형 감지기

해★설

(가) 배선가닥수

기 호	구 분	가닥수	배선의 용도
Ⓐ	감지기 ↔ 감지기	4	지구 2, 공통 2
Ⓑ	감지기 ↔ SVP	8	지구 4, 공통 4
Ⓒ	SVP ↔ SVP	9	전원 +, 전원 -, 전화, 감지기 A・B, 밸브기동, 밸브주의, 밸브개방 확인, 사이렌
Ⓓ	2 Zone일 경우	15	전원 +, 전원 -, 전화, (감지기 A・B, 밸브기동, 밸브주의, 밸브개방확인, 사이렌)×2
Ⓔ	사이렌 ↔ SVP	2	사이렌 2
Ⓕ	프리액션밸브 ↔ SVP	4	솔레노이드밸브, 압력스위치, 탬퍼스위치, 공통(조건에서 최소가닥수 요구)
Ⓖ	압력체임버 ↔ 제어반 (수신반)	2	압력스위치 2

(마) 특수감지기
　　 불꽃감지기, 정온식 감지선형 감지기, 분포형 감지기, 복합형 감지기, 광전식 분리형 감지기,
　　 아날로그방식 감지기, 다신호방식 감지기, 축적방식 감지기 중 3가지 선택

04

특정소방대상물에 설치된 자동화재탐지설비의 수신기에서 스위치 주의등이
점멸하고 있다. 어떠한 경우에 점멸되는지 그 원인을 2가지만 쓰시오.

득점	배점
	6

해답
① 주경종 정지스위치 ON 시
② 지구경종 정지스위치 ON 시

해설
자동화재탐지설비 수신기 스위치 주의등 점멸의 경우
- 주경종 정지스위치 ON 시
- 지구경종 정지스위치 ON 시
- 자동복구스위치 ON 시
- 도통시험스위치 ON 시

05

다음의 도면은 준비작동식 프리액션형 스프링클러설비의 슈퍼비조리패널
(SVP)에서 수신기까지 내부결선도이다. 다음 물음에 답하시오.

득점	배점
	12

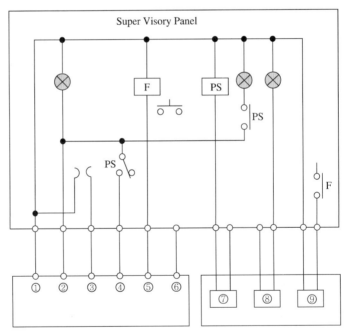

(가) ①~⑥까지 배선의 용도는?
(나) ⑦~⑨ 배선의 명칭은?
(다) 미완성 결선도를 결선하시오.

★해답 (가) ① 전원 (−), ② 전원 (+), ③ 전화, ④ 밸브개방확인, ⑤ 밸브기동, ⑥ 밸브주의
(나) ⑦ 압력스위치, ⑧ 탬퍼스위치, ⑨ 솔레노이드밸브
(다) 미완성결선도 결선

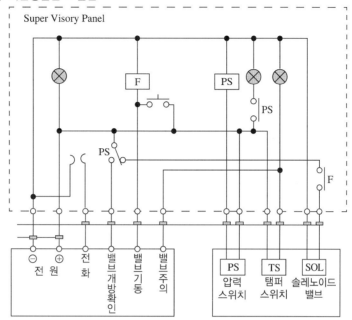

06 다음 그림은 자동방화문설비의 자동방화문에서 R형 중계기까지 결선도 및
계통도에 대한 것이다. 다음 조건을 참조하여 물음에 답하시오.

득점	배점
	6

조 건
• 전선은 최소 가닥수로 한다.
• 방화문 감지기회로는 제외한다.
• 자동방화문설비는 층별로 구획되어 설치되었다.

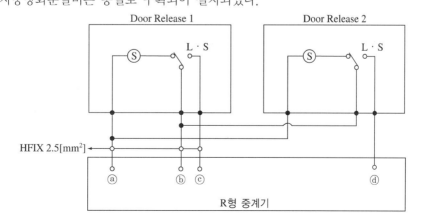

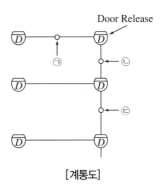

[계통도]

물음

(가) 회로도상 ⓐ~ⓓ의 배선 명칭을 쓰시오.

(나) 계통도상 ㉠~㉢의 가닥수와 배선 용도를 쓰시오.

해답 (가) ⓐ 기 동　　　　　　　ⓑ 공 통
　　　ⓒ 확 인　　　　　　　ⓓ 확 인
　　(나) ㉠ 3가닥 : 공통 1, 기동 1, 확인 1
　　　㉡ 4가닥 : 공통 1, 기동 1, 확인 2
　　　㉢ 7가닥 : 공통 1, 기동 2, 확인 4

해설

• **자동방화문**(Door Release) **동작**

　상시 사용하는 피난계단 전실 등의 출입문에 시설하는 설비로서 평상시 개방되어 있다가 화재 발생 시 감지기 작동, 기동스위치 조작에 의하여 방화문을 폐쇄하여 연기가 계단으로 유입되는 것을 막아서 피난활동을 원활하게 한다.

• **회로도**

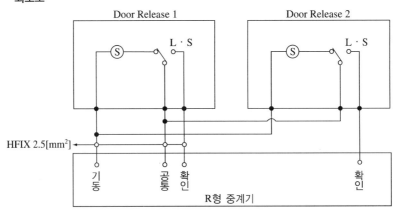

• 계통도

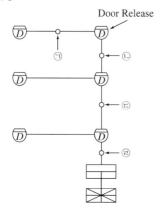

기 호	배선수	전선의 종류	용 도
㉠	3	HFIX 2.5	기동, 확인, 공통
㉡	4	HFIX 2.5	기동, 확인 2, 공통
㉢	7	HFIX 2.5	(기동, 확인 2)×2, 공통
㉣	10	HFIX 2.5	(기동, 확인 2)×3, 공통

07

다음 회로를 보고 다음 각 물음에 답하시오.

득점	배점
	8

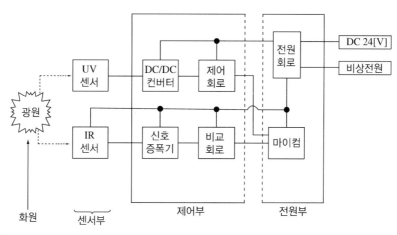

물음

(가) 감지기의 명칭은?

(나) 초전효과(Pyro효과)란?

(다) 감지기는 연소생성물 중 어느 것을 감지하는가?

(라) ① 감지기는 (   )와 (   )를 기준으로 감시구역이 모두 포용될 수 있도록 설치할 것

    ② 감지기는 화재감지를 유효하게 감지할 수 있는 (   ) 또는 (   ) 등에 설치할 것

    ③ 감지기를 (   )에 설치하는 경우에는 감지기는 바닥을 향하여 설치할 것

★**해답** (가) 불꽃감지기
　　　　(나) 온도변화에 따라 전압이 발생하는 현상
　　　　(다) 불 꽃
　　　　(라) ① 공칭감시거리, 공칭시야각　　② 모서리, 벽　　③ 천장

해★설

(가) 불꽃감지기 : 화염(불꽃)에서만 발생하는 일국소의 불꽃에 의한 수광소자에 입사하여 전기가 발생하여 작동하는 감지기이다.

(나) 초전효과(Pyro) : 온도변화에 따라 유전체 결정의 전기 분극의 크기가 변화하여 전압이 나타나는 현상으로 온도감지기 등에 응용된다.

(다) 연소생성물 연기, 열, 화염(불꽃), CO

(라) 불꽃감지기 설치기준
　　① 공칭감시거리 및 공칭시야각은 형식승인 내용에 따를 것
　　② 감지기는 공칭감시거리와 공칭시야각을 기준으로 감시구역이 모두 포용될 수 있도록 설치할 것
　　③ 감지기는 화재감지를 유효하게 감지할 수 있는 모서리 또는 벽에 설치할 것
　　④ 감지기를 천장에 설치하는 경우에는 감지기는 바닥을 향하여 설치할 것
　　⑤ 수분이 많이 발생할 우려가 있는 장소에는 방수형으로 설치할 것
　　⑥ 그 밖의 설치기준은 형식승인 내용에 따르며 형식승인 사항이 아닌 것은 제조사의 시방에 따라 설치할 것

08

다음 평면도와 같이 각 실별로 화재감지기를 설치하였다. 평면도에 명시된 배관루트에 따라 주어진 배관도를 이용하여 감지기와 감지기 간, 감지기와 발신기 간, 발신기와 수신기 간에 연결되는 전선을 모두 그리시오(단, 종단저항은 발신기 내에 부착되어 있다).

득점	배점
	6

• 평면도

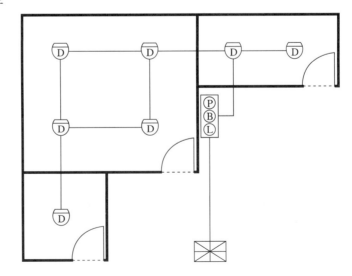

• 배관도

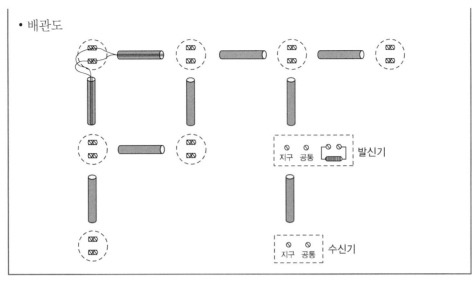

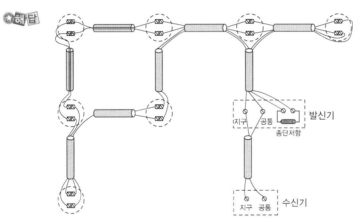

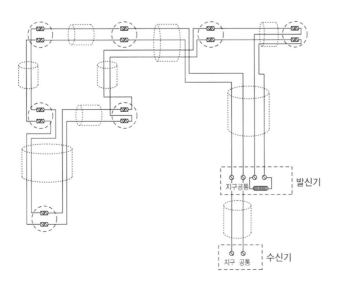

09

다음 도면은 Y-△ 기동방식의 회로도이다. 물음에 답하시오.

득점	배점
	9

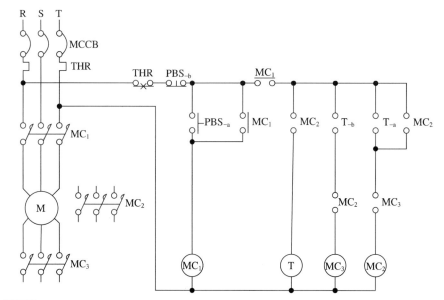

물음

(가) Y-△ 기동회로의 주회로와 보조회로 미완성부분을 완성하시오.

(나) Y-△방식을 쓰는 이유는 무엇인가?

(다) 다음은 Y-△ 기동회로의 동작설명이다. (   ) 안에 알맞은 기호나 문자를 써넣으시오.

- PBS₋ₐ를 누르면 (①)과 (②) 및 (③)가 여자되어 Y결선으로 기동하게 된다.
- 타이머 설정시간 후 (④)접점이 열려 (⑤)가 소자되고, (⑥)접점이 닫혀 (⑦)가 여자되며 △결선으로 운전하게 된다.
- (⑧)와 (⑨)는 상호 인터록이 걸려 있다.
- PBS₋ᵦ를 누르거나 전동기 과부하에 의해 (⑩)가 동작하면 전동기는 정지하게 된다.

(가)

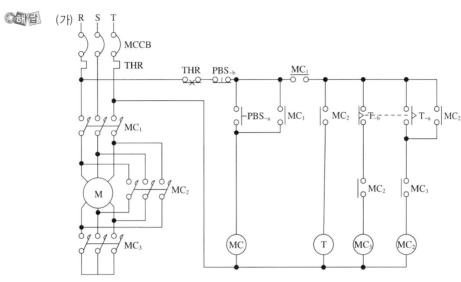

(나) 기동 시 기동전류를 $\frac{1}{3}$ 로 감소시키기 위해

(다) ① MC$_1$ ② MC$_3$

③ T   ④ T$_{-b}$

⑤ MC$_3$ ⑥ T$_{-a}$

⑦ MC$_2$ ⑧ MC$_2$

⑨ MC$_3$ ⑩ THR

해설

Y-△ 기동회로의 동작

- 기동스위치(PBS$_{-a}$)를 누르면 MC$_1$, MC$_3$, T가 여자되면서 전동기 Ⓜ이 Y결선으로 기동하게 된다.
- 설정시간이 지나면 T$_{-b}$접점에 의해 MC$_3$가 소자되고, T$_{-a}$접점에 의해 MC$_2$가 여자되며 MC$_{2-a}$접점에 의해 자기유지되고, MC$_{2-b}$접점에 의해 타이머(T)가 소자되며 △결선으로 운전하게 된다.
- Y기동(MC$_3$)과 △운전(MC$_2$)용 전자접촉기는 상호 인터록이 걸려 있어야 한다.
- 정지스위치(PBS$_{-b}$)를 누르거나 전동기 과부하에 의해 열동계전기(THR)가 동작하게 되면 모든 회로는 처음 상태로 되돌아가며 전동기는 정지하게 된다.

10 소방용 케이블과 다른 용도의 케이블을 배선전용실에 함께 배선할 때 다음 각 물음에 답하시오.

득점	배점
	4

(가) 소방용 케이블을 내화성능을 갖는 배선전용실 등의 내부에 소방용이 아닌 케이블과 함께 노출하여 배선할 때 소방용 케이블과 다른 용도의 케이블 간의 피복과 피복 간의 이격거리는 몇 [cm] 이상이어야 하는가?

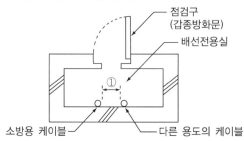

(나) 부득이하여 (가)와 같이 이격시킬 수 없어 불연성 격벽을 설치한 경우에 격벽의 높이는 굵은 케이블 지름의 몇 배 이상이어야 하는가?

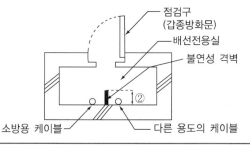

⭐해답 (가) 15[cm] 이상
　　　　(나) 1.5배 이상

해⭐설
배선전용실의 케이블 배치 예

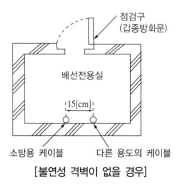

[불연성 격벽이 없을 경우]

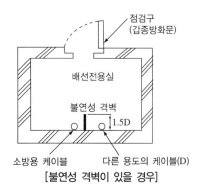

[불연성 격벽이 있을 경우]

(가) 소방용 케이블과 다른 용도의 케이블은 **15[cm]** 이상 이격 설치
(나) 불연성 격벽 설치 시 가장 굵은 케이블의 배선지름 **1.5배** 이상의 높이일 것

11 비상방송설비에서 자동화재탐지설비의 지구음향장치를 작동시킬 수 있는 미완성 결선도를 조건과 범례를 이용하여 완성하시오.

득점	배점
	5

범례

─o o─ : 작동스위치　　　　─o o─ : 절환스위치

o꟯o : 정지스위치　　　　X : 계전기

▭ : 감지기　　　　B : 경종

조건

- 작동 스위치를 누르거나 화재에 의하여 감지기가 감지하면 계전기 X_1이 여자되어 자기유지되며, 자기유지 접점 X_{1-a} 접점 동작에 의하여 경종이 울린다.
- 정지스위치를 누르면 계전기 X_1이 소자되고 경종이 작동을 중지한다.
- 작동 스위치 또는 감지기에 의하여 경종 작동 중 절환스위치를 비상방송설비로 절환하면 계전기 X_2가 여자되고 X_{2-b} 접점에 의하여 경종이 작동을 정지한다.

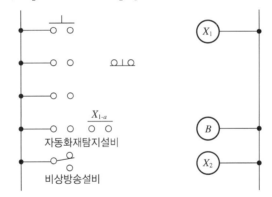

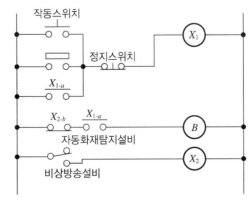

감지기와 X_{1-a} 접점은 서로 위치가 바뀌어도 된다.

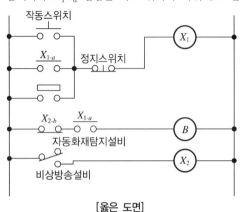

[옳은 도면]

12

	득점	배점
		4

비상용 발전설비를 설치하려고 한다. 기동용량 500[kVA] 허용전압강하는 15[%]까지 허용하며, 과도리액턴스는 20[%]일 때 발전기 정격용량은 몇 [kVA] 이상의 것을 선정하여야 하며, 발전기용 차단기의 차단용량은 몇 [MVA] 이상인가? (단, 차단용량의 여유율은 25[%]로 계산한다)

(가) 발전기 용량　　　　　　　(나) 차단기의 차단용량

(가) 계산 : 발전기 용량 $P_n = \left(\dfrac{1}{0.15}-1\right)\times 0.2\times 500 = 566.666[\text{kVA}]$

답 : 566.67[kVA]

(나) 계산 : 차단 용량 $P_s = \dfrac{566.67}{0.2}\times 1.25\times 10^{-3} = 3.541[\text{MVA}]$

답 : 3.54[MVA]

(가) 발전기용량

$$P_n \geqq \left(\frac{1}{e}-1\right)X_L P\,[\text{kVA}]$$

여기서, P_n : 발전기 정격용량[kVA]　　　　e : 허용전압강하
　　　　X_L : 과도리액턴스　　　　　　P : 기동용량[kVA]

∴ $P_n \geqq \left(\dfrac{1}{0.15}-1\right)\times 0.2\times 500 = 566.666 \fallingdotseq 566.67[\text{kVA}]$

(나) 차단기의 차단용량

$$P_s \geqq \frac{P_n}{X_L} \times 1.25 (여유율)$$

여기서, P_s : 발전기용 차단기의 용량[kVA] X_L : 과도리액턴스
P_n : 발전기 정격용량[kVA]

$$\therefore \ P_s \geqq \frac{566.67}{0.2} \times 1.25 \ \fallingdotseq \ 3,541[kVA] \ = \ 3.541[MVA] \ \fallingdotseq \ 3.54[MVA]$$

13

스프링클러 감시제어반에서 도통시험과 작동시험을 해야 하는 회로를 5가지 쓰시오.	득점	배점
		5

 ① 기동용수압개폐장치의 압력스위치 회로
② 수조 또는 물올림탱크의 저수위 감시회로
③ 유수검지장치 또는 일제개방밸브의 압력 스위치회로
④ 일제개방밸브를 사용하는 설비의 화재감지기회로
⑤ 개폐밸브의 폐쇄상태 확인회로

14

비상방송설비의 확성기(Speaker)회로에 음량조정기를 설치하고자 한다. 결선도를 그리시오.	득점	배점
		5

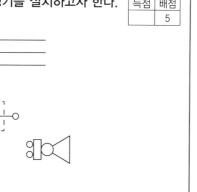

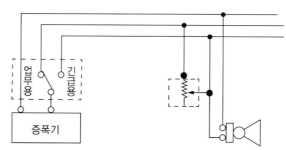

비상방송설비의 설치기준

- 확성기의 음성입력은 **3[W]**(실내에 설치하는 것에 있어서는 **1[W]**) 이상일 것
- 확성기는 각 층마다 설치하되 확성기까지의 수평거리 25[m] 이하가 되도록 할 것
- 음량조정기를 설치하는 경우 음량조정기의 배선은 3선식으로 할 것
- 조작부의 조작스위치는 바닥으로부터 **0.8[m] 이상 1.5[m] 이하**의 높이에 설치할 것
- 조작부는 기동장치의 작동과 연동하여 해당 기동장치가 작동한 층 또는 구역을 표시할 수 있을 것
- 증폭기 및 조작부는 수위실 등 항시 사람이 근무하는 장소로서 점검이 편리하고 방화상 유효한 곳에 설치할 것
- 다른 방송설비와 공용하는 것에 있어서는 화재 시 차단할 수 있는 구조로 할 것
- 하나의 특정소방대상물에 2 이상의 조작부가 설치되어 있는 때에는 각각의 조작부가 있는 장소 상호 간에 동시통화가 가능한 설비를 설치하고, 어느 조작부에서도 해당 특정소방대상물의 전구역에 방송할 수 있도록 할 것
- 기동장치에 의한 화재신호를 수신한 후 필요한 음량으로 방송이 개시될 때까지의 소요시간은 **10초 이하**로 할 것

2017년 6월 25일 시행

제**2**회

※ 다음 물음에 대한 답을 해당 답란에 답하시오(배점 : 100).

01

득점	배점
	10

가스누설경보기에 대한 다음 각 물음에 답하시오.

(가) 가스누설경보기가 가스누설신호를 수신한 경우에 대하여 쓰시오.

① 수신개시로부터 가스누설표시까지의 소요시간 :　　　 이내

② 가스누설표시로 사용되는 누설 등의 색깔 :

(나) 예비전원으로 사용하는 축전지는 어떤 종류의 축전지인지 그 명칭을 구체적으로 쓰고, 그 용량의 기준에 대하여 쓰시오.

① 명칭 :

② 용 량

㉠ 1회선용 :

㉡ 2회선용 이상 :

(다) 가스누설경보기의 충전부와 외함 간, 절연된 선로 간의 절연저항은 직류 500[V]의 절연저항계로 측정한 값[MΩ]이 얼마 이상이어야 하는지 쓰시오.

① 충전부와 외함 간 :　　　 [MΩ]

② 절연된 선로 간 :　　　 [MΩ]

해답

(가) ① 60초　　　　　　　　② 황 색

(나) ① 알칼리계 2차 축전지, 리튬계 2차 축전지, 무보수 밀폐형 연축전지

② 용 량

㉠ 1회선 : 감시상태를 20분간 계속한 후 10분간 경보할 수 있는 용량

㉡ 2회선 이상 : 모든 회로에 대하여 감시상태를 10분간 계속한 후 2회선을 유효하게 작동시키고 10분간 경보할 수 있는 용량

(다) ① 5[MΩ]

② 20[MΩ]

해설

(가) ① 수신개시로부터 가스누설표시까지의 소요시간은 **60초 이내**일 것

② 표시등은 가스의 누설을 표시하는 표시등으로 **황색**으로 할 것

③ 지구등(가스가 누설할 경계구역의 위치를 표시하는 표시등) : **황색**

(나) 알칼리계 2차 축전지, 리튬계 2차 축전지, 무보수 밀폐형 연축전지

㉠ 1회선 : 감시상태를 20분간 계속한 후 10분간 경보할 수 있는 용량

㉡ 2회선 이상 : 모든 회로에 대하여 감시상태를 10분간 계속한 후 2회선을 유효하게 작동시키고 10분간 경보할 수 있는 용량

(다) 가스누설경보기의 **절연저항시험**의 절연저항값
　　① **절연된 충전부와 외함 간 : 5[MΩ] 이상**
　　② **교류입력측과 외함 간 : 20[MΩ] 이상**
　　③ **절연된 선로 간 : 20[MΩ] 이상**

02

	득점	배점
다음 옥내소화전의 계통도를 보고 물음에 답하시오.		9

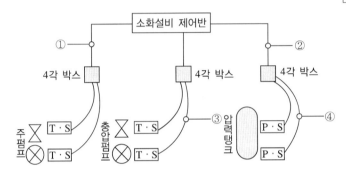

물음

(가) 위 도면의 기호에 해당하는 전선의 가닥수를 쓰시오.

　　① :　　　　　　　　　② :
　　③ :　　　　　　　　　④ :

(나) 옥내소화전설비에는 제어반을 설치하되, 감시제어반과 동력제어반으로 구별
　하여 설치하여야 한다. 다음 각 물음에 답하시오.
　• 각 펌프의 작동 여부를 확인할 수 있는 (　①　) 및 (　②　)이 있어야 할 것
　• 각 펌프를 (　③　) 및 (　④　)으로 작동시키거나 작동을 중단시킬 수 있
　어야 할 것
　• 비상전원을 설치한 경우에는 (　⑤　) 및 (　⑥　)의 공급 여부를 확인할
　수 있어야 할 것
　• 수조 또는 물올림탱크가 (　⑦　)로 될 때 표시등 및 음향으로 경보할 것
　• 기동용 수압개폐장치의 압력스위치회로, 수조 또는 물올림탱크의 감시회
　로마다 (　⑧　) 및 (　⑨　)을 할 수 있어야 할 것

해답　(가) ① : 3　　　　　　　　　② : 3
　　　　　　③ : 2　　　　　　　　　④ : 2
　　　　(나) ① 표시등　　　　　　　② 음향경보
　　　　　　③ 자 동　　　　　　　④ 수 동
　　　　　　⑤ 상용전원　　　　　　⑥ 비상전원
　　　　　　⑦ 저수위　　　　　　　⑧ 도통시험
　　　　　　⑨ 작동시험

해☆설

(가) 전선의 가닥수

내 용	가닥수	전선용도
①	3	T·S 2, 공통 1
②	3	P·S 2, 공통 1
③	2	T·S 2
④	2	P·S 2

03

도면은 옥내소화전설비와 자동화재탐지설비를 겸용한 전기설비계통도의 일부분이다. 다음 조건을 보고 ①∼⑦까지의 최소 전선수를 산정하시오.

득점	배점
	7

조 건

• 건물의 규모는 지하 3층 지상 5층이며, 연면적은 4,000[m²]이다.

• 선로의 수는 최소로 하고 공통선은 회로공통선과 경종표시등 공통선을 분리한다.

• 옥내소화전설비는 기동용 수압개폐장치를 이용한 자동기동방식으로 한다.

• 옥내소화전설비에 해당하는 가닥수도 포함하여 산정한다.

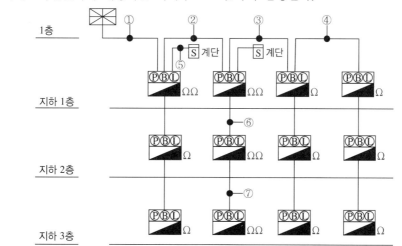

☆해답

① 26가닥   ② 21가닥
③ 14가닥   ④ 11가닥
⑤ 4가닥   ⑥ 12가닥
⑦ 10가닥

해◎설

- 5층 이상이고 연면적이 300[m²]를 초과하였으므로 직상층 우선경보방식이지만, 문제에서 주어진 도면은 지하층이므로 일제경보방식으로 가닥수 산정(지하층은 무조건 일제경보방식)
- 발신기 세트 옆의 종단저항 수에 유의할 것

  Ω : 회로선 1　　　　　　　　　ΩΩ : 회로선 2
- 옥내소화전함과 발신기 세트 일체형 기본가닥수 : 9가닥

  (발신기 세트 기본 : 7가닥 + 기동확인표시등 2)
- **배선의 용도 및 가닥수**

기 호	가닥수	용 도
①	26	① 응답선　② 전화선　③ 회로선 16　④ 회로공통선 3 ⑤ 경종선　⑥ 표시등　⑦ 경종표시등공통선　⑧ 기동확인표시등 2
②	21	① 응답선　② 전화선　③ 회로선 12　④ 회로공통선 2 ⑤ 경종선　⑥ 표시등　⑦ 경종표시등공통선　⑧ 기동확인표시등 2
③	14	① 응답선　② 전화선　③ 회로선 6　④ 회로공통선 ⑤ 경종선　⑥ 표시등　⑦ 경종표시등공통선　⑧ 기동확인표시등 2
④	11	① 응답선　② 전화선　③ 회로선 3　④ 회로공통선 ⑤ 경종선　⑥ 표시등　⑦ 경종표시등공통선　⑧ 기동확인표시등 2
⑤	4	회로선 2, 회로공통선 2
⑥	12	① 응답선　② 전화선　③ 회로선 4　④ 회로공통선 ⑤ 경종선　⑥ 표시등선　⑦ 경종표시등공통선　⑧ 기동확인표시등 2
⑦	10	① 응답선　② 전화선　③ 회로선 2　④ 회로공통선 ⑤ 경종선　⑥ 표시등선　⑦ 경종표시등공통선　⑧ 기동확인표시등 2

04 다음의 시각경보장치의 (　　) 안에 들어갈 내용은?

득점	배점
	6

(가) 복도·통로·청각장애인용 객실 및 공용으로 사용하는 (　①　)에 설치하며, 각 부분으로부터 유효하게 경보를 발할 수 있는 위치에 설치할 것

(나) 공연장·집회장·관람장 또는 이와 유사한 장소에 설치하는 경우에는 시선이 집중되는 (　②　) 부분 등에 설치할 것

(다) 설치 높이는 바닥으로부터 (　③　)[m] 이상 (　④　)[m] 이하의 장소에 설치할 것. 다만, (　⑤　)의 높이가 2[m] 이하인 경우에는 천장으로부터 (　⑥　)[m] 이내의 장소에 설치하여야 한다.

◎해답
① 거 실
② 무대부
③ 2[m] 이상
④ 2.5[m] 이하
⑤ 천 장
⑥ 0.15[m]

해◎설

시각경보장치의 설치기준
청각장애인용 시각경보장치는 소방청장이 정하여 고시한 시각경보장치의 성능인증 및 제품검사의

기술기준에 적합한 것으로서 다음의 기준에 따라 설치하여야 한다.
• 복도·통로·청각장애인용 객실 및 공용으로 사용하는 거실(로비, 회의실, 강의실, 식당, 휴게실, 오락실, 대기실, 체력단련실, 접객실, 안내실, 전시실, 기타 이와 유사한 장소를 말한다)에 설치하며, 각 부분으로부터 유효하게 경보를 발할 수 있는 위치에 설치할 것
• 공연장·집회장·관람장 또는 이와 유사한 장소에 설치하는 경우에는 시선이 집중되는 무대부 부분 등에 설치할 것
• 설치높이는 바닥으로부터 2[m] 이상 2.5[m] 이하의 장소에 설치할 것. 다만, 천장의 높이가 2[m] 이하인 경우에는 천장으로부터 0.15[m] 이내의 장소에 설치하여야 한다.
• 시각경보장치의 광원은 전용의 축전지설비 또는 전기저장장치(외부 전기에너지를 저장해 두었다가 필요한 때 전기를 공급하는 장치)에 의하여 점등되도록 할 것. 다만, 시각경보기에 작동전원을 공급할 수 있도록 형식승인을 얻은 수신기를 설치한 경우에는 그러하지 아니하다.

05

	득점	배점
옥내소화전 비상전원 설치기준 5가지를 쓰시오.		5

★해답 ① 점검에 편리하고 화재 및 침수 등의 재해로 인한 피해를 받을 우려가 없는 곳에 설치할 것
② 옥내소화전설비를 유효하게 20분 이상 작동할 수 있어야 할 것
③ 상용전원으로부터 전력의 공급이 중단된 때에는 자동으로 비상전원으로부터 전력을 공급받을 수 있도록 할 것
④ 비상전원의 설치장소는 다른 장소와 방화구획 할 것. 이 경우 그 장소에는 비상전원의 공급에 필요한 기구나 설비 외의 것을 두어서는 아니 된다.
⑤ 비상전원을 실내에 설치하는 때에는 그 실내에 비상조명등을 설치할 것

06

	득점	배점
그림은 우선경보방식의 비상방송설비의 계통도를 나타내고 있다 각 층 사이의 ①~⑤까지의 배선수와 각 배선의 용도를 쓰시오(단, 비상용 방송과 업무용 방송을 겸용으로 하는 설비이다).		10

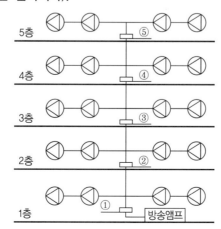

구 분	배선수	배선의 용도
①		
②		
③		
④		
⑤		

해답

구 분	배선수	배선의 용도
①	11선	업무용, 비상용 5, 공통선 5
②	9선	업무용, 비상용 4, 공통선 4
③	7선	업무용, 비상용 3, 공통선 3
④	5선	업무용, 비상용 2, 공통선 2
⑤	3선	업무용, 비상용, 공통선

해설

• 우선경보방식으로 음량조정기가 있는 3선식의 경우

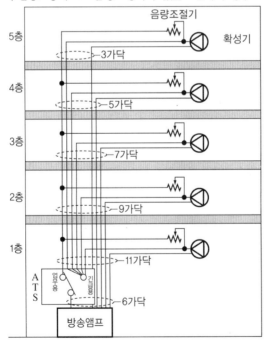

• 우선경보방식으로 음량조정기가 없는 2선식의 경우

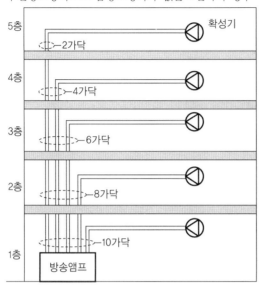

07

소방용 케이블과 다른 용도의 케이블을 배선전용실에 함께 배선할 때 다음 각 물음에 답하시오.

득점	배점
	4

(가) 소방용 케이블을 내화성능을 갖는 배선전용실 등의 내부에 소방용이 아닌 케이블과 함께 노출하여 배선할 때 소방용 케이블과 다른 용도의 케이블 간의 피복과 피복 간의 이격거리는 몇 [cm] 이상이어야 하는가?

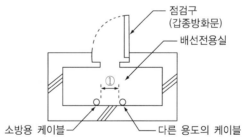

(나) 부득이하여 (가)와 같이 이격시킬 수 없어 불연성 격벽을 설치한 경우에 격벽의 높이는 굵은 케이블 지름의 몇 배 이상이어야 하는가?

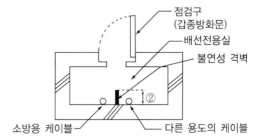

(가) 15[cm] 이상

　　　　(나) 1.5배 이상

해★설

배선전용실의 케이블 배치 예

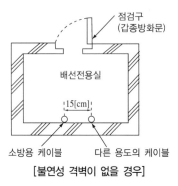
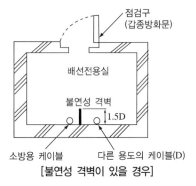

[불연성 격벽이 없을 경우]　　　　[불연성 격벽이 있을 경우]

(가) 소방용 케이블과 다른 용도의 케이블은 **15[cm]** 이상 이격 설치

(나) 불연성 격벽 설치 시 가장 굵은 케이블의 배선지름 **1.5배** 이상의 높이일 것

08

차동식 스포트형 감지기의 구조에 관한 다음 그림에서 주어진 번호의 명칭 및 역할을 간단히 설명하시오.

득점	배점
	8

★해답 ① 감열실 : 열을 감지하는 부분

② 다이어프램 : 열을 받아 공기팽창에 의해 접점이 상부의 접점에 밀려올라가도록 하는 설비

③ 고정용 접점 : 가동접점과 접촉되어 화재신호를 중계기나 수신기에 발신

④ 리크공 : 화재 이외의 완만한 온도 상승 시 팽창된 공기를 리크구멍으로 방출하여 오동작을 방지

09

통로유도등에 관련된 것이다. 물음에 답하시오.

득점	배점
	6

(가) 빈칸을 채우시오.

	복도통로유도등	거실통로유도등	계단통로유도등
설치장소	복 도	①	경사로 및 계단참
설치기준	구부러진 모퉁이 및 보행거리 20[m]마다	②	통행에 지장이 없도록 설치할 것
설치높이	③	바닥에서부터 1.5[m] 이상	바닥으로부터 높이 1[m] 이하에 설치

(나) 바닥 및 벽면에 설치하는 통로유도등의 조도 및 조도측정방법을 쓰시오.

(다) 통로유도등의 표시 색상에 대하여 쓰시오.

해답

(가) ① 거실의 통로

② 구부러진 모퉁이 및 보행거리 20[m]마다

③ 바닥으로부터 높이 1[m] 이하

(나) 바닥통로유도등 : 통로유도등 직상부 1[m]의 높이에서 측정하여 1[lx] 이상

벽에 붙어 있는 통로유도등 : 밑에 바닥에서부터 수평으로 0.5[m] 떨어진 지점에서 측정하여 1[lx] 이상

(다) 백색 바탕에 녹색으로 피난 방향을 표시

해설

- 유도등 설치장소
  - 통로유도등은 옥내로부터 **직접 지상으로 통하는 출입구**(다만, 부속실을 경유하여 지상으로 통하는 경우에는 그 부속실의 출입구)에 설치할 것
  - 복도통로유도등은 복도에, 거실통로유도등은 거실의 통로에, **계단통로유도등**은 **계단** 및 **경사로**에 설치할 것(다만, 거실의 통로가 벽체 등으로 구획된 통로의 경우에는 복도통로유도등을 설치)
- 유도등의 설치거리 비교

종 류	복도통로유도등 거실통로유도등	계단통로유도등	유도표지
설치기준	구부러진 모퉁이 및 **보행거리 20[m] 이하**	**경사로참 또는 계단참** (1개층에 경사로참 또는 계단참이 2 이상 있는 경우에는 2개의 계단참마다 설치)	보행거리 15[m] 이하 구부러진 모퉁이

- **복도통로유도등**은 바닥으로부터 높이 **1[m] 이하**의 위치에 설치할 것
- 통로유도등은 백색바탕에 녹색으로 피난방향을 표시한 등으로 할 것

10 논리식 $Z = (A + B + C) \cdot (ABC + D)$의 유접점회로와 무접점회로를 그리시오.

득점	배점
	7

⭐해답

• 유접점회로

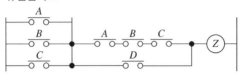

• 무접점회로

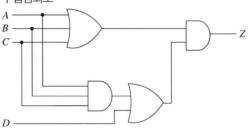

11 소방시설용 비상전원수전설비에서 고압 또는 특고압으로 수전하는 도면을 보고 다음 물음에 답하시오.

득점	배점
	8

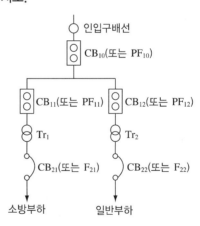

물음

(가) 도면에 표시된 약호에 대한 명칭을 쓰시오.

약 호	명 칭
CB	
PF	
F	
Tr	

(나) 일반회로의 과부하 또는 단락사고 시에 CB_{10}(또는 PF_{10})은 무엇보다 먼저 차단되어서는 안 되는지 쓰시오.

(다) CB_{11}(또는 PF_{11})의 차단용량은 어느 것과 동등 이상이어야 하는지 쓰시오.

☆해답 (가)

약 호	명 칭
CB	전력차단기
PF	전력퓨즈(고압 또는 특고압용)
F	퓨즈(저압용)
Tr	전력용 변압기

(나) CB_{12}(또는 PF_{12}) 및 CB_{22}(또는 F_{22})

(다) CB_{12}(또는 F_{12})

해☆설

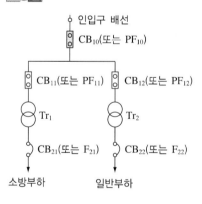

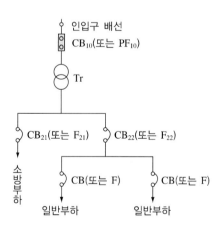

1. 일반회로의 과부하 또는 단락사고 시에 CB_{10}(또는 PF_{10})이 CB_{12}(또는 PF_{12}) 및 CB_{22}(또는 PF_{22})보다 먼저 차단되어서는 아니 된다.

2. CB_{11}(또는 PF_{11})은 CB_{12}(또는 F_{12})와 동등 이상의 차단용량이어야 한다.
   ㉮ 전용의 전력용 변압기에서 소방부하에 전원을 공급하는 경우

1. 일반회로의 과부하 또는 단락사고 시에 CB_{10}(또는 PF_{10})이 CB_{22}(또는 F_{22}) 및 CB(또는 F)보다 먼저 차단되어서는 아니 된다.

2. CB_{21}(또는 F_{21})은 CB_{22}(또는 F_{22})와 동등 이상의 차단용량이어야 한다.
   ㉮ 공용의 전력용변압기에서 소방부하에 전원을 공급하는 경우

※ 저압수전의 경우

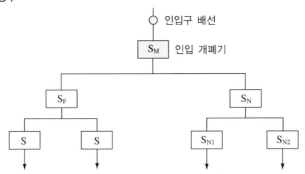

[주] 1. 일반회로의 과부하 또는 단락사고 시 S_M이 S_N, S_{N1} 및 S_{N2}보다 먼저 차단되어서는 아니된다.
　　 2. S_F는 S_N과 동등 이상의 차단용량이어야 할 것

약 호	명 칭
S	저압용 개폐기 및 과전류차단기

12

주어진 조건을 참조하여 다음 물음에 답하시오.

득점	배점
	6

조건

• 건축물은 내화구조이며, 감지기 설치높이는 3[m]이다.

• 실의 면적은 다음 그림과 같다.

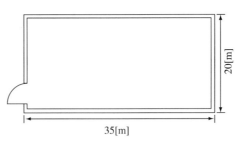

물음

(가) 차동식스포트형감지기 2종의 설치 개수를 구하시오.

(나) 광전식스포트형감지기 2종의 설치 개수를 구하시오.

☆해답

(가) 계산 : $N = \dfrac{35 \times 20}{70} = 10$개

　　 답 : 10개

(나) 계산 : $N = \dfrac{35 \times 20}{150} = 4.67 ≒ 5$개

　　 답 : 5개

해☆설

- 부착높이에 따른 스포트형감지기 설치기준 (단위 : [m²])

부착높이 및 특정소방대상물의 구분		감지기의 종류						
		차동식 스포트형		보상식 스포트형		정온식 스포트형		
		1종	2종	1종	2종	특 종	1종	2종
4[m] 미만	주요 구조부를 내화 구조로 한 특정소방대상물 또는 그 부분	90	70	90	70	70	60	20
	기타 구조의 특정소방대상물 또는 그 부분	50	40	50	40	40	30	15
4[m] 이상 8[m] 미만	주요 구조부를 내화 구조로 한 특정소방대상물 또는 그 부분	45	35	45	35	35	30	–
	기타 구조의 특정소방대상물 또는 그 부분	30	25	30	25	25	15	–

내화구조이고 천장고 4[m] 미만의 차동식스포트형감지기 2종의 기준면적은 70[m²]

$$\therefore \ 감지기 \ 설치 \ 개수(N) = \frac{바닥면적}{기준면적} = \frac{35 \times 20}{70} = 10개$$

- 연기감지기의 설치기준
  - 연기감지기의 부착 높이에 따른 감지기의 바닥면적 (단위 : [m²])

부착 높이	감지기의 종류	
	1종 및 2종	3종
4[m] 미만	150	50
4[m] 이상 20[m] 미만	75	–

  - 감지기는 벽 또는 보로부터 **0.6[m]** 이상 떨어진 곳에 설치할 것
  - 감지기는 **복도** 및 **통로**에 있어서는 보행거리 **30[m]**(3종에 있어서는 20[m])마다, **계단, 경사로**에 있어서는 수직거리 **15[m]**(3종에 있어서는 **10[m]**)마다 1개 이상으로 할 것

$$\therefore \ 감지기 \ 설치 \ 개수 \ N = \frac{35 \times 20}{150} = 4.67 \qquad \therefore \ 5개$$

13

수신기로부터 110[m]의 위치에 아래의 조건으로 사이렌이 접속된 경우 사이렌이 작동할 때의 단자전압을 구하시오.

득점	배점
	4

조 건

- 수신기는 정전압 출력으로 24[V]로 한다.
- 전선은 2.5[mm²]의 HFIX 전선을 사용한다.
- 사이렌의 정격출력은 48[W]로 한다.
- 전선 HFIX 2.5[mm²]의 전기저항은 8.75[Ω/km]로 한다.

⊙해답

계산 : 전류 $I = \dfrac{48}{24} = 2[\text{A}]$

전압강하 $e = 2 \times 2 \times 8.75 \times \dfrac{110}{1,000} = 3.85[\text{V}]$

단자전압 $V_r = 24 - 3.85 = 20.15[\text{V}]$

답 : 20.15[V]

해⊙설

· 전류 : $I = \dfrac{P}{V} = \dfrac{48}{24} = 2[\text{A}]$

· 단상2선식 전압강하

$e = 2IR = 2 \times 2 \times 8.75 \times \dfrac{110}{1,000} = 3.85[\text{V}]$

· 단자전압 : $V_r = V_s - e = 24 - 3.85 = 20.15[\text{V}]$

14

도면과 같은 회로를 누름버튼스위치 PB$_1$, 또는 PB$_2$ 중 먼저 ON 조작된 측의 램프만 점등되는 병렬우선회로가 되도록 고쳐서 그리시오(단, PB$_1$ 측의 계전기는 R$_1$, 램프는 L$_1$이며, PB$_2$ 측의 계전기는 R$_2$, 램프는 L$_2$이다. 또한, 추가되는 접점이 있을 경우에는 최소수만 사용하여 그리도록 한다).

득점	배점
	10

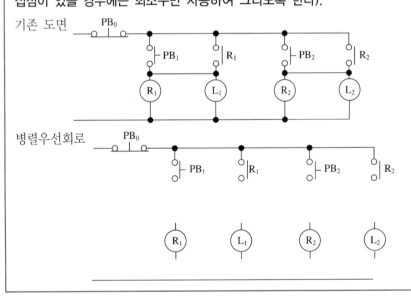

⊙해답

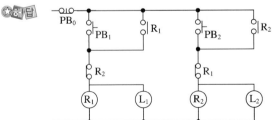

해☆설

- 인터록=선입력우선회로=병렬우선회로
- PB_1을 먼저 누르면 R_1 계전기가 여자되어 R_{1-a}접점에 의해 자기유지되고 R_2 계전기 위의 R_{1-b}접점에 의해 R_2계전기에 전원이 투입되지 못하도록 차단시키는 회로
- PB_2를 먼저 누르면 R_2 계전기가 여자되어 R_{2-a}접점에 의해 자기유지되고 R_1 계전기 위의 R_{2-b}접점에 의해 R_1계전기에 전원이 투입되지 못하도록 차단시키는 회로
- PB_0를 누르면 모든 회로는 정지한다.

제4회

2017년 11월 11일 시행

※ 다음 물음에 대한 답을 해당 답란에 답하시오(배점 : 100).

01

	득점	배점
작동표시장치를 설치하지 않아도 되는 감지기 4가지를 쓰시오.		4

★해답
① 방폭구조의 감지기
② 감지기가 작동한 내용이 수신기에 표시되는 감지기
③ 차동식 분포형 감지기
④ 정온식 감지선형 감지기

02

	득점	배점
기동용 수압개폐장치를 사용하는 옥내소화전설비와 습식스프링클러설비가 설치된 지상 6층인 호텔의 계통도를 보고 물음에 답하시오(단, 우선경보방식을 사용한다).		10

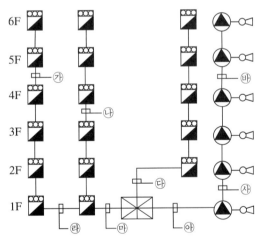

물 음

(가) ㉮~㉩까지의 최소 배선 가닥수를 표의 빈칸에 쓰시오.

번 호	㉮	㉯	㉰	㉱	㉲	㉳	㉴	㉩
가닥수								

(나) 발신기간 배선 중 7경계 구역당 1가닥씩 증가시켜야 하는 전선의 용도별 명칭을 쓰시오.

(다) ㉲에 필요한 지구선은 몇 가닥이 필요한지 쓰시오.

(라) ㉱에 필요한 지구경종선은 몇 가닥이 필요한지 쓰시오.

(마) ㉲에 필요한 지구경종선은 몇 가닥이 필요한지 쓰시오.

★해답

(가)

번 호	㉮	㉯	㉰	㉱	㉲	㉳	㉴	㉩
가닥수	11	13	17	19	26	7	16	19

(나) 지구공통선

(다) 12가닥

(라) 6가닥

(마) 6가닥

해★설

(가)

	경 종	표시등	경종·표시등공통	응답선	전화선	지구선	지구공통선	옥내소화전기동확인선	합 계
㉮	2	1	1	1	1	2	1	2	11
㉯	3	1	1	1	1	3	1	2	13
㉰	5	1	1	1	1	5	1	2	17
㉱	6	1	1	1	1	6	1	2	19
㉲	6	1	1	1	1	12	2	2	26

	사이렌	P·S	T·S	공통선	합 계
㉳	2	2	2	1	7
㉴	5	5	5	1	16
㉩	6	6	6	1	19

(나) 위 설비는 직상층 우선경보방식으로서 각 층마다 경종선을 1가닥씩 추가시켜야 한다. 또한 7경계 구역당 지구공통선을 1가닥씩 추가시켜야 한다.

03

도면은 누전경보기의 설치 회로도이다. 이 회로를 보고 다음 각 물음에 답하시오(단, 도면의 잘못된 부분은 모두 정상회로로 수정한 것으로 가정하고 물음에 답하시오).

득점	배점
	10

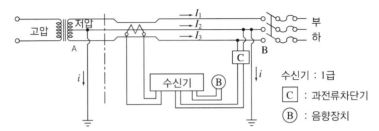

물 음

(가) 회로에서 잘못된 부분으로 중요 개소 3가지를 지적하여 바른 방법을 설명하시오.

(나) A의 접지선에 접지하여야 할 접지공사는 어떤 종별의 접지공사를 하여야 하는가?

(다) 회로에서의 수신기는 경계전로의 전류가 몇 [A] 초과의 것이어야 하는가?

(라) 회로의 음향장치에서 음량은 장치의 중심으로부터 1[m] 떨어진 위치에서 몇 [dB] 이상이 되어야 하는가?

(마) 회로에서 $\boxed{C}$ 에 사용되는 과전류차단기의 용량은 몇 [A] 이하이어야 하는가?

(바) 회로의 음향장치는 정격전압의 최소 몇 [%] 전압에서 음향을 발할 수 있어야 하는가?

(사) 회로에서 변류기의 절연저항을 측정하였을 경우 절연저항값을 몇 [MΩ] 이상이어야 하는가?(단, 1차 코일 또는 2차 코일과 외부 금속부와의 사이로 차단기의 개폐부에 DC 500[V]의 절연저항계를 사용한다고 한다)

(아) 누전경보기의 공칭 작동전류치는 몇 [mA] 이하이어야 하는가?

해답

(가) ① 영상변류기의 부하측에 접지선(B)이 설치 ⇒ 제거
　　② 영상변류기에 전로의 1선만 관통 ⇒ 3선 모두 관통
　　③ 차단기 2차측 중성선에 퓨즈설치 ⇒ 동선으로 직결시킬 것

(나) 2021년 1월 1일 한국전기설비규정 변경으로 답이 맞지 않음

(다) 60[A] 초과　　　　　　　　(라) 70[dB] 이상

(마) 15[A] 이하　　　　　　　　(바) 80[%]

(사) 5[MΩ] 이상　　　　　　　　(아) 200[mA] 이하

해설

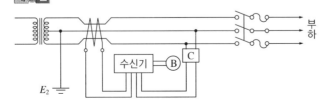

- 경보기구에 내장하는 음향장치는 사용전압의 80[%]에서 음향을 발할 것
- 사용전압에서의 음압은 무향실 내에서 정위치에 부착된 음향장치의 중심으로부터 1[m] 떨어진 지점에서 주음향장치용의 것은 70[dB] 이상일 것
- 경계전로의 정격전류가 60[A]를 초과하는 전로에 있어서는 1급 누전경보기를 설치할 것
- 사용전압 600[V] 이하인 경계전로인 누설전류를 검출하여 해당 특정소방대상물의 관계자에게 경보를 발하는 설비로서 변류기와 수신부로 구성되어 있음
- 공칭작동 전류치는 200[mA] 이하일 것
- 변류기는 직류 500[V]의 절연저항계로 시험을 하는 경우 5[MΩ] 이상일 것
- 전원은 분전반으로부터 전용회로로 하고 각 극에 개폐기 및 15[A] 이하의 과전류차단기를 설치할 것

04

그림과 같은 비내화건축물이 있다. 여기에 차동식스포트형 감지기(1종)을 설치하고자 할 경우 필요한 차동식스포트형 감지기의 개수와 최소 경계구역 수를 계산하시오(단, 천장의 높이는 3.8[m]이다).

	득점	배점
		10

```
      10[m]        20[m]        10[m]
   ┌─────────┬──────────────┬─────────┐
   │    A    │              │         │  7[m]
   ├─────────┤      C       │    D    ├
   │         │              │         │  8[m]
   │    B    ├──────────────┴─────────┤
   │         │         E              │  8[m]
   └─────────┴────────────────────────┘
```

물 음

(가) 차동식스포트형감지기의 개수를 계산하시오.

실 명	계산과정	수 량
A		
B		
C		
D		
E		
계		

(나) 최소 경계구역수를 계산하시오.
- 계산 :
- 답 :

☀해답 (가)

실 명	계산과정	수 량
A	$\dfrac{10 \times 7}{50} = 1.4$	2
B	$\dfrac{10 \times 16}{50} = 3.2$	4
C	$\dfrac{20 \times 15}{50} = 6$	6
D	$\dfrac{10 \times 15}{50} = 3$	3
E	$\dfrac{30 \times 8}{50} = 4.8$	5
계		20

(나) • 계산 : $\dfrac{40 \times 23}{600} = 1.5$

　　• 답 : 2경계구역

해☀설

(가)

부착높이 및 소방대상물의 구분		감지기의 종류						
		차동식스포트형		보상식스포트형		정온식스포트형		
		1종	2종	1종	2종	특 종	1종	2종
4[m] 미만	주요구조부를 내화구조로 한 소방대상물 또는 그 부분	90	70	90	70	70	60	20
	기타 구조의 소방대상물 또는 그 부분	50	40	50	40	40	30	15
4[m] 이상 8[m] 미만	주요구조부를 내화구조로 한 소방대상물 또는 그 부분	45	35	45	35	35	30	
	기타 구조의 소방대상물 또는 그 부분	30	25	30	25	25	15	

실 명	계산과정	수 량
A	$\dfrac{\text{바닥면적}}{50} = \dfrac{10 \times 7}{50} = 1.4$	2
B	$\dfrac{\text{바닥면적}}{50} = \dfrac{10 \times 16}{50} = 3.2$	4
C	$\dfrac{\text{바닥면적}}{50} = \dfrac{20 \times 15}{50} = 6$	6
D	$\dfrac{\text{바닥면적}}{50} = \dfrac{10 \times 15}{50} = 3$	3
E	$\dfrac{\text{바닥면적}}{50} = \dfrac{30 \times 8}{50} = 4.8$	5
계		20

(나) 자동화재탐지설비의 경계구역 설정기준

　① 하나의 경계구역이 2개 이상의 건축물에 미치지 아니하도록 할 것

　② 하나의 경계구역이 2개 이상의 층에 미치지 아니하도록 할 것(500[m²] 이하의 범위 안에서는 2개 층을 하나의 경계구역으로 할 수 있다)

　③ 하나의 경계구역의 면적은 600[m²] 이하로 하고, 한 변의 길이는 50[m] 이하로 할 것

$$\frac{면적}{600} = \frac{40 \times 23}{600} = 1.5$$

　∴ 2경계구역

05

득점	배점
	10

다음 도면은 어느 사무실 건물의 1층 자동화재탐지설비의 미완성 평면도를 나타낸 것이다. 이 건물은 지상 3층으로 각 층의 평면은 1층과 동일하다고 할 경우 평면도 및 주어진 조건을 이용하여 다음 각 물음에 답하시오.

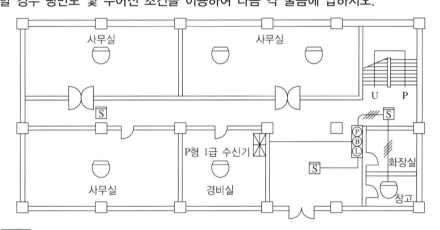

물음

(가) 도면의 P형 1급 수신기는 최소 몇 회로용으로 사용하여야 하는가?

(나) 수신기에서 발신기 세트까지의 배선 가닥수는 몇 가닥이며, 여기에 사용되는 후강전선관은 몇 [mm]를 사용하는가?

　• 가닥수 :

　• 후강전선관 :

(다) 연기감지기를 매입인 것으로 사용한다고 하면 그림기호는 어떻게 표시하는가?

(라) 배관 및 배선을 하여 자동화재탐지설비의 도면을 완성하고 배선 가닥수를 표기하도록 하시오.

(마) 간선계통도를 그리고 간선의 가닥수를 표기하시오.

조건

• 계통도 작성 시 각 층 수동발신기는 1개씩 설치하는 것으로 한다.

- 간선의 사용 전선은 2.5[mm²]이며, 공통선은 발신기 공통 1선, 경종표시등 공통 1선을 각각 사용한다.
- 계단실의 감지기는 설치를 제외한다.
- 계통도 작성 시 선수는 최소로 한다.
- 전선관 공사는 후강전선관으로 콘크리트 내 매입 시 시공한다.
- 각 실의 바닥에서 천장까지의 높이는 2.8[m]이다.
- 각 실은 이중천장이 없는 구조이며, 천장에 감지기를 바로 취부한다.
- 후강전선관의 굵기표는 다음 표와 같다.

도체단면적 [mm²]	전선 본수									
	1	2	3	4	5	6	7	8	9	10
	전선관의 굵기[mm]									
2.5	16	16	16	16	22	22	22	28	28	28
4	16	16	16	22	22	22	28	28	28	28
6	16	16	22	22	22	28	28	28	36	36
10	16	22	22	28	28	36	36	36	36	36

☆해답

(가) 5회로용

(나) 가닥수 : 9가닥

후강전선관 : 28[mm]

(다)

(라)

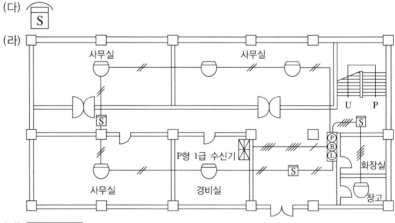

(마)

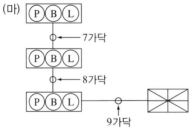

해☆설

(가) P형 1급수신기는 3회로이므로 최소 회로인 **5회로용**으로 한다.

(나) 5층 이하로서 면적이 주어지지 아니하므로 일제경보방식으로 가닥수를 산정하면 9가닥이 된다

(회로선 3, 발신기공통선 1, 경종선 1, 경종표시등 공통선 1, 응답선 1, 전화선 1, 표시등선 1)

- 가닥수 : **9가닥**
- 후강전선관 : **28[mm]**

(마)

가닥수	전선굵기	후강전선관 굵기	배선내역
7가닥	2.5[mm^2]	22[mm]	회로선 1, 발신기공통선 1, 경종선 1, 경종표시등공통선 1, 응답선 1, 전화선 1, 표시등선 1
8가닥	2.5[mm^2]	28[mm]	회로선 2, 발신기공통선 1, 경종선 1, 경종표시등공통선 1, 응답선 1, 전화선 1, 표시등선 1
9가닥	2.5[mm^2]	28[mm]	회로선 3, 발신기공통선 1, 경종선 1, 경종표시등공통선 1, 응답선 1, 전화선 1, 표시등선 1

06 유도등 및 유도표지의 화재안전기준에서 객석유도등의 설치제외 장소 2가지를 쓰시오.

득점	배점
	4

 해답

① 주간에만 사용하는 장소로서 채광이 충분한 객석
② 거실 등의 각 부분으로부터 하나의 거실 출입구에 이르는 보행거리가 20[m] 이하인 객석의 통로로서 그 통로에 통로 유도등이 설치된 객석

07 그림은 배연창설비이다. 계통도 및 조건을 참고하여 배선수와 각 배선의 용도를 표기하시오.

득점	배점
	10

조 건

- 전동구동장치는 솔레노이드식이다.
- 화재감지기가 작동되거나 수동조작함의 스위치를 ON시키면 배연창이 동작되어 수신기에 동작상태를 표시하게 된다.
- 화재감지기는 자동화재탐지설비용 감지기를 겸용으로 사용한다.

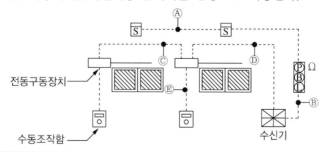

기 호	구 분	배선수	배선의 용도
Ⓐ	감지기 ↔ 감지기		
Ⓑ	발신기 ↔ 수신기		
Ⓒ	전동구동장치 ↔ 전동구동장치		
Ⓓ	전공구동장치 ↔ 수신기		
Ⓔ	전동구동장치 ↔ 수동조작함		

해답

기 호	구 분	배선수	배선의 용도
Ⓐ	감지기 ↔ 감지기	4	지구 2, 공통 2
Ⓑ	발신기 ↔ 수신기	7	응답, 지구, 전화, 경종표시등공통, 경종, 표시등, 지구공통
Ⓒ	전동구동장치 ↔ 전동구동장치	3	기동, 확인, 공통
Ⓓ	전공구동장치 ↔ 수신기	5	기동 2, 확인 2, 공통
Ⓔ	전동구동장치 ↔ 수동조작함	3	기동, 확인, 공통

해★설

배연창설비 : 6층 이상의 고층건물에 시설하여 화재로 인한 연기를 신속하게 배출시켜, 피난 및 소화활동에 지장이 없도록 하는 설비

08

자동화재탐지설비의 공통선 시험에 대하여 다음 물음에 답하시오.

(가) 시험방법

(나) 가부판정의 기준

득점	배점
	4

해답 　(가) 시험방법

① 수신기 내 접속단자의 공통선을 1선 제거한다.

② 회로도통시험 스위치를 누르고 회로선택스위치를 차례로 회전시킨다.

③ 도통시험시 단선을 지시한 경계구역의 회선수를 조사한다.

(나) 가부판정의 기준

공통선이 부담하고 있는 경계구역수가 7 이하일 것

해★설

자동화재탐지설비의 공통선 시험

• 목적 : 공통선이 부담하고 있는 경계구역수의 적정 여부를 확인하기 위한 시험

• 시험방법

– 수신기 내 접속단자의 공통선을 1선 제거

– 회로도통시험의 예에 따라 회로선택스위치를 차례로 회전시킨다.

– 시험용 계기의 지시등이 "단"을 지시한 경계구역의 회선수를 조사한다.

• 가부판정의 기준

공통선이 부담하고 있는 경계구역수가 7 이하일 것

09

> 22[W] 중형 피난구유도등 24개가 AC 220[V] 사용전원에 연결되어 점등되고 있다. 이때 전원으로부터 공급전류[A]를 구하시오(단, 유도등의 역률은 0.8 이며, 유도등 배터리의 충전전류는 무시한다).
>
> | 득점 | 배점 |
> |---|---|
> | | 7 |
>
> • 계산
> • 답 :

- 계산 : $I = \dfrac{P}{V\cos\theta} = \dfrac{22[\text{W}] \times 24개}{220 \times 0.8} = 3[\text{A}]$
- 답 : 3[A]

10

> 비상전원의 내화 내열 전선 사용범위 중 옥내소화전설비의 배선범위를 그림에 직접 표시하시오(단, ——— : 일반배선, ▨▨▨ : 내열배선, ▰▰ : 내화배선, ---------- : 옥내소화전배관으로 표시한다).
>
> | 득점 | 배점 |
> |---|---|
> | | 7 |
>
> 비상전원   제어반   전동기 펌프 ·········· 소화전함
>   기동장치
>   위치표시등
>   기동표시등

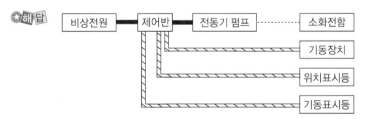

해설

• 옥내소화전설비

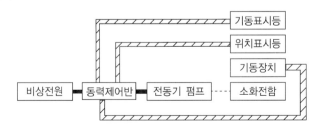

• 옥외소화전설비

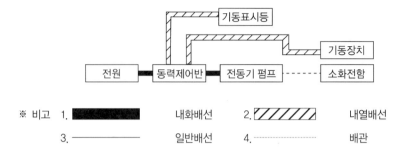

※ 비고 1. ⬛ 내화배선 2. ▨ 내열배선
3. ─── 일반배선 4. ⋯⋯ 배관

11

다음은 할론(Halon)소화설비의 수동조작함에서 할론제어반까지의 결선도 및 계통도(3Zone)에 대한 것이다. 주어진 조건을 참조하여 각 물음에 답하시오.

득점	배점
	12

조건

• 전선의 가닥수는 최소한으로 한다.
• 복구스위치 및 도어스위치는 없는 것으로 한다.

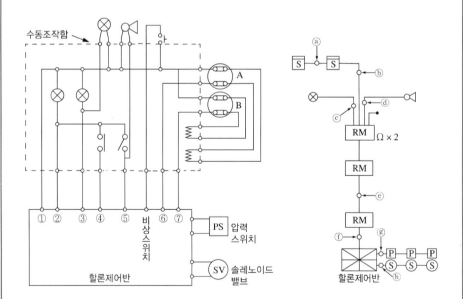

물음

(가) ①~⑦의 전선 명칭은?
(나) ⓐ~ⓗ의 전선 가닥수는?

★해답

(가) ① 전원 ⊖
     ③ 방출표시등
     ⑤ 사이렌
     ⑦ 감지기 B

② 전원 ⊕
④ 기동스위치
⑥ 감지기 A

(나) ⓐ 4가닥
     ⓒ 2가닥
     ⓔ 13가닥
     ⓖ 4가닥

ⓑ 8가닥
ⓓ 2가닥
ⓕ 18가닥
ⓗ 4가닥

해★설

• 배선의 종류 및 가닥수

기 호	배선종류 및 가닥수	배선의 용도
ⓐ	HFIX 1.5 - 4	지구 2, 공통 2
ⓑ	HFIX 1.5 - 8	지구 4, 공통 4
ⓒ	HFIX 2.5 - 2	방출표시등 2
ⓓ	HFIX 2.5 - 2	사이렌 2
ⓔ	HFIX 2.5 - 13	전원 ⊕ · ⊖, (방출표시등, 기동스위치, 사이렌, 감지기 A · B)×2, 비상스위치 1
ⓕ	HFIX 2.5 - 18	전원 ⊕ · ⊖, (방출표시등, 기동스위치, 사이렌, 감지기 A · B)×3, 비상스위치 1
ⓖ	HFIX 2.5 - 4	압력스위치 3, 공통 1
ⓗ	HFIX 2.5 - 4	솔레노이드밸브 3, 공통 1

• 할론제어반의 결선도

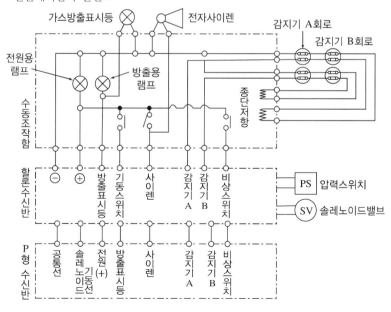

12 수신기의 기능상 수신기 복구 시 미복구 원인 3가지를 쓰시오.

득점	배점
	6

 해답
① 복구 스위치 불량
② 발신기가 동작되어 있는 경우
③ 감지기의 단락 고장

13 청각장애인용 시각경보장치를 설치해야 하는 특정소방대상물 3가지를 쓰시오.

득점	배점
	6

 해답
① 종교시설
② 판매시설
③ 노유자시설

 해설

시각경보기 설치 특별소방대상물

근린생활시설, 문화 및 집회시설, 종교시설, 판매시설, 운수시설, 운동시설, 위락시설, 물류터미널, 의료시설, 노유자시설, 업무시설, 숙박시설, 도서관, 방송국, 지하상가

2018년 4월 17일 시행

제 **1** 회

※ 다음 물음에 대한 답을 해당 답란에 답하시오(배점 : 100).

01 다음 분말소화설비의 배선을 완성하시오(단, ▬▬▬▬▬▬ : 내화배선, ///////// : 내열배선, ──────── : 일반배선, ·············· : 배관).

득점	배점
	5

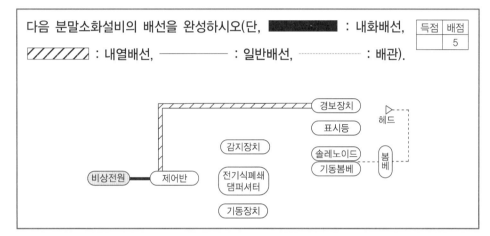

★해답

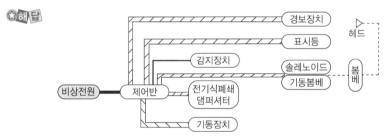

02 비상콘센트설비를 설치해야 하는 특정소방대상물을 3가지 쓰시오.

득점	배점
	6

 해답

① 층수가 11층 이상인 특정소방대상물의 경우에는 11층 이상의 층
② 지하층의 층수가 3층 이상이고 지하층 바닥면적의 합계가 1,000[m²] 이상인 것은 지하층의 모든 층
③ 지하가 중 터널로서 길이가 500[m] 이상인 것

해★설

특정소방대상물	설치 대상
특정소방대상물	층수가 11층 이상인 특정소방대상물의 경우에는 11층 이상의 층
	지하층의 층수가 3층 이상이고 지하층의 바닥면적의 합계가 1,000[m²] 이상인 것은 지하층의 모든 층
	지하가 중 터널로서 길이가 500[m] 이상인 것

03

수신기에서 500[m] 떨어진 지하 1층, 지상 5층에 연면적 5,000[m²]의 공장에 자동화재탐지설비를 설치하였는데 경종, 표시등이 각 층에 2회로(전체 12회로)일 때 다음 물음에 답하시오(단, 표시등 40[mA/개], 경종 50[mA/개]로서 1회당 90[mA]를 소모하고, 전선은 HFIX 2.5[mm²]를 사용한다).

득점	배점
	8

(가) 표시등 및 경종의 최대 소요전류와 총 소요전류는 각각 몇[A]인가?
- 표시등의 최대 소요전류
  - 계산 :
  - 답 :
- 경종의 최대 소요전류
  - 계산 :
  - 답 :
- 총소요전류
  - 계산 :
  - 답 :

(나) 2.5[mm²]의 전선을 사용할 경우 경종이 동작할 때 최말단에서 전압강하는 최대 몇 [V]인지 계산하시오.
- 계산 :
- 답 :

(다) (나)항의 계산에 의거 경종의 작동 여부를 설명하시오.
- 이유 :
- 답 :

☆해답　(가) • 표시등의 최대 소요전류

계산 : 40[mA]×12개 = 480[mA]

답 : 0.48[A]

• 경종의 최대 소요전류

계산 : 50[mA]×6개 = 300[mA]

답 : 0.3[A]

• 총소요전류

계산 : 0.48 + 0.3 = 0.78[A]

답 : 0.78[A]

(나) 계산 : $e = \dfrac{35.6\,LI}{1,000\,A} = \dfrac{35.6 \times 500 \times (0.48+0.3)}{1,000 \times 2.5} ≒ 5.55[V]$

답 : 5.55[V]

(다) 이유 : 말단전압이 정격전압의 80[%] 미만

정격전압의 80[%]전압 : 24 × 0.8 = 19.2[V]

말단전압 : 24 - 5.55 = 18.45[V]

답 : 작동하지 않는다.

해★설

(가) 표시등의 최대 소요전류 = 표시등 1개당 소요전류 × 전체회로수

$$= 40[\text{mA}] \times 12회로 = 480[\text{mA}] = 0.48[\text{A}]$$

　　※ 표시등 : 발신기의 위치를 표시해야 하므로 평상시 점등 상태

　　경종의 최대 소요전류 = 경종 1개당 소요전류 × 3개층 회로수(6회로)

$$= 50[\text{mA}] \times 6회로 = 300[\text{mA}] = 0.3[\text{A}]$$

　　※ 직상층 우선 경보방식이므로 경종이 최대로 동작하는 경우는 1층에서 발화한 경우로 발화층 및 직상층, 지하층(지하 1층, 지상 1, 2층)에서 경종이 울린다. 따라서, 최대 동작회로는 3개층 6회로가 최대가 된다.

　　총 소요전류 = 표시등 + 경종 = 0.48 + 0.3 = 0.78[A]

(나) 단상 2선식에서 전압강하 : $e = \dfrac{35.6\, L\, I}{1,000\, A}[\text{V}]$

$$e = \frac{35.6 \times 500 \times (0.48 + 0.3)}{1,000 \times 2.5} = 5.5536 \fallingdotseq 5.55[\text{V}]$$

(다) 경종(음향장치)은 정격전압의 80[%] 전압에서 음향을 발할 수 있어야 한다.

　　정격전압의 80[%]전압 = 24 × 0.8 = 19.2[V]

　　말단전압 = 24 − e = 24 − 5.55 = 18.45[V]

　　∴ 말단전압이 정격전압의 80[%] 미만이므로 경종은 작동하지 않는다.

04 아래 그림과 같은 부하를 공급할 수 있는 연축전지를 설치하려고 한다. 주어진 조건과 표를 참조하여 연축전지의 용량[Ah]을 산정하시오.

득점	배점
	6

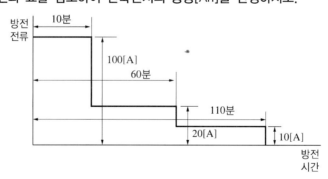

조 건

• 최저 허용전압 : 1.7[V/셀]

• 축전지 온도 : 5[℃]

• 형식 : CS형

• 보수율(유지율) : 0.8

- 용량환산시간은 다음 표와 같다.

형식	온도 [℃]	10분			50분			100분		
		1.6[V]	1.7[V]	1.8[V]	1.6[V]	1.7[V]	1.8[V]	1.6[V]	1.7[V]	1.8[V]
CS	25	0.8	1.06	1.42	1.76	2.22	2.71	2.67	3.09	3.74
	5	1.1	1.3	1.8	2.35	2.55	3.42	3.49	3.65	4.68
	−5	1.25	1.5	2.25	2.71	3.04	4.32	4.08	4.38	5.98
HS	25	0.58	0.7	0.93	1.33	1.51	1.90	2.05	2.27	2.75
	5	0.62	0.74	1.05	1.43	1.61	2.13	2.21	2.43	3.07
	−5	0.68	0.82	1.15	1.54	1.79	2.33	2.39	2.69	3.35

【물음】

- 계산 :
- 답 :

해답

계산 : $C = \dfrac{1}{0.8} \times (1.3 \times 100 + 2.55 \times 20 + 2.55 \times 10) = 258.125$ [Ah]

답 : 258.13[Ah]

- 표에서 방전시간이 10분일 경우 : $K_1 = 1.3$
- 표에서 방전시간이 50분일 경우 : K_2, $K_3 = 2.55$

형식	온도 [℃]	10분			50분			100분		
		1.6[V]	1.7[V]	1.8[V]	1.6[V]	1.7[V]	1.8[V]	1.6[V]	1.7[V]	1.8[V]
CS	25	0.8	1.06	1.42	1.76	2.22	2.71	2.67	3.09	3.74
	5	1.1	1.3	1.8	2.35	2.55	3.42	3.49	3.65	4.68
	−5	1.25	1.5	2.25	2.71	3.04	4.32	4.08	4.38	5.98
HS	25	0.58	0.7	0.93	1.33	1.51	1.90	2.05	2.27	2.75
	5	0.62	0.74	1.05	1.43	1.61	2.13	2.21	2.43	3.07
	−5	0.68	0.82	1.15	1.54	1.79	2.33	2.39	2.69	3.35

- 축전지 용량 : $C = \dfrac{1}{L}(K_1 I_1 + K_2 I_2 + K_3 I_3)$

$$= \dfrac{1}{0.8}(1.3 \times 100 + 2.55 \times 20 + 2.55 \times 10) = 258.125\,[\text{Ah}]$$

05 다음 객석유도등(36×15)를 보고 객석유도등의 개수와 배치 그림을 그리시오.

득점	배점
	6

(그림: 36×15 객석유도등 배치도)

15

36

물음

(가) 객석유도등의 수량을 산출하시오.

(나) 중앙통로와 양측통로에 네모 칸 안에 표시하시오.

★해답

(가) 계산 : 수량 $= \dfrac{36}{4} - 1 = 8$

$\therefore\ 8 \times 3 = 24$개

답 : 24개

(나)

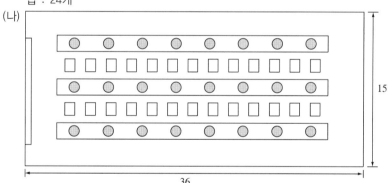

15

36

해★설

객석유도등 설치 개수

객석 내의 통로가 경사로 또는 수평으로 되어 있는 부분에 있어서는 다음 식에 의하여 산출한 수(소수점 이하의 수는 1로 본다)의 유도등을 설치하고, 그 조도는 통로 바닥의 중심선에서 측정하여 0.2[lx] 이상일 것

$$\text{설치 개수} = \frac{\text{객석 통로의 직선 부분의 길이[m]}}{4} - 1$$

$\therefore$ 설치 개수$(N) = \dfrac{36}{4} - 1 = 8$개

통로가 3개이므로 $N = 8 \times 3 = 24$개이다.

06

휴대용 비상조명등을 설치하여야 하는 특정소방대상물에 대한 사항이다. 소방시설 적용기준으로 알맞은 내용을 (　) 안에 쓰시오.

득점	배점
	6

(가) (　　)시설

(나) 수용인원 (　　)명 이상의 영화상영관, 판매시설 중 (　　), 철도 및 도시철도 시설 중 지하역사, 지하가 중 (　　)

★해답　(가) 숙박
　　　　　(나) 100, 대규모 점포, 지하상가

해★설

휴대용 비상조명등을 설치하여야 하는 특정소방대상물

- **숙박시설**
- 수용인원 **100명 이상**의 영화상영관, 판매시설 중 대규모 점포, 철도 및 도시철도시설 중 지하역사, 지하가 중 지하상가

07

다음 그림은 자동방화문설비의 자동방화문에서 R형 중계기까지 결선도 및 계통도에 대한 것이다. 다음 조건을 참조하여 물음에 답하시오.

득점	배점
	7

조건

- 전선은 최소 가닥수로 한다.
- 방화문 감지기회로는 제외한다.
- 자동방화문설비는 층별로 구획되어 설치되었다.

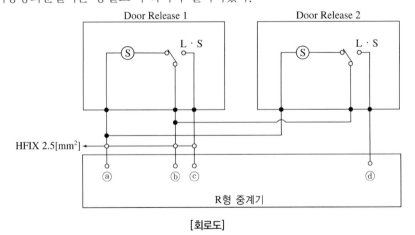

[회로도]

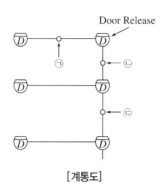

[계통도]

물음

(가) 회로도상 ⓐ~ⓓ의 배선 명칭을 쓰시오.

(나) 계통도상 ㉠~㉢의 가닥수와 배선 용도를 쓰시오.

해답 (가) ⓐ 기 동 　　　　ⓑ 공 통
　　　　ⓒ 확 인 　　　　ⓓ 확 인
　　(나) ㉠ 3가닥 : 공통, 기동, 확인
　　　　㉡ 4가닥 : 공통, 기동, 확인 2
　　　　㉢ 7가닥 : 공통, 기동 2, 확인 4

해설

• **자동방화문**(Door Release) **동작**

상시 사용하는 피난계단전실 등의 출입문에 시설하는 설비로서 평상시 개방되어 있다가 화재 발생
시 감지기 작동, 기동스위치 조작에 의하여 방화문을 폐쇄하여 연기가 계단으로 유입되는 것을
막아서 피난활동을 원활하게 한다.

• **회로도**

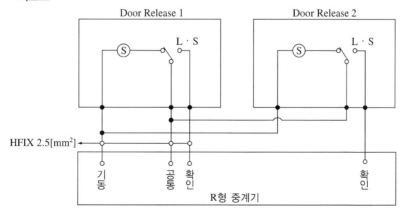

• 계통도

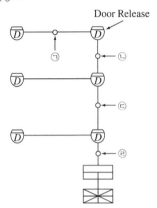

기호	배선수	전선의 종류	용도
㉠	3	HFIX 2.5	기동, 확인, 공통
㉡	4	HFIX 2.5	기동, 확인 2, 공통
㉢	7	HFIX 2.5	(기동, 확인 2)×2, 공통
㉣	10	HFIX 2.5	(기동, 확인 2)×3, 공통

08 자동화재탐지설비의 수신기에서 공통선 시험을 하는 목적을 설명하고, 시험 방법을 순서에 의하여 차례대로 설명하시오.

득점	배점
	6

(가) 목적 :

(나) 방법 :

●해답 (가) 목적 : 공통선이 부담하고 있는 경계구역수의 적정 여부를 확인하기 위한 시험
　　　　 (나) 방법 : ① 수신기 내 접속단자에서 공통선 1선을 제거(분리)
　　　　　　　　　　 ② 회로도통시험스위치를 누른 후 회로 선택스위치를 차례로 회전
　　　　　　　　　　 ③ 시험용 계기의 지시등이 단선을 지시한 경계구역의 회선수를 조사

09 다음 그림은 어느 공장의 1층에 설치된 소화설비이다. ㉮~㉯까지의 가닥수를 구하고 두 가지 기기의 차이점과 전면에 부착된 기기의 명칭을 열거하시오. 옥내소화전함은 기동용 수압개폐장치 기동방식과 발신기세트는 각 층마다 설치한다.

득점	배점
	11

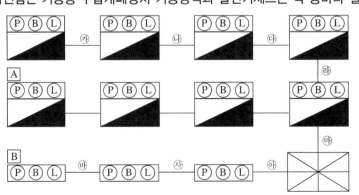

물·음

(가) ㉮~㉰의 전선 가닥수를 표시하시오.

(나) A와 B의 차이점은 무엇인가?

(다) A와 B의 전면에 부착된 기기의 명칭을 열거하시오.

★해답 (가) ㉮ 9   ㉯ 10

 ㉰ 11   ㉱ 12

 ㉲ 17   ㉳ 7

 ㉴ 8   ㉵ 9

(나) ① A는 발신기세트 옥내소화전 내장형

 ② B는 발신기세트 단독형

(다) ① A : 발신기, 경종, 표시등, 기동확인표시등

 ② B : 발신기, 경종, 표시등

해★설

(가) 배선의 용도 및 가닥수

적 요		㉮	㉯	㉰	㉱	㉲	㉳	㉴	㉵
발신기 세트	지구선	1	2	3	4	8	1	2	3
	지구공통선	1	1	1	1	2	1	1	1
	응답선	1	1	1	1	1	1	1	1
	전화선	1	1	1	1	1	1	1	1
	지구경종선	1	1	1	1	1	1	1	1
	표시등선	1	1	1	1	1	1	1	1
	경종·표시등공통선	1	1	1	1	1	1	1	1
옥내 소화전	기동확인표시등	1	1	1	1	1			
	표시등공통	1	1	1	1	1			
합 계		9	10	11	12	17	7	8	9

(나) ① : 발신기세트 옥내소화전 내장형

 ② Ⓟ Ⓑ Ⓛ : 발신기세트 단독형

(다) ① A : 발신기세트 옥내소화전 내장형

 전면 부착기기 : 발신기, 경종, 표시등, 기동확인표시등

 ② B : 발신기세트 단독형

 전면 부착기기 : 발신기, 경종, 표시등

10

특정소방대상물에 설치된 소방시설 등을 구성하는 전부 또는 일부를 개설, 이전 또는 정비하는 소방시설공사의 착공신고 대상 3가지를 쓰시오(단, 고장 또는 파손 등으로 인하여 작동시킬 수 없는 소방시설을 긴급히 교체하거나 보수하여야 하는 경우에는 신고하지 않을 수 있다).

득점	배점
	6

★해답
① 수신반
② 소화펌프
③ 동력(감시)제어반

11

그림은 배연창 설비이다. 계통도 및 조건을 참고하여 배선수와 각 배선의 용도를 표기하시오.

득점	배점
	6

조 건
• 전동구동장치는 솔레노이드식이다.
• 화재감지기가 작동되거나 수동조작함의 스위치를 ON시키면 배연창이 동작되어 수신기에 동작 상태를 표시하게 된다.
• 화재감지기는 자동화재탐지설비용 감지기를 겸용으로 사용한다.

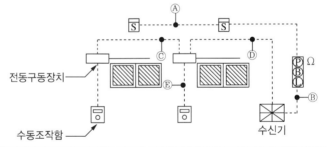

기 호	구 분	배선수	배선의 용도
Ⓐ	감지기 ↔ 감지기		
Ⓑ	발신기 ↔ 수신기		
Ⓒ	전동구동장치 ↔ 전동구동장치		
Ⓓ	전공구동장치 ↔ 수신기		
Ⓔ	전동구동장치 ↔ 수동조작함		

★해답

기 호	구 분	배선수	배선의 용도
Ⓐ	감지기 ↔ 감지기	4	지구 2, 공통 2
Ⓑ	발신기 ↔ 수신기	7	응답, 지구, 전화, 경종표시등공통, 경종, 표시등, 지구공통
Ⓒ	전동구동장치 ↔ 전동구동장치	3	기동, 확인, 공통
Ⓓ	전공구동장치 ↔ 수신기	5	기동 2, 확인 2, 공통
Ⓔ	전동구동장치 ↔ 수동조작함	3	기동, 확인, 공통

12

자동화재탐지설비의 계통도와 주어진 조건을 이용하여 다음 각 물음에 답하시오.

득점	배점
	10

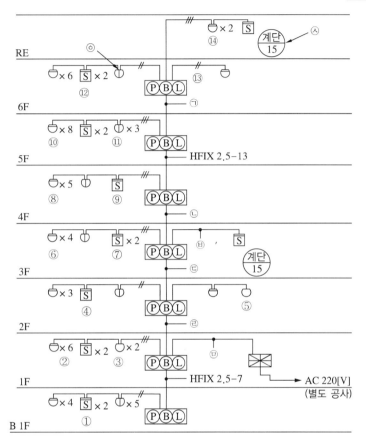

조 건

- 발신기 세트에는 경종, 표시등, 발신기 등을 수용한다.
- 경종은 직상층 우선경보방식이다.
- 종단저항은 감지기 말단에 설치한 것으로 한다.

물 음

(가) ㉠~㉣ 개소에 해당되는 곳의 전선 가닥수를 쓰시오.

(나) ㉤ 개소의 전선 가닥수에 대한 상세내역을 쓰시오.

(다) ㉥ 개소의 전선 가닥수는 몇 가닥인가?

(라) ㉦과 같은 그림기호의 의미를 상세히 기술하시오.

(마) ◎은 어떤 종류의 감지기인지 그 명칭을 쓰시오.

(바) 본 도면의 설비에 대한 전체 회로수는 모두 몇 회로인가?

★해답   (가) ㉠ 10가닥   ㉡ 17가닥

　　　　　　 ㉢ 20가닥   ㉣ 23가닥

(나) 회로선 15, 회로공통선 3, 경종선 7, 경종표시등공통선 1, 응답선 1, 전화선 1, 표시등선 1
(다) 4가닥
(라) 경계구역 번호가 15인 계단
(마) 정온식스포트형감지기(방수형)
(바) 15회로

해☆설

(가)~(다)

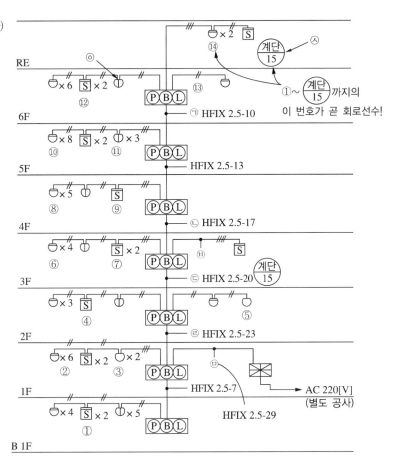

기 호	배선 가닥수	배선의 용도
㉠	10가닥	회로선 4, 회로공통선 1, 경종선 1, 경종표시등공통선 1, 응답선 1, 전화선 1, 표시등선 1
㉡	17가닥	회로선 8, 회로공통선 2, 경종선 3, 경종표시등공통선 1, 응답선 1, 전화선 1, 표시등선 1
㉢	20가닥	회로선 10, 회로공통선 2, 경종선 4, 경종표시등공통선 1, 응답선 1, 전화선 1, 표시등선 1
㉣	23가닥	회로선 12, 회로공통선 2, 경종선 5, 경종표시등공통선 1, 응답선 1, 전화선 1, 표시등선 1
㉤	29가닥	회로선 15, 회로공통선 3, 경종선 7, 경종표시등공통선 1, 응답선 1, 전화선 1, 표시등선 1
㉥	4가닥	회로선 2, 공통선 2(종단저항이 감지기 말단에 설치되어 있지만 계단/15 이 2곳에 있고 ⑭번 앞의 가닥수가 3가닥이므로 ㉥은 4가닥이 된다)

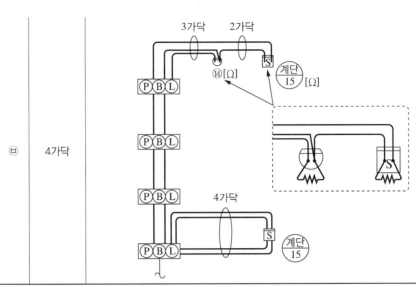

(라) ~ (마)

명 칭	그림기호	적 요
경계구역 경계선	▬ ▬ ▪ ▬	
경계구역 번호	○	• ① : 경계구역 번호가 1 • 계단/7 : 경계구역 번호가 7인 계단
차동식스포트형감지기	◖	
보상식스포트형감지기	◖	
정온식스포트형감지기	◠	• 방수형 : ◡ • 내산형 : ◡ • 내알칼리형 : ◡ • 방폭형 : ◡EX
연기감지기	S	• 이온화식스포트형 : S I • 광전식스포트형 : S P • 광전식아날로그식 : S A

13 P형 1급 수신기의 예비전원을 시험하는 방법과 양부판단의 기준에 대하여 설명시오.

득점	배점
	5

★해답 (1) 시험방법
　　① 시험스위치를 예비전원에 넣는다.
　　② 전압계의 지시치가 지정값 이내일 것
　　③ 교류전원을 개방하고 자동절환 릴레이의 작동상황을 조사한다.
(2) 양부판단의 기준 : 예비전원의 전압, 용량, 절환 및 복구작동이 정상일 것

해★설
예비전원시험 : 상용전원 및 비상전원 정전 시 자동적으로 예비전원으로 절환하고, 정전 복구 시 자동적으로 상용전원으로 절환되는 것을 확인하는 시험이다.

14 자동화재탐지설비의 음향장치의 설치기준에 대한 사항이다. 5층(지하층을 제외한다) 이상으로 연면적이 3,000[m²]를 초과하는 특정소방대상물 또는 그 부분에 있어서 화재 발생으로 인하여 경보가 발하여야 하는 층을 찾아 빈칸에 표시하시오 (단, 경보 표시는 ●를 사용한다).

득점	배점
	5

5층					
4층					
3층					
2층	화재 발생 ●				
1층		화재 발생 ●			
지하 1층			화재 발생 ●		
지하 2층				화재 발생 ●	
지하 3층					화재 발생 ●

★해답

5층					
4층					
3층	●				
2층	화재 발생 ●	●			
1층		화재 발생 ●	●		
지하 1층		●	화재 발생 ●	●	●
지하 2층		●	●	화재 발생 ●	●
지하 3층		●	●	●	화재 발생 ●

해☆설

직상발화 우선경보방식

발화층	경보층
2층 이상	발화층, 그 직상층
1층	지하층(전체), 1층, 2층
지하 1층	지하층(전체), 1층
지하 2층 이하	지하층(전체)

15

아래 그림은 자동화재탐지설비의 P형 수신기에 연결되는 발신기와 감지기의 결선도를 나타낸 것이다. 조건을 참조하여 미완성 결선도를 완성하시오(단, 발신기에 설치된 단자는 ① 응답, ② 지구, ③ 전화, ④ 지구공통이다).

득점	배점
	7

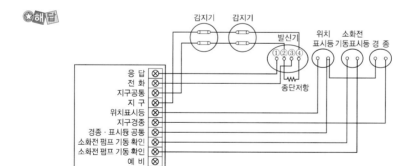

☆해답

2018년 7월 11일 시행

※ 다음 물음에 대한 답을 해당 답란에 답하시오(배점 : 100).

01 어떤 건물에 대한 소방설비의 배선도면을 보고 다음 각 물음에 답하시오(단, 배선공사는 후강전선관을 사용한다).

득점	배점
	13

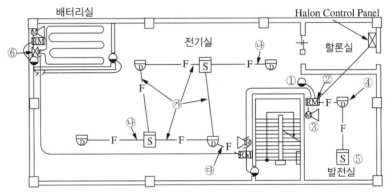

물음

(가) 도면에 표시된 그림기호 ①~⑥의 명칭은 무엇인가?

(나) 도면에서 ㉮~㉰의 배선 가닥수는 몇 본인가?

(다) 도면에서 물량을 산출할 때 어떤 박스를 몇 개 사용하여야 하는지 각각 구분하여 답을 하시오.

(라) 부싱은 몇 개가 소요되겠는가?

☆해답
　(가) ① 방출표시등　　　② 수동조작함
　　　③ 모터사이렌　　　④ 차동식스포트형감지기
　　　⑤ 연기감지기　　　⑥ 차동식분포형감지기의 검출부
　(나) ㉮ 4가닥, ㉯ 4가닥, ㉰ 8가닥
　(다) • 4각 박스(4개)
　　　• 8각 박스(16개)
　(라) 부싱 : 40개

해☆설

(가)

명 칭	그림기호	적 요
방출표시등	$\otimes$ 또는 ◖	벽붙이형 : ⊢$\otimes$
수동조작함	RM	소방설비용 : RM ꜰ
사이렌	◁○	• 모터사이렌 : M◁ • 전자사이렌 : S◁

명칭	그림기호	적요
차동식스포트형 감지기	⌂	예전기호 : Ⓓ
보상식스포트형 감지기	⌂	–
정온식스포트형 감지기	⌂	• 방수형 : ⌂ • 내산형 : ⌂ • 내알칼리형 : ⌂ • 방폭형 : ⌂EX
연기감지기	Ⓢ	• 점검박스 붙이형 : Ⓢ • 매입형 : Ⓢ

(나) 할론소화설비의 감지기회로 배선은 교차회로방식으로 말단과 루프인 곳은 4가닥, 기타는 8가닥이 된다.

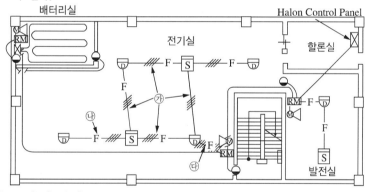

(다) • 4각 박스(4개)

⬚ : 제어반, 수신기, 부수신기, 발신기세트, 수동조작함, 슈퍼비조리패널, 8각 박스 설치 장소 중 한쪽에서 2방출 이상인 곳

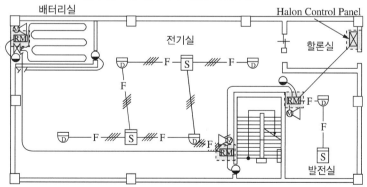

• 8각 박스(16개)

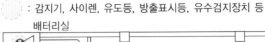
: 감지기, 사이렌, 유도등, 방출표시등, 유수검지장치 등

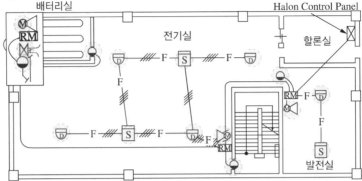

(라) 부싱 : 40개

● : 부싱 표시

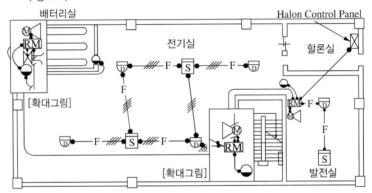

02 다음은 수신기의 점검에 대한 판정기준 시험이다. 시험별 양부판정 기준을 쓰시오.

득점	배점
	5

(가) 회로저항시험

(나) 공통선시험

(다) 지구음향장치의 작동시험

 해답

(가) 회로저항시험 양부판정 기준 : 하나의 감지기회로 합성저항값이 50[Ω] 이하일 것

(나) 공통선시험 양부판정 기준 : 공통선이 담당하고 있는 경계구역의 수가 7회 이하이면 정상

(다) 지구음향장치의 작동시험 양부판정 기준 : 해당 지구음향장치가 작동하고 음량이 정상일 것

03 그림은 준비작동식 스프링클러설비의 전기적 계통도이다. Ⓐ~Ⓔ까지에 대한 답안지 표의 배선수와 배선의 용도를 작성하시오(단, 배선수는 운전 조작상 필요한 최소 전선수를 쓰도록 하시오).

득점	배점
	12

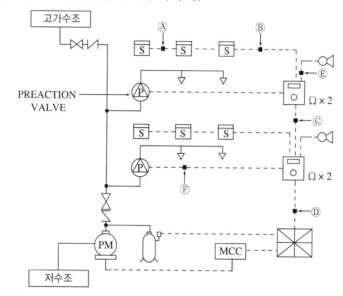

기 호	구 분	배선수	배선 굵기	배선의 용도
Ⓐ	감지기 ↔ 감지기		1.5[mm²]	
Ⓑ	감지기 ↔ SVP		1.5[mm²]	
Ⓒ	SVP ↔ SVP		2.5[mm²]	
Ⓓ	2 ZONE일 경우		2.5[mm²]	
Ⓔ	사이렌 ↔ SVP		2.5[mm²]	
Ⓕ	프리액션밸브 ↔ SVP		2.5[mm²]	

☆해답

기 호	구 분	배선수	배선 굵기	배선의 용도
Ⓐ	감지기 ↔ 감지기	4	1.5[mm²]	지구 2, 공통 2
Ⓑ	감지기 ↔ SVP	8	1.5[mm²]	지구 4, 공통 4
Ⓒ	SVP ↔ SVP	9	2.5[mm²]	전원⊕·⊖, 전화, 감지기 A·B, 밸브기동, 밸브개방확인, 밸브주의, 사이렌
Ⓓ	2 ZONE일 경우	15	2.5[mm²]	전원⊕·⊖, 전화, (감지기 A·B, 밸브기동, 밸브개방확인, 밸브주의, 사이렌)×2
Ⓔ	사이렌 ↔ SVP	2	2.5[mm²]	사이렌 2
Ⓕ	프리액션밸브 ↔ SVP	4	2.5[mm²]	솔레노이드밸브, 압력스위치, 탬퍼스위치, 공통

해★설

준비작동식 스프링클러설비

- 슈퍼비조리패널(SVP) : 기본 가닥수 9가닥
  - ZONE 증가 시 : 기본 9가닥 + 6가닥
  - 감지기 공통선 별도로 배선 시 기본 가닥수 10가닥
- 준비작동밸브(프리액션밸브) : 기본 가닥수 6가닥
  - 최소 전선수일 경우 : 4가닥(솔레노이드밸브, 압력스위치, 탬퍼스위치, 공통)

04

그림과 같은 사무실 용도의 건축물 평면도에 통로유도등을 설치하려고 한다. 각 물음에 답하시오(단, 출입구의 위치는 무시하며, 복도에만 통로유도등을 설치하는 것으로 한다).

득점	배점
	6

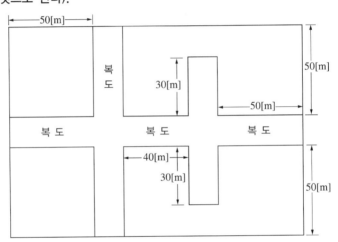

(가) 복도에 설치 할 통로유도등의 개수를 계산하시오.

계산 :

답 :

(나) 통로유도등을 설치할 곳에 작은 점(•)으로 표시하여 그리시오.

(가) 계산 : $N = \dfrac{50}{20} - 1 = 1.5 = 2$ ∴ 2개 × 4개소 = 8개

$N = \dfrac{40}{20} - 1 = 1$

$N = \dfrac{30}{20} - 1 = 0.5 = 1$ ∴ 1개 × 2개소 = 2개

십자형 모퉁이 설치 : 2개

∴ 총설치 개수 = 8 + 1 + 2 + 2 = 13개

답 : 13개

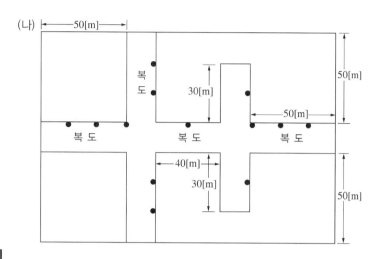

(나)

해☆설

(가) 복도통로유도등은 모퉁이 및 보행거리 20[m]마다 설치

$50[m]$ 부분 설치 개수 : $N = \dfrac{50}{20} - 1 = 1.5 = 2$　　∴ 2개 × 4개소 = 8개

$40[m]$ 부분 설치 개수 : $N = \dfrac{40}{20} - 1 = 1$

$30[m]$ 부분 설치 개수 : $N = \dfrac{30}{20} - 1 = 0.5 = 1$　　∴ 1개 × 2개소 = 2개

십자형 모퉁이 부분 설치 : 2개

∴ 총설치 개수 = 8 + 1 + 2 + 2 = 13개

(나)

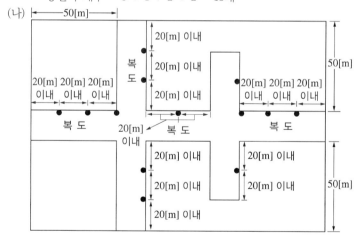

05 수신기와 수동발신기, 경종, 표시등 사이를 결선하시오(단, 지상 6층 건물이며, 연면적 3,500[m²]이다).

득점	배점
	8

1번 : 응답선, 2번 : 지구선, 3번 : 전화선, 4번 : 지구공통선, 5번 : 표시등선, 6번 : 표시등공통, 7번 : 경종공통, 8번 : 경종

☆해답

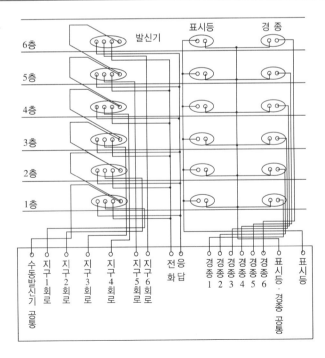

06

1동, 2동 구분된 공장의 습식스프링클러설비 및 자동화재탐지설비의 도면이다. 경보 각각의 동에서 발할 수 있도록 하고 다음 물음에 답하시오.

득점	배점
	12

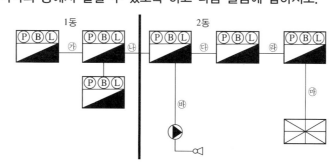

물음

(가) 빈칸을 채우시오.

		자탐설비								스프링클러설비			
	가닥수	회로선	회로 공통선	경종선	경종 표시등 공통선	표시 등선	응답선	전화선	기동 확인 표시등	탬퍼 스위치	압력 스위치	사이렌	공통
㉮	9가닥	회로선	회로 공통선	경종선	경종 표시등 공통선	표시 등선	응답선	전화선	기동 확인 표시등2				
㉯													
㉰													
㉱													
㉲													
㉳	4가닥									탬퍼 스위치	압력 스위치	사이렌	공통

(나) 폐쇄형 스프링클러설비의 경보는 어느 때에 경보가 울리는가?

(다) 스프링클러설비의 음향경보는 몇 [m] 이내마다 설치하여야 하는가?

★해답

(가)

		자탐설비								스프링클러설비			
	가닥수	회로선	회로 공통선	경종선	경종표시등 공통선	표시 등선	응답선	전화선	기동확인 표시등	탬퍼 스위치	압력 스위치	사이렌	공통
㉮	9가닥	회로선	회로 공통선	경종선	경종표시등 공통선	표시 등선	응답선	전화선	기동확인 표시등2				
㉯	11가닥	회로선3	회로 공통선	경종선	경종표시등 공통선	표시 등선	응답선	전화선	기동확인 표시등2				
㉰	17가닥	회로선4	회로 공통선	경종선2	경종표시등 공통선	표시 등선	응답선	전화선	기동확인 표시등2	탬퍼 스위치	압력 스위치	사이렌	공통
㉱	18가닥	회로선5	회로 공통선	경종선2	경종표시등 공통선	표시 등선	응답선	전화선	기동확인 표시등2	탬퍼 스위치	압력 스위치	사이렌	공통
㉲	19가닥	회로선6	회로 공통선	경종선2	경종표시등 공통선	표시 등선	응답선	전화선	기동확인 표시등2	탬퍼 스위치	압력 스위치	사이렌	공통
㉳	4가닥									탬퍼 스위치	압력 스위치	사이렌	공통

(나) 화재가 발생하여 폐쇄형 스프링클러헤드가 개방되거나 가지배관의 끝부분에 있는 시험밸브를 개방시킬 때

(다) 25[m]

07

	득점	배점
		5

지하주차장에 준비작동식 스프링클러설비를 설치하고, 차동식스포트형 감지기 2종을 설치하여 소화설비와 연동하는 감지기를 배선하고자 한다. 다음 그림의 미완성 평면도를 그리고 다음의 각 물음에 답하시오(단, 층고는 3.5[m]이며, 내화구조이다).

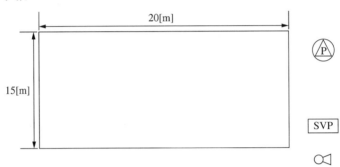

물음

(가) 본 설비에서 필요한 감지기의 수량을 산출하시오.

(나) 각 설비 및 감지기 간 배선도를 평면도에 작성하고 배선에 필요한 가닥수를 표시하시오(단, SVP와 준비작동밸브 간의 공통선은 겸용으로 사용하지 않는다).

☆해답

(가) 계산 : $N = \dfrac{20 \times 15}{70} = 4.28 \fallingdotseq 5$

∴ 5×2개 회로＝10개

답 : 10개

(나)

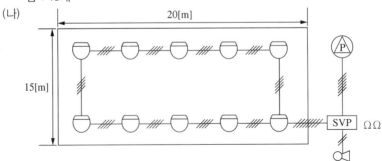

해★설

(가) • 감지기의 부착 높이에 따른 바닥면적(단위 : $[m^2]$)

부착 높이 및 특정소방대상물의 구분		감지기의 종류				
		차동식/보상식스포트형		정온식스포트형		
		1종	2종	특 종	1종	2종
4[m] 미만	내화구조	90	70	70	60	20
	기타 구조	50	40	40	30	15
4[m] 이상 8[m] 미만	내화구조	45	35	35	30	–
	기타 구조	30	25	25	15	–

• 감지기 계산과정 $N = \dfrac{20 \times 15}{70} = 4.28 ≒ 5$ ∴ 5×2개 회로＝10개

(나) • 준비작동식 스프링클러설비는 교차회로방식을 적용하여야 하므로 감지기회로의 배선은 말단 및 루프된 곳은 4가닥을 설치하고 기타 배선은 8가닥이 된다.

• 준비작동식 밸브는 조건에 의해 공통선을 겸용으로 사용하지 않으므로 6가닥이 필요하다(밸브 기동 2, 밸브 개방 확인 2, 밸브 주의 2).

• 공통선을 겸용하는 경우   • 공통선을 겸용하지 않는 경우

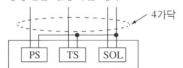
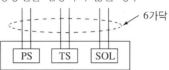

08

<table>
<tr><td colspan="2">자동화재탐지설비 중 감지기 회로의 도통시험을 위하여 설치하는 종단저항의 설치기준을 3가지 쓰시오.</td><td>득점</td><td>배점</td></tr>
<tr><td colspan="2"></td><td></td><td>4</td></tr>
</table>

★해답   ① 점검 및 관리가 쉬운 장소에 설치할 것
   ② 전용함을 설치하는 경우 그 설치 높이는 바닥으로부터 1.5[m] 이내로 할 것
   ③ 감지기 회로의 끝부분에 설치하며, 종단감지기에 설치할 경우에는 구별이 쉽도록 해당 감지기의 기판 및 감지기 외부 등에 별도로 표시할 것

09 다음은 이산화탄소소화설비의 간선계통도이다. 각 물음에 답하시오(단, 감지기공통선과 전원공통을 각각 분리해서 사용하는 조건임).

득점	배점
	13

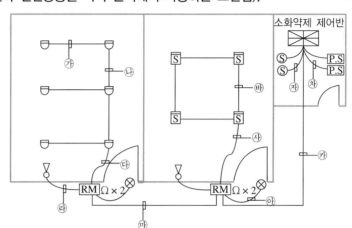

물음

(가) ㉮~㉺까지의 배선 가닥수를 쓰시오.

㉮	㉯	㉰	㉱	㉲	㉳	㉴	㉵	㉶	㉷	㉸

(나) ㉲의 배선별 용도를 쓰시오(단, 해당 배선 가닥수까지만 기록).

번호	배선의 용도	번호	배선의 용도
1		6	
2		7	
3		8	
4		9	
5		10	

(다) ㉸의 배선 중 ㉲의 배선과 병렬로 접속하지 않고 추가해야 하는 배선의 명칭은?

번호	배선의 용도
1	
2	
3	
4	
5	

 (가)

㉮	㉯	㉰	㉱	㉲	㉳	㉴	㉵	㉶	㉷	㉸
4	8	8	2	9	4	8	2	2	2	14

(나)

번 호	배선의 용도	번 호	배선의 용도
1	전원 +	6	감지기 A
2	전원 −	7	감지기 B
3	기동스위치	8	비상스위치
4	방출표시등	9	감지기 공통
5	사이렌	10	

(다)

번 호	배선의 용도	번 호	배선의 용도
1	기동스위치	4	감지기 A
2	방출표시등	5	감지기 B
3	사이렌		

10

> 비상콘센트의 설치기준에 관하여 다음의 빈칸을 완성하시오.
>
> | 득점 | 배점 |
> |---|---|
> | | 5 |
>
> (가) 전원회로는 각 층에 (　　　) 되도록 설치할 것. 단, 설치하여야
>   할 층의 비상콘센트가 1개인 때에는 하나의 회로로 할 수 있다.
> (나) 전원회로는 (　　　)에서 전용회로로 할 것. 단, 다른 설비의 회로의 사고에
>   따른 영향을 받지 아니하도록 되어 있는 것에 있어서는 그러하지 아니하다.
> (다) 콘센트마다 (　　　)를 설치하여야 하며, (　　　)가 노출되지 아니하도록 할 것
> (라) 하나의 전용회로에 설치하는 비상콘센트는 (　　　) 이하로 할 것

해답
　　(가) 2 이상
　　(나) 주배전반
　　(다) 배선용 차단기, 충전부
　　(라) 10개

해설
비상콘센트 전원회로 설치기준
- 비상콘센트의 전원회로는 **단상교류 220[V]**인 것으로서 그 공급용량은 1.5[kVA] 이상인 것으로 할 것
- 전원회로는 **각 층에 2 이상**이 되도록 설치할 것
- 전원회로는 **주배전반에서 전용회로**로 할 것
- 전원으로부터 각 층의 비상콘센트에 분기되는 경우에는 분기배선용 차단기를 보호함 안에 설치할 것
- 콘센트마다 **배선용 차단기를 설치**하여야 하며 충전부가 노출되지 아니하도록 할 것
- 개폐기에는 "비상콘센트"라고 표시한 표지를 할 것
- 비상콘센트용의 풀박스 등은 방청도장을 한 것으로서 두께 1.6[mm] 이상의 철판으로 할 것
- 하나의 전용회로에 설치하는 **비상콘센트는 10개 이하**로 할 것

11 다음은 피난구유도등 설치 제외 장소를 나타낸 것이다. 다음 (   )에 알맞은 답을 쓰시오.

득점	배점
	6

(가) 바닥면적이 (   )[m²] 미만인 층으로서 옥내로부터 직접 지상으로 통하는 출입구(외부의 식별이 용이한 경우에 한한다)

(나) 거실 각 부분으로부터 하나의 출입구에 이르는 보행거리가 (   )[m] 이하이고 비상조명등과 유도표지가 설치된 거실의 출입구

(다) 출입구가 3 이상 있는 거실로서 그 거실 각 부분으로부터 하나의 출입구에 이르는 보행거리가(   )[m] 이하인 경우에는 주된 출입구 2개소 외의 출입구(유도표지가 부착된 출입구를 말한다)

★해답   (가) 1,000   (나) 20

(다) 30

해★설

피난구유도등 설치 제외 기준

• 바닥면적이 1,000[m²] 미만인 층으로서 옥내로부터 직접 지상으로 통하는 출입구(외부의 식별이 용이한 경우에 한한다)

• 거실 각 부분으로부터 쉽게 도달할 수 있는 출입구

• 거실 각 부분으로부터 하나의 출입구에 이르는 보행거리가 20[m] 이하이고 비상조명등과 유도표지가 설치된 거실의 출입구

• 출입구가 3 이상 있는 거실로서 그 거실 각 부분으로부터 하나의 출입구에 이르는 보행거리가 30[m] 이하인 경우에는 주된 출입구 2개소 외의 출입구(유도표지가 부착된 출입구를 말한다). 다만, 공연장・집회장・관람장・전시장・판매시설・운수시설・숙박시설・노유자시설・의료시설・장례식장의 경우에는 그러하지 아니하다.

12

예비전원설비로 이용되는 축전지에 대한 다음 각 물음에 답하시오.

득점	배점
	6

(가) 비상용 조명부하가 40[W] 120등, 60[W] 50등이 있다. 방전시간 은 30분이며, 연축전지 HS형 54셀, 허용 최저전압 90[V], 최저 축전지온도 5[℃]일 때 축전지 용량을 구하시오(단, 전압은 100[V]이고 연축전지의 용량환산시간 K는 표와 같으며, 보수율은 0.8이라고 한다).

형 식	온도 [℃]	10분			30분		
		1.6[V]	1.7[V]	1.8[V]	1.6[V]	1.7[V]	1.8[V]
CS	25	0.90 0.80	1.15 1.06	1.6 1.42	1.41 1.34	1.60 1.55	2.00 1.88
	5	1.15 1.10	1.35 1.25	2.0 1.8	1.75 1.75	1.85 1.80	2.45 2.35
	−5	1.35 1.25	1.60 1.50	2.65 2.25	2.05 2.05	2.20 2.20	3.10 3.00
HS	25	0.58	0.70	0.93	1.03	1.14	1.38
	5	0.62	0.74	1.05	1.11	1.22	1.54
	−5	0.68	0.82	1.15	1.2	1.35	1.68

① 계산 :

② 답 :

(나) 자기방전량만을 항상 충전하는 부동충전방식을 무엇이라고 하는가?

(다) 연축전지와 알칼리축전지의 공칭전압은 몇 [V/Cell]인가?

① 연축전지 :

② 알칼리축전지 :

 해답

(가) ① 계산 : 축전지의 공칭전압 $= \dfrac{\text{허용최저전압}}{\text{셀수}} = \dfrac{90}{54} = 1.666 = 1.7[\text{V/Cell}]$

도표에서 용량환산시간은 1.22가 된다.

전류 $I = \dfrac{P}{V} = \dfrac{(40 \times 120) + (60 \times 50)}{100} = 78[\text{A}]$

축전지용량 $C = \dfrac{1}{L}KI = \dfrac{1}{0.8} \times 1.22 \times 78 = 118.95[\text{Ah}]$

② 답 : 118.95[Ah]

(나) 세류충전방식

(다) ① 연축전지 : 2.0[V/Cell]

② 알칼리축전지 : 1.2[V/Cell]

해★설

- 연축전지와 알칼리축전지 비교

구 분	연축전지	알칼리축전지
공칭전압	2.0[V]	1.2[V]
방전종지전압	1.6[V]	0.96[V]
공칭용량	10[Ah]	5[Ah]
기전력	2.05~2.08[V]	1.43~1.49[V]
기계적 강도	약하다.	강하다.
충전시간	길다.	짧다.
기대수명	5~15년	15~20년

- 축전지 용량(C)

$$축전지의\ 공칭전압 = \frac{허용\ 최저전압}{셀수} = \frac{90}{54} = 1.666 = 1.7[V/Cell]$$

도표에서 용량환산시간은 1.22가 된다.

$$전류\ I = \frac{P}{V} = \frac{(40 \times 120) + (60 \times 50)}{100} = 78[A]$$

$$축전지용량\ C = \frac{1}{L}KI = \frac{1}{0.8} \times 1.22 \times 78 = 118.95[Ah]$$

- 세류충전 : 자기방전량만 항상 충전하는 방식으로 부동충전방식의 일종
- **부동충전방식** : 축전지의 자기방전을 보충하는 동시에 상용부하에 대한 전력 공급은 충전기가 부담하고 부담하기 어려운 일시적인 대전류 부하는 축전지가 부담하는 방식

[부동충전방식 회로]

13 광전식분리형감지기에 대한 물음에 답하시오.

득점	배점
	5

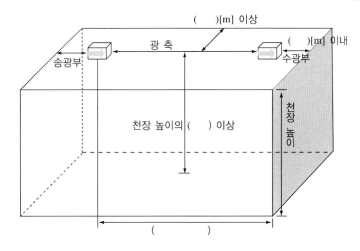

물음

(가) 감지기의 송광부는 설치된 뒷벽으로부터 (   ) 이내 위치에 설치할 것

(나) 감지기의 광축 길이는 (   ) 범위 이내일 것

(다) 감지기의 수광부는 설치된 뒷벽으로부터 (   ) 이내 위치에 설치할 것

(라) 광축의 높이는 천장 등 높이의 (   ) 이상일 것

(마) 광축은 나란한 벽으로부터 (   ) 이상 이격하여 설치할 것

☆해답 (가) 1[m]
(나) 공칭감시거리
(다) 1[m]
(라) 80[%]
(마) 0.6[m]

해☆설

광전식분리형감지기

• 설치기준
  - 감지기의 **수광면**은 **햇빛**을 직접 받지 않도록 설치할 것
  - 광축(송광면과 수광면의 중심을 연결한 선)은 나란히 벽으로부터 **0.6[m] 이상 이격**하여 설치할 것
  - 감지기의 송광부와 수광부는 설치된 뒷벽으로부터 **1[m] 이내 위치**에 설치할 것
  - 광축의 높이는 천장 등(천장의 실내에 면한 부분 또는 상층의 바닥 하부면을 말한다) 높이의 **80[%] 이상**일 것
  - 감지기의 광축 길이는 **공칭감시거리 범위 이내**일 것

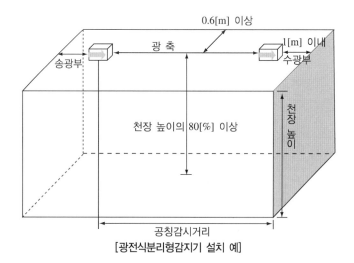

0.6[m] 이상

광 축

1[m] 이내

수광부

송광부

천장 높이의 80[%] 이상

천장 높이

공칭감시거리

[광전식분리형감지기 설치 예]

• 적용장소
  - 화학공장, 격납고, 제련소 : 광전식분리형감지기, 불꽃감지기
  - 전산실 또는 반도체공장 : 광전식공기흡입형감지기

2018년 11월 14일 시행

제**4**회

※ 다음 물음에 대한 답을 해당 답란에 답하시오(배점 : 100).

01

	득점	배점
자동화재탐지설비에서 비화재보가 발생하는 원인과 방지대책에 대해 각각 4가지를 쓰시오.		8

(가) 발생원인
(나) 방지대책

☆해답 (가) 비화재보 발생원인
　　① 인위적인 요인
　　② 기능상의 요인
　　③ 환경적인 요인
　　④ 유지상의 요인
(나) 비화재보 방지대책
　　① 축적기능이 있는 수신기 설치
　　② 비화재보에 적응성 있는 감지기 설치
　　③ 감지기 설치 장소 환경개선
　　④ 오동작 방지기 설치

해☆설
- 비화재보 발생원인
  - 인위적인 요인 : 분진(먼지), 담배연기, 자동차 배기가스, 조리 시 발생하는 열, 연기 등
  - 기능상의 요인 : 부품 불량, 결로, 감도 변화, 모래, 분진(먼지) 등
  - 환경적인 요인 : 온도, 습도, 기압, 풍압 등
  - 유지상의 요인 : 청소(유지관리)불량, 미방수처리 등
  - 설치상의 요인 : 감지기 설치 부적합장소, 배선 접촉불량 및 시공상 부적합한 경우 등
- 비화재보 방지대책
  - 축적기능이 있는 수신기 설치
  - 비화재보에 적응성 있는 감지기 설치
  - 감지기 설치 장소 환경개선
  - 오동작 방지기 설치
  - 감지기 방수처리 강화
  - 청소 및 유지관리 철저

02 옥내소화전설비의 전원 중 비상전원의 종류 3가지를 쓰시오.

득점	배점
	6

해답
① 자가발전설비
② 축전지설비
③ 전기저장장치

03 지상 20[m] 높이에 500[m³]의 수조가 있다. 이 수조에 소화용수를 양수하고자 할 때 15[kW]의 전동기를 사용한다면 몇 분 후에 수조에 물이 가득 차겠는지 구하시오(단, 펌프의 효율은 70[%]이고, 여유계수는 1.2이다).

득점	배점
	4

해답 계산 : 시간 $t = \dfrac{9.8 \times 1.2 \times 500 \times 20}{15 \times 0.7} \times \dfrac{1}{60} = 186.67$

답 : 186.67[분]

해설

$$P = \frac{9.8HQK}{\eta} = \frac{9.8H \cdot V/t \cdot K}{\eta}$$

시간 : $t = \dfrac{9.8HVK}{P \cdot \eta} = \dfrac{9.8 \times 20 \times 500 \times 1.2}{15 \times 0.7} = 11{,}200[\mathrm{s}]$

$\therefore\ t = \dfrac{11{,}200}{60} = 186.67[\min]$

04 다음은 광전식분리형감지기의 형식승인 및 제품검사기술기준에서 아날로그식감지기의 시험방법을 나타낸 것이다. (   ) 안에 알맞은 답을 답안지에 쓰시오.

득점	배점
	6

> 분리형감지기의 경우 공칭감시거리는 (①) 이상 (②) 이하로 하고, (③) 간격으로 한다.

해답 ① 5[m]   ② 100[m]
③ 5[m]

05

> 통로 길이가 20[m]인 곳에 객석유도등을 설치하려고 한다. 필요한 객석유도등의 개수를 구하시오.
>
> | 득점 | 배점 |
> |---|---|
> | | 4 |
>
> • 계산 :
> • 답 :

☆해답

계산 : $N = \dfrac{20}{4} - 1 = 4$

답 : 4개

해☆설

객석유도등 개수 $= \dfrac{\text{객석 통로 직선 부분의 길이}[\mathrm{m}]}{4} - 1 = \dfrac{20}{4} - 1 = 4$

06

> 비상방송설비에 대한 설치기준의 (   ) 안에 알맞은 말 또는 수치를 쓰시오.
>
> | 득점 | 배점 |
> |---|---|
> | | 4 |
>
> (가) 확성기의 음성입력은 실내에 설치하는 것에 있어서는 (   )[W] 이상일 것
> (나) 음량조정기를 설치하는 경우 음량조정기의 배선은 (   )으로 할 것
> (다) 기동장치에 의한 화재신고를 수신한 후 필요한 음량으로 방송이 개시될 때까지의 소요시간은 (   )초 이하로 할 것
> (라) 확성기는 각 층마다 설치하되, 그 층의 각 부분으로부터 하나의 확성기까지의 수평거리가 (   )[m] 이하가 되도록 할 것

☆해답   (가) 1   (나) 3선식
         (다) 10   (라) 25

해☆설

비상방송설비 설치기준
• 확성기의 음성입력은 3[W](**실내는 1[W]**) 이상일 것
• 음량조정기의 배선은 **3선식**으로 할 것
• 기동장치에 의한 화재신고를 수신한 후 필요한 음량으로 방송이 개시될 때까지의 소요시간은 **10초 이하**로 할 것
• 조작부의 조작스위치는 바닥으로부터 0.8[m] 이상 1.5[m] 이하의 높이에 설치할 것
• 다른 전기회로에 의하여 유도장해가 생기지 아니하도록 할 것
• 확성기는 각 층마다 설치하되, 그 층의 각 부분으로부터의 **수평거리는 25[m] 이하**일 것

07

3개의 독립된 1층 공장건물에 P형 1급 발신기를 그림과 같이 설치하고 수신기
는 경비실에 설치하였다. 지구경종의 경보방식은 동별 구분경보방식을 적용
하였으며, 옥내소화전의 가압송수장치는 기동용 수압개폐장치를 사용하는 방식을 사용할
경우에 다음 물음에 답하시오.

득점	배점
	13

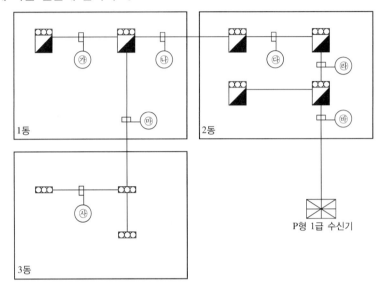

물음

(가) ㉮~㉯까지 필요한 전선 가닥수를 빈칸에 쓰시오.

항 목	지구선	지구경종선	지구공통선
㉮			
㉯			
㉰			
㉱			
㉲			
㉳			
㉴			

(나) 자동화재탐지설비의 화재안전기준에서 정하는 수신기의 설치기준에 대하여
( ) 안의 알맞은 내용을 답란에 쓰시오.
- 수신기가 설치된 장소에는 화재가 발생한 구역을 쉽게 알아보기 위하여
(①)를 비치한다.
- 수신기의 (②)는 그 음량 및 음색이 다른 기기의 소음 등과 명확히 구별
될 수 있는 것으로 할 것
- 수신기는 (③)・(④) 또는 (⑤)가 작동하는 경계구역을 표시할 수 있
는 것으로 할 것

☆해답

(가)

항 목	지구선	지구경종선	지구공통선
㉮	1	1	1
㉯	5	2	1
㉰	6	3	1
㉱	7	3	1
㉲	3	1	1
㉳	9	3	2
㉴	1	1	1

(나) ① 경계구역 일람도   ② 음향기구
    ③ 감지기   ④ 중계기
    ⑤ 발신기

해☆설

(가)

	지구선	경종선	지구 공통선	경종표시 등공통선	표시등선	응답선	전화선	기동확인 표시등	합 계
㉮	1	1	1	1	1	1	1	2	9
㉯	5	2	1	1	1	1	1	2	14
㉰	6	3	1	1	1	1	1	2	16
㉱	7	3	1	1	1	1	1	2	17
㉲	3	1	1	1	1	1	1		9
㉳	9	3	2	1	1	1	1	2	20
㉴	1	1	1	1	1	1	1		7

(나) 수신기의 설치기준
- 수위실 등 상시 사람이 근무하는 장소에 설치할 것(상시 근무하는 장소가 없는 경우 관계인이 쉽게 접근할 수 있고 관리가 용이한 장소)
- 수신기가 설치된 장소에는 **경계구역 일람도**를 비치할 것
- 수신기의 **음향기구**는 그 음량 및 음색이 다른 기기의 소음 등과 명확히 구별될 수 있는 것으로 할 것
- 수신기는 **감지기·중계기** 또는 **발신기**가 작동하는 경계구역을 표시할 수 있는 것으로 할 것
- 화재·가스 전기 등에 대한 종합방재반을 설치한 경우에는 해당 조작반에 수신기의 작동과 연동하여 감지기·중계기 또는 발신기가 작동하는 경계구역을 표시할 수 있는 것으로 할 것
- 하나의 경계구역은 하나의 표시등 또는 하나의 문자로 표시되도록 할 것
- 수신기의 조작 스위치는 바닥으로부터의 높이가 0.8[m] 이상 1.5[m] 이하인 장소에 설치할 것
- 하나의 특정소방대상물에 2 이상의 수신기를 설치하는 경우에는 수신기를 상호 간 연동하여 화재 발생상황을 각 수신기마다 확인할 수 있도록 할 것

08

도면과 같은 회로를 누름버튼스위치 PB_1, 또는 PB_2 중 먼저 ON 조작된 측의 램프만 점등되는 병렬우선회로가 되도록 고쳐서 그리시오(단, PB_1 측의 계전기는 R_1, 램프는 L_1이며, PB_2 측의 계전기는 R_2, 램프는 L_2이다. 또한, 추가되는 접점이 있을 경우에는 최소수만 사용하여 그리도록 한다).

득점	배점
	7

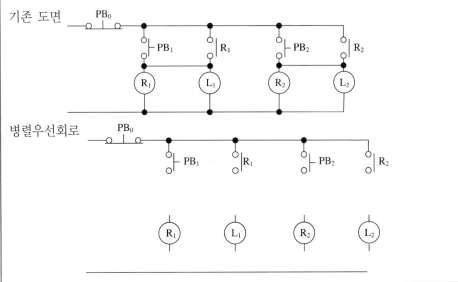

기존 도면

병렬우선회로

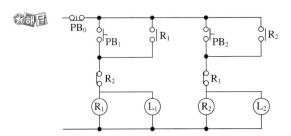

해답

해설

- 인터록=선입력우선회로=병렬우선회로
- PB_1을 먼저 누르면 R_1 계전기가 여자되어 R_{1-a}접점에 의해 자기유지되고 R_2 계전기 위의 R_{1-b} 접점에 의해 R_2계전기에 전원이 투입되지 못하도록 차단시키는 회로
- PB_2를 먼저 누르면 R_2 계전기가 여자되어 R_{2-a}접점에 의해 자기유지되고 R_1 계전기 위의 R_{2-b} 접점에 의해 R_1 계전기에 전원이 투입되지 못하도록 차단시키는 회로
- PB_0를 누르면 모든 회로는 정지한다.

09

1종 및 2종 연기감지기 설치기준에 알맞은 내용을 괄호에 쓰시오.	득점	배점
		4

(가) 계단 및 경사로에 있어서는 수직거리 (   )[m]마다 1개 이상으로 할 것

(나) 복도 및 통로에 있어서는 보행거리 (   )[m]마다 1개 이상 설치할 것

(다) 감지기는 벽 또는 보로부터 (   )[m] 이상 떨어진 곳에 설치할 것

(라) 천장 또는 반자 부근에 (   )가 있는 경우에는 그 부근에 설치할 것

 (가) 15   (나) 30
(다) 0.6   (라) 배기구

해☆설

연기감지기의 설치기준

• 연기감지기의 부착 높이에 따른 감지기의 바닥면적   (단위 : [m²])

부착 높이	감지기의 종류	
	1종 및 2종	3종
4[m] 미만	150	50
4[m] 이상 20[m] 미만	75	–

• 감지기는 벽 또는 보로부터 **0.6[m]** 이상 떨어진 곳에 설치할 것

• 감지기는 **복도** 및 **통로**에 있어서는 보행거리 **30[m]**(3종에 있어서는 20[m])마다, **계단**, **경사로**에 있어서는 수직거리 **15[m]**(3종에 있어서는 **10[m]**)마다 1개 이상으로 할 것

10

무선통신보조설비의 분배기를 설치하려고 한다. 설치기준 3가지를 쓰시오.	득점	배점
		6

☆해답 ① 먼지·습기 및 부식 등에 따라 기능에 이상을 가져오지 아니하도록 할 것
② 임피던스는 50[Ω]의 것으로 할 것
③ 점검에 편리하고 화재 등의 재해로 인한 피해의 우려가 없는 장소에 설치할 것

해☆설

무선통신보조설비의 분배기, 분파기, 혼합기 등의 설치기준

• 먼지·습기 및 부식 등에 따라 기능에 이상을 가져오지 아니하도록 할 것

• 임피던스는 50[Ω]의 것으로 할 것

• 점검에 편리하고 화재 등의 재해로 인한 피해의 우려가 없는 장소에 설치할 것

11 통로유도등 중 복도통로유도등의 설치기준 4가지를 쓰시오.

득점	배점
	8

 ① 복도에 설치할 것
② 구부러진 모퉁이 및 보행거리 20[m]마다 설치할 것
③ 바닥으로부터 높이 1[m] 이하의 위치에 설치할 것. 다만, 지하층 또는 무창층의 용도가 도매시장·소매시장·여객자동차터미널·지하역사 또는 지하상가인 경우에는 복도·통로 중앙 부분의 바닥에 설치하여야 한다.
④ 바닥에 설치하는 통로유도등은 하중에 따라 파괴되지 아니하는 강도의 것으로 할 것

12 3선식 배선에 따라 상시 충전되는 유도등의 전기회로에 점멸기를 설치하여 소등 상태를 유지하고 있다. 소등 상태의 유도등이 점등되어야 하는 경우 5가지를 쓰시오.

득점	배점
	5

해답 ① 자동화재탐지설비의 감지기 또는 발신기가 작동되는 때
② 비상경보설비의 발신기가 작동되는 때
③ 상용전원이 정전되거나 전원선이 단선되는 때
④ 방재업무를 통제하는 곳 또는 전기실의 배전반에서 수동으로 점등하는 때
⑤ 자동소화설비가 작동되는 때

13 비상방송설비에 대한 다음 각 물음에 답하시오.

득점	배점
	4

(가) 확성기의 음성 입력기준을 실외에 설치하는 경우 몇 [W] 이상이어야 하는가?
(나) 우선경보방식에 대하여 발화층을 예로 들어 상세히 설명하시오.
(다) 음량조정기를 설치할 때 배선은 어떻게 하는가?
(라) 조작부의 조작스위치 설치 높이에 대한 기준을 쓰시오.

해답 (가) 3[W]
(나) 우선경보방식
• 2층 이상의 층에서 발화 : 발화층, 직상층
• 1층에서 발화 : 발화층, 직상층, 지하층
• 지하층에서 발화 : 발화층, 직상층, 기타 지하층
(다) 3선식
(라) 0.8[m] 이상 1.5[m] 이하

해☆설

(가) 확성기의 음성 입력

구 분	실 내	실 외
음성 입력	1[W] 이상	3[W] 이상

(나) 우선경보방식에 대한 발화층

발화층	경보를 발하여야 하는 층
2층 이상의 층	발화층, 그 직상층
1층	발화층, 그 직상층, 지하층
지하층	발화층, 그 직상층, 기타 지하층

(다) 음량조정기의 배선은 **3선식**으로 할 것

(라) 비상방송설비의 **조작스위치**는 바닥으로부터 **0.8[m] 이상 1.5[m] 이하**의 높이에 설치할 것

14

감지기회로 종단저항 11[kΩ], 배선저항 50[Ω], 릴레이저항 550[Ω]일 때 다음 물음에 답하시오(단, 회로전압은 24[V]이다).

득점	배점
	4

(가) 이 회로의 감시전류는 몇 [mA]인가?

(나) 감지기가 동작할 때의 동작전류는 몇 [mA]인가?(단, 배선의 저항을 빼고 계산할 것)

☆해답

(가) 계산 : 감시전류 : $I = \dfrac{24}{(11 \times 10^3) + 550 + 50} \times 10^3 = 2.07[\mathrm{mA}]$

답 : 2.07[mA]

(나) 계산 : 감지기 동작전류 : $I = \dfrac{24}{550} \times 10^3 = 43.64[\mathrm{mA}]$

답 : 43.64[mA]

해☆설

(가) 감시전류(I_1)

$I_1 = \dfrac{회로전압}{종단저항 + 릴레이저항 + 배선저항}$

$I_1 = \dfrac{24}{11 \times 10^3 + 550 + 50} \times 10^3 = 2.07[\mathrm{mA}]$

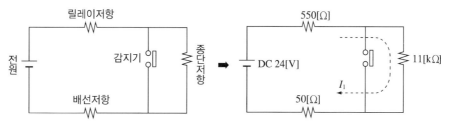

(나) 감지기 동작전류(I_2)(문제에서 배선저항은 뺀다고 했으므로)

$$I_2 = \frac{회로전압}{릴레이저항} \qquad I_2 = \frac{24}{550} \times 10^3 = 43.64[\text{mA}]$$

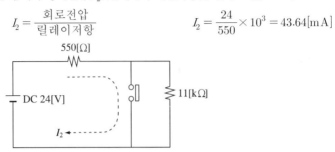

15 도면은 Y-△ 기동회로의 미완성 회로이다. 이 회로를 보고 다음 각 물음에 답하시오.

득점	배점
	10

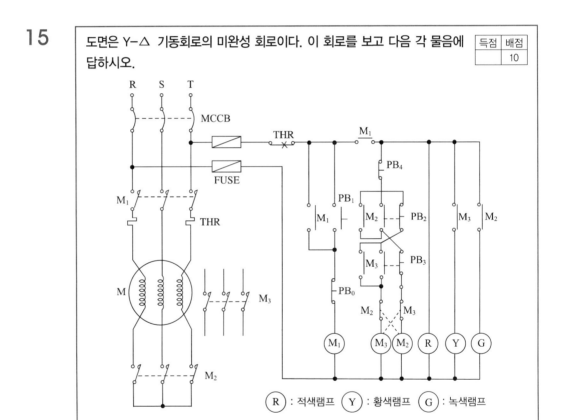

물 음

(가) 주회로 부분의 미완성된 Y-△ 회로를 주어진 도면에 완성하시오.

(나) 누름버튼스위치 PB₁을 눌렀을 때 점등되는 램프는?

(다) 전자접촉기 M₁이 동작되고 있는 상태에서 PB₂, PB₃를 눌렀을 때 점등되는 램프는?

푸시버튼	PB₂	PB₃
램 프		

(라) 제어회로의 THR은 무엇을 나타내는지 쓰시오.

(마) MCCB의 우리말 명칭을 쓰시오.

 (가)

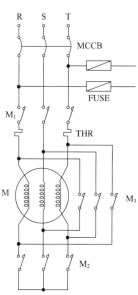

(나) ⓇR램프

(다)

푸시버튼	PB₂	PB₃
램 프	ⒼG램프	ⓎY램프

(라) 열동계전기 b접점   (마) 배선용 차단기

해☆설

(나), (다)

① PB₁을 누르면 ⓂM₁전자 개폐기가 여자되어 램프 ⓇR이 점등된다.

② PB₂을 누르면 ⓂM₂전자 개폐기가 여자되어 램프 ⒼG가 점등되고 Y결선으로 기동된다.

③ PB₃를 누르면 ⓂM₂전자 개폐기가 소자되고, ⒼG램프 소등되며 ⓂM₃전자 개폐기가 여자되어

ⓎY램프가 점등되고 전동기는 △ 결선으로 운전된다.

(라) 열동계전기 b접점

주회로의 열동계전기는 전동기 과부하 시 보호

(마) 배선용 차단기(MCCB ; Molded Case Circuit Breaker)

단락 및 과부하 시 회로를 차단하여 부하 보호목적으로 사용

2019년 4월 14일 시행

※ 다음 물음에 대한 답을 해당 답란에 답하시오(배점 : 100).

01 접지공사에서 접지봉과 접지선의 연결방법 3가지를 쓰고 그중에서 내구성이 가장 양호한 것은?

득점	배점
	5

★해답
- 연결방법
  ① 접지선을 접지봉에 바인드선을 이용하여 납땜한다.
  ② 슬리브를 이용하여 접속한다.
  ③ 접지선과 접지봉을 용융시켜 접속한다.
- 내구성이 가장 양호한 것 : 용융시켜 접속한다.

해★설
접지봉의 종류
- 접지선 일체형
- 접지선 별도형
  - 접지봉과 접지선을 바인드 선을 이용 납땜처리 한 것
  - 동관 슬리브이용 접속한 것
  - 용융접속방법에 의한 것

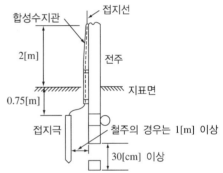

02 다음은 표준품셈에 명시되어 있지 않은 공구손료 및 잡재료비에 대한 내용이다. 다음 물음에 답하시오.

득점	배점
	4

(가) 공구손료란 일반공구 및 시험용 계측기구류의 손료로서 공사 중 상시 일반적으로 사용하는 것을 말하는데 직접노무비의 몇 [%]까지 계산하는가?

(나) 잡재료 및 소모재료비는 주재료비의 몇 [%]까지 계산하는가?

★해답
(가) 3[%]
(나) 2~5[%]

해★설
(가) 공구손료는 일반공구 및 시험용 계측기구류의 손료로서 공사 중 상시 일반적으로 사용하는 것을 말하며 직접노무비(노임할증과 작업시간 증가에 의하지 않은 품할증 제외)의 3[%]까지 계상하며 특수공구(철골공사, 석공사 등) 및 검사용 특수계측기류의 손료는 별도 계상한다.
(나) 잡재료 및 소모재료는 설계내역에 표시하여 계상하되 주재료비의 2~5[%]까지 계상한다.

03 비상콘센트설비의 전원회로는 단상교류 몇 [V]인 것으로서, 그 공급용량은 몇 [kVA] 이상인 것으로 시설하여야 하는가?

득점	배점
	4

★해답 단상 교류 : 220[V]
공급 용량 : 1.5[kVA]

해★설
비상콘센트설비의 설치기준
- 비상콘센트설비의 전원회로는 **단상교류 220[V]**인 것으로서, 그 **공급용량은 1.5[kVA]** 이상인 것으로 할 것
- 전원으로부터 각 층의 비상콘센트에 분기되는 경우에는 **분기배선용 차단기**를 보호함 안에 설치할 것
- 비상콘센트설비는 지하층을 포함한 층수가 **11층** 이상의 각 층마다 설치할 것
- 절연저항은 전원부와 외함 사이를 500[V] 절연저항계로 측정할 때 **20[MΩ]** 이상일 것
- 하나의 전용회로에 설치하는 비상콘센트는 **10개** 이하로 할 것

04 다음은 누전경보기의 화재안전기준에서 사용하는 용어이다. ( ) 안에 알맞은 말을 쓰시오.

득점	배점
	6

(가) ( )란 내화구조가 아닌 건축물로서 벽, 바닥 또는 천장의 전부나 일부를 불연재료 또는 준불연재료가 아닌 재료에 철망을 넣어 만든 건물의 전기설비로부터 누설전류를 탐지하여 경보를 발하며 변류기와 수신부로 구성된 것을 말한다.
(나) ( )란 변류기로부터 검출된 신호를 수신하여 누전의 발생을 해당 특정소방대상물의 관계인에게 경보하여 주는 것(차단기구를 갖는 것을 포함한다)을 말한다.
(다) ( )란 경계전로의 누설전류를 자동적으로 검출하여 이를 누전경보기의 수신부에 송신하는 것을 말한다.

★해답 (가) 누전경보기
(나) 수신부
(다) 변류기

해★설
- "누전경보기"란 내화구조가 아닌 건축물로서 벽, 바닥 또는 천장의 전부나 일부를 불연재료 또는 준불연재료가 아닌 재료에 철망을 넣어 만든 건물의 전기설비로부터 누설전류를 탐지하여 경보를 발하며 변류기와 수신부로 구성된 것을 말한다.
- "수신부"란 변류기로부터 검출된 신호를 수신하여 누전의 발생을 해당 특정소방대상물의 관계인에게 경보하여 주는 것(차단기구를 갖는 것을 포함한다)을 말한다.
- "변류기"란 경계전로의 누설전류를 자동적으로 검출하여 이를 누전경보기의 수신부에 송신하는 것을 말한다.

05 자동화재탐지설비의 용어 정의이다. 괄호 안에 들어갈 말을 쓰시오.

득점	배점
	9

(가) (　　　)라 함은 감지기 또는 발신기로부터 발하여지는 신호를 직접 또는 중계기를 통하여 공통신호로서 수신하여 화재의 발생을 해당 특정소방대상물의 관계자에게 경보하여 주는 것을 말한다.

(나) (　　　)라 함은 감지기 또는 발신기로부터 발하여지는 신호를 직접 또는 중계기를 통하여 고유신호로써 수신하여 화재의 발생을 해당 특정소방대상물의 관계자에게 경보하여 주는 것을 말한다.

(다) (　　　)라 함은 감지기 또는 발신기 등으로부터 발하여지는 신호를 직접 또는 중계기를 통하여 공통신호로서 수신하여 화재의 발생을 해당 특정소방대상물의 관계자에게 경보하여 주고 자동 또는 수동으로 옥내·외 소화전설비, 스프링클러설비, 물분무소화설비, 포소화설비, 이산화탄소소화설비, 할로겐화물소화설비, 분말소화설비, 배연설비 등의 가압송수장치 또는 기동장치 등을 제어하는(이하 "제어기능"이라 한다) 것을 말한다.

(라) (　　　)라 함은 감지기 또는 발신기 등으로부터 발하여지는 신호를 직접 또는 중계기를 통하여 고유신호로서 수신하여 화재의 발생을 해당 특정소방대상물의 관계자에게 경보하여 주고 제어기능을 수행하는 것을 말한다.

(마) (　　　)란 화재 시 발생하는 열, 연기, 불꽃 또는 연소생성물을 자동적으로 감지하여 수신기에 발신하는 장치를 말한다.

(바) (　　　)란 화재발생 신호를 수신기에 수동으로 발신하는 장치를 말한다.

(사) (　　　)란 자동화재탐지설비에서 발하는 화재신호를 시각경보기에 전달하여 청각장애인에게 점멸형태의 시각경보를 하는 것을 말한다.

(아) (　　　)란 감지기·발신기 또는 전기적접점 등의 작동에 따른 신호를 받아 이를 수신기의 제어반에 전송하는 장치를 말한다.

(자) (　　　)이란 특정소방대상물 중 화재신호를 발신하고 그 신호를 수신 및 유효하게 제어할 수 있는 구역을 말한다.

해답
(가) P형 수신기
(나) R형 수신기
(다) P형 복합식 수신기
(라) R형 복합식 수신기
(마) 감지기
(바) 발신기
(사) 시각경보장치
(아) 중계기
(자) 경계구역

06

다음은 감지기의 설치기준에 관한 사항이다. ( ) 안에 알맞은 것은?

득점	배점
	4

(가) 감지기(차동식분포형의 것을 제외한다)는 실내로 공기유입구로부터 ( )[m] 이상 떨어진 위치에 설치할 것

(나) 보상식스포트형감지기는 정온점이 감지기 주위의 평상시 최고온도보다 ( )[℃] 이상 높은 것으로 설치하여야 한다.

(다) 스포트형감지기는 ( )도 이상 경사되지 아니하도록 부착할 것

(라) ( )란 화재에 의해서 발생되는 불꽃(적외선 및 자외선을 포함한다. 이하 이 기준에서 같다)을 감지하여 화재신호를 발신하는 감지기를 말한다.

해답
(가) 1.5
(나) 20
(다) 45
(라) 불꽃감지기

해설

감지기의 설치기준
- 감지기(차동식분포형은 제외)는 실내로 공기유입구로부터 **1.5[m] 이상** 떨어진 곳에 설치할 것
- 감지기는 천장 또는 **반자**의 옥내의 면하는 부분에 설치할 것
- **보상식스포트형감지기**는 정온점이 감지기 주위의 평상시 최고온도보다 **20[℃] 이상** 높은 것으로 설치할 것
- **정온식감지기**는 **주방, 보일러실** 등 다량의 화기를 취급하는 장소에 설치하되, 공칭작동온도가 최고 주위온도보다 **20[℃] 이상** 높은 것으로 설치할 것
- **스포트형감지기**는 **45° 이상** 경사되지 아니하도록 부착할 것
- **분포형감지기**는 **5° 이상** 경사되지 아니하도록 부착할 것

불꽃감지기
화재에 의해서 발생되는 불꽃(적외선 및 자외선을 포함한다. 이하 이 기준에서 같다)을 감지하여 화재신호를 발신하는 감지기를 말한다.

07

다음은 비상콘센트설비의 전원에 관한 사항이다. 다음 ( ) 안을 채우시오.

득점	배점
	6

(가) 비상콘센트설비를 유효하게 ( )분 이상 작동시킬 수 있는 용량으로 할 것

(나) 비상전원을 실내에 설치하는 때에는 그 실내에 ( )을 설치할 것

(다) 상용전원회로의 배선은 저압수전인 경우에는 ( )의 직후에서 분기하여 전용배선으로 할 것

해답
(가) 20분
(나) 비상조명등
(다) 인입개폐기

해★설

비상콘센트 전원설비 설치기준
- 상용전원회로의 배선은 저압수전인 경우에는 인입개폐기의 직후에서, 고압수전 또는 특고압수전인 경우에는 전력용변압기 2차측의 주차단기 1차측 또는 2차측에서 분기하여 전용배선으로 할 것
- 비상전원 중 자가발전설비는 다음의 기준에 따라 설치하고, 비상전원수전설비는 「소방시설용비상전원수전설비의 화재안전기준(NFSC 602)」에 따라 설치할 것
  - 점검에 편리하고 화재 및 침수 등의 재해로 인한 피해를 받을 우려가 없는 곳에 설치할 것
  - 비상콘센트설비를 유효하게 20분 이상 작동시킬 수 있는 용량으로 할 것
  - 상용전원으로부터 전력의 공급이 중단된 때에는 자동으로 비상전원으로부터 전력을 공급받을 수 있도록 할 것
  - 비상전원의 설치장소는 다른 장소와 방화구획 할 것. 이 경우 그 장소에는 비상전원의 공급에 필요한 기구나 설비외의 것(열병합발전설비에 필요한 기구나 설비는 제외한다)을 두어서는 아니 된다.
  - 비상전원을 실내에 설치하는 때에는 그 실내에 비상조명등을 설치할 것

---

08 자동화재탐지설비의 수신기에서 다음의 시험을 할 경우 스위치 주의등의 점등여부를 판단하여 쓰시오.

득점	배점
	4

(가) 도통시험을 할 경우 점등 여부는?

(나) 예비전원시험을 할 경우 점등 여부는?

★해답 (가) 점 등
(나) 소 등

해★설

수신기의 스위치 주의등이 점멸되는 경우
- 수신기 주경종 정지스위치를 누르는 경우
- 수신기 지구경종 정지스위치를 누르는 경우
- 수신기 자동복구스위치를 누르는 경우
- 화재표시 회로시험 스위치를 누르는 경우
- 도통시험 스위치를 누르는 경우

---

09 11층 이상인 건물의 특정소방대상물에 옥내소화전설비를 하였다. 이 설비를 작동시키기 위한 전원 중 비상전원으로 설치할 수 있는 설비의 종류를 3가지 쓰시오.

득점	배점
	5

★해답 ① 자기발전설비
② 축전지설비
③ 전기저장장치

해★설

옥내소화전설비의 비상전원 : 자가발전설비, 축전지설비, 전기저장장치

옥내소화전설비 비상전원의 용량 : **20분 이상**

10

	득점	배점
소비전력이 20[W]인 유도등 10개가 점등되었다면 교류 220[V], 역률 50[%]에서 소요되는 전류는 몇 [A]인지 구하시오. | | 5 |

★해답

계산 : $I = \dfrac{P}{V\cos\theta} = \dfrac{20 \times 10}{220 \times 0.5} = 1.818\,[\text{A}]$

답 : 1.82[A]

해★설

단상 전력 : $P = V\cos\theta\,[\text{W}]$

전류 : $I = \dfrac{P}{V\cos\theta} = \dfrac{20 \times 10}{220 \times 0.5} = 1.818\,[\text{A}]$

3상 전력 : $P = \sqrt{3}\,V\cos\theta\,[\text{W}]$, 전류 : $I = \dfrac{P}{\sqrt{3}\,V\cos\theta}\,[\text{A}]$

11

	득점	배점
비상용 전원설비로 축전지설비를 하고자 한다. 다음 각 물음에 답하시오. | | 6 |

(가) 축전지에 수명이 있고 또한 그 말기에 있어서도 부하를 만족하는 용량을 결정하기 위한 계수로서 보통 0.8로 하는 것을 무엇이라 하는가?

(나) 연축전지의 정격용량이 100[Ah]이고, 상시부하가 15[kW], 표준전압 100[V]인 부동충전방식 충전기의 2차 충전전류 값은 몇 [A]이겠는가?(단, 상시부하의 역률은 1로 본다)

(다) 축전지의 과방전 및 방치상태, 가벼운 설페이션 현상 등이 생겼을 때 기능 회복을 위하여 실시하는 충전방식은?

★해답

(가) 보수율

(나) 160[A]

(다) 회복충전방식

해설

• **보수율** : 축전지의 수명 말기에도 부하를 만족하는 용량을 결정하기 위한 여유계수(**보통 0.8**)

• **2차 충전전류(I_2)**

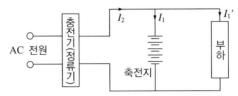

2차 충전전류 = 축전지 축전전류 + 부하공급전류

$$= \frac{\text{정격용량}}{\text{공칭용량}} + \frac{\text{부하용량}}{\text{표준전압}} = \frac{100}{10} + \frac{15 \times 10^3}{100} = 160[\text{A}]$$

※ 연축전지 공칭용량 : 10[Ah]

• **회복충전방식** : **과방전** 및 **방치상태**에서 신속하게 기능을 회복하기 위한 충전방식

12

다음 주어진 도면은 유도전동기 기동정지회로의 미완성 도면이다. 다음 각 물음에 답하시오.

득점	배점
	6

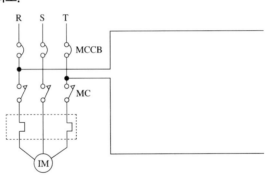

물음

(가) 다음과 같이 주어진 기구를 이용하여 미완성 도면을 완성하시오(단, 기구의 개수 및 접점은 최소로 할 것).

① 전자접촉기 : (MC)

② 기동용 표시등 : (GL)

③ 정지용 표시등 : (RL)

④ 열동계전기 : ⌇THR

⑤ 누름버튼스위치 ON용 PBS-ON : ⟊PBS-on

⑥ 누름버튼스위치 OFF용 PBS-OFF : ⟊PBS-off

(나) 주회로에 대한 [　　　　]가 동작되는 경우를 2가지만 쓰시오.

☻해답 (가)

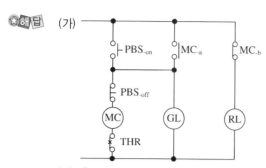

(나) ① 전동기에 과전류가 흐를 경우
　　② 열동계전기 단자의 접촉 불량으로 과열될 경우

해★설

(가)

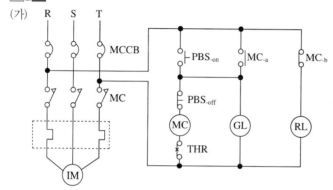

(나) **열동계전기가 동작되는 경우**

- 전동기에 과전류가 흐를 경우
- 열동계전기 단자의 접촉 불량으로 과열될 경우
- 전류 세팅(Setting)을 정격전류보다 낮게 하였을 경우

13 비상콘센트의 설치기준으로 괄호 안에 알맞은 말을 써 넣으시오.

득점	배점
	5

- 보호함에는 쉽게 개폐할 수 있는 (①)을 설치하여야 한다.
- 비상콘센트의 보호함에는 그 (②)에 "비상콘센트"라고 표시한 표식을 하여야 한다.
- 비상콘센트의 보호함에는 그 상부에 (③)색의 (④)을 설치하여야 한다. 다만, 비상콘센트의 보호함을 옥내소화전함 등과 접속하여 설치하는 경우에는 (⑤) 등의 표시등과 겸용할 수 있다.

★해답
① 문
③ 적
⑤ 옥내소화전함
② 표 면
④ 표시등

14 비상방송설비를 업무용 방송설비와 겸용하는 경우의 미완성도면이다. 도면을 보고 다음 각 물음에 답하시오.

득점	배점
	6

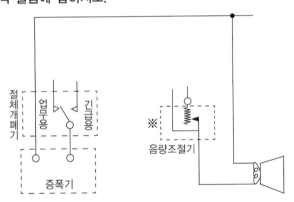

물음

(가) 도면을 완성하시오(업무용배선과 긴급용 배선).

(나) 지하 5층, 지상 15층 바닥 면적이 500[m²]일 때 확성기를 설치할 층과 설치 위치에 대한 기준은?

(다) 1층에서 발화의 경우 우선경보하여야 할 층은?

★해답 (가)

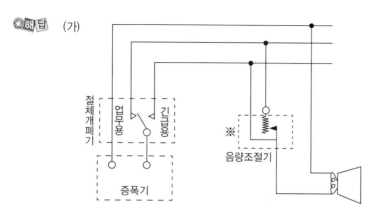

(나) 확성기는 각층마다 설치하되, 그 층의 각 부분으로부터 하나의 확성기까지의 수평거리가 25[m] 이하가 되도록 하고, 해당 층의 각 부분에 유효하게 경보를 발할 수 있도록 설치할 것

(다) 2층, 1층, 지하 1층, 지하 2층, 지하 3층, 지하 4층, 지하 5층

해★설

(가) **3선식 비상방송설비의 배선**

3선식
다른 방송설비와 공용하는 것에 있어서 화재 시 비상경보 외의 방송을 차단할 수 있는 구조

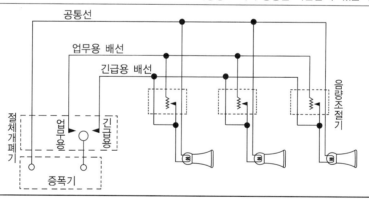

- 비상방송설비를 설치하여야 하는 특정소방대상물
  - 연면적 **3,500[m²]** 이상인 것
  - 지하층을 제외한 층수가 11층 이상인 것
  - 지하층의 층수가 3개층 이상인 것

(나) 확성기는 각층마다 설치하되, 그 층의 각 부분으로부터 하나의 확성기까지의 수평거리가 **25[m] 이하**가 되도록 하고, 해당 층의 각 부분에 유효하게 경보를 발할 수 있도록 설치할 것

(다) 발화층 및 그 직상층 우선경보방식

발화층	경보층
2층 이상	발화층, 그 직상층
1층	**지하층(전체), 1층, 2층**
지하 1층	지하층(전체), 1층
지하 2층 이하	지하층(전체)

15 소화활동설비 중 비상콘센트에 관한 다음 물음에 답하시오.

득점	배점
	5

(가) 비상콘센트설비의 설치 목적에 대해 쓰시오.

(나) 비상콘센트설비의 접지공사 종류를 쓰시오.

(다) 지상 층수가 11층인 건물에 비상콘센트 설비를 하고자 할 경우 전선은 몇 가닥을 시설해야 하는가?

(라) 용량이 1[kW], 역률은 90[%]인 송풍기를 운전하려고 한다. 단상 콘센트에 연결하여 운전 시 사용 전류는 몇 [A]인가?

해답 (가) 소화활동이 곤란한 11층 이상 특정소방대상물의 화재발생 시 설치하여 소방대의 인명구조 및 소화활동에 필요한 전원을 공급받기 위한 시설

(나) 2021년 1월 1일 한국전기설비규정 변경으로 답이 맞지 않음

(다) 3가닥

(라) 계산 : $I = \dfrac{P}{V\cos\theta} = \dfrac{1 \times 10^3}{220 \times 0.9} = 5.05[\text{A}]$

답 : 5.05 [A]

해설

(가) 비상콘센트 설치 목적 : 소화활동이 곤란한 11층 이상 특정소방대상물의 화재발생 시 설치하여 소방대의 인명구조 및 소화활동에 필요한 전원을 공급받기 위한 시설

(다) 단상 전원선 : 2가닥 + 접지선 : 1가닥 = 3가닥

(라) 단상 전력 : $P = V\cos\theta\,[\text{W}]$

전류 : $I = \dfrac{P}{V\cos\theta} = \dfrac{1 \times 10^3}{220 \times 0.9} = 5.05[\text{A}]$

3상 전력 : $P = \sqrt{3}\,V\cos\theta\,[\text{W}]$, 전류 : $I = \dfrac{P}{\sqrt{3}\,V\cos\theta}[\text{A}]$

16 자동화재탐지설비의 화재안전기준에서 정하는 청각장애인용 시각경보장치의 설치기준 3가지를 쓰시오.

득점	배점
	5

해답 (1) 복도, 통로, 청각장애인용 객실 및 공용으로 사용하는 거실에 설치하며 각 부분으로부터 유효하게 경보를 발할 수 있는 위치에 설치할 것

(2) 공연장·집회장·관람장 또는 이와 유사한 장소에 설치하는 경우에는 시선이 집중되는 무대부 부분 등에 설치할 것

(3) 설치높이는 바닥으로부터 2[m] 이상 2.5[m] 이하의 장소에 설치할 것

해설

청각장애인용 시각경보장치의 설치기준

• 복도, 통로, 청각장애인용 객실 및 공용으로 사용하는 거실(로비, 회의실, 강의실, 식당, 휴게실 등을 말한다)에 설치하며 각 부분으로부터 유효하게 경보를 발할 수 있는 위치에 설치할 것

• 공연장·집회장·관람장 또는 이와 유사한 장소에 설치하는 경우에는 시선이 집중되는 무대부 부분 등에 설치할 것

- **설치높이**는 바닥으로부터 **2[m] 이상 2.5[m] 이하**의 장소에 설치할 것 다만, 천장의 높이가 **2[m] 이하**인 경우에는 천장으로부터 **0.15[m] 이내**의 장소에 설치하여야 한다.
- 하나의 특정소방대상물에 2 이상의 수신기가 설치된 경우 어느 수신기에서도 지구음향장치 및 시각경보장치를 작동할 수 있도록 할 것
- 시각경보장치의 광원은 **전용의 축전지설비** 또는 **전기저장장치**에 의하여 점등되도록 할 것. 다만, 시각경보기에 작동전원을 공급할 수 있도록 형식승인을 얻은 수신기를 설치한 경우에는 그러하지 아니하다.

17

다음 도면은 전실의 급·배기 댐퍼를 나타낸 것이다. 다음 조건을 보고 답하시오.

득점	배점
	8

- 댐퍼는 모터식이며 복구는 자동복구방식을 채용하였다.
- 전원은 전원설비반에서 공급하고 기동은 동시에 기동하는 것으로 한다.

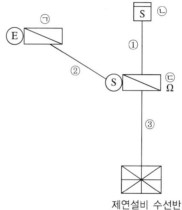

제연설비 수선반

(가) ㉠,㉡,㉢의 명칭을 쓰시오.
(나) ①,②,③의 전선 가닥수를 쓰시오.
(다) 제연설비 수신반의 설치 높이는 얼마인가?

해답
(가) ㉠ : 배기댐퍼, ㉡ : 연기감지기, ㉢ : 급기댐퍼
(나) ① 4가닥, ② 4가닥, ③ 7가닥
(다) 바닥으로부터 0.8[m] 이상 1.5[m] 이하

해☆설

(가)

배기댐퍼	연기감지기	급기댐퍼
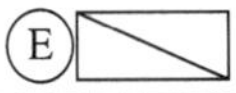 Ⓔ�	Ⓢ	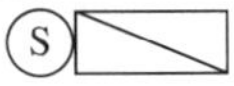 Ⓢ�

(나)

구 분	가닥수	용 도
①	4	지구 2, 공통 2
②	4	전원 ⊕, 전원 ⊖, 기동, 배기댐퍼 확인
③	7	전원 ⊕, 전원 ⊖, 기동, 지구, 수동기동 확인, 급기댐퍼 확인, 배기댐퍼 확인

(다) 제연설비 수신반 설치 높이 : 바닥으로부터 0.8[m] 이상 1.5[m] 이하

18

다음 도면은 지상 7층, 지하 3층으로서 연면적 5,000[mm²]인 사무실 건물에 자동화재탐지설비를 설치하려고 한다. 각 층의 높이가 3[m]일 경우 도면을 보고 다음 각 물음에 답하시오.

득점	배점
	7

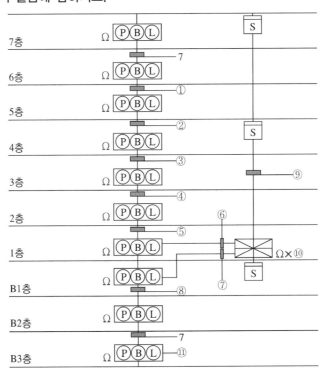

(가) ① ~ ⑨ 각 부분의 최소 배선 가닥수를 쓰시오

①: ②: ③: ④: ⑤:

⑥: ⑦: ⑧: ⑨:

(나) ⑩에 필요한 종단저항의 개수는 몇 개인가?

(다) ⑪의 그림 기호는 무엇인지 쓰시오.

해답 (가) ① : 9가닥　② : 11가닥　③ : 13가닥　④ : 15가닥　⑤ : 17가닥
　　　　 ⑥ : 19가닥　⑦ : 9가닥　⑧ : 8가닥　⑨ : 4가닥
　　 (나) 2개
　　 (다) 발신기세트 단독형

해설

(가)

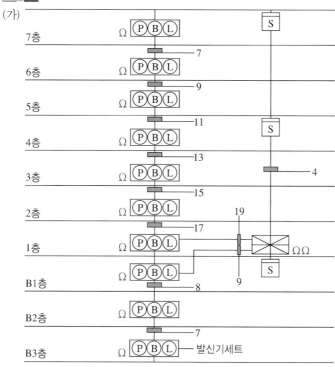

(나) 감지기회로가 지상과 지하 각 1회선씩 2회로이므로 종단저항은 2개가 필요하다.

(다) PBL : 발신기세트 단독형

2019년 6월 29일 시행

제 **2** 회

※ 다음 물음에 대한 답을 해당 답란에 답하시오(배점 : 100).

01

	득점	배점
		6

저압옥내배선의 금속관공사에 있어서 금속관과 박스 그 밖의 부속품은 다음 각 호에 의하여 시설하여야 한다. 괄호 안의 알맞은 내용을 답란에 쓰시오.

(가) 금속관을 구부릴 때 금속관의 단면이 심하게 (①)되지 아니하도록 구부려야 하며, 그 안측의 반지름은 관 안지름의 (②)배 이상이 되어야 한다.

(나) 아웃렛박스(Outlet Box) 사이 또는 전선 인입구가 있는 기구 사이의 금속관은 (③)개소를 초과하는 (④) 굴곡 개소를 만들어서는 아니 된다. 굴곡 개소가 많은 경우 또는 관의 길이가 (⑤)[m]를 초과하는 경우는 (⑥)를 설치하는 것이 바람직하다.

해답

(가) ① 변 형　　　　　② 6

(나) ③ 3　　　　　④ 직각에 가까운

　　 ⑤ 30　　　　　⑥ 풀박스

해설

금속관공사의 시공방법

• 금속관을 구부릴 때 금속관의 단면이 심하게 **변형**되지 아니하도록 구부려야 하며 그 안측의 **반지름**은 관 **안지름의 6배 이상**이 되어야 한다.

• 아웃렛박스 사이 또는 전선 인입구를 가지는 기구 내의 금속관에는 **3개소**가 초과하는 직각 또는 직각에 가까운 굴곡 개소를 만들어서는 아니 된다.

• 굴곡 개소가 많은 경우 또는 관의 길이가 **30[m]를 초과**하는 경우에는 **풀박스**를 설치하는 것이 바람직하다.

• **유니버설엘보**, **티**, **크로스** 등은 조영재에 은폐시켜서는 아니 된다. 다만, 그 부분을 점검할 수 있는 경우에는 그러하지 아니하다.

[유니버설엘보]

• 관과 관의 연결은 커플링을 사용하고 관의 끝부분은 **리머**를 사용하여 모난 부분을 **매끄럽게** 다듬는다.

02 다음 그림은 습식 스프링클러설비의 계통도이다. 전선은 HFIX 전선을 사용할 경우 Ⓐ~Ⓔ의 최소 가닥수와 배선의 용도를 표에 적어 넣으시오.

득점	배점
	10

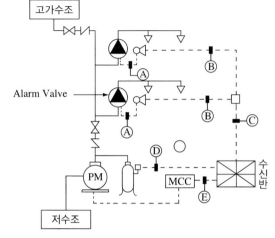

기 호	배선수	용 도
Ⓐ		
Ⓑ		
Ⓒ		
Ⓓ		
Ⓔ		

☆해답

기 호	배선수	용 도
Ⓐ	2	유수검지스위치 2
Ⓑ	3	유수검지스위치, 사이렌, 공통
Ⓒ	5	유수검지스위치 2, 사이렌 2, 공통
Ⓓ	2	압력스위치 2
Ⓔ	5	기동, 정지, 공통, 기동표시, 전원표시

해☆설

기 호	구 분	배선수	전선의 종류	용 도
Ⓐ	알람밸브 ↔ 사이렌	2	2.5[mm²] 이상	유수검지스위치 2
Ⓑ	사이렌 ↔ 수신반	3	2.5[mm²] 이상	유수검지스위치, 사이렌, 공통
Ⓒ	2개 구역일 경우	5	2.5[mm²] 이상	유수검지스위치 2, 사이렌 2, 공통
Ⓓ	압력탱크 ↔ 수신반	2	2.5[mm²] 이상	압력스위치 2
Ⓔ	MCC ↔ 수신반	5	2.5[mm²] 이상	기동, 정지, 공통, 기동표시, 전원표시

03

철근콘크리트 구조인 건물의 바닥면적이 500[m²]인 사무실에 차동식스포트형 2종감지기를 설치하고자 할 때 최소 설치 개수는 몇 개인가?(단, 감지기의 부착높이는 바닥으로부터 3.5[m]이다)

득점	배점
	4

★해답

계산 : $\dfrac{500}{70}$ = 7.14 ≒ 8개

답 : 8개

해★설

부착높이 및 특정소방대상물의 구분		감지기의 종류						
		차동식 스포트형		보상식 스포트형		정온식 스포트형		
		1종	2종	1종	2종	특종	1종	2종
4[m] 미만	주요구조부를 내화구조로 한 특정소방대상물 또는 그 부분	90	**70**	90	70	70	60	20
	기타 구조의 특정소방대상물 또는 그 부분	50	40	50	40	40	30	15
4[m] 이상 8[m] 미만	주요구조부를 내화구조로 한 특정소방대상물 또는 그 부분	45	35	45	35	35	30	
	기타 구조의 특정소방대상물 또는 그 부분	30	25	30	25	25	15	

철근콘크리트구조(내화구조)이고, 감지기 부착높이가 4[m] 미만으로 차동식스포트형 2종감지기의 기준면적은 70[m²]이 된다.

감지기 설치개수 = $\dfrac{500}{70}$ = 7.14 ≒ 8개

04

다음은 감지기의 설치기준에 관한 사항이다. (   ) 안에 알맞은 것은?

득점	배점
	5

(가) 감지기의 (   )은 햇빛을 직접 받지 않도록 설치할 것
(나) 광축은 나란한 벽으로부터 (   ) 이상 이격하여 설치할 것
(다) 감지기의 발광부와 수광부는 설치된 (   )으로부터 1[m] 이내 위치에 설치할 것
(라) 광축의 높이는 천장 등 높이의 (   ) 이상일 것
(마) 감지기의 광축의 길이는 (   ) 범위 이내일 것

★해답
(가) 수광면
(나) 0.6[m]
(다) 뒷 벽
(라) 80[%]
(마) 공칭감시거리

해☆설

광전식분리형감지기의 설치기준

- 감지기의 **수광면**은 **햇빛**을 직접 받지 않도록 설치할 것
- 광축(송광면과 수광면의 중심을 연결한 선)은 나란한 벽으로부터 **0.6[m] 이상 이격**하여 설치할 것
- 감지기의 발광부와 수광부는 설치된 **뒷벽**으로부터 1[m] 이내 위치에 설치할 것
- 광축의 높이는 천장 등(천장의 실내에 면한 부분 또는 상층의 바닥 하부면을 말한다) 높이의 **80[%] 이상**일 것
- 감지기의 광축의 길이는 **공칭감시거리** 범위 이내일 것

---

05 자동화재탐지설비의 불꽃감지기 설치기준에 대해 3가지만 쓰시오.

득점	배점
	6

☆해답 ① 감지기는 화재감지를 유효하게 감지할 수 있는 모서리 또는 벽에 설치할 것
② 감지기를 천장에 설치하는 경우에는 감지기는 바닥을 향하여 설치할 것
③ 수분이 많이 발생할 우려가 있는 장소에는 방수형으로 설치할 것

해☆설

불꽃감지기 설치기준

- 공칭감시거리 및 공칭시야각은 형식승인 내용에 따를 것
- 감지기는 공칭감시거리와 공칭시야각을 기준으로 감시구역이 모두 포용될 수 있도록 설치할 것
- 감지기는 화재감지를 유효하게 감지할 수 있는 모서리 또는 벽에 설치할 것
- 감지기를 천장에 설치하는 경우에는 감지기는 바닥을 향하여 설치할 것
- 수분이 많이 발생할 우려가 있는 장소에는 방수형으로 설치할 것

---

06 자동화재탐지설비 중 R형 중계기에 대하여 다음의 빈칸을 채우시오.

득점	배점
	6

구 분	집합형	분산형
전 원	•	•
전원 공급	• •	• •
회로 수용능력	•	•

☆해답

구 분	집합형	분산형
전 원	• 교류 220[V]	• 직류 24[V]
전원 공급	• 전원은 외부전원을 이용 • 정류기를 설치한다.	• 전원은 수신기 전원을 이용 • 정류기를 설치하지 않는다.
회로 수용능력	• 대용량(30~40회로)	• 소용량(5회로 미만)

해☆설

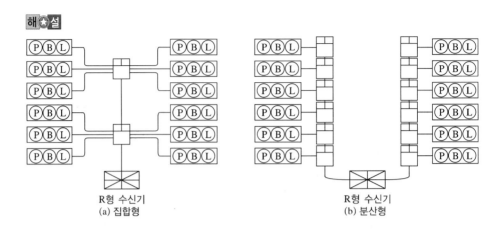

R형 수신기
(a) 집합형

R형 수신기
(b) 분산형

07

다음 유도등의 2선식과 3선식 배선도이다. 미완성 부분을 완성하고 두 결선방식을 비교하여 차이점을 2가지만 쓰시오.

득점	배점
	8

(가) 미완성 결선도

상용전원
AC 100[V]

백　흑적

유도등

[2선식의 경우]

상용전원
AC 100[V]

원격스위치

유도등

[3선식의 경우]

(나) 배선방식 차이점

구 분	2선식	3선식
점등 상태		
충전 상태		

☆해답 (가)

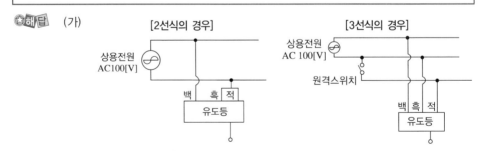

[2선식의 경우]

상용전원
AC100[V]

백　흑　적

유도등

[3선식의 경우]

상용전원
AC 100[V]

원격스위치

백 흑 적

유도등

(나) 배선방식 차이점

구 분	2선식	3선식
점등 상태	• 평상시 : 점등 • 화재 시 : 점등	• 평상시 : 소등 • 화재 시 : 점등
충전 상태	• 평상시 : 충전 • 화재 시 : 점등	• 평상시 : 충전 • 화재 시 : 점등

08　자동화재탐지설비의 음향장치 구조 및 성능기준에 대하여 2가지만 쓰시오.

득점	배점
	4

해답
① 정격전압의 80[%] 전압에서 음향을 발할 수 있는 것으로 할 것. 다만, 건전지를 주전원으로 사용하는 음향장치는 그러하지 아니하다.
② 음량은 부착된 음향장치의 중심으로부터 1[m] 떨어진 위치에서 90[dB] 이상이 되는 것으로 할 것

해설
- 정격전압의 80[%] 전압에서 음향을 발할 수 있는 것으로 할 것. 다만, 건전지를 주전원으로 사용하는 음향장치는 그러하지 아니하다.
- 음량은 부착된 음향장치의 중심으로부터 1[m] 떨어진 위치에서 90[dB] 이상이 되는 것으로 할 것
- 감지기 및 발신기의 작동과 연동하여 작동할 수 있는 것으로 할 것

09　피난구조설비 중 비상조명등을 설치 시 설치기준 3가지를 쓰시오.

득점	배점
	6

해답
① 특정소방대상물의 각 거실과 그로부터 지상에 이르는 복도·계단 및 그 밖의 통로에 설치할 것
② 조도는 비상조명등이 설치된 장소의 각 부분의 바닥에서 1[lx] 이상이 되도록 할 것
③ 예비전원을 내장하는 비상조명등에는 평상시 점등여부를 확인할 수 있는 점검스위치를 설치하고 해당 조명등을 유효하게 작동시킬 수 있는 용량의 축전지와 예비전원 충전장치를 내장할 것

해설
비상조명등 설치기준
- 특정소방대상물의 각 거실과 그로부터 지상에 이르는 복도·계단 및 그 밖의 통로에 설치할 것
- 조도는 비상조명등이 설치된 장소의 각 부분의 바닥에서 1[lx] 이상이 되도록 할 것
- 예비전원을 내장하는 비상조명등에는 평상시 점등여부를 확인할 수 있는 점검스위치를 설치하고 해당 조명등을 유효하게 작동시킬 수 있는 용량의 축전지와 예비전원 충전장치를 내장할 것
- 예비전원을 내장하지 아니하는 비상조명등의 비상전원은 자가발전설비, 축전지설비 또는 전기저장장치(외부 전기에너지를 저장해 두었다가 필요한 때 전기를 공급하는 장치)를 다음의 기준에 따라 설치하여야 한다.
  - 점검에 편리하고 화재 및 침수 등의 재해로 인한 피해를 받을 우려가 없는 곳에 설치할 것
  - 상용전원으로부터 전력의 공급이 중단된 때에는 자동으로 비상전원으로부터 전력을 공급받을 수 있도록 할 것
  - 비상전원의 설치장소는 다른 장소와 방화구획 할 것. 이 경우 그 장소에는 비상전원의 공급에 필요한 기구나 설비 외의 것(열병합발전설비에 필요한 기구나 설비는 제외한다)을 두어서는 아니 된다.
  - 비상전원을 실내에 설치하는 때에는 그 실내에 비상조명등을 설치할 것

- 비상전원은 비상조명등을 20분 이상 유효하게 작동시킬 수 있는 용량으로 할 것. 다만, 다음의 특정소방대상물의 경우에는 그 부분에서 피난층에 이르는 부분의 비상조명등을 60분 이상 유효하게 작동시킬 수 있는 용량으로 하여야 한다.
  - 지하층을 제외한 층수가 11층 이상의 층
  - 지하층 또는 무창층으로서 용도가 도매시장·소매시장·여객자동차터미널·지하역사 또는 지하 상가
- 비상조명등의 설치면제 요건에서 "그 유도등의 유효범위안의 부분"이란 유도등의 조도가 바닥에서 1[lx] 이상이 되는 부분을 말한다.

10

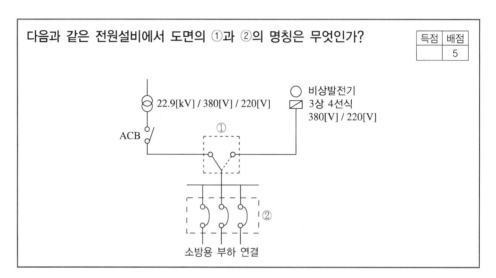

다음과 같은 전원설비에서 도면의 ①과 ②의 명칭은 무엇인가?

득점	배점
	5

★해답
  ① 자동절환개폐기
  ② 배선용 차단기

해★설

그림기호

명 칭	그림기호	비 고
자동절환개폐기(ATS)	A · B	A회로 정전 시 B회로로 자동절체되어 전원 공급
차단기		MCCB 등 차단기의 도시기호

11 옥내소화전펌프로 3상 유도전동기를 사용 시 기동방식에 대해 2가지만 쓰시오.

득점	배점
	4

★해답
① Y-△ 기동법
② 기동보상기 기동법

해★설
- **3상 농형 유도전동기 기동법**
  - 직입(전전압) 기동법
  - Y-△ 기동법
  - 기동보상기 기동법
  - 리액터 기동법
- **3상 권선형 유도전동기 기동법**
  - 2차 저항기동법
  - 게르게스법

12 전자제품 등에 묻어 있는 습기, 수분, 먼지, 기타 오염물질이 부착된 표면을 따라서 전류가 흘러 주변의 절연물질을 탄화시키는 현상으로 오랜 시간 탄화가 계속되면 결국 그 부분에서 지락, 단락으로 진전되어 발화하게 되는 현상을 무엇이라고 하는가?

득점	배점
	4

★해답 트래킹 현상

13 풍량이 5[m³/s]이고, 풍압이 35[mmHg]인 전동기의 용량은 몇 [kW]이겠는가?(단, 펌프효율은 100[%]이고, 여유계수는 1.2라고 한다)

득점	배점
	5

★해답
계산 : 전압 $P_T = \dfrac{35}{760} \times 10,332 = 475.82 [\mathrm{mmAq}]$

전동기 용량 $P = \dfrac{1.2 \times 475.82 \times 5}{102 \times 1} = 27.99 [\mathrm{kW}]$

답 : 27.99[kW]

해★설
- 전압 : $P_T = \dfrac{35 [\mathrm{mmHg}]}{760 [\mathrm{mmHg}]} \times 10,332 [\mathrm{mmAq}]$
  $= 475.82 [\mathrm{mmAq}]$
- 전동기 용량 : $P = \dfrac{KP_T Q}{102\eta} = \dfrac{1.2 \times 475.82 \times 5}{102 \times 1} = 27.99 [\mathrm{kW}]$

14

그림과 같은 회로를 보고 다음 각 물음에 답하시오.

득점	배점
	9

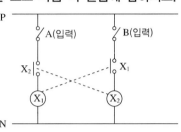

물음

(가) 주어진 회로에 대한 논리회로를 완성하시오.

(나) 회로의 동작 상황을 타임차트로 그리시오.

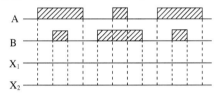

(다) 주어진 회로에서 접점 X_1과 X_2의 관계를 무엇이라 하는가?

☆해답

(가)

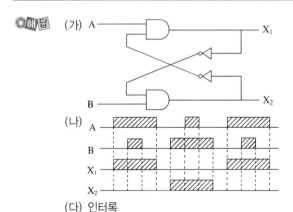

(나)

(다) 인터록

해☆설

인터록(선입력 우선)회로

어떤 회로에 동시에 2가지 입력이 같이 투입되는 것을 방지하는 회로로 우선적으로 입력된 회로만 동작시키고 나중에 들어온 입력은 무시하므로 선입력 우선회로라고도 한다(인터록=선입력 우선회로 =병렬우선회로).

15

비상방송설비에 대한 다음 각 물음에 답하시오.

득점	배점
	6

(가) 확성기의 음성입력기준을 실외에 설치하는 경우 몇 [W] 이상이어야 하는가?

(나) 우선경보방식에 대하여 발화층의 예를 들어 상세히 설명하시오.

(다) 기동장치에 의한 화재신고를 수신한 후 필요한 음량으로 방송이 개시될 때까지의 소요시간은?

⊙해답   (가) 3[W]
          (나) 우선경보방식
             ① 2층 이상의 층에서 발화 : 발화층, 직상층
             ② 1층에서 발화 : 발화층, 직상층, 지하층
             ③ 지하층 : 발화층, 직상층, 기타 지하층
          (다) 10초

해⊙설

(가) 확성기의 음성입력

구 분	실 내	실 외
음성입력	1[W] 이상	3[W] 이상

(나) 우선경보방식에 대한 발화층

발화층	경보를 발하여야 하는 층
2층 이상의 층	발화층, 그 직상층
1층	발화층, 그 직상층, 지하층
지하층	발화층, 그 직상층, 기타 지하층

(다) 기동장치에 의한 화재신고를 수신한 후 필요한 음량으로 방송이 개시될 때까지의 소요시간은 **10초 이내**로 할 것

16

매분 15[m³]의 물을 높이 18[m]인 물탱크에 양수하려고 한다. 주어진 조건을 이용하여 다음 각 물음에 답하시오.

득점	배점
	6

조 건

• 펌프와 전동기의 합성역률은 80[%]이다.
• 전동기의 전부하효율은 60[%]로 한다.
• 펌프의 축동력은 15[%]의 여유를 둔다고 한다.

물 음

(가) 필요한 전동기의 용량은 몇 [kW]인가?

(나) 부하용량은 몇 [kVA]인가?

(다) 단상변압기 2대를 V결선하여 전력을 공급한다면 변압기 1대의 용량은 몇 [kVA]인가?

★해답

(가) 계산 : $P = \dfrac{9.8 \times 15 \times 18 \times 1.15}{0.6 \times 60} = 84.53[\text{kW}]$　　　답 : 84.53[kW]

(나) 계산 : $P_{부} = \dfrac{84.53}{0.8} = 105.66[\text{kVA}]$　　　답 : 105.66[kVA]

(다) 계산 : $P_n = \dfrac{105.66}{\sqrt{3}} = 61.00[\text{kVA}]$　　　답 : 61[kVA]

해★설

(가) 전동기용량 : $P = \dfrac{9.8KQH}{\eta} = \dfrac{9.8 \times 1.15 \times \dfrac{15}{60} \times 18}{0.6} = 84.53[\text{kW}]$

(나) 부하용량 : $P_{부} = \dfrac{P}{\cos\theta} = \dfrac{84.53}{0.8} = 105.66[\text{kVA}]$

(다) 변압기 1대 용량 : $P_n = \dfrac{P_{부}}{\sqrt{3}} = \dfrac{105.66}{\sqrt{3}} = 61[\text{kVA}]$

- 피상전력$[\text{kVA}] = \dfrac{\text{유효전력}[\text{kW}]}{\cos\theta}$

- V결선 출력 : $P_V = \sqrt{3}\, P_n[\text{kVA}]$ (변압기 1대 용량에 $\sqrt{3}$ 배)

17

	득점	배점
국가화재안전기준에서 정하는 무선통신보조설비용 무선기기 접속단자 설치기준을 3가지만 쓰시오.		6

★해답
① 지상에서 유효하게 소방활동을 할 수 있는 장소 또는 수위실 등 상시 사람이 근무하고 있는 장소에 설치할 것
② 단자를 한국산업규격에 적합한 것으로 하고, 바닥으로부터 높이 0.8[m] 이상 1.5[m] 이하의 위치에 설치할 것
③ 단자의 보호함의 표면에 "무선기 접속단자"라고 표시한 표지를 할 것

해★설
무선기기 접속단자
- 지상에서 유효하게 소방활동을 할 수 있는 장소 또는 수위실 등 상시 사람이 근무하고 있는 장소에 설치할 것
- **단자**를 한국산업규격에 적합한 것으로 하고, 바닥으로부터 높이 **0.8[m] 이상 1.5[m] 이하**의 위치에 설치할 것
- **지상**에 설치하는 접속단자는 보행거리 **300[m]** 이내(터널의 경우에는 진출입구별 1개소)마다 설치하고, **다른 용도**로 사용되는 접속단자에서 **5[m]** 이상의 거리를 둘 것
- 지상에 설치하는 단자를 보호하기 위하여 견고하고 함부로 개폐할 수 없는 구조의 보호함을 설치하고, 먼지·습기 및 부식 등에 의하여 영향을 받지 아니하도록 조치할 것
- 단자의 보호함의 **표면**에 "무선기 접속단자"라고 표시한 표지를 할 것

2019년 11월 9일 시행

※ 다음 물음에 대한 답을 해당 답란에 답하시오(배점 : 100).

01

득점	배점
	4

자동화재탐지설비에 사용되는 감지기의 절연저항시험을 하려고 한다. 측정기기와 판정기준 및 측정방법에 대하여 쓰시오(단, 정온식감지선형 감지기는 제외한다).

(가) 측정기기 :

(나) 판정기준 :

(다) 측정방법 :

⊛해답

(가) 측정기기 : 직류 500[V] 절연저항계

(나) 판정기준 : 50[MΩ] 이상

(다) 측정방법 : 절연된 단자 간의 절연저항 및 단자와 외함 간의 절연저항 측정

해⊛설

감지기 절연저항 측정

감지기의 절연된 단지 간의 절연저항 및 단자와 외함 간의 절연저항은 직류 500[V]의 절연저항계로 측정한 값이 50[MΩ](정온식감지선형감지기는 선간에서 1[m]당 1,000[MΩ]) 이상이어야 한다.

02

득점	배점
	3

다음의 무선통신보조설비에 사용되는 분배기, 분파기 및 혼합기에 대해 간단히 쓰시오.

(가) 분배기 :

(나) 분파기 :

(다) 혼합기 :

⊛해답

(가) 분배기 : 신호의 전송로가 분기되는 장소에 설치하는 것으로 임피던스 매칭과 신호 균등분배를 위해 사용하는 장치

(나) 분파기 : 서로 다른 주파수의 합성된 신호를 분리하기 위해서 사용하는 장치

(다) 혼합기 : 두 개 이상의 입력신호를 원하는 비율로 조합한 출력이 발생하도록 하는 장치

03

다음은 비상조명등 설비의 설치기준이다. ( ) 안에 알맞은 내용을 채우시오.

득점	배점
	5

(가) 예비전원을 내장하는 비상조명등에는 평상시 점등여부를 확인할 수 있는 (①)를 설치하고 해당 조명등을 유효하게 작동시킬 수 있는 용량의 (②)와 (③)를 내장할 것

(나) 비상전원은 비상조명등을 (④) 이상 유효하게 작동시킬 수 있는 용량으로 할 것. 다만, 다음 각 목의 특정소방대상물의 경우에는 그 부분에서 피난층에 이르는 부분의 비상조명등을 (⑤) 이상 유효하게 작동시킬 수 있는 용량으로 하여야 한다.

ㄱ 지하층을 제외한 층수가 11층 이상의 층

ㄴ 지하층 또는 무창층으로서 용도가 도매시장·소매시장·여객자동차터미널·지하역사 또는 지하상가

 해답 (가) ① 점검스위치
② 축전지
③ 예비전원 충전장치
(나) ④ 20분
⑤ 60분

해☆설

비상조명등 설치기준

• 특정소방대상물의 각 거실과 그로부터 지상에 이르는 복도·계단 및 그 밖의 통로에 설치할 것
• 조도는 비상조명등이 설치된 장소의 각 부분의 바닥에서 1[lx] 이상이 되도록 할 것
• 예비전원을 내장하는 비상조명등에는 평상시 점등여부를 확인할 수 있는 **점검스위치**를 설치하고 해당 조명등을 유효하게 작동시킬 수 있는 용량의 **축전지**와 **예비전원 충전장치**를 내장할 것
• 예비전원을 내장하지 아니하는 비상조명등의 비상전원은 자가발전설비, 축전지설비 또는 전기저장장치(외부 전기에너지를 저장해 두었다가 필요한 때 전기를 공급하는 장치)를 다음의 기준에 따라 설치하여야 한다.
  – 점검에 편리하고 화재 및 침수 등의 재해로 인한 피해를 받을 우려가 없는 곳에 설치할 것
  – 상용전원으로부터 전력의 공급이 중단된 때에는 자동으로 비상전원으로부터 전력을 공급받을 수 있도록 할 것
  – 비상전원의 설치장소는 다른 장소와 방화구획할 것. 이 경우 그 장소에는 비상전원의 공급에 필요한 기구나 설비 외의 것(열병합발전설비에 필요한 기구나 설비는 제외한다)을 두어서는 아니 된다.
  – 비상전원을 실내에 설치하는 때에는 그 실내에 비상조명등을 설치할 것
• 비상전원은 비상조명등을 **20분** 이상 유효하게 작동시킬 수 있는 용량으로 할 것. 다만, 다음의 특정소방대상물의 경우에는 그 부분에서 피난층에 이르는 부분의 비상조명등을 **60분** 이상 유효하게 작동시킬 수 있는 용량으로 하여야 한다.
  – 지하층을 제외한 층수가 11층 이상의 층
  – 지하층 또는 무창층으로서 용도가 도매시장·소매시장·여객자동차터미널·지하역사 또는 지하상가
• 비상조명등의 설치면제 요건에서 "그 유도등의 유효범위 안의 부분"이란 유도등의 조도가 바닥에서 1[lx] 이상이 되는 부분을 말한다.

04 다음 그림은 공기팽창형 차동식스포트형감지기이다. ①~④까지의 명칭을 쓰시오.

득점	배점
	4

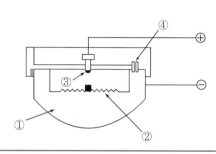

해답 ① 감열실   ② 다이어프램
③ 접 점   ④ 리크 구멍

해설

차동식스포트형감지기(공기의 팽창을 이용)의 동작원리
화재 발생 시 온도가 상승하면 감열실의 공기가 팽창하여 다이어프램을 밀어 올려 접점에 닿게 하여
수신기에 화재신호를 보내는 원리로서, 난방 등의 완만한 온도 상승에 의해서는 작동하지 않는다.

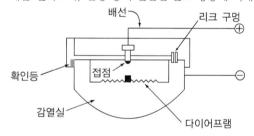

05 다음의 감지기 배선방식에 대한 물음에 답하시오.

득점	배점
	6

(가) 감지기 송배전식에 대하여 설명하시오.
(나) 감지기 교차회로방식에 대하여 설명하시오.
(다) 배선방식 중 교차회로방식을 적용하는 설비 5가지만 쓰시오.

해답 (가) 회로도통시험을 용이하게 하기 위하여 배선의 도중에서 분기하지 않는 배선방식
(나) 하나의 담당구역 내 감지기회로를 2 이상 설치하고 인접한 2 이상의 감지기가 동시에
감지되는 경우 설비가 작동하는 배선방식
(다) ① 할론소화설비   ② 이산화탄소소화설비
③ 분말소화설비   ④ 준비작동식 스프링클러설비
⑤ 일제살수식 스프링클러설비

해☆설

송배전식
- **정의** : 회로도통시험을 용이하게 하기 위하여 배선의 도중에서 분기하지 않는 배선방식
- **적용설비** : 자동화재설비, 제연설비

교차회로방식
- **정의** : 하나의 담당구역 내 감지기회로를 2 이상 설치하고 인접한 2 이상의 감지기가 동시에 감지되는 경우 설비가 작동하는 배선방식
- **적용설비** : 할론소화설비, 이산화탄소소화설비, 분말소화설비, 준비작동식 스프링클러설비, 일제살수식 스프링클러설비, 할로겐화합물 및 불활성기체소화설비

---

06 다음은 자동화재탐지설비의 감지기 중 광전식공기흡입형 감지기이다. 다음 물음에 답하시오.

득점	배점
	5

(가) 광전식감지기 중 공기흡입형감지기의 동작원리에 대해 설명하시오.

(나) 광전식공기흡입형감지기의 공기흡입장치는 공기배관망에 설치된 가장 먼 샘플링 지점에서 감지부분까지 몇 초 이내에 연기를 이송할 수 있어야 하는가?

☆해답 (가) 화재 발생 시 흡입된 공기 중에 함유된 연소생성물(연기)의 성분을 분석하여 화재를 감지한다.
(나) 120초 이내

해☆설
(가) 광전식공기흡입형감지기 동작원리 : 평상시 공기흡입펌프가 흡입배관을 통하여 주위공기를 계속 흡입하고 화재 발생 시 흡입된 공기 중에 함유된 연소생성물(연기)의 성분을 분석하여 화재를 감지한다.
(나) 광전식공기흡입형감지기의 공기흡입장치는 공기배관망에 설치된 가장 먼 샘플링 지점에서 감지부분까지 120초 이내에 연기를 이송할 수 있어야 한다.

---

07 내화구조로 된 사무실에 차동식스포트형 1종감지기를 설치하려고 한다. 바닥면적 500[m²]이고, 감지기의 부착높이가 4.5[m]일 때 설치해야 할 감지기의 최소 개수는 몇 개인가?

득점	배점
	5

① 계산 :

② 답 :

 ① 계산 : $\dfrac{500}{45} = 11.111 \fallingdotseq 12$개

② 답 : 12개

해☆설

부착높이 및 특정소방대상물의 구분		감지기의 종류						
		차동식 스포트형		보상식 스포트형		정온식 스포트형		
		1종	2종	1종	2종	특종	1종	2종
4[m] 미만	주요구조부를 내화구조로 한 특정소방대상물 또는 그 부분	90	70	90	70	70	60	20
	기타 구조의 특정소방대상물 또는 그 부분	50	40	50	40	40	30	15
4[m] 이상 8[m] 미만	주요구조부를 내화구조로 한 특정소방대상물 또는 그 부분	45	35	45	35	35	30	
	기타 구조의 특정소방대상물 또는 그 부분	30	25	30	25	25	15	

내화구조이고, 감지기 부착높이가 4[m] 이상으로 차동식스포트형 1종감지기의 기준면적은 45[m^2]이 된다.

감지기 설치개수 $= \dfrac{500}{45} = 11.111 ≒ 12$개

08

다음의 저압 옥내배선공사 중 금속관 공사에 사용되는 부품의 명칭을 쓰시오.

득점	배점
	6

(가) 금속관 상호를 연결할 때 사용되는 부속자재

(나) 전선의 절연피복을 보호하기 위하여 금속관 끝에 취부하여 사용되는 부속자재

(다) 금속관과 박스를 고정시킬 때 사용되는 부속자재

☆해답
  (가) 커플링
  (나) 부 싱
  (다) 로크너트

해☆설
- **커플링** : 금속관과 금속관 상호를 연결할 때 사용되는 배관 부속자재
- **부싱** : 금속관에 전선을 넣을 경우 전선의 피복이 손상되는 것을 방지하기 위하여 금속관 끝에 나사산을 내어 접속하는 배관 부속자재
- **로크너트** : 금속관을 박스에 고정시킬 때 사용되는 배관 부속자재

09

다음 용어들을 영문약호로 표시하시오.

득점	배점
	6

(가) 누전차단기

(나) 누전경보기

(다) 영상변류기

(라) 전자접촉기

☆해답
  (가) ELB   (나) ELD
  (다) ZCT   (라) MC

해☆설
- **누전차단기** : ELB(Earth Leakage Breaker)
- **누전경보기** : ELD(Earth Leakage Detector)
- **영상변류기** : ZCT(Zero Sequence Current Transformer)
- **전자접촉기** : MC(Magnet Contactor)

10

	득점	배점
다음은 공기관식차동식분포형감지기의 설치기준이다. ( ) 안에 알맞은 내용을 채우시오.		10

(가) 공기관의 노출부분은 각 감지구역마다 ( ) 이상이 되도록 할 것

(나) 검출부는 5° 이상 ( )할 것

(다) 하나의 검출부분에 접속하는 공기관의 길이는 ( ) 이하로 할 것

(라) 공기관은 도중에서 ( )하도록 할 것

(마) 공기관과 감지구역 각 변과의 수평거리는 ( ) 이하가 되도록 할 것

☆해답
(가) 20[m]
(나) 경사되지 아니하도록 부착
(다) 100[m]
(라) 분기하지 아니
(마) 1.5[m]

해☆설
공기관식차동식분포형감지기의 설치기준
- 공기관의 노출 부분은 감지구역마다 **20[m] 이상**이 되도록 할 것
- 하나의 검출 부분에 접속하는 공기관의 길이는 **100[m] 이하**로 할 것
- 공기관의 두께는 0.3[mm] 이상, 바깥지름은 1.9[mm] 이상일 것
- 검출부는 **5° 이상** 경사되지 아니하도록 부착할 것
- 공기관과 감지구역의 각 변과의 수평거리는 1.5[m] 이하가 되도록 하고 공기관 상호 간의 거리는 **6[m]**(내화구조 : 9[m]) **이하**가 되도록 할 것
- 검출부는 바닥으로부터 **0.8[m] 이상 1.5[m] 이하**의 위치에 설치할 것
- 공기관은 도중에서 분기하지 아니하도록 할 것

11

	득점	배점
자동화재탐지설비의 수신기 중 P형 수신기의 동시작동시험을 하는 목적을 쓰시오.		3

☆해답 감지기가 수회선이 동시에 작동하여도 수신기의 기능에 이상을 주지 않는 것을 확인하기 위한 시험

12

자동화재탐지설비의 수신기에서 공통선 시험을 하는 목적을 설명하고, 시험 방법을 순서에 의하여 차례대로 설명하시오.

득점	배점
	4

(가) 목적 :

(나) 방법 :

☆해답 (가) 목적 : 공통선이 부담하고 있는 경계구역수의 적정 여부를 확인하기 위한 시험
(나) 방법 : ① 수신기 내 접속 단자에서 공통선 1선을 제거한다.
② 회로도통시험의 예에 따라 회로선택스위치를 회로별로 회전시킨다.
③ 전압계 또는 LED를 확인하여 "단선"을 지시한 경계구역의 회선수를 점검한다.

해☆설

자동화재탐지설비의 수신기 공통선 시험(7회선 이하는 제외)
• **목적** : 공통선이 부담하고 있는 경계구역수의 적정 여부를 확인하기 위한 시험
• **방 법**
  – 수신기 내 접속 단자에서 공통선 1선을 제거한다.
  – 회로도통시험의 예에 따라 회로선택스위치를 회로별로 회전시킨다.
  – 전압계 또는 LED를 확인하여 "단선"을 지시한 경계구역의 회선수를 점검한다.
• **가부판정 기준** : 공통선이 담당하고 있는 경계구역의 수가 7 이하일 것

13

다음은 자동화재탐지설비와 스프링클러 프리액션밸브의 간선계통도이다. 물음에 답하시오.

득점	배점
	10

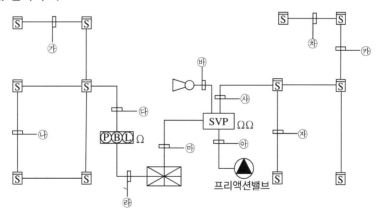

물음

(가) ㉮~㉦까지의 배선가닥수를 쓰시오(단, 프리액션밸브용 감지기공통선과 전원 공통선은 분리해서 사용하고, 압력스위치, 탬퍼스위치 및 솔레노이드밸브용 공통선은 1가닥을 사용하는 조건임).

㉮	㉯	㉰	㉱	㉲	㉳	㉴	㉵	㉶	㉷	㉦

(나) ㉮의 배선별 용도를 쓰시오(해당 가닥수까지만 기록).

번 호	배선의 용도	번 호	배선의 용도
1		6	
2		7	
3		8	
4		9	
5		10	

해답 (가)

㉮	㉯	㉰	㉱	㉲	㉳	㉴	㉵	㉶	㉷
4	2	4	7	10	2	8	4	4	4	8

(나)

번 호	배선의 용도	번 호	배선의 용도
1	전원 +	6	감지기 B
2	전원 −	7	밸브기동
3	전 화	8	밸브개방확인
4	사이렌	9	밸브주의
5	감지기 A	10	감지기 공통선

14 다음은 자동화재탐지설비의 수신기 중 R형 수신기에 관한 사항이다. 다음 각 물음에 답하시오.

득점	배점
	6

(가) R형 수신기의 전송방식에 대해 쓰시오.

(나) R형 수신기는 어떤 신호방식을 사용하는지 쓰시오.

(다) 발신기의 발신개시로부터 R형 수신기의 수신완료까지의 소요시간은 몇 초 이내인가?

해답 (가) 다중 전송방식
(나) 고유신호
(다) 5초 이내

해설

P형 수신기와 R형 수신기의 비교

형 식	P형 시스템	R형 시스템
신호전송방식(신호)	개별신호방식(공통신호)	다중전송방식(고유신호)
배관배선공사	선로수가 많아 복잡하다.	선로수가 적어 간단하다.
유지관리	선로수가 많고 복잡하여 어렵다.	선로수가 적고 간단하여 쉽다.
소요시간	5초 이내	5초 이내

15 다음은 자동화재탐지설비의 수동발신기, 경종, 표시등과 수신기의 간선연결을 나타낸 것이다. 수동발신기 간 연결선수와 선로의 용도표를 채워 넣으시오 (단, 수동발신기, 경종, 표시등의 공통선은 수동발신기 1선, 경종, 표시등에서 1선으로 하고 경보방식은 우선경보방식으로 한다).

득점	배점
	6

6층 Ⓟ Ⓑ Ⓛ ──①

5층 Ⓟ Ⓑ Ⓛ ──②

4층 Ⓟ Ⓑ Ⓛ ──③

3층 Ⓟ Ⓑ Ⓛ ──④

2층 Ⓟ Ⓑ Ⓛ ──⑤ ⑥

1층 Ⓟ Ⓑ Ⓛ ──☒

B1층 Ⓟ Ⓑ Ⓛ

B2층 Ⓟ Ⓑ Ⓛ

기 호	내 역	용 도
①		
②		
③		
④		
⑤		
⑥		

★해답

기 호	내 역	용 도
①	22C(HFIX 2.5-7)	지구선, 발신기공통선, 경종선, 경종표시등 공통선, 응답선, 전화선, 표시등선
②	28C(HFIX 2.5-9)	지구선 2, 발신기공통선, 경종선 2, 경종표시등 공통선, 응답선, 전화선, 표시등선
③	28C(HFIX 2.5-11)	지구선 3, 발신기공통선, 경종선 3, 경종표시등 공통선, 응답선, 전화선, 표시등선
④	36C(HFIX 2.5-13)	지구선 4, 발신기공통선, 경종선 4, 경종표시등 공통선, 응답선, 전화선, 표시등선
⑤	36C(HFIX 2.5-15)	지구선 5, 발신기공통선, 경종선 5, 경종표시등 공통선, 응답선, 전화선, 표시등선
⑥	42C(HFIX 2.5-21)	지구선 8, 발신기공통선 2, 경종선 7, 경종표시등 공통선, 응답선, 전화선, 표시등선

• 발화층 및 직상층 우선경보방식이므로 경계구역(층)마다 회로선과 경종선이 1가닥씩 증가한다.

16

그림은 플로트스위치에 의한 펌프모터의 레벨제어에 대한 미완성도면이다. 다음 각 물음에 답하시오.

득점	배점
	8

동 작

- 전원이 인가되면 (GL)램프가 점등된다.

- 자동일 경우 플로트스위치가 붙으면(작동) (RL)램프가 점등되고, 전자접촉기 (88)이 여자되어 (GL)램프가 소등되며, 펌프모터가 작동된다.

- 수동일 경우 누름버튼스위치 PB-ON을 ON시키면 전자접촉기 (88)이 여자되어 (RL)램프가 점등되고 (GL)램프가 소등되며, 펌프모터가 작동된다.

- 수동일 경우 누름버튼스위치 PB-OFF를 OFF시키거나 계전기 49가 작동하면 (RL) 램프가 소등되고, (GL)램프가 점등되며, 펌프모터가 정지된다.

기구 및 접점 사용조건

(88) 1개, 88-a접점 1개, 88-b 접점 1개, PB-ON 접점 1개, PB-OFF 접점 1개, (RL) 램프 1개, (GL)램프 1개, 계전기 49-b접점 1개, 플로트스위치 FS 1개(심벌)

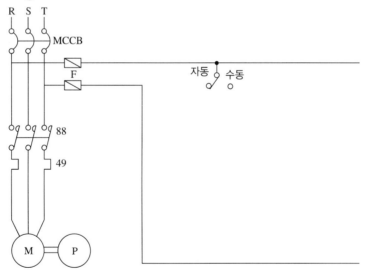

물 음

(가) 주어진 작동조건을 이용하여 시퀀스제어의 미완성 도면을 완성하시오.

(나) 계전기 49와 MCCB의 우리말 명칭을 구체적으로 쓰시오.

① 49 :

② MCCB :

★해답 (가)

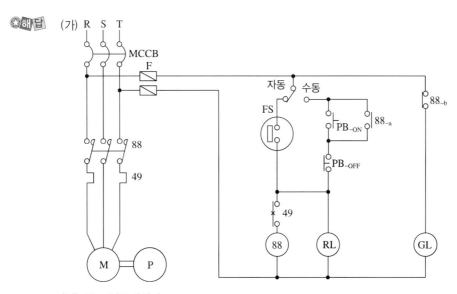

(나) 49 : 열동계전기

　　 MCCB : 배선용 차단기

해☆설

(가) 플로트스위치를 이용한 수위조절 펌프 레벨제어회로는 셀렉터스위치를 자동위치에 놓았을 경우
　　 플로트스위치(FS)에 의해 자동으로 작동되므로 ⑧전자접촉기와 직접연결되며, 셀렉터스위치를
　　 수동위치에 놓으면 일반 시퀀스회로와 같이 기동스위치(PB-ON)에 의해 ⑧전자접촉기가 여자되고
　　 ⑧전자접촉기 a접점에 의해 자기유지되며 정지스위치(PB-OFF)에 의해 정지되는 일반회로이다.

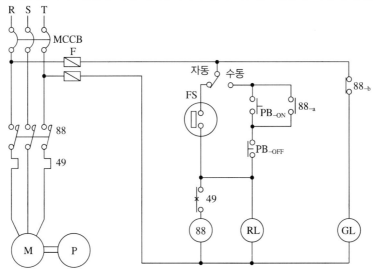

(나) MCCB : 배선용 차단기

　　 88 : 전자접촉기

　　 49 : 열동계전기

　　 RL : 기동(운전) 표시등

　　 GL : 정지(전원) 표시등

　　 자동 ⚬╱⚬ 수동 : 셀렉터스위치

17 비상전원의 내화·내열전선 사용범위 중 옥내소화전설비의 배선범위를 그림에 직접 표시하시오(단, ──── : 일반배선, ///// : 내열배선, ▬▬ : 내화배선, ---------- : 옥내소화전배관으로 표시한다).

득점	배점
	5

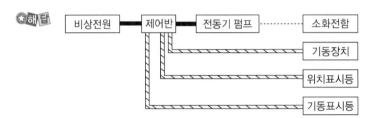

★해답

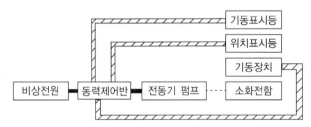

해★설

• 옥내소화전설비

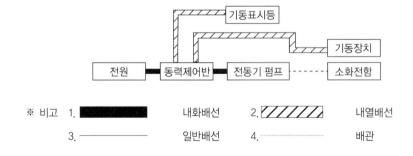

• 옥외소화전설비

※ 비고 1. ▬▬ 내화배선 2. ///// 내열배선
3. ──── 일반배선 4. ·········· 배관

18

380[V], 30[kW] 펌프용 3상 유도전동기가 있다. 역률이 60[%]인 전동기의 역률을 90[%]로 개선하고자 할 경우 전력용 콘덴서의 용량은 몇 [kVA]를 설치하여야 하는가?

득점	배점
	6

① 계산 :

② 답 :

해답

① 계산 : $Q_C = 30 \times \left(\dfrac{0.8}{0.6} - \dfrac{\sqrt{1-0.9^2}}{0.9} \right) = 25.47 \,[\mathrm{kVA}]$

② 답 : 25.47[kVA]

해설

역률 60[%]를 90[%]로 개선하기 위한 역률 개선용 콘덴서 용량

$$Q_C = P\left(\frac{\sin\theta_1}{\cos\theta_1} - \frac{\sin\theta_2}{\cos\theta_2} \right) = 30 \times \left(\frac{0.8}{0.6} - \frac{\sqrt{1-0.9^2}}{0.9} \right) = 25.47\,[\mathrm{kVA}]$$

$$\sin\theta = \sqrt{1 - \cos\theta^2}$$

2020년 5월 24일 시행

※ 다음 물음에 대한 답을 해당 답란에 답하시오(배점 : 100).

01

그림과 같은 논리회로를 보고 다음 각 물음에 답하시오.

득점	배점
	9

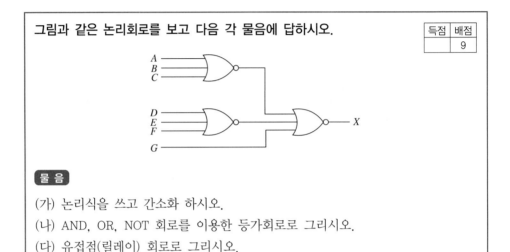

물음

(가) 논리식을 쓰고 간소화 하시오.

(나) AND, OR, NOT 회로를 이용한 등가회로로 그리시오.

(다) 유접점(릴레이) 회로로 그리시오.

해답 (가) 논리식 간소화

$$X = \overline{\overline{(A+B+C)} + \overline{(D+E+F)} + G}$$
$$= \overline{\overline{(A+B+C)}} \cdot \overline{\overline{(D+E+F)}} \cdot \overline{G}$$
$$= (A+B+C) \cdot (D+E+F) \cdot \overline{G}$$

(나)

(다)

해☆설

(가) 논리식 간소화

$$X = \overline{\overline{(A+B+C)} + \overline{(D+E+F)} + \overline{G}}$$
$$= \overline{\overline{(A+B+C)}} \cdot \overline{\overline{(D+E+F)}} \cdot \overline{\overline{G}}$$
$$= (A+B+C) \cdot (D+E+F) \cdot \overline{G}$$

※ 부정의 부정은 긍정 :

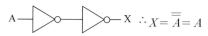

전체부정은 개인부정과 소자부정으로 등가변환 가능

(나) AND, OR, NOT소자를 이용한 등가 논리회로

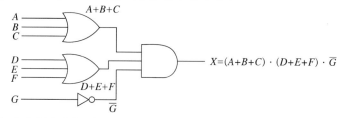

$$X = (A+B+C) \cdot (D+E+F) \cdot \overline{G}$$

(다) 유접점(릴레이) 회로

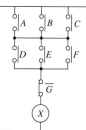

02

유량 7[m³/min], 양정 60[m]인 스프링클러 펌프전동기의 용량은 몇 [kW]인가?(단, 펌프효율 $\eta = 85[\%]$이며, 설계상의 여유계수는 1.10이다)

득점	배점
	5

☆해답

계산 : $P = \dfrac{9.8 \times 1.1 \times \dfrac{7}{60} \times 60}{0.85} = 88.78 [\mathrm{kW}]$

답 : 88.78[kW]

해☆설

전동기 용량

$$P = \frac{9.8KQH}{\eta} = \frac{9.8 \times 1.1 \times \dfrac{7}{60} \times 60}{0.85} = 88.78 [\mathrm{kW}]$$

03 비상방송설비의 음향장치는 정격전압의 몇 [%] 전압에서 음향을 발할 수 있어야 하는가? (3점)

득점	배점
	3

★해답 80[%]

해★설
비상방송설비의 음향장치는 정격전압의 80[%] 전압에서 음향을 발할 수 있는 것이어야 한다.

04 다음 그림은 P형 1급 수신기의 기본 결선도이다. 다음 물음에 답하시오(단, ④는 응답선, ⑦은 지구공통선이다).

득점	배점
	5

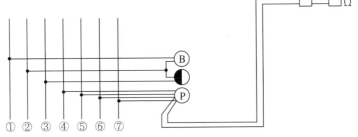

물음
(가) 각 선의 명칭을 쓰시오.
　　① 　　　　　　　　　　　②
　　③ 　　　　　　　　　　　⑤
　　⑥
(나) 표시등의 점멸상태에 대해 설명하시오(평상시).
(다) 경계구역이 늘어날 때마다 추가되는 선의 이름을 쓰시오.
(라) 감지기에 연결해야할 단자이름을 쓰시오.
(마) 회로에 사용되는 전원의 종류와 전압[V]을 쓰시오.

★해답 (가) ① 경종선　　　　　　　② 경종·표시등 공통선
　　　　③ 표시등선　　　　　　⑤ 전화선
　　　　⑥ 지구선
(나) 적색 표시등이 점등
(다) 지구선
(라) 지구선, 지구공통선
(마) 직류 24[V]

(가)

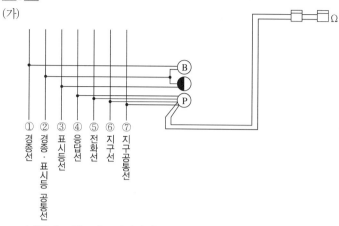

① 경종선
② 경종·표시등 공통선
③ 표시등선
④ 응답선
⑤ 전화선
⑥ 지구선
⑦ 지구공통선

(지구선 = 회로선 = 발신기선)

(나) 발신기의 위치를 표시하는 표시등은 함의 상부에 설치하되, 그 불빛은 부착면으로부터 15° 이상의 범위 안에서 부착지점으로부터 10[m] 이내의 어느 곳에서도 쉽게 식별할 수 있는 **적색등**으로 하여야 한다.

(라) 일제명동식인 경우 기본 7선에 **지구선**은 경계구역이 늘어날 때마다 1선씩 추가(7, 8, 9, 10선순으로 추가)한다.

(마) 회로에 사용되는 전원은 직류(DC) 24[V]이다.

---

05 누전경보기의 4가지 구성요소와 각각의 기능에 대해서 쓰시오.

득점	배점
	4

해답
① 영상변류기 : 누설전류 검출
② 수신기 : 누설전류 신호를 증폭
③ 음향장치 : 누전 시 경보를 발하는 장치
④ 차단기구 : 누설전류가 흐를 경우 전원차단

해설
- 영상변류기 : 누설전류를 자동적으로 검출하여 이를 수신기에 송신하는 장치
- 수신기 : 변류기로부터 검출된 신호를 수신하여 누전의 발생을 해당 특정소방대상물의 관계인에게 경보를 통보하는 장치
- 음향장치 : 누전 시 경보를 발하는 장치
- 차단기구 : 누설전류가 흐르는 경우 이를 수신하여 그 경계전로의 전원을 자동으로 차단하는 장치

06 공기관식차동식분포형감지기의 공기관을 가설할 때 다음 물음에 답하시오.

득점	배점
	5

(가) 감지구역마다 공기관의 노출 부분의 길이는 몇 [m] 이상이어야 하는가?

(나) 하나의 검출 부분에 접속하는 공기관의 길이는 몇 [m] 이하이어야 하는가?

(다) 공기관과 감지구역의 각 변과의 수평거리는 몇 [m] 이하이어야 하는가?

(라) 공기관 상호 간의 거리는 몇 [m] 이하이어야 하는가?(단, 주요 구조부는 비내화구조인 경우로 한다)

(마) 공기관의 두께 및 바깥지름은 몇 [mm] 이상이어야 하는가?

☆해답   (가) 20[m] 이상   (나) 100[m] 이하
         (다) 1.5[m] 이하   (라) 6[m] 이하
         (마) 공기관 두께 : 0.3[mm] 이상, 공기관 바깥지름 : 1.9[mm] 이상

해☆설
공기관식차동식분포형감지기의 설치기준
• 공기관의 노출 부분은 감지구역마다 **20[m]** 이상이 되도록 할 것
• 공기관과 감지구역의 각 변과의 수평거리는 **1.5[m]** 이하가 되도록 하고, 공기관 상호 간의 거리는 **6[m]**(내화구조 : 9[m]) 이하가 되도록 할 것
• 공기관은 도중에서 분기하지 아니하도록 할 것
• 하나의 검출 부분에 접속하는 공기관의 길이는 **100[m]** 이하로 할 것
• 검출부는 5° 이상 경사되지 아니하도록 부착할 것
• 검출부는 바닥으로부터 **0.8[m]** 이상 **1.5[m]** 이하의 위치에 설치할 것
• 공기관의 두께는 **0.3[mm]** 이상, 바깥지름은 **1.9[mm]** 이상이어야 할 것

07 차동식분포형감지기의 종류를 3가지 쓰시오.

득점	배점
	4

☆해답   ① 공기관식
         ② 열전대식
         ③ 열반도체식

해☆설
• 공기관식 : 하나의 감지구역 전체 열효과 누적에 따라 공기관 내의 공기가 팽창하여 공기의 압력으로 다이어프램을 밀어 올려 접점을 접촉시켜 화재신호 발생
• 열전대식 : 화재 시 열전대부가 가열되어 열기전력의 전류가 흘러 미터릴레이에 접점을 닿게 하여 화재신호 발생
• 열반도체식 : 화재 시 온도가 상승하여 열반도체 소자에 제베크효과에 따라 열기전력이 발생하여 미터릴레이를 작동시켜 접점을 붙여 화재신호 발생

08

정격전압 220[V]에 사용되는 소방설비의 접지공사에서 접지저항과 접지선
의 굵기를 쓰시오.

득점	배점
	4

 2021년 1월 1일 한국전기설비규정 변경으로 답이 맞지 않음

09

다음은 PB-ON 스위치를 누르면 설정시간 후에 전동기가 기동되는 시퀀스
회로도이다. 주어진 조건에 맞도록 시퀀스 회로를 수정해서 그리시오.

득점	배점
	5

조 건

PB-ON 스위치를 누르면 계전기 X와 타이머 T가 여자되며, 계전기 X의 보조접점
에 의해 자기유지된다. 설정 시간이 지나면 타이머 T의 접점에 의해 전자접촉기
MC가 여자되고 전동기는 회전하게 된다. 전자접촉기 MC의 보조접점에 의해
MC는 자기유지되고, 계전기 X와 타이머 T는 소자된다.

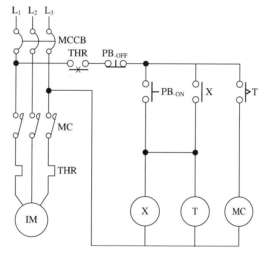

해답

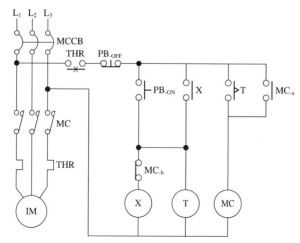

10 자동화재탐지설비의 화재안전기준에서 정하는 청각장애인용 시각경보장치의 설치기준 3가지를 쓰시오.

득점	배점
	6

해답
① 복도, 통로, 청각장애인용 객실 및 공용으로 사용하는 거실에 설치하며 각 부분으로부터 유효하게 경보를 발할 수 있는 위치에 설치할 것
② 공연장·집회장·관람장 또는 이와 유사한 장소에 설치하는 경우에는 시선이 집중되는 무대부 부분 등에 설치할 것
③ 설치높이는 바닥으로부터 2[m] 이상 2.5[m] 이하의 장소에 설치할 것

해설
청각장애인용 시각경보장치의 설치기준
• 복도, 통로, 청각장애인용 객실 및 공용으로 사용하는 거실(로비, 회의실, 강의실, 식당, 휴게실 등을 말한다)에 설치하며 각 부분으로부터 유효하게 경보를 발할 수 있는 위치에 설치할 것
• 공연장·집회장·관람장 또는 이와 유사한 장소에 설치하는 경우에는 시선이 집중되는 무대부 부분 등에 설치할 것
• **설치높이**는 바닥으로부터 2[m] 이상 2.5[m] 이하의 장소에 설치할 것 다만, 천장의 높이가 2[m] 이하인 경우에는 천장으로부터 0.15[m] 이내의 장소에 설치하여야 한다.
• 하나의 특정소방대상물에 2 이상의 수신기가 설치된 경우 어느 수신기에서도 지구음향장치 및 시각경보장치를 작동할 수 있도록 할 것
• 시각경보장치의 광원은 **전용의 축전지설비** 또는 **전기저장장치**에 의하여 점등되도록 할 것. 다만, 시각경보기에 작동전원을 공급할 수 있도록 형식승인을 얻은 수신기를 설치한 경우에는 그러하지 아니하다.

11 차동식스포트형·보상식스포트형 및 정온식스포트형감지기는 그 부착 높이 및 소방대상물에 따라 다음 표를 기준으로 하여 바닥면적마다 1개 이상을 설치하여야 한다. 표의 ㉮~㉴의 빈칸을 채우시오.

득점	배점
	6

(단위 : [m²])

부착 높이 및 특정소방대상물의 구분		감지기의 종류						
		차동식 스포트형		보상식 스포트형		정온식 스포트형		
		1종	2종	1종	2종	특종	1종	2종
4[m] 미만	주요 구조부를 내화 구조로 한 특정소방대상물 또는 그 부분	90	70	㉮	70	㉯	60	20
	기타 구조의 특정소방대상물 또는 그 부분	㉰	40	50	㉱	40	30	15
4[m] 이상 8[m] 미만	주요 구조부를 내화 구조로 한 특정소방대상물 또는 그 부분	45	㉲	45	35	35	㉳	
	기타 구조의 특정소방대상물 또는 그 부분	30	25	30	㉴	25	㉵	

★해답

㉮ 90	㉯ 70
㉰ 50	㉱ 40
㉲ 35	㉳ 30
㉴ 25	㉵ 15

해★설

(단위 : [m²])

부착 높이 및 특정소방대상물의 구분		감지기의 종류						
		차동식 스포트형		보상식 스포트형		정온식 스포트형		
		1종	2종	1종	2종	특종	1종	2종
4[m] 미만	주요 구조부를 내화 구조로 한 특정소방대상물 또는 그 부분	90	70	90	70	70	60	20
	기타 구조의 특정소방대상물 또는 그 부분	50	40	50	40	40	30	15
4[m] 이상 8[m] 미만	주요 구조부를 내화 구조로 한 특정소방대상물 또는 그 부분	45	35	45	35	35	30	
	기타 구조의 특정소방대상물 또는 그 부분	30	25	30	25	25	15	

12

P형 1급 발신기와 관련하여 다음 각 물음에 답하시오.

득점	배점
	8

부품 및 단자

누름버튼 스위치 종단저항 공통단자 응답단자

전화잭 전화단자 지구단자 LED

물음

(가) 주어진 부품 및 단자를 사용하여 P형 1급 발신기의 내부회로도를 아래에 작성하시오.

내부회로도(각 단자에는 단자 명칭을 표기하도록 한다)

(나) 각 단자별 용도 및 기능을 쓰시오.

① 전화단자 :

② 공통단자 :

③ 지구단자 :

④ 응답단자 :

해답 (가) 완성된 내부결선도

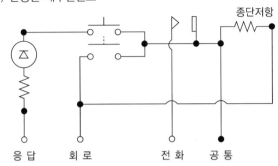

(나) ① 전화단자 : 수신기와 발신기 간의 상호 전화 연락을 하기 위한 단자
② 공통단자 : 전화, 지구, 응답단자를 공유한 단자
③ 지구단자 : 화재신호를 수신기에 알리기 위한 단자
④ 응답단자 : 발신기의 신호가 수신기에 전달되었는가를 확인하여 주기 위한 단자

해설

• 응답단자 : 발신기의 신호가 수신기에 전달되었는가를 확인하여 주기 위한 단자
• 지구단자 : 화재신호를 수신기에 알리기 위한 단자
• 전화단자 : 수신기와 발신기 간의 상호 전화 연락을 하기 위한 단자
• 공통단자 : 전화, 지구, 응답단자를 공유한 단자
• LED : 발신기의 화재신호가 수신기에 전달되었는지 확인하여 주는 램프
• 누름버튼스위치 : 화재신호를 수동으로 수신기에 전달하는 스위치
• 전화잭 : 화재 시 발신기와 수신기 사이의 전화 연락을 위한 잭
• 종단저항 : 감지기회로의 종단에 설치하는 저항으로서, 수신기와 감지기 사이의 배선에 대한 도통시험을 용이하게 하기 위하여 설치

13

다음은 자동화재탐지설비와 스프링클러 프리액션밸브의 간선계통도이다.
물음에 답하시오.

득점	배점
	8

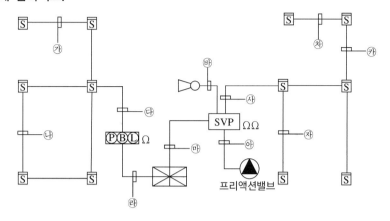

물음

(가) ㉮~㉺까지의 배선가닥수를 쓰시오(단, 프리액션밸브용 감지기공통선과 전원
공통선은 분리해서 사용하고, 압력스위치, 탬퍼스위치 및 솔레노이드밸브용
공통선은 1가닥을 사용하는 조건임).

㉮	㉯	㉰	㉱	㉲	㉳	㉴	㉵	㉶	㉷	㉸

(나) ㉲의 배선별 용도를 쓰시오(해당 가닥수까지만 기록).

번호	배선의 용도	번호	배선의 용도
1		6	
2		7	
3		8	
4		9	
5		10	

 해답 (가)

㉮	㉯	㉰	㉱	㉲	㉳	㉴	㉵	㉶	㉷	㉸
4	2	4	7	10	2	8	4	4	4	8

(나)

번호	배선의 용도	번호	배선의 용도
1	전원 +	6	감지기 B
2	전원 −	7	밸브기동
3	전화	8	밸브개방확인
4	사이렌	9	밸브주의
5	감지기 A	10	감지기 공통선

14 다음 그림은 자동방화문설비의 자동방화문에서 R형 중계기까지 결선도 및 계통도에 대한 것이다. 다음 조건을 참조하여 물음에 답하시오.

득점	배점
	6

조건

• 전선은 최소 가닥수로 한다.
• 방화문 감지기회로는 제외한다.
• 자동방화문설비는 층별로 구획되어 설치되었다.

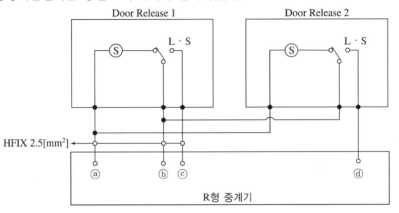

[회로도]

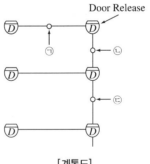

[계통도]

물음

(가) 회로도상 ⓐ~ⓓ의 배선 명칭을 쓰시오.
(나) 계통도상 ㉠~㉢의 가닥수와 배선 용도를 쓰시오.

◎해답 (가) ⓐ 기 동 ⓑ 공 통
　　　　　 ⓒ 확 인 ⓓ 확 인
　　　(나) ㉠ 3가닥 : 공통, 기동, 확인
　　　　　 ㉡ 4가닥 : 공통, 기동, 확인 2
　　　　　 ㉢ 7가닥 : 공통, 기동 2, 확인 4

해☆설

• **자동방화문**(Door Release) **동작**

상시 사용하는 피난계단전실 등의 출입문에 시설하는 설비로서 평상시 개방되어 있다가 화재 발생 시 감지기 작동, 기동스위치 조작에 의하여 방화문을 폐쇄하여 연기가 계단으로 유입되는 것을 막아서 피난활동을 원활하게 한다.

• **회로도**

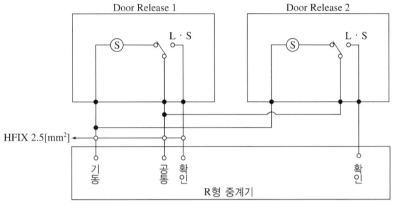

• 계통도

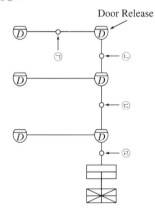

기 호	배선수	전선의 종류	용 도
㉠	3	HFIX 2.5	기동, 확인, 공통
㉡	4	HFIX 2.5	기동, 확인 2, 공통
㉢	7	HFIX 2.5	(기동, 확인 2)×2, 공통
㉣	10	HFIX 2.5	(기동, 확인 2)×3, 공통

15 그림과 같이 1개의 등을 2개소에서 점멸이 가능하도록 하려고 한다. 다음
각 물음에 답하시오.

득점	배점
	5

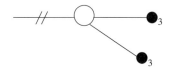

물음

(가) ●₃의 명칭을 구체적으로 쓰시오.

(나) 배선에 배선 가닥수를 표시하시오.

(다) 전선접속도(실제배선도)를 그리시오.

☆해답

(가) 3로 점멸기(스위치)

(나)

(다)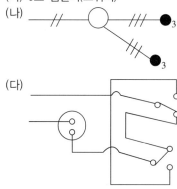

해☆설

• 옥내배선기호

명 칭	그림기호	적 요
점멸기	●	(1) 용량의 표시방법은 다음과 같다. a. 10[A]는 방기하지 않는다. b. 15[A] 이상은 전류치를 방기한다. ●₁₅ₐ (2) 극수의 표시방법은 다음과 같다. a. 단극은 방기하지 않는다. b. 2극 또는 3로, 4로는 각각 2P 또는 3, 4의 숫자를 방기한다. ●₂ₚ ●₃ (3) 플라스틱은 P를 방기한다. ●ₚ (4) 파일럿 램프를 내장하는 것은 L을 방기한다. ●ₗ (5) 따로 놓여진 파일럿 램프는 ○로 표시한다. ○● (6) 방수형은 WP를 방기한다. ●ₘₚ (7) 방폭형은 EX를 방기한다. ●ₑₓ (8) 타이머 붙이는 T를 방기한다. ●ₜ

• **3로 점멸기**(스위치) : 등을 2개소에서 점멸할 경우 사용

16

누설동축케이블에서 다음이 의미하는 바를 보기에서 골라 적으시오.

득점	배점
	6

LCX	–	FR	–	SS	–	20	–	D	–	14	–	6
①		②		③		④		⑤		⑥		⑦

[예] ⑦ : 결합손실

보 기

- 난연성
- 특성임피던스
- 절연체 외경
- 누설동축케이블
- 자기지지
- 사용 주파수

 해답

① 누설동축케이블　　　② 난연성
③ 자기지지　　　　　　④ 절연체 외경[mm]
⑤ 특성임피던스[Ω]　　⑥ 사용 주파수

해설

LCX–FR–SS–20D–14–6

① LCX : 'Leaky Coaxial Cable'로 누설동축케이블을 말함
② FR : 'Flame Resistance'로 난연성(내열성)
③ SS : 'Self Supporting'(자기지지)
④ 20 : 절연체 외경이 20[mm]
⑤ D : 특성임피던스가 50[Ω]
⑥ 14 : 사용 주파수(150, 400[MHz]대 전용)
⑦ 6 : 결합손실

17

사용전압이 100[V]인 전로에 6[kW]의 부하설비가 설치된 특정소방대상물	득점	배점
에 비상용 전원으로 축전지설비를 설치하려고 한다. 주어진 물음에 답하시오.		6

(가) 비상전원으로 연축전지를 설치할 경우 몇 개의 셀이 필요한가?

(나) 연축전지를 방전상태로 오랫동안 방치하면 극판의 황산납이 회백색으로 변하고 내부저항이 대단히 상승하여 전해액의 온도가 상승하고 황산의 비중이 낮아지며 심하게 가스가 발생하여 축전지 용량이 감퇴되는 현상을 무엇이라고 하는가?

(다) 물음 (나)의 현상이 발생할 때 발생하는 가스는 무슨 가스인가?

⊗해답

(가) 계산 : $\dfrac{100}{2} = 50$셀   답 : 50셀

(나) 설페이션 현상

(다) 수소가스

해⊗설

(가) 연축전지의 공칭전압은 2[V/셀]이므로 필요한 셀의 개수는

셀의 개수 = $\dfrac{100[\mathrm{V}]}{2[\mathrm{V}/\text{셀}]} = 50$ 셀

(나) 설페이션 현상 : 연(납)축전지를 방전상태로 오래 방치하면 극판상의 황산납의 미립자가 응집하여 회백색의 큰 피복물로 변하는 현상

전지의 수명 단축, 전지 용량 감소, 전해액의 온도 상승, 수소가스 발생 등

(다) 설페이션 현상에 의해 발생하는 가스 : 수소(H_2)가스

18

감지기회로 종단저항 11[kΩ], 배선저항 50[Ω], 릴레이저항 550[Ω]일 때 다음 물음에 답하시오(단, 회로전압은 24[V]이다).

득점	배점
	5

(가) 이 회로의 감시전류는 몇 [mA]인가?

(나) 감지기가 동작할 때의 동작전류는 몇 [mA]인가?(단, 배선의 저항을 빼고 계산할 것)

해답

(가) 계산 : 감시전류 : $I = \dfrac{24}{(11 \times 10^3) + 550 + 50} \times 10^3 = 2.07[\mathrm{mA}]$

답 : 2.07[mA]

(나) 계산 : 감지기 동작전류 : $I = \dfrac{24}{550} \times 10^3 = 43.64[\mathrm{mA}]$

답 : 43.64[mA]

해설

(가) 감시전류(I_1)

$$I_1 = \frac{회로전압}{종단저항 + 릴레이저항 + 배선저항}$$

$$I_1 = \frac{24}{11 \times 10^3 + 550 + 50} \times 10^3 = 2.07[\mathrm{mA}]$$

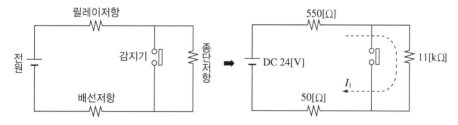

(나) 감지기 동작전류(I_2)(문제에서 배선저항은 뺀다고 했으므로)

$$I_2 = \frac{회로전압}{릴레이저항} \qquad\qquad I_2 = \frac{24}{550} \times 10^3 = 43.64[\mathrm{mA}]$$

2020년 7월 25일 시행

제 **2** 회

※ 다음 물음에 대한 답을 해당 답란에 답하시오(배점 : 100).

01

	득점	배점
		4

다음은 자동화재탐지설비의 중계기 설치기준에 대한 것이다. (   ) 안에 알맞은 내용을 답란에 쓰시오.

(가) 수신기에서 직접 감지기회로의 도통시험을 행하지 아니하는 것에 있어서는 (①) 사이에 설치한다.

(나) 수신기에 따라 감시되지 아니하는 배선을 통하여 전력을 공급받는 것에 있어서는 전원 입력측의 배선에 (②)을(를) 설치하고, 해당 전원의 정전은 즉시 수신기에 표시되는 것으로 하며, (③)의 시험을 할 수 있도록 한다.

 해답 (가) ① 수신기와 감지기
(나) ② 과전류차단기
③ 상용전원 및 예비전원

해설

중계기의 설치기준

• 수신기에서 직접 감지기회로의 도통시험을 행하지 아니하는 것에 있어서는 **수신기와 감지기** 사이에 설치할 것

• 조작 및 점검에 편리하고 방화상 유효한 장소에 설치할 것

• 수신기에 따라 감시되지 아니하는 배선을 통하여 전력을 공급받는 것에 있어서는 전원 입력측의 배선에 **과전류차단기**를 설치하고 해당 전원의 정전이 즉시 수신기에 표시되는 것으로 하며, **상용전원** 및 **예비전원**의 시험을 할 수 있도록 할 것

02

	득점	배점
		9

다음의 주어진 논리식과 진리표를 보고 각 물음에 답하시오.

논리식 $Y = ABC + A\overline{B}\,\overline{C}$

A	B	C	Y
0	0	0	
0	0	1	
0	1	0	
0	1	1	
1	0	0	
1	0	1	
1	1	0	
1	1	1	

(가) 출력 Y에 대한 진리표를 완성하시오.

(나) 주어진 논리식을 이용하여 유접점회로를 그리시오.

(다) 주어진 논리식을 이용하여 무접점회로를 그리시오.

해답 (가) 진리표

A	B	C	Y
0	0	0	0
0	0	1	0
0	1	0	0
0	1	1	0
1	0	0	1
1	0	1	0
1	1	0	0
1	1	1	1

(나)

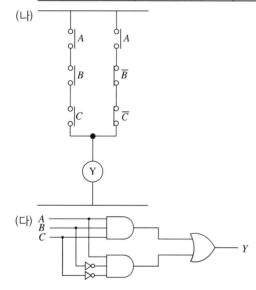

해설

(가) 논리식 자체가 출력이 나오는 조건이다. (a접점 : 1, b접점 : 0)

논리식 : $Y = ABC + A\overline{B}\,\overline{C}$

　　　　　111　　100

03

배선용 차단기의 심벌이다. 기호 ①~③이 의미하는 바를 답란에 쓰시오.

득점	배점
	5

B	3P	◄─── ①
	225AF	◄─── ②
	150A	◄─── ③

해답
① P : 극수, 3극
② AF : 프레임, 225[A]
③ A : 정격전류, 150[A]

해★설
명판 보는 법
명판(Name Plate)에서는 제품에 대한 **규격** 및 **정격** 등에 대하여 법적으로 표기하여야 할 **의무 표기사항** 및 고객의 사용 편리성을 위해 제조자가 제공하는 각종 정보가 명기되어 있으므로, 사용자는 반드시 세심하게 확인하고 사용하여야 한다. 국내에서 유통되는 배선용 차단기는 KS규격 또는 안전인증규격이 취득된 제품이다.

• 명판의 표기사항
　– 명 칭　　　　　　　　　– 보호목적에 의한 분류
　– 프레임의 크기(AF)　　　– 정격절연전압(UI)
　– 정격사용전압　　　　　– 정격주파수(Hz)
　– 정격전류(A)　　　　　　– 극수(P)
　– 기준 주위온도　　　　　– 정격차단용량(ICU)
　– 제조자명　　　　　　　– 제조년월일

04

알칼리축전지의 정격용량 60[Ah], 상시부하 3[kW], 표준전압 100[V]인 부동충전방식인 충전기의 2차 충전전류[A] 값을 구하시오.

득점	배점
	5

해답
계산 : 2차 충전전류 $I = \dfrac{60}{5} + \dfrac{3 \times 10^3}{100} = 42[\text{A}]$

답 : 42[A]

해★설
2차 충전전류 = 축전지 축전전류 + 부하공급전류

$$= \frac{\text{정격용량}}{\text{공칭용량}} + \frac{\text{부하용량}}{\text{표준전압}} = \frac{60}{5} + \frac{3 \times 10^3}{100} = 42[\text{A}]$$

05

득점	배점
	6

다음은 옥내소화전설비의 비상전원에 관한 설명이다. 각 물음에 답하시오.

(가) 옥내소화전설비에 비상전원을 설치하여야 하는 경우
  - 층수가 7층 이상으로서 연면적이 (①) [m²] 이상인 것
  - 지하층의 바닥면적의 합계가 (②) [m²] 이상인 것

(나) 옥내소화전설비의 비상전원을 자가발전설비, 축전지설비 또는 전기저장장치로 하여야 하는 경우
  - 점검에 편리하고 화재 및 침수 등의 재해로 인한 피해를 받을 우려가 없는 곳에 설치할 것
  - 옥내소화전설비를 유효하게 (③) 이상 작동할 수 있어야 할 것
  - 상용전원으로부터 전력의 공급이 중단된 때에는 (④)으로 비상전원으로부터 전력을 공급받을 수 있도록 할 것
  - 비상전원의 설치장소는 다른 장소와 (⑤) 할 것. 이 경우 그 장소에는 비상전원의 공급에 필요한 기구나 설비외의 것을 두어서는 아니 된다.
  - 비상전원을 실내에 설치하는 때에는 그 실내에 (⑥)을 설치할 것

해답

(가) ① 2,000 ② 3,000
(나) ③ 20분 ④ 자동
     ⑤ 방화구획 ⑥ 비상조명등

해설

(가) 옥내소화전설비에 비상전원을 설치하여야 하는 경우
  - 층수가 7층 이상으로서 연면적이 **2,000[m²]** 이상인 것
  - 지하층의 바닥면적의 합계가 **3,000[m²]** 이상인 것

(나) 옥내소화전설비의 비상전원을 자가발전설비, 축전지설비 또는 전기저장장치로 하여야 하는 경우
  - 점검에 편리하고 화재 및 침수 등의 재해로 인한 피해를 받을 우려가 없는 곳에 설치할 것
  - 옥내소화전설비를 유효하게 **20분** 이상 작동할 수 있어야 할 것
  - 상용전원으로부터 전력의 공급이 중단된 때에는 **자동**으로 비상전원으로부터 전력을 공급받을 수 있도록 할 것
  - 비상전원의 설치장소는 다른 장소와 **방화구획** 할 것. 이 경우 그 장소에는 비상전원의 공급에 필요한 기구나 설비외의 것을 두어서는 아니 된다.
  - 비상전원을 실내에 설치하는 때에는 그 실내에 **비상조명등**을 설치할 것

06

예비전원설비에 대한 다음 물음에 답하시오.

득점	배점
	6

(가) 부동충전방식에 대한 회로(개략적인 그림)를 그리시오.

(나) 축전지를 과방전 또는 방치 상태에서 기능 회복을 위하여 실시하는 충전방식은?

(다) 연축전지 정격용량은 250[Ah]이고 상시부하가 8[kW]이며 표준전압이 100[V]인 부동충전방식의 충전지가 2차 충전전류는 몇 [A]인가?(단, 축전지 방전율은 10시간율이다)

★해답 (가)

(나) 회복충전방식

(다) 계산 : $I_2 = \dfrac{250}{10} + \dfrac{8 \times 10^3}{100} = 105[A]$

답 : 105[A]

해★설

- 축전지의 충전방식
  - 부동충전 : 그림과 같이 충전장치를 축전지와 부하에 병렬로 연결하여 전지의 자기방전을 보충함과 동시에 상용부하에 대한 전력 공급은 충전기가 부담하고 충전기가 부담하기 어려운 대전류 부하는 축전지가 부담하게 하는 방법이다(충전기와 축전지가 부하와 병렬상태에서 자기방전 보충방법).

  - 균등충전 : 전지를 장시간 사용하는 경우 단전지들의 전압이 불균일하게 되는 때 얼마간 과충전을 계속하여 각 전해조의 전압을 일정하게 하는 것
  - 세류충전 : 자기방전량만 항상 충전하는 방식으로 부동충전방식의 일종
  - 회복충전 : 과방전 또는 방치 상태에서 기능 회복을 위하여 실시하는 충전방식
- 충전지 2차 전류(I)

$I = $ 축전지 충전전류 + 부하전류 $= \dfrac{축전지\ 정격용량}{축전지\ 공칭용량} + \dfrac{상시부하}{표준전압}$

$\therefore I = \dfrac{250}{10} + \dfrac{8 \times 10^3}{100} = 105[A]$

07

화재안전기준에 따라 통로유도등을 설치하지 아니할 수 있는 기준 2가지를 쓰시오.

득점	배점
	5

① 구부러지지 아니한 복도 또는 통로로서 길이가 30[m] 미만인 복도 또는 통로

② 복도 또는 통로로서 보행거리가 20[m] 미만이고 그 복도 또는 통로와 연결된 출입구 또는 그 부속실의 출입구에 피난구유도등이 설치된 복도 또는 통로

해☆설

다음의 어느 하나에 해당하는 경우에는 통로유도등을 설치하지 아니한다.
- 구부러지지 아니한 복도 또는 통로로서 길이가 30[m] 미만인 복도 또는 통로
- 복도 또는 통로로서 보행거리가 20[m] 미만이고 그 복도 또는 통로와 연결된 출입구 또는 그 부속실의 출입구에 피난구유도등이 설치된 복도 또는 통로

08

	득점	배점
길이 18[m]의 통로에 객석유도등을 설치하려고 한다. 이때 필요한 객석유도등의 수량은 최소 몇 개인가?		3

☆해답

계산 : 설치개수 $= \dfrac{18}{4} - 1 = 3.5$ 개

답 : 4개

해☆설

객석유도등 설치개수 $= \dfrac{\text{객석통로의 직선부분의 길이[m]}}{4} - 1 = \dfrac{18}{4} - 1 = 3.5$ ∴ 4개

09

	득점	배점
다음은 자동화재탐지설비의 감지기 중 공기관식 차동식분포형감지기의 설치기준을 설명한 것이다. 빈칸에 알맞은 답을 쓰시오.		8

(가) 공기관의 노출부분은 감지구역마다 (   )[m] 이상이 되도록 할 것
(나) 공기관과 감지구역의 각 변과의 수평거리는 (   )[m] 이하가 되도록 하고, 공기관 상호 간의 거리는 주요구조부를 내화구조로 한 특정소방대상물 또는 그 부분에 있어서는 (   )[m] 이하가 되도록 할 것
(다) 하나의 검출부분에 접속하는 공기관의 길이는 (   )[m] 이하로 할 것
(라) 검출부는 (   ) 이상 경사되지 아니하도록 부착할 것

☆해답
(가) 20[m]
(나) 1.5[m], 9[m]
(다) 100[m]
(라) 5도

해☆설
공기관식 차동식분포형감지기 설치기준
- 공기관의 노출부분은 감지구역마다 **20[m]** 이상이 되도록 할 것
- 공기관과 감지구역의 각 변과의 수평거리는 **1.5[m]** 이하가 되도록 하고, 공기관 상호 간의 거리는 6[m](주요구조부를 내화구조로 한 특정소방대상물 또는 그 부분에 있어서는 **9[m]**) 이하가 되도록 할 것
- 공기관은 도중에서 분기하지 아니하도록 할 것
- 하나의 검출부분에 접속하는 공기관의 길이는 **100[m]** 이하로 할 것
- 검출부는 **5°** 이상 경사되지 아니하도록 부착할 것
- 검출부는 바닥으로부터 0.8[m] 이상 1.5[m] 이하의 위치에 설치할 것

10 비상콘센트설비의 설치기준에 대한 괄호 안을 채우시오.

득점	배점
	6

• 비상콘센트설비의 전원회로는 단상교류 (①)[V]인 것으로서, 그 공급용량은 (②)[kVA] 이상인 것으로 할 것
• 전원으로부터 각층의 비상콘센트에 분기되는 경우에는 (③)를 보호함 안에 설치할 것
• 비상콘센트설비는 층수가 (④)층 이상인 특정소방대상물인 경우에는 (④)층 이상에만 설치할 것
• 절연저항은 전원부와 외함 사이를 500[V] 절연저항계로 측정할 때 (⑤)[MΩ] 이상일 것
• 하나의 전용회로에 설치하는 비상콘센트는 (⑥)개 이하로 할 것

해답

① 220 ② 1.5
③ 분기배선용 차단기 ④ 11
⑤ 20 ⑥ 10

해설

비상콘센트설비의 설치기준
• 비상콘센트설비의 전원회로는 단상교류 **220[V]**인 것으로서, 그 공급용량은 **1.5[kVA]** 이상인 것으로 할 것
• 전원으로부터 각 층의 비상콘센트에 분기되는 경우에는 **분기배선용 차단기**를 보호함 안에 설치할 것
• 비상콘센트설비는 지하층을 포함한 층수가 **11층** 이상의 각 층마다 설치할 것
• 절연저항은 전원부와 외함 사이를 500[V] 절연저항계로 측정할 때 **20[MΩ]** 이상일 것
• 하나의 전용회로에 설치하는 비상콘센트는 **10개** 이하로 할 것

11 다음은 자동화재탐지설비의 경계구역을 설명한 것이다. 빈칸에 알맞은 답을 쓰시오.

득점	배점
	6

• 하나의 경계구역의 면적은 (①)[m²] 이하로 하고 한 변의 길이는 (②)[m] 이하로 할 것. 다만, 해당 특정소방대상물의 주된 출입구에서 그 내부 전체가 보이는 것에 있어서는 한 변의 길이가 50[m]의 범위 내에서 (③)[m²] 이하로 할 수 있다.
• 계단·경사로·엘리베이터 승강로·린넨슈트·파이프 피트 및 덕트 기타 이와 유사한 부분에 대하여는 별도로 경계구역을 설정하되, 하나의 경계구역은 높이 (④)[m] 이하로 하고, 지하층의 계단 및 경사로는 별도로 하나의 경계구역으로 하여야 한다.

- 외기에 면하여 상시 개방된 부분이 있는 차고·주차장·창고 등에 있어서는 외기에 면하는 각 부분으로부터 (⑤)[m] 미만의 범위 안에 있는 부분은 경계구역의 면적에 산입하지 아니한다.
- 스프링클러설비·물분무 등 소화설비 또는 (⑥)의 화재감지장치로서 화재감지기를 설치한 경우의 경계구역은 해당 소화설비의 방사구역 또는 제연구역과 동일하게 설정할 수 있다.

☆해답

① 600	② 50
③ 1,000	④ 45
⑤ 5	⑥ 제연설비

해☆설

자동화재탐지설비의 경계구역은 다음의 기준에 따라 설정하여야 한다.
- 하나의 경계구역이 2개 이상의 건축물에 미치지 아니하도록 할 것
- 하나의 경계구역이 2개 이상의 층에 미치지 아니하도록 할 것. 다만, 500[m²] 이하의 범위 안에서는 2개의 층을 하나의 경계구역으로 할 수 있다.
- 하나의 경계구역의 면적은 **600[m²]** 이하로 하고 한 변의 길이는 **50[m]** 이하로 할 것. 다만, 해당 특정소방대상물의 주된 출입구에서 그 내부 전체가 보이는 것에 있어서는 한 변의 길이가 50[m]의 범위 내에서 **1,000[m²]** 이하로 할 수 있다.
- 계단·경사로·엘리베이터 승강로·린넨슈트·파이프 피트 및 덕트 기타 이와 유사한 부분에 대하여는 별도로 경계구역을 설정하되, 하나의 경계구역은 높이 **45[m]** 이하로 하고, 지하층의 계단 및 경사로는 별도로 하나의 경계구역으로 하여야 한다.
- 외기에 면하여 상시 개방된 부분이 있는 차고·주차장·창고 등에 있어서는 외기에 면하는 각 부분으로부터 **5[m]** 미만의 범위 안에 있는 부분은 경계구역의 면적에 산입하지 아니한다.
- 스프링클러설비·물분무 등 소화설비 또는 **제연설비**의 화재감지장치로서 화재감지기를 설치한 경우의 경계구역은 해당 소화설비의 방사구역 또는 제연구역과 동일하게 설정할 수 있다.

12 다음 설명을 보고 동작이 가능하도록 도면을 작성하시오.

득점	배점
	6

조건

- 배선용 차단기 MCCB를 넣으면 녹색램프 GL이 켜진다.
- PBS₋on 스위치를 넣으면 전자개폐기 코일 MC에 전류가 흘러 주접점 MC가 닫히고, 전동기가 회전하는 동시에 GL램프가 꺼지고 RL램프가 켜진다. 이때 손을 떼어도 동작은 계속 된다.
- PBS₋off 스위치를 누르면 전동기가 멈추고 RL램프가 꺼지며 GL램프가 다시 점등된다.

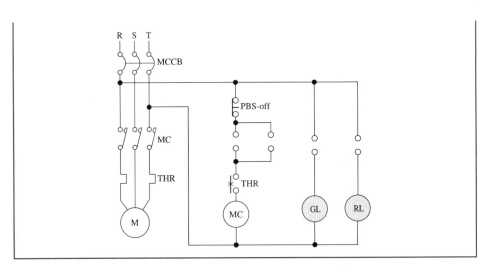

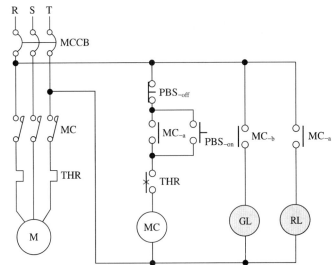

해설

PBS$_{-on}$: 기동스위치 → 자기유지접점(MC$_{-a}$)과 병렬접속

PBS$_{-off}$: 정지스위치 → (MC) 전자접촉기와 직렬접속

THR : 열동계전기 → (MC) 전자접촉기와 직렬접속

GL : 정지(전원)표시등 → b접점(MC$_{-b}$)

RL : 기동(운전)표시등 → a접점(MC$_{-a}$)

13　공기관식차동식분포형감지기에서 작동 개시시간이 허용범위보다 늦게 되는 경우가 있다. 그 원인에 대하여 간단히 설명하시오.

득점	배점
	4

　① 감지기의 다이어프램이 부식되어 검출부의 표면에 구멍이 생겼을 때
　② 감지기의 리크저항이 기준치 이하일 때

해★설

(1) 작동 개시시간이 허용범위보다 **늦게 작동**되는 경우
　① 감지기의 **다이어프램이 부식**되어 검출부의 표면에 **구멍이 생겼을 때**
　② 감지기의 **리크저항**이 **기준치 이하**일 때
(2) 작동 개시시간이 허용범위보다 **빨리 작동**되는 경우
　① 감지기의 **리크밸브가 이물질로 막혔을 때**
　② 감지기의 **리크저항**이 **기준치 이상**일 때

14　토출량 2,400[lpm], 양정 90[m]인 스프링클러설비용 가압펌프의 동력은 몇 [kW]인가?(단, 펌프의 효율은 0.7, 축동력 전달계수는 1.10이다)

득점	배점
	4

　계산 : $P = \dfrac{9.8 \times 1.1 \times \dfrac{2.4}{60} \times 90}{0.7} = 55.44$

　답 : 55.44[kW]

해★설

• 토출량 : $Q = 2,400[\mathrm{lpm}] = 2,400[\mathrm{L/min}] = 2.4[\mathrm{m^3/min}]$

• 전동기 용량(동력) : $P = \dfrac{9.8KQH}{\eta} = \dfrac{9.8 \times 1.1 \times \dfrac{2.4}{60} \times 90}{0.7} = 55.44[\mathrm{kW}]$

15 도면은 준비작동식 스프링클러설비의 평면도이다. 도면을 보고 다음 각 물음에 답하시오.

득점	배점
	9

(가) 기호 ①~④까지 최소 가닥수를 쓰시오.

(나) 기호 ⓐ~ⓒ의 명칭을 쓰시오.

(다) 3층 건물일 경우 간선계통도를 그리시오.

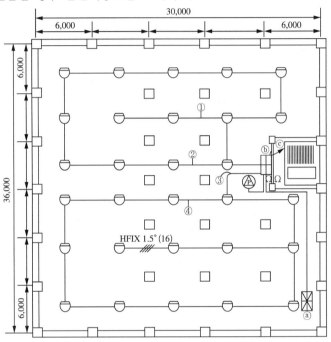

⭐해답 (가) ① 8가닥　　② 4가닥

　　　　③ 8가닥　　④ 4가닥

　　(나) ⓐ 수신반(감시제어반)　　ⓑ 슈퍼비조리패널

　　　　ⓒ 상 승

　　(다) 계통도

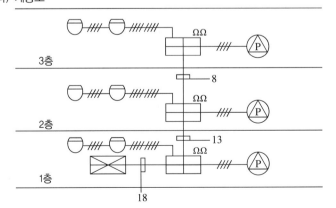

해★설

① 준비작동식 스프링클러설비는 교차회로방식이므로 말단과 루프된 곳은 4가닥, 기타 8가닥이 된다.

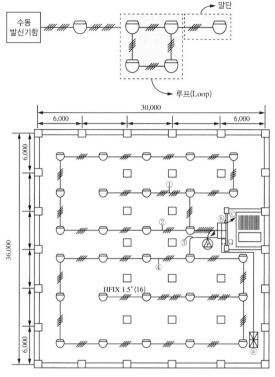

② 옥내배선기호

명 칭	그림기호	적 요
상 승		케이블의 방화구획 관통부 : ◎
인 하		케이블의 방화구획 관통부 : ◎
소 통		케이블의 방화구획 관통부 : ◎
수신기		• 가스누설경보설비와 일체인 것 :
		• 가스누설경보설비 및 방배연 연동과 일체인 것 :
		• P형 1급 10회로용 수신기 :
부수신기(표시기)		
슈퍼비조리패널	SVP	
경보밸브(습식)	▲	
경보밸브(건식)	△	※ ⓑ의 심벌 명칭은 부수신기이지만 도면에서 프리액션밸브가 연결 되어 있으므로 슈퍼비조리패널이라 답해야 한다.
프리액션밸브	Ⓟ	
경보델류지밸브	◀D	

16 다음 그림은 어느 건물의 자동화재탐지설비의 평면도이다. 감지기와 감지기 사이 및 감지기와 발신기 세트 사이의 거리가 각각 10[m]라고 할 때 다음 각 물음에 답을 쓰시오.

득점	배점
	6

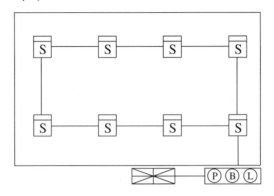

물음

(가) 수신기와 발신기세트 사이의 거리가 15[m]일 때 전선관의 총길이는 몇 [m]인가?

(나) 연기감지기 2종을 부착면의 높이가 5[m]인 곳에 설치할 경우 소방대상물의 바닥면적은 몇 [m²]인가?

(다) 전선관과 전선의 물량을 산출하시오(단, 발신기와 수신기의 사이 물량은 제외한다).

해답 (가) 계산 : $10[\mathrm{m}] \times 9개 + 15[\mathrm{m}] = 105[\mathrm{m}]$
답 : 105[m]

(나) 계산 : $75[\mathrm{m}^2] \times 8개 = 600[\mathrm{m}^2]$
답 : 600[m²]

(다) 계산 : 전선관 $= 105 - 15 = 90[\mathrm{m}]$
전선 $= 10 \times 8 \times 2 + 10 \times 1 \times 4 = 200[\mathrm{m}]$
답 : 전선관 : 90[m]
전선 : 200[m]

해설

(가) 10[m]×9개+15[m] = 105[m]

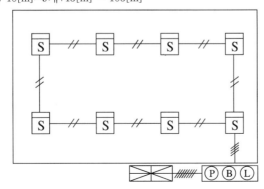

(나) 연기감지기의 부착높이

부착높이	감지기의 종류	
	1종 및 2종	3종
4[m] 미만	150	50
4~20[m] 미만	75	-

부착높이가 5[m]인 연기감지기의 1개가 담당하는 면적은 75[m²]이므로, 75[m²]×8개 = 600[m²] 이하이다.

(다) 전선관 및 전선의 물량

구 분	산출내역	총길이[m]	수신기와 발신기세트 사이의 물량을 제외한 길이[m]

전선관	• 감지기와 감지기 사이의 거리
	  10[m]×8 = 80[m]
	• 감지기와 발신기세트 사이의 거리
	  10[m]×1 = 10[m]
	• 수신기와 발신기세트 사이의 거리
	  15[m]×1 = 15[m]
		105[m]	90[m]

전 선	• 감지기와 감지기 사이의 거리
	  10[m]×8×2가닥 = 160[m]
	• 감지기와 발신기세트 사이의 거리
	  10[m]×1×4가닥 = 40[m]
	• 수신기와 발신기세트 사이의 거리
	  15[m]×1×7가닥 = 105[m]
		305[m]	200[m]

17

다음은 자동화재속보설비의 절연저항에 관한 내용이다. 빈칸에 알맞은 답을 쓰시오.

득점	배점
	4

• 절연된 (①)와 외함 간의 절연저항은 직류 500[V]의 절연저항계로 측정한 값이 (②)[MΩ] (교류입력측과 외함 간에는 (③)[MΩ]) 이상이어야 한다.
• 절연된 선로 간의 절연저항은 직류 500[V]의 절연저항계로 측정한 값이 (④)[MΩ] 이상이어야 한다.

★해답 ① 충전부 ② 5
       ③ 20   ④ 20

해★설

자동화재속보설비 절연저항
• 절연된 **충전부**와 외함 간의 절연저항은 직류 500[V]의 절연저항계로 측정한 값이 **5[MΩ]**(교류입력 측과 외함 간에는 **20[MΩ]**) 이상이어야 한다.
• 절연된 선로 간의 절연저항은 직류 500[V]의 절연저항계로 측정한 값이 **20[MΩ]** 이상이어야 한다.

18

> 전동기가 주파수 50[Hz]에서 극수 4일 때 여유계수 1.2, 풍압 35[mmHg]이고, 회전속도 1,440[rpm]이다. 주파수를 60[Hz]로 하면 회전속도는 얼마인가?(단, 슬립은 일정하다)

득점	배점
	4

☆해답

계산 : 50[Hz] 동기속도 $N_S = \dfrac{120 \times 50}{4} = 1,500[\mathrm{rpm}]$

슬립 $S = \dfrac{1,500 - 1,440}{1,500} = 0.04$

60[Hz] 동기속도 $N_S = \dfrac{120 \times 60}{4} = 1,800[\mathrm{rpm}]$

60[Hz] 회전속도 $N = (1 - 0.04) \times 1,800 = 1,728[\mathrm{rpm}]$

답 : 1,728[rpm]

해☆설

- 동기속도 : $N_S = \dfrac{120f}{P}[\mathrm{rpm}]$

- 슬립 : $S = \dfrac{N_S - N}{N_S}$

- 회전속도 : $N = (1 - S)N_S$

- 50[Hz] 동기속도 : $N_S = \dfrac{120f}{P} = \dfrac{120 \times 50}{4} = 1,500[\mathrm{rpm}]$

- 슬립 : $S = \dfrac{N_S - N}{N_S} = \dfrac{1,500 - 1,440}{1,500} = 0.04$

- 60[Hz] 동기속도 : $N_S = \dfrac{120f}{P} = \dfrac{120 \times 60}{4} = 1,800[\mathrm{rpm}]$

- 60[Hz] 회전속도 : $N = (1 - S)N_S = (1 - 0.04) \times 1,800 = 1,728[\mathrm{rpm}]$

2020년 10월 17일 시행

제**3**회

※ 다음 물음에 대한 답을 해당 답란에 답하시오(배점 : 100).

01

	득점	배점
		6

비상콘센트설비에 대한 다음 각 물음에 답하시오.

(가) 하나의 전용회로에 설치하는 비상콘센트가 7개가 있다. 이 경우 전선의 용량은 비상콘센트 몇 개의 공급용량을 합한 용량 이상의 것으로 하여야 하는지 쓰시오(단, 각 비상콘센트의 공급용량은 최소로 한다)

(나) 비상콘센트설비의 전원부와 외함 사이의 절연 저항을 500[V] 절연저항계로 측정하였더니 30[MΩ]이었다. 이 설비에 대한 절연저항의 적합성 여부를 구분하고 그 이유를 설명하시오.

(다) 비상콘센트설비의 보호함 상부에는 무슨 색의 표시등을 설치해야 하는지 쓰시오.

☆해답
(가) 3개
(나) 적합성 여부 : 적합하다.
　　이유 : 20[MΩ] 이상이므로
(다) 적 색

해☆설
(가) 하나의 전용회로에 설치하는 비상콘센트는 10개 이하로 할 것. 이 경우 전선의 용량은 각 비상콘센트(비상콘센트가 3개 이상인 경우에는 **3개**)의 공급용량을 합한 용량 이상의 것으로 하여야 한다.
(나) 절연저항은 전원부와 외함 사이를 500[V] 절연저항계로 측정할 때 20[MΩ] 이상일 것
(다) 비상콘센트설비의 보호함 상부에 **적색**의 표시등을 설치할 것

02

	득점	배점
		4

비상전원은 어느 것으로 하며 그 용량은 해당 유도등을 유효하게 몇 분 이상 작동시킬 수 있는 것으로 하여야 하는가?

☆해답
① 축전지
② 20분 이상

해☆설
유도등의 비상전원은 축전지로 하고, 그 용량은 해당 유도등을 유효하게 20분 이상 작동시킬 수 있는 것으로 할 것

03

매분 15[m³]의 물을 높이 18[m]인 물탱크에 양수하려고 한다. 주어진 조건을 이용하여 다음 각 물음에 답하시오.

득점	배점
	6

조건

• 펌프와 전동기의 합성역률은 80[%]이다.
• 전동기의 전부하효율은 60[%]로 한다.
• 펌프의 축동력은 15[%]의 여유를 둔다고 한다.

물음

(가) 필요한 전동기의 용량은 몇 [kW]인가?
(나) 부하용량은 몇 [kVA]인가?
(다) 단상변압기 2대를 V결선하여 전력을 공급한다면 변압기 1대의 용량은 몇 [kVA]인가?

★**해답**

(가) 계산 : $P = \dfrac{9.8 \times 15 \times 18 \times 1.15}{0.6 \times 60} = 84.53[\text{kW}]$ 답 : 84.53[kW]

(나) 계산 : $P_\text{부} = \dfrac{84.53}{0.8} = 105.66[\text{kVA}]$ 답 : 105.66[kVA]

(다) 계산 : $P_n = \dfrac{105.66}{\sqrt{3}} = 61.00[\text{kVA}]$ 답 : 61[kVA]

해★설

(가) 전동기용량 : $P = \dfrac{9.8KQH}{\eta} = \dfrac{9.8 \times 1.15 \times \dfrac{15}{60} \times 18}{0.6} = 84.53[\text{kW}]$

(나) 부하용량 : $P_\text{부} = \dfrac{P}{\cos\theta} = \dfrac{84.53}{0.8} = 105.66[\text{kVA}]$

(다) 변압기 1대 용량 : $P_n = \dfrac{P_\text{부}}{\sqrt{3}} = \dfrac{105.66}{\sqrt{3}} = 61[\text{kVA}]$

• 피상전력[kVA] $= \dfrac{\text{유효전력[kW]}}{\cos\theta}$

• V결선 출력 : $P_V = \sqrt{3}\,P_n[\text{kVA}]$(변압기 1대 용량에 $\sqrt{3}$ 배)

04

제어반으로부터 전선관 거리가 100[m] 떨어진 위치에 포소화설비의 일제 개방변이 있고 바로 옆에 기동용 솔레노이드 밸브가 있다. 제어반 출력단자에서의 전압강하는 없다고 가정했을 때 이 솔레노이드가 기동할 때의 솔레노이드 단자전압은 얼마가 되겠는가?(단, 제어회로 전압은 24[V]이며, 솔레노이드의 정격전류는 2.0[A]이고, 배선의 [km]당 전기저항의 값은 상온에서 8.8[Ω]이라고 한다)

득점	배점
	4

해답 계산 : 전압강하 $e = 2 \times 2 \times 8.8 \times \dfrac{100}{1,000} = 3.52[\text{V}]$

단자전압 $V_r = 24 - 3.52 = 20.48[\text{V}]$

답 : 20.48[V]

해설

• 단자전압(V_r)

단자전압 = 전원전압 − 전압강하($V_r = V_s - e$)

전원방식은 단상 2선식, [km]당 전기저항 8.8[Ω]이므로 $R = 8.8 \times \dfrac{100}{1,000} = 0.88[\Omega]$이다.

① 선로의 전압강하 $e = 2IR = 2 \times 2 \times 0.88 = 3.52[\text{V}]$

② 단자전압 $V_r = V_s - e = 24 - 3.52 = 20.48[\text{V}]$

∴ 20.48[V]

05

P형 수신기와 R형 수신기의 신호전달방식에 대해서 쓰시오.

(가) P형 수신기 :

(나) R형 수신기 :

득점	배점
	4

해답 (가) P형 수신기 : 1 : 1 개별 신호방식

(나) R형 수신기 : 다중 전송방식

해설

P형 수신기와 R형 수신기의 시스템 비교

형 식	P형 시스템	R형 시스템
신호전달방식	1 : 1 개별신호방식	다중전송방식
신호 종류	공통신호	고유신호
선로수	많다.	적다.
유지관리	어렵다.	쉽다.
수신반 가격	저 가	고 가

(가) P형 시스템 원리도(개별 전송)

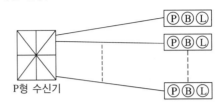

(나) R형 시스템 원리도(중계기 통하여 각기 다른 고유신호 전송)

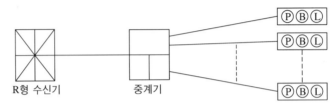

06

	득점	배점
길이 50[m]의 통로에 객석유도등을 설치하려고 한다. 이때 필요한 객석유도등의 수량은 최소 몇 개인가?		3

★해답

계산 : $\dfrac{50}{4} - 1 = 11.5$ ∴ 12개

답 : 12개

해★설

설치 개수 $= \dfrac{\text{객석 통로의 직선 부분의 길이}[m]}{4} - 1 = \dfrac{50}{4} - 1 = 11.5$ ∴ 12개

07

	득점	배점
관을 자유롭게 굽힐 수 있어 금속관 배선 대신에 시설할 수 있으며, 굴곡이 자유롭고 길이가 길어서 전동기와 옥내배선을 연결할 경우 사용하는 공사방법을 쓰시오.		3

★해답 가요전선관공사

해★설

가요전선관은 자유롭게 굽힐 수 있어 금속관 배선 대신에 시설할 수가 있으며, 굴곡이 자유롭고 길이가 길어서 부속품의 종류가 적게 드는 관계로 배관의 능률을 기할 수 있는 배선공사이다.

08

> 청각장애인용 시각경보장치의 설치기준에 대한 다음 (　) 안을 완성하시오.
>
> | 득점 | 배점 |
> |---|---|
> | | 4 |
>
> • 공연장, 집회장, 관람장 또는 이와 유사한 장소에 설치하는 경우에는 시선이 집중되는 (①) 등에 설치할 것
> • 설치 높이는 바닥으로부터 (②) 이하의 높이에 설치할 것. 다만, 천장높이가 2[m] 이하는 천장에서 (③) 이내의 장소에 설치하여야 한다.

 해답
　　① 무대부 부분
　　② 2[m] 이상 2.5[m]
　　③ 0.15[m]

해☆설

시각경보장치 설치기준

자동화재탐지설비에서 발하는 화재신호를 시각경보기에 전달하여 청각장애인에게 점멸형태의 시각경보를 발하는 것

• 복도·통로·청각장애인용 객실 및 공용으로 사용하는 거실(로비, 회의실, 강의실, 식당, 휴게실, 오락실, 대기실, 체력단련실, 접객실, 안내실, 전시실, 기타 이와 유사한 장소를 말한다)에 설치하며, 각 부분으로부터 유효하게 경보를 발할 수 있는 위치에 설치할 것
• 공연장·집회장·관람장 또는 이와 유사한 장소에 설치하는 경우에는 시선이 집중되는 **무대부 부분** 등에 설치할 것
• 설치높이는 바닥으로부터 **2[m]** 이상 **2.5[m]** 이하의 장소에 설치할 것 다만, 천장의 높이가 2[m] 이하인 경우에는 천장으로부터 **0.15[m]** 이내의 장소에 설치하여야 한다.
• 시각경보장치의 광원은 전용의 축전지설비에 의하여 점등되도록 할 것. 다만, 시각경보기에 작동전원을 공급할 수 있도록 형식승인을 얻은 수신기를 설치한 경우에는 그러하지 아니하다.
• 시각경보장치의 전원 입력 단자에 사용정격전압을 인가한 뒤 신호장치에서 작동신로를 보내어 약 1분간 점멸회수를 측정하는 경우 점멸주기는 매 초당 1회 이상 3회 이내이어야 한다.

09

> 내화구조인 특정소방대상물에 설치된 공기관식차동식분포형감지기에 대한 다음 각 물음에 답하시오.
>
> | 득점 | 배점 |
> |---|---|
> | | 8 |

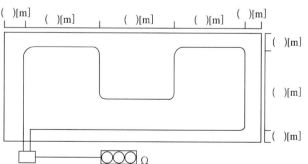

물음

(가) 빈칸에 알맞은 숫자를 써넣으시오.

(나) 공기관의 노출 부분은 감지구역마다 몇 [m] 이상이 되도록 하여야 하는가?

(다) 검출부와 수동발신기에 종단저항을 설치할 경우 배선수를 도면에 표시하시오.

(라) 하나의 검출부에 접속하는 공기관의 길이는 몇 [m] 이하가 되도록 하여야 하는가?

(마) 검출부는 몇 도 이상 경사되지 아니하도록 설치하여야 하는가?

(바) 검출부의 설치 높이를 쓰시오.

(사) 공기관의 재질을 쓰시오.

★해답 (가), (다)

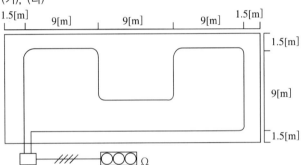

(나) 20[m], (라) 100[m], (마) 5°

(바) 바닥으로부터 0.8[m] 이상 1.5[m] 이하

(사) 동관(중공동관)

해★설

(가), (다)

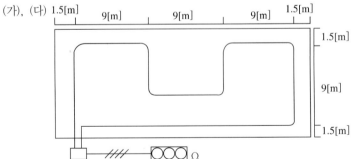

(나), (라), (마) **공기관식차동식분포형감지기의 설치기준**

- 공기관의 노출 부분은 감지구역마다 **20[m]** 이상이 되도록 할 것
- 공기관과 감지구역의 각 변과의 수평거리는 **1.5[m]** 이하가 되도록 하고, 공기관 상호 간의 거리는 **6[m]**(내화구조 : 9[m]) 이하가 되도록 할 것
- 공기관은 도중에서 분기하지 아니하도록 할 것
- 하나의 검출 부분에 접속하는 공기관의 길이는 **100[m]** 이하로 할 것
- 검출부는 5° 이상 경사되지 아니하도록 부착할 것
- 검출부는 바닥으로부터 **0.8[m] 이상 1.5[m] 이하**의 위치에 설치할 것

공기관식차동식분포형감지기
① 공기관 재질 : 동관(중공동관)
② 공기관 규격
  • 두께 : 0.3[mm] 이상
  • 외경 : 1.9[mm] 이상

10

다음의 미완성 도면을 보고 주어진 물음에 답하시오.

득점	배점
	10

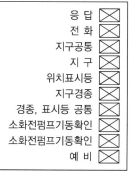

발신기세트

감지기   감지기

P형 수신기

발신기   위치표시등   소화전기동표시등   경 종

응 답
전 화
지구공통
지 구
위치표시등
지구경종
경종, 표시등 공통
소화전펌프기동확인
소화전펌프기동확인
예 비

종단저항

물음

(가) 도면의 기기장치를 수신기의 단자와 올바르게 연결하시오(단, 발신기에 설치된 단자는 왼쪽부터 응답선, 지구선, 전화선, 공통선이다).

(나) 도면에서 종단저항을 연결해야 하는 기기의 명칭과 단자의 명칭을 쓰시오.

(다) 발신기세트 상부에 설치된 표시등은 무슨 색인지 쓰시오.

(라) 발신기의 표시등은 부착면에서 (㉠) 이상이 되는 방향에 따라 (㉡)[m] 떨어진 위치에서 용이하게 식별할 수 있어야 하는지 빈칸을 채워 넣으시오.

☆해답 (가)

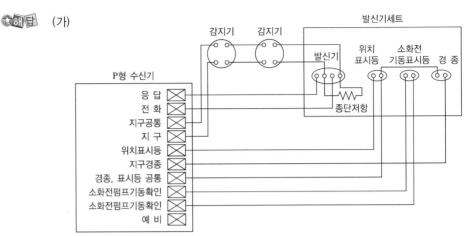

(나) 기기의 명칭 : 발신기

단자의 명칭 : 지구선 단자, 지구공통선 단자

(다) 적 색

(라) ㉠ 15°

㉡ 10

해☆설

(나) 종단저항 : 회로도통시험을 용이하게 하기 위하여 회로의 종단에 설치하는 저항으로 **발신기**의 지구선 단자와 지구 공통선 단자에 연결시킨다.

(다) 발신기의 위치 표시등은 설치장소를 쉽게 볼 수 있도록 항상 **적색등**이 점등되어 있어야 한다.

(라) 발신기의 표시등은 부착면에서 **15°** 이상이 되는 방향에 따라 **10[m]** 떨어진 위치에서 용이하게 식별할 수 있어야 한다.

11

광전식 분리형 감지기의 설치기준을 5가지 쓰시오.	득점	배점
		6

☆해답 ① 감지기의 수광면은 햇빛을 직접 받지 않도록 설치할 것

② 광축의 높이는 천장 등 높이의 80[%] 이상일 것

③ 광축(송광면과 수광면의 중심을 연결한 선)은 나란한 벽으로부터 0.6[m] 이상 이격하여 설치할 것

④ 감지기의 송광부와 수광부는 설치된 뒷벽으로부터 1[m] 이내 위치에 설치할 것

⑤ 감지기의 광축의 길이는 공칭감시거리 범위 이내일 것

해☆설

광전식분리형감지기의 설치기준

• 감지기의 수광면은 햇빛을 직접 받지 않도록 설치할 것

• 광축의 높이는 천장 등 높이의 80[%] 이상일 것

• 광축(송광면과 수광면의 중심을 연결한 선)은 나란한 벽으로부터 0.6[m] 이상 이격하여 설치할 것

• 감지기의 송광부와 수광부는 설치된 뒷벽으로부터 1[m] 이내 위치에 설치할 것

• 감지기의 광축의 길이는 공칭감시거리 범위 이내일 것

12

> 지하층, 무창층 등으로서 환기가 잘 되지 아니하거나 감지기의 부착면과 실내바닥의 거리가 2.3[m] 이하인 곳으로서 일시적으로 발생한 열, 연기 또는 먼지 등으로 인하여 화재 신호를 발신할 우려가 있는 장소에 설치 가능한 감지기 5가지를 쓰시오(단, 교차회로방식의 적용이 필요 없는 감지기).
>
> | 득점 | 배점 |
> |---|---|
> | | 5 |

해답
① 축적방식의 감지기
② 복합형 감지기
③ 다신호방식의 감지기
④ 불꽃감지기
⑤ 아날로그방식의 감지기

해설
지하층, 무창층 등으로서 환기가 잘 되지 아니하거나 감지기의 부착면과 실내바닥의 거리가 2.3[m] 이하인 곳으로서 일시적으로 발생한 열, 연기 또는 먼지 등으로 인하여 화재 신호를 발신할 우려가 있는 장소에 설치 가능한 감지기
축적방식의 감지기, 복합형 감지기, 다신호방식의 감지기, 불꽃감지기, 아날로그방식의 감지기, 광전식 분리형 감지기, 정온식 감지선형 감지기, 분포형 감지기

13

> 온도가 20[℃]에서 저항이 100[Ω]인 경동선이 있다. 이 경동선의 온도가 100[℃]로 상승하면 저항값은 몇 [Ω]이 되겠는가?(단, 저항의 온도계수는 0.00393이다)
>
> | 득점 | 배점 |
> |---|---|
> | | 4 |

해답
계산 : $R_2 = 100 \times [1 + 0.00393 \times (100 - 20)] \fallingdotseq 131.44\,[\Omega]$
답 : $131.44[\Omega]$

해설
온도 변화 후 저항
$R_2 = R_1[1 + \alpha(T_2 - T_1)] = 100 \times [1 + 0.00393 \times (100 - 20)] \fallingdotseq 131.44\,[\Omega]$
여기서, R_2 : 온도 변화 후 저항[Ω]
  R_1 : 온도 변화 전 저항[Ω]
  α : 저항 온도계수
  T_2 : 나중 온도(변화 후 온도)[℃]
  T_1 : 처음 온도(변화 전 온도)[℃]

14

다음 표는 어느 15층 건물의 자동화재탐지설비의 공사에 소요되는 자재물량이다. 주어진 조건 및 품셈을 이용하여 ①~⑰의 빈칸을 채우시오(단, 주어진 도면은 1층의 평면도이며 모든 층의 구조는 동일하다).

득점	배점
	10

조 건

• 본 방호대상물은 이중천장이 없는 구조이다.
• 공량 산출 시 내선전공의 단위공량은 첨부된 품셈표에서 찾아 적용한다.
• 배관공사는 콘크리트 매입으로 전선관은 후강전선관을 사용한다.
• 감지기 취부는 매입 콘크리트박스에 직접 취부하는 것으로 한다.
• 감지기 간 전선은 $1.5[\text{mm}^2]$ 전선, 감지기 간 배선을 제외한 전선은 $2.5[\text{mm}^2]$ 전선을 사용한다.
• 아웃렛박스(Outlet Box)는 내선전공 공량 산출에서 제외한다.
• 내선전공 1인의 1일 최저 노임단가는 100,000원으로 책정한다.

품 명	수 량	단 위	공량계(인)	공량 합계(인)
수신기	1	대	(①)	
발신기세트	(②)	개	(③)	
연기감지기	(④)	개	(⑤)	
차동식감지기	(⑥)	개	(⑦)	
후강전선관(16[mm])	1,000	개	(⑧)	
후강전선관(22[mm])	430	m	(⑨)	(⑭)
후강전선관(28[mm])	50	m	(⑩)	
후강전선관(36[mm])	30	m	(⑪)	
전선($1.5[\text{mm}^2]$)	4,500	m	(⑫)	
전선($2.5[\text{mm}^2]$)	1,500	m	(⑬)	
직접노무비				(⑮)
공구손료(3[%])				(⑯)
공구손료를 고려한 공사비 합계(원)				(⑰)

품 명	단 위	내선전공공량	품 명	단 위	내선전공공량
P-1 수신기(기본공수)	대	6	후강전선관(36[mm])	m	0.2
P-1 수신기 회선당 할증	회선	0.3	전선($1.5[\text{mm}^2]$)	m	0.01
부수신기	대	3.0	전선($2.5[\text{mm}^2]$)	m	0.01
아웃렛박스	개	0.2	발신기세트	개	0.9
후강전선관(16[mm])	m	0.08	연기감지기	개	0.13
후강전선관(22[mm])	m	0.11	차동식감지기	개	0.13
후강전선관(28[mm])	m	0.14			

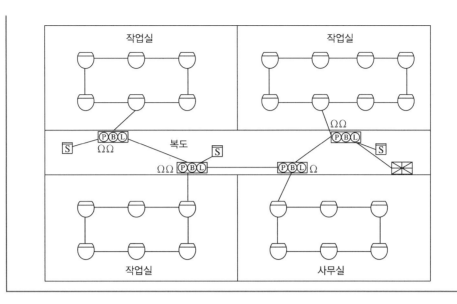

☆해답

① 6+(105×0.3) = 37.5인

② 60개

③ 60×0.9 = 54인

④ 3개×15층 = 45개

⑤ 45×0.13 = 5.85인

⑥ 26개×15층 = 390개

⑦ 390×0.13 = 50.7인

⑧ 1,000×0.08 = 80인

⑨ 430×0.11 = 47.3인

⑩ 50×0.14 = 7인

⑪ 30×0.2 = 6인

⑫ 4,500×0.01 = 45인

⑬ 1,500×0.01 = 15인

⑭ 공량계의 합 : 37.5+54+5.85+50.7+80+47.3+7+6+45+15 = 348.35인

⑮ 348.35인×100,000원 = 34,835,000

⑯ 34,835,000원×0.03 = 1,045,050원

⑰ 직접노무비+공구손료 : 34,835,000원+1,045,050원 = 35,880,050원

해☆설

품 명	수 량	단 위	내선전공공량	공량계(인)	공량 합계(인)
수신기	1	대	6 (회선당 0.3 할증)	(① 6+(105×0.3) = 37.5인)	(⑭ 공량계의 합 : 37.5+54+5.85 +50.7+80+ 47.3+7+6+45+ 15 = 348.35인)
발신기세트	(② 4개×15층 = 60개)	개	0.9	(③ 60×0.9 = 54인)	
연기감지기	(④ 3개×15층 = 45개)	개	0.13	(⑤ 45×0.13 = 5.85인)	
차동식 감지기	(⑥ 26개×15층 = 390개)	개	0.13	(⑦ 390×0.13 = 50.7인)	
후강전선관(16[mm])	1,000	m	0.08	(⑧ 1,000×0.08 = 80인)	
후강전선관(22[mm])	430	m	0.11	(⑨ 430×0.11 = 47.3인)	
후강전선관(28[mm])	50	m	0.14	(⑩ 50×0.14 = 7인)	
후강전선관(36[mm])	30	m	0.2	(⑪ 30×0.2 = 6인)	
전선(1.5[mm²])	4,500	m	0.01	(⑫ 4,500×0.01 = 45인)	
전선(2.5[mm²])	1,500	m	0.01	(⑬ 1,500×0.01 = 15인)	
직접노무비					(⑮ 348.35인× 100,000원 = 34,835,000)
공구손료(3[%])					(⑯ 34,835,000원× 0.03 = 1,045,050원)
공구손료를 고려한 공사비 합계(원)					(⑰ 직접노무비+ 공구손료 : 34,835,000원 +1,045,050원 = 35,880,050원)

15 다음 주어진 도면은 유도전동기 기동정지회로의 미완성 도면이다. 다음 각 물음에 답하시오.

득점	배점
	5

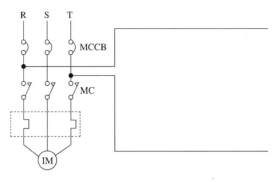

물음

(가) 다음과 같이 주어진 기구를 이용하여 미완성 도면을 완성하시오(단, 기구의 개수 및 접점은 최소로 할 것).

① 전자접촉기 : (MC)

② 기동용 표시등 : (GL)

③ 정지용 표시등 : (RL)

④ 열동계전기 : THR

⑤ 누름버튼스위치 ON용 PBS-ON : PBS$_{-on}$

⑥ 누름버튼스위치 OFF용 PBS-OFF : PBS$_{-off}$

(나) 주회로에 대한 [   ]가 동작되는 경우를 2가지만 쓰시오.

 해답 (가)

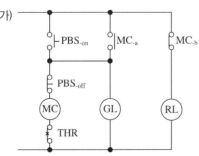

(나) ① 전동기에 과전류가 흐를 경우
② 열동계전기 단자의 접촉 불량으로 과열될 경우

해★설

(가)

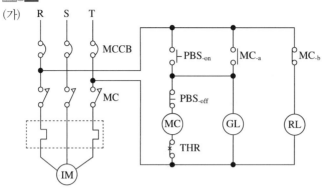

(나) **열동계전기가 동작되는 경우**

- 전동기에 과전류가 흐를 경우
- 열동계전기 단자의 접촉 불량으로 과열될 경우
- 전류 세팅(Setting)을 정격전류보다 낮게 하였을 경우

16

다음 그림은 전파브리지정류회로의 미완성 도면을 나타낸 것이다. 물음에 답하시오.

득점	배점
	4

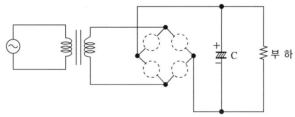

(가) 도면대로 정류될 수 있도록 다이오드 4개를 사용하여 회로를 완성하시오.

(나) 콘덴서(C)의 역할을 쓰시오.

★해답 (가)

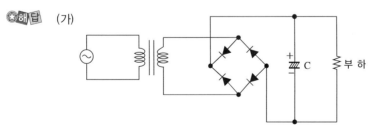

(나) 전압 맥동분을 제거하여 정전압 유지

해★설

브리지 다이오드 회로

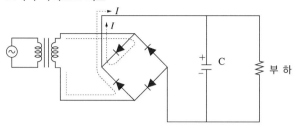

- 콘덴서(C)의 ⊕극성과 다이오드의 ⊖극성이 만나도록 결선한다.

[다이오드의 극성 표시]

- 콘덴서(C)의 역할 : 회로에 병렬로 설치하여 전압의 맥동분을 제거한다.

17 자동화재탐지설비의 음향장치의 설치기준에 대한 사항이다. 5층(지하층을 제외한다) 이상으로 연면적이 3,000[m²]를 초과하는 특정소방대상물 또는 그 부분에 있어서 화재 발생으로 인하여 경보가 발하여야 하는 층을 찾아 빈칸에 표시하시오 (단, 경보 표시는 ●를 사용한다).

득점	배점
	6

5층					
4층					
3층					
2층	화재 발생 ●				
1층		화재 발생 ●			
지하 1층			화재 발생 ●		
지하 2층				화재 발생 ●	
지하 3층					화재 발생 ●

★해답

5층					
4층					
3층	●				
2층	화재 발생 ●	●			
1층		화재 발생 ●	●		
지하 1층		●	화재 발생 ●	●	●
지하 2층		●	●	화재 발생 ●	●
지하 3층		●	●	●	화재 발생 ●

직상발화 우선경보방식

발화층	경보층
2층 이상	발화층, 그 직상층
1층	지하층(전체), 1층, 2층
지하 1층	지하층(전체), 1층
지하 2층 이하	지하층(전체)

18

다음 그림과 같은 유접점회로의 출력 Z의 논리식을 가장 간단하게 표현하고, 이것을 무접점 논리회로로 표현하여 그리시오.

득점	배점
	8

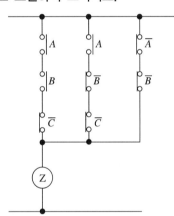

해답

- 논리식 간소화 : $Z = AB\overline{C} + A\overline{B}\,\overline{C} + \overline{A}\,\overline{B} = A\overline{C}(B + \overline{B}) + \overline{A}\,\overline{B} = A\overline{C} + \overline{A}\,\overline{B}$
- 무접점 논리회로

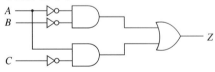

해설

- 논리식 간소화 : $Z = AB\overline{C} + A\overline{B}\,\overline{C} + \overline{A}\,\overline{B}$

$$= A\overline{C}(\underbrace{B + \overline{B}}_{1}) + \overline{A}\,\overline{B} = A\overline{C} + \overline{A}\,\overline{B}$$

- 논리회로

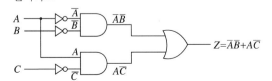

제**4**회

2020년 11월 15일 시행

※ 다음 물음에 대한 답을 해당 답란에 답하시오(배점 : 100).

01

다음은 비상방송설비에 대한 기준이다. 괄호 안에 적당한 용어를 써넣으시오.

득점	배점
	5

(가) 음향장치의 음량은 부착된 음향장치의 중심으로부터 1[m] 떨어진 위치에서 (   )[dB] 이상이 되는 것으로 할 것

(나) 확성기는 각 층마다 설치하되, 그 층의 각 부분으로부터 하나의 확성기까지의 수평거리가 (   )[m] 이하가 되도록 하고, 해당층의 각 부분에 유효하게 경보를 발할 수 있도록 설치할 것

(다) 음량조정기를 설치하는 경우 음량조정기의 배선은 (   )으로 할 것

(라) 확성기의 음성입력은 실내에 설치하는 것에 있어서는 (   )[W] 이상일 것

(마) 기동장치에 따른 화재신고를 수신한 후 필요한 음량으로 화재발생 상황 및 피난에 유효한 방송이 자동으로 개시될 때까지의 소요시간은 (   )초 이하로 할 것

☆해답
(가) 90
(나) 25
(다) 3선식
(라) 1
(마) 10

해☆설
(가) 음향장치의 음량은 부착된 음향장치의 중심으로부터 1[m] 떨어진 위치에서 **90[dB]** 이상이 되는 것으로 할 것
(나) 확성기는 각층마다 설치하되, 그 층의 각 부분으로부터 하나의 확성기까지의 수평거리가 **25[m]** 이하가 되도록 하고, 해당층의 각 부분에 유효하게 경보를 발할 수 있도록 설치할 것
(다) 음량조정기를 설치하는 경우 음량조정기의 배선은 **3선식**으로 할 것
(라) 확성기의 음성입력은 실내에 설치하는 것에 있어서는 **1[W]** 이상일 것
(마) 기동장치에 따른 화재신고를 수신한 후 필요한 음량으로 화재발생 상황 및 피난에 유효한 방송이 자동으로 개시될 때까지의 소요시간은 **10초** 이하로 할 것

02 도면과 같은 회로를 누름버튼스위치 PB₁, 또는 PB₂ 중 먼저 ON 조작된 측의 램프만 점등되는 병렬우선회로가 되도록 고쳐서 그리시오(단, PB₁ 측의 계전기는 R₁, 램프는 L₁이며, PB₂ 측의 계전기는 R₂, 램프는 L₂이다. 또한, 추가되는 접점이 있을 경우에는 최소수만 사용하여 그리도록 한다).

득점	배점
	6

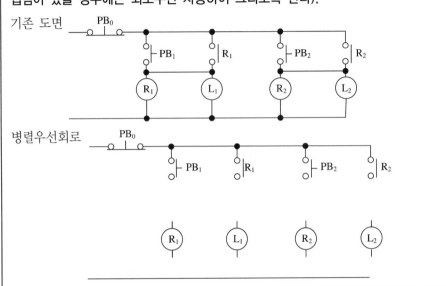

해답

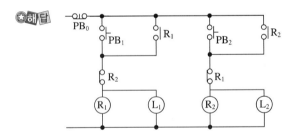

해설

- 인터록=선입력우선회로=병렬우선회로
- PB₁을 먼저 누르면 R_1 계전기가 여자되어 R_{1-a}접점에 의해 자기유지되고 R_2 계전기 위의 R_{1-b}접점에 의해 R_2계전기에 전원이 투입되지 못하도록 차단시키는 회로
- PB₂를 먼저 누르면 R_2계전기가 여자되어 R_{2-a}접점에 의해 자기유지되고 R_1 계전기 위의 R_{2-b}접점에 의해 R_1계전기에 전원이 투입되지 못하도록 차단시키는 회로
- PB₀를 누르면 모든 회로는 정지한다.

03

상가매장에 설치되어 있는 제연설비의 전기적인 계통도이다. Ⓐ~Ⓔ까지의
배선수와 각 배선의 용도를 쓰시오.

득점	배점
	4

(단, ① 모든 댐퍼는 기동, 복구형 댐퍼방식이다.

　　② 배선수는 운전 조작상 필요한 최소전선수를 쓰도록 한다)

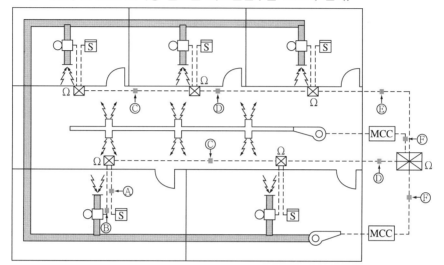

기 호	구 분	배선의 종류	배선수	배선의 용도
Ⓐ	감지기 ↔ 수동조작함			
Ⓑ	댐퍼 ↔ 수동조작함			
Ⓒ	수동조작함 ↔ 수동조작함			
Ⓓ	수동조작함 ↔ 수동조작함			
Ⓔ	수동조작함 ↔ 수동조작함			
Ⓕ	MCC ↔ 수신기	HFIX 2.5	5	기동, 정지 , 공통, 기동표시등, 전원표시등

☆해답

기 호	구 분	배선의 종류	배선수	배선의 용도
Ⓐ	감지기 ↔ 수동조작함	HFIX 1.5	4	지구 2, 공통 2
Ⓑ	댐퍼 ↔ 수동조작함	HFIX 2.5	5	전원 ⊕·⊖, 복구, 기동, 기동표시
Ⓒ	수동조작함 ↔ 수동조작함	HFIX 2.5	6	전원 ⊕·⊖, 복구, 기동, 기동표시, 감지기
Ⓓ	수동조작함 ↔ 수동조작함	HFIX 2.5	9	전원 ⊕·⊖, 복구, (기동, 기동표시, 감지기)×2
Ⓔ	수동조작함 ↔ 수동조작함	HFIX 2.5	12	전원 ⊕·⊖, 복구, (기동, 기동표시, 감지기)×3
Ⓕ	MCC ↔ 수신기	HFIX 2.5	5	기동, 정지, 공통, 기동표시등, 전원표시등

해★설

복구선이 없는 경우의 배선수(기동형 댐퍼방식)

기 호	구 분	배선의 종류	배선수	배선의 용도
Ⓐ	감지기 ↔ 수동조작함	HFIX 1.5	4	지구 2, 공통 2
Ⓑ	댐퍼 ↔ 수동조작함	HFIX 2.5	4	전원 ⊕ · ⊖, 기동, 기동표시
Ⓒ	수동조작함 ↔ 수동조작함	HFIX 2.5	5	전원 ⊕ · ⊖, 기동, 감지기, 기동표시
Ⓓ	수동조작함 ↔ 수동조작함	HFIX 2.5	8	전원 ⊕ · ⊖, (기동, 감지기, 기동표시)×2
Ⓔ	수동조작함 ↔ 수동조작함	HFIX 2.5	11	전원 ⊕ · ⊖, (기동, 감지기, 기동표시)×3
Ⓕ	MCC ↔ 수신기	HFIX 2.5	5	기동, 정지, 공통, 기동표시등, 전원표시등

복구선이 있는 경우 : 수동조작함에 **1선 추가**된다(감지기회로 공통선과 표시등공통선 공용).

* 기동, 복구형 댐퍼방식은 "복구선"이 한 가닥 추가된다.

04

무선통신보조설비의 시설기준에 대한 다음 각 물음에 답하시오.

(가) 누설동축케이블의 끝부분에는 (　　)을 견고하게 설치할 것

(나) 증폭기에는 비상전원이 부착된 것으로 하고 해당 비상전원 용량은 무선통신 보조설비를 유효하게 (　　) 이상 작동시킬 수 있는 것으로 할 것

(다) 무선기기 접속단자는 바닥으로부터 높이 (　　)의 위치에 설치할 것

(라) 증폭기의 전면에는 주 회로의 전원이 정상인지의 여부를 표시할 수 있는 (　　) 및 (　　)를 설치할 것

★해답

(가) 무반사 종단저항

(나) 30분

(다) 0.8[m] 이상 1.5[m] 이하

(라) 표시등, 전압계

해★설

(가) 누설동축케이블의 끝부분에는 **무반사 종단저항**을 견고하게 설치할 것

(나) 증폭기에는 비상전원이 부착된 것으로 하고 해당 비상전원 용량은 무선통신보조설비를 유효하게 **30분** 이상 작동시킬 수 있는 것으로 할 것

(다) 무선기기 접속단자는 바닥으로부터 높이 **0.8[m] 이상 1.5[m] 이하**의 위치에 설치할 것

(라) 증폭기의 전면에는 주 회로의 전원이 정상인지의 여부를 표시할 수 있는 **표시등** 및 **전압계**를 설치할 것

05 | 다음 도면은 옥내소화전설비와 자동화재탐지설비를 겸용한 전기설비 계통도이다. 주어진 물음에 답하시오. 옥내소화전설비는 기동용 수압개폐방식이다.

득점	배점
	9

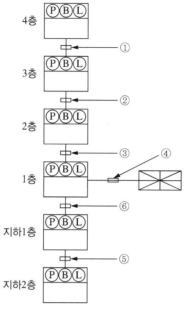

(가) 도면을 보고 ①~⑥까지의 최소 전선수를 쓰시오.

(나) 회로 말단에 설치하는 종단저항의 목적에 대하여 간단히 쓰시오.

(다) 자동화재탐지설비의 감지기회로의 전로저항은 몇 [Ω] 이하이어야 하는가?

(라) 수신기의 각 회로별 종단에 설치되는 감지기에 접속되는 배선의 전압은 감지기 정격전압의 몇 [%] 이상이어야 하는가?

☆해답 (가) ① 9가닥
　　　　② 10가닥
　　　　③ 11가닥
　　　　④ 14가닥
　　　　⑤ 9가닥
　　　　⑥ 10가닥
　　　(나) 감지기 회로의 도통시험을 용이하게 하기 위해
　　　(다) 50[Ω] 이하
　　　(라) 80[%]

해☆설

(가) 직상층 우선경보방식의 조건이 없으므로 일제경보방식으로 가닥수를 산출하면

번 호	가닥수	지구선	공통선	응답선	전화선	경종선	표시등선	경종표시등 공통선	기동확인 표시등
①	9	1	1	1	1	1	1	1	2
②	10	2	1	1	1	1	1	1	2
③	11	3	1	1	1	1	1	1	2
④	14	6	1	1	1	1	1	1	2
⑤	9	1	1	1	1	1	1	1	2
⑥	10	2	1	1	1	1	1	1	2

(나) 종단저항 설치 목적 : 감지기 회로의 도통시험을 용이하게 하기 위해 설치

(다) 자동화재탐지설비 감지기회로의 전로저항은 50[Ω] 이하가 되도록 할 것

(라) 감지기에 접속되는 배선의 전압은 감지기 정격전압의 80[%] 이상일 것

06 다음 회로에서 램프 L의 작동을 주어진 타임차트에 표시하시오(단, PB : 누름버튼스위치, LS : 리밋스위치, R : 릴레이이다).

득점	배점
	5

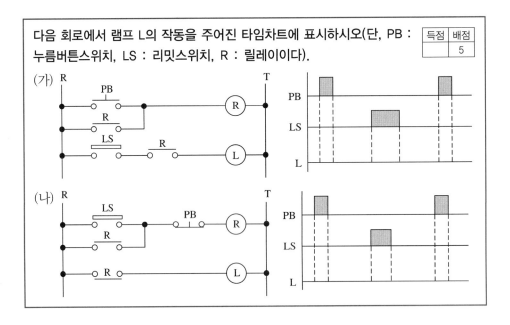

★해답 (가)

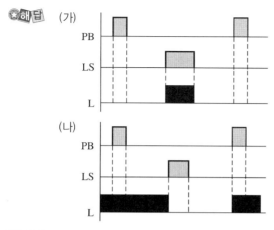

해★설

(가) ⓛ점등 조건 : Ⓡ계전기 여자 중 LS가 동작되어 두 입력이 모두 충족해야 점등

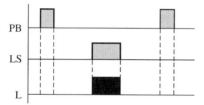

(나) ⓛ소등 조건 : Ⓡ계전기가 여자되면 Ⓡ-b접점에 의해 소등

07 차동식스포트형, 보상식스포트형 및 정온식스포트형감지기는 부착 높이 및 특정소방대상물에 따라 다음 표에 의한 바닥면적마다 1개 이상을 설치하여야 한다. 표의 빈칸 ①~⑫에 해당되는 면적기준을 쓰시오.

득점	배점
	8

(단위 : 면적 [m²])

부착 높이 및 특정소방대상물의 구분		감지기의 종류						
		차동식 스포트형		보상식 스포트형		정온식 스포트형		
		1종	2종	1종	2종	특종	1종	2종
4[m] 미만	주요 구조부를 내화구조로 한 특정소방대상물 또는 그 부분	90	70	①	②	③	60	20
	기타 구조의 특정소방대상물 또는 그 부분	50	④	⑤	⑥	⑦	30	15
4[m] 이상 8[m] 미만	주요 구조부를 내화구조로 한 특정소방대상물 또는 그 부분	45	⑧	⑨	⑩	⑪	⑫	–
	기타 구조의 특정소방대상물 또는 그 부분	30	25	30	25	25	15	–

★해답

① 90	② 70
③ 70	④ 40
⑤ 50	⑥ 40
⑦ 40	⑧ 35
⑨ 45	⑩ 35
⑪ 35	⑫ 30

해★설

(단위 : [m²])

부착 높이 및 특정소방대상물의 구분		감지기의 종류						
		차동식 스포트형		보상식 스포트형		정온식 스포트형		
		1종	2종	1종	2종	특종	1종	2종
4[m] 미만	주요 구조부를 내화구조로 한 특정소방대상물 또는 그 부분	90	70	90	70	70	60	20
	기타 구조의 특정소방대상물 또는 그 부분	50	40	50	40	40	30	15
4[m] 이상 8[m] 미만	주요 구조부를 내화구조로 한 특정소방대상물 또는 그 부분	45	35	45	35	35	30	–
	기타 구조의 특정소방대상물 또는 그 부분	30	25	30	25	25	15	–

08

자동화재탐지설비의 화재안전기준에서 정하는 감지기를 설치하지 아니하는 장소 중 4가지만 쓰시오.

득점	배점
	8

① 천장 또는 반자의 높이가 20[m] 이상인 장소
② 헛간 등 외부와 기류가 통하는 장소로서 감지기에 의하여 화재발생을 유효하게 감지할 수 없는 장소
③ 부식성 가스가 체류하고 있는 장소
④ 고온도 및 저온도로서 감지기의 기능이 정지되기 쉽거나 감지기의 유지관리가 어려운 장소

해☆설

감지기 설치 제외 장소
- **천장** 또는 **반자**의 높이가 **20[m] 이상**인 장소
- 헛간 등 외부와 기류가 통하는 장소로서 감지기에 의하여 화재 발생을 유효하게 감지할 수 없는 장소
- **부식성 가스**가 체류하고 있는 장소
- **고온도** 및 **저온도**로서 감지기의 기능이 정지되기 쉽거나 **감지기의 유지관리가 어려운 장소**
- **목욕실** · 욕조나 샤워시설이 있는 화장실 · 기타, 이와 **유사한 장소**
- 파이프덕트 등 그 밖의 이와 비슷한 것으로서 2개 층마다 방화구획된 것이나 수평단면적이 5[m²] 이하인 것
- 먼지 · 가루 또는 수증기가 다량으로 체류하는 장소 또는 주방 등 평시에 연기가 발생하는 장소(연기 감지기에 한한다)

09

다음의 주어진 논리식을 유접점회로와 무접점회로로 바꾸어 그리시오.

(가) $Y = AB + \overline{A + B}$

(나) $Z = (A + B) \cdot \overline{AB}$

득점	배점
	8

 (가) $Y = AB + \overline{A + B} = AB + \overline{A} \cdot \overline{B}$

- 유접점회로

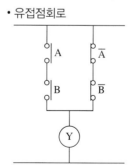

- 무접점회로

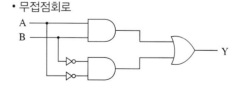

(나) $Z = (A+B) \cdot \overline{AB} = (A+B) \cdot (\overline{A}+\overline{B}) = A\overline{A} + A\overline{B} + \overline{A}B + B\overline{B} = A\overline{B} + \overline{A}B$

• 유접점회로

• 무접점회로

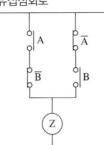

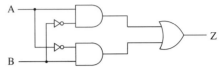

해☆설

(가) $Y = AB + \overline{A+B} = AB + \overline{A} \cdot \overline{B}$

• 유접점회로

• 무접점회로

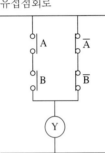

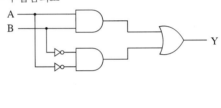

(나) $Z = (A+B) \cdot \overline{AB} = (A+B) \cdot (\overline{A}+\overline{B}) = A\overline{A} + A\overline{B} + \overline{A}B + B\overline{B} = A\overline{B} + \overline{A}B$

• 유접점회로

• 무접점회로

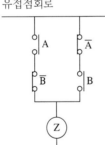

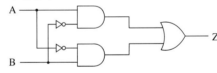

10 가스누설경보기에 관한 다음 각 물음에 답하시오.

득점	배점
	4

(가) 지구등을 포함한 가스누설표시등은 점등 시 어떤 색으로 표시하여야 하는가?

(나) 가스누설경보기를 구조에 따라 분류할 경우 어떻게 분류되는가?

(다) 가스누설을 검지하여 중계기 또는 수신부에 가스누설의 신호를 발신하는 부분 또는 가스누설을 검지하여 이를 음향으로 경보하고 동시에 중계기 또는 수신부에 가스누설의 신호를 발신하는 부분을 무엇이라고 하는가?

☆해답
(가) 황색
(나) 단독형, 분리형
(다) 탐지부

해☆설
(가) 가스의 누설을 표시하는 표시등(이하 이 기준에서 "누설등"이라 한다) 및 가스가 누설된 경계구역의 위치를 표시하는 표시등(이하 이 기준에서 "지구등"이라 한다)은 등이 켜질 때 **황색**으로 표시되어야 한다.
(나) 경보기는 구조에 따라 **단독형**과 **분리형**으로 구분하며, 분리형은 영업용과 공업용으로 구분한다.
(다) **탐지부**란 가스누설경보기 중 가스누설을 검지하여 중계기 또는 수신부에 가스누설의 신호를 발신하는 부분 또는 가스누설을 검지하여 이를 음향으로 경보하고 동시에 중계기 또는 수신부에 가스누설의 신호를 발신하는 부분을 말한다.

11 다음 그림과 같은 자동화재탐지설비의 평면도에서 ①~⑤의 전선 가닥수를 주어진 표의 빈칸에 쓰시오.

득점	배점
	5

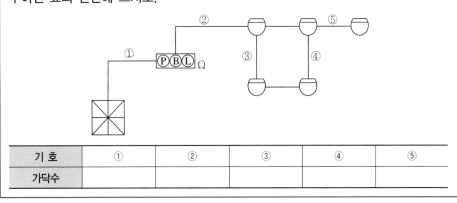

기 호	①	②	③	④	⑤
가닥수					

기 호	①	②	③	④	⑤
가닥수	7	4	2	2	4

해★설

기 호	가닥수	배선내역
①	7	지구선 1, 공통선 1, 경종선 1, 경종표시등공통선 1, 표시등선 1, 응답선 1, 전화선 1
②	4	지구선 2, 공통선 2
③	2	지구선 1, 공통선 1
④	2	지구선 1, 공통선 1
⑤	4	지구선 2, 공통선 2

12

광전식 스포트형감지기의 설치기준 5가지를 쓰시오.

득점	배점
	5

해답
① 감지기의 수광면은 햇빛을 직접 받지 않도록 설치할 것
② 광축은 나란한 벽으로부터 0.6[m] 이상 이격하여 설치할 것
③ 감지기의 송광부와 수광부는 설치된 뒷벽으로부터 1[m]이내 위치에 설치할 것
④ 광축의 높이는 천장 등 높이의 80[%] 이상일 것
⑤ 감지기의 광축의 길이는 공칭감시거리 범위 이내일 것

해★설
광전식분리형감지기는 다음의 기준에 따라 설치하여야 한다.
• 감지기의 수광면은 햇빛을 직접 받지 않도록 설치할 것
• 광축(송광면과 수광면의 중심을 연결한 선)은 나란한 벽으로부터 0.6[m] 이상 이격하여 설치할 것
• 감지기의 송광부와 수광부는 설치된 뒷벽으로부터 1[m]이내 위치에 설치할 것
• 광축의 높이는 천장 등(천장의 실내에 면한 부분 또는 상층의 바닥하부면을 말한다) 높이의 80[%] 이상일 것
• 감지기의 광축의 길이는 공칭감시거리 범위 이내일 것
• 그 밖의 설치기준은 형식승인 내용에 따르며 형식승인 사항이 아닌 것은 제조사의 시방에 따라 설치할 것

13

> 스프링클러 펌프용 유도전동기의 용량과 역률이 20[kW], 60[%]이다. 이 전동기의 역률을 90[%]로 개선하기 위한 콘덴서의 용량은 몇 [kVA]가 필요한가?
>
> | 득점 | 배점 |
> |---|---|
> | | 4 |

해답 계산 : $Q_C = 20 \times \left(\dfrac{0.8}{0.6} - \dfrac{\sqrt{1-0.9^2}}{0.9} \right) \fallingdotseq 16.98\,[\text{kVA}]$

답 : 16.98[kVA]

해설

역률 개선용 콘덴서 용량

$$Q_C = P\left(\frac{\sin\theta_1}{\cos\theta_1} - \frac{\sin\theta_2}{\cos\theta_2} \right) = 20 \times \left(\frac{0.8}{0.6} - \frac{\sqrt{1-0.9^2}}{0.9} \right) \fallingdotseq 16.98\,[\text{kVA}]$$

14

> 비상콘센트설비의 전원 및 콘센트 등에 대한 다음 각 물음에 답하시오.
>
> | 득점 | 배점 |
> |---|---|
> | | 8 |
>
> (가) 상용전원회로의 배선은 다음의 경우에 어느 곳에서 분기하여 전용배선으로 하여야 하는가?
> ① 저압수전인 경우
> ② 고압수전인 경우
> ③ 특별고압수전인 경우
> (나) 비상콘센트설비의 전원부와 외함 사이의 절연저항은 전원부와 외함 사이를 500[V] 절연저항계로 측정할 때 몇 [MΩ] 이상이어야 하는가?
> (다) 하나의 전용회로에 설치하는 비상콘센트는 몇 개 이하로 하여야 하는가?
> (라) 비상콘센트의 그림기호를 그리시오.

해답 (가) ① 저압수전인 경우 : 인입 개폐기의 직후에서
② 고압수전인 경우 : 전력용 변압기 2차측의 주차단기 1차측에서
③ 특별고압수전인 경우 : 전력용 변압기 2차측의 주차단기 1차측에서
(나) 20[MΩ] 이상
(다) 10개
(라)

해설

(가) 비상콘센트설비의 상용전원 배선의 분기
① 저압수전인 경우 : 인입 개폐기의 직후에서
② 고압수전인 경우 : 전력용 변압기 2차측의 주차단기 1차측에서
③ 특별고압수전인 경우 : 전력용 변압기 2차측의 주차단기 1차측에서

(나) 비상콘센트설비의 **절연저항**은 전원부와 외함 사이를 500[V] 절연저항계로 측정할 때 **20[MΩ]** 이상일 것

(다) 하나의 전원회로에 설치하는 비상콘센트는 **10개** 이하로 할 것

(라) 비상콘센트 그림기호

15

준비작동식 스프링클러소화설비, CO2소화설비 등에 채택되는 교차회로 방식의 목적과 그 원리를 간단하게 설명하시오.

득점	배점
	4

• 목적 :

• 원리 :

⭐해답
• 목적 : 감지기 오동작에 의한 소화설비의 오작동 방지
• 원리 : 하나의 담당구역 내에 2 이상의 화재감지기 회로를 설치하고 인접한 2 이상의 화재감지기가 동시에 감지되는 때에 설비가 작동하는 방식

해⭐설

구 분 \ 종 류	송배전식	교차회로방식(가위배선)
방 식	수신기에서 2차측의 외부배선의 도통 시험을 용이하게 하기 위하여 배선의 중간에서 분기하지 않는 방식	하나의 담당구역 내에 2 이상의 화재감지기회로를 설치하고 인접한 2 이상의 화재감지기가 동시에 감지되는 때에 설비가 작동하는 방식
개념도		감지기 A / 감지기 B
적응설비	• 차동식스포트형감지기 • 보상식스포트형감지기 • 정온식스포트형감지기	• 할론소화설비 • 스프링클러설비(준비작동식, 일제살수식) • 분말소화설비 • CO2소화설비 • 물분무소화설비 • 할로겐화합물 및 불활성기체소화설비

16

감지기에 대한 다음 각 물음에 답하시오.

득점	배점
	4

(가) 차동식감지기 중 일국소의 열효과에 의하여 작동되는 감지기는 어떤 종류의 감지기인가?

(나) 정온식감지기 중 일국소의 주위온도가 일정한 온도 이상이 되는 경우에 작동하는 것으로서 외관이 전선으로 되어 있지 않은 감지기는 어떤 종류의 감지기인가?

⭐해답
(가) 차동식스포트형감지기
(나) 정온식스포트형감지기

설

(가)~(나) **감지기의 종류 및 동작 설명**

종 류	동작 설명
차동식스포트형감지기	주위온도가 **일정 상승률** 이상 시 일국소의 **열효과**에 의하여 작동한다.
정온식스포트형감지기	일국소의 주위온도가 **일정한 온도 이상 시** 작동하는 것으로 외관이 전선이 아니다.

17

	피난구 유도등의 설치장소를 4가지 쓰시오.	득점	배점
			5

해답
　① 옥내로부터 직접 지상으로 통하는 출입구 및 그 부속실의 출입구
　② 직통계단·직통계단의 계단실 및 그 부속실의 출입구
　③ 출입구에 이르는 복도 또는 통로로 통하는 출입구
　④ 안전구획된 거실로 통하는 출입구

해☆설
피난구유도등은 다음의 장소에 설치하여야 한다.
• 옥내로부터 직접 지상으로 통하는 출입구 및 그 부속실의 출입구
• 직통계단·직통계단의 계단실 및 그 부속실의 출입구
• 출입구에 이르는 복도 또는 통로로 통하는 출입구
• 안전구획된 거실로 통하는 출입구

여기서 멈출 거예요? 고지가 바로 눈앞에 있어요.
마지막 한 걸음까지 시대에듀가 함께할게요!

좋은 책을 만드는 길
독자님과 함께하겠습니다.

도서나 동영상에 궁금한 점, 아쉬운 점, 만족스러운 점이
있으시다면 어떤 의견이라도 말씀해 주세요.
시대고시기획은 독자님의 의견을 모아 더 좋은 책으로 보답하겠습니다.

www.sidaegosi.com

소방설비기사 과년도 기출문제 실기 전기편

개정6판1쇄 발행	2021년 03월 05일 (인쇄 2021년 02월 16일)
초 판 발 행	2013년 06월 05일 (인쇄 2013년 05월 10일)
발 행 인	박영일
책 임 편 집	이해욱
편 저	이수용
편 집 진 행	윤진영 · 김경숙
표 지 디 자 인	조혜령
편 집 디 자 인	심혜림 · 정경일
발 행 처	(주)시대고시기획
출 판 등 록	제10-1521호
주 소	서울시 마포구 큰우물로 75 [도화동 538 성지 B/D] 9F
전 화	1600-3600
팩 스	02-701-8823
홈 페 이 지	www.sidaegosi.com
I S B N	979-11-254-8973-3(13500)
정 가	26,000원